中 国 国 家 标 准 汇 编

2006 年修订-3

中国标准出版社　编

中 国 标 准 出 版 社
北　京

图书在版编目（CIP）数据

中国国家标准汇编：2006 年修订. 3/中国标准出版社编. —北京：中国标准出版社，2007

ISBN 978-7-5066-4564-5

Ⅰ. 中… Ⅱ. 中… Ⅲ. 国家标准-汇编-中国-2006 Ⅳ. T-652.1

中国版本图书馆 CIP 数据核字（2007）第 102609 号

中国标准出版社出版发行
北京复兴门外三里河北街 16 号
邮政编码:100045
网址 www.spc.net.cn
电话:68523946 68517548
中国标准出版社秦皇岛印刷厂印刷
各地新华书店经销

*

开本 880×1230 1/16 印张 39.5 字数 1 150 千字
2007 年 8 月第一版 2007 年 8 月第一次印刷

*

定价 180.00 元

出 版 说 明

1.《中国国家标准汇编》是一部大型综合性国家标准全集，自 1983 年起，按国家标准顺序号以精装本、平装本两种装帧形式陆续分册汇编出版。《汇编》在一定程度上反映了我国建国以来标准化事业发展的基本情况和主要成就，是各级标准化管理机构，工矿企事业单位，农林牧副渔系统，科研、设计、教学等部门必不可少的工具书。

2. 由于标准的动态性，每年有相当数量的国家标准被修订，这些国家标准的修订信息无法在已出版的《汇编》中得到反映。为此，自 1995 年起，新增出版在上一年度被修订的国家标准的汇编本。

3. 修订的国家标准汇编本的正书名、版本形式、装帧形式与《中国国家标准汇编》相同，视篇幅分设若干册，但不占总的分册号，仅在封面和书脊上注明“2006 年修订-1，-2，-3，……”等字样，作为对《中国国家标准汇编》的补充。读者配套购买则可收齐前一年新制定和修订的全部国家标准。

4. 修订的国家标准汇编本的各分册中的标准，仍按顺序号由小到大排列(不连续)；如有遗漏的，均在当年最后一分册中补齐。

5. 2006 年度发布的修订国家标准分 27 册出版。本分册为“2006 年修订-3”，收入新修订的国家标准 51 项。

中国标准出版社

2007 年 6 月

出版说明

[illegible]

[illegible]

[illegible]

[illegible]

[illegible]

中国工商出版社

[illegible]

目　　录

ICS 17.120.10
N 12

中华人民共和国国家标准

GB/T 2624.3—2006/ISO 5167-3:2003
代替 GB/T 2624—1993

用安装在圆形截面管道中的差压装置测量满管流体流量 第3部分:喷嘴和文丘里喷嘴

Measurement of fluid flow by means of pressure differential devices inserted in circular cross-section conduits running full—Part 3:Nozzles and Venturi nozzles

(ISO 5167-3:2003,IDT)

2006-12-13 发布　　　　2007-07-01 实施

中华人民共和国国家质量监督检验检疫总局
中国国家标准化管理委员会　发布

前　言

GB/T 2624《用安装在圆形截面管道中的差压装置测量满管流体流量》由以下部分组成：

——第1部分：一般原理和要求；

——第2部分：孔板；

——第3部分：喷嘴和文丘里喷嘴；

——第4部分：文丘里管。

本部分为GB/T 2624的第3部分。

本部分等同采用ISO 5167-3:2003《用安装在圆形截面管道中的差压装置测量满管流体流量　第3部分：喷嘴和文丘里喷嘴》(英文版)。

本部分等同翻译ISO 5167-3:2003。

本部分在制定时按GB/T 1.1—2000《标准化工作导则　第1部分：标准的结构和编写规则》和GB/T 20000.2—2001《标准化工作指南　第2部分：采用国际标准的规则》的有关规定做了如下编辑性修改：

——删除了ISO国际标准的前言；

——原引用标准的引导语按GB/T 1.1—2000的规定改成规范性引用文件的引导语；

——用小数点“.”代替作为小数点的逗号“,”；

——ISO 5167-3:2003的图3中“截尾的扩散段”和“不截尾的扩散段”长度几乎看不出差异，本部分在制定时对图做了修改，加长了右侧不截尾的扩散段；

——ISO 5167-3:2003的5.1.8的式(7)中的符号U按2624.1并不代表流速，原文有错，本部分将U更正为v；

——6.4.3的第3段中，原“台阶两侧管道的直径应在$0.98D \sim 1.06D$之间。”有误，现更正为“台阶两侧管道的直径应在$0.94D \sim 1.06D$之间。”。

本部分替代GB/T 2624—1993《流量测量节流装置　用孔板、喷嘴和文丘里管测量充满圆管的流体流量》。

本部分与GB/T 2624—1993相比主要变化如下：

a) 新标准分成4个部分，分别阐述孔板、喷嘴和文丘里管的加工制造技术要求以及在使用时的安装要求。

b) 安装时节流件前的直管段长度较GB/T 2624—1993有明显变化，标准中列举的节流件前的阻流件形式也比GB/T 2624—1993多。孔板与喷嘴的直管段长度分别阐述，不再使用同一表格。

c) 特别强调流动调整器要进行配合性试验，并具体给出了配合性试验的方法。

本部分与GB/T 2624—1993的主要技术差异如下所示：

1. ISA 1932喷嘴、长径喷嘴和文丘里喷嘴的圆弧C半径

本部分：当$\beta<0.5$时，$R_z=d/3\pm0.033d$

GB/T 2624—1993：当$\beta<0.5$时，$R_z=d/3\pm0.03d$

2. ISA 1932喷嘴、长径喷嘴和文丘里喷嘴的压力损失

本部分：$$\Delta\varpi=\frac{\sqrt{1-\beta^4(1-C^2)}-C\beta^2}{\sqrt{1-\beta^4(1-C^2)}+C\beta^2}\Delta p$$

GB/T 2624—1993：$\Delta\varpi = \frac{\sqrt{1-\beta^4} - C\beta^2}{\sqrt{1-\beta^4} + C\beta^2}\Delta p$

本部分的附录A为资料性附录。

本部分由中国机械工业联合会提出。

本部分由全国工业过程测量和控制标准化技术委员会第一分技术委员会归口。

本部分负责起草单位：上海工业自动化仪表研究所。

本部分参加起草单位：上海仪昌节流装置制造有限公司、上海光华仪表有限公司、余姚市银环流量仪表有限公司、天津市润泰自动化仪表有限公司。

本部分主要起草人：李明华、彭淑琴、龙竹霖、叶斌、朱家顺、童复来、包国祥、吴国静。

本部分所替代标准的历次版本发布情况：GB 2624—1981；GB/T 2624—1993。

引　言

GB/T 2624 规定了孔板、喷嘴和文丘里管的几何形状及其安装在充满流体的管道中测量管道内流体流量的使用方法(安装和工作条件)。同时也给出了用于计算流量和其相应不确定度的必要资料。

GB/T 2624(所有部分)仅适用于在整个测量段内流体保持亚音速流动,并可认为是单相流的差压装置。本部分不适用于脉动流的测量。此外,每一种装置都只能在规定的管道尺寸和雷诺数极限范围内使用。

GB/T 2624(所有部分)对所涉及的装置做过大量直接校准实验,实验的数量、分布范围和质量足以使所取得的实验结果和系数能作为相关应用系统的依据,使其具有确定的可预测不确定度限值。

装入管道的装置称为“一次装置”。一次装置这个术语还包括取压口。测量所需的其他所有仪表或装置称为“二次装置”。GB/T 2624(所有部分)考虑的是一次装置,偶而也提到二次装置[1)]。

a) GB/T 2624 的第 1 部分给出了一般术语和定义、符号、原理和要求,以及 GB/T 2624 的第 2 部分、第 3 部分和第 4 部分使用的测量方法和不确定度。

b) GB/T 2624 的第 2 部分详细说明孔板。孔板可以同角接取压口、D 和 $D/2$ 取压口[2)]和法兰取压口配合使用。

c) GB/T 2624 的第 3 部分详细说明形状和取压口位置各不相同的 ISA 1932 喷嘴[3)]、长径喷嘴和文丘里喷嘴。

d) GB/T 2624 的第 4 部分详细说明经典文丘里管[4)]。

GB/T 2624 的第 1 到第 4 部分并未涉及安全方面的问题。用户有责任确保系统符合适用的安全规范。

---

1) 见 ISO 2186:1973《封闭管道中的流体流量　用于一次和二次装置之间压力信号传输的连接法》。

2) GB/T 2624 不考虑具有缩流取压口的孔板。

3) ISA 是“国家标准化协会国际联合会”(International Federation of the National Standardizing Associations)的简称,该组织于 1946 年由 ISO 替代。

4) 在美国,经典文丘里管有时称为 Herschel 文丘里管。

用安装在圆形截面管道中的差压装置测量满管流体流量 第3部分:喷嘴和文丘里喷嘴

1 范围

GB/T 2624的本部分规定了喷嘴和文丘里喷嘴的几何尺寸和安装在管道中测量满管流体流量的使用方法(安装和工作条件)。

GB/T 2624的本部分亦提供了用于计算流量并可配合GB/T 2624.1规定要求一起使用的相关资料。

GB/T 2624的本部分适用于在整个测量段内流体保持亚音速流动,且可被认为是单相流的喷嘴和文丘里喷嘴。此外,每种装置只能用于规定的管道尺寸和雷诺数。本部分不适用于脉动流的测量。本部分不涉及喷嘴和文丘里喷嘴在尺寸小于50 mm或大于630 mm,或管道雷诺数低于10 000的管道中的使用。

GB/T 2624的本部分涉及

a) 两种型式的标准喷嘴:

 1) ISA1932喷嘴;

 2) 长径喷嘴[5)]。

b) 文丘里喷嘴。

这两种型式的标准喷嘴有着很大的差别,所以本部分分别予以叙述。文丘里喷嘴的上游端面与ISA 1932喷嘴相同,但它有一个扩散段,所以下游取压口的位置不同,因此单独予以叙述。这种结构的压力损失比类似的喷嘴低。两种标准喷嘴和文丘里喷嘴都做过直接校准实验,实验的数量、分布范围和质量足以保证相关应用系统能以具有一定的可预测不确定度限值的校准实验结果和系数作为依据。

2 规范性引用文件

下列文件中的条款通过GB/T 2624的本部分的引用而成为本部分的条款。凡是注日期的引用文件,其随后所有的修改单(不包括勘误的内容)或修订版均不适用于本部分,然而,鼓励根据本部分达成协议的各方研究是否可使用这些文件的最新版本。凡是不注日期的引用文件,其最新版本适用于本部分。

GB/T 2624.1—2006 用安装在圆形截面管道中的差压装置测量满管流体流量 第1部分:一般原理和要求(ISO 5167-1:2003,IDT)

GB/T 17611—1998 封闭管道中流体流量的测量 术语和符号(idt ISO 4006:1991)

3 术语和定义

GB/T 17611—1998和GB/T 2624.1—2006确立的术语和定义适用于GB/T 2624的本部分。

4 测量原理和计算方法

测量原理是以喷嘴和文丘里喷嘴安装在充满流体的管线中为依据。一次装置的安装使上游侧与喉

---

5) 长径喷嘴的形状和取压口位置与ISA 1932喷嘴不同。

部之间产生一个静压差。根据该差压的实测值和对流体特性的了解以及装置使用情况就可以确定流量。假设该装置与已经过校准的装置几何相似且使用条件相同，即为符合 GB/T 2624 的本部分。

质量流量可用公式(1)确定：

$$q_m = \frac{C}{\sqrt{1-\beta^4}} \varepsilon \frac{\pi}{4} d^2 \sqrt{2\Delta p \rho_1} \quad \cdots\cdots (1)$$

不确定度的极限值可按 GB/T 2624.1—2006 的第 8 章给出的程序进行计算。

同样，体积流量可用公式(2)计算：

$$q_V = \frac{q_m}{\rho} \quad \cdots\cdots (2)$$

式中：

ρ——测定体积流量时的温度和压力下的流体密度。

流量计算纯粹是一个算术运算过程，可以用数值替换公式(1)右边各个不同的项来实现。给出表 A.1～表 A.4 是为了提供方便。表 A.1 给出了对应于 β 的 C 值。表 A.4 给出了可膨胀性(膨胀)系数 ε。它们不供精确内插，不允许外推。

流出系数 C 取决于 Re_D，而 Re_D 又取决于 q_m，C 必须用迭代法获得(见 GB/T 2624.1—2006 的附录 A 中有关迭代法程序和初始估计选择的说明)。

公式(1)提及的 d 和 D 是工作条件下的直径值。在任何其他条件下进行的测量，都必须对测量期间由于流体的温度和压力值改变引起一次装置和管道任何可能的膨胀或收缩进行修正。

必须了解工作条件下流体的密度和粘度，对于可压缩流体，还必须知道工作条件下流体的等熵指数。

5 喷嘴和文丘里喷嘴

5.1 ISA 1932 喷嘴

5.1.1 一般形状

喷嘴在管道内的部分是圆形的。喷嘴由圆弧廓形的收缩部分和圆筒形喉部组成。

图 1 所示为 ISA 1932 喷嘴喉部轴线平面的截面图。

下文提到的字母参见图 1。

5.1.2 喷嘴廓形

5.1.2.1 喷嘴廓形的特征：

——一个垂直于中心线的平面入口部分 A；

——一个由 B 和 C 两段圆弧构成的收缩段；

——一个圆筒形喉部 E；

——一个任选的护槽 F(只用于防止边缘 G 受损)。

5.1.2.2 平面入口部分 A 是由直径为 1.5d 且与旋转轴同心的圆周和直径为 D 的管道内部圆周限定的。

当 $d=2D/3$ 时，此平面部分的径向宽度为零。

当 $d>2D/3$ 时，在管道内的喷嘴上游端面就不包括平面入口部分。在此情况下，喷嘴将按照 $D>1.5d$ 那样进行加工，然后将入口平面部分切平，使收缩廓形的最大直径恰好等于 D[见 5.1.2.7 和图 1 b)]。

5.1.2.3 当 $d<2D/3$，同时圆弧 B 的半径 R_1 等于 0.2d±0.02d(对于 $\beta<0.5$)和 0.2d±0.006d(对于 $\beta\geqslant0.5$)时，圆弧 B 与平面入口部分 A 相切。圆心距入口平面 0.2d，距轴线 0.75d。

5.1.2.4 圆弧 C 与圆弧 B 及喉部 E 相切。其半径 R_2 等于 $d/3\pm0.033d$(对于 $\beta<0.5$)和 $d/3\pm0.01d$(对于 $\beta\geqslant0.5$)。其圆心距轴线 $d/2+d/3=5d/6$。距平面入口部分 A：

$$a_n=\left(\frac{12+\sqrt{39}}{60}\right)d=0.3041d$$

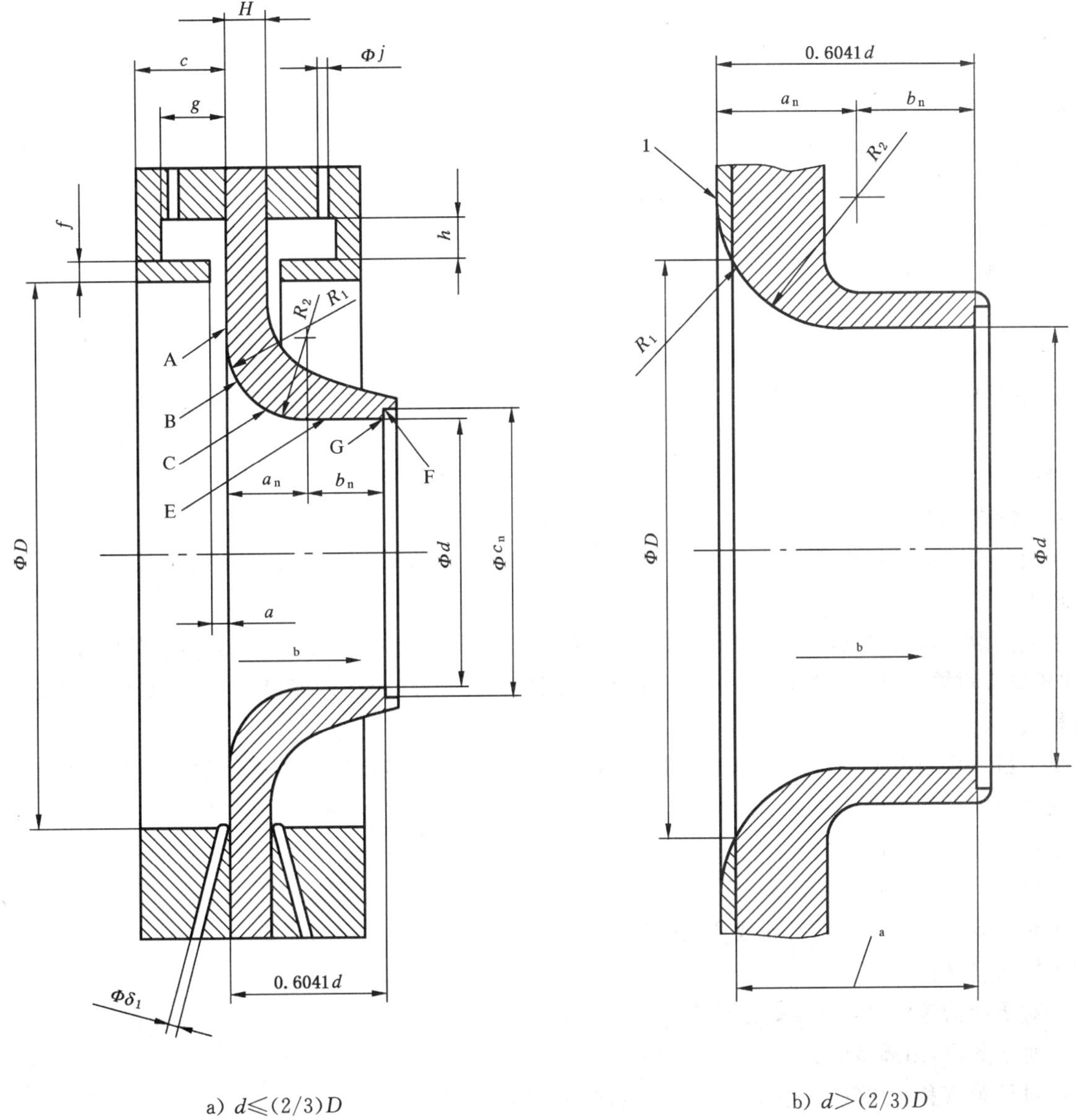

a) $d\leqslant(2/3)D$　　b) $d>(2/3)D$

1——应切除的部分。

[a] 见 5.1.2.7。

[b] 流动方向。

图 1 ISA 1932 喷嘴

5.1.2.5 喉部 E 的直径为 d,长度 $b_n=0.3d$。

喉部直径 d 值应取至少 4 个直径测量值的平均值,各个直径之间彼此以近似相等的角度分布在轴向平面上。

喉部应为圆筒形。任何一个横截面直径与平均直径值之差不得大于 0.05%。当任何一个被测直径的长度偏差均符合上述偏离平均值的要求时,即认为已满足此要求。

5.1.2.6 护槽 F 的直径 c_n 至少等于 $1.06d$,长度小于或等于 $0.03d$。护槽高度 $(c_n-d)/2$ 与其轴向长度之比不得大于 1.2。

出口边缘 G 应是锐边。

5.1.2.7 喷嘴的总长度(不包括护槽 F)取决于 β,等于:

$$0.6041d\left(对于 0.3 \leqslant \beta \leqslant \frac{2}{3}\right)$$

和

$$\left(0.4041+\sqrt{\frac{0.75}{\beta}-\frac{0.25}{\beta^2}-0.5225}\right)d \qquad \left(对于 \frac{2}{3} < \beta \leqslant 0.8\right)$$

5.1.2.8 收缩段入口的廓形应利用样板进行检验。

在垂直于轴线的同一平面上,收缩段入口的两个直径彼此相差不得超过平均值的 0.1%。

5.1.2.9 上游端面和喉部应抛光,使粗糙度 $Ra \leqslant 10^{-4}d$。

5.1.3 下游端面

5.1.3.1 厚度 H 不得超 $0.1D$。

5.1.3.2 除 5.1.3.1 的条件外,下游端面的廓形和表面粗糙度不作规定(见 5.1.1)。

5.1.4 材料和制造

只要 ISA 1932 喷嘴符合前述要求并在流量测量期间仍保持不变,它就可以用任何材料和任何方法制造。

5.1.5 取压口

5.1.5.1 喷嘴上游应采用角接取压口。

上游取压口可以是单个取压口或者是环隙。如图 1 所示,这两种取压口可位于管道上、管道法兰上或夹持环上。

各个上游取压口的轴线与上游端面 A 的间距等于取压口本身直径的二分之一或宽度的二分之一。这样,取压口穿透管壁处就与端面 A 齐平。各个上游取压口的轴线应尽可能以 90°的角度与一次装置的轴线相交。

单个上游取压口的直径 δ_1 和环隙的宽度 a 规定如下。最小直径实际上是根据防止偶然阻塞及取得良好动态特性的需要确定的。

对于清洁流体和蒸汽:

——对于 $\beta \leqslant 0.65$:$0.005D \leqslant a$ 或 $\delta_1 \leqslant 0.03D$;

——对于 $\beta > 0.65$:$0.01D \leqslant a$ 或 $\delta_1 \leqslant 0.02D$。

对于任何 β 值:

——对于清洁流体:$1\ \text{mm} \leqslant a$ 或 $\delta_1 \leqslant 10\ \text{mm}$;

——对于蒸汽,用环室时:$1\ \text{mm} \leqslant a \leqslant 10\ \text{mm}$;

——对于蒸汽和液化气体,用单个取压口时:$4\ \text{mm} \leqslant \delta_1 \leqslant 10\ \text{mm}$。

环隙通常在整个周长上穿通管道,连续而不中断。若非如此,则每个环室应至少由 4 个开孔与管道内部连通。每个开孔的轴线彼此互成等角,而单个开孔的面积至少为 12 mm²。

夹持环的内径 b 必须大于或等于管道内径 D,以保证它不突入管道内,但应小于或等于 $1.04D$。此外,应满足下列条件:

$$\frac{b-D}{D} \times \frac{c}{D} \times 100 \leqslant \frac{0.1}{0.1+2.3\beta^4}$$

上游环(见图 1)的长度 c 不得大于 $0.5D$。

环隙厚度 f 应大于或等于环隙宽度 a 的两倍。环室的横截面积 gh 应大于或等于环室连通管道内部的开孔总面积的二分之一。

环室接触被测流体的表面应清洁,并有良好的加工粗糙度。

连接环室与二次装置的取压口是管壁取压口,在贯穿处是圆形的,其直径 j 在 4 mm～10 mm

之间。

上游夹持环和下游夹持环不必彼此对称，但均应符合前述规定。

管道直径应按6.4.2的规定测量，夹持环可看作是一次装置的一部分。这亦适用于6.4.4给出的距离要求，因而长度 s 应从夹持环形成的凹槽的上游边缘处测量起。

5.1.5.2 下游取压口可以是如5.1.5.1所述的角接取压口，也可以是如本条款下述的取压口。

取压口轴线与喷嘴上游端面之间的距离应为：

——$\leqslant 0.15D$（对于 $\beta \leqslant 0.67$）；

——$\leqslant 0.20D$（对于 $\beta > 0.67$）。

设置取压口时，应预先考虑垫圈和(或)密封材料的厚度。

取压口轴线应尽可能以90°角度与管道轴线相交，但在任何情况下都应在垂直线的3°以内。穿透处孔应为圆形，边缘应与管壁内表面齐平并尽可能锐利。为确保去除内部边缘上的一切毛边或卷口，允许倒圆但应尽可能小，若能测量，倒圆的半径应小于取压口的1/10。在连接孔内、管壁上钻孔的边缘或靠近取压口的管壁上不应呈现不规则性。可目测检查，判断取压口是否符合本段的要求。

取压口直径应小于 $0.13D$ 和小于13 mm。

取压口的最小直径不受限制，在实际应用中它是根据防止偶然阻塞及取得良好的动态特性的需要而确定的。上游和下游取压口的直径应相同。

从管道内壁量起，在至少2.5倍于取压口直径的长度内，取压口应为圆形和圆筒形。

取压口的轴线可位于管道的任一轴向平面上。

上游取压口和下游取压口的轴线可位于不同的轴向平面上。

5.1.6 ISA 1932喷嘴的系数

5.1.6.1 使用限制

这种型式的喷嘴应按GB/T 2624的本部分的规定只使用在下列条件下：

——$50\ \mathrm{mm} \leqslant D \leqslant 500\ \mathrm{mm}$；

——$0.3 \leqslant \beta \leqslant 0.8$。

同时 Re_D 在下述限值范围内：

——当 $0.30 \leqslant \beta < 0.44$ 时，$7 \times 10^4 \leqslant Re_D \leqslant 10^7$；

——当 $0.44 \leqslant \beta \leqslant 0.80$ 时，$2 \times 10^4 \leqslant Re_D \leqslant 10^7$。

此外，管道相对粗糙度应符合表1给出的值。

表1 ISA 1932喷嘴上游管道的相对粗糙度上限值

β	$\leqslant 0.35$	0.36	0.38	0.40	0.42	0.44	0.46	0.48	0.50	0.60	0.70	0.77	0.80
$10^4 Ra/D$	8.0	5.9	4.3	3.4	2.8	2.4	2.1	1.9	1.8	1.4	1.3	1.2	1.2
注：本表所依据的数据多半是在 $Re_D \leqslant 10^6$ 范围内收集到的；在较高雷诺数下，可能需要更为严格的管道粗糙度限值。													

GB/T 2624的本部分给出流出系数 C 值所依据的实验，大部分是在相对粗糙度为 $Ra/D \leqslant 1.2 \times 10^{-4}$ 的管道中进行的。如果喷嘴上游至少 $10D$ 长度范围内的粗糙度在表1给出的范围之内，也可使用较高相对粗糙度的管道。至于如何确定 Ra 的资料由GB/T 2624.1给出。

5.1.6.2 流出系数 C

流出系数 C 按公式(3)计算：

$$C = 0.990\,0 - 0.226\,2\beta^{4.1} - (0.001\,75\beta^2 - 0.003\,3\beta^{4.15})\left(\frac{10^6}{Re_D}\right)^{1.15} \quad \cdots\cdots\cdots\cdots(3)$$

为方便使用，表A.1给出了对应于 β 和 Re_D 的 C 值。这些值不供精确内插，不允许外推。

5.1.6.3 可膨胀性(膨胀)系数 ε

可膨胀性(膨胀)系数 ε 按公式(4)计算：

$$\varepsilon = \sqrt{\left(\frac{\kappa\tau^{2/\kappa}}{\kappa-1}\right)\left(\frac{1-\beta^4}{1-\beta^4\tau^{2/\kappa}}\right)\left(\frac{1-\tau^{(\kappa-1)/\kappa}}{1-\tau}\right)} \quad \cdots\cdots(4)$$

公式(4)仅适用于5.1.6.1规定的β、D和Re_D值。确定ε的试验结果已知仅有空气、蒸汽和天然气的。但是将同一公式用于已知等熵指数的其他气体和蒸汽，尚未知有任何异议。

然而，只有当$p_2/p_1 \geqslant 0.75$时此公式才适用。

为方便起见，表A.4给出了一系列等熵指数、压力比和直径比的可膨胀性(膨胀)系数值。这些值不供精确内插，不允许外推。

5.1.7 不确定度

5.1.7.1 流出系数C的不确定度

假定β、D、Re_D和Ra/D已知且无误差，C值的相对不确定度等于：

——0.8%(对于$\beta \leqslant 0.6$)；

——$(2\beta-0.4)$%(对于$\beta > 0.6$)。

5.1.7.2 可膨胀性(膨胀)系数ε的不确定度

ε的相对不确定度等于：

$$2\frac{\Delta p}{p_1}\%$$

5.1.8 压力损失$\Delta\varpi$

公式(5)近似地显示出ISA 1932喷嘴的压力损失$\Delta\varpi$与差压的关系：

$$\Delta\varpi = \frac{\sqrt{1-\beta^4(1-C^2)}-C\beta^2}{\sqrt{1-\beta^4(1-C^2)}+C\beta^2}\Delta p \quad \cdots\cdots(5)$$

此压力损失是邻近一次装置的上游侧(大约在一次装置上游$1D$处，此处的接近冲击压力影响可忽略不计)测得的管壁压力与一次装置下游侧(大约在一次装置下游$6D$处。一般认为，由于流束膨胀的缘故静压恰好在此处完全恢复)测得的管壁压力之间的静压差。

ISA 1932喷嘴的压力损失系数K为

$$K = \left[\frac{\sqrt{1-\beta^4(1-C^2)}}{C\beta^2}-1\right]^2 \quad \cdots\cdots(6)$$

式中K由公式(7)确定：

$$K = \frac{\Delta\varpi}{\frac{1}{2}\rho_1 v^2} \quad \cdots\cdots(7)$$

5.2 长径喷嘴

5.2.1 总则

长径喷嘴有两种型式，称为：

——高比值喷嘴$(0.25 \leqslant \beta \leqslant 0.8)$；

——低比值喷嘴$(0.20 \leqslant \beta \leqslant 0.5)$。

当β值介于0.25～0.50之间时，可采用任意一种喷嘴。

图2所示为长径喷嘴的几何形状，图中显示的是喉部轴线的横截面。

下文提到的字母指的是图2中的字母。

这两种喷嘴都由四分之一椭圆状收缩入口部分和圆筒形喉部组成的。

喷嘴在管道内的部分应为圆形，但取压口的洞孔处可能例外。

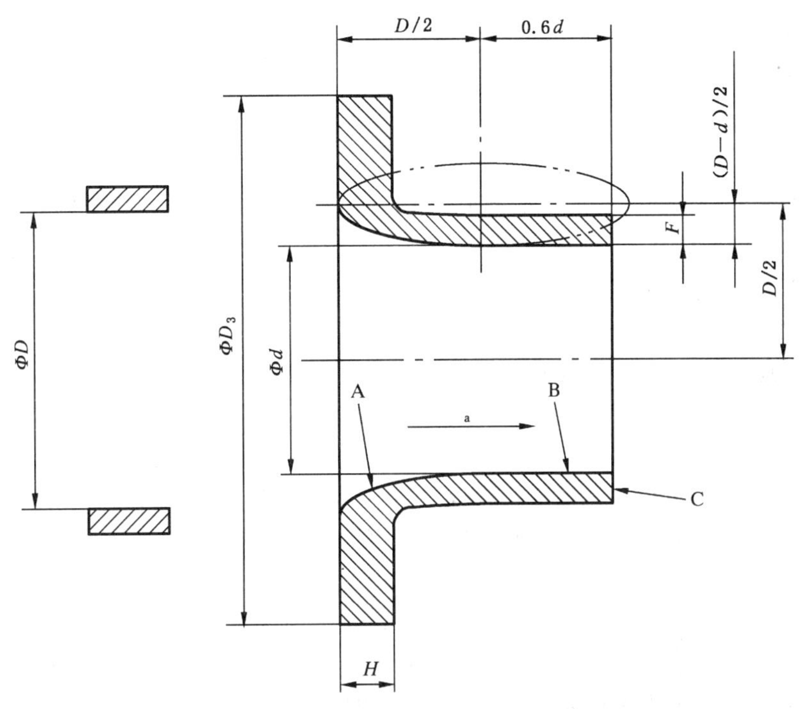

a）高比值 0.25≤β≤0.8

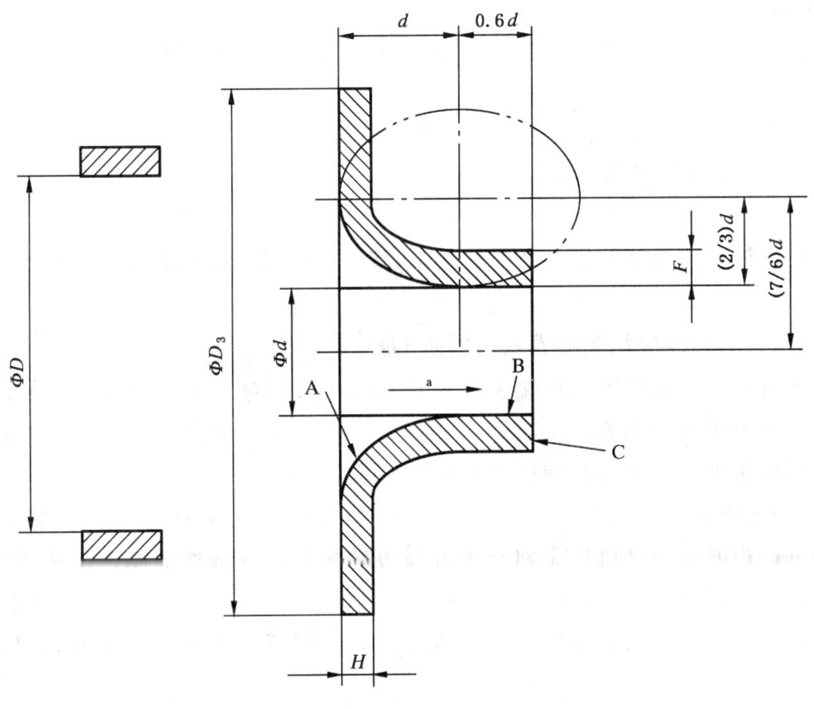

b）低比值 0.20≤β≤0.5

[a] 流动方向。

图 2　长径喷嘴

5.2.2 高比值喷嘴的廓形

5.2.2.1 内表面的特征是：

——一个收缩段 A；

——一个圆筒形喉部 B；

——一个平面端部 C。

5.2.2.2 收缩段 A 为四分之一椭圆形。

椭圆中心距轴线 $D/2$。椭圆的长轴平行于轴线。长半轴的值为 $D/2$。短半轴的值为 $(D-d)/2$。

收缩段的廓形应借助样板进行检验。垂直于轴线的同一平面上，收缩段的两个直径之差不得大于它们平均值的 0.1%。

5.2.2.3 喉部 B 的直径为 d，长度为 $0.6d$。

喉部直径 d 值应取轴向平面上至少 4 个直径测量值的平均值，各个直径彼此以近似相等的角度分布。

喉部应为圆筒形。任何一个横截面的直径与平均直径值之差不得大于 0.05%。应测量足够数量的横截面，以便能确定流动方向上无喉部扩张现象；在规定的不确定度之内可有轻微的收缩。在最靠近出口部分这点尤其重要。当任何一个被测直径的长度偏差均符合上述与平均值的偏差要求时，即认为已满足此要求。

5.2.2.4 管壁与喉部外表面的间距应大于或等于 3 mm。

5.2.2.5 厚度 H 应大于或等于 3 mm，并小于或等于 $0.15D$。喉部的厚度 F 应大于或等于 3 mm，除非 $D \leqslant 65$mm，此时 F 应大于或等于 2 mm。厚度应足以防止机械应力造成变形。

5.2.2.6 内表面的粗糙度 $Ra \leqslant 10^{-4} d$。

5.2.2.7 下游(外侧)表面形状不作规定，但应符合 5.2.2.4 和 5.2.2.5 及 5.2.1 最后一句的规定。

5.2.3 低比值喷嘴的廓形

5.2.3.1 除 5.2.3.2 规定的椭圆本身的形状外，5.2.2 规定的高比值喷嘴的要求同样适用于低比值喷嘴。

5.2.3.2 收缩入口 A 为四分之一椭圆形。椭圆中心距轴线 $d/2+2d/3=7d/6$。椭圆的长轴平行于轴线。长半轴的值为 d。短半轴的值为 $2d/3$。

5.2.4 材料和制造

长径喷嘴只要在流量测量期间能符合前述要求，就可用任何材料和任何方法制造。

5.2.5 取压口

5.2.5.1 上游取压口的轴线应相距喷嘴入口端面 $1D^{+0.2D}_{-0.1D}$。

下游取压口的轴线应相距喷嘴入口端面 $0.50D \pm 0.01D$，但对于 $\beta < 0.3188$ 的低比值喷嘴，其下游取压口的轴线应相距喷嘴入口 $1.6d^{+0}_{-0.02D}$。

安装取压口时应预先考虑垫圈和(或)密封材料的厚度。

5.2.5.2 取压口的轴线应尽可能以 90°的角度与管道轴线相交，但在所有情况下都不超过垂直线 3°。穿透处孔应为圆形。边缘应与管道内表面齐平并尽可能锐利。为确保去除内部边缘的一切毛边或卷口，允许倒圆但应尽可能最小，若能测量，其半径应小于取压口直径的 1/10。在连接孔的内部，在管壁钻孔的边缘或靠近取压口的管壁上不应呈现不规则性。可通过目测检查判断取压口是否符合本段的要求。

取压口的直径应小于 $0.13D$ 和 13 mm。

取压口最小直径不受限制，在实际应用中它是根据防止偶然阻塞及取得良好的动态特性的需要而确定的。上游和下游取压口的直径应相同。

从管道内壁量起，在至少 2.5 倍取压口内径的长度内，取压口应为圆形和圆筒形。

取压口的中线可位于管道的任一轴向平面上。

上游取压口和下游取压口的轴线可位于不同的轴向平面上。

5.2.6 长径喷嘴的系数

5.2.6.1 使用限制

在下列条件下，应按 GB/T 2624 的本部分的规定只使用长径喷嘴：

——50 mm$\leqslant D \leqslant$630 mm；

——$0.2 \leqslant \beta \leqslant 0.8$；

——$10^4 \leqslant Re_D \leqslant 10^7$；

——$Ra/D \leqslant 3.2 \times 10^{-4}$（在上游管道中）。

如果喷嘴上游至少 10D 长度范围内的粗糙度在上述极限之内，则具有较高相对粗糙度的管子还是可以使用的。

注：这个管子粗糙度限值所依据的数据大多数是在 $Re_D \leqslant 10^6$ 的范围内收集到的；在较高雷诺数下可能需要对管道粗糙度做出更为严格的限制。

5.2.6.2 流出系数 C

当取压口符合 5.2.5 时，两种型式长径喷嘴的流出系数 C 是相同的。

当涉及上游管道雷诺数 Re_D 时，流出系数按公式(8)计算：

$$C = 0.9965 - 0.00653\sqrt{\frac{10^6\beta}{Re_D}} \qquad (8)$$

当涉及喉部雷诺数 Re_d 时，公式(8)变成：

$$C = 0.9965 - 0.00653\sqrt{\frac{10^6}{Re_d}} \qquad (9)$$

在这种情况下，C 与直径比 β 无关。

为方便起见，表 A.2 给出了对应于 β 和 Re_D 的 C 值，这些值不供精确内插，不允许外推。

5.2.6.3 可膨胀性(膨胀)系数 ε

5.1.6.3 的说明同样适用于长径喷嘴的可膨胀性(膨胀)系数，但应符合 5.2.6.1 规定的使用限制。

5.2.7 不确定度

5.2.7.1 流出系数 C 的不确定度

当假设 β 和 Re_D 已知且无误差，对于 0.20～0.8 之间的所有 β 值，C 值的相对不确定度为 2.0%。

5.2.7.2 可膨胀性(膨胀)系数 ε 的不确定度

ε 的相对不确定度等于

$$2\frac{\Delta p}{p_1}\% \qquad (10)$$

5.2.8 压力损失 $\Delta\varpi$

5.1.8 同样适用于长径喷嘴的压力损失。

5.3 文丘里喷嘴

5.3.1 一般形状

5.3.1.1 文丘里喷嘴(见图 3)的廓形是轴对称的。它由圆弧廓形收缩段、圆筒喉部和扩散段组成。

5.3.1.2 上游端面与 ISA 1932 喷嘴(见图 1)完全相同。

5.3.1.3 平面入口部分 A 是由直径为 1.5d 且与旋转轴同心的圆周和直径为 D 的管道内部圆周限定的。

当 $d=2D/3$ 时，此平面部分的径向宽度为零。

当 $d>2D/3$ 时，喷嘴上游端面就不包括管道内的平面入口部分。在这种情况下，喷嘴按 D 大于 1.5d 进行加工，然后将入口平面部分切平，使收缩廓形的最大直径恰好等于 D。

5.3.1.4 当 $d<2D/3$，同时圆弧 B 的半径 R_1 等于 $0.2d \pm 0.02d$(对于 $\beta<0.5$)和 $0.2d \pm 0.006d$(对于

$\beta \geqslant 0.5$)时，圆弧 B 与平面入口部分 A 相切。圆心距入口平面 $0.2d$，距轴线 $0.75d$。

5.3.1.5　圆弧 C 与圆弧 B 及喉部 E 相切，其半径 R_2 等于 $d/3 \pm 0.033d$(对于 $\beta < 0.5$)和 $d/3 \pm 0.01d$(对于 $\beta \geqslant 0.5$)。其圆心距轴线 $d/2 + d/3 = 5d/6$，距平面入口部分 A：

$$a_{\mathrm{n}} = \left(\frac{12+\sqrt{39}}{60}\right)d = 0.3041d$$

5.3.1.6　喉部(见图 3)由长度为 $0.3d$ 的 E 部分和长度为 $0.4d \sim 0.45d$ 的 F 部分组成。

喉部直径 d 值应取至少 4 个直径测量值的平均值，各个直径之间彼此以近似相等的角度分布在轴向平面上。

喉部应为圆筒形。任何一个横截面直径与平均直径值之差不得大于 0.05%。当任何一个被测直径的长度偏差均符合上述偏离平均值的要求时，即认为已满足此要求。

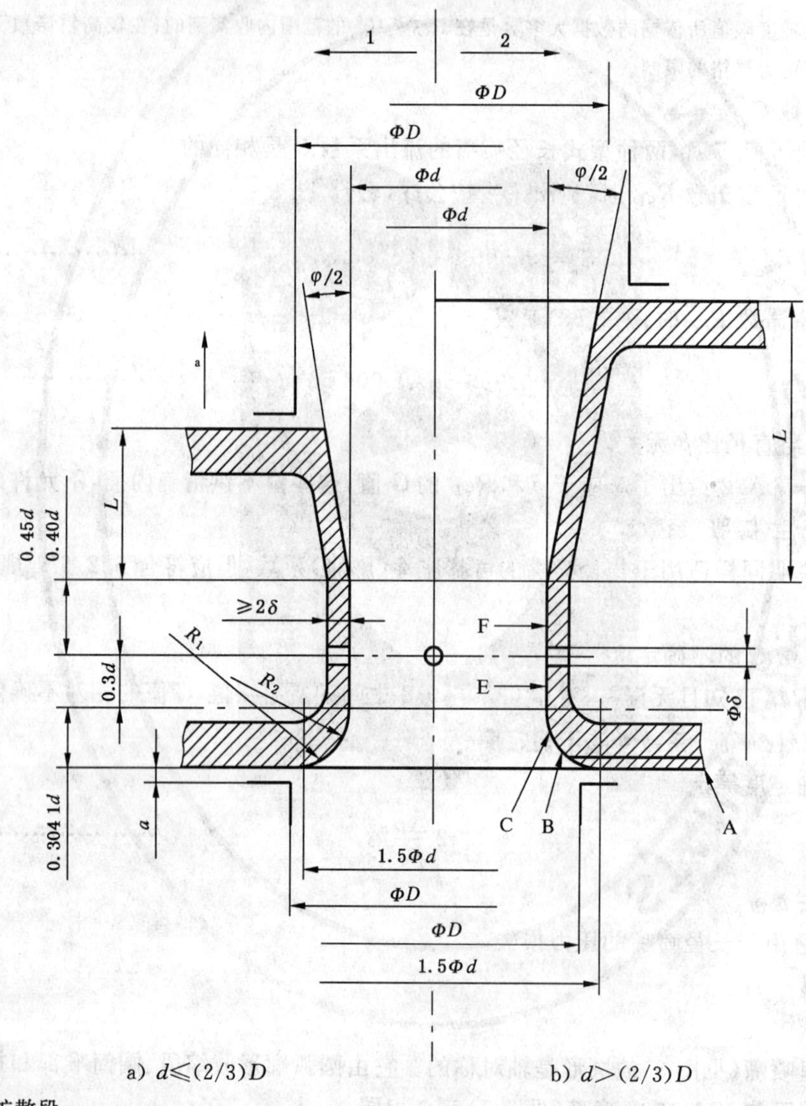

a) $d \leqslant (2/3)D$　　　　b) $d > (2/3)D$

1——截尾的扩散段；

2——不截尾的扩散段。

[a] 流动方向。

图 3　文丘里喷嘴

5.3.1.7　扩散段(见图 3)与喉部的 F 部分联接，无圆弧，但应除去所有毛刺。

扩散段的夹角 φ 应小于或等于 30°。

扩散段的长度 L 实际上对流出系数 C 并无影响，但是扩散段的夹角(因而导致长度)确实影响压力损失。

5.3.1.8 当扩散段的出口直径小于直径 D 时，文丘里喷嘴称为“截尾的”文丘里喷嘴，而当出口直径等于直径 D 时，则称为“不截尾的”文丘里喷嘴。扩散段可截去其长度的 35%，而不致引起装置压力损失显著变化。

5.3.1.9 文丘里喷嘴内表面的粗糙度应为 $Ra \leqslant 10^{-4} d$。

5.3.2 材料和制造

5.3.2.1 只要文丘里喷嘴符合 5.3.1 的要求并在使用期间仍保持不变，它就可以用任何材料制造。尤其是，文丘里喷嘴在测量流量后需要清洗。

5.3.2.2 文丘里喷嘴通常采用金属材料制造，并应能耐被测流体的腐蚀和侵蚀。

5.3.3 取压口

5.3.3.1 取压口的位置

取压口的轴线可位于管道的任一轴向平面上。然而，如果可能存在杂质、液滴或气泡的话，就应当考虑取压口的位置，避免设在管道的底部和顶部。

5.3.3.2 上游取压口

上游取压口应是角接取压口(见 5.1.5.1)。如图 4 所示，取压口可位于管道上、管道法兰上或夹持环上。

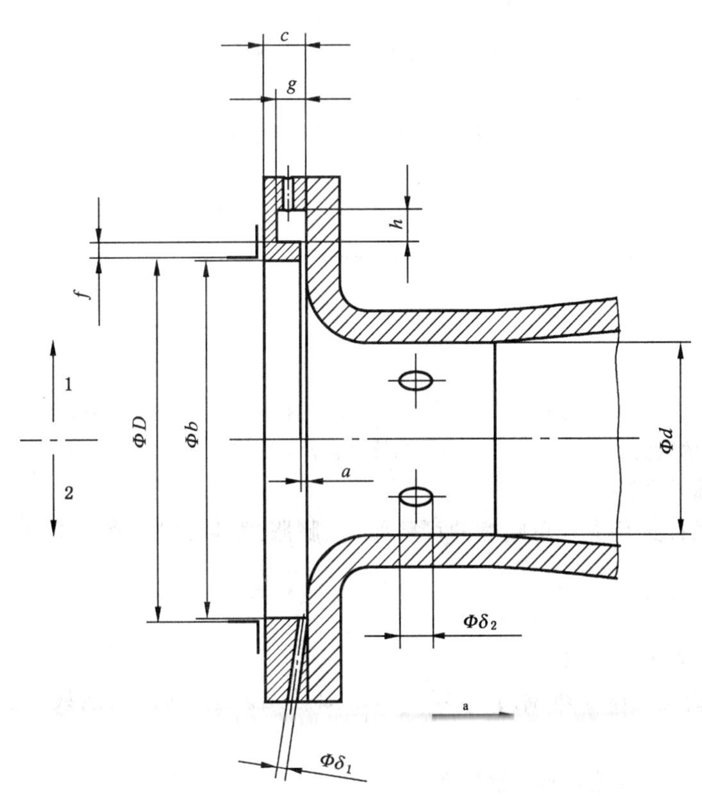

1——具有环隙；

2——具有单个角接取压口。

a 流动方向。

图 4 文丘里喷嘴——取压口

5.3.3.3 喉部取压口

喉部取压口应至少有 4 个单个取压口，连通到环室、均压环或者(如果是 4 个取压口)“三重 T 型结构上(见 GB/T 2624.1—2006 的 5.4.3)。不得采用环隙或间断隙。

取压口的轴线应与文丘里喷嘴的轴线相交并应彼此成等角。喉部取压口的轴线应处在垂直于文丘里喷嘴轴线的平面上,该平面是圆筒喉部 E 部分和 F 部分之间的假想界面。

文丘里喷嘴喉部中单个钻孔取压口的直径 δ_2 应小于或等于 $0.04d$,且应在 2 mm～10 mm 之间。

从文丘里喷嘴内壁量起,在至少 2.5 倍取压口内径的长度内,取压口应为圆形和圆筒形。

穿透处孔应为圆形。边缘应与文丘里喷嘴的内表面齐平并尽可能锐利。为确保去除内部边缘上的一切毛边或卷口,允许倒圆但应尽可能最小,若能测量,其半径应小于取压口直径的 1/10。在连接孔内、文丘里喷嘴上钻孔的边缘或靠近取压口的管壁上不应呈现不规则性。

可目测检查,判断取压口是否符合规定要求。

5.3.4 系数

5.3.4.1 使用限制

文丘里喷嘴应按 GB/T 2624 的本部分的规定只使用在下列条件下:

——$65\ \text{mm} \leqslant D \leqslant 500\ \text{mm}$;

——$d \geqslant 50\ \text{mm}$;

——$0.316 \leqslant \beta \leqslant 0.775$;

——$1.5 \times 10^5 \leqslant Re_D \leqslant 2 \times 10^6$。

此外,管道的粗糙度应符合表 2 给出的值。

作为流出系数 C 值依据的实验,大部分是在相对粗糙度 $Ra/D < 1.2 \times 10^{-4}$ 的管道中进行的。如果一次装置上游至少 $10D$ 长度范围内的粗糙度在表 2 给出的限值范围之内,也可使用较高相对粗糙度的管道。Ra 的确定方法见 GB/T 2624.1。

表 2 文丘里喷嘴上游管道的相对粗糙度上限

β	≤0.35	0.36	0.38	0.40	0.42	0.44	0.46	0.48	0.50	0.60	0.70	0.775
$10^4 Ra/D$	8.0	5.9	4.3	3.4	2.8	2.4	2.1	1.9	1.8	1.4	1.3	1.2

5.3.4.2 流出系数 C

流出系数 C 按下式计算:

$$C = 0.985\,8 - 0.196\beta^{4.5}$$

为方便起见,表 A.3 给出了对应于 β 的 C 值。这些值不供精确内插,不允许外推。

注:在 5.3.4.1 规定的限值范围之内,C 与雷诺数和管道直径 D 无关。

5.3.4.3 可膨胀性(膨胀)系数 ε

5.1.6.3 的说明同样适用文丘里喷嘴的可膨胀性(膨胀)系数,但应在 5.3.4.1 规定的使用限制范围内。

5.3.5 不确定度

5.3.5.1 流出系数 C 的不确定度

在 5.3.4.1 规定的使用限制范围内,假定 β 为已知且无误差,则流出系数 C 值的相对不确定度等于:$(1.2 + 1.5\beta^4)\%$。

5.3.5.2 可膨胀性(膨胀)系数 ε 的不确定度

ε 的相对不确定度等于:$(4 + 100\beta^8)\dfrac{\Delta p}{p_1}\%$。

5.3.6 压力损失

当扩散角不大于 15°时,5.3.6 的说明适用于文丘里喷嘴。

相对压力损失 ξ 是与差压 Δp 有关的压力损失 $\Delta p'' - \Delta p'$ 的值:

$$\xi = \frac{\Delta p'' - \Delta p'}{\Delta p}$$

压力损失如图 5 所示，且尤其取决于：

——直径比(当 β 增大时，ξ 减小)；

——雷诺数(当 Re_D 增大时，ξ 减小)；

——文丘里喷嘴的制造特性，即扩散段的角度、收缩段的制造、各个部件的表面加工等(当 φ 和 Ra/D 增大时，ξ 增大)；

——安装条件(良好的同心度、上游管道粗糙度等)。

当扩散角不大于 15°时，相对压力损失值一般在 5%～20%之间较为合适。

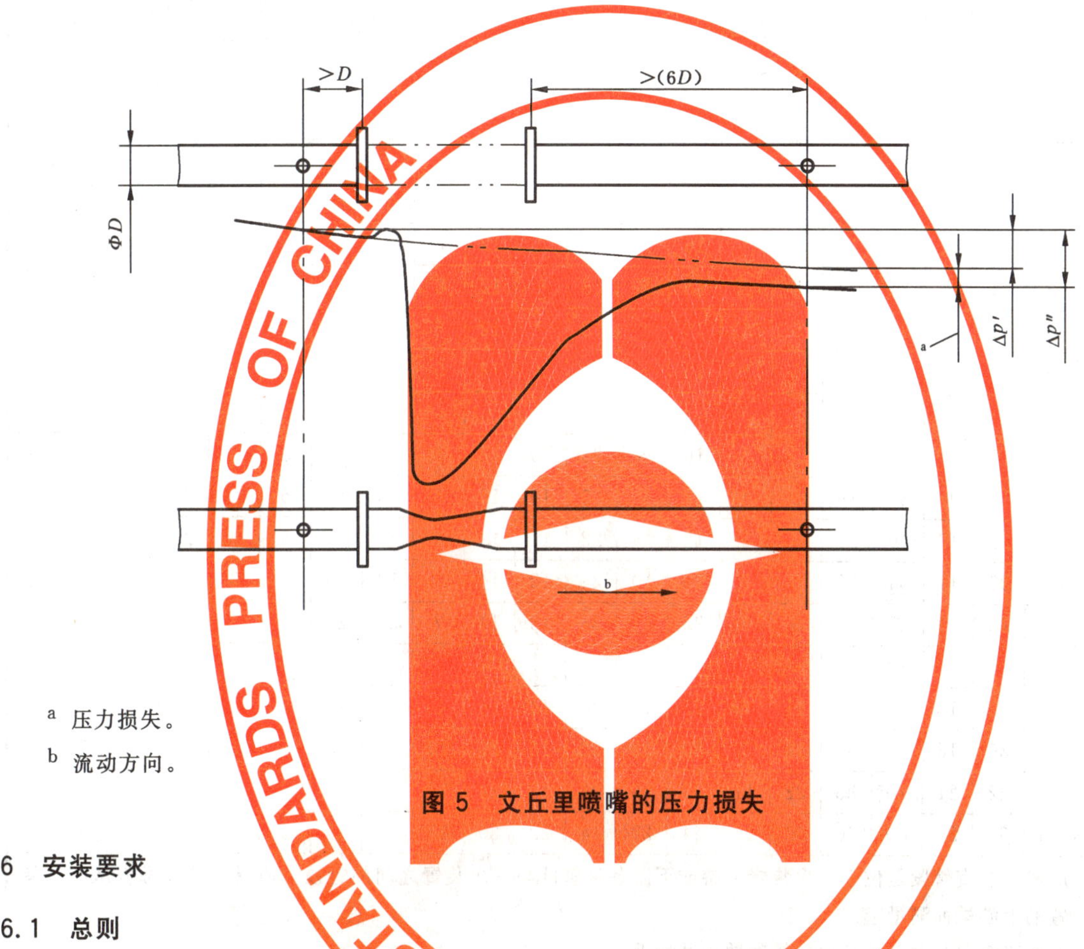

a 压力损失。

b 流动方向。

图 5 文丘里喷嘴的压力损失

6 安装要求

6.1 总则

差压装置的一般安装要求见 GB/T 2624.1—2006 的第 7 章，并宜结合本章喷嘴和文丘里喷嘴的特殊安装要求遵照执行。一次装置处流动状态的一般要求见 GB/T 2624.1—2006 的 7.3。流动调整器使用要求见 GB/T 2624.1—2006 的 7.4。某些常用的管件，如表 3 中规定的管件，可以使用标明的最短直管段(详细要求见 6.2)。

6.2 安装在各种管件和一次装置之间的最短上游和下游直管段

6.2.1 在不采用流动调整器的情况下，规定管件的一次装置上游和下游所需的最短直管段见表 3。

6.2.2 当不采用流动调整器时，表 3 中规定的长度应是最小值。尤其是对于研究和校验工作，建议表 3 规定的上游值至少增大一倍，以使测量不确定度减到最小程度。

6.2.3 当使用的直管段等于或大于表 3 的 A 栏中“零附加不确定度”的值时，就不必为了考虑特定安装的影响而增大流出系数的不确定度。

6.2.4 当上游或下游直管段短于表 3 给定管件的 A 栏中“零附加不确定度”的值，等于或大于 B 栏的“0.5%附加不确定度”的值时，应在流出系数的不确定度上算术相加 0.5%的附加不确定度。

表 3　喷嘴和文丘里喷嘴所需直管段

数值以管道内径 D 的倍数表示

直径比 β[a]	一次装置上游(入口)侧																				一次装置下游(出口)侧	
	单个 90°弯头或三通(仅从一个支管流出)		同一平面上两个或多个 90°弯头)		不同平面上两个或多个 90°弯头)		渐缩管(在 $1.5D$～$3D$ 长度内由 $2D$ 变为 D)		渐扩管(在 D～$2D$ 长度内由 $0.5D$ 变为 D)		球形阀全开		全孔球阀或闸阀全开		突然对称收缩		直径 $\leqslant 0.03D$ 的温度计插套或套管[b]		直径在 0.03～$0.13D$ 之间的温度计插套或套管[b]		各种管件(第 2 栏至第 8 栏)	
1	2		3		4		5		6		7		8		9		10		11		12	
	A[c]	B[d]	A[c]	B[d]	A[c]	B[d]	A[c]	B[d]	A[c]	B[d]	A[c]	B[d]	A[c]	B[d]	A[c]	B[d]	A[c]	B[d]	A[c]	B[d]	A[c]	B[d]
0.20	10	6	14	7	34	17	5	[e]	16	8	18	9	12	6	30	15	5	3	20	10	4	2
0.25	10	6	14	7	34	17	5	[e]	16	8	18	9	12	6	30	15	5	3	20	10	4	2
0.30	10	6	16	8	34	17	5	[e]	16	8	18	9	12	6	30	15	5	3	20	10	5	2.5
0.35	12	6	16	8	36	18	5	[e]	16	8	18	9	12	6	30	15	5	3	20	10	5	2.5
0.40	14	7	18	9	36	18	5	[e]	16	8	20	10	12	6	30	15	5	3	20	10	6	3
0.45	14	7	18	9	38	19	5	[e]	17	9	20	10	12	6	30	15	5	3	20	10	6	3
0.50	14	7	20	10	40	20	6	5	18	9	22	11	12	6	30	15	5	3	20	10	6	3
0.55	16	8	22	11	44	22	8	5	20	10	24	12	14	7	30	15	5	3	20	10	6	3
0.60	18	9	26	13	48	24	9	5	22	11	26	13	14	7	30	15	5	3	20	10	7	3.5
0.65	22	11	32	16	54	27	11	6	25	13	28	14	16	8	30	15	5	3	20	10	7	3.5
0.70	28	14	36	18	62	31	14	7	30	15	32	16	20	10	30	15	5	3	20	10	7	3.5
0.75	36	18	42	21	70	35	22	11	38	19	36	18	24	12	30	15	5	3	20	10	8	4
0.80	46	23	50	25	80	40	30	15	54	27	44	22	30	15	30	15	5	3	20	10	8	4

注 1：所需最短直管段是位于一次装置上游或下游各种管件与一次装置之间的管段。所有直管段都应从一次装置的上游端面测量起。

注 2：这些直管段长度并非建立在最新数据基础上。

[a] 对于某些型式的一次装置，并非所有 β 值都是允许的。

[b] 安装温度计套管或插孔不改变其他管件所需的最短上游直管段。

[c] 各种管件的 A 栏给出相当于“零附加不确定度”的值(6.2.3)。

[d] 各种管件的 B 栏给出相当于“0.5%附加不确定度”的值(6.2.4)。

[e] A 栏中的直管段给出零附加不确定度；目前尚无可用于给出 B 栏所需直管段的较短直管段数据。

6.2.5　在下列任何一种情况下，不能用 GB/T 2624 的本部分预计任何附加不确定度值：

a)　所用的直管段短于表 3 的 B 栏中规定的“0.5%附加不确定度”的值；

b)　上游和下游直管段都短于表 3 的 A 栏中规定的“零附加不确定度”的值。

6.2.6　表 3 涉及的阀在流量测量过程中应全开。建议用一次装置下游的阀控制流量。一次装置上游的隔断阀应全开，且应是全孔型阀。阀最好配备定位杆，使阀芯或闸板对准全开位置。表 3 所述阀的名义直径与上游管道相同，但其孔径导致直径台阶大于 6.4.3 的允许台阶。

6.2.7 在测量系统中，若上游阀的开孔与相邻管道系统相匹配，而且在全开条件下直径台阶不大于6.4.3的允许值，可将阀看作是测量管道长度的一部分，只要在测量流量时全开就无需另外增加长度。

6.2.8 表3给出的值是在所述管件的上游安装相当长的直管段通过实验确定的，所以紧靠管件上游的流动被认为是充分发展且无旋涡。鉴于这样的条件实际上难以实现，因此可以按以下内容指导正常安装实践。

a) 如果一次装置安装在从上游敞开空间或大容器引出的管道中，无论是直接引出还是通过表3涉及的任何管件引出，敞开空间与一次装置之间的管道总长度绝不应小于30*D*。如装有表3涉及的某个管件，则表中规定的直管段长度亦应适用于此管件与一次装置之间。

   在这种情况下，测量系统的集流管并不是一个敞开空间或大容器。大容器的截面积至少应是测量管截面积的10倍。如果是个正常集流管，其截面积一般等于工作中流量计管子截面积的1.5倍。强烈建议在集流管的下游安装流动调整器(见GB/T 2624.1—2006的7.4)，因为该处总会出现流动剖面失真且极可能出现旋涡。

b) 除了表中已涉及的90°弯头组合之外，如果表3涉及的几种管件串接在一次装置的上游，则应遵循下述规定：

   1) 紧邻一次装置的上游管件(管件1)和一次装置之间应该采用表3给出的适用于特定一次装置的最小长度指标。

   2) 此外，管件1和与之相邻而离一次装置较远的管件(管件2)之间的直管段，不管所用喷嘴的实际β是多少，其长度至少应等于管件1和管件2之间的管道直径乘以表3给出的与管件2一起使用的0.7直径比喷嘴的直径倍数的乘积的一半。如果选择了表3的B栏中的任何一个最短直管段(即从管件1到2取一半值之前)，则应在流出系数不确定度上算术相加0.5%附加不确定度。

   3) 如果上游测量段有一个全孔阀(如表3的第8栏)，在它之前有别的管件，例如渐扩管，则阀可以安装在从一次装置算起第二个管件的出口处。根据2)，阀和第二个管件之间的所需直管段长度应加在表3规定的一次装置与第一个管件之间的直管段长度上，见图6的例子。必须注意6.2.8 c)也应予以满足(如图6所示)。

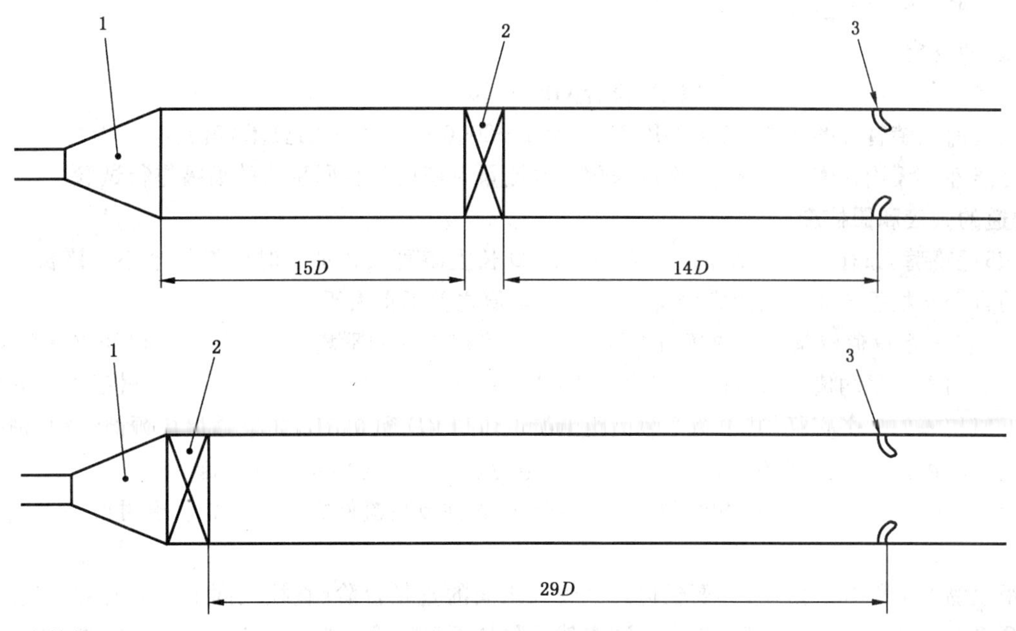

1——渐扩管；

2——全孔球阀或闸阀全开；

3——喷嘴。

图6 β=0.6包含一个全孔阀的布局

c) 除了 b)的要求之外,任何管件(将任何两个相连的 90°弯头当作一个管件)都应与一次装置隔开一段距离,不管该管件与一次装置之间有多少管件,这个距离至少应与一次装置处的管道直径和表 3 中该管件与相同直径比一次装置之间的所需直径倍数的乘积给出的距离一样大。一次装置与该管件之间的距离应沿管道轴线测量。对于任何上游管件,如果采用 B 栏而不是 A 栏的直径倍数来满足这个距离要求,应在流出系数不确定度上算术相加 0.5%的附加不确定度,但这个附加不确定度不应在 b)和 c)的条款下多次相加。

d) 对于两个或更多个 90°弯头的情况,如相邻弯头之间的长度小于 15D,则按照表 3 的第 3 栏和第 4 栏,可以把这些弯头看作为一个管件。

6.2.9 用实例说明 6.2.8 b)和 c)的三种应用情况。在每种情况中,距喷嘴第二个管件是互相垂直平面上的两个弯头,喷嘴的直径比为 0.65。

a) 如果第一个管件是个全开全孔球阀[见图 7 a)],则阀与喷嘴之间的距离应至少为 16D(根据表 3),互相垂直平面上的两个弯头与阀之间的距离应至少为 31D[根据 6.2.8b)];互相垂直平面上的两个弯头与喷嘴之间的距离应至少为 54D[根据 6.2.8 c)]。如果阀的长度为 1D,则需要 6D 附加长度,它可以在阀的上游也可在下游,或者部分在阀的上游,部分在阀的下游。只要从互相垂直平面上的两个弯头到喷嘴至少有 54D,可以按 6.2.8 b)3)的建议,把阀移至接近互相垂直平面上的两个弯头的位置[见图 7 b)]。

b) 如果第一个管件是在 2D 长度范围内由 2D 变成 D 的渐缩管[见图 7 c)],则渐缩管与喷嘴之间的距离应至少为 11D(根据表 3),互相垂直平面上的两个弯头与渐缩管之间的距离应至少为 31×2D[根据 6.2.8 b)];互相垂直平面上的两个弯头与喷嘴之间的距离应至少为 54D[根据 6.2.8 c)]。由于 6.2.8 c)的缘故因此无需附加长度。

c) 如果第一个管件是在 2D 长度范围内由 0.5D 变成 D 的渐扩管[见图 7 d)],则渐扩管与喷嘴之间的距离应至少为 25D(根据表 3),互相垂直平面上的两个弯头与渐扩管之间的距离应至少为 31×0.5D[根据 6.2.8 b)];互相垂直平面上的两个弯头与喷嘴之间的距离应至少为 54D[根据 6.2.8 c)]。因此需要 11.5D 的附加总长度,它可以在渐扩管的上游或下游,或者部分在渐扩管的上游,部分在渐扩管的下游。

6.3 流动调整器

流动调整器可用于减少上游直管段:符合 GB/T 2624.1—2006 中 7.4.1 的配合性试验要求,它就可以用在任何上游管件的下游;符合 GB/T 2624.1—2006 中 7.4.2 的要求,就具有超出配合性试验的更多的可能性。无论在哪种情况下,都应采用测量流量时使用的相同型式的喷嘴进行试验。

6.4 管道的圆度和圆柱度

6.4.1 邻近喷嘴(如有夹持环则邻近夹持环)的 2D 长上游管段在加工时应格外小心。该长度内任何平面上的直径与根据 6.4.2 的规定测得的 D 的平均值之差不得大于 0.3%。

6.4.2 管道直径 D 值应是上游取压口上游 0.5D 长度范围内的平均内径。该平均内径应是至少 12 个直径测量值的算术平均值,亦即在 0.5D 长度范围内平均分布至少 3 个横截面,每个横截面上分布彼此间角度近似相等的 4 个直径,其中两个截面距上游取压口 0D 和 0.5D,如果是焊接颈部结构,则一个截面在焊接平面内。如有夹持环(见图 4),该 0.5D 值应从夹持环上游边缘测量起。

6.4.3 距一次装置 2D 之外,一次装置与第一个上游管件或阻流件之间的上游管道可由一个或多个管段组成。

在距喷嘴 2D 和 10D 之间,只要任何两个管段之间的直径台阶(直径之间的差值)不超过按 6.4.2 的规定测得的平均 D 值的 0.3%,流出系数中就无附加不确定度。此外,在管道内周长的任何位置,由不同心和(或)直径变化造成的实际台阶不得超过 D 的 0.3%。因此在安装时,对接法兰需要匹配孔径,并可使用定位销或自定中心垫圈给法兰定中心。

在距喷嘴 10D 之外,只要任何两个管段之间的直径台阶(直径之间的差值)不超过按 6.4.2 的规定

测得的平均 D 值的 2%，流出系数中就无附加不确定度。此外，在管道内周长的任何位置，由不同心和(或)直径变化造成的实际台阶不得超过 D 的 2%。如果台阶上游管道直径大于台阶下游管道直径，则允许直径和实际台阶从 D 的 2%增大到 D 的 6%。台阶两侧管道的直径应在 $0.98D \sim 1.06D$ 之间。在距喷嘴 $10D$ 之外，管段之间所用的垫圈只要厚度不超过 3.2 mm 且并不突入流动中，则采用垫圈就不违反这个要求。

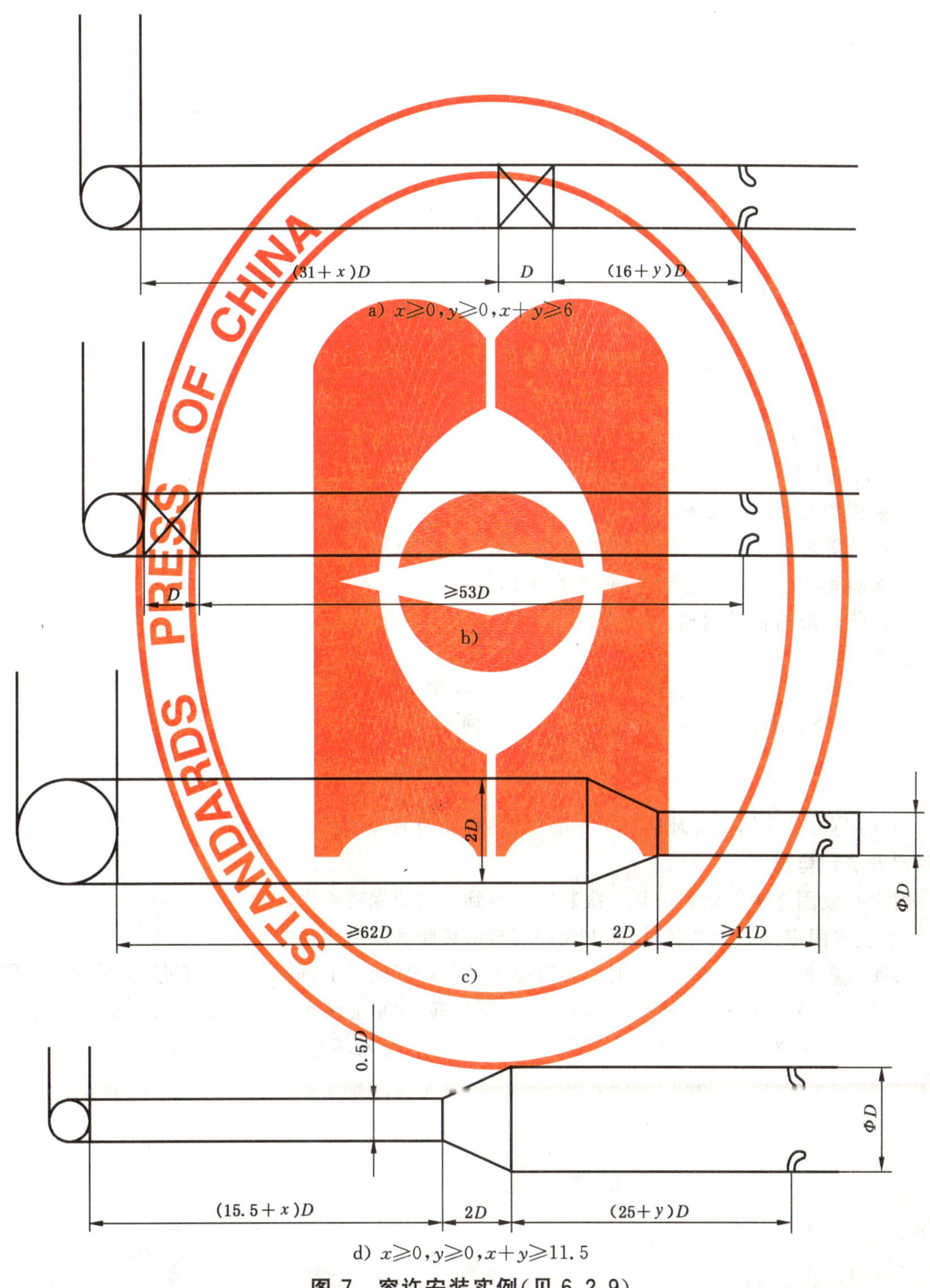

图 7 容许安装实例(见 6.2.9)

在按照表 3 的 6A 栏可安装渐扩管的第一个位置之外，只要任何两个管段之间的直径台阶(直径之间的差值)不超过按 6.4.2 的规定测得的平均 D 值的 6%，流出系数中就无附加不确定度。此外，在管道内周长的任何位置，由不同心和(或)直径变化造成的实际台阶不得超过 D 的 6%。台阶两侧管道的直径应在 $0.94D \sim 1.06D$ 之间。按照表 3 的 6A 栏可安装渐扩管的第一个位置取决于一次装置的直径比，例如，如果 $\beta=0.6$，则第一个位置就是距一次装置 $22D$。

6.4.4 如果任何两个管段之间的直径台阶 ΔD 超出 6.4.3 规定的限值但符合下述关系式，应在流出系数的不确定度上算术相加 0.2%的附加不确定度：

$$\frac{\Delta D}{D} \leqslant 0.002\left[\frac{\frac{s}{D}+0.4}{0.1+2.3\beta^{4}}\right] \qquad \cdots\cdots(11)$$

和

$$\frac{\Delta D}{D} \leqslant 0.05 \qquad \cdots\cdots(12)$$

式中，s 为台阶距上游取压口的距离，若使用夹持环，则为台阶距夹持环形成的凹槽上游边缘的距离。

6.4.5 如果台阶大于上述不等式给出的任何一个限值，或者如果有不止一个台阶超出 6.4.3 的限值，则该装置不符合 GB/T 2624 的本部分。详细说明可参见 GB/T 2624.1—2006 的 6.1.1。

6.4.6 在距 ISA 1932 喷嘴或长径喷嘴上游端面至少 $2D$ 长度的下游直管段内，管道直径与上游直管段平均直径之差应不大于 3%。这可通过检查下游直管段一个直径的方法进行判断。

紧靠文丘里喷嘴下游的管道直径不需要精确测量，但应检查下游管道直径不小于扩散段末端处直径的 90%。这就意味着在大多数情况下可以使用名义直径与文丘里喷嘴相同的管道。

6.5 一次装置和夹持环的位置

6.5.1 一次装置装入管道中时应使流体从上游端面流向喉部。

6.5.2 一次装置应垂直于管道轴线，偏差在 1°以内。

6.5.3 一次装置应与管道同轴。喉部轴线与上、下游侧管道轴线之间的距离 e_x 应小于或等于：

$$\frac{0.005D}{0.1+2.3\beta^{4}}$$

在下述情况下，GB/T 2624 的本部分给不出任何资料用于预测所考虑的附加不确定度值。

$$e_x > \frac{0.005D}{0.1+2.3\beta^{4}}$$

6.5.4 当采用夹持环时，夹持环应对准中心，不能有任何地方突入管道。

6.6 固定方法和垫圈

6.6.1 固定和紧固方法应做到一旦一次装置安装到位就能保持不变。

当一次装置固定在法兰之间时，必需允许它自由热膨胀以避免扭曲变形。

6.6.2 垫圈或密封环在制造和嵌入时应采取措施使其在任何点上都不会突入管道，当采用角接取压口时使其不会挡住取压口或槽。垫圈和密封环应尽可能薄，要事先考虑 5.1.5.2 或 5.2.5.1 的规定。

6.6.3 如果一次装置与环室环之间使用了垫圈，垫圈不应突入环室。

附 录 A
（资料性附录）
流出系数和可膨胀性（膨胀）系数表

表 A.1 ISA 1932 喷嘴——流出系数 C

直径比 β	流出系数 C, Re_D 等于：								
	2×10^4	3×10^4	5×10^4	7×10^4	1×10^5	3×10^5	1×10^6	2×10^6	1×10^7
0.30	—	—	—	0.985 5	0.986 5	0.987 8	0.988 2	0.988 3	0.988 4
0.32	—	—	—	0.984 7	0.985 8	0.987 3	0.987 7	0.987 8	0.987 9
0.34	—	—	—	0.983 8	0.985 0	0.986 6	0.987 1	0.987 2	0.987 3
0.36	—	—	—	0.982 8	0.984 0	0.985 9	0.986 4	0.986 5	0.986 6
0.38	—	—	—	0.981 6	0.983 0	0.984 9	0.985 5	0.985 6	0.985 7
0.40	—	—	—	0.980 3	0.981 8	0.983 9	0.984 5	0.984 6	0.984 7
0.42	—	—	—	0.978 9	0.980 5	0.982 7	0.983 3	0.983 4	0.983 5
0.44	0.961 6	0.969 2	0.975 0	0.977 3	0.978 9	0.981 3	0.982 0	0.982 1	0.982 2
0.45	0.960 4	0.968 2	0.974 1	0.976 4	0.978 1	0.980 5	0.981 2	0.981 3	0.981 4
0.46	0.959 2	0.967 2	0.973 1	0.975 5	0.977 3	0.979 7	0.980 4	0.980 5	0.980 6
0.47	0.957 9	0.966 1	0.972 2	0.974 6	0.976 3	0.978 8	0.979 5	0.979 7	0.979 7
0.48	0.956 7	0.965 0	0.971 1	0.973 6	0.975 4	0.977 9	0.978 6	0.978 7	0.978 8
0.49	0.955 4	0.963 8	0.970 0	0.972 6	0.974 3	0.976 9	0.977 6	0.977 7	0.977 8
0.50	0.954 2	0.962 6	0.968 9	0.971 5	0.973 3	0.975 8	0.976 6	0.976 7	0.976 8
0.51	0.952 9	0.961 4	0.967 8	0.970 3	0.972 1	0.974 7	0.975 4	0.975 6	0.975 7
0.52	0.951 6	0.960 2	0.966 5	0.969 1	0.970 9	0.973 5	0.974 3	0.974 4	0.974 5
0.53	0.950 3	0.958 9	0.965 3	0.967 8	0.969 6	0.972 2	0.973 0	0.973 1	0.973 2
0.54	0.949 0	0.957 6	0.963 9	0.966 5	0.968 3	0.970 9	0.971 7	0.971 8	0.971 9
0.55	0.947 7	0.956 2	0.962 6	0.965 1	0.966 9	0.969 5	0.970 2	0.970 4	0.970 5
0.56	0.946 4	0.954 8	0.961 1	0.963 7	0.965 5	0.968 0	0.968 8	0.968 9	0.969 0
0.57	0.945 1	0.953 4	0.959 6	0.962 1	0.963 9	0.966 4	0.967 2	0.967 3	0.967 4
0.58	0.943 8	0.952 0	0.958 1	0.960 6	0.962 3	0.964 8	0.965 5	0.965 6	0.965 7
0.59	0.942 4	0.950 5	0.956 5	0.958 9	0.960 6	0.963 0	0.963 8	0.963 9	0.964 0
0.60	0.941 1	0.949 0	0.954 8	0.957 2	0.958 8	0.961 2	0.961 9	0.962 0	0.962 1
0.61	0.939 8	0.947 4	0.953 1	0.955 4	0.957 0	0.959 3	0.960 0	0.960 1	0.960 2
0.62	0.938 5	0.945 8	0.951 3	0.953 5	0.955 0	0.957 3	0.957 9	0.958 0	0.958 1
0.63	0.937 1	0.944 2	0.949 4	0.951 5	0.953 0	0.955 1	0.955 8	0.955 9	0.956 0
0.64	0.935 8	0.942 5	0.947 5	0.949 5	0.950 9	0.952 9	0.953 5	0.953 6	0.953 7
0.65	0.934 5	0.940 8	0.945 5	0.947 3	0.948 7	0.950 6	0.951 1	0.951 2	0.951 3
0.66	0.933 2	0.939 0	0.943 4	0.945 1	0.946 4	0.948 1	0.948 7	0.948 7	0.948 8
0.67	0.931 9	0.937 2	0.941 2	0.942 8	0.944 0	0.945 6	0.946 0	0.946 1	0.946 2
0.68	0.930 6	0.935 4	0.939 0	0.940 4	0.941 4	0.942 9	0.943 3	0.943 4	0.943 5
0.69	0.929 3	0.933 5	0.936 7	0.937 9	0.938 8	0.940 1	0.940 5	0.940 5	0.940 6
0.70	0.928 0	0.931 6	0.934 3	0.935 3	0.936 1	0.937 2	0.937 5	0.937 5	0.937 6
0.71	0.926 8	0.929 6	0.931 8	0.932 6	0.933 2	0.934 1	0.934 4	0.934 4	0.934 4
0.72	0.925 5	0.927 6	0.929 2	0.929 8	0.930 3	0.930 9	0.931 1	0.931 1	0.931 2
0.73	0.924 3	0.925 6	0.926 5	0.926 9	0.927 2	0.927 6	0.927 7	0.927 7	0.927 8
0.74	0.923 1	0.923 5	0.923 8	0.923 9	0.924 0	0.924 1	0.924 2	0.924 2	0.924 2
0.75	0.921 9	0.921 3	0.920 9	0.920 8	0.920 7	0.920 5	0.920 5	0.920 5	0.920 5
0.76	0.920 7	0.919 2	0.918 0	0.9176	0.9172	0.916 8	0.916 6	0.916 6	0.916 6
0.77	0.919 5	0.916 9	0.915 0	0.9142	0.913 6	0.912 8	0.912 6	0.912 6	0.912 5
0.78	0.918 4	0.914 7	0.911 8	0.910 7	0.909 9	0.908 8	0.908 4	0.908 4	0.908 3
0.79	0.917 3	0.912 3	0.908 6	0.907 1	0.906 0	0.904 5	0.904 1	0.904 0	0.904 0
0.80	0.9162	0.910 0	0.905 3	0.903 4	0.902 0	0.900 1	0.899 6	0.899 5	0.899 4

注：提供本表是为了方便使用，表中数值不供精确内插之用，不允许外推。

表 A.2 长径喷嘴——流出系数 C

直径比 β	流出系数 C,Re_D 等于:								
	2×10^4	3×10^4	5×10^4	7×10^4	1×10^5	3×10^5	1×10^6	2×10^6	1×10^7
0.20	0.967 3	0.975 9	0.983 4	0.987 3	0.990 0	0.992 4	0.993 6	0.995 2	0.995 6
0.22	0.965 9	0.974 8	0.982 8	0.986 8	0.989 7	0.992 2	0.993 4	0.995 1	0.995 5
0.24	0.964 5	0.973 9	0.982 2	0.986 4	0.989 3	0.992 0	0.993 3	0.995 1	0.995 5
0.26	0.963 2	0.973 0	0.981 6	0.986 0	0.989 1	0.991 8	0.993 2	0.995 0	0.995 4
0.28	0.961 9	0.972 1	0.981 0	0.985 6	0.988 8	0.991 6	0.993 0	0.995 0	0.995 4
0.30	0.960 7	0.971 2	0.980 5	0.985 2	0.988 5	0.991 4	0.992 9	0.994 9	0.995 4
0.32	0.959 6	0.970 4	0.980 0	0.984 8	0.988 2	0.991 3	0.992 8	0.994 8	0.995 3
0.34	0.958 4	0.969 6	0.979 5	0.984 5	0.988 0	0.991 1	0.992 7	0.994 8	0.995 3
0.36	0.957 3	0.968 8	0.979 0	0.984 1	0.987 7	0.991 0	0.992 6	0.994 7	0.995 3
0.38	0.956 2	0.968 0	0.978 5	0.983 8	0.987 5	0.990 8	0.992 5	0.994 7	0.995 2
0.40	0.955 2	0.967 3	0.978 0	0.983 4	0.987 3	0.990 7	0.992 4	0.994 7	0.995 2
0.42	0.954 2	0.966 6	0.977 6	0.983 1	0.987 0	0.990 5	0.992 3	0.994 6	0.995 2
0.44	0.953 2	0.965 9	0.977 1	0.982 8	0.986 8	0.990 4	0.992 2	0.994 6	0.995 1
0.46	0.952 3	0.965 2	0.976 7	0.982 5	0.986 6	0.990 2	0.992 1	0.994 5	0.995 1
0.48	0.951 3	0.964 5	0.976 3	0.982 2	0.986 4	0.990 1	0.992 0	0.994 5	0.995 1
0.50	0.950 3	0.963 9	0.975 9	0.981 9	0.986 2	0.990 0	0.991 9	0.994 4	0.995 0
0.51	0.949 9	0.963 5	0.975 6	0.981 8	0.986 1	0.989 9	0.991 8	0.994 4	0.995 0
0.52	0.949 4	0.963 2	0.975 4	0.981 6	0.986 0	0.989 8	0.991 8	0.994 4	0.995 0
0.53	0.949 0	0.962 9	0.975 2	0.981 5	0.985 9	0.989 8	0.991 7	0.994 4	0.995 0
0.54	0.948 5	0.962 6	0.975 0	0.981 3	0.985 8	0.989 7	0.991 7	0.994 4	0.995 0
0.55	0.948 1	0.962 3	0.974 8	0.981 2	0.985 7	0.989 7	0.991 7	0.994 3	0.995 0
0.56	0.947 6	0.961 9	0.974 6	0.981 0	0.985 6	0.989 6	0.991 6	0.994 3	0.995 0
0.57	0.947 2	0.961 6	0.974 5	0.980 9	0.985 5	0.989 5	0.991 6	0.994 3	0.994 9
0.58	0.946 8	0.961 3	0.974 3	0.980 8	0.985 4	0.989 5	0.991 5	0.994 3	0.994 9
0.59	0.946 3	0.961 0	0.974 1	0.980 6	0.985 3	0.989 4	0.991 5	0.994 3	0.994 9
0.60	0.945 9	0.960 7	0.973 9	0.980 5	0.985 2	0.989 3	0.991 4	0.994 2	0.994 9
0.61	0.945 5	0.960 4	0.973 7	0.980 4	0.985 1	0.989 3	0.991 4	0.994 2	0.994 9
0.62	0.945 1	0.960 1	0.973 5	0.980 2	0.985 0	0.989 2	0.991 4	0.994 2	0.994 9
0.63	0.944 7	0.959 9	0.973 3	0.980 1	0.984 9	0.989 2	0.991 3	0.994 2	0.994 9
0.64	0.944 3	0.959 6	0.973 1	0.980 0	0.984 8	0.989 1	0.991 3	0.994 2	0.994 8
0.65	0.943 9	0.959 3	0.973 0	0.979 9	0.984 7	0.989 1	0.991 2	0.994 1	0.994 8
0.66	0.943 5	0.959 0	0.972 8	0.979 7	0.984 6	0.989 0	0.991 2	0.994 1	0.994 8
0.67	0.943 0	0.958 7	0.972 6	0.979 6	0.984 5	0.988 9	0.991 2	0.994 1	0.994 8
0.68	0.942 7	0.958 4	0.972 4	0.979 5	0.984 5	0.988 9	0.991 1	0.994 1	0.994 8
0.69	0.942 3	0.958 1	0.972 2	0.979 3	0.984 4	0.988 8	0.991 1	0.994 1	0.994 8
0.70	0.941 9	0.957 9	0.972 1	0.979 2	0.984 3	0.988 8	0.991 0	0.994 1	0.994 8
0.71	0.941 5	0.957 6	0.971 9	0.979 1	0.984 2	0.988 7	0.991 0	0.994 0	0.994 8
0.72	0.941 1	0.957 3	0.971 7	0.979 0	0.984 1	0.988 7	0.991 0	0.994 0	0.994 7
0.73	0.940 7	0.957 0	0.971 5	0.978 9	0.984 0	0.988 6	0.990 9	0.994 0	0.994 7
0.74	0.940 3	0.956 8	0.971 4	0.978 7	0.983 9	0.988 6	0.990 9	0.994 0	0.994 7
0.75	0.939 9	0.956 5	0.971 2	0.978 6	0.983 9	0.988 5	0.990 8	0.994 0	0.994 7
0.76	0.939 6	0.956 2	0.971 0	0.978 5	0.983 8	0.988 4	0.990 8	0.994 0	0.994 7
0.77	0.939 2	0.956 0	0.970 9	0.978 4	0.983 7	0.988 4	0.990 8	0.993 9	0.994 7
0.78	0.938 8	0.955 7	0.970 7	0.978 3	0.983 6	0.988 3	0.990 7	0.993 9	0.994 7
0.79	0.938 5	0.955 5	0.970 5	0.978 1	0.983 5	0.988 3	0.990 7	0.993 9	0.994 7
0.80	0.938 1	0.955 2	0.970 4	0.978 0	0.983 4	0.988 2	0.990 7	0.993 9	0.994 7

注:提供本表是为了方便使用,表中数值不供精确内插之用,不允许外推。

表 A.3 文丘里喷嘴——流出系数 C

直径比 β	流出系数 C
0.316	0.984 7
0.320	0.984 6
0.330	0.984 5
0.340	0.984 3
0.350	0.984 1
0.360	0.983 8
0.370	0.983 6
0.380	0.983 3
0.390	0.983 0
0.400	0.982 6
0.410	0.982 3
0.420	0.981 8
0.430	0.981 4
0.440	0.980 9
0.450	0.980 4
0.460	0.979 8
0.470	0.979 2
0.480	0.978 6
0.490	0.977 9
0.500	0.977 1
0.510	0.976 3
0.520	0.975 5
0.530	0.974 5
0.540	0.973 6
0.550	0.972 5
0.560	0.971 4
0.570	0.970 2
0.580	0.968 9
0.590	0.967 6
0.600	0.966 1
0.610	0.964 6
0.620	0.963 0
0.630	0.961 3
0.640	0.959 5
0.650	0.957 6
0.660	0.955 6
0.670	0.953 5
0.680	0.951 2
0.690	0.948 9
0.700	0.946 4
0.710	0.943 8
0.720	0.941 1
0.730	0.938 2
0.740	0.935 2
0.750	0.932 1
0.760	0.928 8
0.770	0.925 3
0.775	0.923 6
注：提供本表是为了方便使用，表中数值不供精确内插之用，不允许外推。	

表 A.4 喷嘴和文丘里喷嘴——可膨胀性(膨胀)系数 ε

直径比		可膨胀性(膨胀)系数 ε, p_2/p_1 等于:								
β	β^4	1.00	0.98	0.96	0.94	0.92	0.90	0.85	0.80	0.75
$\kappa=1.2$										
0.200 0	0.001 6	1.000 0	0.987 4	0.974 7	0.961 9	0.949 0	0.935 9	0.902 8	0.868 7	0.833 8
0.562 3	0.100 0	1.000 0	0.985 6	0.971 2	0.956 8	0.942 3	0.927 8	0.891 3	0.854 3	0.816 9
0.668 7	0.200 0	1.000 0	0.983 4	0.966 9	0.9504	0.934 1	0.917 8	0.877 3	0.837 1	0.797 0
0.740 1	0.300 0	1.000 0	0.980 5	0.961 3	0.942 4	0.923 8	0.905 3	0.860 2	0.8163	0.773 3
0.795 3	0.400 0	1.000 0	0.976 7	0.954 1	0.932 0	0.910 5	0.889 5	0.839 0	0.790 9	0.744 8
0.800 0	0.409 6	1.000 0	0.976 3	0.953 3	0.930 9	0.909 1	0.887 8	0.836 7	0.788 2	0.741 8
$\kappa=1.3$										
0.200 0	0.001 6	1.000 0	0.988 4	0.976 6	0.964 8	0.952 8	0.940 7	0.909 9	0.878 1	0.845 4
0.562 3	0.100 0	1.000 0	0.986 7	0.973 4	0.960 0	0.946 6	0.933 1	0.899 0	0.864 5	0.829 4
0.668 7	0.200 0	1.000 0	0.984 6	0.969 3	0.954 1	0.938 9	0.923 7	0.885 9	0.848 1	0.810 2
0.740 1	0.300 0	1.000 0	0.982 0	0.964 2	0.946 6	0.929 2	0.912 0	0.869 7	0.828 3	0.787 5
0.795 3	0.400 0	1.000 0	0.978 5	0.957 5	0.936 9	0.916 8	0.897 1	0.849 5	0.803 9	0.759 9
0.800 0	0.409 6	1.000 0	0.978 1	0.956 7	0.935 8	0.915 4	0.895 5	0.847 3	0.801 3	0.757 0
$\kappa=1.4$										
0.200 0	0.001 6	1.000 0	0.989 2	0.978 3	0.967 3	0.956 1	0.944 8	0.916 0	0.886 3	0.855 6
0.562 3	0.100 0	1.000 0	0.987 7	0.975 3	0.962 8	0.950 3	0.937 7	0.905 8	0.873 3	0.840 2
0.668 7	0.200 0	1.000 0	0.985 7	0.971 5	0.957 3	0.943 0	0.928 8	0.893 3	0.857 7	0.821 9
0.740 1	0.300 0	1.000 0	0.983 2	0.966 7	0.950 3	0.934 0	0.917 8	0.878 0	0.838 8	0.800 0
0.795 3	0.400 0	1.000 0	0.980 0	0.960 4	0.941 1	0.922 3	0.903 8	0.858 8	0.815 4	0.773 3
0.800 0	0.409 6	1.000 0	0.979 6	0.959 7	0.940 1	0.921 0	0.902 2	0.856 7	0.812 9	0.770 5
$\kappa=1.66$										
0.200 0	0.001 6	1.000 0	0.990 9	0.981 7	0.972 3	0.962 8	0.953 2	0.928 6	0.903 1	0.876 6
0.562 3	0.100 0	1.000 0	0.989 6	0.979 1	0.968 5	0.957 8	0.947 1	0.919 7	0.891 7	0.862 9
0.668 7	0.200 0	1.000 0	0.987 9	0.975 9	0.963 7	0.951 6	0.939 4	0.908 8	0.877 8	0.846 4
0.740 1	0.300 0	1.000 0	0.985 8	0.971 8	0.957 7	0.943 8	0.929 9	0.895 3	0.860 9	0.826 5
0.795 3	0.400 0	1.000 0	0.983 1	0.966 4	0.949 9	0.933 6	0.917 6	0.878 2	0.839 7	0.802 0
0.800 0	0.409 6	1.000 0	0.982 7	0.965 8	0.949 0	0.932 5	0.916 2	0.876 3	0.837 4	0.799 4
注：提供本表是为了方便使用,表中数值不供精确内插之用,不允许外推。										

参 考 文 献

[1] ISO/TR 3313:1998 封闭管道中流体流量的测量 脉动流对流量测量仪表的影响.

[2] ISO 4288:1996 几何产品范围(GPS) 表面结构 剖面法 表面结构的评定规则和程序.

[3] ISO/TR 5168:1998 流体流量的测量 不确定度的评估.

[4] ISO/TR 9464:1998 ISO 5167-1:1991 使用指南.

ICS 17.120.10
N 12

中华人民共和国国家标准

GB/T 2624.4—2006/ISO 5167-4:2003
代替 GB/T 2624—1993

用安装在圆形截面管道中的差压装置测量满管流体流量 第4部分:文丘里管

Measurement of fluid flow by means of pressure differential devices inserted in circular cross-section conduits running full—Part 4:Venturi tubes

(ISO 5167-4:2003,IDT)

2006-12-13 发布

2007-07-01 实施

中华人民共和国国家质量监督检验检疫总局
中国国家标准化管理委员会 发布

前　言

GB/T 2624《用安装在圆形截面管道中的差压装置测量满管流体流量》由以下部分组成：

——第1部分：一般原理和要求；

——第2部分：孔板；

——第3部分：喷嘴和文丘里喷嘴；

——第4部分：文丘里管。

本部分为GB/T 2624的第4部分。

本部分等同采用ISO 5167-4:2003《用安装在圆形截面管道中的差压装置测量满管流体流量　第4部分：文丘里管》(英文版)。

本部分等同翻译ISO 5167-4:2003。

本部分在制定时按GB/T 1.1—2000《标准化工作导则　第1部分：标准的结构和编写规则》和GB/T 20000.2—2001《标准化工作指南　第2部分：采用国际标准的规则》的有关规定做了如下编辑性修改：

——删除了ISO国际标准的前言；

——原引用标准的引导语按GB/T 1.1—2000的规定改成规范性引用文件的引导语；

——用小数点"."代替作为小数点的逗号",";

——原文图1中"1"错标为"圆锥收缩段E"，本部分更正为"1　圆锥扩散段E"。

本部分替代GB/T 2624—1993《流量测量节流装置　用孔板、喷嘴和文丘里管测量充满圆管的流体流量》。

本部分与GB/T 2624—1993相比主要变化如下：

a) 新标准分成4个部分，分别阐述孔板、喷嘴和文丘里管的加工制造技术要求以及在使用时的安装要求。

b) 安装时节流件前的直管段长度较GB/T 2624—1993有明显变化，标准中列举的节流件前的阻流件形式也比GB/T 2624—1993多。孔板与喷嘴的直管段长度分别阐述，不再使用同一表格。

c) 特别强调流动调整器要进行配合性试验，并具体给出了配合性试验的方法。

d) 本部分规定粗铸文丘里管的 $R_1=1.375D\pm0.275D$，喉部粗糙度 Ra 小于 $10^{-4}d$。GB/T 2624—1993规定粗铸文丘里管的 $R_1=1.375D\pm2.75D$，喉部粗糙度 Ra 小于 $10^{-5}d$。

本部分的附录A、附录B和附录C为资料性附录。

本部分由中国机械工业联合会提出。

本部分由全国工业过程测量和控制标准化技术委员会第一分技术委员会归口。

本部分负责起草单位：上海工业自动化仪表研究所。

本部分参加起草单位：上海仪昌节流装置制造有限公司、上海光华仪表有限公司、余姚市银环流量仪表有限公司、天津市润泰自动化仪表有限公司。

本部分主要起草人：李明华、彭淑琴、龙竹霖、叶斌、朱家顺、童复来、包国祥、吴国静。

本部分所替代标准的历次版本发布情况：GB 2624—1981；GB/T 2624—1993。

引 言

GB/T 2624 规定了孔板、喷嘴和文丘里管的几何形状及其安装在充满流体的管道中测量管道内流体流量的使用方法(安装和工作条件)。同时也给出了用于计算流量和其相应不确定度的必要资料。

GB/T 2624(所有部分)仅适用于在整个测量段内流体保持亚音速流动,并可认为是单相流的差压装置。本部分不适用于脉动流的测量。此外,每一种装置都只能在规定的管道尺寸和雷诺数极限范围内使用。

GB/T 2624(所有部分)对所涉及的装置做过大量直接校准实验,实验的数量、分布范围和质量足以使所取得的实验结果和系数能作为相关应用系统的依据,使其具有确定的可预测不确定度限值。

装入管道的装置称为"一次装置"。一次装置这个术语还包括取压口。测量所需的其他所有仪表或装置称为"二次装置"。GB/T 2624(所有部分)考虑的是这些一次装置,偶而也提到二次装置[1)]。

GB/T 2624 由下列 4 个部分组成:

a) GB/T 2624 的第 1 部分给出了一般术语和定义、符号、原理和要求,以及 GB/T 2624 的第 2 部分、第 3 部分和第 4 部分使用的测量方法和不确定度。

b) GB/T 2624 的第 2 部分详细说明孔板。孔板可以同角接取压口、*D* 和 *D*/2 取压口[2)]和法兰取压口配合使用。

c) GB/T 2624 的第 3 部分详细说明形状和取压口位置各不相同的 ISA 1932 喷嘴[3)]、长径喷嘴和文丘里喷嘴。

d) GB/T 2624 的第 4 部分详细说明经典文丘里管[4)]。

GB/T 2624 的第 1 到第 4 部分并未涉及安全方面的问题。用户有责任确保系统符合适用的安全规范。

---

1) 见 ISO 2186:1973《封闭管道中的流体流量 用于一次和二次装置之间压力信号传输的连接法》。

2) GB/T 2624 不考虑具有缩流取压口的孔板。

3) ISA 是"国家标准化协会国际联合会"(International Federation of the National Standardizing Associations)的简称,该组织于 1946 年由 ISO 替代。

4) 在美国,经典文丘里管有时称为 Herschel 文丘里管。

用安装在圆形截面管道中的差压装置测量满管流体流量 第4部分:文丘里管

1 范围

GB/T 2624 的本部分规定了文丘里管的几何尺寸和安装在管道中测量满管流体流量的使用方法(安装和工作条件)。

GB/T 2624 的本部分亦提供了用于计算流量并可配合 GB/T 2624.1 规定要求一起使用的相关资料。

GB/T 2624 的本部分只适用于在整个测量段内流体保持亚音速流动,且可被认为是单相流的文丘里管。此外,每种装置只能用于规定的管道尺寸、粗糙度、直径比和雷诺数限值。GB/T 2624 的本部分不适用于脉动流的测量。本部分不涉及文丘里管在尺寸小于 50 mm 或大于 1 200 mm,或管道雷诺数低于 2×10^5 的管道中的使用。

GB/T 2624 的本部分涉及三种型式的经典文丘里管:

a) 铸造型;

b) 机械加工型;

c) 粗焊铁板型。

文丘里管是由入口圆筒段、圆锥收缩段、圆筒喉部和圆锥扩散段依次连接而成的一个装置。三种型式的经典文丘里管的流出系数不确定度值之间的差异,一方面表明每种型式的经典文丘里管现有实验结果的数量,另一方面表明几何廓形精确定义的不确定程度。这些数值是以多年来收集的数据为依据。文丘里喷嘴(和其他喷嘴)由 GB/T 2624.3 论述。

注 1:文丘里管用于高压气体[≥1 MPa(≥10 bar)]的研究目前正在进行中(见参考文献[1]、[2]、[3])。现已发现机械加工收缩段文丘里管的流出系数在很多情况下超出 GB/T 2624 的本部分所预计的范围 2%或更多。为达到最佳精确度,用于气体的文丘里管宜在所需的流量范围内进行校验。在高压气体中采用单个取压口(或在各个平面上最多两个取压口)并不罕见。

注 2:在美国,经典文丘里管有时称作 Herschel 文丘里管。

2 规范性引用文件

下列文件中的条款通过 GB/T 2624 的本部分的引用而成为本部分的条款。凡是注日期的引用文件,其随后所有的修改单(不包括勘误的内容)或修订版均不适用于本部分,然而,鼓励根据本部分达成协议的各方研究是否可使用这些文件的最新版本。凡是不注日期的引用文件,其最新版本适用于本部分。

GB/T 2624.1—2006 用安装在圆形截面管道中的差压装置测量满管流体流量 第1部分:一般原理和要求(ISO 5167-1:2003,IDT)

GB/T 17611—1998 封闭管道中流体流量的测量 术语和符号(idt ISO 4006:1991)

3 术语和定义

GB/T 17611—1998 和 GB/T 2624.1—2006 确定的术语和定义适用于 GB/T 2624 的本部分。

4 测量原理和计算方法

测量原理是以文丘里管安装在充满流体的管线中为依据。文丘里管的入口部分与喉部之间存在静压差。每当该装置与经过直接校准的装置几何相似且使用条件相同，就可以根据该压差的实测值和所掌握的流体条件确定流量。

质量流量可以用公式(1)确定：

$$q_m = \frac{C}{\sqrt{1-\beta^4}} \varepsilon \frac{\pi}{4} d^2 \sqrt{2\Delta p \rho_1} \quad \cdots\cdots(1)$$

不确定度限值可以采用 GB/T 2624.1—2006 的第 8 章给出的程序进行计算。

同样，体积流量按下式确定：

$$q_V = \frac{q_m}{\rho}$$

式中：

ρ——测定体积流量时的温度和压力下的流体密度。

流量计算纯粹是一个算术运算过程，计算时用数值替换公式(1)的右边各个不同的项。表 A.1 给出了文丘里管的可膨胀性系数(ε)。它们不供精确内插，不允许外推。

公式(1)提到的 d 和 D 是工作条件下的直径值。在任何其他条件下进行的测量，都必须对测量期间由于流体的温度和压力值改变引起一次装置和管道任何可能的膨胀或收缩进行修正。

必须知道工作条件下流体的密度和粘度，对于可压缩流体，还必须知道工作条件下流体的等熵指数。

5 经典文丘里管

5.1 应用范围

5.1.1 总则

GB/T 2624 的本部分所述经典文丘里管的应用范围取决于它们的制造方法。

标准经典文丘里管的三种型式是以入口圆筒、入口圆锥内表面的制造方法和入口圆锥与喉部相交处的廓形来确定的。这三种制造方法在 5.1.2～5.1.4 中论述，它们各有一些不同的特性。

每一种标准经典文丘里管都有粗糙度和雷诺数限值。

5.1.2 "铸造"收缩段经典文丘里管

这种经典文丘里管采用砂型浇铸法制成，或者采用其他可在收缩段表面形成类似于砂型浇铸表面纹理的方法制成。喉部经过机械加工，圆筒与圆锥之间的接合处修圆。

这种经典文丘里管可用于直径在 100 mm～800 mm 之间，直径比 β 在 0.3～0.75(包括 0.75)以内的管道。

5.1.3 机械加工收缩段经典文丘里管

这种经典文丘里管按 5.1.2 所述方法铸造或制造，但其收缩段像喉部和入口圆筒那样进行机械加工。圆筒与圆锥之间的结合处可以修圆也可以不修圆。

这种经典文丘里管可用于直径在 50 mm～250 mm 之间，直径比 β 在 0.4～0.75(包括 0.75)以内的管道。

5.1.4 粗焊铁板收缩段经典文丘里管

这种经典文丘里管通常是焊接制成的。尺寸较大的，如能达到 5.2.4 要求的允差可不作任何机械加工；但对于尺寸较小的，喉部需经机械加工。

这种经典文丘里管可用于直径在 200 mm～1 200 mm 之间，直径比 β 在 0.4～0.7(包括 0.7)以内的管道。

5.2 一般形状

5.2.1 图 1 所示为经典文丘里喉管部轴线剖面。下文中的字母参照图 1。

经典文丘里管是由入口圆筒段 A 连接到圆锥收缩段 B、圆筒喉部 C 和圆锥扩散段 E 组成的。装置的内表面为圆筒形并与管道轴线同轴。收缩段和圆筒喉部的同轴度通过目测检查评估。

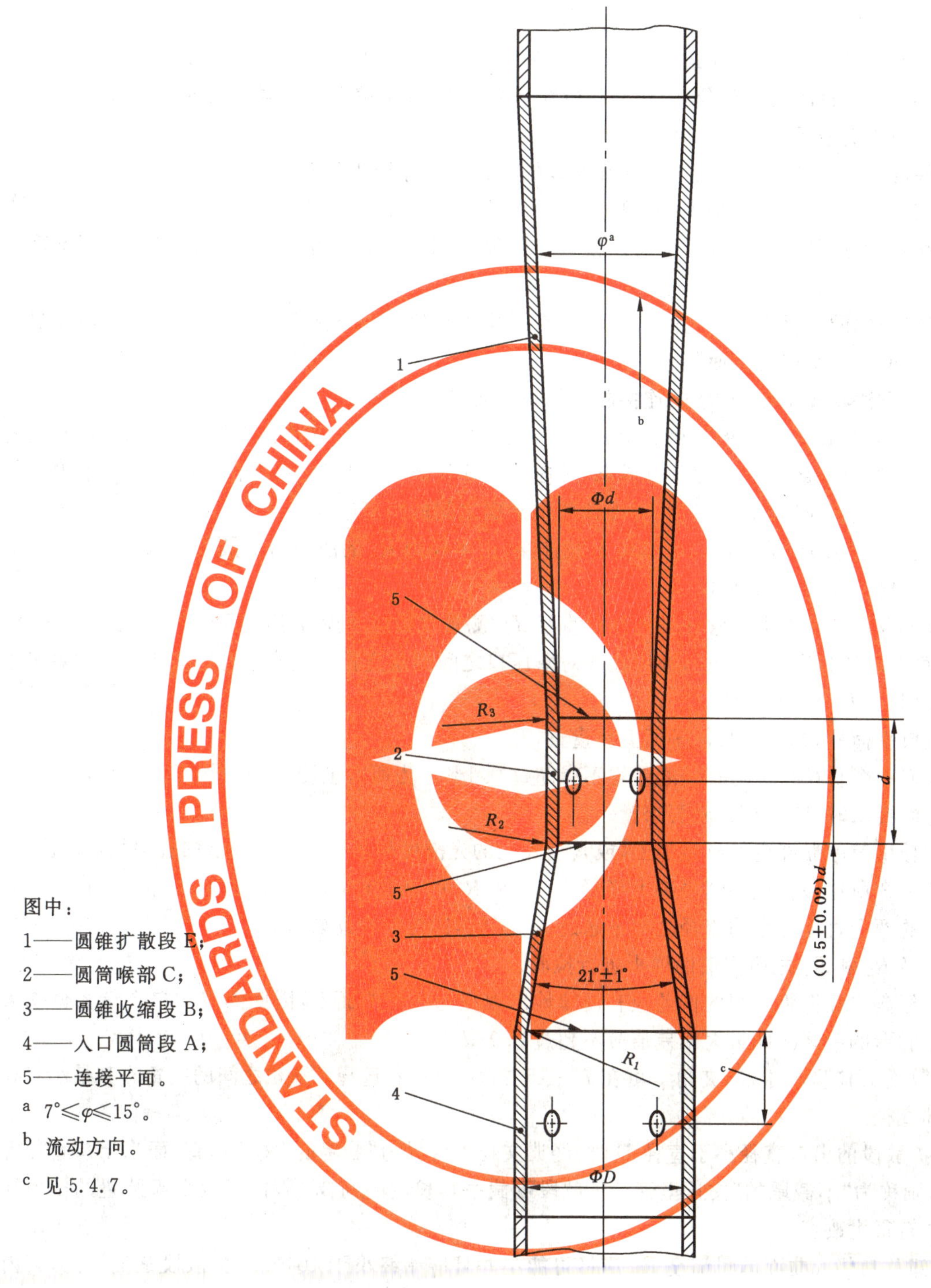

图 1 经典文丘里管的几何廓形

5.2.2 圆筒段最小长度从平截头圆锥 B 与圆筒段 A 的相交线所在平面量起，它可能由于制造过程而改变(见 5.2.8～5.2.10)。但建议选择该长度等于 D。

入口圆筒段直径 D 应在上游取压口平面上测量。测量次数至少应等于取压口的数量(最小为 4 个)。

应在每对取压口旁测量直径，亦应在各对取压口之间测量直径。应取所有这些测量值的算术平均值作为计算用 D 值。

除取压口平面外，亦应在其他平面上测量直径。

入口圆筒段内任何一个直径与平均直径值之差都不得超过0.4%。当所有被测直径的长度差均符合有关被测直径平均值的要求时，即为符合此要求。

5.2.3 所有型式经典文丘里管的收缩段B均应为圆锥形，夹角为21°±1°。其上游以平截头圆锥B与入口圆筒段A(或各自的延长部分)的相交线所在平面为界，而下游则以平截头圆锥B与喉部C(或各自的延长部分)的相交线所在平面为界。

因此，平行于文丘里管轴线测出的收缩段B的总长度约等于$2.7(D-d)$。

收缩段B以半径为R_1的曲面过渡到入口圆筒段A。R_1的值取决于经典文丘里管的型式。

收缩段的廓形应借助模板进行检验。模板与收缩段圆锥部分之间的偏差在任何部位都不得超过$0.004D$。

当位于旋转轴同一垂直平面上的两个直径与平均直径值之差不大于0.4%时，就认为该收缩段圆锥部分的内表面是一个回转曲面。

应以同样方法检验半径为R_1的连接曲面是一个回转曲面。

5.2 4 喉部C应是直径为d的圆筒。上游以平截头圆锥B与喉部C(或各自的延长部分)的相交线所在平面为界，下游以喉部C与平截头圆锥E(或各自的延长部分)的相交线所在平面为界。不管是何种型式的经典文丘里管，喉部C的长度，亦即该两个平面之间的距离应等于$d±0.03d$。

喉部C由半径为R_2的曲面与收缩段B相连接，由半径为R_3的曲面与扩散段E相连接。R_2与R_3的值取决于经典文丘里管的型式。

应在喉部取压口平面上非常仔细地测量直径d。测量次数应至少等于喉部取压口的数量(最少为4个)。应在每对取压口旁测量直径，亦应在各对取压口之间测量直径。应取所有这些测量值的算术平均值作为计算用d值。

除取压口平面外，亦应在其他平面上测量直径。

喉部任何一个直径与平均直径之差均不得超过0.1%。当所有被测直径的长度差均符合有关被测直径平均值的要求时，即为符合此要求。

经典文丘里管的喉部应经机械加工，或其全长上的光滑度相当于5.2.7规定的表面粗糙度。

应按5.2.3所述检验连接到喉部上半径为R_2和R_3的连接曲面是回旋曲面。当位于旋转轴同一垂直平面上的两个直径与平均直径之差不超过0.1%时，即为符合此要求。

曲率半径R_2和R_3之值应借助模板进行检验。

模板与经典文丘里管之间的偏差应有规律地出现在每一个曲面上，因此测得的单个最大偏差大约出现在模板廓形的中间。此最大偏差值应不超过$0.02d$。

5.2.5 扩散段E应呈圆锥形，夹角φ可在7°～15°之间，但推荐选择7°～8°之间的夹角。其最小直径应不小于喉部直径。

5.2.6 当扩散段的出口直径小于直径D时，经典文丘里管称为“截尾的”文丘里管；而当出口直径等于直径D时，则称为“不截尾的”文丘里管。扩散段可截去其长度的约35%，而不致引起装置的压力损失或流出系数有很大改变。

5.2.7 喉部及其邻近曲面的粗糙度Ra应尽可能小并且应始终小于$10^{-4}d$。扩散段是浇铸的，其内表面应清洁而光滑。经典文丘里管其他部分的粗糙度限值取决于文丘里管的型式。

5.2.8 “铸造”收缩段经典文丘里管的廓形具有下述特性。

收缩段B的内表面是砂型铸造的。它应无裂纹、凹陷、不平和杂质。表面粗糙度Ra应小于$10^{-4}D$。

入口圆筒A的最小长度等于下列两值中较小者：

——D；

——$0.25D+250$ mm(见5.2.2)。

只要入口圆筒A内表面的粗糙度与收缩段B相同，可维持“铸造”状态，不进行加工。

曲率半径 R_1 应等于 1.375D±0.275D。

曲率半径 R_2 应等于 3.625d±0.125d。

喉部圆筒部分的长度应不小于 $d/3$。此外，连接曲面 R_2 的末端与取压口平面之间的圆筒部分的长度以及喉部取压口平面与连接曲面 R_3 的始端之间的圆筒部分的长度均应不小于 $d/6$（喉部长度另见5.2.4）。

曲率半径 R_3 应在 5d～15d 之间。其值应随扩散角减小而增大。推荐接近于 10d 的值。

5.2.9 机械加工收缩段经典文丘里管的廓形具有下述特性：

入口圆筒 A 的最小长度应等于 D。

曲率半径 R_1 应小于 0.25D，最好等于零。

曲率半径 R_2 应小于 0.25d，最好等于零。

曲面 R_2 的末端与喉部取压口平面之间的喉部圆筒部分的长度应不小于 0.25d。

喉部取压口平面与曲面 R_3 的始端之间的喉部圆筒部分的长度应不小于 0.3d。

曲面 R_3 的半径应小于 0.25d，最好等于零。

入口圆筒段和收缩段的表面粗糙度应与喉部相同（见 5.2.7）。

5.2.10 粗焊铁板收缩段经典文丘里管的廓形具有下述特性：

入口圆筒段 A 的最小长度应等于 D。

除焊接造成的曲面之外，入口圆筒 A 与收缩段 B 之间应无连接曲面。

除焊接造成的曲面之外，收缩段 B 与喉部 C 之间应无连接曲面。

喉部 C 与扩散段 E 之间应无连接曲面。

入口圆筒 A 与收缩段 B 的内表面应清洁、无结皮和焊渣。内表面可以镀锌。其粗糙度 Ra 应该约为 $5\times10^{-4}D$。

内部焊缝应与周围表面齐平，且不能靠近取压口。

5.3 材料和制造

5.3.1 只要符合前述要求并在使用中保持不变，经典文丘里管可用任何材料制造。

5.3.2 建议把收缩段 B 与喉部 C 连为一体。对于机械加工收缩段经典文丘里管，建议喉部与收缩段用一块整料加工而成。如果是分成两部分制造的，则应在最后机械加工内表面之前组装好。

5.3.3 应特别注意使扩散段 E 与喉部同轴。这两部分之间应无直径台阶。

这可以在经典文丘里安装之前、扩散段与喉部组装之后通过触摸加以确证。

5.4 取压口

5.4.1 上游和喉部取压口应采用单个管壁取压口的形式，用环室或均压环相连；或者如有 4 个取压口，则用“三重 T 型”结构相连（见 GB/T 2624.1—2006 的 5.4.3）。

5.4.2 如果 d 大于或等于 33.3 mm，这些取压口的直径应在 4 mm～10 mm 之间，此外上游取压口的直径绝不应大于 0.1D，喉部取压口的直径绝不能大于 0.13d。

如果 d 小于 33.3 mm，喉部取压口的直径应在 0.1d～0.13d 之间，上游取压口的直径应在 0.1d～0.1D 之间。

建议取压口应小到与所用流体相适应（例如与流体的粘度和清洁度相适应）。

5.4.3 应至少有 4 个取压口供上游和喉部压力测量。取压口的轴线应与经典文丘里管的轴线相交，应相互形成相等的角度，并包含在垂直于经典文丘里管轴线的平面中。

5.4.4 取压口洞孔贯穿处应呈圆形。其边缘应与管壁齐平和无毛刺。如要求有连接曲面，则其半径应不超过取压口直径的十分之一。

5.4.5 从管道内壁量起至少 2.5 倍取压口内径长度范围内，取压口应为圆筒形。

5.4.6 可目测检查，判断取压口是否符合上述两个要求。

5.4.7 取压口的间距是取压口轴线与下述基准平面之间的距离，在平行于经典文丘里管轴线的直线上测得：

对于"铸造"收缩段经典文丘里管，位于入口圆筒段上的上游取压口与入口圆筒 A 和收缩段 B 的延长部分的相交面之间的间距应为：

——$0.5D \pm 0.25D$（对于 100 mm$<D<$150 mm）；

——$0.5D_{-0.25D}^{\ 0}$（对于 150 mm$<D<$800 mm）。

对于机械加工收缩段和粗焊铁板收缩段经典文丘里管，上游取压口与入口圆筒 A 和收缩段 B（或它们的延长部分）的相交面之间的间距应为：$0.5D \pm 0.05D$。

对于所有型式的经典文丘里管，喉部取压口贯穿处的轴线所在的平面与收缩段 B 和喉部 C（或它们的延长部分）的相交面之间的间距应为：$0.5d \pm 0.02d$。

5.4.8 取压口环室的流通截面积应大于或等于接通环室和管道的取压口总面积的二分之一。

但是，当经典文丘里管与上游管件之间，因该管件引起非对称流而使用了最短上游直管段时，建议上述环室截面积加倍。

5.5 流出系数 C

5.5.1 使用限制

无论哪种型式的经典文丘里管，都必须避免同时采用 D、β 和 Re_D 的极限值，否则 5.7 给出的不确定度很可能会增大。

对于 D、β 和 Re_D 的限值超出 5.5.2、5.5.3 和 5.5.4 规定的装置，仍有必要在其实际运行条件下单独校准一次元件。

Re_D、Ra/D 和 β 对 C 的影响迄今尚未彻底搞清，而在每种型式经典文丘里管的规定限值以外有可能给出可靠的 C 值（见附录 B）。

5.5.2 "铸造"收缩段经典文丘里管的流出系数

"铸造"收缩段经典文丘里管只能按 GB/T 2624 的本部分的规定在下述条件下使用：

——100 mm$\leqslant D \leqslant$800 mm；

——$0.3 \leqslant \beta \leqslant 0.75$；

——$2\times10^5 \leqslant Re_D \leqslant 2\times10^6$。

在这些条件下，流出系数 C 值为：

$$C=0.984$$

5.5.3 机械加工收缩段经典文丘里管的流出系数

机械加工收缩段经典文丘里管只能按 GB/T 2624 的本部分的规定在下述条件下使用：

——50 mm$\leqslant D \leqslant$250 mm；

——$0.4 \leqslant \beta \leqslant 0.75$；

——$2\times10^5 \leqslant Re_D \leqslant 1\times10^6$。

在这些条件下，流出系数 C 值为：

$$C=0.995$$

5.5.4 粗焊铁板收缩段经典文丘里管的流出系数

粗焊铁板收缩段经典文丘里管只能按 GB/T 2624 的本部分的规定在下述条件下使用：

——200 mm$\leqslant D \leqslant$1 200 mm；

——$0.4 \leqslant \beta \leqslant 0.7$；

——$2\times10^5 \leqslant Re_D \leqslant 2\times10^6$。

在这些条件下，流出系数 C 值为：

$$C=0.985$$

5.6 可膨胀性（膨胀）系数 ε

可膨胀性（膨胀）系数 ε 按公式(2)确定：

$$\varepsilon=\sqrt{\left(\frac{\kappa\tau^{2/\kappa}}{\kappa-1}\right)\left(\frac{1-\beta^{4}}{1-\beta^{4}\tau^{2/\kappa}}\right)\left(\frac{1-\tau^{(\kappa-1)/\kappa}}{1-\tau}\right)} \qquad \cdots\cdots\cdots\cdots\cdots\cdots(2)$$

公式(2)仅适用于5.5.2、5.5.3和5.5.4规定的β、D和Re_D值。确定ε的试验结果已知的仅有空气、蒸汽和天然气。但是将同一公式用于已知等熵指数的其他气体和蒸汽，尚未知有任何异议。

然而，只有当$p_2/p_1 \geqslant 0.75$时此式才适用。

为方便起见，表A.1给出了一系列等熵指数、压力比和直径比的可膨胀性(膨胀)系数值。这些值不供精确内插，不允许外推。

5.7 流出系数 C 的不确定度

5.7.1 "铸造"收缩段经典文丘里管

5.5.2给出的流出系数的相对不确定度等于0.7%。

5.7.2 机械加工收缩段经典文丘里管

5.5.3给出的流出系数的相对不确定度等于1%。

5.7.3 粗焊铁板收缩段经典文丘里管

5.5.4给出的流出系数的相对不确定度等于1.5%。

5.8 可膨胀性(膨胀)系数 ε 的不确定度

ε的相对不确定度等于$(4+100\beta^{8})\dfrac{\Delta p}{p_1}\%$。

5.9 压力损失

5.9.1 压力损失的定义(见图2)

由经典文丘里管造成的压力损失可以通过测量文丘里管装入有给定流量的管道之前和之后的压力来确定。

如果$\Delta p'$是安装文丘里管前测得的两个取压口之间的压差，其中一个取压口位于将要装入文丘里管的法兰的上游至少1D处，另一个在该法兰下游6D处，如果$\Delta p''$是文丘里管安装在这些法兰之间以后测得的上述取压口之间的压差，则由文丘里管产生的压力损失为$\Delta p''-\Delta p'$。

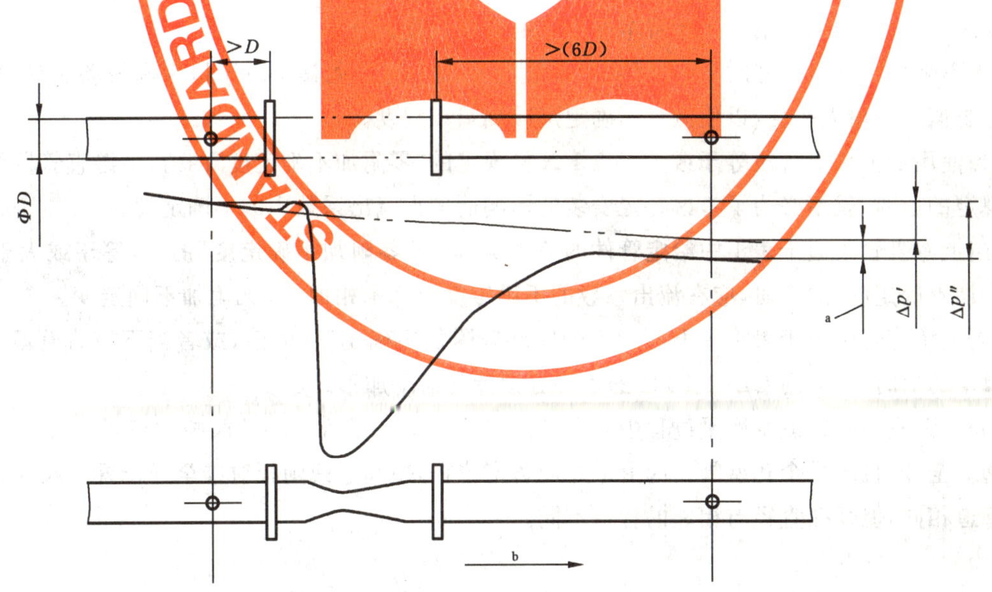

a 压力损失。

b 流动方向。

图2 经典文丘里管的压力损失

5.9.2 相对压力损失

相对压力损失 ξ 是压力损失 $\Delta p''-\Delta p'$ 与差压 Δp 的比值：

$$\xi=\frac{\Delta p''-\Delta p'}{\Delta p}$$

它特别取决于：

——直径比(当 β 增大时,ξ 减小)；

——雷诺数(当 Re_D 增大时,ξ 减小)；

——文丘里管的制造特性：扩散段的角度，收缩段的制造，各个部件的表面加工等(当 φ 和 Ra/D 增大时,ξ 增大)；

——安装条件(良好的同轴度，上游管道的粗糙度等)。

压力损失的相对值一般在5%～20%之间是可以接受的。

附录C给出了这些因素影响相对压力损失 ξ 可能值的指导性资料。

6 安装要求

6.1 总则

差压装置的一般安装要求见GB/T 2624.1—2006的第7章，并宜结合本章文丘里管的特殊安装要求遵照执行。一次装置处流动状态的一般要求见GB/T 2624.1—2006的7.3。流动调整器使用要求见GB/T 2624.1—2006的7.4。某些常用管体，如表1中规定的管件，可以使用标明的最短直管段。详细要求见6.2。6.2给出的长度多数是以参考文献[4]的数据为依据。

6.2 安装在各种管件和文丘里管之间的最短上游和下游直管段

6.2.1 不采用流动调整器情况下经典文丘里管上游和各种管件下游的最短直管段见表1。

对于 β 值相同的装置，表1中规定的用于经典文丘里管的长度要短于GB/T 2624.2和GB/T 2624.3中规定的用于孔板、喷嘴和文丘里喷嘴的长度。

这是由于在经典文丘里管的收缩段内发生流动不一致性衰减的缘故。但在考虑经典文丘里管的安装总长度时，应考虑增加容纳一次装置本身所需的管道长度。

6.2.2 当不采用流动调整器时，表1规定的长度应是最小值。尤其是对于研究和校验工作，建议表1规定的上游值至少增大一倍，以使测量不确定度减到最小程度。

6.2.3 当使用的上游直管段等于或大于表1 A栏规定的“零附加不确定度”的值，下游直管段等于或大于表1规定的值时，就不必为了考虑特定安装的影响而增大流出系数中的不确定度。

6.2.4 当上游直管段短于表1中给定管件的A栏对应于“零附加不确定度”的值，等于或大于B栏的“0.5%附加不确定度”的值时，应在流出系数的不确定度上算术相加0.5%附加不确定度。

6.2.5 当上游直管段短于表1中B栏规定的“0.5%附加不确定度”的值，或者当下游直管段短于表1文字中规定的值时，不能用GB/T 2624的本部分预计任何附加不确定度。

6.2.6 表1涉及的阀在流量测量过程中应全开。建议用文丘里管下游的阀控制流量。文丘里管上游的隔断阀应全开，且应是全孔型阀。阀上最好配备定位杆，使阀芯或闸板对准全开位置。阀的名义直径与上游管道相同，但开孔直径与相邻的管道不同。

表 1　经典文丘里管所需直管段

数值以管道内径 D 的倍数表示

直径比 β	单个 90°弯头[a]		同一平面或不同平面上的两个或多个 90°弯头[a]		渐缩管（在 2.3D 长度内由 1.33D 变为 D）		渐扩管（在 2.5D 长度内由 0.67D 变为 D）		渐缩管（在 3.5D 长度内由 3D 变为 D）		渐扩管（在 D 长度内由 0.75D 变为 D）		全孔球阀或闸阀全开	
1	2		3		4		5		6		7		8	
	A[b]	B[c]	A[b]	B[c]	A[b]	B[c]	A[b]	B[c]	A[b]	B[c]	A[b]	B[c]	A[b]	B[c]
0.30	8	3	8	3	4	[d]	4	[d]	2.5	[d]	2.5	[d]	2.5	[d]
0.40	8	3	8	3	4	[d]	4	[d]	2.5	[d]	2.5	[d]	2.5	[d]
0.50	9	3	10	3	4	[d]	5	4	5.5	2.5	2.5	[d]	3.5	2.5
0.60	10	3	10	3	4	[d]	6	4	8.5	2.5	3.5	2.5	4.5	2.5
0.70	14	3	18	3	4	[d]	7	5	10.5	2.5	5.5	3.5	5.5	3.5
0.75	16	8	22	8	4	[d]	7	6	11.5	3.5	6.5	4.5	5.5	3.5

所需最短直管段是经典文丘里管上游的各种管件与经典文丘里管之间的直管段。直管段应从最近(或仅有)的弯头弯曲部分的下游端或是从渐缩管或渐扩管的弯曲或圆锥部分的下游端测量到经典文丘里管的上游取压口平面。

如果经典文丘里管上游装有温度计插套或套管，其直径应不超过 0.13D，且应位于文丘里管上游取压口平面的上游至少 4D 处。

对于下游直管段，喉部取压口平面下游至少 4 倍喉部直径处的管件或其他阻流件(如本表所示)或密度计插套不影响测量的精确度(见 6.2.3 和 6.2.5)。

a　弯头的曲率半径应大于或等于管道直径。

b　各种管件的 A 栏给出对应于“零附加不确定度”的值(见 6.2.3)。

c　各种管件的 B 栏给出对应于“0.5%附加不确定度”的值(见 6.2.4)。

d　A 栏中的直管段给出零附加不确定度；目前尚无可用于给出 B 栏所需直管段的较短直管段数据。

6.2.7　在测量系统中，若上游阀的开孔与相邻管道系统相匹配而且在全开条件下没有直径台阶，可将阀看作是测量管道系统长度的一部分并且无需增加表 1 所述的长度。

6.2.8　表 1 给出的值是在所述管件的上游安装很长的直管段通过实验确定的，所以紧靠管件上游的流动被认为是充分发展的且无旋涡。鉴于这样的条件实际上难以实现，因此可以按以下内容指导正常安装实践。

a)　除了表中已涉及的 90°弯头组合之外，如果表 1 涉及的几种型式的管件串接在文丘里管的上游，则应遵循下述规定：

1)　紧邻文丘里管的上游管件 1 和文丘里管之间应采用表 1 给出的最短长度指标。

2)　此外，管件 1 和与之相邻而离文丘里管较远的管件(管件 2)之间的直管段，不管所用文丘里管的实际 β 值是多少，其长度至少应等于管件 1 与管件 2 之间的管道直径和表 1 给出的与管件 2 配合使用的 0.7 直径比文丘里管的直径倍数的乘积的一半。如果从表 1 的 B 栏中选择了任意一个最短直管段(也就是说，从管件 1 到管件 2 取一半值之前)，则应在流出系数不确定度上算术相加 0.5%附加不确定度。对于两个或多个 90°弯头的情况，如果连续几个弯头之间的长度小于 15D，根据表 1 第 1 栏可作为单个管件处理。

3)　如果上游测量段有一个全孔阀，阀之前有别的管件，例如渐扩管，则该阀可以安装在从一次装置算起第 2 个管件的出口处。根据 2)，阀和第二个管件之间的所需长度宜加到表 1 规定的一次装置与第一个管件之间的长度上(图 3)。必须注意 6.2.8 b)也应予以满足

(如图 3 所示)。

b) 除了 a)的要求之外，任何管件(将任何两个相连的 90°弯头当作一个管件)都应与文丘里管隔开的一段距离，不管该管件与文丘里管之间有多少管件，这个距离至少应与文丘里管处的管道直径和表 1 中该管件与相同直径比文丘里管之间的所需直径倍数的乘积给出的距离一样大。文丘里管和该管件之间的距离应沿管道轴线测量。对于任何上游管件，如果是用 B 栏而不是 A 栏的直径倍数来满足这个距离要求，应在流出系数不确定度上算术相加 0.5%附加不确定度，但这个附加不确定度不应在 a)和 b)的条款下多次相加。

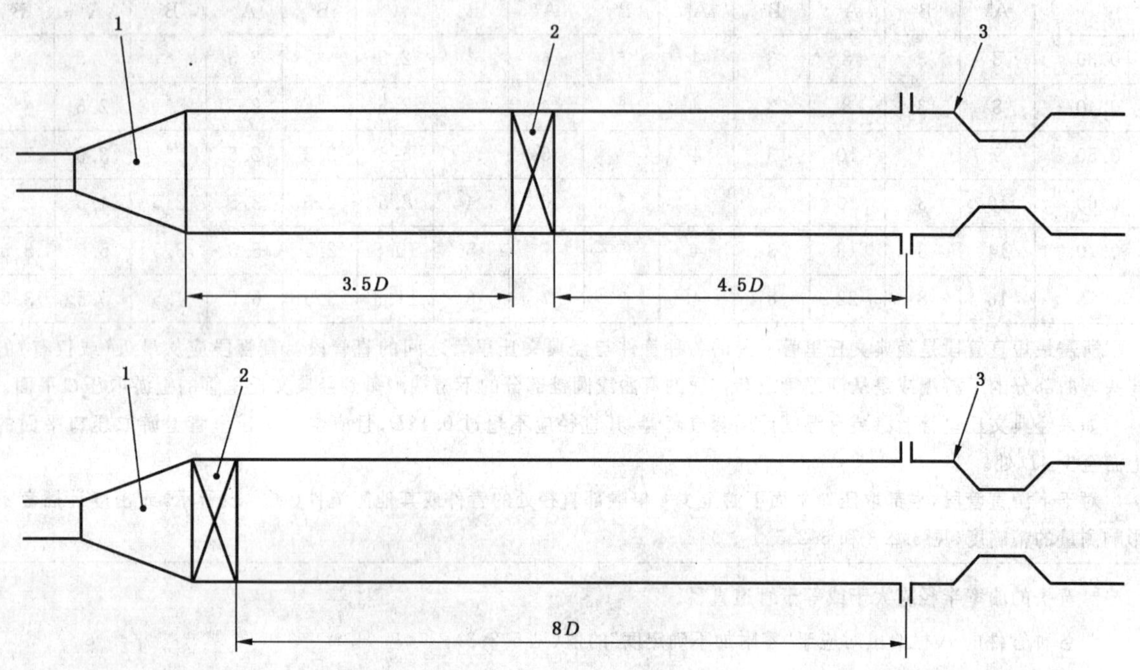

1——渐扩管，在 2.5D 长度范围内从 0.67D 到 D；

2——全孔球阀或闸阀全开；

3——文丘里管。

图 3 β=0.6 包含一个全孔阀的布局

6.2.9 用实例说明 6.2.8 a)和 b)的两种应用情况。在每种情况中，距文丘里管第二个管件是互相垂直平面上的两个弯头，文丘里管的直径比为 0.75。

如果第一个管件是个全开全孔球阀[见图 4 a)]，则阀与文丘里管之间的距离应至少为 5.5D(根据表 1)，互相垂直平面上的两个弯头与阀之间的距离应至少为 9D[根据 6.2.8 a)]；互相垂直平面上的两个弯头与文丘里管之间的距离应至少为 22D[根据 6.2.8 b)]。如果阀的长度为 1D，则需要 6.5D 附加长度，它可以在阀的上游也可在下游，或者部分在阀的上游，部分在阀的下游。只要从互相垂直平面上的两个弯头到文丘里管至少有 22D，也可按 6.2.8 a)3)把阀移至靠近互相垂直平面上的两个弯头的位置[见图 4 b)]。

如果第一个管件是在 2.5D 长度范围内由 0.67D 变成 D 的渐扩管[见图 4 c)]，则渐扩管与文丘里管之间的距离应至少为 7D(根据表 1)，互相垂直平面上的两个弯头与渐扩管之间的距离应至少为 9×0.67D[根据 6.2.8 a)]；互相垂直平面上的两个弯头与文丘里管之间的距离应至少为 22D[根据 6.2.8 b)]。因此需要 6.5D 的附加长度，它可以在渐扩管的上游也可在下游，或者部分在渐扩管的上游部分在渐扩管的下游。

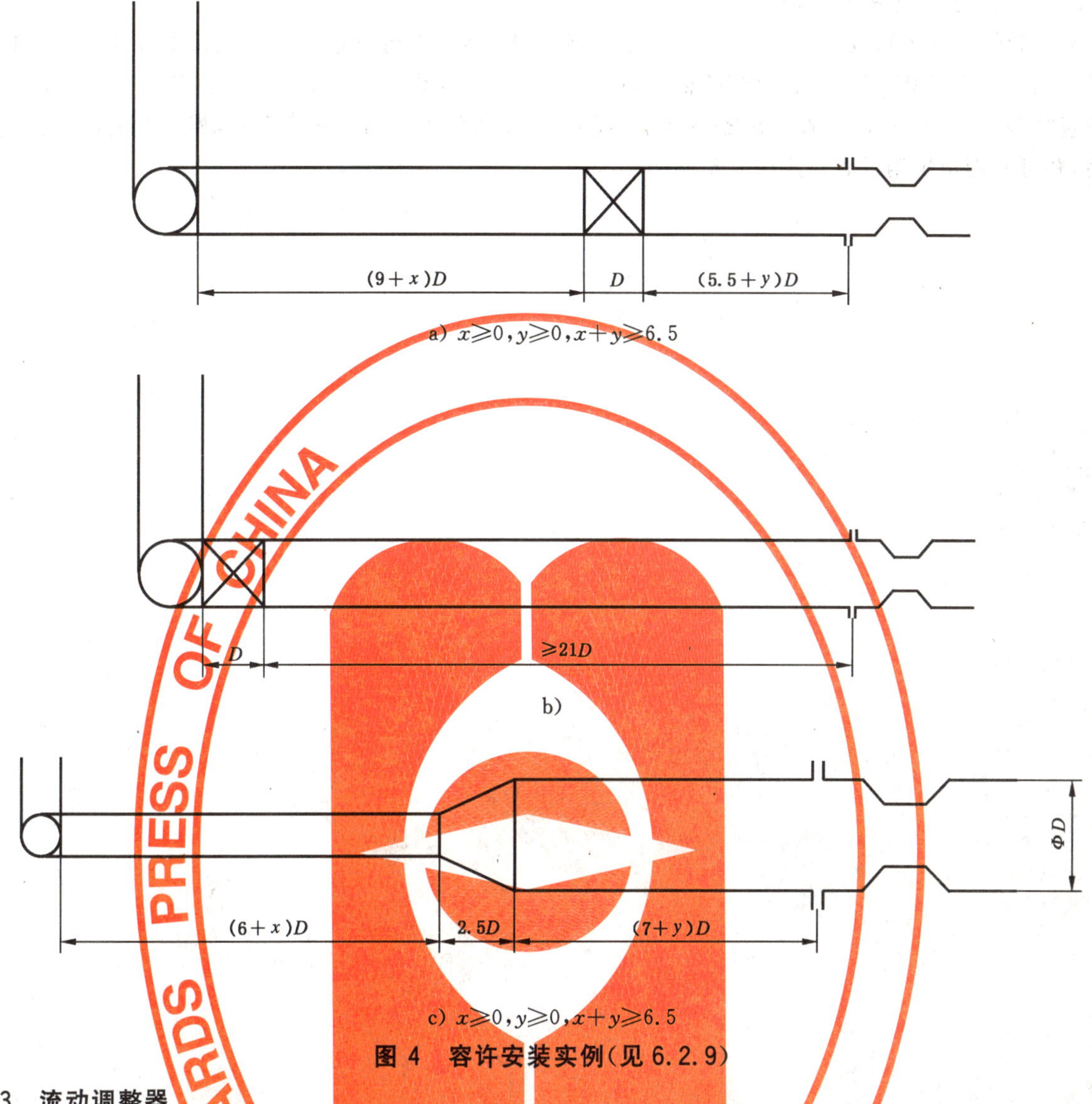

图4 容许安装实例(见6.2.9)

6.3 流动调整器

流动调整器可用于减少上游直管段:符合GB/T 2624.1—2006中7.4.1的配合性试验要求,它就可以用在任何上游管件的下游;符合GB/T 2624.1—2006中7.4.2的要求,就具有超出配合性试验的更多可能性。两种情况下都应采用经典文丘里管进行试验。

6.4 经典文丘里管的附加特殊安装要求

6.4.1 管道的圆度和圆柱度

6.4.1.1 从文丘里管入口圆筒的上游端测量起至少2D的上游长度范围内,管道应是圆筒形的。当任何平面内的任何一个管道直径与管道实测直径的平均值之差都不大于2%时,可认为该管道是圆筒形的。

6.4.1.2 按5.2.2的规定,管道与经典文丘里管相联处的平均直径偏差应在经典文丘里管入口圆筒直径D的1%范围中。

6.4.1.3 紧邻文丘里管的下游管道直径不需要精确测量,但应检查下游管道直径不小于文丘里管扩散段末端处直径的90%。这就表示在多数情况下可以使用名义直径与文丘里管相同的管道。

6.4.2 上游管道的粗糙度

从文丘里管入口圆筒上游端测量起至少2D长度内上游管道的相对粗糙度应为$Ra/D \leqslant 3.2 \times 10^{-4}$。

6.4.3 经典文丘里管的对中心

在上游管道和入口圆筒段A(见5.2)的接合平面上测量,上游管道轴线与文丘里管轴线之间的偏移或距离应小于0.005D。文丘里管的轴线相对于上游管道轴线的角准直不确定度应小于1°。最终,偏移与直径偏差(见6.4.1.2)的二分之一的总和应小于0.007 5D。因此在安装时,需要匹配对接法兰的孔径,并可使用定位销或者自定中心垫圈调准法兰。

附 录 A
（资料性附录）
可膨胀性（膨胀）系数表

表 A.1 文丘里管——可膨胀性（膨胀）系数 ε

直径比		可膨胀性（膨胀）系数 ε，p_2/p_1 等于：								
β	β^4	1.00	0.98	0.96	0.94	0.92	0.90	0.85	0.80	0.75
κ=1.2										
0.300 0	0.008 1	1.000 0	0.987 3	0.974 5	0.961 6	0.948 6	0.935 4	0.902 1	0.867 8	0.832 7
0.562 3	0.100 0	1.000 0	0.985 6	0.971 2	0.956 8	0.942 3	0.927 8	0.891 3	0.854 3	0.816 9
0.668 7	0.200 0	1.000 0	0.983 4	0.966 9	0.950 4	0.934 1	0.917 8	0.877 3	0.837 1	0.797 0
0.740 1	0.300 0	1.000 0	0.980 5	0.961 3	0.942 4	0.923 8	0.905 3	0.860 2	0.816 3	0.773 3
0.750 0	0.316 4	1.000 0	0.980 0	0.960 3	0.940 9	0.921 8	0.903 0	0.857 1	0.812 5	0.769 0
κ=1.3										
0.300 0	0.008 1	1.000 0	0.988 3	0.976 4	0.964 5	0.952 4	0.940 2	0.909 2	0.877 3	0.844 5
0.562 3	0.100 0	1.000 0	0.986 7	0.973 4	0.960 0	0.946 6	0.933 1	0.899 0	0.864 5	0.829 4
0.668 7	0.200 0	1.000 0	0.984 6	0.969 3	0.954 1	0.938 9	0.923 7	0.885 9	0.848 1	0.810 2
0.740 1	0.300 0	1.000 0	0.982 0	0.964 2	0.946 6	0.929 2	0.912 0	0.869 7	0.828 3	0.787 5
0.750 0	0.316 4	1.000 0	0.981 5	0.963 2	0.945 2	0.927 4	0.909 8	0.866 7	0.824 6	0.783 3
κ=1.4										
0.300 0	0.008 1	1.000 0	0.989 1	0.978 1	0.967 0	0.955 7	0.944 4	0.915 4	0.885 5	0.854 6
0.562 3	0.100 0	1.000 0	0.987 7	0.975 3	0.962 8	0.950 3	0.937 7	0.905 8	0.873 3	0.840 2
0.668 7	0.200 0	1.000 0	0.985 7	0.971 5	0.957 3	0.943 0	0.928 8	0.893 3	0.857 7	0.821 9
0.740 1	0.300 0	1.000 0	0.983 2	0.966 7	0.950 3	0.934 0	0.917 8	0.878 0	0.838 8	0.800 0
0.750 0	0.316 4	1.000 0	0.982 8	0.965 8	0.948 9	0.932 3	0.915 8	0.875 2	0.835 3	0.796 0
κ=1.66										
0.300 0	0.008 1	1.000 0	0.990 8	0.981 5	0.972 1	0.962 5	0.952 9	0.928 1	0.902 4	0.875 8
0.562 3	0.100 0	1.000 0	0.989 6	0.979 1	0.968 5	0.957 8	0.947 1	0.919 7	0.891 7	0.862 9
0.668 7	0.200 0	1.000 0	0.987 9	0.975 9	0.963 7	0.951 6	0.939 4	0.908 8	0.877 8	0.846 4
0.740 1	0.300 0	1.000 0	0.985 8	0.971 8	0.957 7	0.943 8	0.929 9	0.895 3	0.860 9	0.826 5
0.750 0	0.316 4	1.000 0	0.985 4	0.971 0	0.956 6	0.942 3	0.928 1	0.892 8	0.857 7	0.822 8
注：提供本表仅为方便使用，表中数值不供精确内插之用，不允许外推。										

附 录 B
（资料性附录）
超出 GB/T 2624.4 范围使用的经典文丘里管

B.1 总则

正如 5.5.1 所指出的，在 GB/T 2624.4 的本部分所规定的限值以外，Re_D、Ra/D 和 β 对 C 值的影响至今所知不多，还不足以实现标准化。

本附录旨在从现有的实验结果中汇集可供使用的数据，依据各种参数（β、Re_D 和 Ra/D）给出流出系数和不确定度的数值和变化方向，以对流量做出估算。虽然有些结果表明这些不同的影响并非是互不相关的，本附录仍分别予以阐述。

尤其是有关这个主题的试验数量少，而且这些试验大多是在几何尺寸并不严格符合 GB/T 2624.4 的文丘里管上进行的。其结果是，不仅流出系数的可靠性相当低，不确定度的可靠性也相当低。

B.2 直径比 β 的影响

经考查直径比约为 $\beta \geqslant 0.75$[5] 的文丘里管的试验结果，注意到被测流出系数的离散性比直径比较小的要大。因此流出系数的不确定度应当增加一个量。

为了能估算流量的不确定度，当 β 值高于最大允许值时，建议 C 的不确定度加倍。

B.3 雷诺数 Re_D 的影响

B.3.1 总则

雷诺数 Re_D 的影响随经典文丘里管的型式而变化。它表现为流出系数的变化和不确定度的增加。

B.3.2 "铸造"收缩段经典文丘里管

当 Re_D 减小到 2×10^5 以下时，流出系数减小，而不确定度增大。

当 Re_D 增大到 2×10^6 以上时，流出系数没有表现出随雷诺数而变化，不确定度也不随雷诺数而变化。

为了近似估算流量，可采用表 B.1 作为指南给出的流出系数 C 和不确定度之值。

表 B.1 随 Re_D 变化的流出系数 C 值和不确定度值

Re_D	C	不确定度/%
4×10^4	0.957	2.5
6×10^4	0.966	2
1×10^5	0.976	1.5
1.5×10^5	0.982	1

B.3.3 机械加工收缩经典文丘里管

当雷诺数 Re_D 减小到 2×10^5 以下时，往往会发现流出系数 C 值在随着 Re_D 的减小而稳定地减小之前略有增大。C 的不确定度最初缓慢地增大，然后迅速地增大。

就喉部雷诺数 Re_d 而论，C 值的局部最大值的位置对应于 2×10^5 和 4×10^5 之间的 Re_d 值。

当 Re_D 增大到 10^6 以上时，就不太好预测随雷诺数变化的 C 的特性曲线。有时 C 随雷诺数稍有增大，有时有显著的但却是平缓的增大，有时有显著的突然增大。

5）以下给出的数值是以直径比 β 达 0.8 的文丘里管上进行的试验为依据。

相信现有的证据足以证明这种观点:这种文丘里管的流出系数是随 Re_d(以喉部直径为依据的雷诺数)而不是 Re_D 而变化的。现有结果表明,以 Re_d 表示比以 Re_D 表示具有更好的相关性。

为了能估算流量,可采用表 B.2 作为指南给出的流出系数和不确定度的数值。

表 B.2 随 Re_d 变化的流出系数 C 值和不确定度值

Re_d	C	不确定度[a]/%
5×10^4	0.970	3
1×10^5	0.977	2.5
2×10^5	0.992	2.5
3×10^5 [b]	0.998	1.5
$5\times10^5\sim10^6$	0.995	1
$10^6\sim2\times10^6$	1.000	2
$2\times10^6\sim10^8$	1.010	3

a 对于低雷诺数,实验结果的分布不是高斯分布,小于平均 C 值的实验结果的平均偏差大于较大值的平均偏差。

b 如果 $\beta\geqslant0.67$,本表建议的 $Re_d=3\times10^5$ 的流出系数和不确定度的值与 5.5.3 和 5.7.2 中的值之间存在差别。

B.3.4 粗焊铁板收缩段经典文丘里管

雷诺数的影响如下所述。

当 Re_D 减小到 2×10^5 以下时,流出系数 C 稍有减小,而 C 的不确定度则增大。

虽然有关这种型式文丘里管的资料相对较少,但可采用表 B.3 中作为指南给出的流出系数和不确定度的数值来估算流量。

当 Re_D 大于 2×10^6 时,流出系数未显现出变化。

超过 $Re_D=2\times10^6$ 时,取不确定度等于 2%为宜。

表 B.3 随 Re_D 变化的流出系数 C 值和不确定度值

Re_D	C	不确定度/%
4×10^4	0.96	3
6×10^4	0.97	2.5
1×10^5	0.98	2.5

B.3.5 廓形如"铸造"收缩段但入口圆筒和收缩段是机械加工的经典文丘里管

除了入口圆筒段 A 和收缩段 B 是机械加工的以外,这种文丘里管的廓形与 5.2.8 中规定的相同,因此它们的相对粗糙度 Ra 小于 $5\times10^{-5}D$ 和小于 15 μm。入口圆筒上游管道的粗糙度在入口圆筒上游至少 $2D$ 长度范围内与入口圆筒相同。

当 Re_D 增大到 3.2×10^6 以上时,流出系数未表现出随雷诺数而变化,不确定度也不变化。

为了能估算流量,可采用表 B.4 中作为指南给出的流出系数和不确定度的数值。

表 B.4 随 Re_D 变化的流出系数 C 值和不确定度值

Re_D	C	不确定度/%
10^4	0.963	2.5
6×10^4	0.978	2
10^5	0.980	1.5
1.5×10^5	0.987	1
$2\times10^5\sim5\times10^5$	0.992	1
$5\times10^5\sim3.2\times10^6$	0.995	1

B.4 相对粗糙度 Ra/D 的影响

B.4.1 经典文丘里管的粗糙度

可以说，收缩段粗糙度的增大使流出系数 C 减小。

对于这种影响，机械加工收缩段经典文丘里管似乎比“铸造”收缩段或粗焊铁板收缩段经典文丘里管更为敏感。

文丘里管的压力损失也随粗糙度的增大而增大。

B.4.2 上游管道的粗糙度

上游管道粗糙度的增大促使经典文丘里管的流出系数 C 增大。当 β 增大时，粗糙度的影响变得更为显著。

附 录 C
（资料性附录）
经典文丘里管的压力损失

C.1 总则

本附录提供的数值均为指导性数据(见5.9.2)。

C.2 压力损失的平均值和相对粗糙度的影响

对于扩散段总角度等于7°和管道雷诺数 Re_D 大于 10^6 的经典文丘里管，相对压力损失 $\xi=(\Delta p''-\Delta p')/\Delta p$ 通常位于图C.1 a)的阴影区域。接近此区域上限的 ξ 值适合于相对粗糙度 Ra/D 的上限值，因而，对于一种给定的产品设计，适合于直径最小的经典文丘里管。

C.3 雷诺数的影响

对于特定的文丘里管，当 Re_D 增大时，ξ 值减小，而且似乎在约 $Re_D=10^6$ 以上达到一个极限值。图C.1 b)近似地表明了 ξ 与其极限值之比是如何变化的。

C.4 扩散段角度的影响

相对压力损失随扩散段角度的增加而增大。图C.1 c)表示，当其他一切都相等时，扩散段角度 φ 分别为15°和7°的两个经典文丘里管的 ξ 值之比。

C.5 截尾的影响

目前尚无截尾的文丘里管压力损失的精确指标。然而一般认为扩散段的长度可减少约35%而不会引起压力损失显著增加。

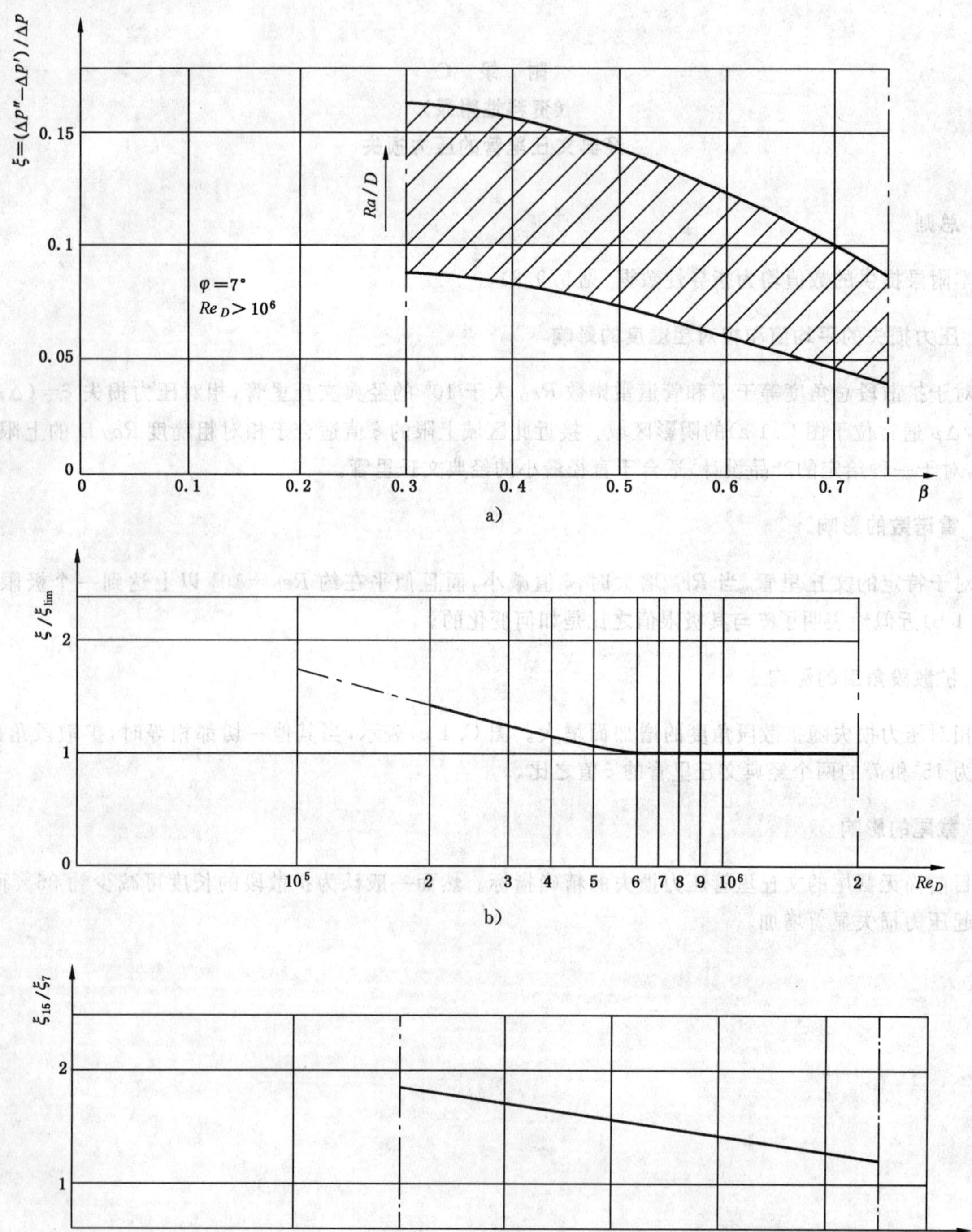

图 C.1 经典文丘里管的压力损失

参 考 文 献

[1] JAMIESON, A. W., JOHNSON, P. A., SPEARMAN, E. P. and SATTARY, J. A.. 高雷诺数文丘里管气体流量计无法预测的特性. In *Proc. 14th North Sea Flow Measurement Workshop*, Peebles, Scotland, paper 5, 1996.

[2] VAN WEERS, T., VAN DER BEEK, M. P. and LANDHEER, I. J.. 经典文丘里管的 C_d-系数:博弈技术. In *Proc. 9th Int. Conf. on Flow Measurement*, FLOMEKO, Lund, Sweden, June 1998, pp. 203-207.

[3] READER-HARRIS, M. J., BRUNTON, W. C., GIBSON, J. J., HODGES, D and NICHOLSON, 1. G.. 文丘里管流出系数. In Proc. 4th Int. Symposium on Fluid Flow Measurement, Denver, Colorado, June 1999.

[4] READER-HARRIS, M. J., BRUNTON, W. C. and SATTARY, J. A.. 安装对文丘里管的影响. In Proc. of ASME Fluids Engineering Division Summer Meeting, Vancouver, Canada, FEDSM97-3016, June 1997. New York:American Society of Mechanical Engineers.

[5] ISO/TR 3313:1998 封闭管道中流体流量的测量 脉动流对流量测量仪表的影响.

[6] ISO/4288:1996 几何产品范围(GPS) 表面结构 剖面法 表面结构的评定规则和程序.

[7] ISO/TR 5168:1998 流体流量的测量 不确定度的评估.

[8] ISO/TR 9464:1998 ISO 5167-1:1991 使用指南.

ICS 13.340.30
C 73

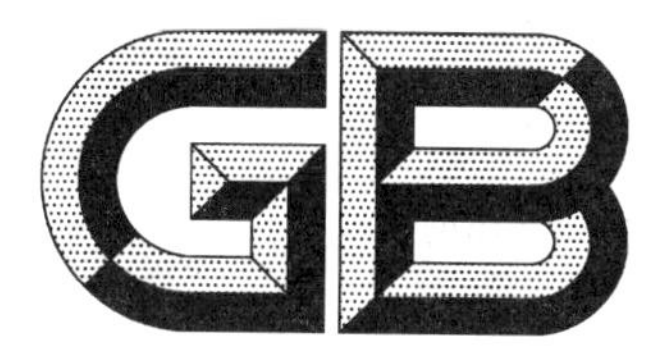

中华人民共和国国家标准

GB 2626—2006
代替 GB/T 2626—1992,GB/T 6223—1997,GB/T 6224.1～6224.4—1986

呼吸防护用品
自吸过滤式防颗粒物呼吸器

**Respiratory protective equipment—
Non-powered air-purifying particle respirator**

2006-03-27 发布　　2006-12-01 实施

中华人民共和国国家质量监督检验检疫总局
中国国家标准化管理委员会　发布

前 言

本标准为全文强制性标准。

本标准自实施之日起代替 GB/T 2626—1992《自吸过滤式防尘口罩通用技术条件》、GB/T 6223—1997《自吸过滤式防微粒口罩》、GB/T 6224.1—1986《过滤式防微粒口罩总透漏率的试验方法》、GB/T 6224.2—1986《过滤式防微粒口罩的过滤效率的试验方法》、GB/T 6224.3—1986《过滤式防微粒口罩死腔的试验方法》和 GB/T 6224.4—1986《过滤式防微粒口罩对空气呼吸阻力的试验方法》。

本标准与 GB/T 2626—1992 相比主要变化如下：

——将标准名称从《自吸过滤式防尘口罩通用技术条件》修改为《呼吸防护用品　自吸过滤式防颗粒物呼吸器》。

——所规范产品的防护对象从防粉尘扩大到防各类颗粒物，即包括粉尘、烟、雾和微生物。

——增加了自吸过滤式呼吸器术语和定义。

——在面罩类型中增加了全面罩、以及相关的技术要求和检测方法。

——增加了防颗粒物过滤元件分类，即防非油性颗粒物（以 KN 标记）和防油性颗粒物（以 KP 标记），并分别规定了检测条件。

——改变了过滤效率检测条件，取代医用滑石粉，用氯化钠代表非油性颗粒物，用 DOP 代表油性颗粒物，使用最难过滤的颗粒物粒径，并将检测流量从 30 L/min 提高到 85 L/min，从检测初始过滤效率改变为加载过滤效率。

——增加了过滤元件的过滤效率级别，半面罩有 90.0%、95.0%和 99.97% 3 个过滤效率级别，全面罩有 95.0%和 99.97%两个过滤效率级别。

——增加了对呼吸器面罩总泄漏率（适用于随弃式面罩）和泄漏率（适用于可更换式面罩）的技术要求和检测方法。

——将吸气阻力和呼气阻力的检测流量从 30 L/min 提高到 85 L/min。

——删除了对吸气阻力上升值、湿阻力上升值和面罩质量的技术要求。

——改变了呼气阀气密性和死腔的技术要求和检测方法。

——增加了对呼吸器头带、连接和连接部件、呼气阀盖和可燃性的技术要求和检测方法。

——增加了对制造商提供的呼吸器清洗和消毒方法的评价方法。

——增加了对制造商应提供的信息的要求。

本标准附录 A、附录 B 和附录 C 为资料性附录。

本标准由国家安全生产监督管理局提出。

本标准由全国个体防护装备标准化技术委员会（SAC/TC 112）归口。

本标准起草单位：武汉安全环保研究院、防化研究院和 3M 中国有限公司。

本标准主要起草人：余启元、丁松涛、姚红、程钧、张元虎、任辉、刘宏斌、袁晓华。

本标准于 1981 年首次发布第一版，1992 年第一次修订为 GB/T 2626—1992。

呼吸防护用品
自吸过滤式防颗粒物呼吸器

1 范围

本标准规定了自吸过滤式防颗粒物呼吸器的技术要求、检测方法和标识。

本标准适用于防护各类颗粒物的自吸过滤式呼吸防护用品。

本标准不适用于防护有害气体和蒸气的呼吸防护用品。本标准不适用于缺氧环境、水下作业、逃生和消防用呼吸防护用品。

2 规范性引用文件

下列文件中的条款通过本标准的引用而成为本标准的条款。凡是注日期的引用文件，其随后所有的修改单(不包括勘误的内容)或修订版均不适用于本标准，然而，鼓励根据本标准达成协议的各方研究是否可使用这些文件的最新版本。凡是不注日期的引用文件，其最新版本适用于本标准。

GB/T 2891 过滤式防毒面具面罩性能试验方法

GB/T 5703 用于技术设计的人体测量基础项目

GB/T 10586 湿热试验箱技术条件

GB/T 10589 低温试验箱技术条件

GB/T 11158 高温试验箱技术条件

GB/T 18664—2002 呼吸防护用品的选择、使用与维护

3 术语和定义

下列术语和定义适用于本标准。

3.1

颗粒物 particle

悬浮在空气中的固态、液态或固态与液态的颗粒状物质，如粉尘、烟、雾和微生物。

[GB/T 18664—2002，定义 3.1.15]

3.2

粉尘 dust

悬浮在空气中的微小固体颗粒，一般由固体物料受机械力作用破碎而产生。

[GB/T 18664—2002，定义 3.1.16]

3.3

烟 fume

悬浮在空气中的微小固体颗粒，一般由气体或蒸气冷凝产生，粒度通常小于粉尘。

[GB/T 18664—2002，定义 3.1.17]

3.4

雾 mist

悬浮在空气中的微小液滴。

[GB/T 18664—2002，定义 3.1.18]

3.5

微生物　microorganism

自然界中形体微小、结构简单、不能用眼直接观察、须在光学显微镜或电子显微镜下才能看到的微小生物。

3.6

自吸过滤式呼吸防护用品　non-powered air-purifying respiratory protective equipment

靠佩戴者呼吸克服部件气流阻力的过滤式呼吸防护用品。

[GB/T 18664—2002,定义 3.1.3]

3.7

密合型面罩　tight-fitting facepiece

能罩住鼻、口的与面部密合的面罩,或能罩住眼、鼻和口的与头面部密合的面罩。密合型面罩分半面罩和全面罩。

[GB/T 18664—2002,定义 3.1.5]

3.8

半面罩　half facepiece

能覆盖口和鼻,或覆盖口、鼻和下颌的密合型面罩。

3.9

全面罩　full facepiece

能覆盖口、鼻、眼睛和下颌的密合型面罩。

3.10

随弃式面罩　disposable facepiece

主要由滤料构成面罩主体的不可拆卸的半面罩,有或无呼气阀,一般不能清洗再用,任何部件失效时即应废弃。

3.11

可更换式面罩　replaceable facepiece

有单个或多个可更换过滤元件的密合型面罩,有或无呼吸气阀,有或无呼吸导管。

3.12

吸气阀　inhalation valve

呼吸防护用品上的止回阀,只允许可吸入气体进入面罩,防止呼气通过它排出。

3.13

呼气阀　exhalation valve

呼吸防护用品上的止回阀,只允许呼出气体通过它排出面罩,防止吸入气体通过它进入面罩。

3.14

呼吸导管　breathing hose

用于连接面罩与过滤元件的柔软、气密的导气管。

3.15

过滤元件　filter element

过滤式呼吸防护用品使用的,可滤除吸入空气中有害物质的过滤材料或过滤组件。

示例:滤毒罐(滤毒盒)、滤尘盒、滤料等。

[GB/T 18664—2002,定义 3.1.22]

3.16

过滤效率　filter efficiency

在规定检测条件下,过滤元件滤除颗粒物的百分比。

3.17

总泄漏率　total inward leakage

TIL

在实验室规定检测条件下，受试者吸气时从包括过滤元件在内的所有面罩部件泄漏入面罩内的模拟剂的浓度与吸入空气中模拟剂浓度的比值，用百分比表示。

3.18

泄漏率　inward leakage

IL

在实验室规定检测条件下，受试者吸气时从除过滤元件以外的面罩所有其他部件泄漏入面罩内的模拟剂浓度与吸入空气中模拟剂浓度的比值，用百分比表示。

3.19

死腔　dead space

从前一次呼气中被重新吸入的气体的体积，用吸入气中二氧化碳体积分数表示。

3.20

头带　head harness

用于将面罩固定在头部的部件。

4　分类和标记

4.1　面罩分类

面罩按结构分为随弃式面罩、可更换式半面罩和全面罩三类。

4.2　过滤元件分类

过滤元件按过滤性能分为 KN 和 KP 两类，KN 类只适用于过滤非油性颗粒物，KP 类适用于过滤油性和非油性颗粒物的过滤元件。

4.3　过滤元件级别

根据过滤效率水平，过滤元件的级别按表 1 分级。

表 1　过滤元件的级别

过滤元件类型	面罩类别		
	随弃式面罩	可更换式半面罩	全面罩
KN 类	KN90 KN95 KN100	KN90 KN95 KN100	KN95 KN100
KP 类	KP90 KP95 KP100	KP90 KP95 KP100	KP95 KP100

4.4　标记

随弃式面罩和可更换式面罩的过滤元件应标注级别，级别用执行本标准号及年号与过滤元件类型和级别的组合方式标注。

示例 1：KN90 过滤元件的标记为 GB 2626—2006 KN 90。

示例 2：KP100 过滤元件的标记为 GB 2626—2006，KP 100。

5　技术要求

5.1　一般要求

5.1.1　材料应满足以下要求：

a) 直接与面部接触的材料对皮肤应无害；

b) 滤材对人体应无害；

c) 所用材料应具有足够的强度，在正常使用寿命中不应出现破损或变形。

5.1.2 结构设计应符合以下要求：

a) 应不易产生结构性破损，部件的设计、组成和安装不应对使用者构成任何危险；

b) 头带的设计应可调，便于佩戴和摘除，应能将面罩牢固地固定在脸上，且佩戴时不应出现明显的压迫或压痛现象，可更换式半面罩和全面罩的头带设计应为可更换；

c) 应尽可能具有较小的死腔和较大的视野；

d) 在佩戴时，全面罩的镜片不应出现结雾等影响视觉的情况；

e) 使用可更换过滤元件、吸气阀、呼气阀以及头带的呼吸防护用品应采用方便更换的设计，并且能使使用者随时和方便地检查面罩与面部的佩戴气密性；

f) 呼吸导管不应限制头部活动或使用者的行动，不应影响面罩的密合性，不应出现限制、阻塞气流的情况。

g) 随弃式面罩的结构应能保证与面部的密合，且应在使用寿命期内不出现变形。

5.2 外观检查

按照6.1方法检查。

样品表面不应破损、变形和有明显的其他缺陷，部件材料和结构应能耐受正常使用条件及可能遇到的温度、湿度和机械冲击，头带应可调，可更换式面罩的头带设计应为可更换，全面罩的镜片在佩戴时不应出现结雾等影响视觉的情况。按6.2方法经温度湿度预处理和机械强度预处理后，部件不应脱落、损坏和变形。检查内容还应包括标识和制造商所提供的各种信息。

5.3 过滤效率

用氯化钠（NaCl）颗粒物检测N类过滤元件，用邻苯二甲酸二辛酯（DOP，dioctyl phthalate）或性质相当的油类颗粒物（如石蜡油）检测P类过滤元件。

按照6.3方法检测。

在检测过程中，每个样品的过滤效率应始终符合表2的要求。

表2 过滤效率

过滤元件的类别和级别	用氯化钠颗粒物检测	用油类颗粒物检测
KN90	≥90.0%	不适用
KN95	≥95.0%	
KN100	≥99.97%	
KP90	不适用	≥90.0%
KP95		≥95.0%
KP100		≥99.97%

5.4 泄漏性

按照6.4方法检测。

有呼吸导管时，呼吸导管应作为面罩的组成部分进行检测。

5.4.1 随弃式面罩的TIL

随弃式面罩的TIL应符合表3的要求。

表 3 随弃式面罩的 TIL

滤料级别	以每个动作的 TIL 为评价基础时(即 10 人×5 个动作),50 个动作中至少有 46 个动作的 TIL	以人的总体 TIL 为评价基础时,10 个受试者中至少有 8 个人的总体 TIL
KN90 或 KP90	<13%	<10%
KN95 或 KP95	<11%	<8%
KN100 或 KP100	<5%	<2%

5.4.2 **可更换式半面罩的 IL**

当以每个动作的 IL 为评价基础时(即 10 人×5 个动作),50 个动作中至少有 46 个动作的 IL 应小于 5%;并且,在以人的总体 IL 为评价基础时,10 个受试者中至少有 8 个人的总体 IL 应小于 2%。

5.4.3 **全面罩的 IL**

当以每个动作的 IL 为评价基础时(即 10 人×5 个动作),每个动作的 IL 应小于 0.05%。

5.5 **呼吸阻力**

按照 6.5 和 6.6 方法检测。

每个样品的总吸气阻力应不大于 350 Pa,总呼气阻力应不大于 250 Pa。

5.6 **呼气阀**

若有呼气阀,应符合 5.6.1 和 5.6.2 的要求。

5.6.1 **呼气阀气密性**

应按照 6.7 方法检测。

只检测半面罩。各样品均不得出现下述情况之一:

a) 抽气流速已经达到 500 mL/min 时,系统负压达不到 1 180 Pa;

b) 呼气阀恢复至常压时间小于 20 s。

5.6.2 **呼气阀盖**

按照 6.8 方法检测。

面罩的呼气阀盖在承受表 4 规定的轴向拉力时,不应出现滑脱、断裂和变形。

表 4 呼吸阀盖应承受的轴向拉力

面罩种类	随弃式面罩	可更换式面罩
拉力	10 N,持续 10 s	50 N,持续 10 s

5.7 **死腔**

按照 6.9 方法检测。

样品的死腔以吸入气中二氧化碳体积分数表示时,结果平均值应不大于 1%。

5.8 **视野**

按照 6.10 方法检测。

面罩(包括过滤元件)的视野应满足表 5 要求。

表5 视野

<table>
<tr><td rowspan="3">视　野</td><td colspan="3">面罩类别</td></tr>
<tr><td rowspan="2">半面罩</td><td colspan="2">全面罩视窗种类</td></tr>
<tr><td>大眼窗</td><td>双眼窗</td></tr>
<tr><td>下方视野</td><td>≥60°</td><td>不适用</td><td>不适用</td></tr>
<tr><td>总视野</td><td rowspan="2">不适用</td><td>≥70%</td><td>≥70%</td></tr>
<tr><td>双目视野</td><td>≥80%</td><td>≥20%</td></tr>
</table>

5.9　头带

按照6.11方法检测。

面罩的每条头带、带扣及其他调节部件在承受表6规定的拉力时，不应出现滑脱或断裂。

表6　头带应承受的拉力

面罩种类	随弃式面罩	可更换式半面罩	全面罩
拉力	10 N，持续10 s	50 N，持续10 s	150 N，持续10 s

5.10　连接和连接部件

按照6.12方法检测。

在规定检测条件下，可更换式过滤元件与面罩之间，呼吸导管与过滤元件及面罩之间的所有连接和连接部件，在承受表7规定的轴向拉力时，不应出现滑脱、断裂或变形。

表7　连接和连接部件应承受的轴向拉力

面罩种类	可更换式半面罩	全面罩
拉力	50 N，持续10 s	250 N，持续10 s

5.11　镜片

按照6.13方法检测。

每个样品的镜片不应破碎或产生裂纹；然后按6.14方法检测气密性，应满足5.12的要求。

5.12　气密性

按照6.14方法检测。

在规定检测条件下，60 s内每个全面罩内的负压下降应不大于100 Pa。

5.13　可燃性

按照6.15方法检测。

暴露于火焰的各部件在从火焰移开后，不应燃烧；如果燃烧，续燃时间不应超过5 s。

5.14　清洗和消毒

若产品设计使用时间超过1个工作班，面罩材料应能够耐受制造者推荐的清洗或消毒的处理。清洗或消毒后的样品应符合5.4要求。

5.15　制造商应提供的信息

按照6.1方法检查。

应参照GB/T 18664的有关规定判断制造商提供信息的正确性。

5.15.1　制造商提供的信息应符合以下要求：

a)　应随最小销售包装一起提供。

b)　应有中文说明。

c)　应包括使用者必须了解的以下信息：

1)　应用范围与限制；

2） 对可更换过滤元件，说明其与全面罩或半面罩一起使用的方法，若为多重滤料，应标明；

3） 可更换式面罩的组装方法；

4） 使用前的检查方法；

5） 佩戴方法和佩戴气密性检查方法；

6） 何时更换过滤元件的建议；

7） 如果适用，维护方法（如清洗和消毒方法）；

8） 储存方法；

9） 使用的任何符号和图标的含义。

d） 应对使用中可能遇到的问题提供警示，如：

1） 适合性；

2） 密合框下的毛发会导致面罩泄漏；

3） 空气质量（污染物、缺氧等）。

e） 信息应明确，可增加解说、部件号和标注等帮助说明。

5.16 包装

按照6.1方法检查。

销售用包装应能保护产品，防止在使用前受到机械损伤和污染。

6 检测方法

6.1 表观检查

根据各技术要求的需要（参见附录A），在进行实验室性能检测前，应对样品进行目测外观检查。

6.2 预处理

6.2.1 温度湿度预处理

6.2.1.1 样品数量及要求

2个样品为未处理样；或其他检测方法所要求的数量。

6.2.1.2 检测设备

a） 高温试验箱技术性能应符合GB/T 11158的要求；

b） 低温试验箱技术性能应符合GB/T 10589的要求；

c） 湿热试验箱技术性能应符合GB/T 10586的要求。

6.2.1.3 检测方法

注：采用的预处理方式应避免产生热冲击。

将样品从原包装中取出，顺序按下述条件处理：

a） 在（38±2.5）℃和（85±5）%相对湿度环境放置（24±1）h；

b） 在（70±3）℃干燥环境放置（24±1）h；

c） 在（－30±3）℃环境放置（24±1）h。

使样品温度恢复至室温后至少4 h，再进行后续检测。

6.2.2 机械强度预处理

仅适用于可更换式过滤元件。

6.2.2.1 样品数量及要求

2个样品为未处理样；或其他检测方法所要求的数量。

6.2.2.2 检测设备

振动试验装置示意参见图1。该装置由放置样品的钢制箱体、钢制平台、凸轮及驱动、控制系统组成；钢制箱体固定在可垂直移动的支架上，通过凸轮转动，使钢制箱体提升20 mm，然后靠自身重量落在一钢制平台上，产生一次振动；钢制箱体质量应大于10 kg，钢制平台的质量应至少是钢制箱体质量的 10 倍;凸轮转动频率为 100 r/min。

6.2.2.3 检测方法

将样品从包装中取出,非封装型过滤元件应为最小销售包装。

将样品侧放在钢制箱体内;放置方式应保证检测中样品不会彼此接触,允许有 6 mm 水平移动间隔和自由垂直移动的距离。

振动检测持续时间约 20 min,使总振动次数约为 2 000 次。

检测结束后,再进行后续检测。

单位为毫米

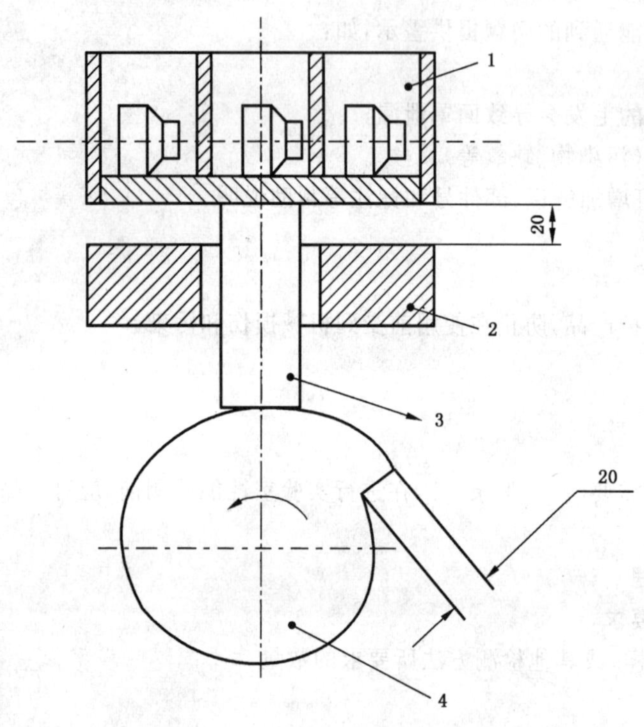

1——钢制箱体;

2——钢制平台;

3——活塞;

4——旋转凸轮。

图 1 振动试验装置示意图

6.3 过滤效率

6.3.1 样品数量及要求

可更换式过滤元件 20 个样品,随弃式面罩 15 个样品。其中 10 个为未处理样,5 个为经 6.2.2 预处理后样(如果适用),另 5 个为经 6.2.1 预处理后样,应放置在气密性容器中,并在 10 h 内检测。

6.3.2 检测设备

6.3.2.1 NaCl 颗粒物过滤效率检测系统

主要技术参数如下:

a) NaCl 颗粒物的浓度为不超过 200 mg/m³,计数中位径(CMD)为(0.075±0.020) μm,粒度分布的几何标准偏差不大于 1.86;

b) 颗粒物检测器的动态范围为(0.001~200) mg/m³,精度为 1%;

c) 检测流量的范围为(30~100) L/min,精度为 2%;

d) 过滤效率检测范围为 0~99.999%;

e) 应具有能将所发生颗粒物的荷电进行中和的装置。

6.3.2.2 油性颗粒物过滤效率检测系统

主要技术参数如下：

a) DOP或其他适用油类(如石蜡油)颗粒物的浓度为(50～200) mg/m³,计数中位径(CMD)为(0.185±0.020) μm,粒度分布的几何标准偏差不大于1.60；

b) 颗粒物检测器的动态范围为(0.001～200) mg/m³,精度为1%；

c) 检测流量的范围为(30～100) L/min,精度为2%；

d) 过滤效率检测范围为0～99.999%。

6.3.2.3 检测条件

KN类过滤元件的检测温度条件为(25±5)℃,相对湿度为(30±10)%,NaCl颗粒物浓度不应超过200 mg/m³。

KP类过滤元件的检测温度条件为(25±5)℃,油性颗粒物浓度不应超过200 mg/m³。

检测流量为(85±4) L/min,若采用多重过滤元件,应平分流量;如:对双过滤元件设计,每个过滤元件的检测流量应为(42.5±2) L/min。若多重过滤元件有可能单独使用,应按单一过滤元件的检测条件检测。

6.3.3 检测方法

首先将过滤效率检测系统调整到检测状态,并调整相关测试参数。

用适当的夹具将随弃式面罩(若有呼气阀,应将呼气阀密封)或过滤元件气密连接在检测装置上。

检测开始后,记录初始的过滤效率。检测应一直持续到过滤效率达到了最低点为止,或应一直持续到滤料上已经累积了(200±5) mg颗粒物为止;对KP类滤料,若当滤料上累积颗粒物的量达到(200±5) mg,但同时效率出现了下降,检测应一直持续到效率停止下降为止。应连续记录过滤效率结果。

6.4 泄漏性

6.4.1 样品数量及要求

随弃式面罩10个样品;其中5个为未处理样,另5个为6.2.1预处理后样。若被测样品具有不同的号码,则每个号码应至少有两个样品。

可更换式面罩2个样品;其中1个为未处理样,另1个为6.2.1预处理后样。若被测样品具有不同的号码,则每个号码应有两个样品;其中1个为未处理样,另1个为6.2.1预处理后样。

6.4.2 检测设备

6.4.2.1 检测系统示意图见图2。

6.4.2.2 检测仓拥有大观察窗的可密闭仓室,大小可容许受试者完成规定动作;应设计使模拟剂从仓内顶部均匀送入,并在仓的下部由排气口排出。

6.4.2.3 模拟剂发生装置应符合以下要求之一：

1) NaCl颗粒物发生气量不低于100 L/min,颗粒物浓度为(10±2) mg/m³,在检测仓有效空间内的浓度变化不应高于10%;颗粒物的空气动力学粒径分布应为0.02 μm～2 μm,质量中位径约为0.6 μm。

2) 油类颗粒物对人体应无害,如玉米油、石蜡油等;发生气量不低于100 L/min,颗粒物浓度为(20～30) mg/m³,在检测仓有效空间内的浓度变化不应高于10%;颗粒物的空气动力学粒径分布应为0.02 μm～2 μm,质量中位径约为0.3 μm。

注：6.4.2.3中2)不适合使用KN类过滤元件的随弃式面罩的TIL检测。

6.4.2.4 颗粒物检测器的动态范围为(0.001～200) mg/m³,精度为1%,检测器的响应时间应不大于500 ms。

6.4.2.5 采样泵调节范围为(0.50～4) L/min。

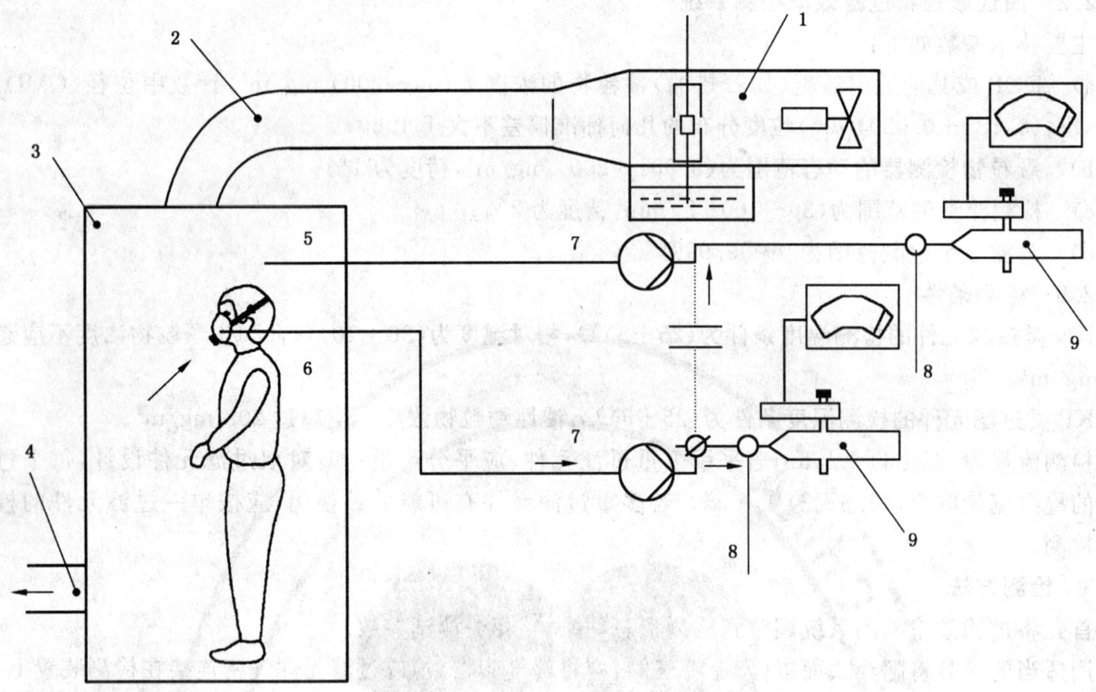

1——气溶胶发生器；

2——气道和导流板；

3——检测仓；

4——排气口；

5——检测仓采样管样品；

6——被测样品采样管；

7——气泵；

8——补充新鲜空气；

9——颗粒物检测器。

图 2 TIL 和 IL 的检测系统示意图

6.4.3 检测条件

6.4.3.1 检测前，应按照 6.1 方法检查并确认样品完好，而且对受试者不存在任何危险。

6.4.3.2 应选择熟悉使用这类产品的人员参与检测。选择 10 名刮净胡须的受试者，其脸型应属该类产品的有代表性的使用者，并考虑到面型和性别的不同，但不应包括脸型明显异常者。按 GB/T 5703 的要求测量并记录受试者的形态面长和面宽数据。

6.4.3.3 颗粒物采样流量应控制为(1～2) L/min。

6.4.3.4 检测仓内颗粒物采样位置应位于受试者头部活动区域；被测样品内颗粒物采样位置应尽可能位于受试者口部中心线，采样管应与被测样品气密连接。

6.4.3.5 受试者先阅读被测样品的使用方法，若被测样品有不同号码，应按要求为受试者选择最合适的号码。受试者还应了解检测要求和方法。

6.4.3.6 检测可更换式半面罩和全面罩的泄漏率(IL)时，应采用至少 KP100 级，且阻力相当的过滤元件替代面罩原过滤元件。

6.4.4 检测方法

准备被测样品，并安装好采样管，采样管的安装位置应尽可能接近使用者口鼻的正前方位置；对随弃式面罩，应采取必要措施，避免采样管在检测中影响面罩的位置；适用时，连接好 KP100 等级的过滤元件。检查检测系统，确认处于正常工作状态。

将颗粒物导入检测仓内，使其浓度达到要求。

受试者在洁净空气区域佩戴好被测样品，并按使用方法检查佩戴气密性，然后连接采样管至颗粒物检测器，测定受试者在检测仓外呼吸时面罩内的本底浓度，测定5个数据，取算术平均值作为本底浓度。

令受试者进入检测室，并在避免颗粒物污染的情况下将采样管连接至颗粒物检测仪；然后受试者按时间要求，顺序完成以下动作：

1) 头部静止、不说话2 min；

2) 左右转动头部(大约15次)看检测仓的左右仓壁2 min；

3) 抬头和低头(大约15次)看检测仓顶和地面2 min；

4) 大声阅读一段文字，或大声说话2 min；

5) 头部静止、不说话2 min。

在进行每个动作时，应同时检测检测仓和面罩内颗粒物浓度；一般只测定该动作的最后100 s时间区段域，避免检测动作的交叉区段。对每个动作，应检测5个数据，并计算算术平均值作为该动作的结果。

在检测过程中允许受试者调整佩戴的面罩，但该动作的检测必须重做。

采用NaCl颗粒物检测时，总泄漏率和泄漏率按公式(1)计算：

$$\mathrm{TIL(IL)} = \frac{(C - C_a)1.7}{C_0} \times 100 \qquad \cdots\cdots(1)$$

式中：

C——各动作时被测面罩内颗粒物浓度；

C_a——被测面罩内颗粒物本底浓度；

C_0——各动作时，检测仓内颗粒物浓度。

采用油类颗粒物检测时，总泄漏率和泄漏率按公式(2)计算：

$$\mathrm{TIL(IL)} = \frac{C - C_a}{C_0} \times 100 \qquad \cdots\cdots(2)$$

6.5 吸气阻力

6.5.1 样品数量及要求

4个样品，其中2个为未处理样，另2个为6.2.1预处理后样。若被测样品具有不同的号码，则每个号码应有两个样品，其中1个为未处理样，另1个为6.2.1预处理后样。

6.5.2 检测设备

6.5.2.1 吸气阻力检测装置示意参见图3。

6.5.2.2 流量计量程为0～100 L/min，精度为3%。

6.5.2.3 微压计量程为0～1 000 Pa，精度为1 Pa。

6.5.2.4 试验头模在试验头模口部安装有呼吸管道，主要尺寸应参考附录B的要求，分大号、中号和小号3个号型。

6.5.2.5 抽气泵抽气量不低于100 L/min。

6.5.3 检测条件

6.5.3.1 若适用，被测样品应包含可更换过滤元件。

6.5.3.2 通气量恒定为(85±1) L/min。

6.5.4 检测方法

检查检测装置的气密性及工作状态。将通气量调节至(85±1) L/min，并将检测装置的系统阻力设定为0。

将被测样品佩戴在匹配的试验头模上，调整面罩的佩戴位置及头带的松紧度，确保面罩与试验头模的密合。再将通气量调节至(85±1) L/min，测定并记录吸气阻力。

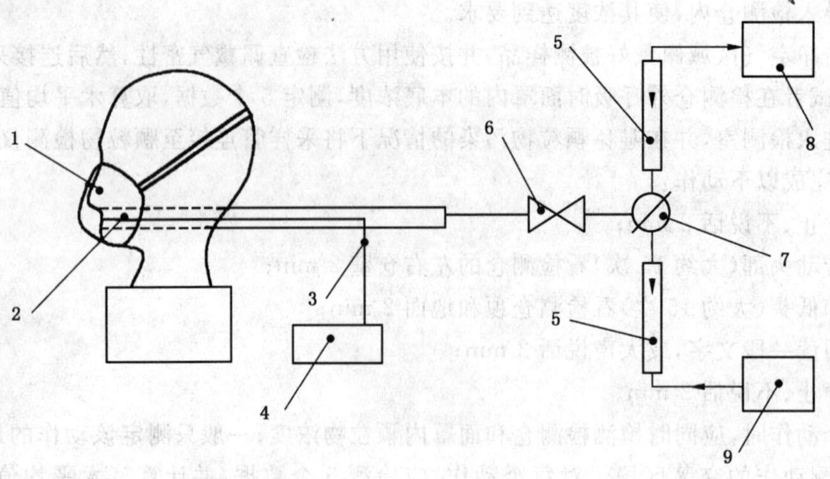

1——被测样品；

2——试验头模呼吸管道；

3——测压管；

4——微压计；

5——流量计；

6——调节阀；

7——切换阀；

8——抽气泵(用于吸气阻力检测)；

9——空气压缩机(用于呼气阻力检测)

图 3　呼气阻力和吸气阻力检测装置示意图

6.6　呼气阻力

6.6.1　样品数量及要求

4 个样品，其中 2 个为未处理样，另 2 个为 6.2.1 预处理后样。若被测样品具有不同的号码，则每个号码应有两个样品；其中 1 个为未处理样，另 1 个为 6.2.1 预处理后样。

6.6.2　检测设备

6.6.2.1　呼气阻力检测装置示意参见图 3。

6.6.2.2　流量计同 6.5.2.2。

6.6.2.3　微压计同 6.5.2.3。

6.6.2.4　试验头模同 6.5.2.4。

6.6.2.5　空气压缩机排气量不低于 100 L/min。

6.6.3　检测条件

同 6.5.3 规定。

6.6.4　检测方法

检查检测装置的气密性及工作状态。将通气量调节至(85±1) L/min，并将检测装置的系统阻力设定为 0。

将被测样品佩戴在匹配的试验头模上，调整面罩的佩戴位置及头带的松紧度，确保面罩与试验头模的密合。再将通气量调节至(85±1) L/min，测定并记录呼气阻力。

6.7　呼气阀气密性

6.7.1　样品数量及要求

4 个样品，其中 2 个未处理样，另 2 个 6.2.1 预处理后样。

6.7.2　检测设备

6.7.3　呼气阀气密检测装置示意图见图 4。

6.7.3.1 定容腔体容积为150±10 mL。

6.7.3.2 微压计量程为0～2 000 Pa,精度为1 Pa。

6.7.3.3 流量计量程为0～1 000 mL/min,精度为3%。

6.7.3.4 计时器精度为0.1 s。

6.7.3.5 真空泵抽气速率约2 L/min。

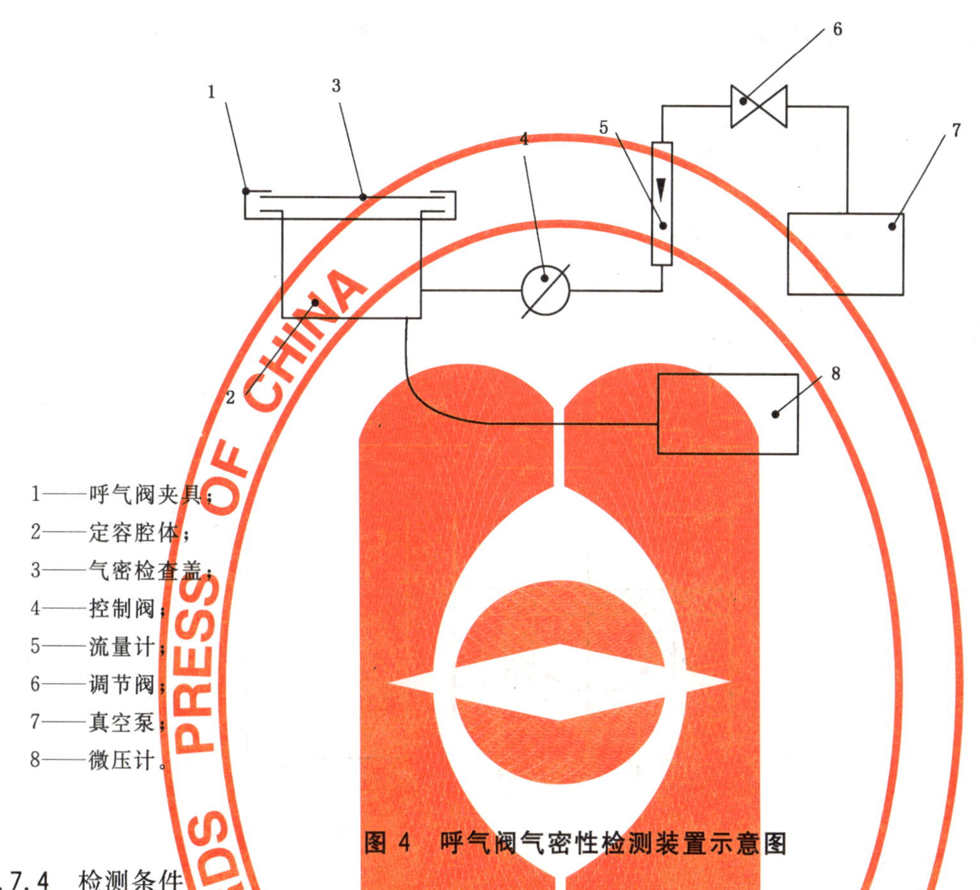

1——呼气阀夹具;
2——定容腔体;
3——气密检查盖;
4——控制阀;
5——流量计;
6——调节阀;
7——真空泵;
8——微压计。

图4 呼气阀气密性检测装置示意图

6.7.4 检测条件

6.7.4.1 常温、常压环境,相对湿度应小于75%。

6.7.4.2 被测样品应包括与呼气阀连接的面罩部分,呼气阀应保持洁净与干燥。

6.7.5 检测方法

用气密检查盖封闭定容腔体后,将系统抽气至1 180 Pa负压状态,关闭控制阀后2 min内不应观察到压力变化。

将被测样品安装在定容腔体上,并确保密合;以不大于500 mL/min的抽气速率使系统达到1 250 Pa负压状态,关闭控制阀。

从系统的负压下降至1 180 Pa时开始计时,记录系统恢复至常压时所需的时间是否小于20 s。

6.8 呼气阀盖

6.8.1 样品数量及要求

3个未处理样品。

6.8.2 检测设备

6.8.2.1 材料试验机测量范围0～1 000 N,精度为1%。

6.8.2.2 夹具具有适当结构和夹紧度。

6.8.2.3 计时器精度0.1 s。

6.8.3 检测方法

用适当的夹具分别固定被测样品的呼气阀盖和面罩罩体(固定点应合理接近相应的连接部位)。启动材料试验机，施加表4规定的轴向拉力，记录是否出现断裂、滑脱和变形现象。

6.9 死腔

6.9.1 样品数量及要求

随弃式面罩，3个未处理样。半面罩或全面罩，1个未处理样，或每个号码(若适用)1个未处理样。

6.9.2 检测设备

死腔(吸入气 CO_2 含量)检测装置示意图见图5。除了呼吸模拟器外，检测装置气路的总容积应不大于2 000 mL。

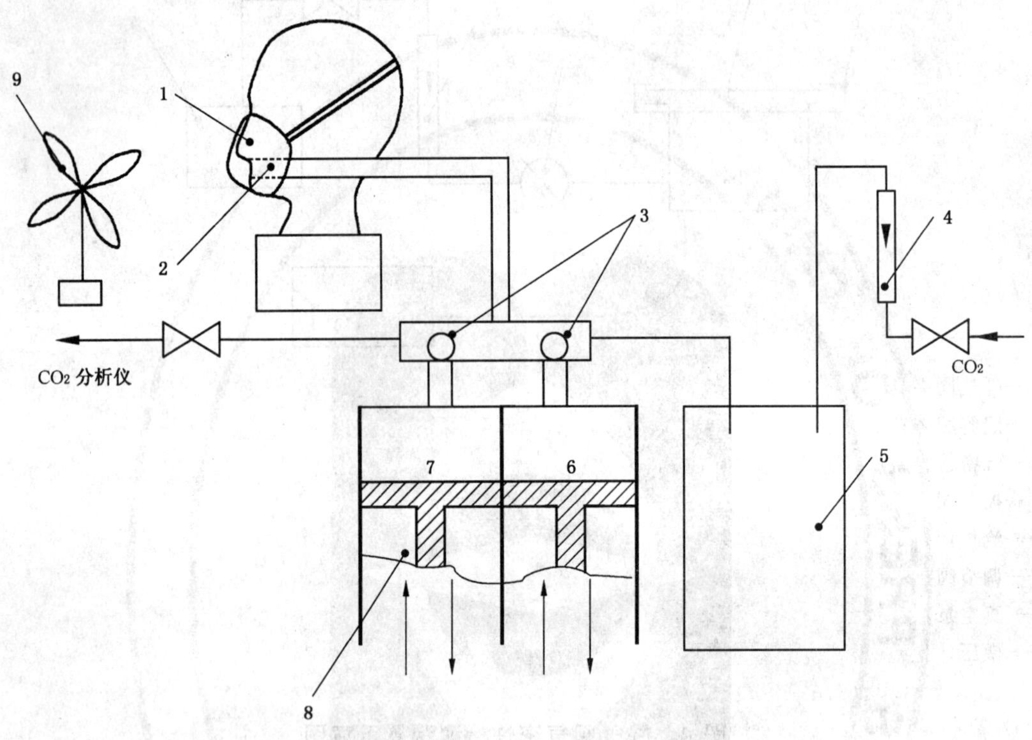

1——被测样品；
2——试验头模呼吸管道；
3——同步运转的阀门；
4——CO_2 流量计；
5——CO_2 储气袋；
6、7——结构相同、同步运动气缸；
8——呼吸模拟器；
9——电风扇。

图5 死腔检测装置示意图

6.9.2.1 试验头模 同6.5.2.4。

6.9.2.2 呼吸模拟器模拟呼吸频率调节范围为(10～40)次/min，模拟呼吸潮气量调节范围为(0.5～3.0) L。

6.9.2.3 二氧化碳(CO_2)气源 CO_2 的体积分数为(5.0±0.1)%。

6.9.2.4 CO_2 流量计 量程不低于40 L/min，精度为2级。

6.9.2.5 CO_2 分析仪器 量程不低于12%，精度不低于0.1%。

6.9.2.6 风速仪、电风扇等其他。

6.9.3 检测条件

6.9.3.1 检测应在室温环境下进行；室温范围为16℃～32℃。

6.9.3.2 呼吸模拟器的呼吸频率和潮气量应分别设定为20次/min和1.5 L。

6.9.3.3 采取适当通风措施，使检测环境中 CO_2 浓度不高于 0.1%，环境中 CO_2 浓度检测点应位于被测样品正前方约 1 m 处。

6.9.3.4 若检测随弃式面罩样品，应用电风扇在被测样品侧面吹风，使气流从面罩前的流速为0.5 m/s。

6.9.4 检测方法

检查检测系统，确认处于正常工作状态。采取必要措施，以气密方式将被测样品佩戴在匹配的试验头模上，并防止面罩出现变形。

开启死腔检测装置，连续监测和记录吸入气和检测环境中的 CO_2 浓度，直至达到稳定值。

随弃式面罩 3 个样品的各检测 1 次，半面罩或全面罩每个样品应重复检测 3 次。

只有当检测环境中 CO_2 浓度不大于 0.1%时，测试有效，并应扣除检测环境中 CO_2 浓度。吸入气中 CO_2 浓度检测结果取 3 次测定的算术平均值。

6.10 视野

按 GB/T 2891 中规定的方法进行检测。

6.11 头带

6.11.1 样品数量及要求

2 个样品，其中 1 个为未处理样品，另 1 个为 6.2.1 预处理后样品。

6.11.2 检测设备

检测设备同 6.8.2。

6.11.3 检测方法

用夹具分别固定被测样品的头带(非自由端)和面罩罩体(应合理接近相应头带扣连接部位)。启动材料试验机，施加表 6 规定的拉力，记录是否出现断裂和滑脱现象。

应检测被测样品的每一头带连接部位，并记录结果。

6.12 连接和连接部件

6.12.1 样品数量及要求

2 个样品，其中 1 个为未处理样品，另 1 个为 6.2.1 预处理后样品。

6.12.2 检测设备

检测设备同 6.8.2。

6.12.3 检测方法

用适当的夹具分别固定被测样品的连接部件和面罩罩体(固定点应合理接近相应的连接部位)。启动材料试验机，施加表 7 规定的轴向拉力，记录是否出现断裂、滑脱和变形现象。

应分别检测被测样品的每一连接和连接部件，并记录结果。

6.13 镜片

6.13.1 样品数量及要求

5 个未处理样。

6.13.2 检测设备

6.13.2.1 试验头模　主要尺寸应参考附录 B 的要求，分大号、中号和小号三个号型。

6.13.2.2 钢球　直径 22 mm，重量约 45 g，表面应光滑。

6.13.3 检测方法

将被测样品正确佩戴在匹配的试验头模上，并以镜片向上的方式放置并固定头模。使钢球从 1.3 m高度自由下落至镜片的中心部位，记录是否出现破裂现象。

应分别检测被测样品的每一镜片，并记录结果。

6.14 气密性

6.14.1 样品数量及要求

所有未处理样，或其他检测方法所要求的数量。

6.14.2 检测设备

6.14.2.1 试验头模　同 6.5.2.4。

6.14.2.2　微压计　同6.7.3.2。

6.14.2.3　计时器　同6.7.3.4。

6.14.2.4　真空泵　同6.7.3.5。

6.14.3　**检测方法**

将面罩戴在匹配的试验头模上，封死吸气阀，润湿呼气阀。启动真空泵，使面罩内负压达到1 000Pa，停止抽气，开始计时，观察并记录60 s内面罩内负压下降值。

6.15　**可燃性**

6.15.1　**样品数量及要求**

4个随弃式面罩，其中2个为未处理样，另2个为6.2.1预处理后样。

3个半面罩或全面罩，其中1个为未处理样，另2个为6.2.1预处理后样。

6.15.2　**检测设备**

可燃性检测装置示意图见图6。检测设备包括一安装在支架上的金属头模，金属头模的高度应可调节，可作水平移动或圆周运动，头模鼻尖处位移速度或线速度应为(60±5) mm/s；头模移动中可经过丙烷燃烧器上方，燃烧器火焰高度可调，使用适当的量具测量高度，并使用直径约1.5 mm的热电偶测量火焰温度。

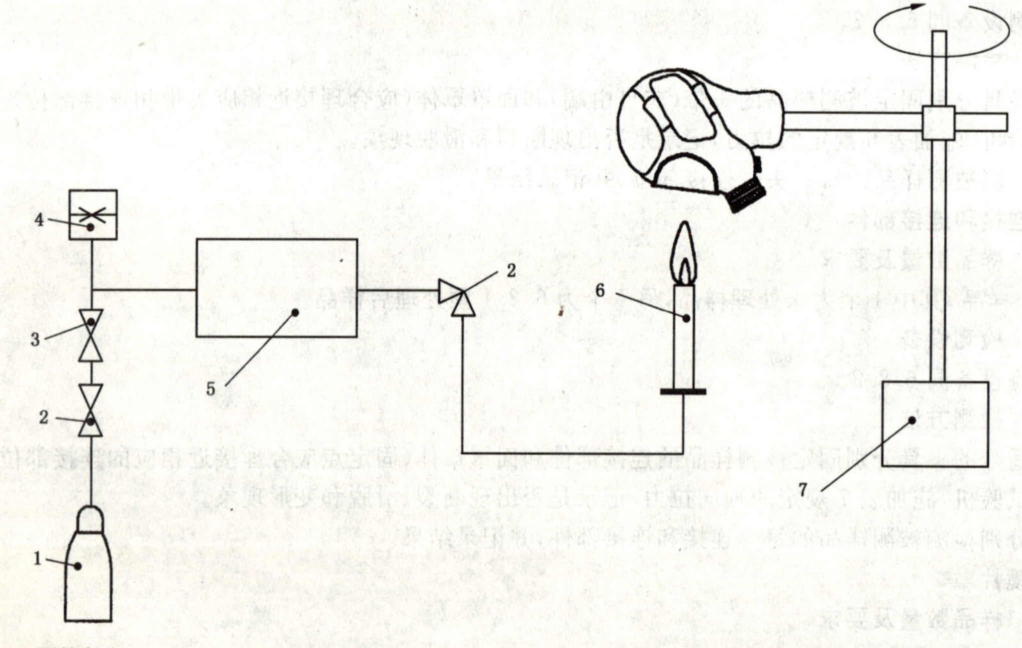

1——丙烷气瓶；

2——控制阀；

3——减压阀；

4——压力表；

5——火焰止回装置；

6——燃烧器；

7——旋转电机和速度控制器。

图6　可燃性检测装置示意图

6.15.3　**检测方法**

将被测样品佩戴在金属头模上，调整金属头模高度，使燃烧器顶端与面罩最下端的垂直距离为(20±2) mm；然后使金属头模位于燃烧器燃烧区外。

点燃燃烧器后，调节火焰，使火焰高度为(40±4) mm，使距离燃烧器顶端(20±2) mm处的火焰温度为(800±50)℃。

启动金属头模运动控制装置，使被测样品经过燃烧区，记录通过火焰上方时面罩材料的燃烧情况。应重复检测，检测面罩的所有外表面材料，应使每个部件都通过 1 次火焰。

7 标识

7.1 产品标识

产品上应有以下标识：

a) 名称、商标或其他可辨别制造商或供货商的标注；

b) 型号和号型(如果适用)；

c) 执行本标准号和年号，过滤元件应标注滤料级别，级别用执行本标准号和过滤元件级别组合方式标注，如 GB 2626—2006 KN90，或 GB 2626—2006 KP100；

7.2 包装

在最小销售包装上，应至少以中文用清晰、持久的方式标注，或透过透明包装可见下述信息：

a) 名称、商标或其他可辨别制造商或供货商的标注；

b) 面罩类型、型号和号型(如果适用)；

c) 执行本标准号和年号，过滤元件应标注级别，级别用执行本标准号和过滤元件级别组合方式标注，如 GB 2626—2006 KN90，或 GB 2626—2006 KP100；

d) 产品许可证号；

e) 生产日期(至少为年月)或生产批号，储存寿命(至少为年)；

f) “参见制造商提供信息”字样；

g) 制造商建议的储存条件(至少包括温度和湿度)。

附 录 A
(资料性附录)
检测要求汇总

本附录将标准中的技术要求、样品要求及检测条件等进行汇总，见表 A.1。

表 A.1 技术要求、样品要求和检测条件汇总

检测内容	技术要求条款	样品数量			样品预处理条件	检测条件条款
		随弃式面罩	可更换半面罩	全面罩		
外观检查	5.2	2个	2个	2个	分别经过温度湿度预处理和机械强度预处理	6.1，6.2
过滤效率	5.3及表2	20个	20个过滤元件	20个过滤元件	10个未处理样，5个温度湿度预处理后样，5个机械强度预处理后样	6.3
泄漏率	5.4及表3	10个，若有不同号码，每个号码至少2个样品	2个，若有不同号码，每个号码2个样品	2个，若有不同号码，每个号码2个样品	一半数量为未处理样，另一半数量为分别经过温度湿度预处理后样	6.4
吸气阻力	5.5	4个，若有不同号码，每个号码2个	4个，若有不同号码，每个号码2个	4个，若有不同号码，每个号码2个	一半数量为未处理样，另一半数量为温度湿度预处理后样	6.5
呼气阻力	5.5	4个，若有不同号码，每个号码2个	4个，若有不同号码，每个号码2个	4个，若有不同号码，每个号码2个	一半数量为未处理样，另一半数量为温度湿度预处理后样	6.6
呼气阀气密性	5.6.1	4个	4个	不适用	一半数量为未处理样，另一半数量为温度湿度预处理后样	6.7
呼气阀盖	5.6.2及表4	3个	3个	3个	3个未处理样	6.8
死腔	5.7	3个	1个	1个	未处理样	6.9
视野	5.8及表5	1个	1个	1个	未处理样	6.10
头带	5.9及表6	2个	2个	2个	1个为未处理样，1个为温度湿度预处理后样	6.11
连接和连接器	5.10及表7	不适用	2个	2个	1个为未处理样，1个为温度湿度预处理后样	6.12
镜片	5.11	不适用	不适用	5个	未处理样	6.13、6.14
气密性	5.12	所有样品	所有样品	所有样品	未处理样或其他条款规定的样品	6.14

表 A.1（续）

检测内容	技术要求条款	样品数量			样品预处理条件	检测条件条款
		随弃式面罩	可更换半面罩	全面罩		
可燃性	5.13	4个	3个	3个	随弃式面罩：2个未处理样，2个为温度湿度预处理后样；半面罩和全面罩：1个为未处理样，2个为温度湿度预处理后样	6.15
制造商应提供的信息	5.15	所有样品	所有样品	所有样品	未处理样	6.1

附 录 B
（资料性附录）
试验头模主要尺寸

本标准检测中使用的试验头模主要尺寸参见表B.1。

表 B.1 试验头模主要尺寸要求

单位为毫米

尺寸项目	小号	中号	大号
形态面长	113	122	131
面宽	136	145	154
瞳孔间矩	57.0	62.5	68.0

附 录 C
（资料性附录）
修订后标准与原标准及部分替代标准的对比

本附录对修订后的标准与原标准 GB/T 2626—1992 和替代标准 GB/T 6223—1997 的主要技术内容对比进行汇总，参见表 C.1。

表 C.1 GB 2626—2006 与原标准 GB/T 2626—1992 及替代标准 GB/T 6223—1997 的对比

对比内容	GB/T 2626—1992	GB/T 6223—1997	GB 2626—2006
标准名称	自吸过滤式防尘口罩通用技术条件	自吸过滤式防微粒口罩	呼吸防护用品　自吸过滤式防颗粒物呼吸器
标准适用范围	生产销售的各类防尘口罩，技术要求，试验方法，检验规则	各类自吸式过滤式防微粒口罩，技术要求，检验方法，检验规则	防护各类颗粒物的自吸过滤式呼吸防护用品，规定了技术要求、检测方法和标识
过滤元件分类	无规定	无规定	KN 类防非油性颗粒物； KP 类防油性和非油性颗粒物
面罩分类	简易； 复式（半面罩）	简易； 复式（半面罩）	随弃式半面罩； 可更换式半面罩； 全面罩
过滤元件级别	简式：≥90%； 复式：≥95%	Ⅰ级：≥95%； Ⅱ级：≥99%	随弃式面罩和可更换半面罩：≥90.0%；≥95.0%；≥99.97%； 全面罩：≥95.0%；≥99.97%
检测过滤效率用试剂	医用滑石粉； 悬浮粒径小于 5 μm 占 90%以上，小于 2 μm 占 70%以上，浓度（40±10）mg/m³	氯化钠气溶胶； 粒子直径 0.1 μm～0.5 μm 占 90%以上，浓度大于 1 mg/m³	氯化钠颗粒用于 KN 类滤料：计数中位径（0.075±0.020）μm，标准偏差不超过 1.86；（25±5）℃，（30±10）%湿度，将荷电中和至波尔兹曼均衡状，浓度不高于 200 mg/m³； 二辛酯颗粒用于 KP 类滤料：计数中位径（0.185±0.020）μm，标准偏差不超过 1.60；（25±5）℃，将荷电中和至波尔兹曼均衡状，浓度不高于 200 mg/m³
过滤效率检测气流量/（L/min）	30	30	（85±4）
泄漏率	无规定	无规定	基本采纳 EN 标准
吸气阻力/Pa	简式：≤39.2； 复式：≤49； 30 L/min 检测流量	简式：≤39.2； 复式：≤49； 30 L/min 检测流量	各类面罩≤350； （85±1）L/min 检测流量
呼气阻力/Pa	复式及简式有阀：≤29.4； 无阀无要求； 30 L/min 检测流量	复式及简式有阀：≤29.4； 无阀无要求； 30 L/min 检测流量	各类面罩（包含过滤元件）≤250； （85±1）L/min 检测流量

表 C.1（续）

对比内容	GB/T 2626—1992	GB/T 6223—1997	GB 2626—2006
呼气阀气密性	在气密性测试仪上，500 mL/min 抽气量，抽气达到 980Pa 负压，停止抽气，记录阀后压力恢复常压时间应≥10 s	在气密性测试仪上，500 mL/min 抽气量，抽气达到 980 Pa 负压，停止抽气，记录阀后压力恢复常压时间应≥15 s	只适用于半面罩； 阀后定容腔体容积(150±10) mL； 抽气至负压 1 180 Pa； 记录半面罩阀后压力恢复常压时间应≥20 s
呼气阀盖	无规定	无规定	如果有呼气阀，阀盖应能承受为时 10 s 的规定的轴向拉力； 随弃式面罩 10 N； 可更换式面罩 50 N
死腔	注水法，测量水体积≤180 mL	注水法，测量水体积≤180 mL	参考 EN 标准，吸入气中 CO_2 体积百分浓度不大于 1%
视野	视力不低于 1.0 受试者，弓形视野计测佩戴口罩时下方视角≥60°	视力不低于 1.0 受试者，弓形视野计测佩戴口罩时下方视角≥65°	采用 GB/T 2891 方法； 半面罩下方视野≥60°； 全面罩总视野≥70%； 全面罩双目视野，大眼窗≥80%，双眼窗≥20%
头带	无规定	无规定	随弃式面罩：承受持续 10 s 的 10 N 拉力； 半面罩：承受持续 10 s 的 50 N 拉力； 全面罩：承受持续 10 s 的 100 N 拉力
连接和连接部件	无规定	无规定	可更换半面罩连接部件应承受为时 10 s 的 50 N 轴向拉力； 全面罩连接部件应承受为时 10s 的 250N 轴向拉力
面镜	不涉及	不涉及	采纳 EN 标准
气密性	不涉及	不涉及	采纳 EN 标准
可燃性	无规定	无规定	采纳 EN 标准
清洗和消毒	无规定	无规定	采纳 EN 标准

参 考 文 献

[1] EN 132:1999 Respiratory protective devices—Definitions of terms and pictograms

[2] EN 136:1998 Respiratory protective devices— Full face masks— Requirements, testing, marking

[3] EN 140:1999 Respiratory protective devices— Half mask and quarter mask—Requirements, testing, masking

[4] EN 143:2000 Respiratory protective devices—Particle filters— Requirements, testing, marking

[5] EN149:2001 Respiratory protective devices—Filtering half masks to protect against particles—Requirements, testing, marking

[6] NIOSH 42 CFR84 Subparts K—Non-Powered Air Purifying Particulate Respirator, 1995

ICS 85.060
Y 32

中华人民共和国国家标准

GB/T 2675—2006
代替 GB/T 2675—1981

地图纸

Map paper

2006-03-10 发布　　　　2006-10-01 实施

中华人民共和国国家质量监督检验检疫总局
中国国家标准化管理委员会　发布

前言

本标准代替 GB/T 2675—1981《地图纸》。

本标准与 GB/T 2675—1981 相比主要变化如下：

——增加了“范围”和“规范性引用文件”两章内容；

——产品质量分等由特号、一号，改为优等品、一等品、合格品；

——尘埃度的测定由长度法改为面积法，按 GB/T 1541 测定；

——取消了二等品的规定。

本标准由中国轻工业联合会提出。

本标准由全国造纸工业标准化技术委员会(SAC/TC 141)归口。

本标准起草单位：保定钞票纸厂。

本标准主要起草人：王莉萍、齐玉兰、赵刚、曹明。

本标准所代替标准的历次版本发布情况为：

——GB/T 2675—1981。

本标准委托全国造纸工业标准化技术委员会(SAC/TC 141)负责解释。

地　图　纸

1　范围

本标准规定了地图纸的分类、要求、试验方法、抽样、标志、包装、运输、贮存等。

本标准适用于胶印地形图、地图和地图集的用纸。

2　规范性引用文件

下列文件中的条款通过本标准的引用而成为本标准的条款。凡是注日期的引用文件，其随后所有的修改单(不包括勘误的内容)或修订版均不适用于本标准，然而，鼓励根据本标准达成协议的各方研究是否可使用这些文件的最新版本。凡是不注日期的引用文件，其最新版本适用于本标准。

GB/T 450　纸和纸板试样的采取(GB/T 450—2002,eqv ISO 186:1994)

GB/T 451.1　纸和纸板尺寸及偏斜度的测定

GB/T 451.2　纸和纸板定量的测定 (GB/T 451.2—2002,eqv ISO 536:1995)

GB/T 451.3　纸和纸板厚度的测定 (GB/T 451.3—2002,idt ISO 534:1988)

GB/T 456　纸和纸板平滑度的测定(别克法)(GB/T 456—2002,idt ISO 5627:1995)

GB/T 457　纸耐折度的测定(肖伯尔法)(GB/T 457—2002,eqv ISO 5626:1993)

GB/T 459　纸和纸板伸缩性的测定(GB/T 459—2002,eqv ISO 5635:1978)

GB/T 460　纸施胶度的测定(墨水划线法)

GB/T 462　纸和纸板　水分的测定 (GB/T 462—2003,ISO 287:1991,MOD)

GB/T 465.2　纸和纸板按规定时间浸水后抗张强度的测定法(GB/T 465.2—1983,eqv ISO 3781:1988)

GB/T 742　纸、纸板和纸浆残余物(灰分)的测定(900℃) (GB/T 742—2003,ISO 2144:1997,MOD)

GB/T 1541　纸和纸板尘埃度的测定法(GB/T 1541—1989,neq TAPPI T437om-1985)

GB/T 2828.1　计数抽样检验程序　第1部分:按接收质量限(AQL)检索的逐批检查抽样计划(GB/T 2828.1—2003,ISO 2859-1:1999,IDT)

GB/T 7974　纸、纸板和纸浆亮度(白度)的测定　漫射/垂直法 (GB/T 7974—2002,neq ISO 2470:1999)

GB/T 8940.1　纸和纸板白度测定法　45/0 定向反射法

GB/T 10342　纸张的包装和标志

GB/T 10739　纸、纸板和纸浆试样处理和试验的标准大气条件(GB/T 10739—2002,eqv ISO 187:1990)

3　分类

地图纸按质量水平分为优等品、一等品、合格品。

4　要求

4.1　地图纸的技术指标应符合表1或合同规定。

表 1　技术指标

指标名称		单　　位	规定：优等品	规定：一等品	规定：合格品
定量		g/m^2	80±4.0　90±4.0　100±4　120±5　150±6		
紧度	≥	g/cm^3	0.8		
耐折度　纵横向平均	≥	次	70	30	20
施胶度	≥	mm	1.25	1.0	0.8
亮度(白度)	≥	%	85.0	82.0	75.0
平滑度　正面	≥	s	60	50	45
浸水后抗张强度保留率	≥	%	15	—	—
灰分	≤	%	10	10	12
伸缩性浸湿后　纵向	≤	%	0.3	0.5	0.7
伸缩性浸湿后　横向　<120 g/m^2		%	2.2	2.5	2.7
伸缩性浸湿后　横向　≥120 g/m^2	≤	%	2.5	3.0	3.5
尘埃度　普通尘埃　(0.25～1.5) mm^2	≤	个/m^2	120	145	150
尘埃度　普通尘埃　>1.5 mm^2		个/m^2	不应有		
尘埃度　黑色尘埃　(0.25～1.0) mm^2	≤	个/m^2	30	—	—
尘埃度　黑色尘埃　(0.5～1.5) mm^2	≤	个/m^2	—	10	20
尘埃度　黑色尘埃　>1.0 mm^2		个/m^2	不应有	—	—
尘埃度　黑色尘埃　>1.5 mm^2		个/m^2	—	不应有	不应有
交货水分		%	7.0±2.0		

4.2　平板纸尺寸为 787 mm×1 092 mm、850 mm×1 168 mm、590 mm×940 mm、920 mm×1 180 mm、940 mm×1 180 mm，尺寸偏差应不超过±3 mm，偏斜度应不超过 3 mm。或符合合同要求。

4.3　纸的纤维组织应均匀，纸面应平整。

4.4　纸张切边应整齐洁净。

4.5　每批供应的纸张，其颜色不应有显著差别。

4.6　纸张在印刷时不应有明显的掉毛掉粉现象。

4.7　纸面不应有折子、皱纹、硬质块、有光泽或无光泽条痕、斑点、透光点、裂口以及借透射光线可见的孔眼。

5　试验方法

5.1　试样的采取按 GB/T 450 的规定进行。

5.2　试样处理和试验的标准大气按 GB/T 10739 的规定进行。

5.3　纸张尺寸及偏斜度按 GB/T 451.1 测定。

5.4　定量按 GB/T 451.2 测定。

5.5　紧度按 GB/T 451.3 测定。

5.6　耐折度按 GB/T 457 测定。

5.7　施胶度按 GB/T 460 测定。

5.8　亮度(白度)按 GB/T 7974 或按 GB/T 8940.1 测定，仲裁时按 GB/T 7974 测定。

5.9　平滑度按 GB/T 456 测定。

5.10 浸水后抗张强度保留率按 GB/T 465.2 测定。

5.11 灰分按 GB/T 742 测定。

5.12 伸缩性按 GB/T 459 测定。

5.13 尘埃度按 GB/T 1541 测定。

5.14 水分按 GB/T 462 测定。

6 抽样

6.1 以一次交货数量为一批，但不多于 30 t。

6.2 生产厂应保证所生产的地图纸符合本标准的规定。

6.3 计数抽样检验程序按 GB/T 2828.1 规定进行。平板纸样本单位为令。接收质量限(AQL)：平滑度 AQL=4.0，定量、紧度、耐折度、施胶度、亮度(白度)、浸水后抗张强度保留率、灰分、伸缩性、尘埃度、交货水分、尺寸偏差、外观缺陷 AQL=6.5。抽样方案采用正常检验二次抽样方案，检查水平为一般检查水平 I。见表 2。

表 2

批　量/令	抽样方案				
	正常检验二次抽样方案　一般检查水平 I				
	样本量	AQL=4.0		AQL=6.5	
		Ac	Re	Ac	Re
≤25	3	0	1	0	1
26～90	3	0	1	—	—
	5	—	—	0	1
	5(10)	—	—	1	2
91～280	8	0	2	0	3
	8(16)	1	2	3	4

6.4 可接收性的确定：第一次检验的样品数量应等于该方案给出的第一样本量。如果第一样本中发现的不合格品数小于或等于第一接收数，应认为该批是可接收的；如果第一样本中发现的不合格品数大于或等于第一拒收数，应认为该批是不可接收的。如果第一样本中发现的不合格品数介于第一接收数与第一拒收数之间，应检验由方案给出样本量的第二样本并累计在第一样本和第二样本中发现的不合格品数。如果不合格品累计数小于或等于第二接收数，则判定批是可接收的；如果不合格品累计数大于或等于第二拒收数，则判定该批是不可接收的。

6.5 需方有权检查该批产品的质量是否符合本标准的要求，若对产品质量有异议，应在到货后一个月内通知供方，由供需双方共同取样进行复验，如不符合本标准规定，则判为批不可接收，由供方负责处理；若符合本标准的规定，则判为批可接收，由需方负责处理。

7 标志、包装、运输、贮存

7.1 地图纸的标志、包装按 GB/T 10342 或合同规定进行。

7.2 运输时应使用防雨、防潮、洁净的运输工具，不应将纸件从高处扔下。

7.3 贮存应妥善保管，防止雨雪和地面潮湿的影响。

ICS 85.060
Y 32

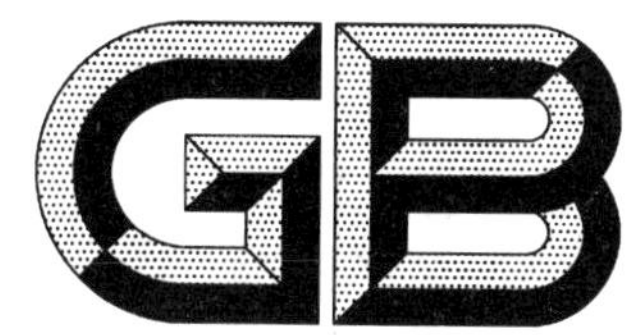

中华人民共和国国家标准

GB/T 2676—2006
代替 GB/T 2676—1981

海 图 纸

Chart paper

2006-03-10 发布 2006-10-01 实施

中华人民共和国国家质量监督检验检疫总局
中国国家标准化管理委员会 发布

前　言

本标准代替 GB/T 2676—1981《海图纸》。

本标准与 GB/T 2676—1981 相比主要变化如下：

——增加了“范围”和“规范性引用文件”两章内容；

——尘埃度的测定由长度法改为面积法，按 GB/T 1541 测定；

——取消了二等品的规定。

本标准由中国轻工业联合会提出。

本标准由全国造纸工业标准化技术委员会(SAC/TC 141)归口。

本标准起草单位：保定钞票纸厂。

本标准主要起草人：王莉萍、齐玉兰、赵刚、曹明。

本标准所代替标准的历次版本发布情况为：

——GB/T 2676—1981。

本标准委托全国造纸工业标准化技术委员会(SAC/TC 141)负责解释。

海　图　纸

1　范围

本标准规定了海图纸的要求、试验方法、抽样、标志、包装、运输、贮存等。

本标准适用于胶印多色海图用纸。

2　规范性引用文件

下列文件中的条款通过本标准的引用而成为本标准的条款。凡是注日期的引用文件，其随后所有的修改单(不包括勘误的内容)或修订版均不适用于本标准，然而，鼓励根据本标准达成协议的各方研究是否可使用这些文件的最新版本。凡是不注日期的引用文件，其最新版本适用于本标准。

GB/T 450　纸和纸板试样的采取(GB/T 450—2002,eqv ISO 186:1994)

GB/T 451.1　纸和纸板尺寸及偏斜度的测定

GB/T 451.2　纸和纸板定量的测定(GB/T 451.2—2002,eqv ISO 536:1995)

GB/T 451.3　纸和纸板厚度的测定(GB/T 451.3—2002,idt ISO 534:1988)

GB/T 453　纸和纸板抗张强度的测定(恒速加荷法)(GB/T 453—2002,idt ISO 1924-1:1992)

GB/T 456　纸和纸板平滑度的测定(别克法)(GB/T 456—2002,idt ISO 5627:1995)

GB/T 457　纸耐折度的测定(肖伯尔法)(GB/T 457—2002,eqv ISO 5626:1993)

GB/T 459　纸和纸板伸缩性的测定(GB/T 459—2002,neq ISO 5635:1978)

GB/T 460　纸施胶度的测定(墨水划线法)

GB/T 462　纸和纸板　水分的测定(GB/T 462—2003,ISO 287:1991,MOD)

GB/T 465.2　纸和纸板按规定时间浸水后抗张强度的测定法(GB/T 465.2—1983,eqv ISO 3781:1988)

GB/T 1541　纸和纸板尘埃度的测定法(GB/T 1541—1989,neq TAPPI T437om-1985)

GB/T 2828.1　计数抽样检验程序　第1部分：按接收质量限(AQL)检索的逐批检查抽样计划(GB/T 2828.1—2003,ISO 2859-1:1999,IDT)

GB/T 7974　纸、纸板和纸浆亮度(白度)的测定　漫射/垂直法(GB/T 7974—2002,neq ISO 2470:1999)

GB/T 8940.1　纸和纸板白度的测定法　45/0定向反射法

GB/T 10342　纸张的包装和标志

GB/T 10739　纸、纸板和纸浆试样处理和试验的标准大气条件(GB/T 10739—2002,eqv ISO 187:1990)

GB/T 12914　纸和纸板抗张强度的测定法(恒速拉伸法)(GB/T 12914—1991,eqv ISO 1924-2:1985)

3　要求

3.1　海图纸的技术指标应符合表1或合同要求。

表 1

<table>
<tr><th>序号</th><th colspan="3">指标名称</th><th>单位</th><th>规定</th></tr>
<tr><td>1</td><td colspan="2">定量</td><td></td><td>g/m²</td><td>120±4　　150±5</td></tr>
<tr><td>2</td><td colspan="2">紧度</td><td>≥</td><td>g/cm³</td><td>0.90</td></tr>
<tr><td>3</td><td colspan="2">抗张指数　纵横向平均</td><td>≥</td><td>N·m/g</td><td>34.3</td></tr>
<tr><td>4</td><td colspan="2">耐折度　纵横向平均</td><td>≥</td><td>次</td><td>700</td></tr>
<tr><td>5</td><td colspan="2">施胶度</td><td>≥</td><td>mm</td><td>2.0</td></tr>
<tr><td>6</td><td colspan="2">亮度(白度)</td><td>≥</td><td>%</td><td>85.0</td></tr>
<tr><td>7</td><td colspan="2">平滑度　正反面平均</td><td>≥</td><td>s</td><td>50</td></tr>
<tr><td>8</td><td colspan="2">浸水后抗张强度保留率</td><td>≥</td><td>%</td><td>20</td></tr>
<tr><td rowspan="2">9</td><td rowspan="2">伸缩性
浸湿并干燥后</td><td>横向</td><td>≤</td><td rowspan="2">%</td><td>0.5</td></tr>
<tr><td>纵向</td><td>≤</td><td>2.5</td></tr>
<tr><td rowspan="2">10</td><td rowspan="2">耐擦性</td><td>120 g/m²</td><td>≥</td><td rowspan="2">次</td><td>1</td></tr>
<tr><td>150 g/m²</td><td>≥</td><td>2</td></tr>
<tr><td rowspan="3">11</td><td rowspan="3">尘埃度</td><td>(0.25～1.5) mm²</td><td>≤</td><td rowspan="3">个/m²</td><td>100</td></tr>
<tr><td>大于 1.0 mm² 黑色</td><td></td><td>不应有</td></tr>
<tr><td>大于 1.5 mm²</td><td></td><td>不应有</td></tr>
<tr><td>12</td><td colspan="3">交货水分</td><td>%</td><td>7.0±2.0</td></tr>
</table>

3.2　平板纸尺寸按合同要求，尺寸偏差不应超过±3 mm，偏斜度不应超过 3 mm。

3.3　纸的纤维组织应均匀，纸面应平整。

3.4　纸张切边应整齐洁净。

3.5　纸面不应有折子、皱纹、硬质块、有光泽或无光泽条痕、斑点、透光点、裂口以及借透射光线可见的孔眼。

4　试验方法

4.1　试样的采取按 GB/T 450 进行。

4.2　试样处理和试验的标准大气条件按 GB/T 10739 进行。

4.3　尺寸及偏斜度按 GB/T 451.1 测定。

4.4　定量按 GB/T 451.2 测定。

4.5　紧度按 GB/T 451.3 测定。

4.6　抗张指数按 GB/T 453 或 GB/T 12914 测定，仲裁时按 GB/T 12914 测定。

4.7　耐折度按 GB/T 457 测定。

4.8　施胶度按 GB/T 460 测定。

4.9　亮度(白度)按 GB/T 7974 或按 GB/T 8940.1 测定，仲裁时按 GB/T 7974 测定。

4.10　平滑度按 GB/T 456 测定。

4.11　伸缩性按 GB/T 459 测定。

4.12　尘埃度按 GB/T 1541 测定。

4.13　水分按 GB/T 462 测定。

4.14　浸水后抗张强度保留率按 GB/T 465.2 测定。

4.15　耐擦性的测定：取 100 mm×100 mm 试样六张，正反面各测三张，先用 HB 绘图铅笔画上长度为

50 mm、宽度为(0.5～1.0) mm的线条，再用绘图橡皮擦去线条，按标准规定反复进行，纸张不应有起毛现象，在同一位置上再用标准墨水划上宽度为1.5 mm、长度为50 mm的线条，线条不应有带刺和扩散现象。

5 抽样

5.1 以一次交货数量为一批，但不多于30 t。

5.2 生产厂应保证所生产的海图纸符合本标准的规定。

5.3 计数抽样检验程序按GB/T 2828.1规定进行。样本单位为令。接收质量限(AQL)：伸缩性、浸水后抗张强度保留率AQL=4.0，定量、紧度、抗张指数、耐折度、施胶度、亮度(白度)、平滑度、耐擦性、尘埃度、交货水分、尺寸偏差、外观缺陷AQL=6.5。抽样方案采用正常检验二次抽样方案，检查水平为一般检查水平Ⅰ。见表2。

表 2

批　量/令	抽样方案				
	正常检验二次抽样方案　一般检查水平Ⅰ				
	样本量	AQL=4.0		AQL=6.5	
		Ac	Re	Ac	Re
≤25	3	0	1	0	1
26～90	3	0	1	—	—
	5	—	—	0	1
	5(10)	—	—	1	2
91～280	8	0	2	0	3
	8(16)	1	2	3	4

5.4 可接收性的确定：第一次检验的样品数量应等于该方案给出的第一样本量。如果第一样本中发现的不合格品数小于或等于第一接收数，应认为该批是可接收的；如果第一样本中发现的不合格品数大于或等于第一拒收数，应认为该批是不可接收的。如果第一样本中发现的不合格品数介于第一接收数与第一拒收数之间，应检验由方案给出样本量的第二样本并累计在第一样本和第二样本中发现的不合格品数。如果不合格品累计数小于或等于第二接收数，则判定批是可接收的；如果不合格品累计数大于或等于第二拒收数，则判定该批是不可接收的。

5.5 需方有权检查该批产品的质量是否符合本标准的要求，若对产品质量有异议，应在到货后一个月内通知供方，由供需双方共同取样进行复验，如不符合本标准规定，则判为批不可接收，由供方负责处理；若符合本标准的规定，则判为批可接收，由需方负责处理。

6 标志、包装、运输、贮存

6.1 海图纸的标志、包装按GB/T 10342或合同进行。

6.2 运输时应使用防雨、防潮、洁净的运输工具，不应将纸件从高处扔下。

6.3 贮存应妥善保管，防止雨雪和地面潮湿的影响。

ICS 11.040.30
C 31

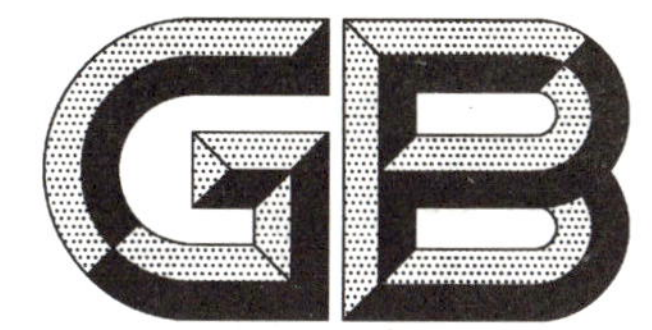

中华人民共和国国家标准

GB/T 2766—2006
代替 GB 2766—1995

穿鳃式止血钳　通用技术条件

Haemostatic forceps with box joint—General specifications

(ISO 7151:1988, Surgical instruments—non-cutting, articulated instruments—General requirements and test methods, NEQ)

2006-08-24 发布　　2007-01-01 实施

中华人民共和国国家质量监督检验检疫总局
中国国家标准化管理委员会　发布

前言

本标准与 ISO 7151:1988《外科器械——非切割铰接器械——一般要求和试验方法》对应关系为非等效,其中弹性牢固性试验方法采用 ISO 7151:1988 的内容。

本标准代替 GB/T 2766—1995《穿鳃式止血钳　通用技术条件》和 YY/T 0194—1994《止血钳头端摆动量测定方法》。

本标准与 GB 2766—1995 的主要差异如下:

——删去锁合力、脱开力;

——增加了制造材料的选用范围;

——更改弹性牢固性的试验材料;

——增加周期检验;

——将 YY/T 0194—1994《止血钳头端摆动量测定方法》的内容归入附录 A 中,并调整了 K 的取值范围。

本标准的附录 A 为规范性附录。

本标准由全国外科器械标准化委员会提出并归口。

本标准主要起草单位:上海医疗器械(集团)有限公司手术器械厂。

本标准主要起草人:章红霞。

本标准所代替标准的历次版本发布情况为:

——GB 2766—1981、GB 2766—1988、GB 2766—1995;

——WS_2/Z 22～23—1975、YY/T 0194—1994。

穿鳃式止血钳　通用技术条件

1　范围

本标准规定了穿鳃式止血钳类产品(以下简称止血钳)的材料、要求、试验方法、检验规则、标志、包装、运输、贮存。

本标准适用于穿鳃式止血钳类产品。

2　规范性引用文件

下列文件中的条款通过本标准的引用而成为本标准的条款。凡是注日期的引用文件,其随后所有的修改单(不包括勘误的内容)或修订版均不适用于本标准,然而,鼓励根据本标准达成协议的各方研究是否可使用这些文件的最新版本。凡是不注日期的引用文件,其最新版本适用于本标准。

GB/T 230.1—2004　金属洛氏硬度试验　第1部分:试验方法(A、B、C、D、E、F、G、H、K、N、T标尺)(ISO 6508-1:1999,MOD)

GB/T 1220—1992　不锈钢棒(neq JIS G4303:1988)

GB/T 2828.1—2003　计数抽样检验程序　第1部分:按接收质量限(AQL)检索的逐批检验抽样计划(ISO 2859-1:1999,IDT)

GB/T 2829—2002　周期检验计数抽样程序及表(适用于过程稳定性的检验)

GB/T 8938—1988　打字纸

GB/T 12655—1998　卷烟纸

YY/T 0149—2006　不锈钢医用器械耐腐蚀性能试验方法

YY/T 1052—2004　手术器械标志

3　材料

止血钳应以2Cr13Mo或GB/T 1220—1992中规定的2Cr13、1Cr13及其他适用的材料制成。

4　要求

4.1　止血钳应有良好的弹性和牢固性。

4.2　止血钳锁止牙全部锁合时,唇头齿应吻合;有钩止血钳唇头钩的钩与槽应吻合,不应有卡塞、偏歪现象。

4.3　止血钳开闭应轻松灵活,摆动量应符合产品标准的规定。

4.4　止血钳头端宽、厚度尺寸应符合产品标准的规定。

4.5　止血钳应经热处理,其硬度应符合表1的规定。

表1　硬度

材料	硬度	二片硬度值相差
2Cr13、2Cr13Mo	40HRC～48HRC	≤4HRC
1Cr13	32HRC～43HRC	
其他材料	≥32HRC	

4.6　止血钳外表可制成有光亮或无光亮,其表面粗糙度 R_a 之数值应不大于:有光亮0.4 μm;无光亮0.8 μm。

4.7 止血钳的耐腐蚀性能应符合 YY/T 0149—2006 的规定：外表面 b 级，鳃部 c 级。

4.8 止血钳应对称，外表应无锋棱、毛刺、裂纹，鳃角的锐边应倒钝。

4.9 止血钳唇头齿应清晰，不应有缺齿、烂齿和毛刺；锁止牙应完整、无锋棱、毛刺。

5 试验方法

5.1 弹性和牢固性试验

用直径等于止血钳头端至鳃轴中心长度 5% 的不锈钢丝，放在头部前端，全部锁合，然后放松，反复 3 次，止血钳不应有变形和断裂现象。

5.2 吻合性试验

先手感和目测，然后用 GB/T 8938—1988 中规定的 26 g/m^2 规格的打字纸或 GB/T 12655—1998 中规定 26.5 g/m^2 规格的卷烟纸放在唇头齿中，全部锁合，然后放松，纸面上应留有明显而清晰的印痕（无钩止血钳除后根 5 齿，有钩止血钳除唇头钩下 2 齿和后根 5 齿），应符合 4.2 的规定。

5.3 摆动量试验

按附录 A 中的规定测试。

5.4 尺寸试验

以通用量具或专用量具进行测量，应符合 4.4 的规定。

5.5 硬度试验

按 GB/T 230.1—2004 的规定方法，在止血钳二片杆部上端平面或头部近鳃部平面处各测三点，取其三点的算术平均值，应符合 4.5 的规定。

5.6 表面粗糙度试验

用样块比较法或电测法进行测量应符合 4.6 的规定。质量仲裁用电测法进行。

5.7 耐腐蚀性能试验

按 YY/T 0149—2006 中规定的沸水试验法进行，应符合 4.7 的规定。

5.8 外观

手感目测应符合 4.8、4.9 的规定。

6 检验规则

6.1 验收

止血钳应经制造厂质量检验部门进行检验，合格后方可提交订货方验收。

6.2 检验方式

止血钳应成批提交检验，检验分逐批检验（出厂检验）和周期检验（型式检验）。

6.3 逐批检验

6.3.1 止血钳的逐批检验应按 GB/T 2828.1—2003 的规定进行。

6.3.2 止血钳的逐批检验采用一次抽样，抽样方案严格性从正常检验方案开始，其不合格分类、检验项目、检验水平和 AQL（接收质量限）按表 2 的规定（按每百单位产品不合格数计）。

表 2 逐批检验

不合格分类	B			C			
不合格分类组	Ⅰ	Ⅱ	Ⅲ	Ⅰ	Ⅱ	Ⅲ	Ⅳ
检验项目	4.5	4.1	4.2	4.6	4.8 4.9	4.3	4.4
检验水平	S-1	S-2		S-2	Ⅰ	S-4	Ⅰ
AQL	2.5	4.0		6.5	10	15	25

6.4 **周期检验**

6.4.1 在下列情况下，应进行周期检验：

a) 新产品投产前(包括老产品转产)；

b) 连续生产中的产品每两年不少于一次；

c) 间隔一年以上再投产；

d) 在设计、工艺、材料有重大改变时；

e) 国家质量监督检验机构提出要求时。

6.4.2 周期检验应按 GB/T 2829—2002 的规定进行。

6.4.3 周期检验采用一次抽样方案，其不合格分类、试验组、检验项目、判别水平、RQL(不合格质量水平)和抽样方案按表 3 的规定(按每百单位产品不合格品数计)。

表 3 周期检验

不合格分类	B			C				
试验组	Ⅰ	Ⅱ	Ⅲ	Ⅰ	Ⅱ	Ⅲ	Ⅳ	Ⅴ
检验项目	4.5	4.1	4.2	4.6	4.8 4.9	4.7	4.3	4.4
判别水平	Ⅰ							
RQL	30	40		65				
抽样方案	3[0 1]	2[0 1]		6[3 4]				

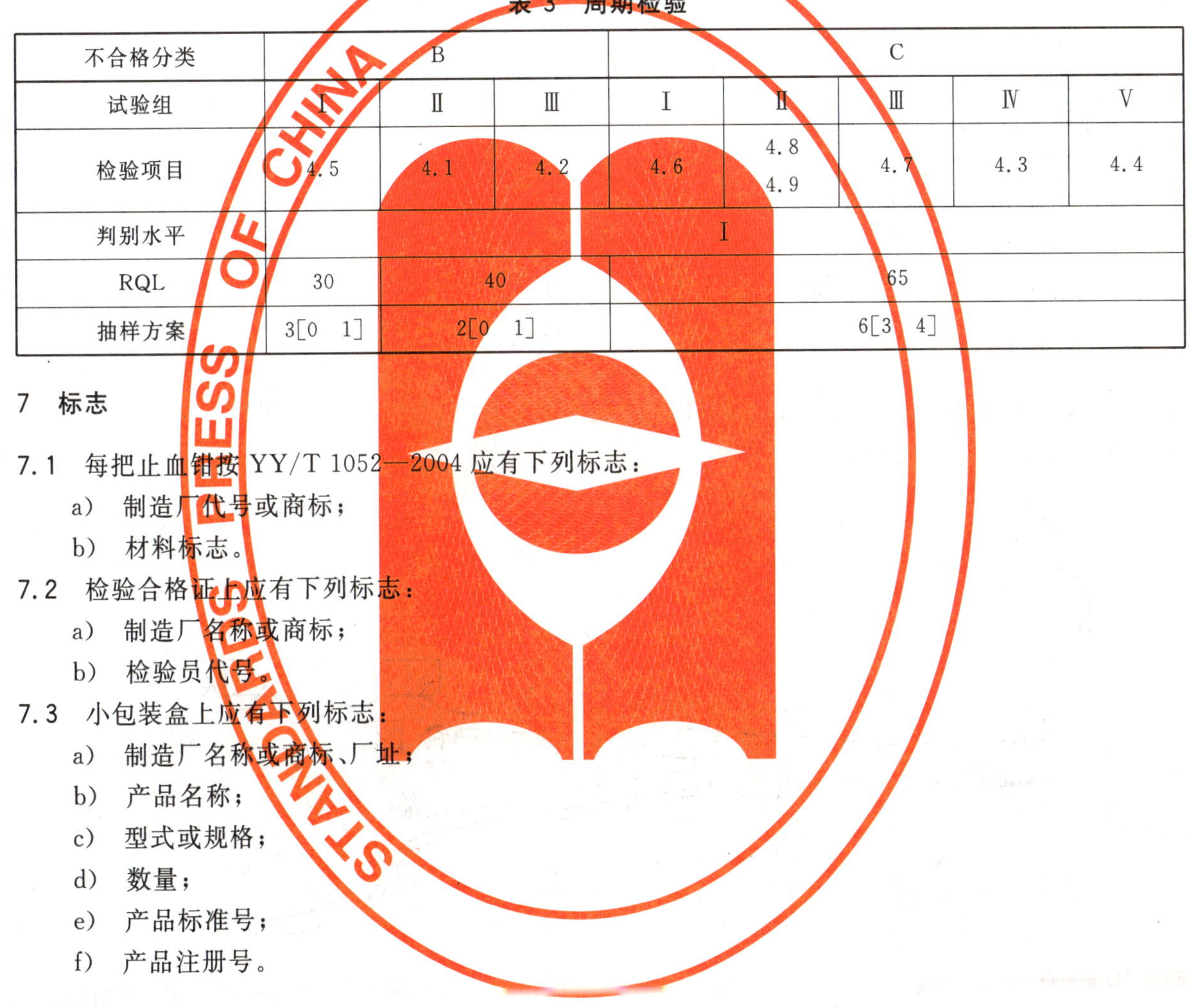

7 标志

7.1 每把止血钳按 YY/T 1052—2004 应有下列标志：

a) 制造厂代号或商标；

b) 材料标志。

7.2 检验合格证上应有下列标志：

a) 制造厂名称或商标；

b) 检验员代号。

7.3 小包装盒上应有下列标志：

a) 制造厂名称或商标、厂址；

b) 产品名称；

c) 型式或规格；

d) 数量；

e) 产品标准号；

f) 产品注册号。

8 包装、运输和贮存

8.1 每把止血钳装入中性塑料袋，袋内应有检验合格证，同一型式规格的止血钳装入小包装盒内。

8.2 特殊要求可按订货合同进行包装。

8.3 装箱和运输要求按订货合同规定。

8.4 包装后的止血钳应贮存在相对湿度不超过 80%，无腐蚀气体和通风良好的室内。

8.5 止血钳经包装后在遵守贮存规则的条件下，应保证在一年半内不生锈。

附 录 A
（规范性附录）
止血钳头端摆动量测定方法

A.1 术语

A.1.1 头端摆动量

二片头端相距规定位置，在规定的力作用下相对摆动二片，在二片头端间产生的最大位移量。

A.1.2 固定片

止血钳的雌片。

A.1.3 摆动片

止血钳的雄片。

A.1.4 下摆动力

在摆动片头端所加的使头端向下摆动的力。

A.1.5 上摆动力

在摆动片锁止牙牙槽内所加的使头端向上摆动的力。

A.2 仪器要求

A.2.1 头端摆动量的测定仪器由百分表、固定止血钳的夹紧件、鳃轴支承件、测量二片头端张开距离的量具、摆动力件组成（见图A.1）。

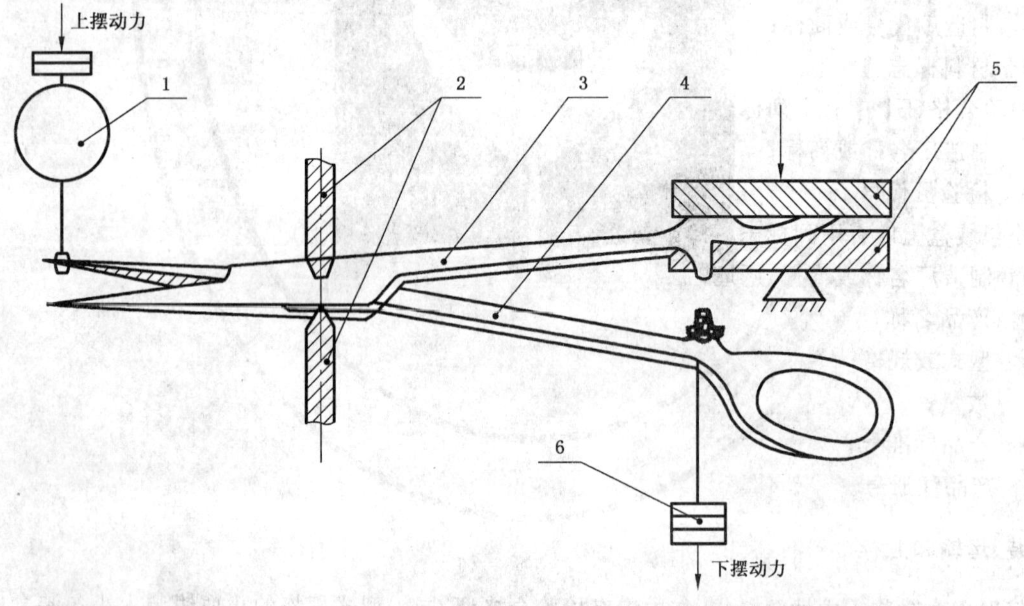

1——百分表；
2——鳃轴支承件；
3——固定片；
4——摆动片；
5——夹紧件；
6——摆动力件。

图 A.1 止血钳头端摆动量测定仪器示意图

A.2.2 仪器夹紧件应牢固可靠，在上、下摆动力的作用下，固定片头端最大位移应不大于 0.02 mm。

A.2.3 鳃轴支承件与鳃轴接触应良好，支承件接触面直径应小于止血钳鳃轴直径。

A.2.4 仪器的总误差应不大于 0.04 mm。

A.2.5 百分表测头的轴向力大小，可参照 JJG 34 中规定的测力检定的方法测定。

A.2.6 仪器在使用前应检查、校正。每年应检定一次。

A.3 测定条件

A.3.1 止血钳二片头端的张开距离应符合产品标准的规定，无规定的为 0.5 mm。

A.3.2 下摆动力施加位置：直型止血钳取头端 3 mm 处，弯型止血钳及头部呈特殊形状的止血钳取头端水平方向最高点。

A.3.3 上摆动力施加于止血钳摆动片锁止牙最后一牙的牙槽内。

A.3.4 下摆动力采用百分表测头的轴向力加砝码；上摆动力采用预制砝码。

A.3.5 下摆动力、上摆动力方向均向下。摆动力的大小根据止血钳鳃部中心至指圈末端距离与鳃部中心至头端距离之比(K)的数值，按表 A.1 选取。

A.3.6 施加摆动力时应平稳，无冲击现象。

表 A.1 摆动力数值

K	≤1.5	>1.5～4.0	>4.0
下摆动力/N	0.8	1.0	1.3
上摆动力/N	1.5		0.75
注：在加上摆动力时，下摆动力不卸。			

A.4 检测方法

A.4.1 止血钳头端摆动量采用直接测定的方法，在百分表上读取摆动量数值。

A.4.2 止血钳鳃部内外面、头端及锁止牙在测定前应清洗干净，不应有油污、砂粒等异物。

A.4.3 测定步骤：

——将止血钳鳃部放在鳃轴支承件上，使鳃轴中心与鳃轴支承件中心重合；然后夹紧固定片，使止血钳处于水平位置，摆动片能上下自由摆动；

——调整止血钳二片头端张开距离，使之符合产品标准规定或本标准规定；

——按表 A.1 规定加下摆动力，并将作用于摆动片头端的百分表调整至零位；

——按表 A.1 规定加上摆动力，使摆动片头端产生位移；

——此时百分表上显示的数值即为头端摆动量。

A.4.4 每把止血钳测三次，取其三次测试数据的算术平均值。

ICS 77.100
H 42

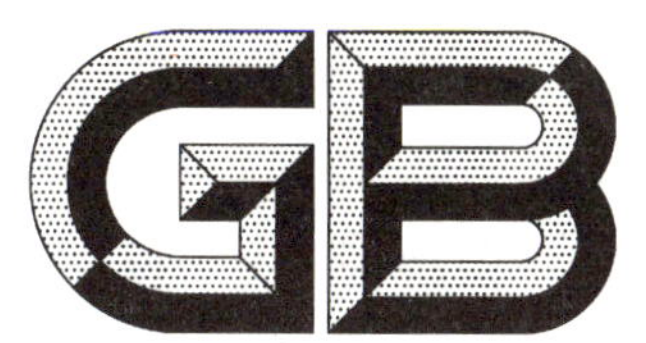

中华人民共和国国家标准

GB/T 2774—2006
代替 GB/T 2774—1991

金属锰

Manganese metal

2006-02-05 发布　　2006-08-01 实施

中华人民共和国国家质量监督检验检疫总局
中国国家标准化管理委员会　发布

前 言

本标准代替 GB/T 2774—1991《金属锰》。

本标准与 GB/T 2774—1991 相比主要变化如下：

——增加了“电解重熔金属锰”的产品，扩大了适用范围；

——增加了分类及牌号表示方法；

——增加了“电解重熔金属锰”“JCMn98”、“JCMn97”、“JCMn95”三个牌号；

——“硅热法”金属锰增加了“JMnA98”、“JMnA97-A”、“JMnA96-A”，取消了很少使用的 JMn93-B 的牌号，各牌号的杂质含量有较大降低；

——取消了 Al、Ca、Mg、Ni、Cu 为必须测定元素；

——增加了物理状态的外观要求、特殊粒度的陈述；

——增加了编织袋包装；

——增加了资料性附录“高氯酸氧化-硫酸亚铁铵滴定法测定锰含量”(见附录 A)。

本标准的附录 A 为规范性附录。

本标准由中国钢铁工业协会提出。

本标准由冶金工业信息标准研究院归口。

本标准起草单位：全国锰业技术委员会、广西大锰锰业有限公司、山西交城义望铁合金有限责任公司、湖南天雄实业有限公司、重庆秀山锰业制品厂、冶金工业信息标准研究院。

本标准主要起草人：冯子勇、李维健、康国柱、曾赳雄、邓守纪、张瑞香、谭立群。

本标准所代替标准的历次版本发布情况为：

GB 2774—81、GB 2774—87、GB/T 2774—1991。

金 属 锰

1 范围

本标准规定了金属锰的产品分类、技术要求、试验方法、检验规则和包装、储运、标志及质量证明书。

本标准适用于电硅热法以及电解重熔法生产的金属锰，供冶炼高质量钢种及不锈钢等作锰元素添加剂。

2 规范性引用文件

下列文件中的条款通过本标准的引用而成为本标准的条款。凡是注日期的引用文件，其随后所有的修改单(不包括勘误的内容)或修订版均不适用于本标准，然而，鼓励根据本标准达成协议的各方研究是否可使用这些文件的最新版本。凡是不注日期的引用文件，其最新版本适用于本标准。

GB/T 3650 铁合金验收、包装、储运、标志和质量证明书的一般规定

GB/T 4010 铁合金化学分析用试样的采取和制备

GB/T 8654.1 金属锰化学分析方法 邻二氮杂菲光度法测定铁量

GB/T 8654.2 金属锰化学分析方法 三氯化钛-重铬酸钾容量法测定铁量

GB/T 8654.3 金属锰化学分析方法 钼蓝光度法测定硅量

GB/T 8654.4 金属锰化学分析方法 高氯酸脱水重量法测定硅量

GB/T 8654.5 金属锰化学分析方法 钼蓝光度法测定磷量

GB/T 8654.7 金属锰化学分析方法 电位滴定法测定锰量

GB/T 8654.8 金属锰化学分析方法 红外线吸收法测定碳量

GB/T 8654.10 金属锰化学分析方法 红外线吸收法测定硫量

GB/T 8654.11 金属锰化学分析方法 燃烧中和滴定法测定硫量

3 产品分类及牌号表示方法

金属锰按冶炼方法分为电硅热法和电解重熔法两类。牌号分别以“JMn××”和“JCMn××”表示。其中：“JMn”表示电硅热法金属锰；“JCMn”表示电解重熔法金属锰，其中C表示重熔法的“重”；××表示主元素的质量分数。按杂质含量的不同，同一锰含量的牌号还可用A、B区分。

4 技术要求

4.1 牌号及化学成分

4.1.1 电硅热法金属锰按锰以及杂质含量的不同，分为8个牌号。其化学成分应符合表1的规定。

表1 电硅热法金属锰的化学成分

牌号	化学成分(质量分数)/%					
	Mn	C	Si	Fe	P	S
	不小于	不大于				
JMn98	98.0	0.05	0.3	1.5	0.03	0.02
JMn97-A	97.0	0.05	0.4	2.0	0.03	0.02
JMn97-B	97.0	0.08	0.6	2.0	0.04	0.03

表 1(续)

牌号	化学成分(质量分数)/%					
	Mn	C	Si	Fe	P	S
	不小于	不大于				
JMn96-A	96.5	0.05	0.5	2.3	0.03	0.02
JMn96-B	96.0	0.10	0.8	2.3	0.04	0.03
JMn95-A	95.0	0.15	0.5	2.8	0.03	0.02
JMn95-B	95.0	0.15	0.8	3.0	0.04	0.03
JMn93	93.5	0.20	1.5	3.0	0.04	0.03

4.1.2 电解重熔法金属锰按锰以及杂质含量的不同,分为 3 个牌号。其化学成分应符合表 2 的规定。

表 2 电解重熔法金属锰的化学成分

牌号	化学成分(质量分数)/%					
	Mn	C	Si	Fe	P	S
	不小于	不大于				
JCMn98	98.0	0.04	0.3	1.5	0.02	0.04
JCMn97	97.0	0.05	0.4	2.0	0.03	0.04
JCMn95	95.0	0.06	0.5	3.0	0.04	0.05

4.1.3 需方对化学成分有特殊要求时,可由供需双方另行商定。

4.1.4 金属锰以 93% 含锰量作为基准量。

4.2 物理状态

4.2.1 金属锰应呈块状交货,最大块重应不超过 10 kg,小于 10 mm×10 mm 的重量不得超过总重量的 5%。如用户需要可提供 10 mm~50 mm、10 mm~40 mm 等不同粒度范围的产品,其筛上物和筛下物的允许量可由供需双方商定。

4.2.2 成品不应有目视可见的炉渣和其他非金属夹杂物,但允许其表面有防粘砂材料的痕迹存在。

5 试验方法

5.1 取样和制样

金属锰化学分析用试样的采取和制备按 GB/T 4010 的规定进行。

5.2 化学分析

金属锰的化学分析方法按表 3 的规定进行。

表 3 金属锰的化学分析方法

序号	元素	分析方法
1	Mn	按 GB/T 8654.7 或按附录 A 规定进行。
2	C	按 GB/T 8654.8 规定进行。
3	Si	按 GB/T 8654.3 或 GB/T 8654.4 规定进行。
4	Fe	按 GB/T 8654.1 或 GB/T 8654.2 规定进行。
5	P	按 GB/T 8654.5 规定进行。
6	S	按 GB/T 8654.10 或 GB/T 8654.11 规定进行。

6 检验规则

6.1 质量检查和验收

金属锰的质量检查和验收应符合 GB/T 3650 的规定。

6.2 组批

金属锰应成批交货，每批由同一牌号的一炉或若干炉产品组成；同批产品中各炉的含锰量之差不超过 1%。

7 包装、储运、标志和质量证明书

7.1 包装

产品采用吨袋包装或用铁桶包装，吨袋装每袋净重 1 000 kg，铁桶装每桶净重 100 kg。

7.2 储运

金属锰入库应分牌号、批号在室内存放，避免与酸、碱等化学物品接触，并应防潮。

金属锰的运输宜用篷车，如敞车发运时，需用帆布盖好，防止渗水。

7.3 标志与质量证明书

产品的标志和质量证明书应符合 GB/T 3650 的规定。

附 录 A
（规范性附录）
高氯酸氧化-硫酸亚铁铵滴定法测定锰含量

A.1 范围

本附录规定了高氯酸氧化-硫酸亚铁铵滴定法测定锰含量的原理、试剂和材料、分析步骤、结果计算、允许差。

本附录适用于金属锰中锰含量的测定。测定范围（质量分数）：20.0%～99.0%。

A.2 原理

试样以磷酸、硝酸、高氯酸在高温下溶解，高氯酸将二价锰氧化为三价锰，冷却后，在N-苯代邻氨基苯甲酸指示剂存在下，用硫酸亚铁铵标准溶液滴定至黄绿色为终点。

A.3 试剂和材料

分析中除另有说明外，仅使用认可的分析纯试剂和蒸馏水或其纯度相当的水。

A.3.1 磷酸（ρ1.70 g/mL）。

A.3.2 硝酸（ρ1.42 g/mL）。

A.3.3 高氯酸（ρ1.67 g/mL）。

A.3.4 硫酸（2+98）。

A.3.5 硫磷混酸：150 mL 硫酸（A.3.4）、150 mL 磷酸（A.3.1）加 700 mL 水。

A.3.6 硫酸亚铁铵标准滴定溶液（约 0.02 mol/L）。

A.3.6.1 配制：称取 7.84 g 硫酸亚铁铵[$(NH_4)_2Fe(SO_4)_2 \cdot 6H_2O$]置于 500 mL 烧杯中，加 300 mL 水，加 30 mL 硫酸（A.3.4）溶解，稀释至 1 000 mL，混匀。

A.3.6.2 标定：取 20 mL 重铬酸钾标准溶液（A.3.7）于锥形瓶中，加硫磷混酸（A.3.5）40 mL，以水稀释至 100 mL，加 5 滴 N-苯代邻氨基苯甲酸指示剂（A.3.8），用硫酸亚铁铵标准溶液滴定至黄绿色为终点。

按式（A.1）计算硫酸亚铁铵标准溶液的浓度：

$$c_2 = \frac{c_1 \times V_1}{V_2} \qquad \cdots\cdots\cdots\cdots (A.1)$$

式中：

c_1——重铬酸钾标准溶液的浓度，mol/L；

c_2——硫酸亚铁铵标准溶液的浓度，mol/L；

V_1——重铬酸钾标准溶液的体积，mL；

V_2——硫酸亚铁铵标准溶液的体积，mL。

A.3.7 重铬酸钾标准溶液（0.017 92 mol/L）

配制：称取 0.878 3 g 基准重铬酸钾加水溶解，稀释至 1 000 mL，混匀。

A.3.8 N-苯代邻氨基苯甲酸指示剂（0.2 g/L）：称取 0.2 g N-苯代邻氨基苯甲酸溶于 100 mL 水，加 0.2 g碳酸钠。

A.4 分析步骤

A.4.1 试料量

称取 0.1g 试样，精确至 0.000 1 g。

A.4.2 空白试验

随同试料做空白试验。

A.4.3 测定

将试料(A.4.1)置于 300 mL 锥形瓶中，加入 15 mL 磷酸(A.3.1)、5 mL 硝酸(A.3.2)和 2 mL 高氯酸(A.3.3)，加热溶解，蒸发至紫红色并冒烟 1 min～2 min，待瓶内液面平静，小气泡消失，取下冷却，加入 50 mL 硫酸(A.3.4)，冷却至室温后，用硫酸亚铁铵标准滴定溶液(A.3.6)滴定至粉红色，滴加 5 滴 N-苯代邻氨基苯甲酸指示剂(A.3.8)，继续滴至黄绿色为终点。

A.5 结果计算

按式(A.2)计算试样中的锰含量(质量分数)，数值以%表示：

$$w(\mathrm{Mn})(\%)=\frac{54.94\times c\times V}{1\ 000\times m_0}\times 100 \qquad \text{(A.2)}$$

式中：

c——硫酸亚铁铵标准溶液的浓度，mol/L；

V——滴定消耗硫酸亚铁铵标准滴定溶液的体积，mL；

m_0——试料量，g；

54.94——锰的摩尔质量，g/mol。

计算结果精确至小数点后两位。

A.6 允许差

实验室之间分析结果的差值应不大于表 A.1 所列允许差。

表 A.1 允许差 %

锰含量	允许差
20.00～50.00	0.30
>50.00～95.00	0.40
>95.00～99.00	0.50

A.7 试验报告

试验报告应包括下列内容：

a) 鉴别试样、实验室和分析日期资料；

b) 遵守本方法规定的程度；

c) 分析结果及其表示；

d) 测定中观察到的异常现象；

e) 对分析结果可能有影响而本标准未包括的操作，或者任选的操作。

ICS 13.340.20
C 73

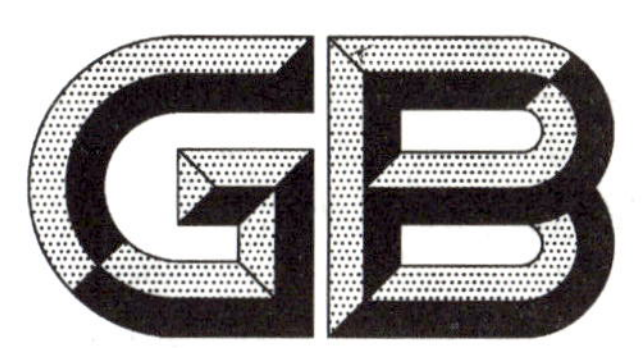

中华人民共和国国家标准

GB/T 2812—2006
代替 GB/T 2812—1989

安全帽测试方法

Test method for safety helmet

2006-12-07 发布 2007-07-01 实施

中华人民共和国国家质量监督检验检疫总局
中国国家标准化管理委员会 发布

前　言

本标准修订过程中主要参考了 EN 397:1995《工业安全帽技术规范》、JIS T 8131:2000《工业安全帽》、ANSI Z 89.1—2003《安全帽》、ISO 3873:1987《工业用安全帽》。

本标准是对 GB/T 2812—1989《安全帽测试方法》的修订。

本标准进行了以下修订：

——增加了垂直间距、佩戴高度测量方法；

——增加了下颏带强度的测试方法；

——增加了紫外线照射预处理的方法；

——增加了附录 A；

——增加了两种绝缘性能测试方法；

——增加了导电胶的要求；

——修改了淋水方法为浸水方法；

——修改了阻燃性能测试方法；

——修改了头模的材质为铝或铝镁合金；

——删除了'并加两顶备用'的条款；

——删除了标准计量仪器使用规则。

本标准自实施之日起代替 GB/T 2812—1989《安全帽测试方法》。

本标准由国家安全生产监督管理总局政策法规司提出。

本标准由全国个体防护装备标准化技术委员会归口。

本标准起草单位：北京市劳动保护科学研究所、无锡梅思安安全设备有限公司、北京力达塑料制造有限公司、北京慧缘有限责任公司。

本标准主要起草人：杨文芬、肖义庆、臧兰兰、邓保举、袁人熙、项树乔、张东伟、姚海峰。

安 全 帽 测 试 方 法

1 范围

本标准规定了安全帽测试方法。

本标准适用于GB 2811中规定的安全帽及安全帽的技术要求。

2 规范性引用文件

下列文件中的条款通过本标准的引用而成为本标准的条款。凡是注日期的引用文件，其随后所有的修改单(不包括勘误的内容)或修订版均不适用于本标准，然而，鼓励根据本标准达成协议的各方研究是否可使用这些文件的最新版本。凡是不注日期的引用文件，其最新版本适用于本标准。

GB/T 1410 固体绝缘材料体积电阻率和表面电阻率试验方法

GB/T 2408 塑料燃烧性能试验方法 水平法和垂直法

GB 2811 安全帽

GB/T 14522 机械工业产品用塑料、涂料、橡胶材料人工气候加速试验方法

3 测试样品

测试样品应符合产品标识的描述，附件齐全，功能有效。

3.1 数量

测试样品总数量应根据测试的具体要求确定，最小数量应满足GB 2811的规定。

如果尺寸检测会对安全帽造成不可恢复的破坏，应按照GB 2811的规定单独提供样品数量用于破坏性的尺寸检测。

3.2 预处理

被测样品应在测试室放置3 h以上，然后分别按照本节的规定进行预处理，有特别声明的情况除外。

3.2.1 设备

3.2.1.1 温度调节箱

温度调节箱内的温度应在50℃±2℃、－10℃±2℃或－20℃±2℃范围内可控制，箱内温度应均匀，温度的调节可以准确到1℃；应保证安全帽在箱体不接触其内壁。

3.2.1.2 紫外线照射箱

紫外线照射箱内应有足够的空间，保证安全帽被摆放在均匀辐照区域内，并保证安全帽不触及箱体的内壁。可采用紫外线照射(A法)和氙灯照射(B法)两种方法。

紫外线照射：应保证帽顶最高点至灯泡距离为150 mm±5 mm；正常工作时箱内温度不超过60℃，灯泡为450 W的短脉冲高压氙气灯，推荐的型号为XBO-450 W/4或CSX-450 W/4。

氙灯照射：氙灯波长在280 nm～800 nm范围内的辐射能可测量；黑板温度70℃±3℃；相对湿度50%±5%；喷水或喷雾周期每隔102 min喷水18 min。

3.2.1.3 水槽

应有足够体积使安全帽完全浸没在水中，应保证水温在20℃±2℃范围内可控制。

3.2.2 预处理条件

3.2.2.1 冲击吸收性能和耐穿刺测试

3.2.2.1.1 调温处理

安全帽应分别在50℃±2℃、－10℃±2℃或－20℃±2℃的温度调节箱中放置3 h。

3.2.2.1.2 **紫外线照射预处理**

紫外线照射预处理应优先采用A法，当用户要求或有其他必要时可采用B法。

采用紫外线照射(A法)时，安全帽应在紫外线照射箱中照射400 h±4 h，取出后在实验室环境中放置4 h。

采用氙灯照射(B法)时，累计接受波长280 nm～800 nm范围内的辐射能量为1 GJ/m²，试验周期不少于4 d。

3.2.2.1.3 **浸水处理**

安全帽应在温度为20℃±2℃的新鲜自来水槽里完全浸泡3 h。

3.2.2.1.4 **绝缘性能测试**

浸水：安全帽应在温度为20℃±2℃，浓度为3 g/L的氯化钠溶液的水槽里完全浸泡24 h。

3.2.2.1.5 **防静电性能测试**

调温调湿：将安全帽放置在温度20℃±2℃，相对湿度50%±5%的环境中，不小于24 h。

3.2.2.2 **测试顺序**

测试应先做无损检测，后做破坏性测试。

对于同一顶帽子应按照下列次序进行测试

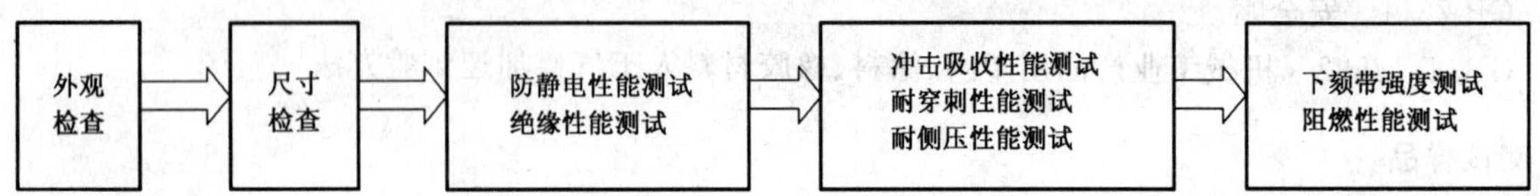

3.3 **测试环境**

测试室环境应为20℃±2℃，相对湿度为50%±20%。安全帽应在脱离预处理环境30 s内完成测试。

3.4 **头模**

测试用头模分为1#头模和2#头模两种。应按照佩戴高度的大小选择头模的型号。

——佩戴高度≤85 mm时使用1#头模。

——佩戴高度>85 mm时使用2#头模。

4 测试

4.1 佩戴高度测量

4.1.1 **测试装置**

测量装置为一个带有测量标尺的1#头模，以头模顶点为0刻度、向下延伸的高度距离为1 mm±0.05 mm的等高线，刻度准确到1 mm，应同时保证相邻五条等高线的距离为5 mm±0.08 mm。

4.1.2 **检验方法**

将安全帽正常佩戴在头模上，安全帽侧面帽箍底边与头模相对应的标尺刻度即为佩戴高度，记录测量值准确到1 mm。

4.2 垂直间距测量

使用本标准3.4所描述的头模，将安全帽正常佩戴在头模上，帽壳短轴边缘上点与头模对应的标尺刻度为X_1；将安全帽去掉帽衬后放在同一头模上，帽壳边缘同一点与头模对应的标尺刻度为X_2；计算X_2与X_1差值即为垂直间距，记录测量值准确到1 mm。

4.3 冲击吸收性能测试

4.3.1 **测试装置**

测试装置示意图见图1。

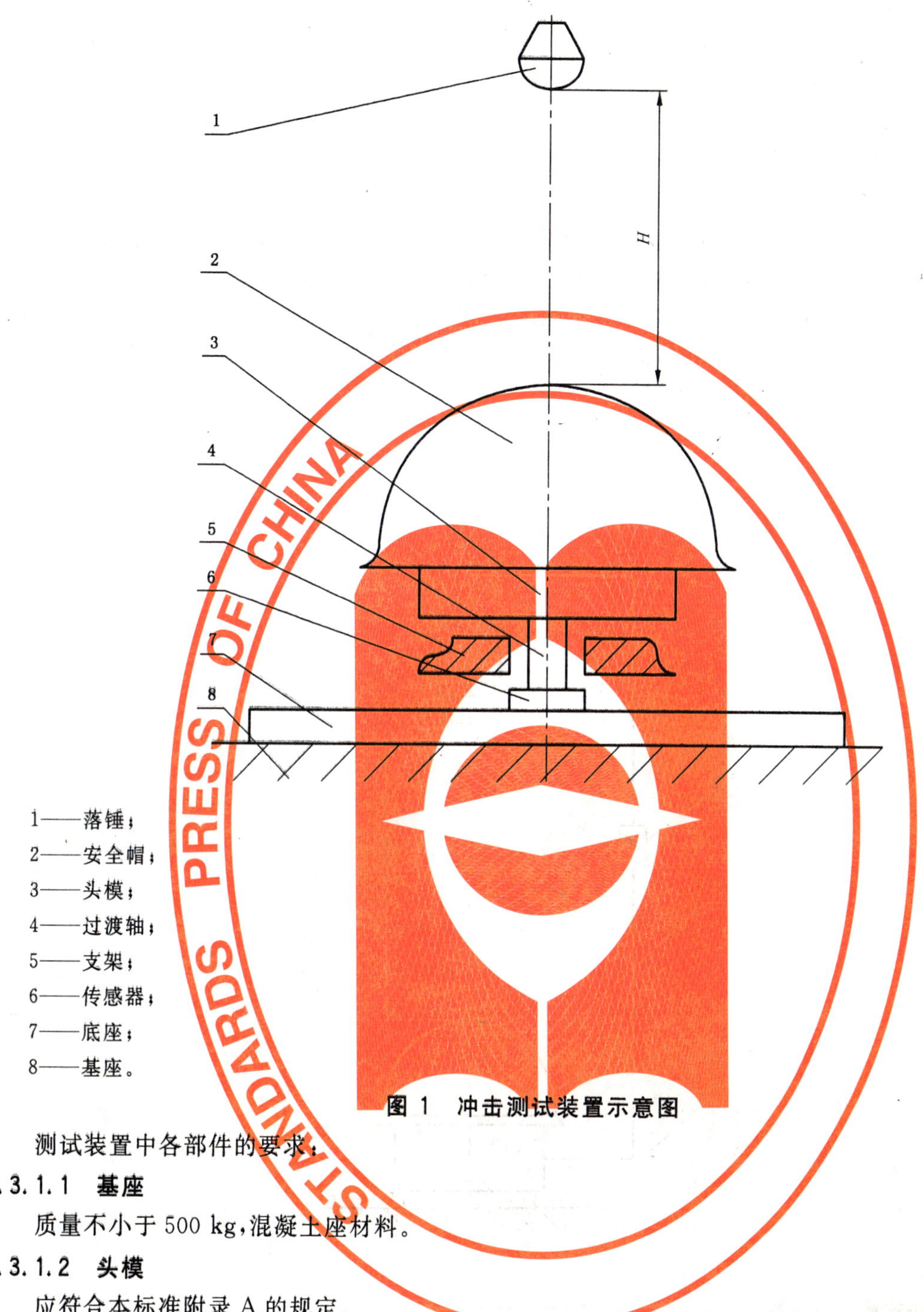

1——落锤；
2——安全帽；
3——头模；
4——过渡轴；
5——支架；
6——传感器；
7——底座；
8——基座。

图 1　冲击测试装置示意图

测试装置中各部件的要求：

4.3.1.1　基座

质量不小于 500 kg，混凝土座材料。

4.3.1.2　头模

应符合本标准附录 A 的规定。

4.3.1.3　台架

能够控制提升、悬挂和释放冲击落锤。

4.3.1.4　落锤

质量为 $5^{+0.01}_{0}$ kg，锤头为半球形，半径 48 mm，材质为 45＃钢，外形对称均匀。

4.3.1.5　测力传感器

测量范围(0～20 000)N，频率响应最小 5 kHz，动态力传感器。

4.3.1.6　底座

具有抗冲击强度，能牢固安装测力传感器。

4.3.1.7 **数据处理装置**

数据处理装置与测力传感器配套,最终记录及显示冲击力数值的装置。技术要求:冲击力采集下限为 500 N,连续采样时间不低于 40 ms,采样频率不低于 20 kHz,自动采集并显示采样区间内的最大值。

4.3.1.8 **测量精度**

全量程范围内±2.5%。

4.3.1.9 **测试方法**

根据安全帽的佩戴高度选择合适的头模;按照安全帽的说明书调整安全帽到正常使用状态,将安全帽正常佩戴在头模上,应保证帽箍与头模的接触为自然佩戴状态且稳定;调整落锤的轴线同传感器的轴线重合;调整落锤的高度为 1 000 mm±5 mm;如果使用带导向的落锤系统,在测试前应验证 60 mm 高度下落末速度与自由下落末速度相差不超过 0.5%;依次对经浸水、高温、低温、紫外线照射预处理的安全帽进行测试。记录冲击力值,准确到 1 N。

4.4 **耐穿刺性能测试**

4.4.1 **测试装置**

测试装置示意图见图 2。

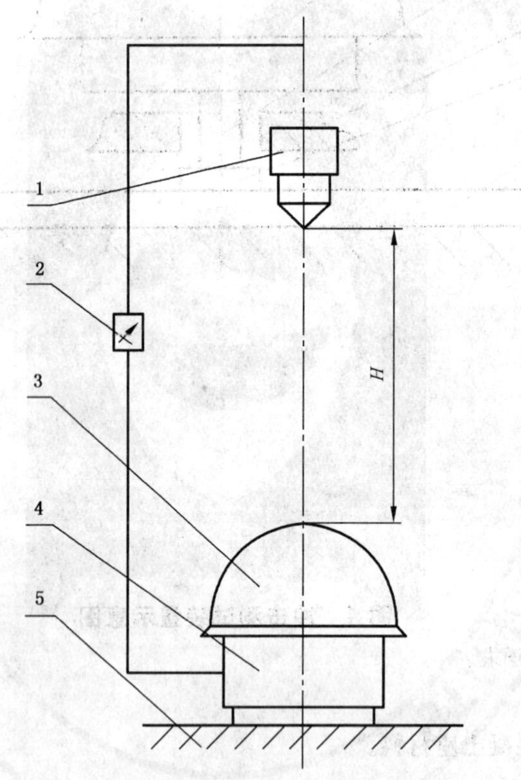

1——穿刺锥;
2——通电显示装置;
3——安全帽;
4——头模;
5——基座。

图 2 穿刺性能测试装置示意图

测试装置中各部件的要求:

4.4.1.1 **基座**

质量不小于 500 kg,混凝土座材料。

4.4.1.2 **头模**

应符合本标准附录 A 的规定。头模上部分表面由金属制成,受到撞击后,应可以修复。

4.4.1.3 台架

能够控制提升、悬挂和释放穿刺落锤。

4.4.1.4 穿刺锥

材质45＃钢，质量$3^{+0.05}_{0}$ kg，穿刺部分：锥角60°，锥尖半径0.5 mm，长度40 mm，最大直径28 mm，硬度HRC45。

4.4.1.5 通电显示装置

当电路形成闭合回路时，可以发出信号，表示穿刺锥已经接触头模。

4.4.2 测试方法

根据安全帽的佩戴高度选择合适的头模；按照安全帽的说明调整安全帽到正常使用状态；将安全帽正常摆放在头模上，应保证帽箍与头模的接触为自然佩戴状态且稳定；调整穿刺锥的轴线使其穿过安全帽帽顶中心直径100 mm范围内结构最薄弱处；调整穿刺锥尖至帽顶接触点的高度为1 000 mm±5 mm；如果使用带导向的落锤系统，在测试前应验证60 mm高度下落末速度与自由下落末速度相差不超过0.5%；依次对经高温、低温、浸水、紫外线照射预处理的安全帽进行测试，观察通电显示装置和安全帽的破坏情况。记录穿刺结果。

4.5 下颏带强度测试

4.5.1 测试装置

测试装置由头模、支架、人造下颏和试验机组成。下颏带强度测试装置示意图见图3。

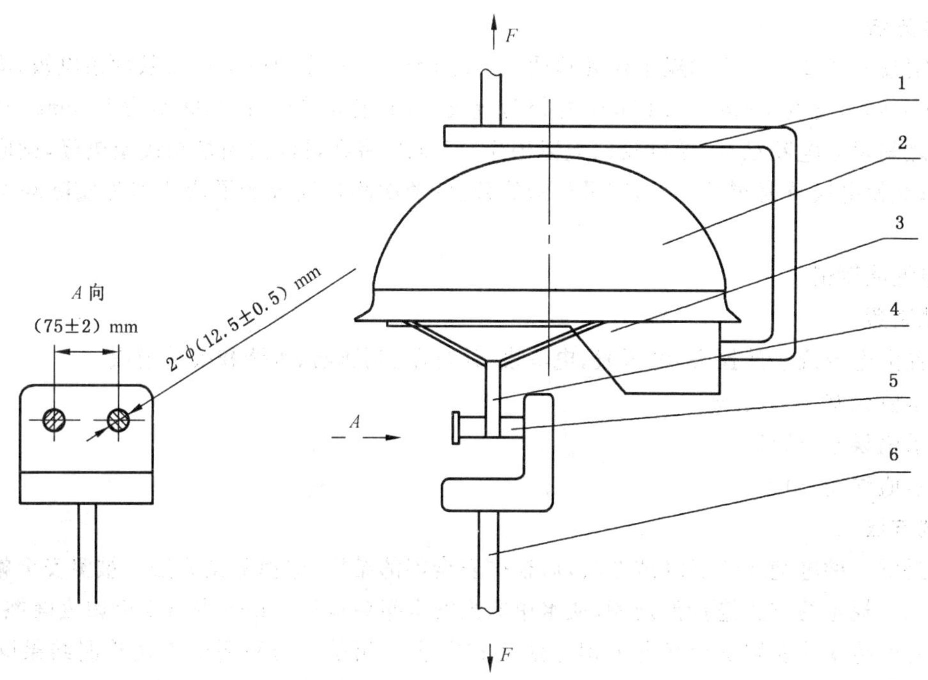

1——上支架；

2——安全帽；

3——头模；

4——下颏带；

5——轴；

6——下支架。

图3 下颏带强度测试装置示意图

测试装置中各部件的要求：

4.5.1.1 头模

一个带有稳定支撑能与人造下颏组合使用的模拟头模，质量大小可以不考虑；与帽衬接触的外形部分参照附录A的规定选用1＃头模。

4.5.1.2 人造下颏

由两个直径为12.5 mm±0.5 mm、相互平行且轴线的距离为75 mm±2 mm的刚性轴，固定在一个刚性的支架上与试验机相接。

4.5.1.3 精度

试验机精度：±1%。

4.5.2 测试方法

将一个经过穿刺测试的安全帽正常佩戴在头模上；将下颏带穿过人造下颏的两个轴系紧；以150 N/min±10 N/min的速度加载荷至150 N；然后以20 N/min±2 N/min的速度连续施加载荷，直至下颏带断开或松懈时为止。记录最大载荷，精确到1 N。

当上下支架分离位移超过该安全帽的佩戴高度，即视为下颏带松懈。

4.6 防静电性能测试

4.6.1 测试装置

测试装置由高阻计、电极组成。

高阻计示值误差±1%、电压100 V DC。

4.6.2 测试方法

将安全帽按照3.2.2.1.5的规定预处理后，在被测安全帽较平坦的部位贴敷两条电极，电极的长度为100 mm±1 mm，宽度1 mm±0.1 mm，材料为金属箔，电极应平行放置，间距为10 mm±0.5 mm，电极同安全帽之间用导电胶粘接，导电胶的电阻值应＜1 kΩ；将高阻计的测量端接至电极，读取高阻计显示的电阻值；交换电极重复测量一次，记录显示的数值；两次测量读数的平均值即为实际测得的表面电阻率。

4.7 电绝缘性能测试

4.7.1 测试装置

测试装置由电极或手持探头、电压表、电流表、计时器、调压器、水槽和头模组成。

电流表示值误差±1%。

电压表示值误差±1%。

计时器示值误差±1%。

4.7.2 测试方法

本标准提供三种电绝缘性能测试方法，应根据安全帽的结构，选择测试方法。被测安全帽应按照本标准3.2.2.1.4规定的方法进行预处理，从水中取出安全帽后应在2 min内将安全帽表面擦干。

安全帽的电绝缘性能测试应优先采用方法2和方法3测量。两种测试方法检测结果同时合格为合格。

如果安全帽有通气孔、金属零件贯穿帽壳等情况时采用方法1和方法3测量。两种测试方法检测结果同时合格为合格。

4.7.2.1 测试方法1

将安全帽放在头模上，将头箍锁紧；将探头接触安全帽外表面的任意一处，探头直径4 mm，顶端为半球形；在头模和探头之间施加交流测试电压，调整测试电压在1 min内将电压增加至1 200 V±25 V，保持15 s；重复进行测试，每顶安全帽测试10个点。记录泄漏电流的大小及可能的击穿现象。

4.7.2.2 测试方法2

将安全帽倒放在合适的容器中，在容器和帽壳中注入3 g/L的氯化钠溶液，直至溶液面距帽壳边缘

10 mm 为止。将电极分别放入帽壳内外的溶液中，调整测试电压在 1 min 内增加至 1 200 V±25 V，保持 15 s。记录泄漏电流的大小及可能的击穿现象。

4.7.2.3 测试方法 3

用两个探头接触安全帽外表面上任意两点并施加电压，两点间的距离不小于 20 mm。探头直径 4 mm，顶端为半球形；调整测试电压在 1 min 内将电压增加至 1 200 V±25 V，保持 15 s；测量安全帽表面两点间的泄漏电流，重复进行测试，每顶安全帽测试 10 个点。记录泄漏电流的大小及可能的击穿现象。

4.8 侧向刚性测试

4.8.1 测试装置

测试装置由万能材料试验机和两个直径为 100 mm 金属平板组成。万能材料试验机的测量精度为 ±1%，金属平板硬度为 45HRC。

4.8.2 测试方法

将安全帽侧放在两平板之间，帽沿在外并尽可能靠近平板；测试机通过平板向安全帽加压，在平板的垂直方向施加 30 N 的力，并保持 30 s，记录此时平板的间距为 Y_1；然后以 100 N/min 的速度加载直至 430 N，保持 30 s，记录此时平板的间距为 Y_2；以 100 N/min 的速度将载荷降至 25 N，然后立即以 100 N/min的速度将载荷增加到 30 N，并保持 30 s，记录此时平板的间距为 Y_3；测量值应精确到 1 mm，并记录可能出现的破坏现象；计算 Y_2 与 Y_1 的差值为最大变形；计算 Y_3 与 Y_1 的差值为残余变形。

4.9 阻燃性能测试

4.9.1 测试装置

测试装置由支架、计时器、定时器、火焰喷射头、燃料供给装置、燃料、箱体组成。测试装置示意图见图 4。

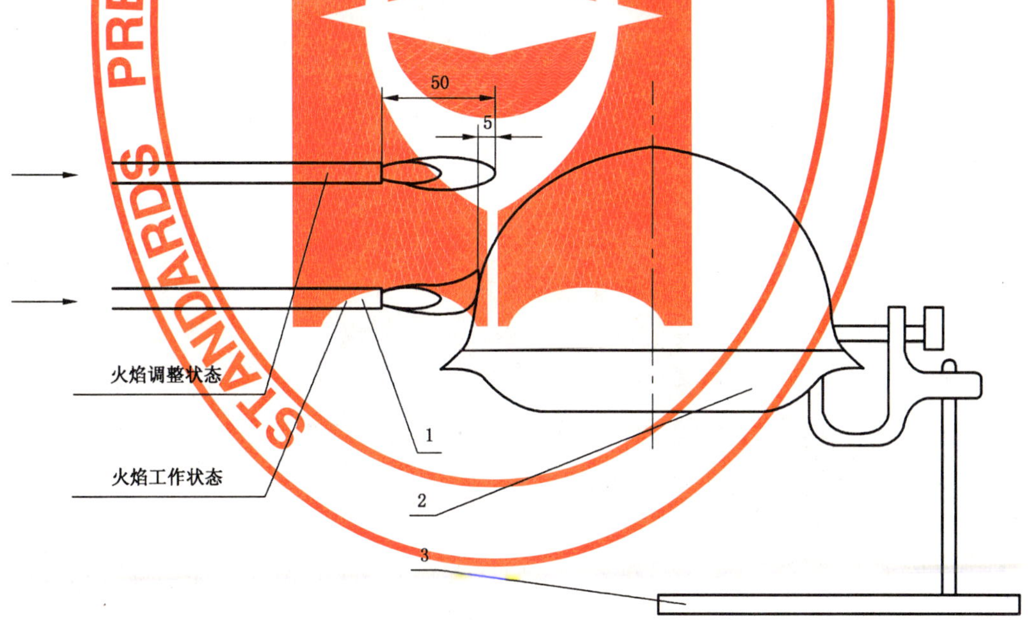

1——燃料喷管；

2——安全帽；

3——支架。

图 4 阻燃性能测试装置示意图

4.9.1.1 支架

能够牢固的夹持安全帽的外壳并能保证在试验中位置稳定，可移动以调整安全帽同火焰喷射头的距离。

4.9.1.2 **计时器**

示值误差±1%,用于记录续燃时间。

4.9.1.3 **定时器**

示值误差±1%,用于确定火焰施加于安全帽的时间。

4.9.1.4 **火焰喷射头**

水平放置的燃料喷管,内径 10 mm,后部同燃料供给装置连接。

4.9.1.5 **燃料**

工业级甲烷气。

4.9.1.6 **燃料供给装置**

一个带有压力调节阀、气量调节阀和储气罐的装置。该装置可以保证火焰喷射头稳定喷出 50 mm 长度的蓝火焰。

4.9.1.7 **箱体**

一个足够大的箱体,用以保证测试不受风的影响。

4.9.2 **测试方法**

测试应在通风橱中进行,使用经高温冲击测试后的安全帽按照正常佩戴时的方向夹持在支架上,使帽壳的侧面对准火焰喷射头,调节火焰喷射头轴线通过帽壳的轴线并在帽壳边缘上方 50 mm±1 mm 处,避开通气孔;调节支架的位置,使安全帽的测试区域同火焰喷射头的端面距离为 45 mm±1 mm,然后移开;打开气量调节阀,调整火焰长度为 50 mm±2 mm,保证火焰至少有 15 mm 的蓝色火焰;将支架移到前面确定的位置,火焰作用在帽壳上 10 s,切断气源。记录续燃时间及可能的穿透现象,准确到 0.1 s。

附 录 A
（规范性附录）
头 模

A.1 本附录规定了安全帽试验中使用的头模的要求。

A.2 头模结构及材质

头模为镁铝合金或铝的主体加配重组成。头模的质量为 5.0 kg±0.1 kg。

A.3 头模分层高度及尺寸

A.3.1 1#头模尺寸组合图见图 A.1。

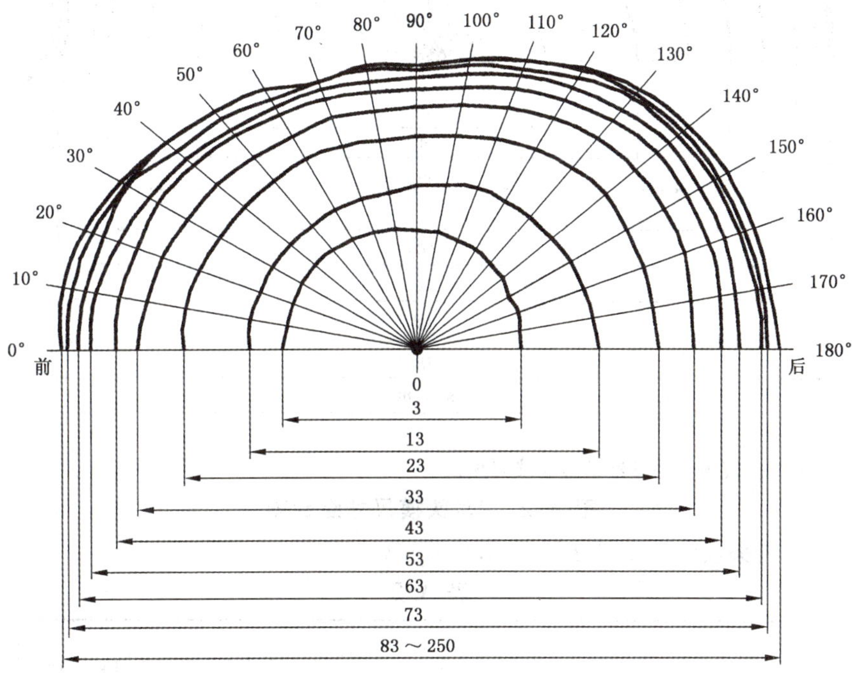

注：(0～83) mm 为以头模顶点为基准的等高线高度。

图 A.1 1#头模尺寸组合图

等高线上各点距离头模中心点尺寸见表 A.1。

表 A.1

单位为毫米

等高线距头顶距离	0°	10°	20°	30°	40°	50°	60°	70°	80°	90°	100°	110°	120°	130°	140°	150°	160°	170°	180°
0	0																		
3	35	34.5	34.5	34.5	34.5	34	33	32.5	32	31	31	30	30	29	28.5	27	27.5	26.5	26.5
13	43.5	44	43.5	43.5	43	42.5	42.5	42	42	43	44	45	45	45	45	45.5	45.5	46	46.5
23	60.5	61	60	59	58.5	58	58	57	56	56	57	59	60.5	62	63	62	62	61.5	62.2
33	72	71	70	68.5	67.5	66	65	65	64	64	65	67.5	70	72	73	73	73	71.5	71
43	77	77.5	76.5	75	73	71	70	70	68.5	68.5	70	73	75.5	78	80	80	80	79	78
53	84	84	82	80	78	75.5	74	73	72	72	74	77	79	82	84	84	84	83	83
63	87	87	86	86	81	79	76	75	75	74	76	78.5	82.5	86	87	88	88	88.5	88.5
73	90	90	89	86.5	84.5	81.5	79	76	75	76	78	81	85	87.5	89	89.5	89.6	90	90
83～250	91.5	92.5	91	88	84.5	81.5	79	76	75	76	78	81	85.5	89	91	92	92	92	93

A.3.2 2＃头模尺寸组合图见图 A.2。

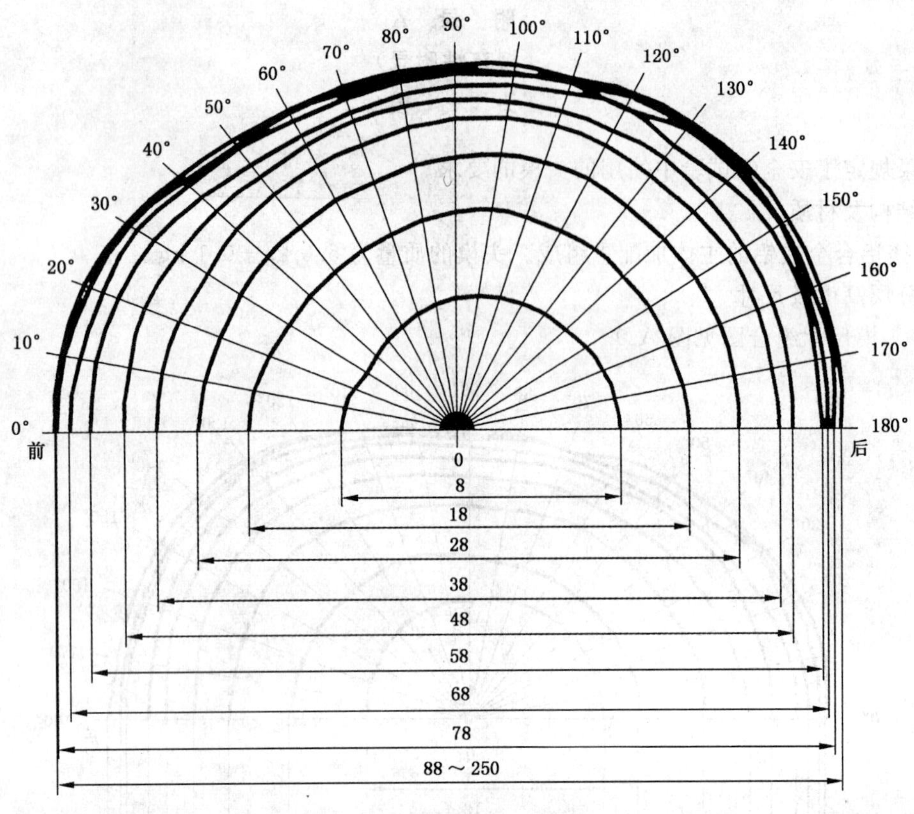

注：(0～88)mm 为以头模顶点为基准的等高线高度。

图 A.2 2＃头模尺寸组合图

等高线上各点距离头模中心点尺寸见表 A.2。

表 A.2

单位为毫米

等高线距头顶距离	0°	10°	20°	30°	40°	50°	60°	70°	80°	90°	100°	110°	120°	130°	140°	150°	160°	170°	180°
0	0																		
8	28.5	28	27	25.5	26	26.5	27	28	29	30	31	32	33	34	35	37	38.5	39.5	40
18	51.5	50.5	49	47.5	47	46.5	46.8	47	48	49	50.5	51	51.5	53	53.5	55	55.5	56.4	57
28	64	63	62	61.5	61	60	59.8	59.5	60.5	61.5	63	64	65	65.5	66.5	68	69	69	69
38	74	74	73	71	70.5	69.5	69	68.5	68.5	69.5	71	72.5	73.5	74.5	76	78	78.5	78.5	79
48	82	82	82	79.5	77	75	74	74	74	73.5	75	76	77.5	79.5	80.5	82	82.5	82.5	82
58	90	90	88.5	86	82	78.5	76.5	76	77	77.5	78.5	80.5	83	86.5	89	90	90.5	89.5	89.6
68	95	94.5	92.5	91	86	83	80.5	79.5	79.5	80	81	83	83	88	89	91.5	91.5	91.5	91
78	98.5	98	96	93	88	84	82.5	81	81	81	81.5	83	86	89	91	92	93	93.5	92
88～250	99	99	97.5	94	89.5	85.5	83.5	82.5	82	82	83	84	87	90	92.5	94	94.5	95	94

A.4 头模尺寸的验证

头模应根据使用情况，最低每 3 年进行一次验证。

参 考 文 献

ISO 3873:1987　工业用安全帽
EN 397:1995　工业安全帽技术规范
ANSI Z 89.1—2003　安全帽
JIS T 8131:2000　工业安全帽

ICS 27.140
K 55

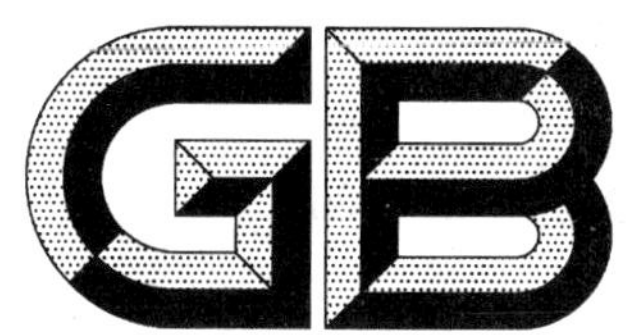

中华人民共和国国家标准

GB/T 2900.45—2006
代替 GB/T 2900.45—1996

电工术语　水电站水力机械设备

Electrotechnical terminology—Hydroelectric powerplant machinery

(IEC/TR 61364:1999,Nomenclature for hydroelectric powerplant machinery,MOD)

2006-11-08 发布　　2007-05-01 实施

中华人民共和国国家质量监督检验检疫总局
中国国家标准化管理委员会　发布

前言

本部分是 GB/T 2900《电工术语》的第 45 部分。

本部分代替 GB/T 2900.45—1996《电工术语　水轮机、蓄能泵和水泵水轮机》。

本部分修改采用 IEC/TR 61364:1999《水电站水力机械名词术语》(英文版),在结构上,章条名称及内容与国际标准基本相同,但删除原第 6.3 条中 5 种语言(法、俄、德、意、西)术语条目的索引,将"中文索引"和"英文索引"独立成为本部分的最后一个要素;此外,结合我国实际情况,将原国家标准中有关性能参数术语和试验方面术语保留并进行调整和完善,列入本部分的附录 A 和附录 B。

根据 IEC/TR 61364:1999 重新起草本部分。在资料性附录 C 中列出了本部分章条编号与 IEC/TR 61364:1999章条编号对照的一览表。

考虑我国国情和实际的科研、设计、制造、安装和运行经验,本部分做了一些删除、修改和增补。有关技术性差异已编入正文中,并在其涉及的条文的页边空白处用垂直单线标识。在资料性附录 D 中给出了本部分与 IEC/TR 61364:1999 的技术性差异及其原因的一览表,以供参考。

本部分对 IEC/TR 61364:1999 还做了下列编辑性修改:

1) 按我国习惯重新进行文字表述,如:3.1.1 改为"水力机械设备",3.1.2 改为"水力机械",3.1.4 改为"发电电动机",5.2 中 091 条改为"小电动机(或同轴小电机)",图 15、16、17、18、19、20、21 和 24 中说明文字增加"装配"、"分装配"和"局部装配"等;

2) 9.2 条中比转速条目中转速单位"min^{-1}",按我国法定计量单位的规定改为"r/min";

3) 凡属 IEC 国际标准原注,在注后统一增加"(IEC/TR 61364:1999 原注)",以示区别,包括在图 3、图 5、4.5、4.7、013、027 和 7.2 等。

本部分的附录 A 和附录 B 为规范性附录,附录 C 和附录 D 为资料性附录。

本部分由中国电器工业协会提出。

本部分由全国水轮机标准化技术委员会(SAC/TC 175)归口。

本部分由哈尔滨大电机研究所、中国水利水电科学研究院水力机电所、清华大学、东方电机股份有限公司负责起草。

本部分主要起草人:赵越、乐枚、王正伟、陶喜群、刘诗琪、高忠信、马素萍。

本部分于 1983 年首次发布(行业标准),于 1996 年第一次修订,本次为第二次修订。

电工术语　水电站水力机械设备

1　范围

本部分规定了水电站水力机械设备的基本术语，并对其部件加以定义。

本部分的目的为：

- 规范各部件的名称。当有两个以上名称存在时，给出优先选择的一个，其他名称列入括号内；
- 为便于辨认，用图示方式定义了部件名称。

2　规范性引用文件

下列文件中的条款通过GB/T 2900的本部分的引用而成为本部分的条款。凡是注日期的引用文件，其随后所有的修改单(不包括勘误的内容)或修订版均不适用于本部分，然而，鼓励根据本部分达成协议的各方研究是否可使用这些文件的最新版本。凡是不注日期的引用文件，其最新版本适用于本部分。

GB/T 10969—1996　水轮机通流部件技术条件

IEC 60041:1991　确定水轮机、蓄能泵和水泵水轮机水力性能的现场验收试验

IEC 60193:1999　水轮机、蓄能泵和水泵水轮机水力模型验收试验

3　总则

3.1　水力和电力设备的种类

3.1.1

水力机械设备　hydraulic machinery

水电站和抽水蓄能电站使用的水轮机、蓄能泵、水泵水轮机、阀、控制系统等主机和辅机。

3.1.2

水力机械　hydraulic machine

冲击式和反击式水轮机、蓄能泵和水泵水轮机。

3.1.3

① **水轮机　turbine (hydroturbine)**

包括在水轮机工况运行的水泵水轮机。

② **水泵　pump**

包括在水泵工况运行的水泵水轮机。

3.1.4

① **发电机　generator**

② **发电电动机　motor-generator**

包括同步和异步电机。

3.2　本部分的表述方式

3.2.1　名称和术语的定义尽量采用了简图配以简要文字说明的方式。

3.2.2　水力机械的定义必须足以将不同形式的水力机械区别开来，但不必非常详尽。

3.2.3　同一个水力机械部件可能会有几个不同的名称，本部分将一种名称确定为优先术语，而将其他的名称作为许用术语列于圆括号(　)中。

3.2.4　在某些情况下，水轮机和水泵的相同部件有不同的名称，本部分将水泵部件的专用术语列于方括号[　]内。

3.2.5　在第7章、第8章和第9章各条中列出了描述水力机械水力条件的基准数据、流道参数主要尺寸、常用标准术语和无量纲术语。有关特性和参数的定义参见 IEC 60041:1991、IEC 60193:1999。

3.3　水电站示意图

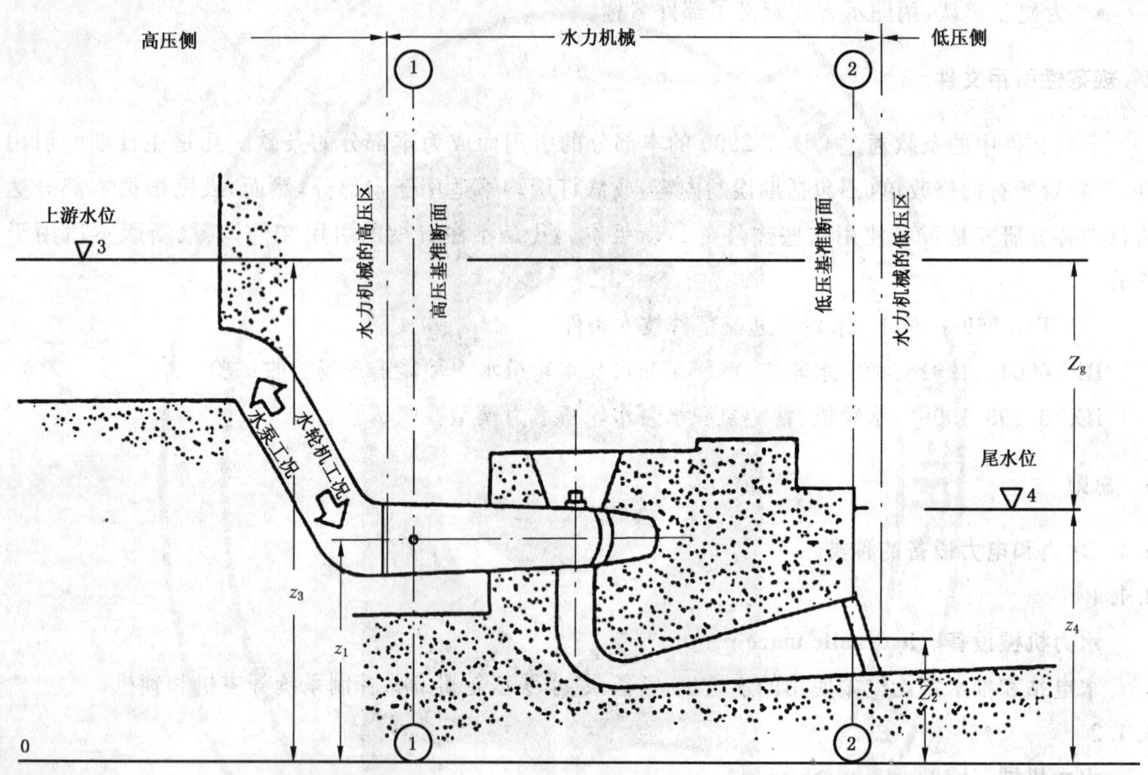

本图中符号的意义可参照 IEC 60041:1991 中的图6。

图1　水电站示意图

电站几何位置差 $Z_g = z_3 - z_4$。

关于水力机械的水能(水头)及进一步的详述，可参见 IEC 60041:1991。

3.4 水力机械示意图

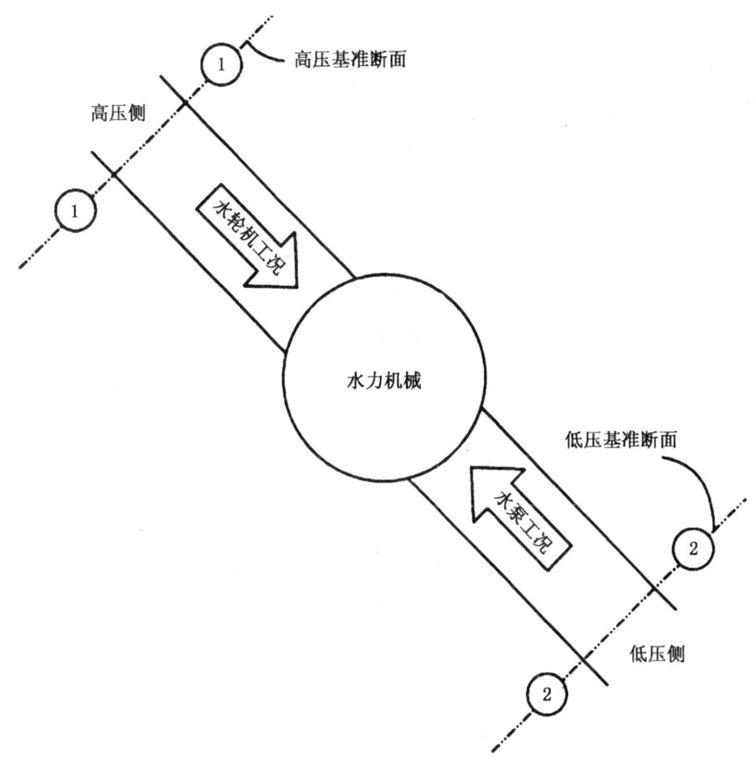

图 2 水力机械示意图

4 水力机械和阀类型的定义

4.1 水力机械类型

4.1.1

水轮机 hydroturbine

把水能转换成机械能的水力机械。该术语不包括进口和出口阀，也不包括与之相配套的发电机和调速器。

4.1.2

蓄能泵 storage pump

把机械能转换成水能的水力机械，蓄能泵把低处的水提升高处蓄能，以备发电之用。该术语不包括进口和出口阀，也不包括与之相配套的电动机。

4.1.3

水泵水轮机 pump-turbine

既可作水泵运行又可作水轮机运行的水力机械。

4.2 机组类型

4.2.1

机组 unit

用于发电或抽水或两种功能兼而有之的水力机械设备。

4.2.2

可逆式机组 reversible unit

发电电动机与水泵水轮机的组合。

4.2.3

串联(三元)机组　tandem (ternary) unit

发电电动机与水轮机和蓄能泵的组合。

4.2.4

直驱机组　direct-driven unit

不用变速装置,将转轮或叶轮通过轴直接与发电机或电动机相联的机组。

4.2.5

有齿轮增速箱的机组　unit with gear box (speed increaser)

转轮或叶轮通过变速装置与发电机或电动机相联的机组。

4.2.6

有起动装置的机组　unit with starting device

利用辅助水轮机、小电动机、液力转换器或电动机等特殊装置起动水泵工况的机组。

4.2.7

① 立轴　vertical shaft

② 卧轴　horizontal shaft

③ 斜轴　inclined shaft

水力机械主轴中心线安装的位置。

4.2.8

转轮[叶轮]旋转方向　direction of rotation of runner [impeller]

从发电机或电动机端向水轮机或水泵端看,转轮[叶轮]的旋转方向为顺时针或逆时针。对贯流式机组而言,其旋转方向应从机组的高压侧向低压侧看。

水泵水轮机的主旋转方向为其水轮机工况的旋转方向。

4.3　水力机械概述

4.3.1

可调式水力机械　regulated machine

利用喷针、导叶和/或转轮[叶轮]叶片等流量调节装置对水流加以调节的水力机械。

4.3.2

单调式水力机械　single-regulated machine

具有一种流量调节装置的水力机械。

4.3.3

双调式水力机械　double-regulated machine

具有两种流量调节装置的水力机械。

4.3.4

不可调式水力机械　non-regulated machine

没有流量调节装置的水力机械。流量由闸门或主阀进行调节。

4.3.5

单级式水力机械　single-stage machine

只有一个转轮[叶轮]的水轮机、蓄能泵或水泵水轮机。

4.3.6

多级式水力机械　multi-stage machine

水流依次流过装在一根轴上的多个转轮[叶轮]的水轮机、蓄能泵或水泵水轮机。

4.3.7

双流式水轮机(背靠背转轮水轮机)　double-flow turbine

转轮出口水流为两个方向的双转轮水轮机。

4.3.8

双吸式水泵　double-suction pump

水流由两个方向吸入叶轮的双进口叶轮水泵。

注:在国内蓄能泵已很少用双吸式水泵。

4.4　水轮机类型

4.4.1

反击式水轮机　reaction turbine

通过转轮利用水流压能为主的水能作功的水轮机。

注:有关能量术语的定义,见 IEC 60041:1991 和 IEC 60193:1999。

4.4.1.1

径流式水轮机　radial flow turbine

水流径向进、出转轮叶片的反击式水轮机(实际应用极少)。

注:这是 IEC/TC4 提出的新定义——反击式水轮机分类只按水流对转轮叶片进水边的方向来划分,与我国习惯不同,目前暂分开列较合理,特此说明。

4.4.1.2

混流式水轮机　Francis turbine (radial-axial flow turbine)

轴面水流接近于径向进入转轮,在固定的转轮叶片上逐渐变向,至转轮出口处接近于轴向的反击式水轮机。

4.4.1.3

① 斜流式水轮机(对角式水轮机)　diagonal turbine(mixed flow turbine, semi-axial flow turbine)

水流径向或斜向流过导叶,斜向流入转轮的反击式水轮机。导叶既可以是可调节的也可以是固定的,转轮叶片既可以为可调节的也可以是固定的。

② 斜流转桨式水轮机　Deriaz turbine(semi-axial flow adjustable-blad turbine)

其特点为通过固定导叶、导叶和转轮叶片的水流均为斜向,其导叶和转轮叶片均可调。

4.4.1.4

轴流式水轮机　axial flow turbine

转轮叶片上的轴面流动近乎为轴向的反击式水轮机。

4.4.1.4.1

轴流转桨式水轮机和轴流定桨式水轮机　Kaplan and propeller turbine

水流径向流过导叶的轴流式水轮机,通常为立轴和肘形尾水管。

① 轴流转桨式水轮机　Kaplan turbine (axial flow adjustable-blade turbine)

导叶和转轮叶片均为可调的双调式水轮机。

② 轴流定桨式水轮机　Nagler turbine (propeller turbine, axial flow fixed-blade turbine)

导叶可调,转轮叶片固定的单调式水轮机。

③ 轴流调桨式水轮机　semi-Kaplan turbine, Thoma turbine, (axial flow regulative-blade turbine)

导叶固定,转轮叶片可调的单调式水轮机。

4.4.1.4.2

贯流式水轮机　tubular turbine (straight flow turbine)

水流轴向或斜向流过导叶的轴流式水轮机,通常为卧轴或斜轴。机组可以为双调式、单调式或不可调式。贯流式水轮机包括:

① 灯泡贯流式机组 bulb tubular unit(图 3 和 3a)；
② 竖井贯流式机组 pit tubular unit(图 4)；
③ 全贯流式机组 rim-generator tubular unit(图 5)；
④ S 形机组(轴伸贯流式机组) S-type tubuler unit(图 6 和图 7)。

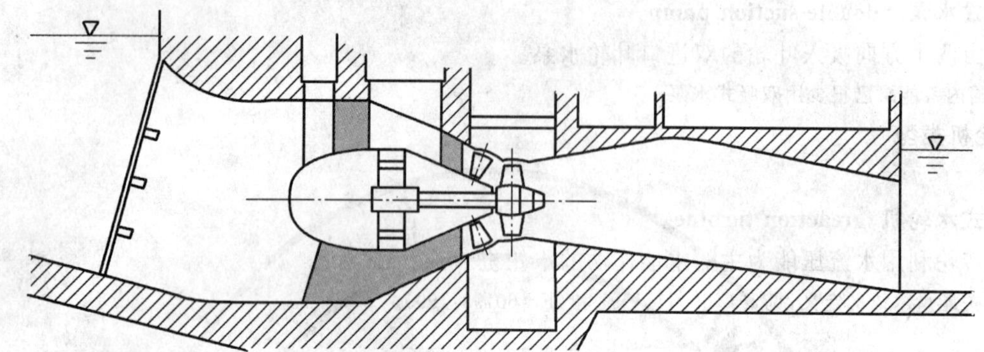

注：(IEC/TR 61364:1999 原注)术语“灯泡贯流式机组”还包括由变速装置和轴驱动置于流道外部的发电机的结构形式，见图 3a。

图 3 灯泡贯流式机组

(发电机安装在位于流道中的灯泡体内。机组可以是直接驱动也可以是通过变速装置驱动。)

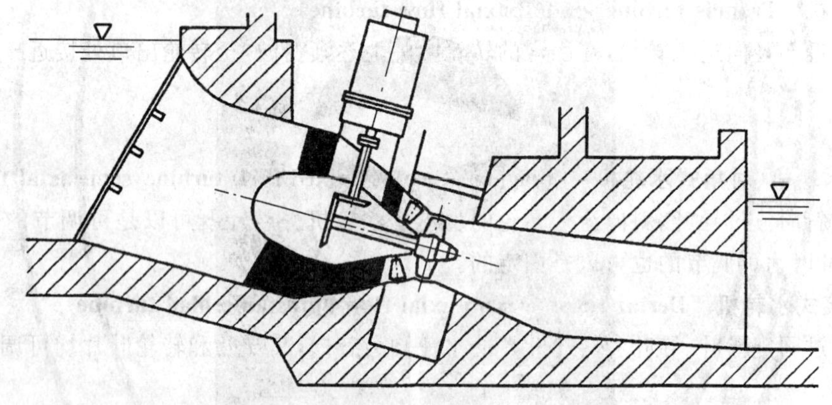

图 3a 带斜齿轮的灯泡贯流式机组

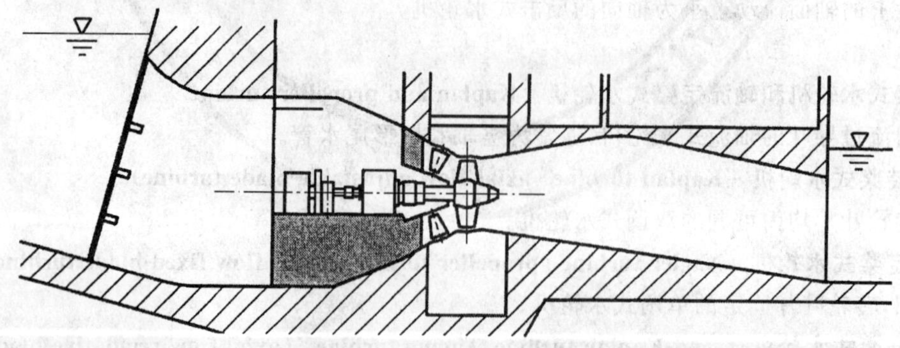

图 4 竖井贯流式机组

(发电机安装在流道内的竖井中。发电机通过一个变速装置与水轮机相联。通过竖井可以直接从上方拆卸发电机和变速装置。)

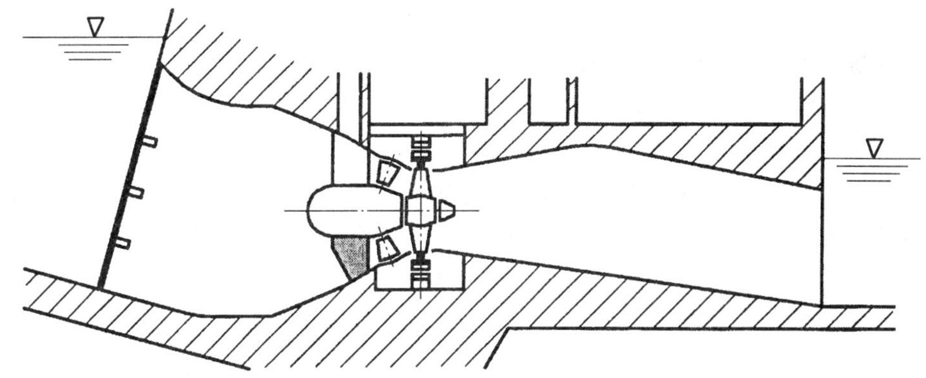

图 5　全贯流式机组

发电机转子直接与转轮联在一起。Straflo®1) 水轮机就属于该类。

S 形机组(轴伸贯流式机组)　S-type tubular unit(Shaft-extension type tubular unit)

S 形机组的特点是水轮机具有 S 形流道。水轮机可以直接或通过变速装置驱动外置发电机。S 形机组具有如下所示的几种结构形式：

· 下游 S 形机组,见图 6；

· 上游 S 形机组,见图 7。

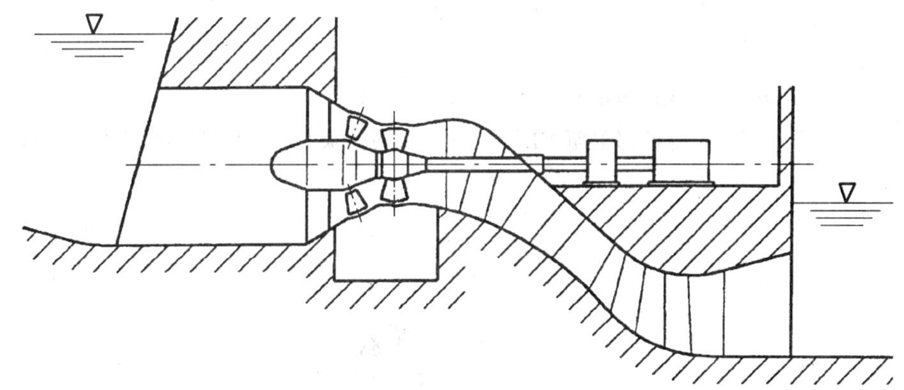

图 6　下游 S 形机组(下游轴伸贯流式机组)

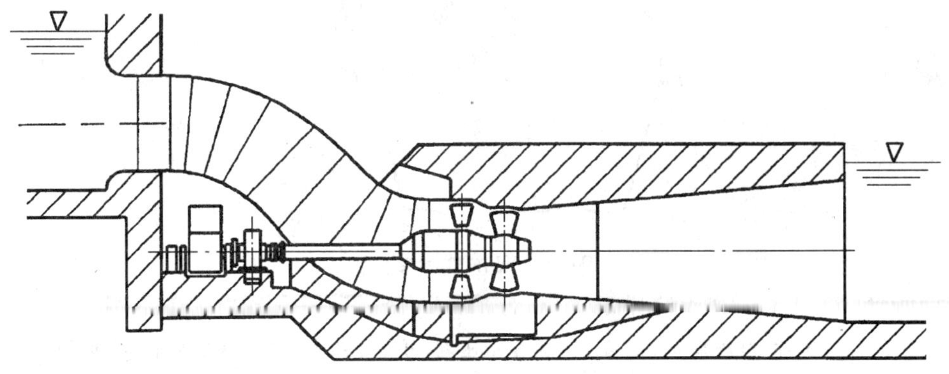

图 7　上游 S 形机组(上游轴伸贯流式机组)

4.4.2

冲击式水轮机　impulse (action) turbine

在喷嘴出口处将可利用的水能全部转化为动能的水轮机,并依靠一个或多个喷嘴调节流量。

---

1) (IEC/TR 61364:1999 原注)Straflo® 水轮机仅为投入商业运行的该类产品之一。提及该型水轮机仅为方便读者并不意味着 IEC 对该产品的认可。

4.4.2.1

水斗式水轮机　Pelton turbine（scoop turbine）

转轮由若干呈双碗形结构的水斗构成，喷嘴轴线位于水斗截面对称处的冲击式水轮机。

4.4.2.2

斜击式水轮机　Turgo turbine(inclined-jet turbine)

转轮由若干呈单勺形结构的水斗构成，喷嘴轴线倾斜于水斗平面的冲击式水轮机(图8)。

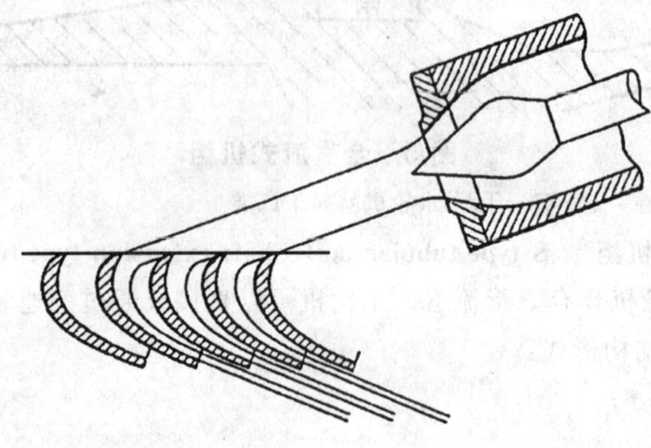

图8　斜击式水轮机

4.4.2.3

双击式水轮机　Michell-Banki turbine(cross-flow turbine)

转轮叶片呈圆柱形布置，水流通过转轮两次且垂直于转轮旋转轴线，并具有少许反击式水轮机特点的冲击式水轮机(图9)。

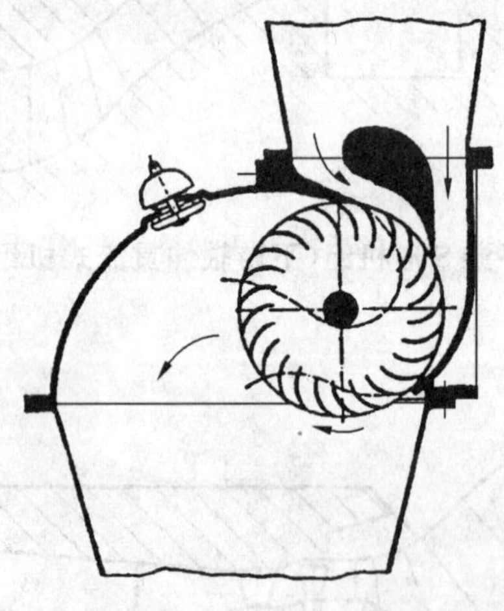

图9　双击式水轮机

4.5　蓄能泵类型

注：(IEC/TR 61364原注)升压泵为安装在主蓄能泵低压侧，可提高部分单位水能的水泵，其形式没有特别规定。

4.5.1

径流泵(离心泵)　radial pump (centrifugal pump)

水流轴向流入叶轮径向流出的水泵，其叶片固定在上冠和下环上。水流离开叶轮后进入扩散管和/或蜗壳。

4.5.2

斜流泵(混流泵)　diagonal pump (mixedflow pump, semi-axialflow pump)

水流轴向或斜向流入叶轮且斜向流出的水泵，其叶片固定或可调节。水流进入扩散管和/或蜗壳或以轴线方向流出。

4.5.3

轴流泵　axial pump

水流轴向流入叶轮并轴向流出的水泵，其叶轮叶片固定或可调节。

4.6　水泵水轮机类型

按照 4.1.3 的规定，水泵水轮机的分类与水轮机(见 4.4)和蓄能泵(见 4.5)类似。

4.7　阀和闸门类型

注：(IEC/TR 61364:1999 原注)相关术语未列入本标准中。

4.7.1

主阀　main shut-off valve

主阀可用于：

将水力机械与压力钢管隔开和在紧急情况下切断压力钢管内水流；对不可调水力机械进行流量调节。

4.7.1.1

蝴蝶阀　butterfly valve

活门为单平板或双平板结构，可绕活门轴线或活门的偏心轴线旋转启闭的阀。见图 10a)和图 10b)。

4.7.1.2

球阀　spherical valve

活门为空心的球形，绕活门轴线旋转的阀。全开时，活门与压力钢管形成一个直通流道。见图 10c)。

4.7.1.3

闸阀　gate valve

活门为截止闸门，通常沿垂直水流方向移动的阀，见图 10d)。

4.7.1.4

圆筒阀(筒形阀)　cylindrical valve (ring gate)

活门呈圆筒形，位于水轮机固定导叶和活动导叶之间，可沿水轮机轴线方向上下移动的主阀，见图 10e)。

4.7.1.5

针形阀　needle valve

阀芯沿轴线方向运动，流量通常流入管道，见图 10f)。

4.7.1.6

泄荷阀　pressure relief valve

泄荷阀的主要作用为在过渡过程中通过溢流来减小压力上升和消耗水能。

4.7.1.6.1

空心锥形泄荷阀　hollow-cone valve (Howell-Bunger valve, fixed-cone valve)

活门为圆柱形套筒，套筒出口呈锥形；套筒沿轴线方向向固定的圆锥移动，形成空心射流的阀，见图 10g)。

4.7.1.6.2

空心射流泄荷阀　hollow-jet valve

该阀沿轴向方向运动的活门与下游出口处的环形部件构成了一只圆柱，空心射流由此流入无压区域，见图 10h)。

4.7.1.6.3

针形泄荷阀 needle valve

见 4.7.1.5 的定义和图 10f)。

4.7.2

闸门 gate

用于水力机械在紧急事故停机和检修时切断水流。

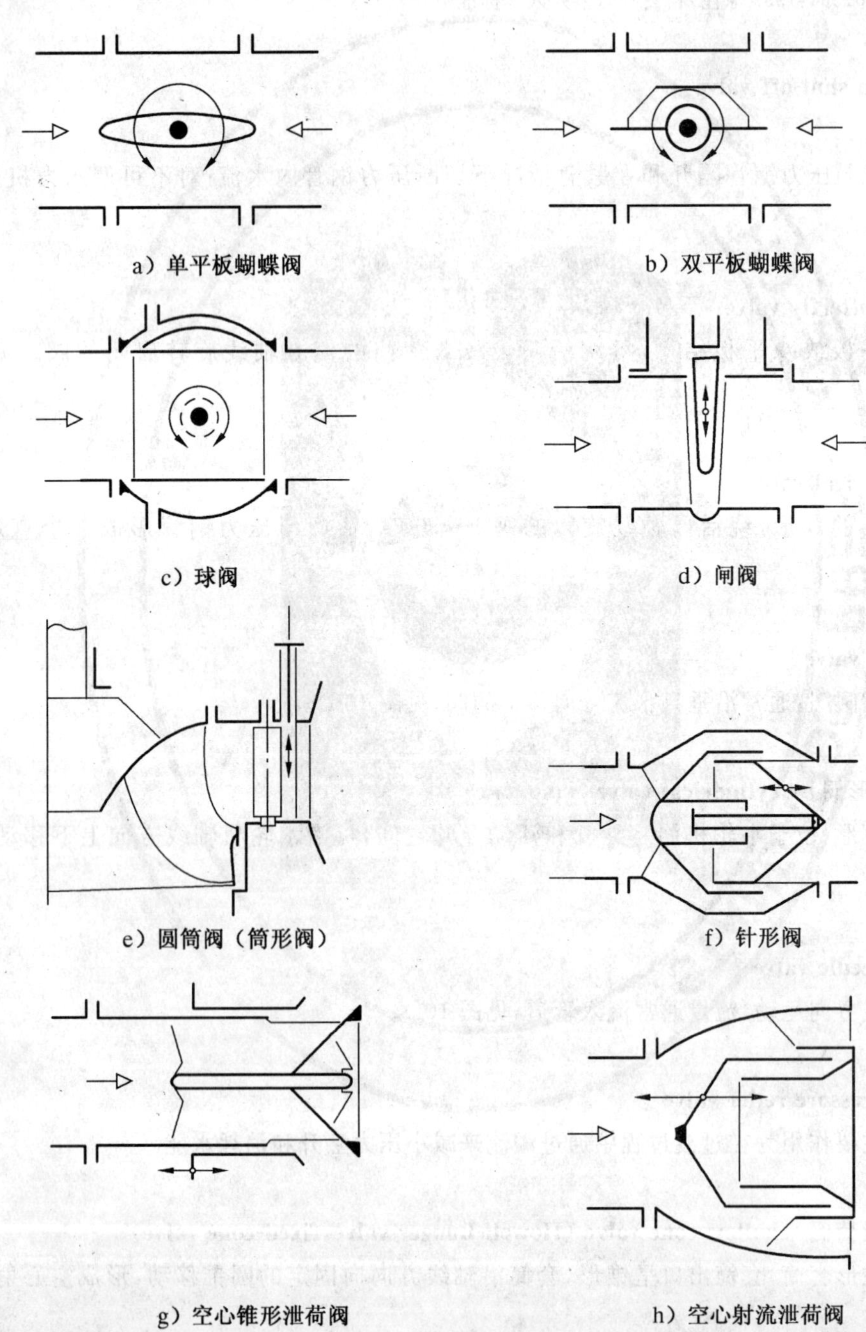

a) 单平板蝴蝶阀

b) 双平板蝴蝶阀

c) 球阀

d) 闸阀

e) 圆筒阀（筒形阀）

f) 针形阀

g) 空心锥形泄荷阀

h) 空心射流泄荷阀

图 10 主阀和阀

4.7.2.1

矩形闸门(平板闸门)　bulkhead gate

带有滑动或旋转部件的矩形平板闸门(见图 11a)),其运行部件在引水流道两侧的导槽中移动,并设有止水,如:进水口闸门(intak bulkhead gate)和尾水管闸门(draft-tube bulkhead gate)。

4.7.2.2

弧形闸门　radial gate

闸门面板为圆弧形的一种转动式或回转式闸门。

4.7.2.3

拍板闸门(拍门)　flap gate

绕顶部或底部旋转的矩形闸门,通常位于尾水管中,见图 11b)。

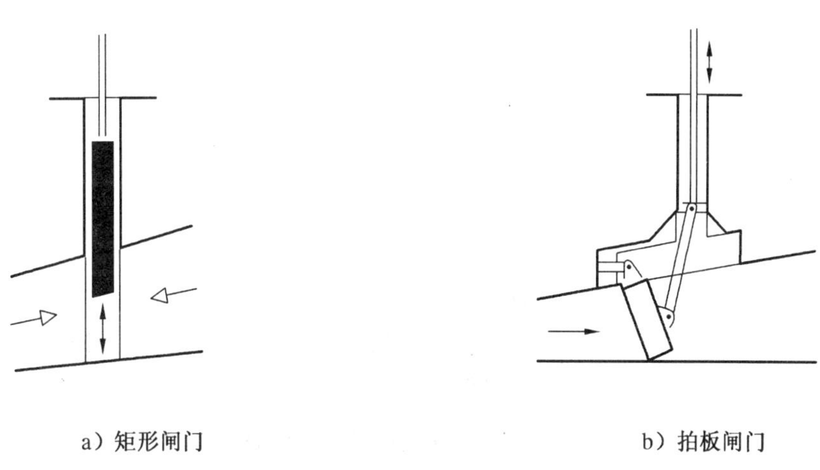

a) 矩形闸门　　　　b) 拍板闸门

图 11　闸门

4.8　控制系统、调节器或调速器

测量和监控某些主要变量,例如转速、功率或水位等,将观测值与预期值差别转换为信号,放大该信号,并产生一个动作以削减这种差别的装置。

5　水力机械部件术语

5.1　术语的范围

本术语是定义水轮机、蓄能泵、水泵水轮机、导轴承和推力轴承主要部件的优先术语汇编。

为使 5.2 和 6.2 及其相应的附图具有一致性,对主要部件的优先术语进行了编号,术语按英文字母顺序排列。

5.2　术语及定义

圆括号(　)内列出的名称为许用术语,方括号[　]内列出的名称为水泵部件的专用术语(参见 3.2.3～3.2.4)。对于无编号部件的术语(其定义参见其他术语),为便于在索引中查找,从 501 开始加圆括号编号。

编号	术语		定义
(501)	**进人通道**	**access pit**	见机坑 pit(088)。
001	**竖井通道**	**access shaft**	为灯泡式和全贯流式机组部件安装、运行和维护而设置的通道。
002	**补气系统**	**air admission system**	向水力机械特定区域注入空气的系统,目的是减少空化和压力脉动影响。

编号	术　语	定　义
003	**压水系统 air depression system**	向水力机械特定区域充入空气的系统，目的是使水位降低到转轮[叶轮]以下。
004	**通风道 air vent**	水力机械与外面联通的通道，向水力机械中补入大气，或从水力机械中抽取空气的通道。
(502)	**下环 band**	见转轮[叶轮]下环 runner[impeller] band(099)。
(503)	**下环腔 band chamber**	见转轮[叶轮]下环腔 runner[impeller] band chamber (100)。
(504)	**下止漏环 band seal**	见转轮[叶轮]下止漏环 runner[impeller] band seal (101)。
005	**轴承高压油顶起系统 bearing oil injection system**	当机组起动、停机和维修时，向轴承中注入高压油的系统。
(505)	**(分叉管)(bifurcation)**	见分流管　manifold(071)
006	**叶片 blade**	转轮[叶轮]叶片。反击式水轮机转轮或水泵叶轮进行能量转换，且具有型线的部件。叶片可以是固定的也可以是可调节的。
(506)	**叶片转臂 blade lever**	见转轮[叶轮]叶片转臂 runner[impeller] blade lever (102)。
(507)	**叶片连杆 blade link**	见转轮[叶轮]叶片连杆 runner[impeller] blade link(103)
(508)	**叶片枢轴 blade trunnion**	见转轮[叶轮]叶片枢轴 runner[impeller] blade trunnion (106)
(509)	**(底环)(bottom cover)**	见底环 bottom ring(007)
007	**底环 bottom ring**	支撑导叶下轴颈的固定环，并形成引向混流式水轮机转轮下环或轴流式水轮机转轮室的流道表面，也可连接至座环[泵的扩散管]下环板。
008	**制动喷嘴 brake nozzle**	产生提供逆向旋转力的射流，以使水斗式水轮机减速的喷嘴。
009	**叉管 branch pipe**	向卧式双喷嘴水斗式机组的两只喷嘴均匀供水的管件组合体。
010	**水斗 bucket**	冲击式水轮机中实现水能转换成机械能的具有型线的部件。
011	**灯泡体 bulb**	灯泡式机组中的流线形隔水壳体，其内部安装有发电机，有时还安装有变速装置。
012	**灯泡体支柱 bulb support**	流道中支承灯泡体并具有型线的部件。

编号	术　语	定　义
013	**协联机构 cam**	双调节水力机械利用机械或电气方式来保证转轮[叶轮]叶片与导叶开度处于最优组合的机构。协联机构也应用在水斗式的喷针和折向器上。

注:(IEC/TR 61364:1999 原注)协联机构 combinator 也可以使用,但不推荐。

编号	术　语	定　义
(510)	**泄水锥 cone**	见转轮泄水锥 runner cone (108),叶轮引水锥 impeller cone (062)。
014	**推拉杆 connecting rod**	连接接力器活塞与控制环的部件。
015	**[多级泵中段][conveyor case]**	多级水力机械的结构部件,一般带有将水流从上一级引导至下一级的多级泵导叶。
016	**[多级泵导叶][conveyor vane]**	多级泵中段中用以引导水流的具有型线的固定部件。
017	**反向推力轴承 counter thrust bearing**	贯流式水轮机上用以承受指向上游方向轴向力的推力轴承。
(511)	**重锤 counter weight**	用以确保导叶或主阀关闭的装置(图中未表示)。
018	**联轴螺栓 coupling bolts**	将主轴的联接法兰与转轮[叶轮]和发电机[电动机]、齿轮或中间轴法兰连接起来的紧固件。
019	**联接法兰 coupling flange**	主轴或中间轴用于传递扭矩的组成部分。
020	**操作架 crosshead**	将接力器活塞的运动和力同步传递给所有转轮[叶轮]叶片的传动部件。
(512)	**上冠　crown**	见转轮[叶轮]上冠 runner[impeller] crown (109)。
(513)	**上冠腔 crown chamber**	见转轮[叶轮]上冠腔 runner[impeller] crown chamber (110)。
(514)	**上止漏环 crown seal**	见转轮[叶轮]上止漏环 runner[impeller] crown seal (112)。
(515)	**(多级泵中段)(crossover passage case)**	见多级泵中段 conveyor case(015)。
021	**分流器 cut-in deflector**	由调速器控制的,通过遮蔽射流的方式偏转全部或部分水流,使之不射到水斗上的冲击式水轮机的装置。
022	**折向器(偏流器) deflector**	由调速器控制的,偏转射流使之不射到水斗上的冲击式(水斗式)水轮机的装置。
023	**扩散管 diffuser**	将动能转化为压力能的水力机械结构部件;见[水泵扩散管][pump diffuser] (093)和尾水管 draft tube(028)。
024	**[扩散环][diffuser ring]**	通过数个导叶将两个环板连在一起的可更换水泵部件。
025	**[水泵导叶][diffuser vane]**	水泵扩散管内具有型线的固定部件。

编号	术 语	定 义
026	**转轮室 discharge ring**	轴流式或斜流式水轮机中构成水力通道并与转轮[叶轮]叶片形成适当间隙的结构部件。此部件可以分成两部分：上部为"转轮室上环 runner chamber ring"，下部为"喉管 throat ring"。
027	**导水机构 distributor**	反击式水力机械中引导水流从高压侧流入转轮或从叶轮流向高压侧的、并改变环量的结构部件。导水机构包括顶盖、底环、导叶及导叶调节装置。

注：(IEC/TR 61364:1999 原注)对于有些语种来说，术语"导水机构"仅指固定导叶或导叶。

编号	术 语	定 义
028	**尾水管 draft tube**	将离开转轮水流的动能转化为压力能的成形管道。
029	**尾水管锥管 draft tube cone**	与转轮室或基础环相连的尾水管锥管段。
030	**尾水管肘管（弯管） draft tube elbow (bend)**	尾水管锥管和扩散段之间的肘形弯管段。
031	**尾水管里衬 draft tube liner**	用以保护混凝土免受磨损和空蚀的成形钢板里衬。
032	**尾水管扩散段 draft tube outlet part**	尾水管下游部分的扩散形流道。
(516)	**肘形尾水管 elbow draft tube**	带肘管的尾水管；见尾水管肘管（弯管）draft tube elbow (bend)(030)和[吸入管肘管][suction tube elbow](126)。
033	**抗磨板(颊板)facing plates(cheek plates, wear plates)**	保护顶盖和底环免受磨损的可更换的护环或护板。
034	**基础环 foundation ring**	环绕于转轮下环且支撑可拆卸底环的基础结构部件。也可以是座环的一部分。
(517)	**(导叶操作机构)(gate operating mechanism)**	见导叶调节装置 guide vane regulating apparatus(051)。
(518)	**(控制环)(gate operating ring)**	见控制环 regulating ring(094)。
035	**齿轮增速箱 gear box(speed increaser)**	连接转轮与发电机以提高主轴转速的齿轮装置。
036	**发电机[电动机]进人孔 generator [motor] access hatch**	进人孔由埋入地下的机壳和一个可移动的盖子构成，可移动的盖子安装在灯泡式水轮机进口流道[水泵出口流道]的上部，以便拆卸发电机[电动机]；参见吊物孔盖板 hatch cover(056)。
037	**导轴承 guide bearing**	使主轴定位且承受径向力的装置。
038	**轴领 guide bearing collar**	用于分块瓦式导轴承中主轴的领形部分。
039	**轴承体 guide bearing housing**	支撑筒式或分块瓦式导轴承的轴承外壳。
040	**轴颈 guide bearing journal**	在导轴承内旋转部分的同轴表面。

编号	术　语	定　义
041	**导轴承分块瓦(轴瓦)guide bearing pad(shoe,segment)**	分块瓦式导轴承的独立可调部件。
042	**筒式导轴承轴瓦 guide bearing shell**	包含有构成导轴承表面材料的可拆卸圆筒形部件。
043	**导叶 guide vane(wicket gate)**	具有型线的角度可调部件,调节进入水轮机转轮或流出水泵叶轮的水流。也可参见固定导叶 stay vane(122)。
044	**导水机构 guide vane apparatus**	安装导叶的整套结构部件;见导水机构 distributor(027)。
(519)	**导叶/叶片协联机构(guide vane/blade cam)**	见协联机构 cam(013)。
045	**导叶端面密封 guide vane end seal**	置于顶盖与底环上的环形槽中,当导叶关闭时,用于导叶端面止水的密封。
046	**导叶限位块 guide vane end stop**	当某导叶与控制环分离时,限制导叶最大开度的部件。
047	**导叶臂 guide vane lever**	通过导叶连杆或独立的导叶活塞接力器向导叶轴上传递力的部件。
048	**导叶连杆 guide vane link**	控制环与导叶臂间的连接件。
049	**导叶锁锭 guide vane lock**	防止导叶意外事故动作的机械机构;参见导叶限位块 guide vane end stop (046)。
050	**导叶过载保护 guide vane overload protection**	导叶运动受阻时的保护装置(如剪断销、破断螺栓和摩擦装置等)。
051	**导叶调节装置 guide vane regulating apparatus**	使操作导叶运动的机构,主要包括导叶接力器,控制环和导叶连杆等。
052	**导叶接力器 guide vane servomotor**	单独或通过控制环和连杆驱动导叶的接力器。
053	**导叶轴 guide vane stem**	与导叶轴套同心的圆柱形延伸段,将导叶臂上的力矩传递到导叶上。
054	**导叶轴密封 guide vane stem seal**	防止沿导叶轴漏水的密封装置。
055	**导叶止推轴承 guide vane thrust bearing**	承受导叶、导叶臂的重量和所有导叶上的水推力的轴承。
056	**吊物孔盖板 hatch cover**	贯流式水轮机机坑盖板;参见发电机[电动机]进人孔 generator [motor] access hatch (036)。
057	**顶盖 headcover**	将流道与水力机械外部隔离开并承受主轴密封和水力机械导轴承重量的轴对称结构部件。对于混流式、轴流转桨式和轴流定桨式水力机械而言,顶盖也支撑着导叶轴。它也可支撑推力轴承。

编号	术语	定义
058	**机壳 housing**	冲击式(水斗式)转轮在其中运行的腔形壳体,有时可分成几个部分。也可指老式卧轴混流式水轮机的周围壳体。
059	**转轮体 (runner) hub**	支撑轴流式转轮[叶轮]叶片的轴对称部件。
060	**[叶轮][impeller]**	将机械能转换成水能的水泵旋转部件。
(520)	**[轮叶][impeller blade]**	即叶轮叶片,见叶片 blade(006)。
061	**[叶轮下环腔][impeller chamber]**	在扩散管、基础环或座环和吸入管之间的空腔;参见转轮[叶轮]下环腔 runner [impeller] band chamber (100)。
062	**[叶轮引水锥][impeller cone]**	叶轮、叶轮上冠或叶轮体的延伸部分,引导水流进入叶轮。
(521)	**[叶轮上冠](叶轮后盖板)[impeller crown]**	见转轮上冠 runner crown (109)
(522)	**[叶轮上冠腔][impeller crown chamber]**	见转轮上冠腔 runner crown chamber (110)
(523)	**[叶轮上止漏环][impeller crown seal]**	见转轮上止漏环 runner crown seal (112)
(524)	**[叶轮下环](叶轮前盖板)[impeller skirt]**	见转轮下环 runner band (099)
(525)	**[叶轮叶片][impeller vane]**	见叶片 blade (006)
(526)	**喷嘴 injector**	见喷嘴 nozzle (078)
(527)	**喷嘴装配 injector housing**	见喷嘴装配 nozzle assembly (079)
063	**导水内环 inner guide ring**	贯流式机组为导叶轴提供支撑的流道内壁的锥形部分。
(528)	**贯流式座环内锥段 inner stay cone**	见贯流式座环 stay cone (120)
064	**进口环 intake ring**	S形(轴伸贯流式)机组的流道结构部件,包括贯流式座环(管形座) stay cone (120)、固定导叶(stay vane)(122)、导水内环 inner guide ring(063)和导轴承 guide bearing (037)或灯泡体支柱 bulb support(012)。
065	**配水管路 intake pipe**	在水斗式水轮机压力钢管或进水阀与分流管、叉管或喷嘴间的管路。
066	**中间轴 intermediate shaft**	主轴的可拆卸部分。
067	**轴流转桨式转轮 Kaplan runner**	由转轮体 hub(059)、叶片 blade(006)、转轮泄水锥 runner cone(108)和转轮叶片操作机构组成的装配。还可能包括转轮叶片接力器 runner blade servomotor(105)。
068	**迷宫密封 labyrinth seal**	由超过两条经机械加工过的径向或同心复合密封槽构成的密封;见转轮下止漏环 runner band seal(101)、转轮上止漏环 runner crown seal(112)和止漏环 seal ring(114)。

编号	术语	定义
069	下机坑 lower pit	立式机组在底环下部并围绕其基础环或转轮室和/或尾水管锥管的开敞式空间，该空间提供水力机械部件进出的通道。
070	主轴 main shaft(shaft)	将转轮上的力矩传递给发电机转子或将电动机转子上的力矩传递给叶轮的转动部件。带有变速装置的机组，其主轴将从转轮[叶轮]处延伸至变速装置。
(529)	检修密封 maintenance seal	见检修密封 standstill seal(119)。
071	分流管 manifold	在多喷嘴冲击式水轮机中，可以将水流均匀分配至各喷嘴的带有支管的弧形管。
(530)	导叶机械同步操作机构 mechanical synchronizing device of guide vanes	见导叶调节装置 guide vane regulating apparatus (051)。
072	喷针 needle	控制喷嘴流量并具有型线的运动部件。
073	喷针折向器定位装置 needle-deflector positioner	保持喷针和折向器合理关系的机械或电子装置。
074	喷针杆 needle rod	连接喷针和喷针接力器的圆柱形部件。
075	喷针接力器 needle servomotor	操作喷针的接力器。根据其位于喷管 nozzle pipe(080)内部或外部的具体情况来决定其安装形式为外置式还是内置式。
076	喷针头 needle tip	水斗式水轮机喷针最前端的锥形部分。
077	鼻端固定导叶 nose vane	蜗壳和半蜗壳中位于较小与较大断面连接处的固定导叶。
078	喷嘴 nozzle (injector)	喷嘴装配的收缩部分，产生水斗式水轮机的射流。
079	喷嘴装配 nozzle assembly (injector housing)	该装配包括喷管 nozzle pipe(080)、喷嘴 nozzle(078)、喷针 needle(072)、喷针杆 needle rod(074)和内置式喷针接力器 needle servomotor(075)。
080	喷管 nozzle pipe	介于进口管(或分流管)与安装内置式接力器的喷嘴(或喷针杆)之间的部件。
081	喷嘴保护罩 nozzle shield	在多喷嘴水斗式水轮机中，保护射流免受其他射流影响的部件。
082	喷嘴口环 nozzle tip ring	水斗式水轮机喷嘴出口可更换的环。
083	受油器 oil head	装在转轮[叶轮]叶片可调式水力机械上的部件，可将调节油引入转轴系统并排出低压油。
084	油压装置 oil pressure supply unit	提供用以驱动接力器或其他辅助设备的压力油装置；参见水轮机调速器 hydroturbine governor(139)。

编号	术语	定义
085	**导水外环 outer guide ring**	贯流式机组中支撑导叶轴颈和导叶控制环的锥形部分，是流道外壁的一部分。
(531)	**贯流式座环外锥段 outer stay cone**	见贯流式座环(管形座)stay cone(120)。
086	**支墩 pier**	用以支撑诸如水轮机进口流道和尾水管出口流道的分水结构。
087	**支墩鼻端钢衬 pier nose liner**	保护支墩免受磨损的成形钢板衬。
088	**机坑 pit**	
(532)	**①竖井贯流式机组机坑 pit for pit tubular units**	可以从上部拆卸发电机[电动机]主要部件和变速装置，并具有型线的壳体。
(533)	**②立式机组机坑 pit for vertical units**	位于顶盖或水轮机机壳上部供水力机械部件通行的无障碍空间。
(534)	**③下机坑 lower pit**	见下机坑 lower pit(069)。
089	**机坑里衬 pit liner**	作为机坑内部轮廓并保护周围混凝土的钢板护面。
090	**检修平台 platform**	位于转轮[叶轮]下面用于检查和维修的可拆装工作平台。对于水斗式水轮机而言，该平台亦称平水栅，通常是永久性的，用于检修和更换转轮。
091	**小电动机(同轴小电机) pony motor**	用于水泵水轮机(即可逆式机组)水泵工况的起动方式的一种辅助电动机。
092	**压力平衡管 pressure balancing pipe**	由转轮[叶轮]上冠腔连接至转轮[叶轮]下环腔或尾水管[吸入管](或多级水力机械中间级)的管路。
093	**[水泵扩散管][pump diffuser]**	蓄能泵或水泵水轮机中由两只圆环与流道中的一定数量固定的水泵导叶组成的结构部件。其作用为提供支撑、保证结构的连续性和引导水流离开叶轮进入蜗壳，从而使动能转换成压力能。
(535)	**(回转环)(reconducting ring)**	见回转环 return ring(095)。
094	**控制环 regulating ring**	将接力器产生的力通过导叶连杆和导叶臂等传递给导叶的环状部件。
095	**[回转环][return ring]**	在水泵工况将水流由流道壳体引导至叶轮，在水轮机工况将水流由转轮引导至流道壳体的多级水力机械部件。
096	**[反导叶][return ring vane]**	回转环上引导水流并具有型线的固定部件。
097	**转子环 rim**	全贯流式机组中的转环，它与转轮叶片相连，发电机磁极安装在其上。
(536)	**(转臂)(rocker arm)**	见转轮叶片转臂 runner blade lever(102)。

编号	术　语	定　义
098	**转轮 runner**	水轮机中将水能转化为机械能的旋转部件。在水泵水轮机的水泵工况,转轮也将机械能转化为水能。见叶轮 impeller(060)。
099	**转轮[叶轮]下环 runner [impeller] band**	混流式或斜流式水轮机[水泵] 转轮[叶轮]中与叶片外端部相联的轴对称部分。
100	**转轮[叶轮]下环腔 runner [impeller]band chamber**	转轮[叶轮]下环和基础环或底环之间的空腔。
101	**转轮[叶轮]下止漏环 runner [impeller] band seal**	转轮[叶轮]下环与基础环或底环间固定与旋转的相邻机械加工表面所形成的很小间隙。该间隙可使由转轮[叶轮]高压区泄漏到转轮[叶轮]低压区的水量减少。见止漏环 seal ring(114)和迷宫密封 labyrinth seal(068)。
(537)	**转轮叶片 runner blade**	见叶片 blade(006)。
102	**转轮[叶轮]叶片转臂 runner [impeller] blade lever**	固定在转轮[叶轮]叶片枢轴上与水轮机[水泵]叶片连杆相联用以转动叶片的部件。
103	**转轮[叶轮]叶片连杆 runner [impeller] blade link**	与水轮机[水泵]叶片转臂和操作架相联用以转动叶片的部件。
104	**转轮[叶轮]叶片密封 runner [impeller] blade seal**	防止沿叶片枢轴周边渗漏的密封。
105	**转轮[叶轮]叶片接力器 runner [impeller] blade servomotor**	通过连杆和转臂操作水轮机[水泵]叶片转动的接力器。
106	**转轮[叶轮]叶片枢轴 runner [impeller] blade trunnion**	与转轮[叶轮]叶片一体或用螺栓把成一体的部件。枢轴将操作机构的动作传递给转轮[叶轮]叶片并将叶片支撑在转轮体上。
(538)	**水斗 runner bucket**	见水斗 bucket(010)。
107	**转轮腔 runner chamber**	顶盖、导叶、基础环或底环及尾水管之间的空间。
(539)	**转轮室 runner chamber ring**	见转轮室 discharge ring(026)。
108	**转轮泄水锥 runner cone**	转轮上冠或转轮体的延伸部分,用以引导水流离开转轮。
109	**转轮[叶轮]上冠 runner [impeller] crown**	混流式或斜流式水轮机[水泵]转轮[叶轮]用以与主轴进行机械联接并固定转轮[叶轮]叶片上端的轴对称部分。
110	**转轮[叶轮]上冠腔 runner [impeller] crown chamber**	在转轮[叶轮]上冠与顶盖或减压板间的空腔。
111	**减压板(消能板) runner [impeller] crown cover(baffle)**	位于转轮上冠腔内,转轮与顶盖之间用以减小水流旋转影响并降低圆盘摩擦损失的固定部件。

编号	术　语	定　义
112	**转轮[叶轮]上止漏环 runner [impeller] crown seal**	转轮[叶轮]上冠与顶盖间固定与旋转的相邻机械加工表面所形成的很小间隙。该间隙可使由高压区泄漏到转轮[叶轮]上冠腔 runner[impeller] crown chamber(110)的水量减少。见止漏环 seal ring(114)和迷宫密封 labyrinth seal (068)。
113	**转轮轮盘 runner disk**	冲击式水轮机转轮上用以连接主轴并将水斗固定其上的部分。
(540)	**(转轮下环)(runner skirt)**	见转轮下环 runner band(099)。
(541)	**(蜗壳)(scroll case)**	见蜗壳 spiral case(118)。
114	**止漏环 seal ring**	固定在转轮[叶轮]和/或相应的固定部分上组成转轮[叶轮]下止漏环 runner [impeller] band seal(101)或转轮[叶轮]上止漏环 runner [impeller] crown seal(112)的可更换环形部件。
115	**半蜗壳 semi-spiral case**	对于反击式水轮机而言,类似于"蜗壳" spiral case(118),通常横截面为矩形,以使流态分布均匀;对于水泵而言,为扩散管至高压管段的部分。半蜗壳一般用在低水头的电站且通常为混凝土结构。
116	**接力器 servomotor**	利用液压使诸如导叶、转轮叶片、喷针和折向器等可操作部件动作的装置。
(542)	**主轴 shaft**	见主轴 main shaft(070)等。
117	**主轴密封 shaft seal**	使主轴处漏水量减少的密封。
(543)	**(座环)(speed ring)**	见座环 stay ring(121)。
118	**蜗壳 spiral case**	蜗形的收缩流道,连接高压管段与座环。对于反击式水轮机而言,环绕着导水机构的具有圆形断面的钢制流道,其作用为使流动均匀;对于水泵而言,蜗壳起始于扩散管。
119	**检修密封(空气围带) standstill seal(maintenance seal)**	机组停机时,当其投入后,可阻止主轴处漏水的可膨胀密封。
120	**贯流式座环(管形座) stay cone**	构成流道内外表面(贯流式座环内、外锥段)的部件,其作用为与灯泡体支柱和/或其他固定导叶一并将负荷传递到厂房基础上。
121	**座环 stay ring**	在流道中由两块环形部件与若干固定导叶共同组成的结构部件,其作用为提供支撑、保证结构连续和将水流引导至导水机构[对水泵而言,水流将由扩散管流至蜗壳]。
122	**固定导叶 stay vane**	引导水流流向导叶的具有型线的座环结构部件。对于灯泡式机组而言,固定导叶与贯流式座环内、外锥段相连,也可参见灯泡体支柱 bulb support(012);对于不可调水力机械而言,固定导叶的作用就相当于固定开度的导叶 guide vane (043)和[水泵导叶][diffuser vane](025)。
123	**直尾水管 straight draft tube**	没有肘管的尾水管。

编号	术　语	定　义
124	[吸入管][suction tube]	水泵中将水流均匀地引入叶轮进口的管道。
125	[吸入管锥管][suction tube cone]	紧靠叶轮的吸入管锥形部分。
126	[吸入管肘管][suction tube elbow]	位于进口部分和吸入管锥管之间的肘形管段。
127	[吸入管进口部分][suction tube inlet part]	位于吸入管肘管前的管道部分。
(544)	尾水补气系统 tailwater air admission system	见压水系统 air depression system(003)。
(545)	喉管 throat ring	见转轮室 discharge ring(026)。
128	推力轴承 thrust bearing	承受轴向力(包含水推力和水轮机[水泵]、发电机[电动机]的转动部分的重量)的装置。 有时推力轴承也和导轴承组合在一起。
129	推力轴承基础板 thrust bearing base plate	将轴向力从推力瓦传递至推力轴承支架的部件。
130	推力轴承油箱 thrust bearing housing	基础板位于其中,并起到油箱作用的壳体。
131	推力轴承支架 thrust bearing support cone	将轴向力从推力轴承传递至顶盖的支撑结构。
132	推力头 thrust collar	将轴向力从主轴传递至推力轴承镜板的部件。
133	推力瓦(轴瓦、扇形轴瓦)thrust pad (shoe, segment)	单个的推力支撑部件。
134	推力瓦支撑 thrust pad support	支撑推力瓦的部件,例如支点或弹簧。
135	镜板(推力轴承转环) thrust bearing roating ring (runner plate)	将轴向力传递至油膜和推力瓦上的转动环。
(546)	(顶盖)(top cover)	见顶盖 head cover(057)。
136	枢轴套筒 trunnion sleeve	可更换的保护套或固定在转轮叶片枢轴上的套筒。
137	水轮机盖板 turbine cover	冲击式(水斗式)水轮机机壳 housing(058)的一部分。
(547)	阀 valve	如主阀和泄荷阀般工作的装置(见4.7.1)。
(548)	导叶 vane	引导水流并具有型线的部件,见导叶 guide vane(043)、水泵导叶 diffuser vane(025)、多级泵导叶 conveyor vane(016)、反导叶 return ring vane(096)和固定导叶 stay vane(122)。
(549)	(抗磨环)(wearing ring)	见止漏环 seal ring(114)。
(550)	(导叶)(wicket gate)	见导叶 guide vane(043)。

编号	术语	定义
138*	**水轮机进水流道 turbine inlet water passage**	在贯流式机组中水流均匀地引入转轮进口的流道。
139*	**水轮机调速器 hydroturbine governor**	由实现水轮机调节及相应控制的机构和指示仪表等组成的一个或几个装置的总称；主要有机械液压调速器(mechanical hydraulic governor)、电气液压调速器(electro- hydraulic governor)、微机调速器(micro-computer based governor)、电子负荷调节器(electronic load controller)和电动机调速器(governor with motor driven gate operator)等。

注*：138、139两术语为原文疏漏，现补上，但未按字母顺序排列。

6 不同类型水力机械的图例说明

由于水力机械设备有多种类型和设计方式，无法以一种通用的或始终如一的顺序对水力机械各部件加以介绍。

下面给出了几种类型的流道和水力机械的图例。

各部件的术语前均冠以编号(见5.1)。少数在第5章中没有列出的部件从901开始编号。图中并未表示出所有列出的部件。

6.1 流道

图12到14列出了几种比较典型的例子。

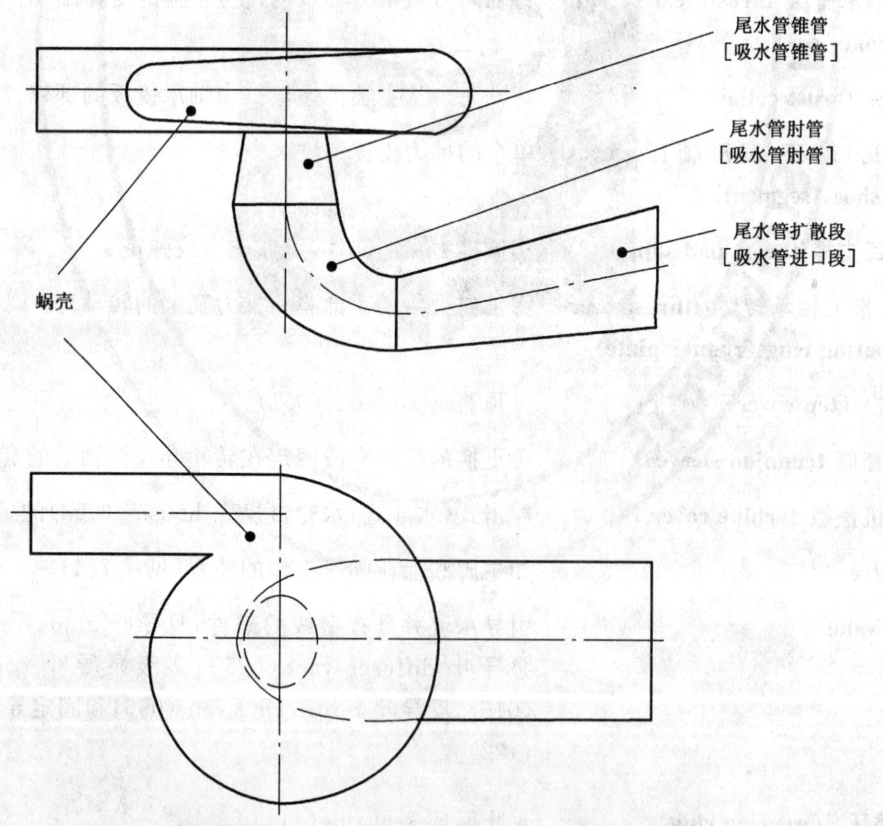

图12 蜗壳和肘形尾水管

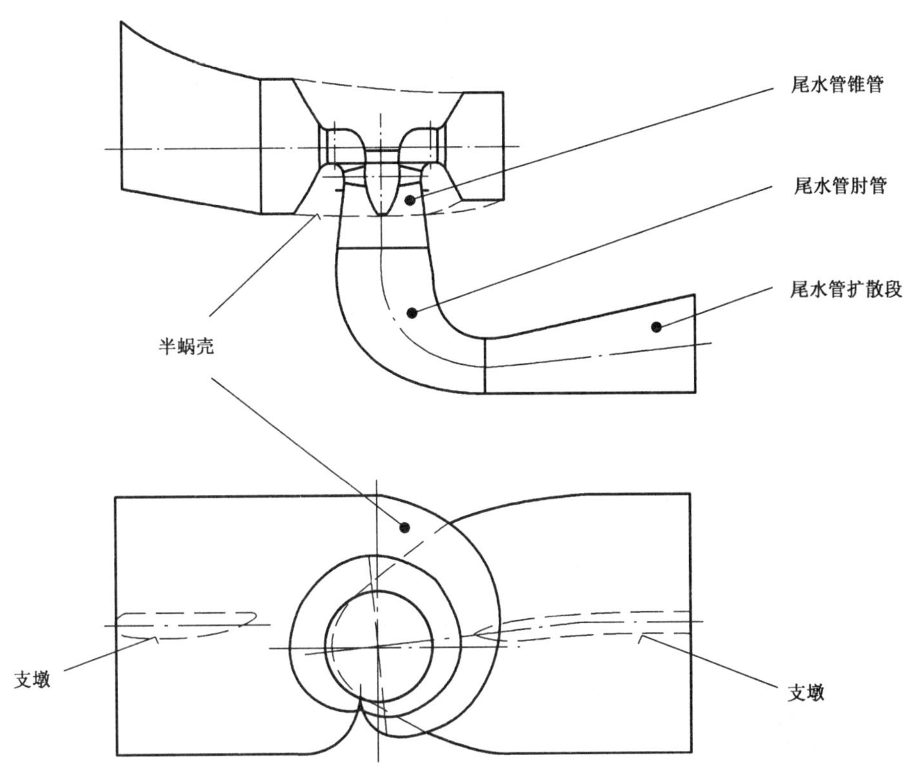

图 13 半蜗壳和肘形尾水管

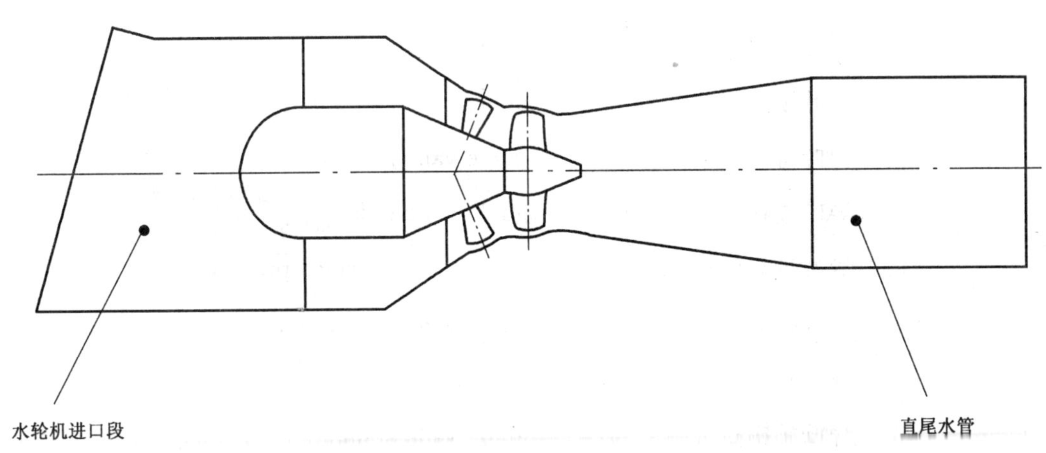

图 14 贯流式机组

(亦可参见图 3～图 7)

6.2 水力机械部件

不同类型的水力机械部件如图 15～图 33 所示。导轴承的实例见图 34a)和 34b),推力轴承的实例见图 35。

对于有些类型的水力机械,在图例和表格中仅标出了其重要部件。有些在 6.2.2 和 6.2.3 中未标出的部件也可以在 6.2.1 中查到。

6.2.1 混流式水力机械

6.2.1.1 导叶可调的单级混流式水轮机和水泵水轮机(图15～图19)

编号	中 文	英 文
002	补气系统	air admission system
006	叶片,转轮叶片	blade, runner blade
007	底环,(低压侧盖板)	bottom ring, (low pressure side cover)
014	推拉杆	connecting rod
018	联轴螺栓	coupling bolt
019	联轴法兰	coupling flange
028[124]	尾水管[吸入管]	draft tube [suction tube]
029[125]	尾水管锥管[吸入管锥管]	draft tube cone [suction tube cone]
030[126]	尾水管肘管[吸入管肘管]	draft tube elbow [suction tube elbow]
031	尾水管里衬	draft tube liner
032[127]	尾水管扩散段[吸入管进口段]	draft tube outlet part [suction tube inlet part]
033	抗磨板	facing plates (wear plates)
034	基础环	foundation ring
037	导轴承	guide bearing
043	导叶	guide vane
045	导叶端面密封	guide vane end seal
046	导叶限位块	guide vane end stop
047	导叶臂	guide vane lever
048	导叶连杆	guide vane link
050	导叶过载保护装置	guide vane overload protection
052	导叶接力器	guide vane servomotor
053	导叶轴	guide vane stem
054	导叶轴密封	guide vane stem seal
055	导叶止推轴承	guide vane thrust bearing
057	顶盖,(高压侧盖板)	headcover, (high pressure side cover)
066	中间轴	intermediate shaft
068	迷宫密封,见101,112和114	labyrinth seal, see 101, 112 and 114

编号	中　文	英　文
069	下机坑	lower pit
070	主轴	main shaft
077	鼻端固定导叶	nose vane
086	支墩	pier
087	支墩鼻端里衬	pier nose liner
088	机坑	pit
089	机坑里衬	pit liner
092	压力平衡管	pressure balancing pipe
094	控制环	regulating ring
098	转轮	runner
099	转轮下环	runner band
100	转轮下环腔	runner band chamber
101	转轮下环止漏环	runner band seal
107	转轮腔	runner chamber
108	转轮泄水锥	runner cone
109	转轮上冠	runner crown
110	转轮上冠腔	runner crown chamber
111	减压板(消能板)	runner crown cover (baffle)
112	转轮上冠止漏环	runner crown seal
114	止漏环,静止/转动	seal ring,stationary/roating
117	主轴密封	shaft seal
118	蜗壳	spiral case
121	座环	stay ring
122	固定导叶	stay vane
128	推力轴承	thrust bearing
131	推力轴承支架	thrust bearing support cone
901	走道盖板	walkway
902	导叶轴套	guide vane bearing

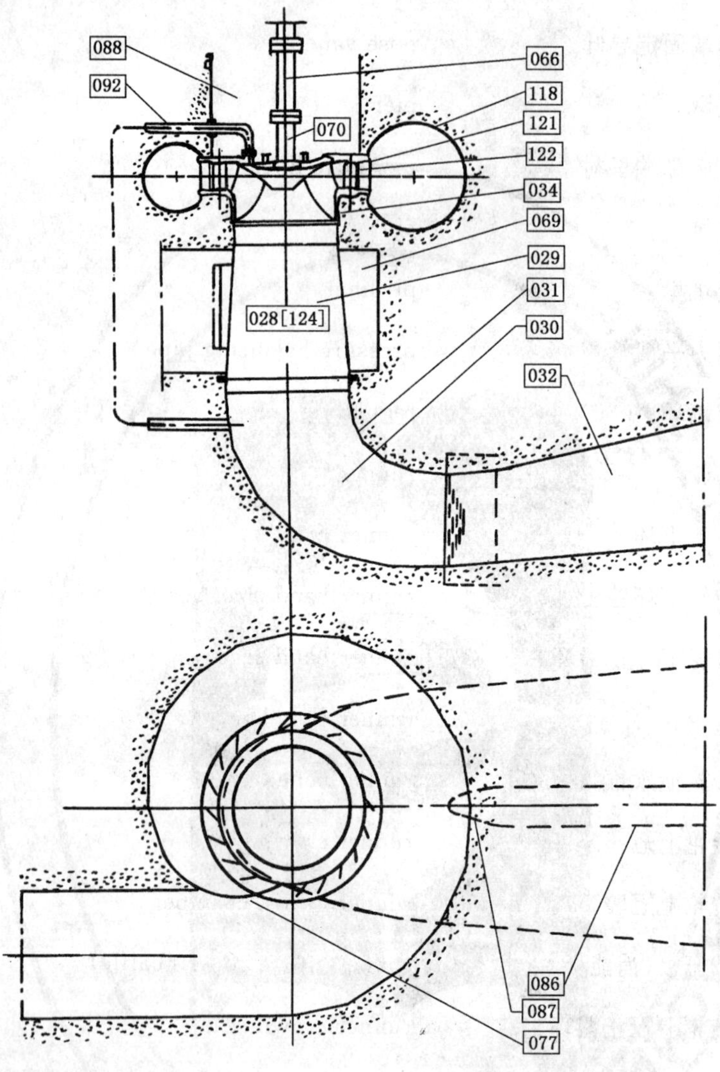

图 15 混流式水力机械 混流式水轮机、混流式水泵水轮机

(单级、导叶可调、含整个流道装配)

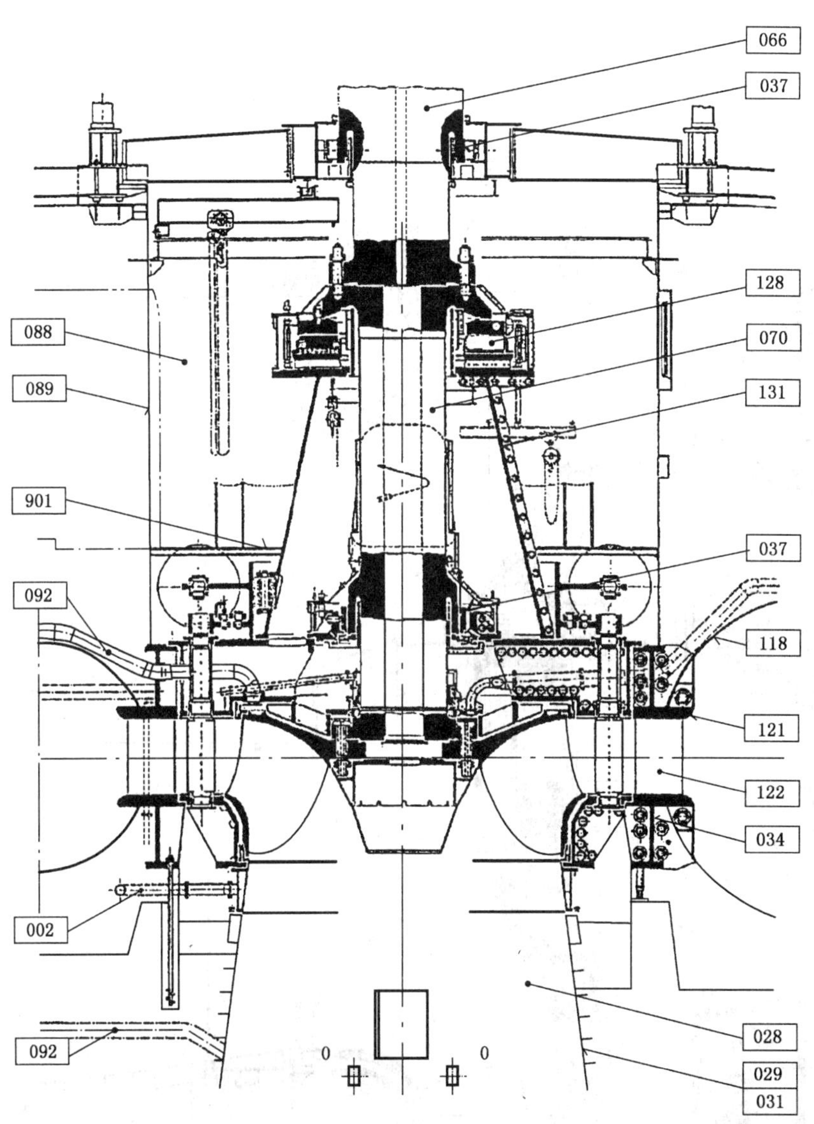

图 16　混流式水力机械　混流式水轮机、混流式水泵水轮机

（单级、导叶可调、水轮机和推力轴承分装配）

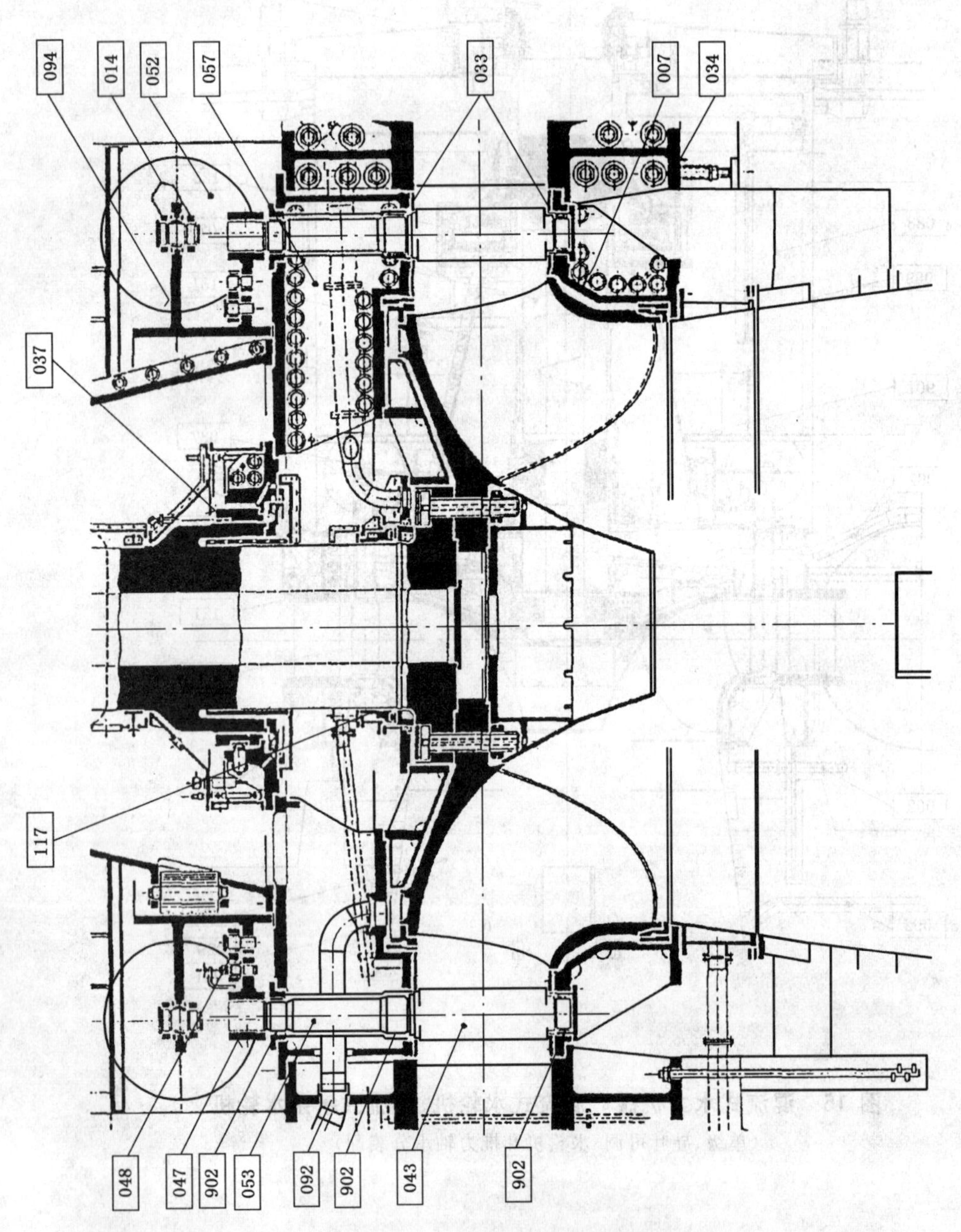

图 17 混流式水力机械 混流式水轮机、混流式水泵水轮机

（单级、导叶可调、水轮机和导水机构分装配）

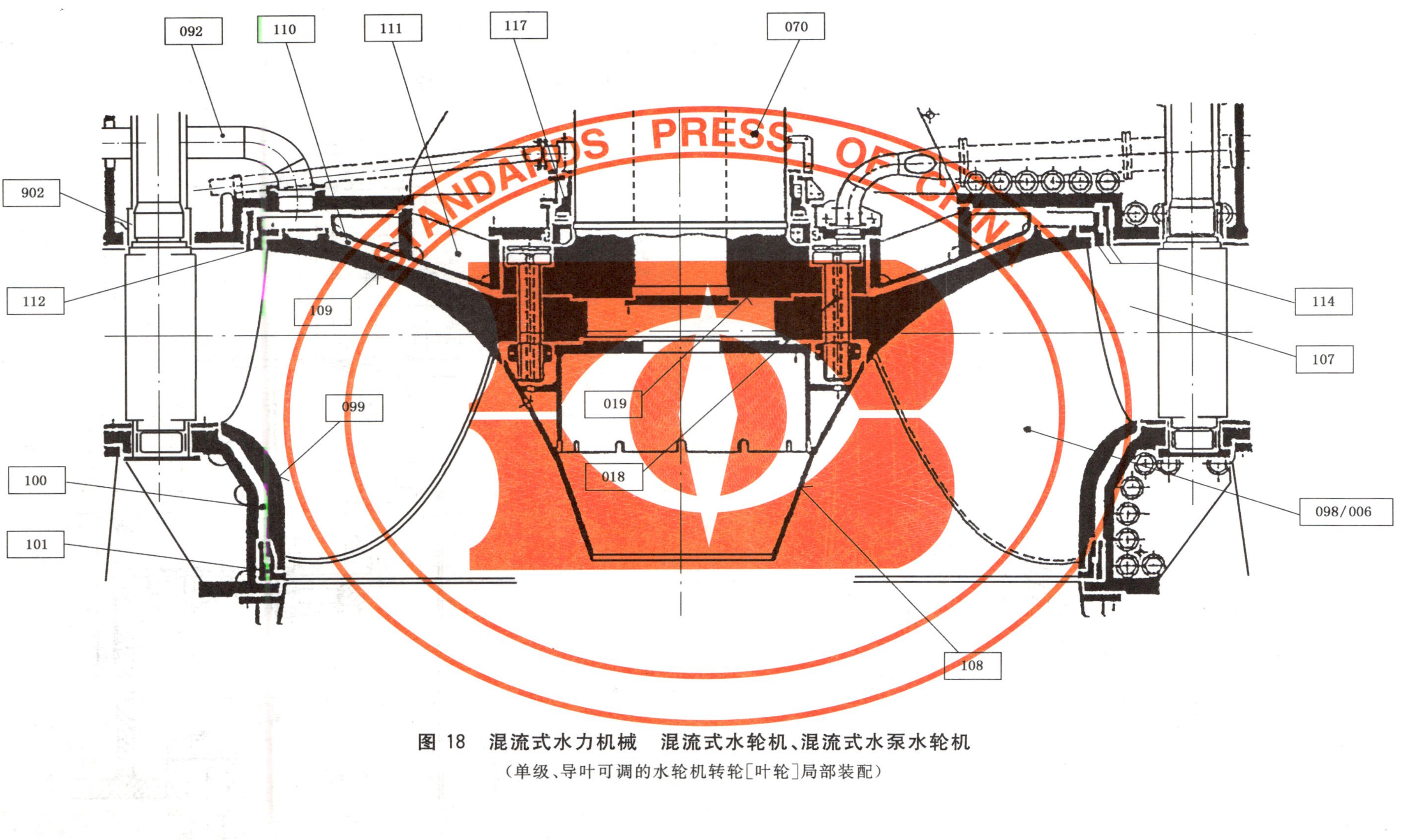

图18 混流式水力机械 混流式水轮机、混流式水泵水轮机

（单级、导叶可调的水轮机转轮[叶轮]局部装配）

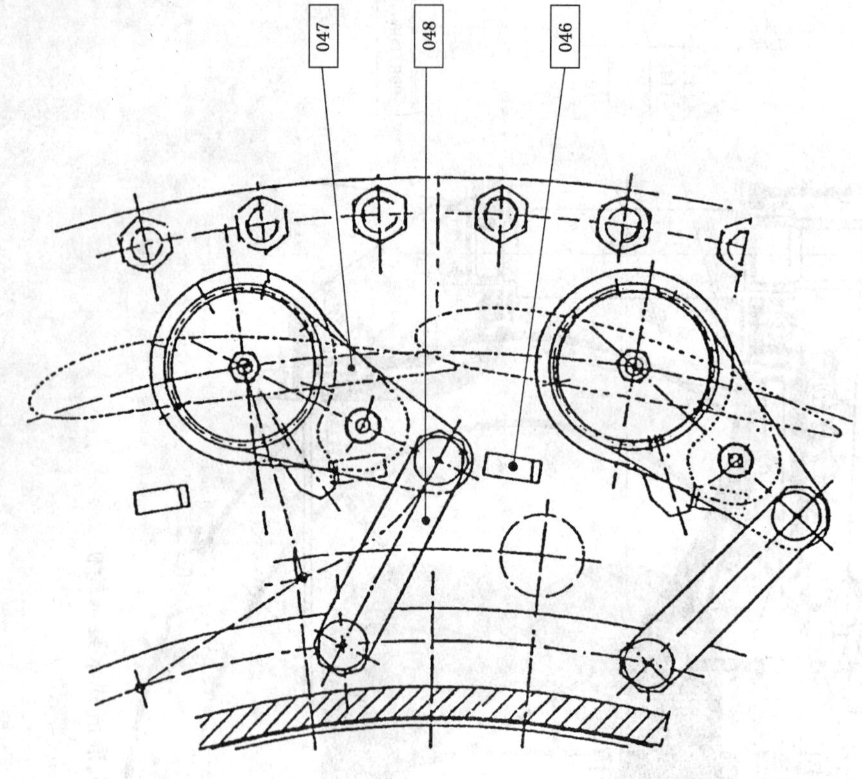

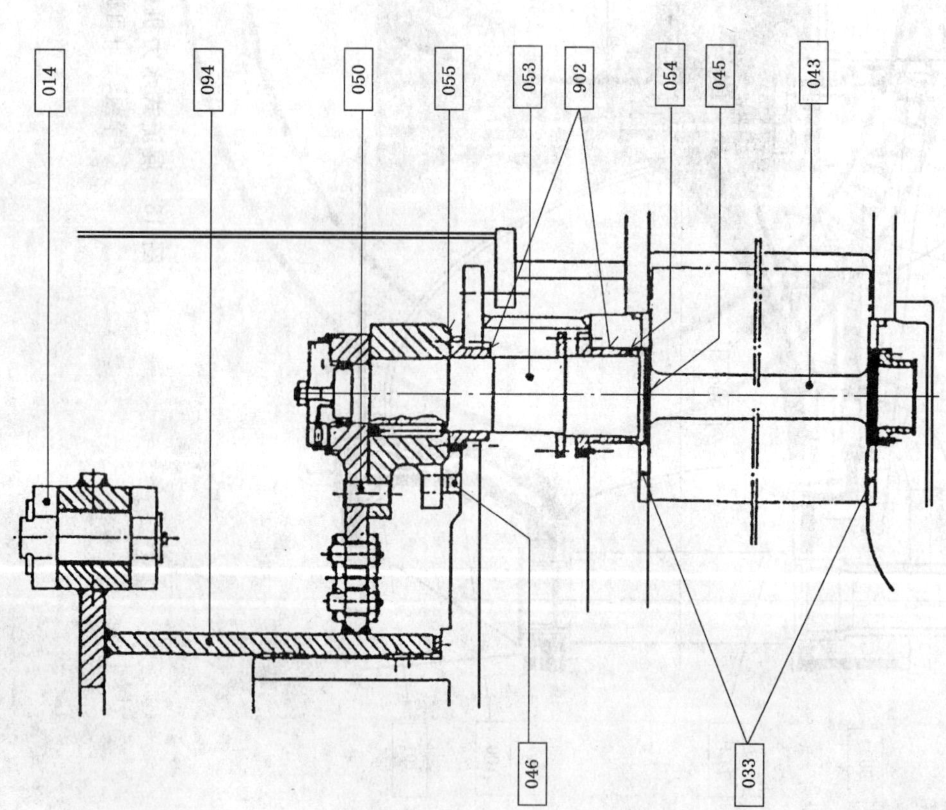

图 19 混流式水力机械 混流式水轮机、混流式水泵水轮机

（导水机构局部装配）

6.2.1.2 导叶[水泵导叶]固定的单级不可调混流式水轮机、水泵水轮机和单级蓄能泵（图 20）

编号	中文	英文
007	底环，（低压侧盖板）	bottom ring, (low pressure side cover)
023[093]	扩散管，[水泵扩散管]	diffuser, [pump diffuser]
[025]	[水泵导叶]	diffuser vane
057	顶盖，（高压侧盖板）	headcover, (high pressure side cover)
070	主轴	main shaft
098[060]	转轮[叶轮]	runner[impeller]
117	主轴密封	shaft seal
118	蜗壳	spiral case
122[025]	固定导叶[水泵导叶]	stay vane[diffuser vane]
028[124]	尾水管[吸入管]	draft tube[suction tube]

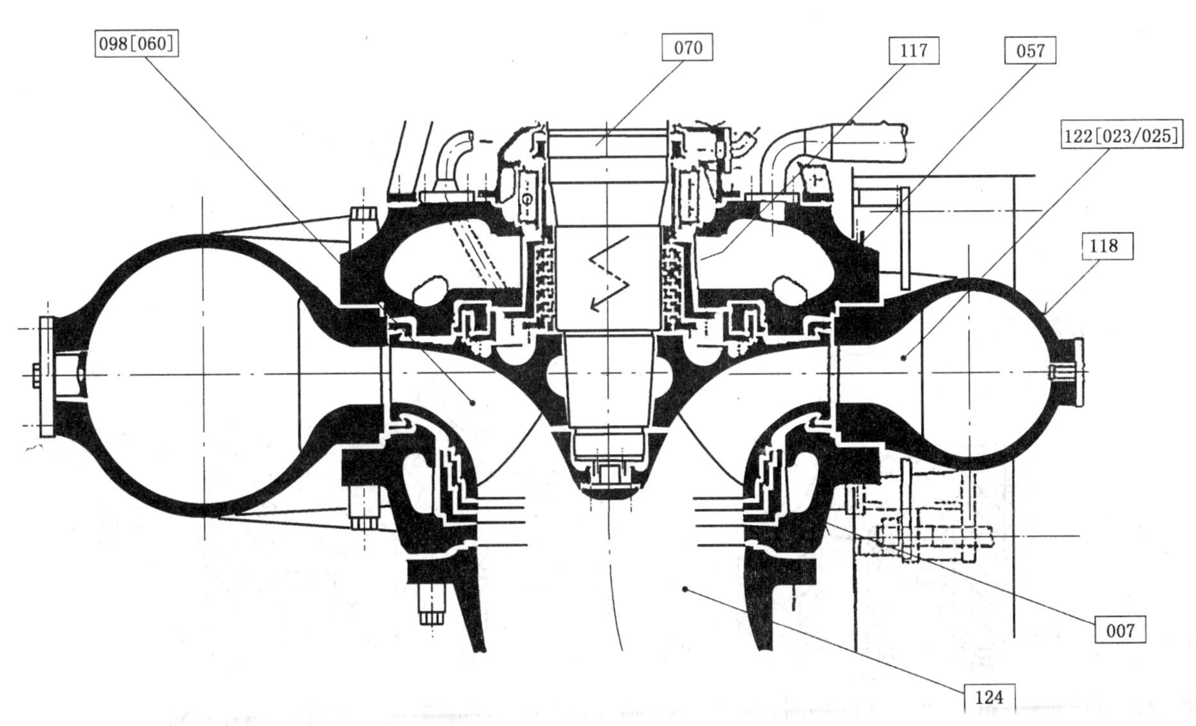

图 20 混流式水力机械 不可调节的混流式水轮机、混流式水泵水轮机和混流式蓄能泵

（导叶[水泵导叶]固定的水轮机转轮[叶轮]局部装配）

6.2.1.3 混流式多级蓄能泵和水泵水轮机（图 21）

编号	中文	英文
007	底环，（低压侧盖板）	bottom ring, (low pressure side cover)
[015]	[多级泵中段]	[conveyor case]

编号	中　文	英　文
[016]	[多级泵导叶]	[conveyor vane]
023[093]	扩散管,[水泵扩散管]	diffuser,[pump diffuser]
[024]	[扩散环,可更换的]	[diffuser ring, replaceable]
028[124]	尾水[吸入]管	draft [suction] tube
057	顶盖,(高压侧盖板)	headcover, (high pressure side cover)
070	主轴	main shaft
095	回转环	return ring
096	回转环导叶	return ring vane
098[060]	转轮[叶轮]	runner[impeller]
118	蜗壳	spiral case
121[024]	座[扩散]环	stay [diffuser] ring
122[025]	固定导叶[水泵导叶],固定的	stay [diffuser] vane, fixed

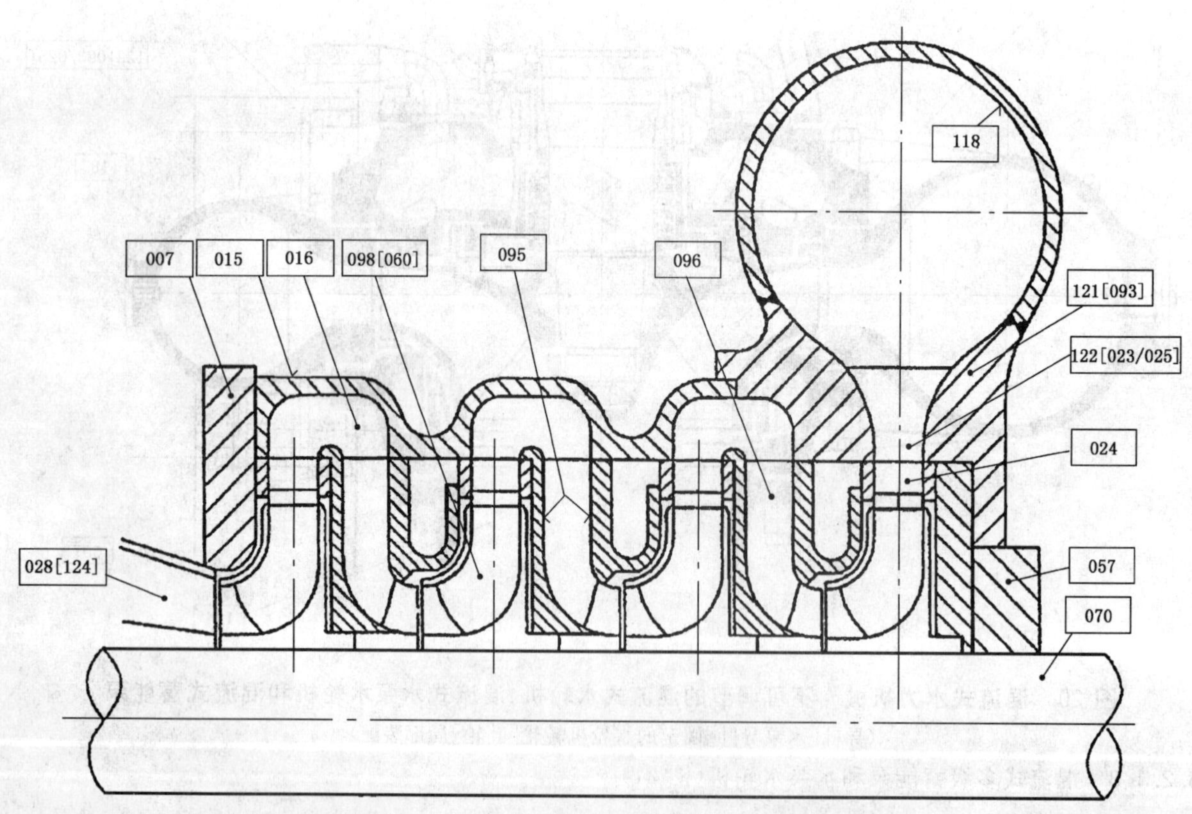

图 21　混流式水力机械　多级蓄能泵或多级水泵水轮机

(固定导叶[水泵导叶]、转轮[叶轮]或蜗壳的局部装配)

6.2.2 斜流式水力机械

斜流式水轮机、斜流式蓄能泵和斜流式水泵水轮机(图 22)

编号	中文	英文
006	叶片	blade
007	底环,(低压侧盖板)	bottom ring, (low pressure side cover)
026	转轮室,可以分为转轮室上环和喉管	discharge ring, may be spilt into runner chamber ring and throat ring
028	尾水管	draft tube
029	尾水管锥管	draft tube cone
037	导轴承	guide bearing
043	导叶	guide vane
052	单独导叶接力器	individual guide vane servomotor
057	顶盖,(高压侧盖板)	headcover, (high pressure side cover)
059	轮轮体	hub
069	下机坑	lower pit
070	主轴	main shaft
088	机坑	pit
092	压力平衡管	pressure balancing pipe
098[060]	转轮[叶轮]	runner [impeller]
108[062]	转轮泄水锥[叶轮引水锥]	runner [impeller] cone
117	主轴密封	shaft seal
118	蜗壳	spiral case
121	座环	stay ring
122	固定导叶	stay vane
901	走道盖板	walkway

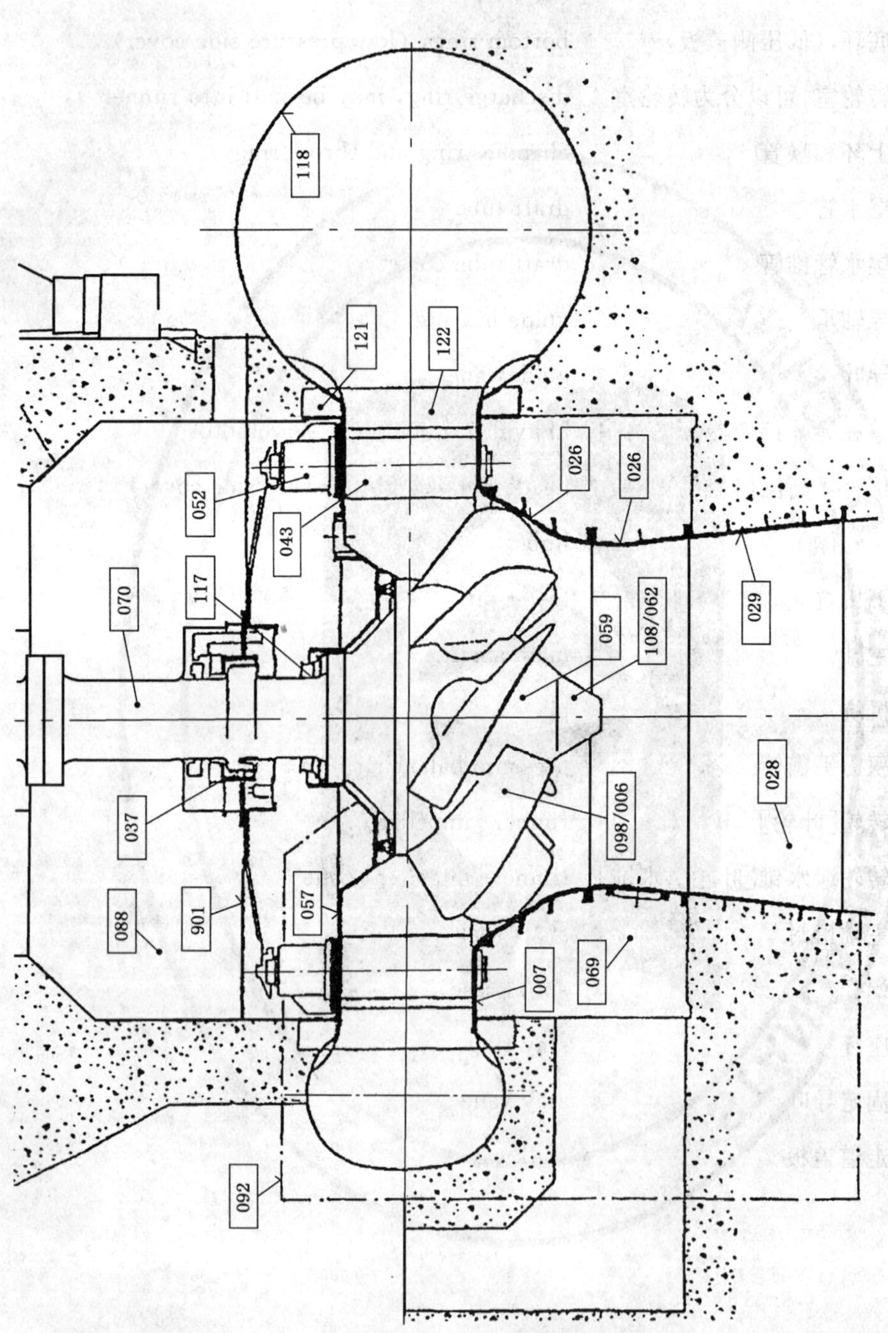

图 22　斜流式水力机械　斜流式水轮机、斜流式蓄能泵和斜流式水泵水轮机

6.2.3 轴流式水力机械

6.2.3.1 轴流转桨式水轮机和轴流定桨式水轮机（图 23 和 24）

编号	中　文	英　文
006	叶片	blade
007	底环，（低压侧盖板）	bottom ring, (low pressure side cover)
020	操作架	cross head
026	转轮室，可以分为转轮室上环和喉管	discharge ring, may be spilt into runner chamber ring and throat ring
028	尾水管	draft tube
029	尾水管锥管	draft tube cone
037	导轴承	guide bearing
043	导叶	guide vane
052	导叶接力器	guide vane servomotor
053	导叶枢轴	guide vane stem
057	顶盖，（高压侧盖板）	headcover,(high pressure side cover)
059	转轮体	runner hub
066	中间轴	intermediate shaft
070	主轴	main shaft
088	机坑	pit
089	机坑里衬	pit liner
094	控制环	regulating ring
098	转轮	runner
102	转轮叶片转臂	runner blade lever
103	转轮叶片连杆	runner blade link
104	转轮叶片密封	runner blade seal
105	转轮叶片接力器	runner blade servomotor
106	转轮叶片枢轴	runner blade trunnion
108	转轮泄水锥	runner cone
117	主轴密封	shaft seal
118	蜗壳	spiral case
121	座环	stay ring
122	固定导叶	stay vane

编号	中 文	英 文
128	推力轴承	thrust bearing
131	推力轴承支架	thrust bearing support cone

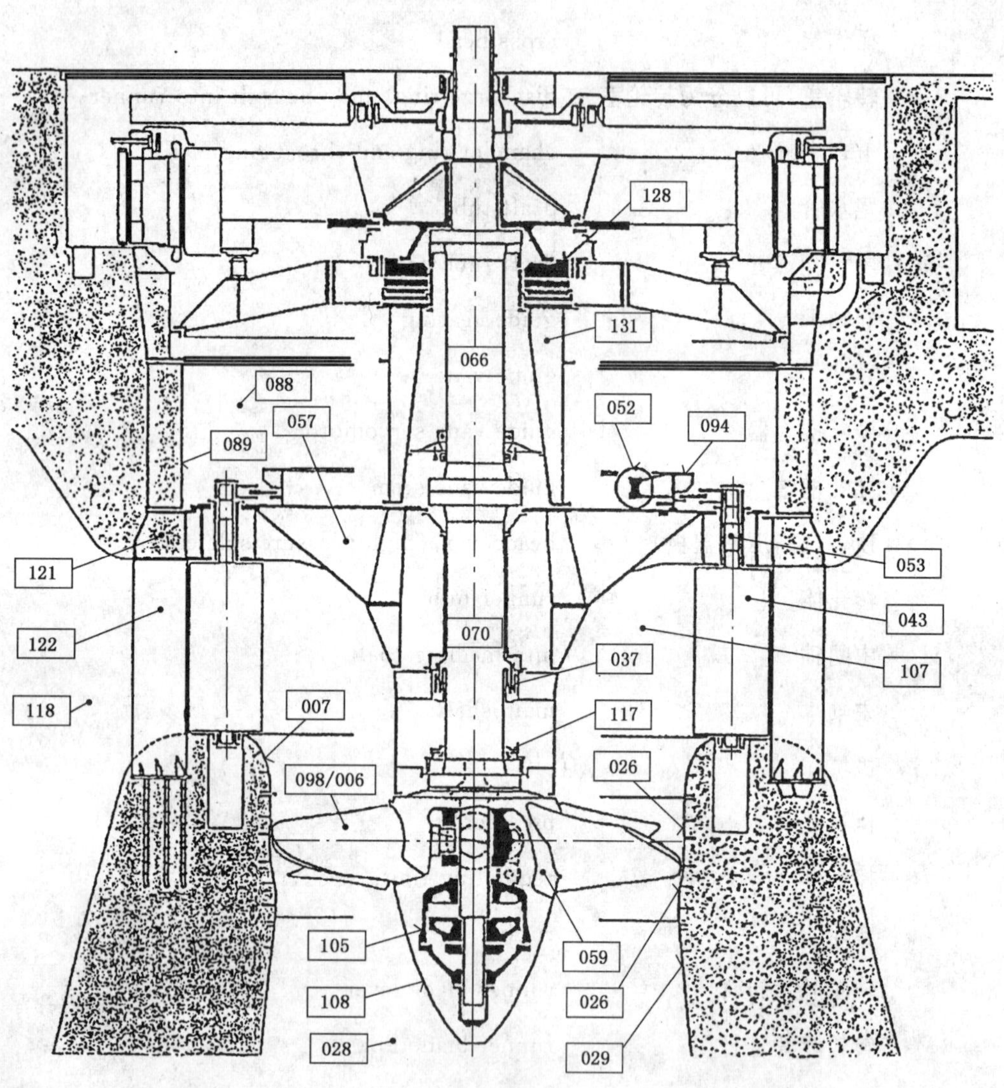

图 23 轴流式水力机械 轴流转桨式水轮机和轴流定桨式水轮机

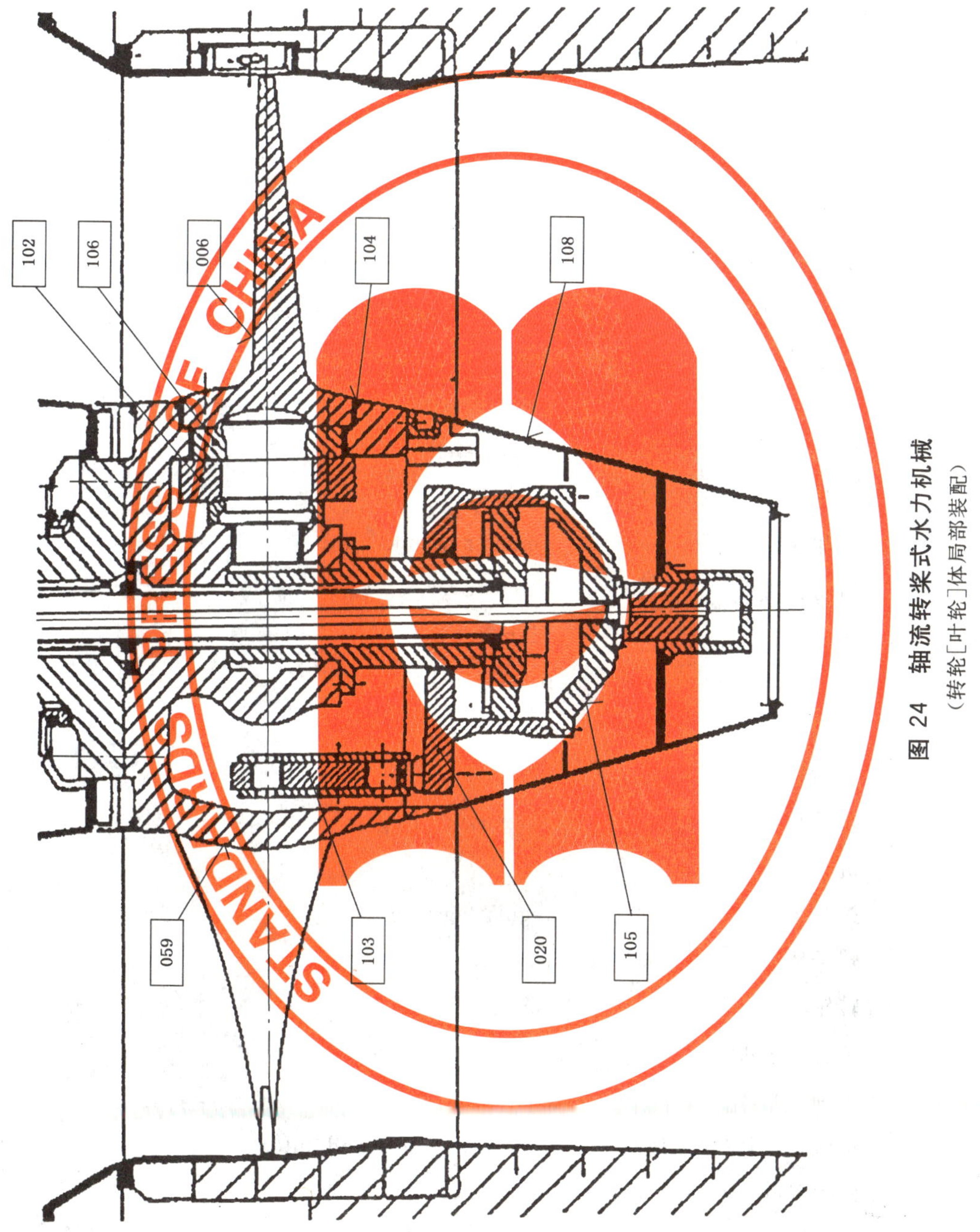

图 24 轴流转桨式水力机械

（转轮[叶轮]体局部装配）

6.2.3.2 贯流式机组:灯泡贯流式机组、竖井贯流式机组、全贯流式机组、S形机组(轴伸贯流式机组)等(图25～图28)

编号	中　文	英　文
001	竖井通道	access shaft
006	叶片	blade
011	灯泡体	bulb
012	灯泡体支柱	bulb support
017	反向推力轴承	counter thrust bearing
026	转轮室	discharge ring
028	尾水管	draft tube
029	尾水管锥管	draft tube cone
031	尾水管里衬	draft tube liner
035	齿轮增速箱	gear box (speed increaser)
036	发电机[电动机]进人孔	generator [motor] access hatch
037	导轴承	guide bearing
043	导叶	guide vane
047	导叶臂	guide vane lever
048	导叶连杆	guide vane link
056	吊物孔盖板	hatch cover
059	转轮体	(runner) hub
063	内导水环	inner guide ring
070	主轴	main shaft
083	受油器	oil head
085	外导水环	outer guide ring
088	机坑	pit
094	控制环	regulating ring
097	转子环	rim
098	转轮	runner
108	转轮泄水锥	runner cone
117	主轴密封	shaft seal
120	贯流式座环(管形座)	stay cone, inner and outer
122	固定导叶	stay vane
128	推力轴承	thrust bearing
138	水轮机进水流道	turbine inlet water passage
903	拆卸法兰	dismantling flang
904	转子环密封	rim seal

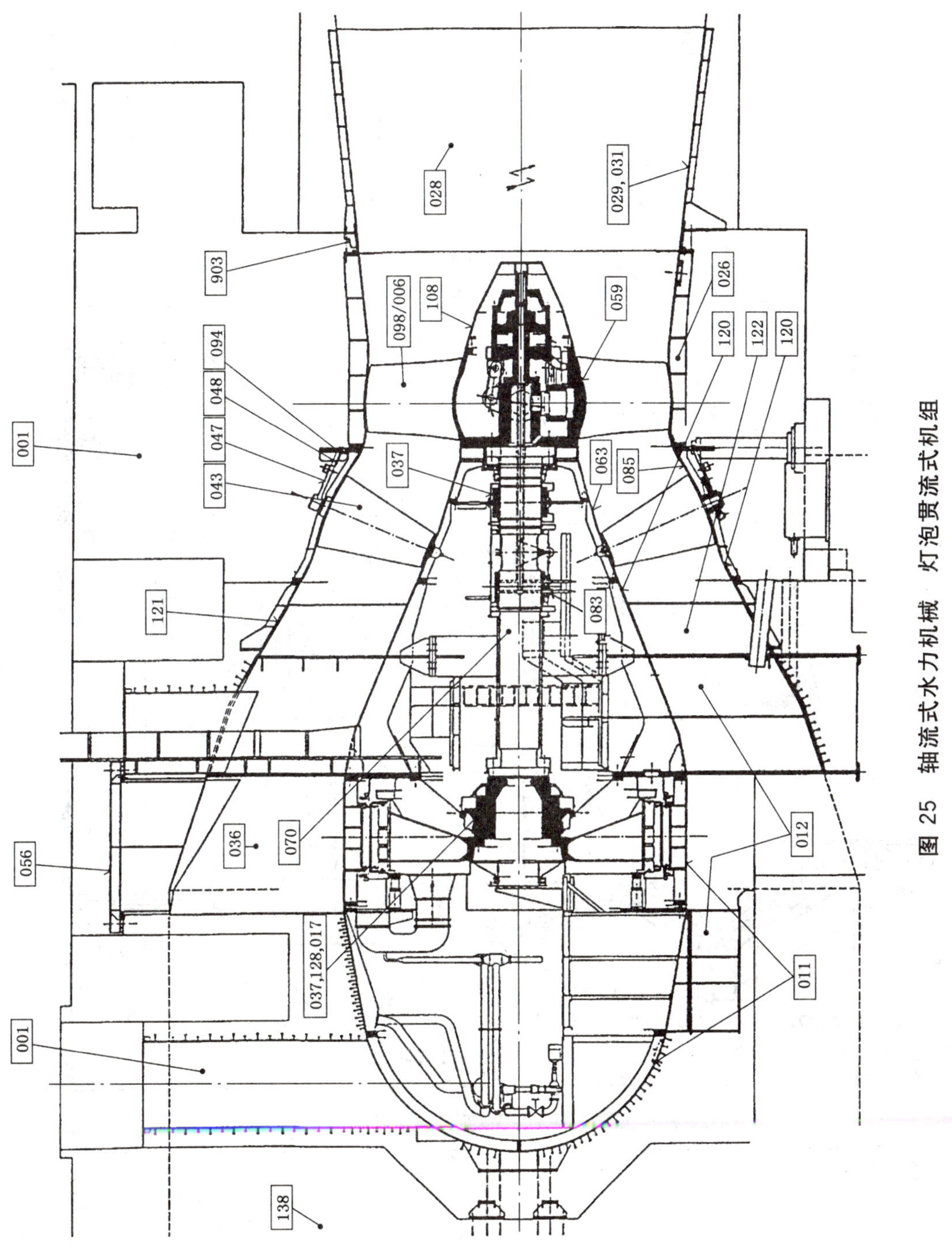

图 25　轴流式水力机械　灯泡贯流式机组

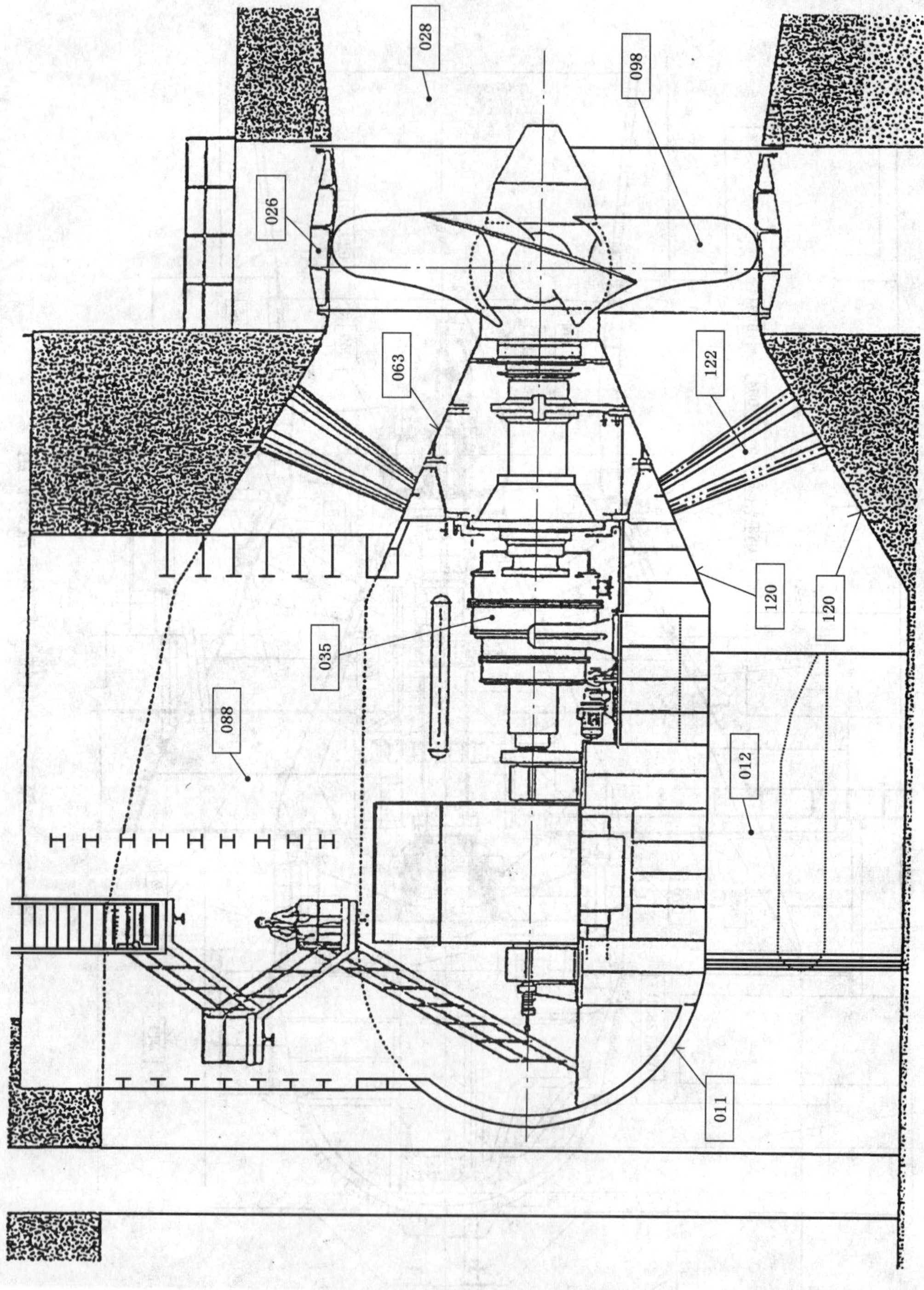

图 26 轴流式水力机械 竖井贯流式机组

图 27 轴流式水力机械 全贯流式机组

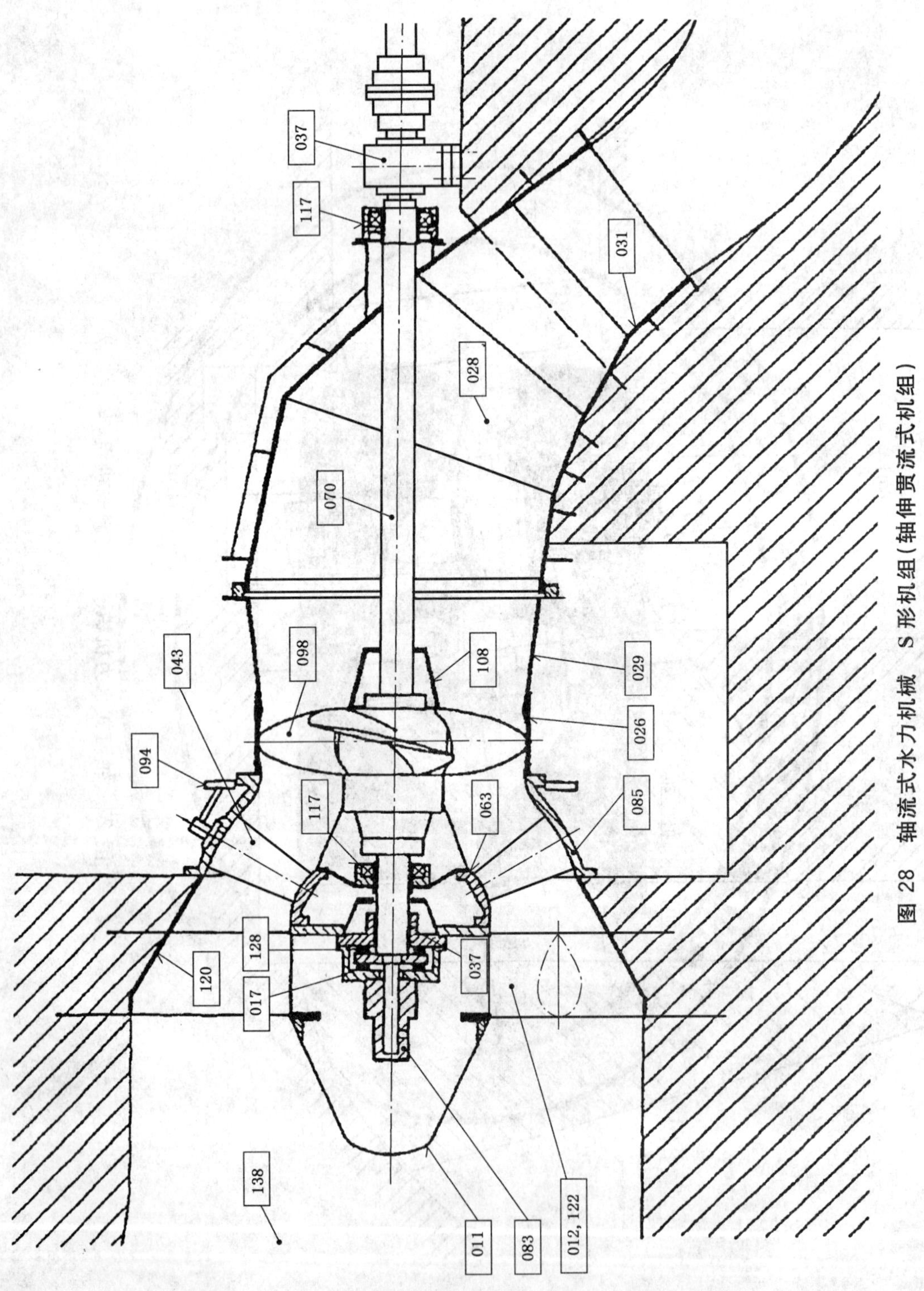

图 28　轴流式水力机械　S 形机组(轴伸贯流式机组)

6.2.4 水斗式水轮机(图 29～图 33)

编号	中文	英文
008	制动喷嘴	brake nozzle
009	叉管	branch pipe
010	水斗	bucket
021	分流器	cut-in deflector
022	折向器(偏流器)	deflector
037	导轴承	guide bearing
058	机壳	housing
065	配水管路	intake pipe
070	主轴	main shaft
071	分流管	manifold
072	喷针	needle
073	喷针折向器定位装置	needle-deflector positioner
074	喷针杆	needle rod
075	喷针接力器	needle servomotor
076	喷针头	needle tip
078	喷嘴	nozzle (injector)
080	喷管	nozzle pipe
081	喷嘴保护罩	nozzle shield
082	喷嘴口环	nozzle tip ring
088	机坑	pit
090	检修平台(有用于转轮拆卸的专用轨道)	platform (with runner cart rails)
098	转轮	runner
113	转轮轮盘	runner disk
116	折向器接力器	deflector servomotor
117	主轴密封	shaft seal
137	水轮机盖板	turbine cover
905	供油系统	oil supply system
906	喷针折向器连杆(折向器轴)	needle-deflector link (deflector shaft)
907	转轮转运车	runner cart
908	转轮运输门	runner transport door

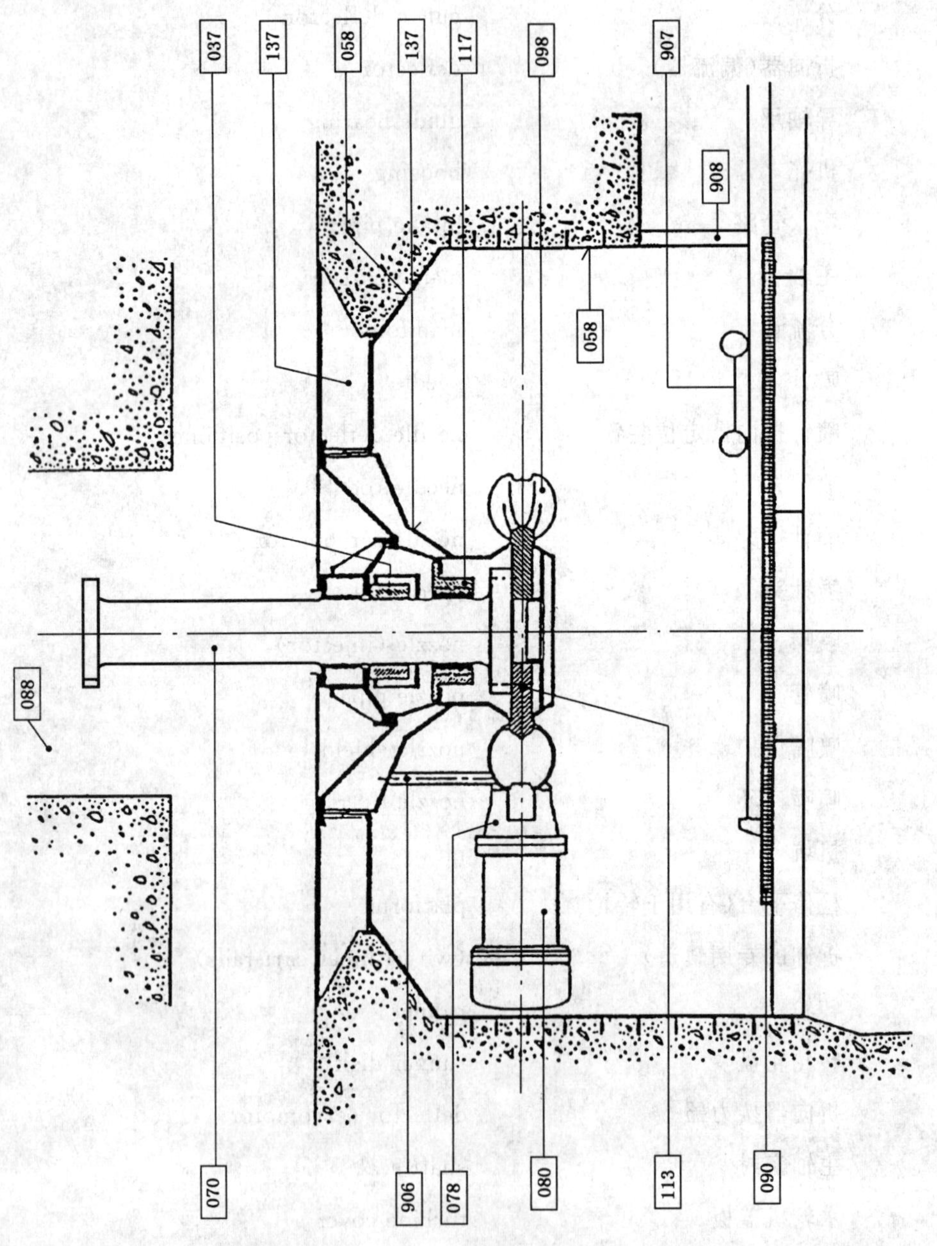

图 29 水斗式水轮机 立式水斗式水轮机

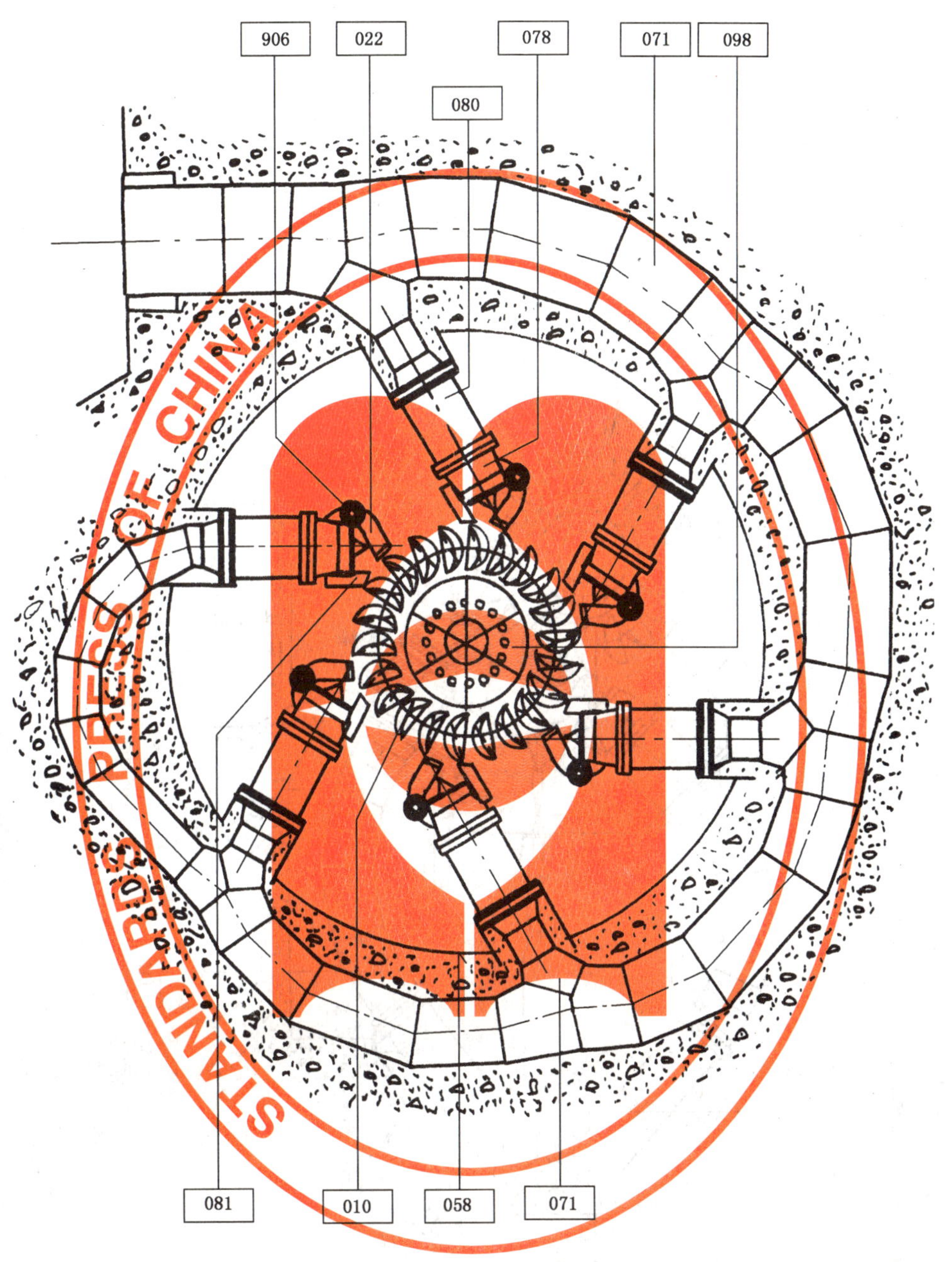

图 30 水斗式水轮机 立式水斗式水轮机(六喷嘴)

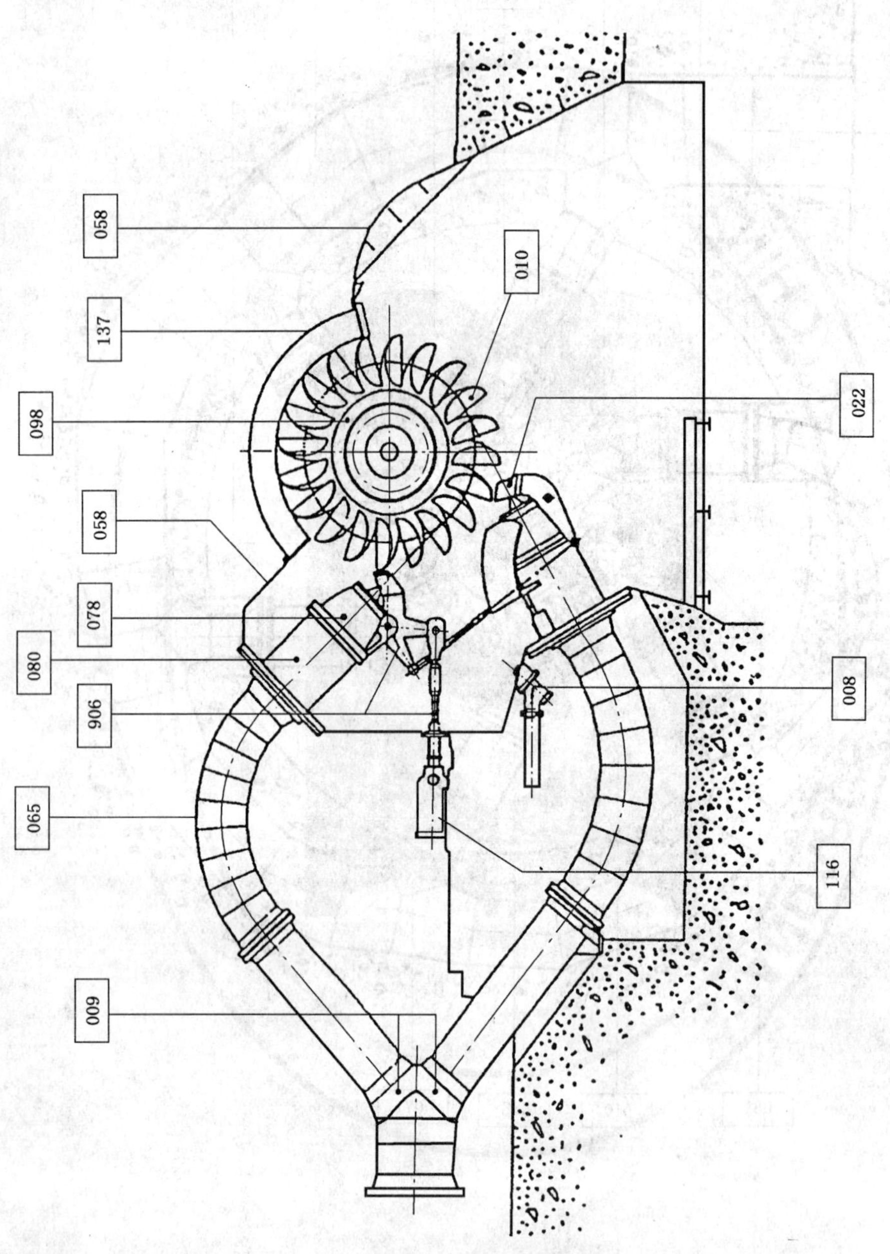

图 31　水斗式水轮机　卧式水斗式水轮机(两喷嘴)

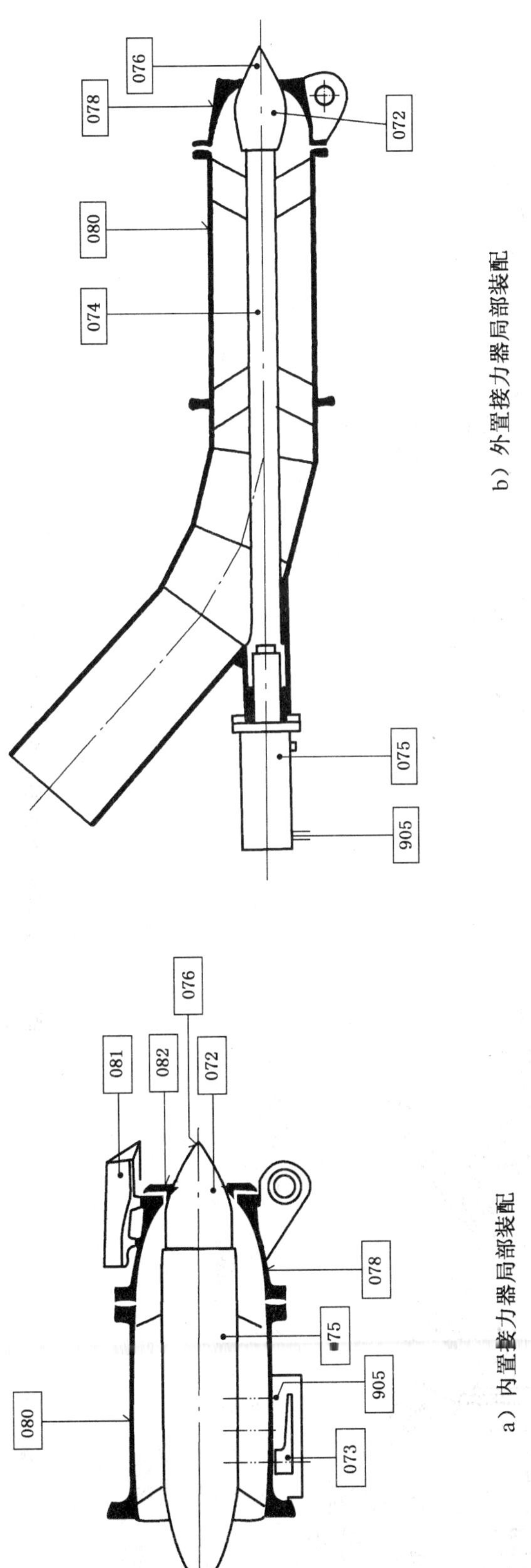

a）内置接力器局部装配

b）外置接力器局部装配

图 32　水斗式水轮机　内置和外置接力器

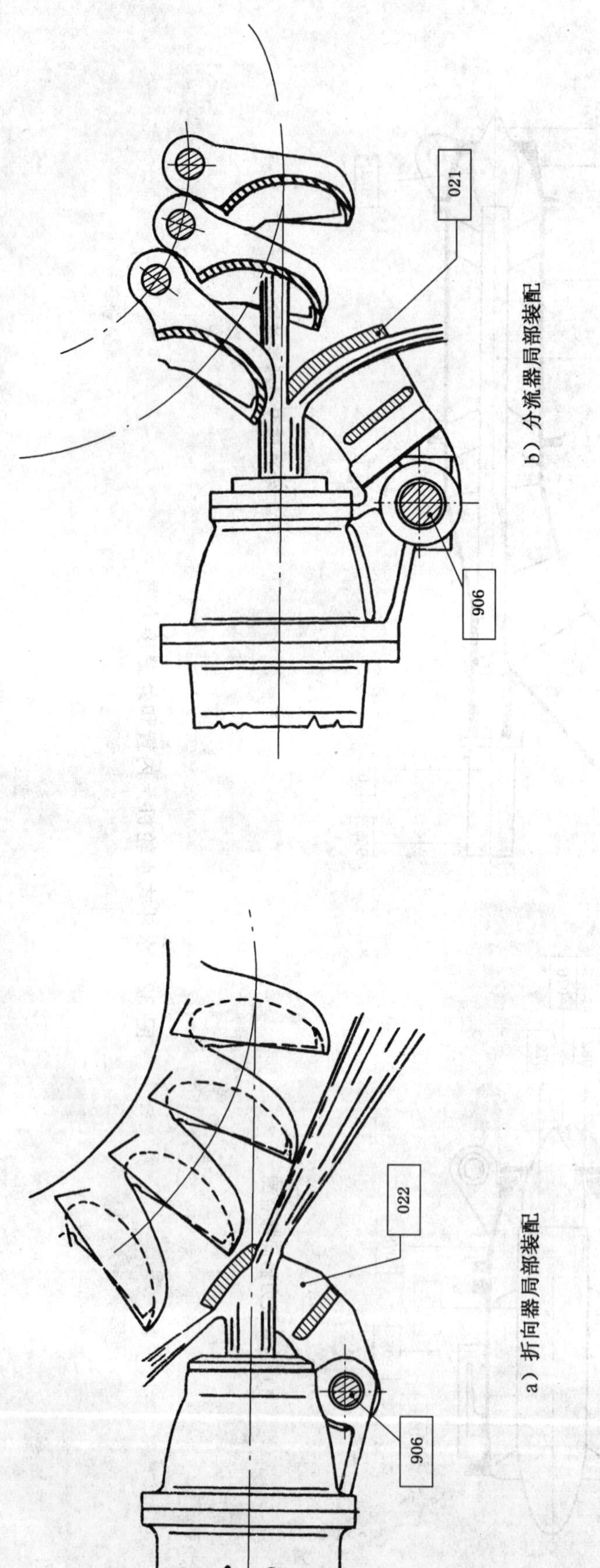

a）折向器局部装配

b）分流器局部装配

图 33 水斗式水轮机 折向器和分流器

6.2.5 轴承

6.2.5.1 导轴承(图 34)

编号	中文	英文
038	轴领	guide bearing collar
039	轴承体	guide bearing housing
040	轴颈	guide bearing journal
041	导轴承分块瓦	guide bearing pad
042	筒式导轴承轴瓦	guide bearing shell
905	供油系统	oil supply system
909	筒式导轴承轴瓦支撑装置(分块瓦式导轴承分块瓦支撑装置)	shell-(pad-) supporting device
910	油盆	oil reservoir
911	油冷却器	oil cooler

6.2.5.2 推力轴承(图 35)

编号	中文	英文
005	轴承高压油顶起系统	bearing oil injection system
129	推力轴承基础板	thrust bearing base plate
130	推力轴承油箱	thrust bearing housing
131	推力轴承支架	thrust bearing support cone
132	推力头	thrust collar
133	推力瓦	thrust pad
134	推力瓦支撑	thrust pad support
135	镜板(推力轴承转环)	thrust bearing roating ring (runner plate)
912	油箱	oil sump
913	油冷却系统	oil cooling system

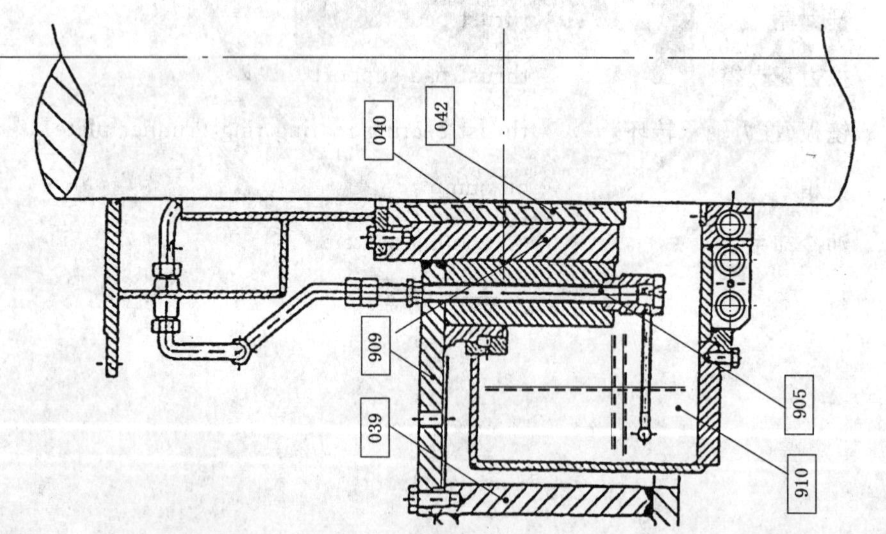

a）筒式导轴承的旋转油盆局部装配

b）分块瓦式导轴承的固定油盆局部装配

图 34　导轴承

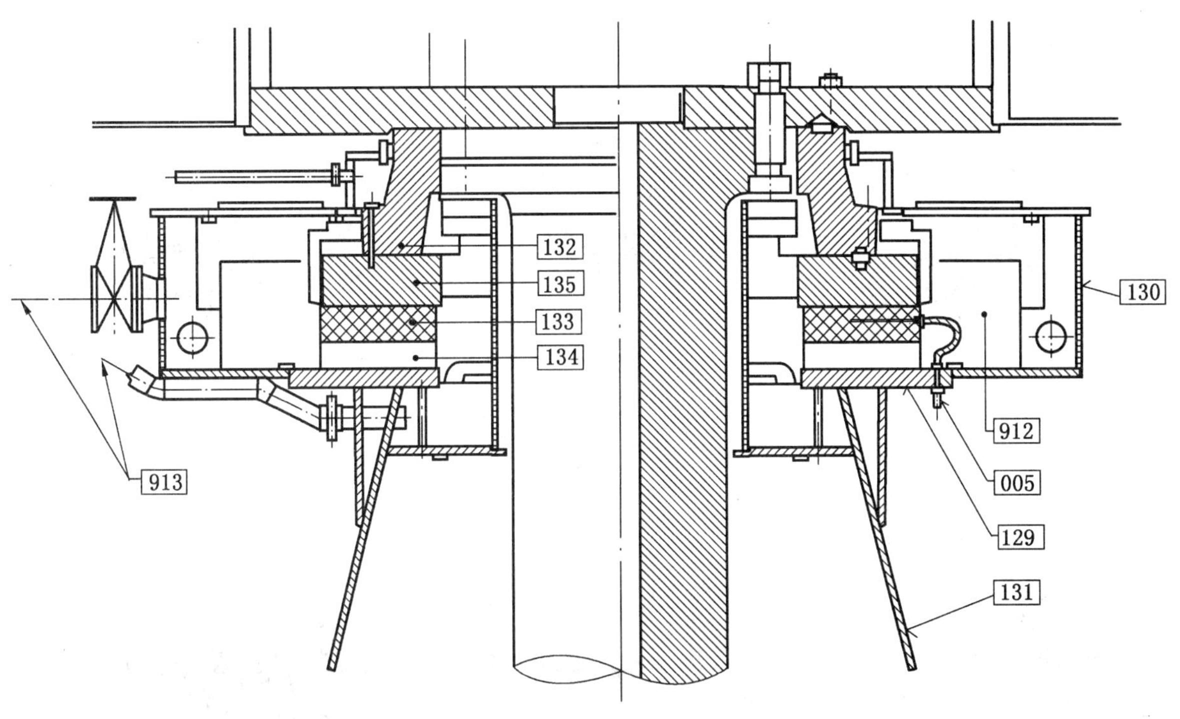

图 35 推力轴承

7 基准数据

本章采用了 IEC 国际标准推荐的公称直径和基准面。如果采用其他基准数据，必须仔细对比图纸和试验结果。

7.1 公称直径

不同类型水力机械公称直径 D 如图 36 所示。

7.2 基准面

海拔高程以我国规定的零高程海平面为准。水力机械相关点的海拔高程可作为基准，并将以此确定水力机械的基准面 z_r，见图 37。导水机构中心线、空化和压力脉动等的基准面可参照相关标准。

注：(IEC/TR 61364:1999 原注)"导水机构中心线(即导叶中心线)"通常在土建设计和结构中用作基准，不排除应用于混流式和轴流转桨式水力机械的结构设计。导叶[水泵导叶]是圆柱形分布的立式水力机械的"导水机构中心线(即导叶中心线)"定义为与顶盖和底环等距的水平面。此外，在 IEC 60193:1999 标准中关于"模型试验中水力机械上某点的空蚀评价"章节对"空化基准面"已进行了说明。

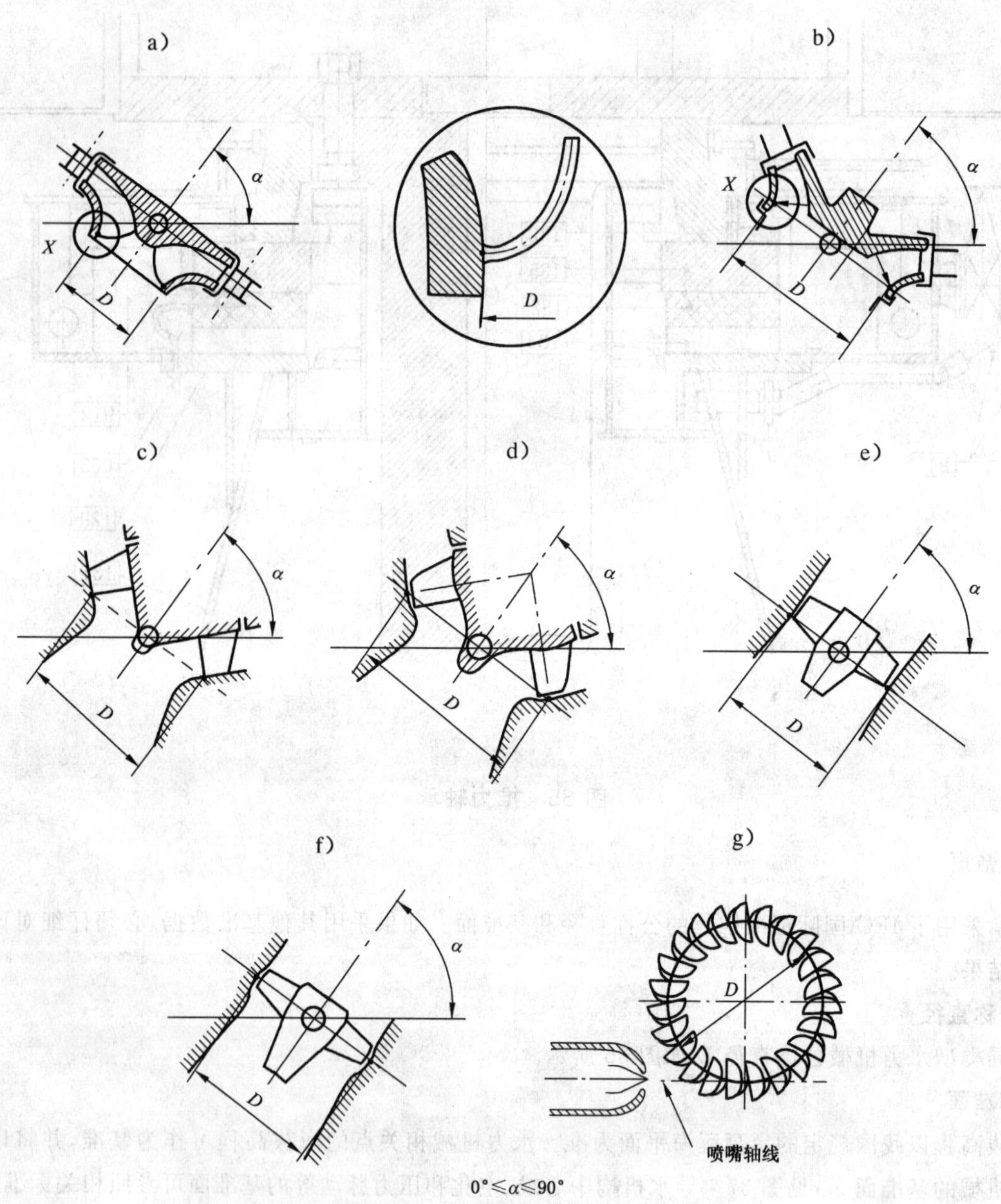

a) 混流式水力机械:混流式水轮机、混流式蓄能泵和混流式水泵水轮机。对于多级水力机械系指首级。

b) 转轮[叶轮]叶片固定且具有转轮[叶轮]下环的斜流式水轮机。

c) 转轮[叶轮]叶片固定而无转轮[叶轮]下环的斜流式水轮机。

d) 转轮[叶轮]叶片可调的斜流式水轮机。

e) 转轮[叶轮]叶片固定的轴流式水力机械。

f) 转轮叶片可调的轴流式水力机械。

g) 水斗式水轮机。

图 36 公称直径

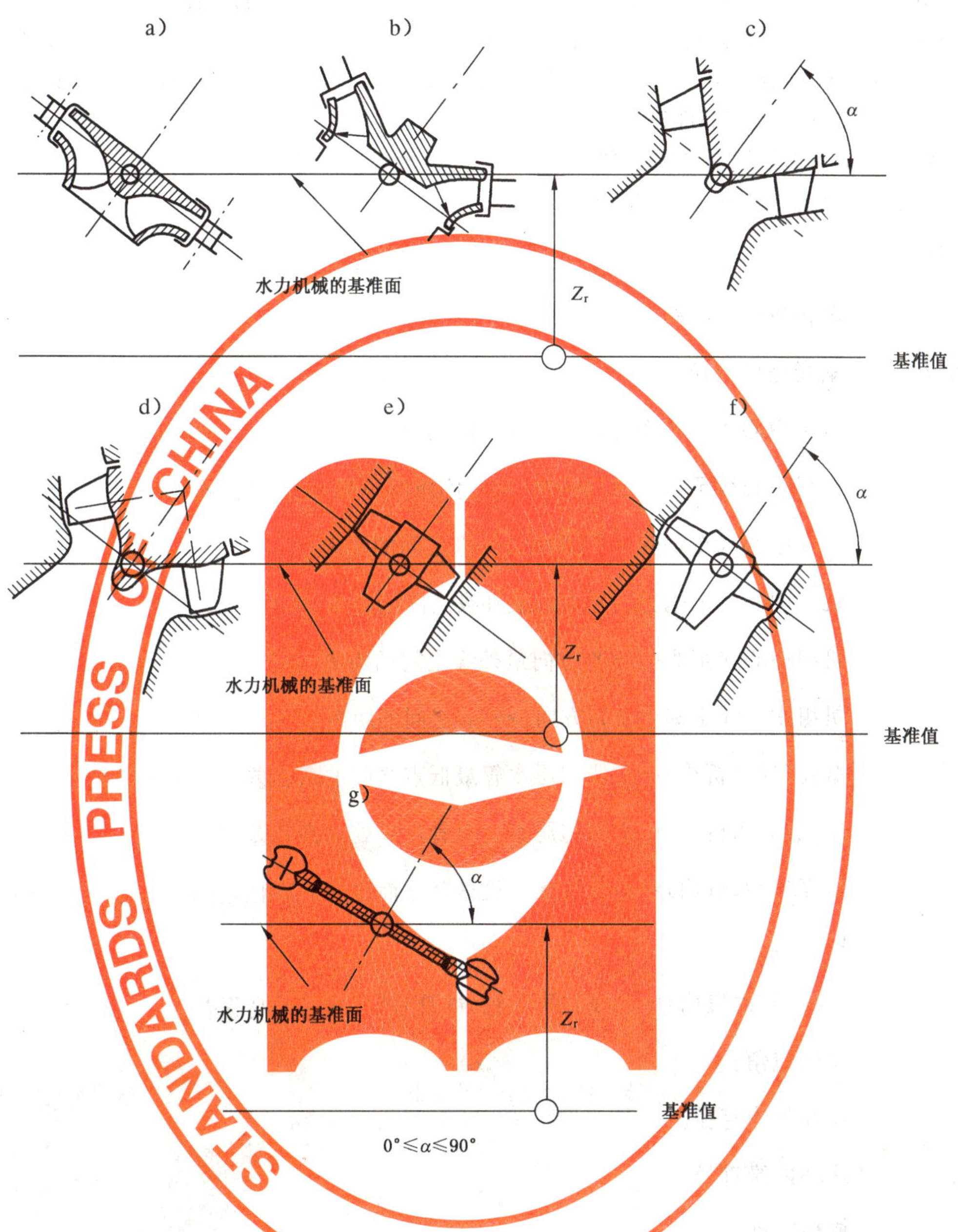

a) 混流式水力机械:混流式水轮机、混流式蓄能泵和混流式水泵水轮机。对于多级水力机械系指首级。

b) 转轮[叶轮]叶片固定且具有转轮[叶轮]下环的斜流式水轮机。

c) 转轮[叶轮]叶片固定而无转轮[叶轮]下环的斜流式水轮机。

d) 转轮[叶轮]叶片可调的斜流式水轮机。

e) 转轮[叶轮]叶片固定的轴流式水力机械。

f) 转轮叶片可调的轴流式水力机械。

g) 水斗式水轮机。

图 37 水力机械的基准面

8 流道参数主要尺寸

在下表和图 38～图 47 中，仅对不同类型水轮机流道参数的相关水力尺寸加以定义。为便于比较，将 IEC 原采用的符号——又与我国习惯用法不一致的，在（ ）中标出。此外，为便于查找，对符号顺序进行了适当调整，按流道进口至出口，并参照 GB/T 10969—1996 所列符号，即蜗壳—座环—导水机构—转轮—尾水管等的主要零部件排列。

8.1 反击式（混流式、斜流式、轴流式和贯流式）水轮机的术语和符号

8.1.1 混流式水轮机的术语和符号（见图 38）。

序号	符号	术语/定义
1	G	两台机组中心线之间的距离。
2	$D_s(D_d)$	蜗壳进口内径。
3	$R(C_d)$	机组中心线与蜗壳进口中心线之间的距离。
4	$E(c)$	机组中心线至蜗壳进口断面（高压侧极限位置）之间的距离。
5	A	机组中心线至蜗壳 $+X$ 方向最外缘之间的距离。
6	B	机组中心线至蜗壳 $-Y$ 方向最外缘之间的距离。
7	C	机组中心线至蜗壳 $-X$ 方向最外缘之间的距离。
8	D	机组中心线至蜗壳 $+Y$ 方向最外缘之间的距离。
9	U	蜗壳（导水机构）中心线与尾水管最低点之间的高程差。
10	V	蜗壳（导水机构）中心线与尾水管肘管进口处的高程差。
11	W	蜗壳（导水机构）中心线与水力机械基准面之间的高程差：对于混流式水轮机 $W=0$。
12	X	蜗壳（导水机构）中心线与尾水管（锥管）进口处的的高程差。
13	Φ_0	蜗壳包角。
14	D_a	座环外缘直径。
15	D_b	座环内缘直径。
16	B_s	座环高度。
17	Z_s	固定导叶数。
18	$D_0(D_2)$	导叶分布圆直径。
19	B_0	导叶机构高度。
20	b_0	导叶高度。
21	Z_0	导叶数。
22	a_0	导叶开度。

序号	符号	术语/定义
23	d_a	导叶轴颈内切圆直径。
24	R_1	底环圆弧半径。
25	R_2	蜗壳与座环相交圆弧半径。
26	$D_1(D_{1a})$	转轮[叶轮]叶片进水边与下环相交处的直径。
27	$D_2(D)$	转轮[叶轮]叶片出水边与下环相交处的直径,(IEC 国际标准推荐为公称直径)。
28	$D_3(D_1)$	转轮[叶轮]叶片进水边与上冠相交处的直径。
29	D_4	转轮[叶轮]叶片出水边与上冠相交处的直径。
30	D_5	转轮[叶轮]叶片进水边与导叶中心线相交处的直径。
31	D_{th}	喉管直径,即转轮[叶轮]下环处的最小直径。
32	D_{max}	转轮的最大直径。
33	H_1	上冠外缘下端至下环上端面之间的距离。
34	H_2	上冠外缘下端至下环下端面之间的距离。
35	$Z_1(Z_2)$	转轮[叶轮]叶片数。
36	a_1	转轮[叶轮]叶片出水边开口。
37	α	转轮[叶轮]叶片进口角。
38	β	转轮[叶轮]叶片出口角。
39	P	转轮[叶轮]叶片进水边节距。
40	$D_{t1}(D_s)$	尾水管锥管进口直径。
41	D_{t2}	尾水管锥管出口直径。
42	h_1	底环上端面至尾水管最低点之间距离。
43	h_2	尾水管锥管高度。
44	h_3	尾水管肘管高度。
45	h_4	尾水管肘管出口高度。
46	$h_5(N)$	尾水管扩散段出口高度。
47	$L_1(L)$	机组中心线至尾水管扩散段出口之间的距离。
48	L_2	机组中心线至尾水管肘管出口之间的距离。
49	$S_1(S)$	尾水管扩散段出口宽度。
50	S_2	尾水管肘管出口宽度。
51	δ	尾水管扩散段底部与水平面之间的夹角。

8.1.2 斜流式、轴流式和贯流式水轮机的术语和符号(见图39～图43)。

序号	符号	术语/定义
1	$E(C)$	机组中心线至高压侧极限位置最低点(即轴流式水轮机半蜗壳进口断面的最低点)之间的距离。
2	J	半蜗壳或贯流式水轮机高压侧极限位置处进口流道高度。
3	K	半蜗壳或贯流式水轮机高压侧极限位置处进口流道宽度。
4	C_d	机组中心线至蜗壳(或半蜗壳)中心线之间的距离。
5	t_d	水轮机进口流道(即轴流式水轮机半蜗壳进口部位)支墩的厚度。
6	a	机组中心线与蜗壳支墩出水边端之间的距离。
7	W	蜗壳(导水机构)中心线与转轮叶片的转动轴线至转轮室相交处(斜流式和轴流式水轮机的基准面)之间的高程差。
8	D_b	贯流式水轮机灯泡体外径。
9	M	贯流式水轮机转轮叶片的转动轴线至灯泡体鼻端之间的距离。
10	D	对斜流式、轴流式和贯流式水轮机指与转轮叶片的转动轴线相交处的转轮室内径(即公称直径)。
11	D_h	轴流式(贯流式)水轮机转轮体外径。
12	ε	斜流式水轮机的导水机构所形成的锥顶角的一半。
13	$90°-\varepsilon$	斜流式水轮机的转轮叶片的转动轴线所形成的夹角的一半。
14	δ	轴流式(贯流式)叶片出水边缘厚度。
15	δ_{out}	轴流式(贯流式)叶片外缘厚度。
16	T	轴流式(贯流式)叶片靠法兰处最大厚度。
17	φ	轴流式(贯流式)叶片转角为转轮叶片绕其轴线转动的角度。
18	γ	轴流式(贯流式)叶片倾角为转轮叶片外缘进、出水边上两点的轴向距离除以该两点间的弦长为其正弦值的角度。
19	β	轴流式(贯流式)叶片安放角为转轮叶片外缘进、出水边上两点的轴向距离除以该两点间的弧长为其正弦值的角度。
20	C_S	机组中心线至尾水管中心线之间的距离。
21	t_S	水轮机尾水管出口部位(一般为尾水管扩散段)支墩的厚度。
22	b	机组中心线与尾水管支墩鼻端之间的距离。

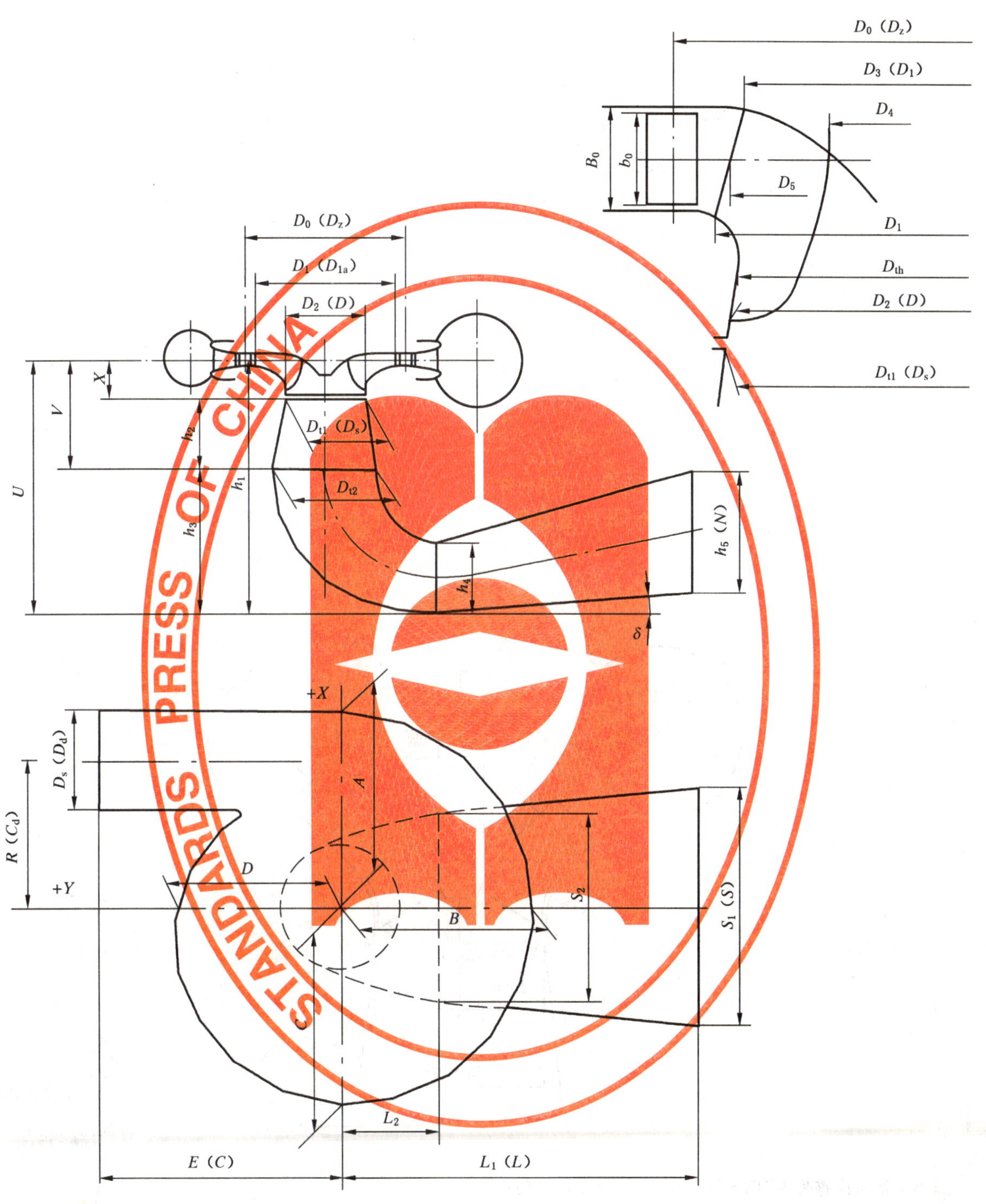

注：括号内符号为 IEC/TR 61364:1999 中使用的符号。

图 38　混流式水力机械　混流式水轮机;混流式蓄能泵;混流式水泵水轮机

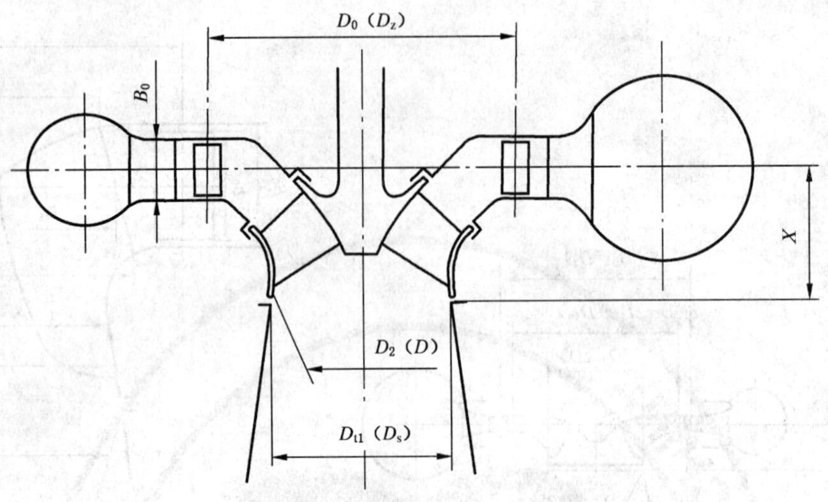

注：括号内符号为 IEC/TR 61364:1999 中使用的符号。

图 39　转轮[叶轮]叶片固定且带有转轮[叶轮]下环的斜流式水力机械

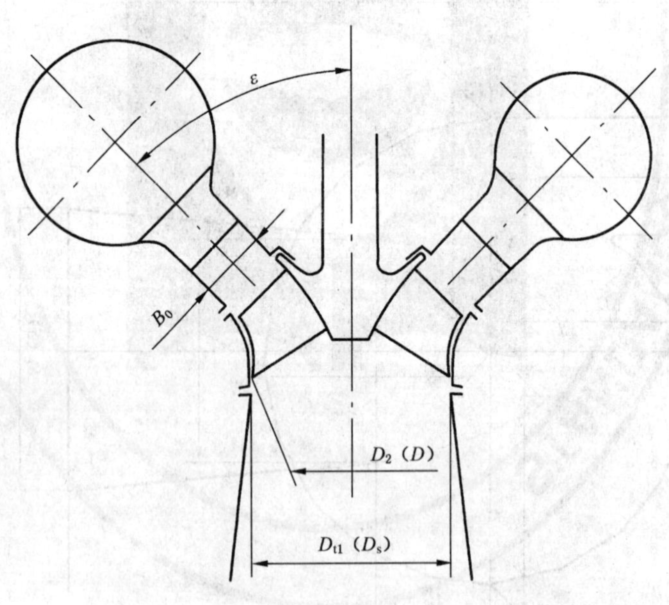

注：括号内符号为 IEC/TR 61364:1999 中使用的符号。

图 40　转轮[叶轮]叶片固定没有转轮[叶轮]下环的斜流式水力机械

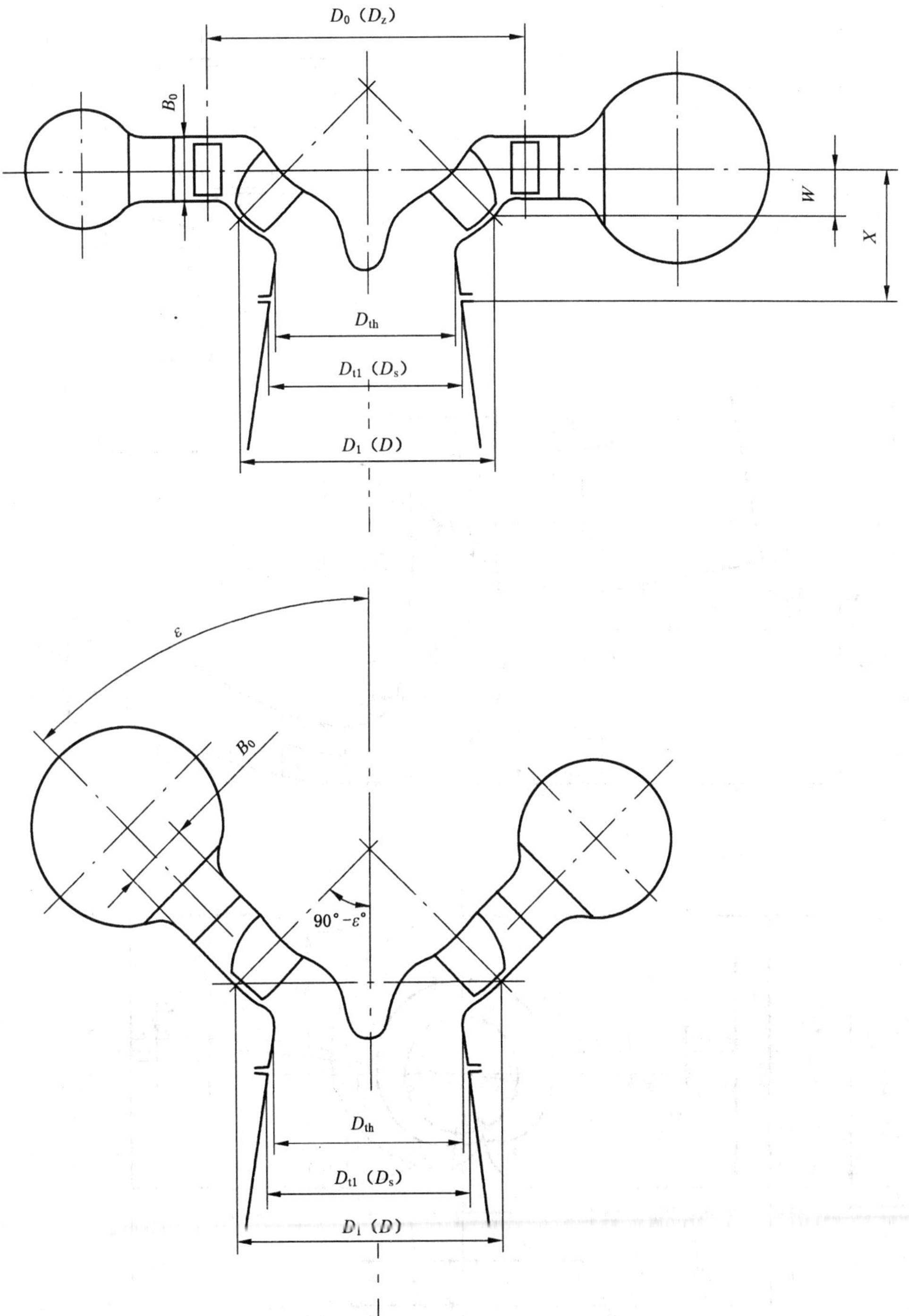

注：括号内符号为 IEC/TR 61364:1999 中使用的符号。

图 41 转轮[叶轮]叶片可调的斜流式水力机械

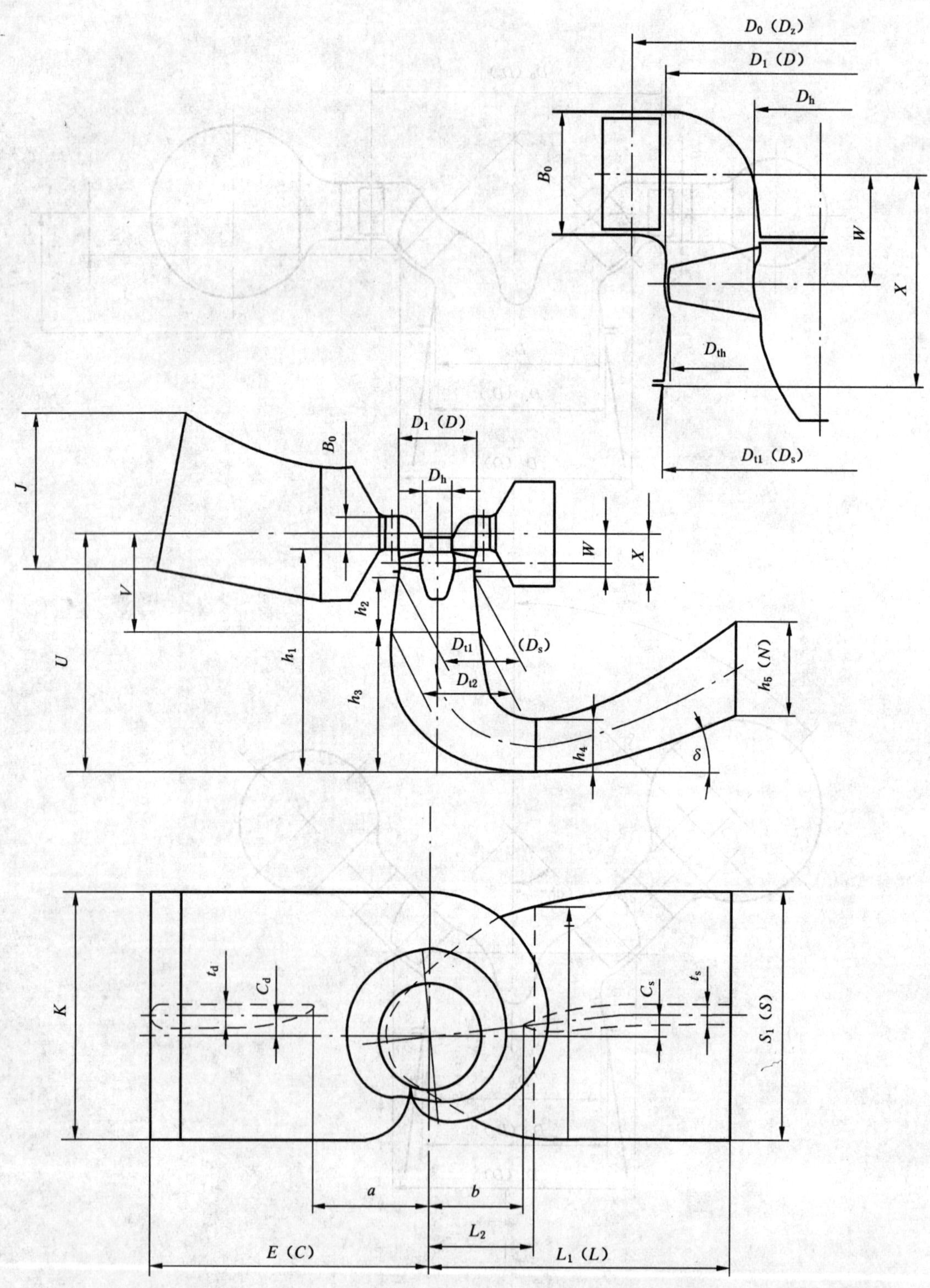

注：括号内符号为 IEC/TR 61364:1999 中使用的符号。

图 42　轴流转桨式水轮机和轴流定桨式水轮机

注：括号内符号为IEC/TR 61364:1999中使用的符号。

图 43 贯流式水轮机 灯泡贯流式机组；竖井贯流式机组；全贯流式机组；S形机组(轴伸贯流式机组)

8.2 水斗式水轮机的术语和符号(见图 44～图 47)

序号	符号	术语/定义
1	D	转轮与射流中心线相切的节圆直径(即公称直径)。
2	D_a	转轮的最大外径。
3	D_d	叉管或分流管的内径。
4	D_n	喷嘴管段的进口内径。
5	d_N	喷针最大外径。
6	α_1	喷针角度。
7	$d_n(d)$	喷嘴口内径。
8	d_0	理论满负荷时射流直径。
9	$Z_n(Z_0)$	喷嘴数。
10	β_1	喷嘴角度。
11	φ	两喷嘴中心线之间的夹角。
12	λ	喷嘴中心线与水轮机水平中心线之间的夹角。
13	$W_{in}(B)$	水斗内侧宽度。

序号	符号	术语/定义
14	$W_{out}(B_a)$	水斗外侧宽度。
15	$Z_b(Z_2)$	水斗数。
16	P	水斗在节圆上的节距。
17	α	水斗倾斜角。
18	β	水斗出水角。
19	γ	水斗分水刃脊角。
20	C	机组中心线至分流管(或叉管)断面之间的距离。
21	$C_1(c)$	机组中心线至分流管(或叉管)中心线之间的距离。
22	s	喷针行程。

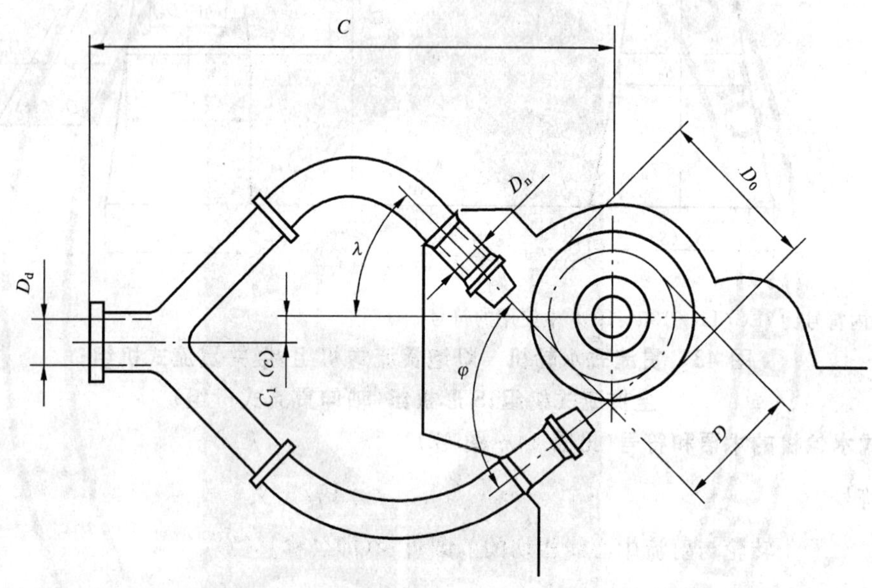

注：括号内符号为 IEC/TR 61364:1999 中使用的符号。

图 44 卧式双喷嘴水平式水轮机

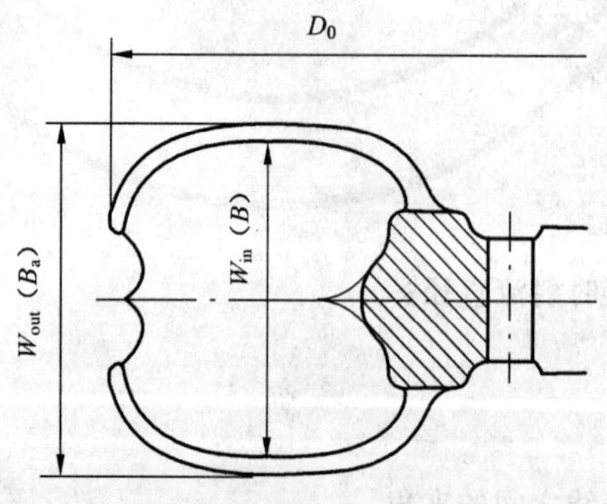

注：括号内符号为 IEC/TR 61364:1999 中使用的符号。

图 45 水斗

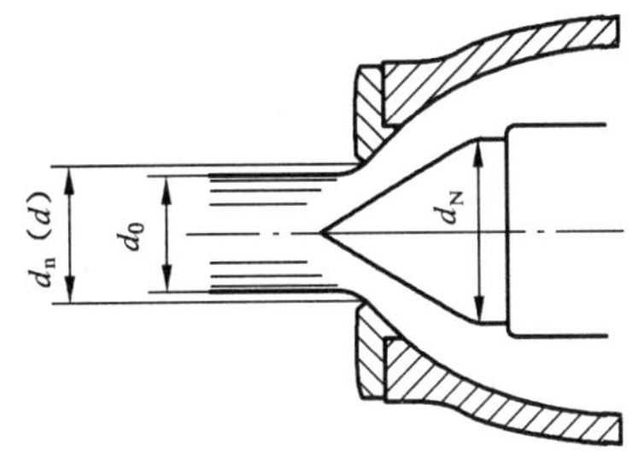

注：括号内符号为 IEC/TR 61364:1999 中使用的符号。

图 46 喷嘴

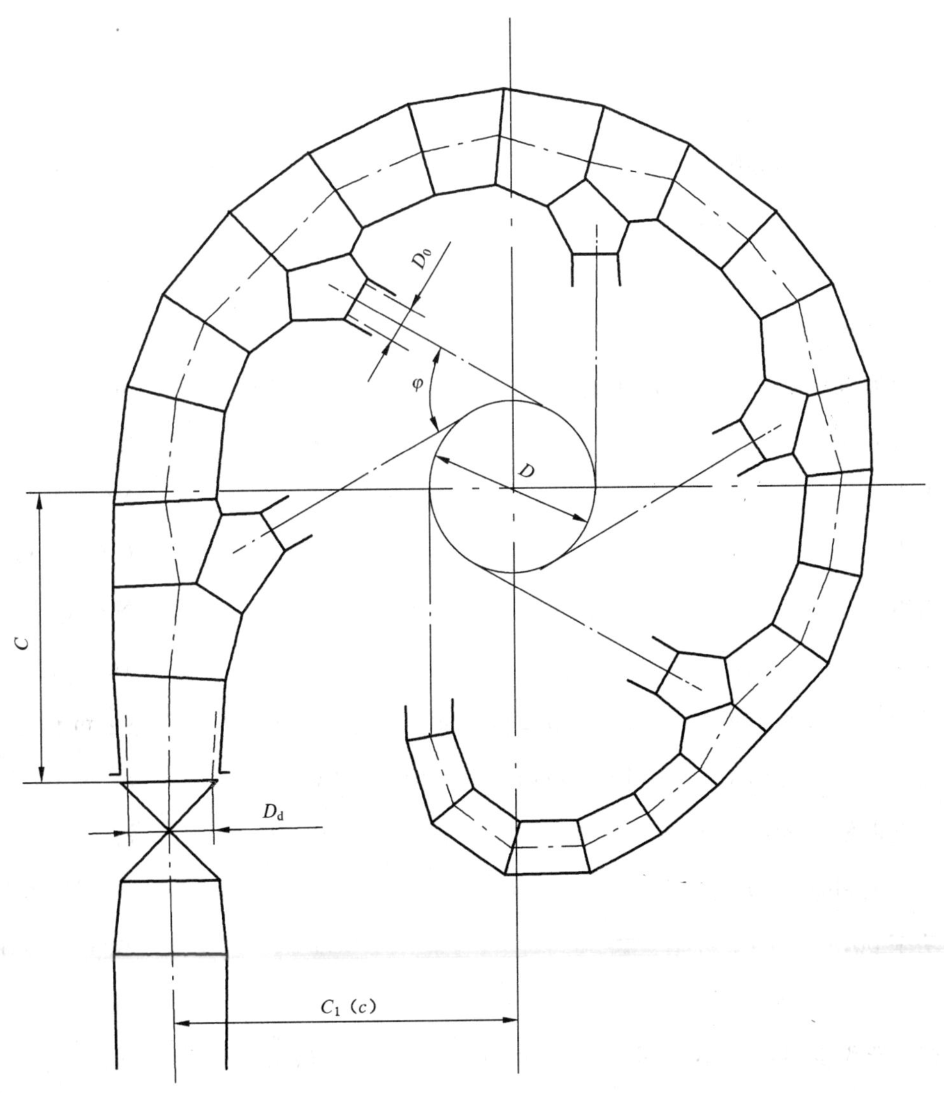

注：括号内符号为 IEC/TR 61364:1999 中使用的符号。

图 47 立式六喷嘴水斗式水轮机

9 常用标准术语和无量纲术语

9.1 常用标准术语

序号	术语	符号	单位
1	长度 length	L	m
2	水位、高程 waterlevel	$Z(Z_r)$	m
3	水头 head	H	m
4	比能 specific energy	E	J/kg
5	面积 area	A	m^2
6	体积、容积 volume	V	m^3
7	时间 time	t	s、min、h
8	流量 discharge	Q	m^3
9	平面角 plane angle	$\alpha\beta\gamma\delta\varepsilon\theta\varphi$	rad;(″)、(′)、(°)
10	转速 rotational speed	n	r/min
11	频率 frequency	f	Hz
12	速度 velocity	v	m/s
13	重力加速度[1] acceleration of gravity	g	m/s^2
14	质量 mass	m	kg
15	力 force	F	$N(=kg \cdot m/s^2)$
16	压力 pressure	p	$P_a(=N/m^2)$
17	力矩 torque	T	N·m
18	密度 density	ρ	kg/m^3
19	动力粘性系数 coefficient of dynamic viscosity	μ	kg/m·s
20	运动粘性系数 coefficient of kinematic viscosity	ν	m^2/s
21	转动惯量 rotational inertia	I	$kg \cdot m^2$
22	电能量 elictric energy	E	J(=N·m); kW·h
23	功率 power	P	W(=J/s)、kW
24	效率 efficiency	η	%
25	热力学温度 thermodynamic temperature	T_k	K
26	摄氏温度 Celsius temperature	T_c	℃

9.2 无量纲术语

下面所列因数和系数可以极大地提高分析、评估和预测水力机械性能的能力。

1) $\overline{g}=0.5(g_1+g_2)$,见 IEC 60041:1991 的附录 F。

序号	术语	符号	定义
1	速度因数[1] speed factor	n_{ED}	$n \cdot D/E^{0.5}$
2	流量因数 discharge factor	Q_{ED}	$Q/(D^2 \cdot E^{0.5})$
3	力矩因数 torque factor	T_{ED}	$T_m/(\rho \cdot D^3 \cdot E)$
4	功率因数 power factor	P_{ED}	$P_m/(\rho \cdot D^2 \cdot E^{1.5})$
5	能量系数 energy coefficient	E_{nD}	$E/(n \cdot D)^2$
6	流量系数 discharge coefficient	Q_{nD}	$Q/(n \cdot D^3)$
7	力矩系数 torque coefficient	T_{nD}	$T_m/(\rho \cdot n^2 \cdot D^5)$
8	功率系数 power coefficient	P_{nD}	$P_m/(\rho \cdot n^3 \cdot D^5)$
9	比转速[2] specific speed	$n_{QE}(n_s)$	$n \cdot Q^{0.5}/E^{0.75}$、$(n \cdot P^{0.5}/H^{1.25})$
10	托马数(空化系数)Thoma number (cavitation coefficient)	σ	$NPSE/E=NPSH/H$、$\sigma=(p_\infty - p_0)/1/2\rho v^2$
11	欧拉数 Euler number	Eu	$p/\rho v^2$
12	弗劳德数 Froude number	Fr	v^2/gL
13	雷诺数 Reynolds number	Re	$\rho v L/\mu$
14	斯特劳哈尔数 Strouhal number	St	$fL/v=L/vt$
15	韦伯数 Weber number	We	$\rho L v^2/T$

1) n 为 s^{-1}。

2) 比转速 n_{QE} 与列出的无量纲特性一致。

另外有可能采用众所周知并广泛使用的比转速 n_q 及 n_s：

$n_q = n \cdot Q^{0.5} \cdot H^{-0.75}$　其中 n 单位为 r/min，Q 单位为 m^3/s，$H=E/g$ 单位为 m；

$n_s = n \cdot P^{0.5} \cdot H^{-1.25}$　其中 n 单位为 r/min，P 单位为 kW，$H=E/g$ 单位为 m。

附　录　A
（规范性附录）
性能参数术语

A.1　比能

A.1.1

比能　specific energy

单位质量流体所具有的机械能，是位置比能、压力比能和速度比能的总和。

$$E=E_z+E_p+E_v$$

式中：

E——比能，J/kg；

E_z——位置比能，J/kg；

E_p——压力比能，J/kg；

E_v——速度比能，J/kg。

A.1.2

位置比能　potential energy

单位质量流体相对于基准面所具有的重力位能。

$$E_z=gz$$

式中：

g——重力加速度，m/s^2；

z——相对于基准面的高度，m。

A.1.3

压力比能　pressure energy

单位质量流体所具有的压能。

$$E_p=p/\rho$$

式中：

ρ——流体密度，kg/m^3；

p——流体压力，Pa。

A.1.4

速度比能　velocity energy

单位质量流体所具有的动能。

$$E_v=v^2/2$$

式中：

v——平均流速，m/s。

A.2　水头

A.2.1

位置水头　potential head

相应于位置比能的水头。

$$H_z=E_z/g=Z$$

量的符号：H_z

单位：m

A.2.2

压力水头 pressure head

相应于压力比能的水头。

$$H_p = E_p / g = p / \rho g$$

量的符号：H_p

单位：m

A.2.3

速度水头 velocity head

相应于速度比能的水头。

$$H_v = E_v / g = v^2 / 2g$$

量的符号：H_v

单位：m

A.2.4

总水头 head

总水头是位置水头、压力水头和速度水头之和。

$$H = H_z + H_p + H_v$$

量的符号：H

单位：m

A.2.5

毛水头 gross head

水电站上、下游水位的高程差。

量的符号：H_g

单位：m

A.2.6

净水头 net head

水轮机进口与出口测量断面的总水头差，即水轮机做功用的有效水头。

量的符号：H_n

单位：m

A.2.7

额定水头 rated head

水轮机在额定转速下，额定输出功率时的最小净水头。

量的符号：H_r

单位：m

A.2.8

设计水头 design head

水轮机在最高效率点运行时的净水头。

量的符号：H_d

单位：m

A.2.9

最大(最小)水头 maximum (minimum) head

在运行范围内，水轮机净水头的最大(最小)值。

量的符号：H_{max}(H_{min})

单位：m

A.2.10

加权平均水头 weighted average head

在电站运行范围内,考虑不同负荷下运行时间的水头的加权平均值。

量的符号:H_w

单位:m

A.2.11

蓄能泵扬程 storage pump head

蓄能泵出口与进口测量断面的总水头差。

量的符号:H_p

单位:m

A.2.12

蓄能泵零流量扬程 no-discharge head of storage pump

在额定转速运行时,流量为零的扬程。

量的符号:$H_{p.0}$

单位:m

A.2.13

蓄能泵最大(最小)扬程 maximum (minimum) head of storage pump

在规定运行条件下,允许达到的扬程最大(最小)值。

量的符号:$H_{p.max}$($H_{p.min}$)

单位:m

A.3 流量

A.3.1

水轮机流量 turbine discharge

单位时间内通过水轮机进口测量断面的水的体积。

量的符号:Q

单位:m^3/s

A.3.2

蓄能泵流量 storage pump discharge

单位时间内通过蓄能泵出口测量断面的水的体积。

量的符号:Q_p

单位:m^3/s

A.3.3

额定流量 rated discharge

水轮机在额定水头、额定转速下,额定输出功率时的流量。

量的符号:Q_r

单位:m^3/s

A.3.4

水轮机空载流量 no-load discharge of turbine

水轮机在额定水头和额定转速下,输出功率为零时的流量。

量的符号:Q_0

单位:m^3/s

A.3.5

蓄能泵最大(最小)流量　maximum (minimum) discharge of storage pump

在规定的运行范围及额定转速下，蓄能泵允许输出的最大(最小)流量。

量的符号：$Q_{p.max}$($Q_{p.min}$)

单位：m^3/s

A.4 转速

A.4.1

额定转速　rated speed

设计时选定的稳态转速。

量的符号：n_r

单位：r/min

A.4.2

水轮机飞逸转速　runaway speed of turbine

水轮机处于失控状态，轴端负荷力矩为零时的最高转速。

量的符号：n_{run}

单位：r/min

A.4.3

蓄能泵(水泵水轮机的泵工况)反向飞逸转速　reverse runaway speed of storage pump

当电动机断电，蓄能泵处于失控状态以水轮机方向旋转的最高转速。

量的符号：$n_{p.run}$

单位：r/min

A.5 压力

A.5.1

表计压力(简称压力)　gauge pressure

高于或低于环境压力的表计显示压力。

量的符号：p

单位：Pa

A.5.2

环境压力(或大气压)　atmospheric pressure

周围空气的大气压力。

量的符号：p_a

单位：Pa

A.5.3

绝对压力　absolute pressure

表计压力和环境压力的代数和。

量的符号：p_{ab}

单位：Pa

A.5.4

汽化压力　vapour pressure

所处海拔高程和当时温度下，水发生汽化时的绝对压力。

量的符号：p_{va}

单位：Pa

A.6 功率

A.6.1

水轮机输入功率 turbine input power

水轮机进口水流所具有的水力功率。

量的符号：P_{in}

单位：kW

A.6.2

水轮机输出功率 turbine output power

水轮机主轴输出的机械功率。

量的符号：P_{out}

单位：kW

A.6.3

水轮机额定输出功率 rated output power of turbine

在额定水头和额定转速下，水轮机能连续发出的功率。

量的符号：P_{r}

单位：kW

A.6.4

蓄能泵的输出功率 storage pump output power

蓄能泵输出水流所具有的水力功率。

量的符号：$P_{p.out}$

单位：kW

A.6.5

蓄能泵的输入功率 storage pump input power

传递给蓄能泵主轴的机械功率。

量的符号：$P_{p.in}$

单位：kW

A.6.6

蓄能泵最大输入功率 maximum input power of storage pump

蓄能泵在额定转速和最大流量时的输入功率。

量的符号：$P_{p.max.in}$

单位：kW

A.6.7

蓄能泵零流量功率 no-discharge input power of storage pump

蓄能泵在额定转速下，流量为零时的输入功率。

量的符号：$P_{p.0.in}$

单位：kW

A.6.8

蓄能泵最小输入功率 minimum input power of storage pump

在规定条件下，蓄能泵保持稳定运行的最小输入功率。

量的符号：$P_{p.min.in}$

单位：kW

A.6.9

转轮输出功率　output power of runner

水轮机转轮传给主轴的功率。

量的符号：$P_{run.out}$

单位：kW

A.6.10

叶轮输入功率　input power of impeller

蓄能泵主轴传给叶轮的功率。

量的符号：$P_{imp.in}$

单位：kW

A.6.11

转轮输入功率　input power of runner

水流从水轮机转轮进口至出口传递给转轮的水力功率。

量的符号：$P_{run.in}$

单位：kW

A.6.12

叶轮输出功率　output power of impeller

自蓄能泵叶轮进口到出口由叶轮传递给水流的水力功率。

量的符号：$P_{imp.out}$

单位：kW

A.7　效率

A.7.1

效率　efficiency

水轮机输出功率与输入功率之比。

量的符号：η

A.7.2

水轮机机械效率　mechanical efficiency of turbine

水轮机输出功率与转轮输出功率之比。

量的符号：η_{mec}

A.7.3

蓄能泵机械效率　mechanical efficiency of storage pump

蓄能泵叶轮输入功率与蓄能泵的输入功率之比。

量的符号：$\eta_{p.mec}$

A.7.4

水轮机水力效率　hydraulic efficiency of turbine

水轮机转轮输出功率与水轮机输入功率之比。

量的符号：η_{hyd}

A.7.5

蓄能泵水力效率　hydraulic efficiency of storage pump

蓄能泵输出功率与叶轮输入功率之比。

量的符号：$\eta_{p.hyd}$

A.7.6

最优效率 optimum efficiency (maximum efficiency)

最优工况下的效率,即最高效率点。

量的符号:η_{opt}(η_{max})

A.7.7

相对效率 relative efficiency

某一工况的效率与最高效率之比。

量的符号:η_{rel}

A.7.8

加权(算术)平均效率 weighted (arithmetic) average efficiency

在规定运行范围内,效率的加权(算术)平均值。

量的符号:η_{w}(η_{wa})

A.7.9

积分平均效率 planimetric average efficiency

在规定的水轮机输出功率或蓄能泵流量的范围内,用面积法求得的效率曲线的平均值。

量的符号:η_{pa}

A.8 单位量

A.8.1

单位转速 unit speed

当转轮[叶轮]直径为1 m、水头[扬程]为1 m时的转速。

$$n_{11}=\frac{nD}{\sqrt{H}}$$

式中:

n_{11}——单位转速,r/min;

n——转速,r/min;

D——转轮[叶轮]直径,m;

H——水头[扬程],m。

A.8.2

单位流量 unit discharge

当转轮[叶轮]直径为1 m、水头[扬程]为1 m时的流量。

$$Q_{11}=\frac{Q}{D^2\sqrt{H}}$$

式中:

Q_{11}——单位流量,m^3/s;

Q——流量,m^3/s。

A.8.3

单位功率 unit power

当转轮[叶轮]直径为1 m、水头[扬程]为1 m时的功率。

$$P_{11}=\frac{P}{D^2H^{3/2}}$$

式中:

P_{11}——单位功率,kW;

P——功率,kW。

A.8.4

单位飞逸转速　unit runaway speed

飞逸工况下的单位转速。

量的符号：$n_{run.11}$；

单位：r/min。

A.8.5

水轮机的转速　specific speed of turbine

几何相似的水轮机当水头为1 m，输出功率为1 kW时的转速。

$$n_s = n\frac{\sqrt{P_{out}}}{H^{5/4}}$$

量的符号：n_s

单位：m·kW

A.8.6

单位水推力　unit hydraulic thrust

当转轮[叶轮]直径为1 m，水头[扬程]为1 m时，作用于叶片上的水推力。

$$F_{h11} = \frac{F_h}{D^2 H}$$

式中：

F_{h11}——单位水推力，(N)；

F_h——水推力，(N)。

A.8.7

单位水力矩　unit hydraulic torque

当转轮直径为1 m、水头为1 m时，作用于导叶或叶片上的水力矩。

$$M_{h11} = \frac{M_h}{D^3 H}$$

式中：

M_{h11}——单位水力矩，N·m；

M_h——水力矩，N·m。

A.9　误差

A.9.1

测量误差　error of measurement

测量结果减去被测量的真值。

A.9.2

系统误差　systematic error

在重复性条件下，对同一被测量进行的无限多次测量所得结果的平均值与被测量的真值之差。

A.9.3

随机误差　random error

测量结果与在重复性条件下对同一被测量进行的无限多次测量所得结果的平均值之差。

A.9.4

相对误差　relative error

测量误差除以被测量的真值。

A.9.5

测量不确定度　uncertainty of measurement

表征合理地赋予被测量之值的分散性，与测量结果相联系的参数。

A.9.6

置信概率　confidence level

与置信区间或统计包含区间有关的概率值。

A.10　空化和空蚀

A.10.1

空化　cavitation

当流道中水流局部压力下降至临界压力(一般接近汽化压力)时,水中气核成长为空泡,空泡的聚积、流动、分裂、溃灭过程的总称。过去称作"气蚀"。

A.10.2

空蚀　cavitation erosion (cavitation damage、cavitation pitting)

由于空化造成的过流表面的材料损坏。过去称作"气蚀"或'气蚀破坏"。

A.10.3

水轮机空化系数　cavitation coefficient of hydro-turbine (thoma number of hydroturbine)

表征水轮机空化发生条件和性能的无量纲系数。过去称作"气蚀系数"。

量的符号:σ

A.10.4

蓄能泵空化系数　cavitation coefficient of storage pump

表征蓄能泵空化发生条件和性能的无量纲系数。

量的符号:σ_{sp}

A.10.5

临界空化系数　critical cavitation coefficient

在模型空化试验中用能量法确定的临界状态的空化系数。

量的符号:σ_c

A.10.6

初生空化系数　incipient cavitation coefficient

转轮叶片开始出现空泡时的空化系数。

量的符号:σ_i

A.10.7

电站空化系数　plant cavitation coefficient

在电站运行条件下的空化系数。过去称作"装置气蚀系数"或"电站装置气蚀系数"。

量的符号:σ_p

A.10.8

电站吸出高度　static suction head

在反击式水轮机中所规定的空化基准面与尾水位的高差。

量的符号:H_s

单位:m

A.10.9

排出高度　static discharge head of impulse turbine

立式冲击式水轮机转轮节圆平面至设计最高尾水位的高度;卧式冲击式水轮机转轮节圆直径最低点至设计最高尾水位的高度。

量的符号:H_p

单位:m

A.10.10

吸入高度　static suction head of storage pump

在蓄能泵第一级叶轮中所规定的空化基准面与进口侧自由水面的高差。

量的符号：$H_{p.s}$

单位：m

A.10.11

蓄能泵吸入扬程损失　suction head loss of storage pump

自蓄能泵的进口侧自由水面至第一级叶轮进口之间的扬程损失。

A.10.12

蓄能泵净吸上扬程(蓄能泵空化余量)　net positive suction head of storage pump

在蓄能泵的第一级叶轮进口处空化基准面的绝对压力与汽化压力之间的水柱差。

量的符号：Δh (NPSH)

单位：m

A.10.13

安装高程　setting elevation

水力机械所规定安装时作为基准的某一水平面的海拔高程。

量的符号：Z

单位：m

A.10.14

空化裕量　cavitation margin

在模型空化系数上附加的裕量。

A.11　泥沙磨损

A.11.1

泥沙粒径　solid grain size

泥沙颗粒以球形表示的大小。

量的符号：d

单位：mm

A.11.2

粒径级配曲线　solid grain size distribution curve

表示一组泥沙颗粒级配组成的曲线。

A.11.3

中值粒径　middle solid grain size

在粒径级配曲线上50%处的泥沙粒径。

量的符号：d_{50}

单位：mm

A.11.4

平均粒径　average solid grain size

在粒径级配曲线上实测得的平均值的泥沙粒径。

量的符号：d_{av}

单位：mm

A.11.5

泥沙矿物成份　solid mineral composition

泥沙颗粒所含的矿物组成。

A.11.6

含沙量(含沙浓度)　solid content

单位水体中所含泥沙的质量。

$$S=W/V$$

式中:

S——含沙量,单位为 kg/m^3;

W——泥沙质量,单位为 kg;

V——单位含沙水体积,单位为 m^3。

A.11.7

多年平均含沙量　average annual solid content

多年平均的含沙量。

量的符号:S_a

单位:kg/m^3

A.11.8

过机含沙量　solid content passing througt hydroturbine

通过水轮机水流的含沙量。

量的符号:S_t

单位:kg/m^3

A.11.9

泥沙磨损　sand erosion

含沙水流对水轮机通流部件表面所造成的材料损坏。

A.11.10

磨蚀　combined erosion by sand and cavitation

在含沙水流条件下,水轮机通流部件表面受空蚀和泥沙磨损联合作用所造成的材料损坏。

A.12　振动

A.12.1

振动　vibration

机械系统相对于平衡位置随时间的往复变化。

A.12.2

压力脉动　pressure pulsation

在选定时间间隔 Δt 内液体压力相对于平均值的往复变化。

量的符号:ΔH

单位:Pa

A.12.3

共振　resonance

强迫振动中,激振频率与振动体固有频率相等时的振动状态。

A.12.4

周期　period

一个循环的时间,等于频率的倒数。

量的符号:T

单位:s

A.12.5

频率　frequency

单位时间内的循环数,等于周期的倒数。

量的符号:f

单位:Hz

A.12.6

振幅　amplitude

正弦量的最大值,在水轮机行业中所述振幅均指上述值的2倍,即峰-峰值。

量的符号:A

A.12.7

峰-峰值　peak to peak value

一个量的最大值与最小值的代数差。正弦量的峰-峰值为振幅的2倍。

量的符号:$X_{\text{P-P}}=2A'$

A.12.8

振动位移　vibration displasement

对简谐振动(正弦函数)表示振动质点偏离参考平均位置的距离。

量的符号:d(或D)

单位:mm(或μm)

A.12.9

振动速度　vibration velocity

振动质点运动的速度,等位移对时间的一阶导数。

量的符号:v

单位:mm/s

A.12.10

振动加速度　vibration acceleration

振动质点运动的加速度,等于速度对时间的一阶导数或位移对时间的二阶导数。

量的符号:a

单位:mm/s^2

A.13　暂态过程

A.13.1

过渡过程　transient

机组从一种稳定工况变化到另一种稳定工况的暂态过程。

A.13.2

调节保证　regulating guarantee

根据电站引水系统和机组的有关参数,水轮机[水泵水轮机]在过渡过程时,对机组压力上升值和机组转速上升值所作出的保证。

A.13.3

水锤　water hammer

有压流动中,流速发生剧烈变化,使压力随之发生急剧变比的现象。

A.13.4

初始压力　initial pressure

过渡过程开始前的稳态压力。

A.13.5

水轮机最大或最小瞬态压力　maximum/minimum momentary pressure of turbine

机组甩去规定负荷的过渡过程中，水轮机蜗壳内压力上升达到的最大压力，或水轮机尾水管内压力下降达到的最小压力。

A.13.6

瞬态压力变化率　momentary pressure variation ratio

相对于初始压力的最大瞬态压力增量与初始压力之比。

$$\zeta=(p_{max}-p_i)/p_i$$

式中：

ζ——瞬态压力变化率；

p_{max}——最大瞬态压力，(Pa)；

p_i——初始压力，(Pa)。

A.13.7

初始转速　initial speed

过渡过程开始前的稳态转速。

A.13.8

水轮机最大瞬态转速　maximum momentary overspeed of turbine

机组甩去规定负荷的过渡过程中，水轮机转速上升达到的最大转速。

A.13.9

蓄能泵(水泵水轮机的泵工况)最大瞬态反向转速　maximum momentary connterrotation speed of storage pump

电动机断电的过渡过程中，导叶和轮叶处在任意位置不变，机组以水轮机方向旋转的最大瞬态转速。

A.13.10

瞬态转速变化率　momentary speed variation ratio

相对于初始转速的最大瞬态转速增量与额定转速之比。

$$\beta=(n_{max}-n_i)/n_r$$

式中：

β——瞬态转速变化率；

n_{max}——最大瞬态转速，r/min；

n_i——初始转速，r/min；

n_r——额定转速，r/min。

附 录 B
(规范性附录)
试验方面术语

B.1 试验类型

B.1.1
原型(机) prototype
装于现场作为生产目的的水轮机、蓄能泵和水泵水轮机(原型转轮直径用 D_p 表示)。

B.1.2
模型(机) model
用以判断原型的性能,其通流部分与原型几何相似的装置(模型转轮直径用 D_m 表示)。

B.1.3
验收试验 acceptance test
在需方目击下,为验证保证事项或证实部件达到合同规定或有关标准所进行的试验。

B.1.4
装配试验 assembly test
为测定各部尺寸、密封性能和检查动作情况等的试验。

B.1.5
模型试验 model test
为判断原型的性能,对其模型进行各种特性测试的试验。

B.1.6
性能试验 performance test
测量原型水轮机、蓄能泵和水泵水轮机的效率、功率、流量及其他参量的试验。

B.1.7
特性试验 characteristic test
测量水轮机、蓄能泵和水泵水轮机水力特性的试验。

B.1.8
飞逸试验 runaway speed test
在不同导叶开口条件下,水轮机轴端负荷力矩为零时测试转速的试验。

B.1.9
力特性试验 force characteristic test
对某些零部件进行力和力矩测试的试验。

B.1.10
负载试验 load test
确认原型在各种负载下没有异常的振动、漏油、漏水、噪音、轴承温升以及其他现象,直至可以连续正常运行的试验。

B.1.11
甩负荷试验 load rejection test
检验机组甩负荷时,机组及其调速系统的动作是否正常,暂态压力变化和暂态转速变化是否符合规定的试验。

B.1.12
耐压试验 pressure test
为确定承受水压或油压的承压件能否承受所规定压力而进行的加压试验。

B.1.13

效率试验　efficiency test

通过模型或原型测量在不同工况下的水头、流量和功率,计算效率的试验。

B.1.14

重量法　gravimetric method

根据一定时间里流入容器内水的质量,而测量流量的方法。

B.1.15

容积法　volumetric method

根据一定时间里流入容器内水的体积,而测量流量的方法。

B.1.16

流速仪法　current meter method

采用流速仪测量流量的方法。

B.1.17

压力-时间法(吉普逊法)　pressure-time method (method N. R. Gibson)

测量水轮机进口关闭时压力钢管内所引起的水压随时间的变化,求出关闭前流量的方法。

B.1.18

声学法(超声波法)　acoustic method (ultrasonic method)

应用超声波测流量的方法。

B.1.19

热力学法　thermodynamic method

通过测量水轮机进出口水温差,算出水轮机水力效率的方法。

B.1.20

指数法　index method

测定流道中适当的两点间的差压,以求出流量相对值的方法。

B.1.21

空化试验　cavitation test

确定空化发生的界限或研究空化引起特性变化的试验。

B.1.22

压力脉动试验　pressure fluctuation test

在规定工况和电站空化系数(或规定空化系数)的条件下,在规定部位测量压力脉动大小和频率的试验。

B.1.23

补气试验　air admission test

在模型或原型上向某一区域补进空气或压缩空气的试验。

B.1.24

水轮机功率试验　turbine output test

在测出发电机输出功率和效率后,由此推算得到水轮机输出功率的试验。

B.2　运行工况

B.2.1

(运行)工况　operating condition

由转速、水头[扬程]、功率或流量决定的工作点。

B.2.2

最优工况　optimun operating condition

效率最高点的运行工况。

B.2.3

飞逸工况　runaway speed operating condition

水轮机运行中失控，输出功率(或轴端负荷力矩)为零时的工况。

B.2.4

空载工况　no-load operating condition

水轮机在额定转速下输出功率为零时的工况。

B.2.5

相似工况　similar operating condition

几何相似的水轮机、蓄能泵和水泵水轮机在相似水力条件下的运行工况。

B.2.6

协联工况　combined condition

导叶和转轮[叶轮]叶片可以调节的轴流式或斜流式水轮机、蓄能泵或水泵水轮机在导叶和叶片组合关系处于具有最优性能的运行工况。

B.3　力特性

B.3.1

力特性　force character

水流对装置零部件的作用力或力矩与运行工况的关系。

B.3.2

导叶力特性　guide vane force character

水流作用在导叶上的水力矩(包括方向和大小)与导叶开度、运行工况之间的关系。

B.3.3

叶片力特性　blade force character

水流作用在可调节转轮[叶轮]的叶片上的水力矩(包括大小与方向)与叶片安放角、运行工况之间的关系。

B.3.4

水推力　hydraulic thrust

水流作用在转轮[叶轮]上轴线方向的作用力(即轴向水推力)。

量的符号：F_h

单位：N

B.3.5

径向力　radial force

水流作用在转轮[叶轮]上径向方向的不均衡力。

量的符号：F_r

单位：N

B.4　特性曲线

B.4.1

(水轮机)综合特性曲线　(turbine) combined characteristic curve

绘在以单位流量和单位转速为坐标系内，给出的几何相似模型水轮机的效率、空化系数、导叶开度、转轮叶片转角和压力脉动等的一组等值曲线，以及输出功率限制线。

B.4.2

（水轮机）运转特性曲线　(turbine) performance curve

绘在以输出功率和水头为坐标系内，以输出功率限制线表示在某一转轮直径和额定转速下给出的原型水轮机效率、吸出高度、压力脉动、导叶开度和转轮叶片转角等的一组等值曲线。

B.4.3

飞逸特性曲线　runaway speed curve

绘在以导叶开度和单位飞逸转速为坐标系内的关系曲线。

B.4.4

水泵水轮机全特性　complete characteristics of pump-turbime

水泵水轮机正转、反转，正向流动、反向流动和正向制动、反向制动互相组合成的全面特性。

附 录 C
（资料性附录）
本部分章条编号与 IEC/TR 61364:1999 章条编号对照

表 C.1 给出了本部分章条编号与 IEC/TR 61364:1999 章条编号对照的一览表。

表 C.1 本部分章条编号与 IEC/TR 61364:1999 章条编号对照

本部分章条编号	IEC/TR 61364:1999 章条编号
1	1
2	1.1 （原第 2 章删除）
3	3
4	4
5	5
第 6 章中 6.1	6.1
6.2	6.2
—	6.3 （删除）
7	7
第 8 章第 8.1 条中 8.1.1	8.1 的部分内容
8.1.2	8.1 的部分内容
8.2	8.2
9	9
附录 A（新增）	—
附录 B（新增）	—
附录 C（新增）	—
附录 D（新增）	—
中文索引（新增）	—
英文索引（新增）	—

附 录 D
（资料性附录）
本部分与 IEC/TR 61364:1999 技术性差异及其原因

表 D.1 给出了本部分与 IEC/TR 61364:1999 技术性差异及其原因的一览表。

表 D.1 本部分与 IEC/TR 61364:1999 技术性差异及其原因

本部分章条编号	技术性差异	原 因
2	删除 IEC/TR 61364:1999 第 2 章内容，将第 1 章中第 1.1 条移至本章。 增加了本章的引导语。 增加引用了 GB/T 10969—1996 和 JB/T 8191—2004(代替了 IEC 60308:1970)。	按 GB/T 1.1 的规定。 以适合我国国情。
3.1.1	水力机械设备定义删除导轴承和推力轴承等	部件归纳分类不适用于我国。
3.2.3、3.2.4	增加了优先术语、许用术语和专用术语等。	按 GB/T 1.1 的规定。
4	将原 4.4.1.1 条分开为 4.4.1.1(径流式水轮机)和 4.4.1.2(混流式水轮机)，以及 4.4.2.3(双击式水轮机)、4.7.1.4(圆筒阀)等定义进行了补充。 增加了 4.7.2.1(矩形闸门)和 4.7.2.2(弧形闸门)。	符合我国习惯，定义更合理。
5	增加了 5.2 条的导语，对于无编号部件的术语从 501 开始加圆括号编号。 修改了下述部件术语的定义：001、002、004、043、051、052、053、084、091、118 和 119，增加了 138(本条在第 6 章被引用，属遗漏)和 139。	便于在索引中查找。 更符合我国习惯。
6.3	删除 5 种语言(法、俄、德、意、西)术语条目的索引。	准备出版多语种水力机械术语词典。
8	修改了本章标题为“流道参数主要尺寸”。 增加了本章导语，说明了符号顺序按流道进口至出口，即蜗壳—座环—导水机构—转轮—尾水管更易于查找，符号也进行了一定修改。 将原 8.1 条(反击式水轮机的术语和符号)分成两小条，即 8.1.1(混流式水轮机的术语和符号)和 8.1.2(斜流式、轴流式和贯流式水轮机的术语和符号)，不仅内容更细化、并且表述更全面和合理。 8.1.1 条增加了：5、6、7、8、13、14、15、16、17、20、22、23、24、25、29、30、32、33、34、36、37、38、39、41、42、43、44、45、48 和 50。 8.1.2 条增加了：14、15、16、17、18 和 19。 8.2 条增加了：5、6、10、16、17、18、19 和 22。	更符合本章内容。 更符合我国习惯用法，且更合理。

表 D.1(续)

本部分章条编号	技术性差异	原　　因
9	将 9.1 条部分术语按其本身属性移至第 8 章、附录 A 和附录 B 中,即:a→8.1.1,s→8.2,e、E、E_g、E_L、E_S→A.1,F_a、F_r→B.3.5,H、H_L→A.2,n→A.4,NPSE、NPSH→A.10.12,P、P_m→A.6,p、p_{abs}、p_{amb}、p_{va}→A.5,Q→A.3,T、T_m、T_S、T_G→A.8.6,Z_g、Z_s→A.10,η→A.7。 9.1 条增加了:1、6、11、14、21 和 22。 9.2 条增加了:11、12、13、14 和 15。	更符合术语的归属。 符合我国法定计量单位的规定。 与托马数一样,系水力机械常用的相似准数。
附录 A	新增部分,系结合我国实际情况将原国家标准 GB/T 2900.45—1996 中有关性能参数术语在保留的基础上,进行调整和完善,列入本部分的附录 A。又新增加了:A.9(误差)、A.11(泥沙磨损)、A.12(振动)和 A.10.9(排出高度)。	符合我国的国情。
附录 B	新增部分,系结合我国实际情况将原国家标准 GB/T 2900.45—1996 中有关试验方面术语,在保留和完善的基础上列入本部分的附录 B。其中又新增加了:B.1.14～B.1.20 共 7 条有关效率试验的方法。	符合我国的国情。

中 文 索 引

（按术语的汉语拼音条目第一个字母顺序排列）

T

W

X

Y

Z

英 文 索 引

（按术语的英语对应词条目第一个字母顺序排列）

A

B

C

D

E

F

G

H

M

N

R

S

T

W

ICS 83.060
G 40

中华人民共和国国家标准

GB/T 2941—2006/ISO 23529:2004
代替 GB/T 2941—1991,GB/T 5723—1993,GB/T 9865.1—1996,GB/T 9868—1988

橡胶物理试验方法试样制备和调节通用程序

Rubber—General procedures for preparing and conditioning test pieces for physical test methods

(ISO 23529:2004,IDT)

2006-09-01 发布 2007-02-01 实施

中华人民共和国国家质量监督检验检疫总局
中国国家标准化管理委员会 发布

前　　言

本标准等同采用 ISO 23529:2004《橡胶　物理试验方法试样制备和调节通用程序》(英文版)。

本标准代替 GB/T 2941—1991《橡胶试样环境调节和试验的标准温度、湿度及时间》、GB/T 5723—1993《硫化橡胶或热塑性橡胶　试验用试样和制品尺寸的测定》、GB/T 9865.1—1996《硫化橡胶或热塑性橡胶　样品和试样的制备　第一部分:物理试验》、GB/T 9868—1988《橡胶获得高于或低于常温试验温度通则》。

本标准等同翻译 ISO 23529:2004。

为便于使用,本标准还做了下列编辑性修改:

a) 删除了国际标准的前言;

b) “本国际标准”一词改为“本标准”;

c) 用小数点“.”代替作为小数点的逗号“,”;

d) 在 3.2 条增加比对试验的试验控制条件的注,其目的是满足实际操作需要,为减少不必要的争议提供指导;

e) 在 5.2.3.3 中的注,增加“C-30-P-4-V 表示磨料为黑碳化硅,粒度为 30,硬度代号为 P,磨具组织号为 4,陶瓷结合剂;C-60-P-4-V 表示的粒度为 60,其余与 C-30-P-4-V 表示相同。”以方便使用;

f) 增加了有关裁刀保养的资料性附录(见附录 A),以方便用户节约使用和保养裁刀。

本标准依据 ISO 23529:2004,同时对 GB/T 2941—1991,GB/T 5723—1993,GB/T 9865.1—1996,GB/T 9868—1988 四个标准进行修订,本标准包括了这四个标准的全部内容,所陈述的技术内容与原标准所覆盖的范围相同。其主要技术差异如下:

——增加了试样确认及记录的保存要求(本版的第 2 章);

——修订了实验室湿度控制公差,由原来的±5%、±2%改为±5%、±10%(GB/T 2941—1991 的 4.2;本版的 3.2);

——修订了在标准试验温度以外进行试验的温度公差,由原来的 100℃以下±1℃,(101℃～200℃)±2℃,201℃±3℃,改为 0℃及其以下±2℃,0℃以上 100℃(含 100℃)以下±1℃,100℃以上±2℃(GB/T 2941—1991 的 3.4;本版的 8.2.2);

——删除了附录 A 常用测量器具和附录 B 适用于方法 A 的测厚计(GB/T 5723—1993 的附录 A 和附录 B);

——将裁刀的有关保养方法调整为资料性附录(GB/T 9865.1—1996 的 6.2;本版的附录 A);

——修订了试验温度控制箱的要求,由原来的具体要求改为原则性要求(GB/T 9868—1988 的第 3,4,5,6 章;本版的第 9 章)。

本标准的附录 A 为资料性附录,附录 B 为规范性附录。

本标准由中国石油和化学工业协会提出。

本标准由全国橡胶与橡胶制品标准化技术委员会橡胶物理和化学试验方法分会(SAC/TC 35/SC 2)归口。

本标准委托全国橡胶与橡胶制品标准化技术委员会橡胶物理和化学试验方法分会负责解释。

本标准起草单位:北京橡胶工业研究设计院。

本标准主要起草人:伍江涛、冯春阳、马维德、刘玉环。

本标准所代替标准的历次版本发布情况为:

——GB 2941—1982,GB/T 2941—1991；

——GB 5723—1985,GB/T 5723—1993；

——GB 9865—1988,GB/T 9865.1—1996；

——GB 9868—1988。

橡胶物理试验方法试样制备和调节通用程序

警告——使用本标准的人员应有正规实验室工作的实践经验。本标准并未指出所有可能的安全问题。使用者有责任采取适当的安全和健康措施,并保证符合国家有关法规规定的条件。

1 范围

本标准规定了用于其他标准物理试验的橡胶试样的制备、测量、标记、存放和调节的通用程序,以及用于试验过程的首选条件。不包括用于特殊试验或材料或模拟特殊气候环境的特定条件,也不包括用于产品试验的特殊要求。

本标准同时规定了橡胶试样和产品,从制成到试验所需要的时间间隔。这些要求对提高试验结果的再现性以及降低消费者和供应商之间的争议是必要的。

2 试样确认及记录的保存

记录应保持每个试样的同一性,以便确定每个独立试样的样品提供,及所有制备、存放、调节、测量的相关细节可以被追踪。

每个样品或试样在其制备及试验的每个阶段,应通过标记或隔离予以单独确认。当采用标记做确认方法时,标记应保持持久有效,并保证样品或试样在被丢弃前仍可确认。当压延效应可能很重要时,每个样品或试样上应标明压延方向。

标记方法不能影响橡胶试样或样品的性能,并且应避开重要表面,这些表面将直接用于试验(如磨耗试验)或试验中断裂而终止的表面(如撕裂或拉伸试验)。

3 标准实验室条件

3.1 标准实验室温度

标准实验室温度应为23℃±2℃或27℃±2℃。

如果更严格要求,温度公差应为±1℃。

注:23℃通常是适用于温带地区的标准实验室温度,27℃通常是适用于热带和亚热带地区的标准实验室温度。

3.2 标准实验室湿度

当温度和湿度都需要控制时,应从表1进行优先选择。

表1 优先选择的相对湿度

温度/℃	相对湿度/%	湿度公差/%
23	50	±10[a]
27	65	
a 更严格的公差为±5%。		

注:比对试验的标准实验室温度为23℃±1℃,相对湿度为50%±5%。含有橡胶且用于橡胶产品的纺织材料,用于实验室间比对试验的标准实验室温度为20℃±2℃,相对湿度为65%±4%(参见ISO 139)。

3.3 其他

当不需要控制温度和湿度时,应使用经常出现的环境温度和湿度。

4 样品和试样的停放

4.1 尚未制备试样的样品及试样进行调节之前,应保存在引起老化可能性最小的环境中,如热、光或污染物,包括来自其他样品的交叉污染。

4.2 所有试验,试样形成与试验之间的最短时间间隔为16 h。若试样是从成品上裁下来或者用整个成品进行试验时,例如桥梁支座,可能需要停放16 h以上。在这种情况下,产品说明书和/或有关的试验方法应给出最短时间间隔。

4.3 非成品试验,试样形成与试验之间的最长时间间隔是4周。对于要求比对评估试验应尽可能在相同的时间间隔内进行。

4.4 成品试验,只要有可能,成品形成与试验之间的时间间隔不应超过3个月。其他情况时,应在消费者收到产品之日起的两个月内进行试验。

4.5 这些要求仅与在初始和交付阶段的原始橡胶材料试验及成品有关。其他目的的特殊试验可以在任何时间进行,例如对工艺控制或对一个产品在非正常环境停放影响的评估,这样的原因应在试验报告中明确陈述。

4.6 如果是未硫化胶料,应在3.1规定的某一标准实验室温度下调节2 h～24 h,宜放在密封的容器中,以防其在空气中受潮,或者在一个相对湿度控制在50%±5%的房间内。

5 试样的制备

5.1 试样的厚度

试样厚度应符合相关试验方法的规定。然而,除非技术原因,采用其他厚度;所有试验都推荐使用表2给出的试样厚度,用来做特制的模压胶片。

表2 首选的试样厚度

单位为毫米

试样厚度	公 差
1.0	±0.1
2.0	±0.2
4.0	±0.2
6.3	±0.3
12.5	±0.5

5.2 厚度调整

5.2.1 总则

需要试验的材料,特别是成品,可能不具备5.1规定的厚度,因此需要将厚度调整到规定的限度之内,5.2.2中给出了推荐方法。在大多数情况下,厚度的调整应在裁切试样之前的材料上进行。

5.2.2 方法

5.2.2.1 去除与橡胶相粘合的纺织物

分离织物应尽量避免使用引起橡胶溶胀的溶液。如果不可避免,则可以使用像异辛烷这样的低沸点的无毒液体来湿润接触面。为避免橡胶的过度拉伸,分离过程中应小心地固定住靠近分离点的橡胶,每次分离很小一点。如果使用了溶液,在试样被裁切和进行试验之前,橡胶应停放至少16 h,使液体有足够的时间完全自由挥发。

5.2.2.2 裁切方法

当需要切掉相当厚度的橡胶或从一个厚的胶片制成若干薄片时,应使用5.2.3.1和5.2.3.2中所描述的裁切设备。

5.2.2.3 打磨方法

需要去除表面不平时,如织物的压痕或由用于硫化的水包布或织物组件的接触引起的皱纹,或由于裁切引起的不平,应使用5.2.3.3或5.2.3.4中描述的设备。

5.2.3 制备试样的设备

5.2.3.1 旋转刀具设备

此设备参照工业切片机。机器由具有一个适当直径的、电机或手动驱动的圆盘状裁刀组成，并带有一个可移动的切割台，可将样品送到刀具边缘。切割台上装有一个可慢速调节的装置，用来将橡胶送至切割线，并控制切片的厚度。设备还应该装有固定橡胶的夹紧装置。为了便于切割操作，刀具最好使用稀释的洗涤液润滑。

5.2.3.2 切割机

该设备以商业化的皮革切片机为基础，可适用于切割宽度约 50 mm，厚度不超过 12 mm 的胶片。通过调整可切割不同的厚度，并且具有使胶料通过刀具的供料辊。裁刀的刀刃要保持锋利。辅助装置可从电缆外护胶上冲切及裁切断面。

5.2.3.3 砂轮

打磨装置是包括一个装有电机驱动砂轮的打磨机。砂轮运行应平稳无颤振，氧化铝或碳化硅磨面应锋利准确。打磨机应装有慢速供料装置，可进行极轻微的磨削以避免橡胶过热。还应采用适当的方法以固定橡胶，防止过度变形并控制橡胶相对砂轮横向移动。

注：砂轮直径为 150 mm，线速度的范围为 10 m/s～12 m/s。C-30-P-4-V 型号的砂轮适合用于粗磨，C-60-P-4-V 型号的砂轮适合用于细磨(见 ISO 525)。C-30-P-4-V 表示磨料为黑碳化硅，粒度为 30，硬度代号为 P，磨具组织号为 4，陶瓷结合剂；C-60-P-4-V 表示的粒度为 60，其余与 C-30-P-4-V 表示相同。

第一次打磨时打磨深度不应超过 0.2 mm。连续打磨应逐渐减小打磨深度以避免橡胶过热。除厚度不平整的位置打磨外，其他部位不应打磨。需去掉较大厚度的橡胶，应使用 5.2.3.1 或 5.2.3.2 中所描述的切割设备。

5.2.3.4 挠性打磨带

该装置包括固定有旋转形打磨带的电动转鼓或两个滑轮，其中一个由电动机传动，另一个可以拉紧和调整打磨带。打磨带由织物、纸或两者并用制得。表面粘有一层用防水树脂粘合的氧化铝或碳化硅磨料。设备应装有慢速供料装置并防止橡胶过度变形。

注：打磨带线速度为 20 m/s±5 m/s 比较合适。

操作时，橡胶打磨的厚度为零点几毫米比较合适，用这种方法比用 5.2.3.3 中所陈述的方法打磨时产生的热量要少得多。打磨时可以靠着转鼓进行，也可靠着一个滑轮或靠着滑轮之间绷紧的打磨带进行。

5.3 试样裁刀

5.3.1 裁刀设计

所用的裁刀或裁切器结构和型号，应依据试验材料的厚度和硬度而定。裁切薄的材料时应使用 5.3.2、5.3.3 或 5.3.4 中描述的冲切或旋转裁刀。对于较厚的材料，通常是 4 mm 以上，使用 5.3.4 中描述的旋转裁刀，以减轻裁切过程中因橡胶压缩引起的切边凹陷程度。对没有替换刀片的裁刀，裁刀刃口的设计如图 1 所示。

5.3.2 固定刀刃的裁刀

这类裁刀应使用优质工具钢制造，可以采用整体结构也可采用两件式结构。裁刀可设计成一次能够冲切一个或多个试样。裁刀结构应具有足够的刚度防止裁切时变形。裁刀宜装有顶出装置以便取出试样。顶出装置的设计应适于裁切厚度在4.2 mm以下的样品。如果没有顶出装置，则应有从裁刀后部通至刃口的通道，以便操作人员在不损伤刃口的情况下取出试样。刃口应像 5.4 中叙述的那样保持锋利没有缺口，以防止试样形成粗糙的边缘。

5.3.3 可更换刀片的裁刀

这类裁刀使用磨快的高碳钢条，如单刃刀片，其柔韧性足以满足裁刀形状要求，刀片与裁刀形状应吻合，并能固定在刀体上。刀体应有足够的厚度用以支撑裁切刀片，刀片通常伸出表面不超过2.5 mm。

裁刀刀片的背面应嵌在一个固定的金属底座上。裁刀应装有顶出装置以便取出试样。此装置的设计适应于裁切厚度在2.2 mm以下的样品。如果没有顶出装置，则应有从裁刀后部通至刃口的通道，以便操作人员在不损伤刃口的情况下取出试样。应经常对刀片进行检查，确保裁刀裁切时，特别是裁切高硬度样品时刀片不发生变形。

单位为毫米

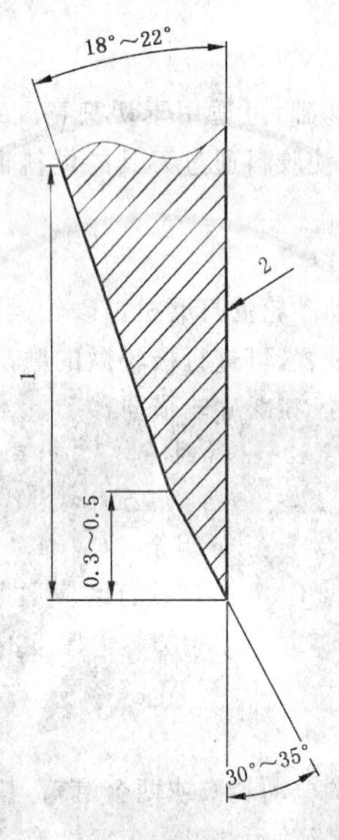

1——大约 6 mm 宽的刃口；
2——裁刀内表面。

图 1 裁刀刃口

5.3.4 旋转裁刀

将环形或弧形裁刀固定在钻床的合适刀架上。裁切过程中应有固定橡胶的装置，这个装置包括安装到刀架的压足，用于固定样品中心部位的柱塞和中心孔尺寸大于裁切尺寸的金属压板，或者可在样品下面施加负压的真空固定器。应设置在裁切过程中向橡胶表面提供润滑剂的装置。为了得到环形试样的垂直切口，同时使用内外环同时裁切。刀片的型号和钻头的速度和行程应充分满足被裁切样品厚度的要求。弧形裁刀的前沿要有一定的角度并保持锋利，以便切入样品。裁切区域应装有一个透明罩以便对裁切的过程进行监控。也可以采用试样围绕固定裁刀相对旋转的其他设备。

5.4 裁刀的保养

应经常维护和保养裁刀的刃口，因为刃口变钝、崩刃或卷刃都会使试样带有缺陷，影响试验结果。裁刀不使用时刃口部位应放置在柔软的物体(例如海绵)上，或者使刃口部位不与任何表面接触。

有关裁刀的其他保养方法参见附录 A。

5.5 模压法试样的制备

5.5.1 片状试样

用模压法硫化片状试样时(见 5.5.2 的注)，尽可能使它们接近产品的硫化程度。首先，按照相应试验方法规定的厚度，模压硫化胶片，然后用裁刀裁切试样。

5.5.2 圆形试样

用模压硫化圆形试样时，尽可能使它们接近产品的硫化程度。

注：GB/T 6038 中规定了模压法制备片状试样和圆形试样的适当方法。

5.5.3 热塑性材料

热塑性材料样品的模压应按照制造商对材料的说明、应用和模压的类型及尺寸进行。

6 调节

6.1 总则

温度和湿度都已规定时，试样的调节时间应不少于16 h，然后立即试验。

当采用标准实验室温度且不需要控制湿度时，试样的调节应不少于3 h，然后立即试验。

当规定了一个不同于标准实验室温度且不需要控制湿度条件时，应经过足够长调节时间，以使试样与环境温度相平衡，或者根据试验材料和产品的有关规定处理。

经过打磨样品制备的试样在试验前应该进行调节。

6.2 低于或高于常温时的调节时间

附录B给出了从初始温度为20℃开始，试样中心达到与设定的调节温度相差1℃之内的计算时间。时间由试样的几何形状、材料以及所用热传输介质的类型决定。

7 试样尺寸的测量

注：作为控制目的的产品尺寸测量，请参阅GB/T 3672.1。

7.1 方法A——用于小于30 mm的尺寸

该方法适用于测量30 mm以下的尺寸，试样放置于两个平行平面之间，也适用于测量施加压力而不引起任何明显变形的其他尺寸。

设备由放置试样或制品的平整坚硬的基座平台和一个可在试样或制品上施加规定压力、直径为2 mm～10 mm的扁平圆形压足组成。

该仪器测量厚度的误差应不大于1%或0.01 mm，或更小。

圆形压足不应超出试样或制品的边缘。对硬度等于或大于35 IRHD的固体橡胶施加22 kPa±5 kPa的压力；对硬度小于35 IRHD的施加10 kPa±2 kPa的压力。在不同的直径下，压足产生22 kPa±5 kPa和10 kPa±2 kPa的规定压力，所需标准质量可参考表3。

注：这种型号的设备同样可以用于没有平整的平行平面的试样，在相关的标准中提供了测量条件。

每个被测尺寸至少应获取3个测量值，结果取3个测量值的中值。

表3 不同直径压足表面压力所需质量

压足直径/mm	施加规定压力所需质量/g	
	10 kPa±2 kPa	22 kPa±5 kPa
2	3	7
3	7	16
4	13	28
5	20	44
6	29	63
8	51	113
10	80	176

7.2 方法B——用于30 mm～100 mm(包括100 mm)的尺寸

该测量采用误差不大于1%的游标卡尺来测量尺寸。测量与试样或制品的相对表面垂直方向的尺寸。固定试样或制品，使测量尺寸不受试样或制品形变的影响。

调节卡尺，使测量试样或制品的面，在不压缩情况下与其相接触。

每个被测尺寸至少应获取 3 个测量值,结果取 3 个测量值的中值。

7.3 方法 C——用于超过 100 mm 的尺寸

采用误差不超过 1 mm 的直尺或卷尺来测量。测量与试样或制品的相对表面垂直方向的尺寸。

每个被测尺寸至少应获取 3 个测量值,结果取 3 个测量值的中值。

7.4 方法 D——非接触法

这种不和橡胶有任何接触的测量,特别适用于具有特殊形状的试样或制品(如 O 型圈或取自胶管的试样)。可采用各种类型的光学设备,例如:移动式显微镜、投影显微镜或 X 光摄影仪。

这些仪器厚度测量的误差应不大于 1%或 0.01 mm,或更小。

每个被测尺寸至少应获取 3 个测量值,结果取 3 个测量值的中值。

8 试验条件

8.1 试验时间

获得某一试样的任何指定变化(比如老化)程度的时间主要依赖橡胶的类型、其配方和硫化状态、自然环境及试验环境的苛刻度。通常会在进行一组不同时间周期的试验通过监测其变化来实现一个全面的研究。出于控制的目的,一个单一的试验时间可能就足够了,通常不需要上述程序。这两种情况下,推荐选择表 4 中给出的试验时间。

表 4 首选试验时间

单位为小时

试验时间	公 差
8	±0.25
16	
24	$^{0}_{-2}$
48	
72	
168	±2
168 的倍数	

如果出于技术的原因可能需要更小的公差,应符合有关试验方法中的规定。

8.2 温度和湿度

8.2.1 标准实验室温度和湿度

温度和湿度的标准条件见第 3 章的规定。

8.2.2 其他试验温度

当需要高温或低温时,温度应从表 5 中选择。出于技术原因,可选择其他的温度。

注:为了试验结果能得到更好的重现性,可以规定更严格的公差。

表 5 试验温度

单位为摄氏度

试验温度	公差
−85	±2
−70	
−55	
−40	
−25	
−10	
0	

表 5(续)

单位为摄氏度

试验温度	公差
40 55 70 85 100	±1
125 150 175 200 225 250 275 300	±2

9 试验箱

9.1 温度箱的一般要求

试验箱中的浸泡介质应对橡胶试样的性能没有显著影响。箱内放置试样的部分,其温度应控制在相应试验方法规定的公差范围内;浸泡介质应在箱内完全地流通;首选的是自动温度控制机;在放入试样或试验装置后,按照最小过调量和最小失调量的要求,尽快使温度恢复到设定值,在任何情况下,不应超过 15 min,对气体介质要特别注意到这一点。

箱体应是热绝缘的,以防止低温试验时外表面形成冷凝汽,并防止高温试验时难以接触。如果需要一个窗口来观察试验仪器,例如读表,这个窗口应能够确保足够的热绝缘并避免冷凝。

箱体的结构取决于传热介质的类型。对于气体介质,箱体侧面开口对放入试样是方便的,对于从侧面操作实验仪器是必要的。箱体内壁应由热的良导体制作,最好是铝或镀锡的铜,以保证温度均匀并将辐射效应减至最小。当需要人工操作箱内仪器时(试样的装卸除外),应在箱壁上装设带有手套和绝缘套袖的操作孔。

对于液体介质,可用浸在介质中的元件或箱外热交换系统的循环介质来控制温度。

9.2 高温时控制箱的操作

9.2.1 气体热传递介质控制箱

气体应通过适宜的电热元件来加热,用风扇或吹风机来确保气体充分循环。加热元件应被隔离以防止热辐射直接作用在试样上。

为了达到所需温度控制的精度,热传递系统应:

a) 采用循环气体系统;

b) 设计温度控制所需的大部分热量为连续供给,其余则间隙供给,或采用热量供给的比例调节装置,以防止温度发生大的周期性变化。

9.2.2 液体热传递介质控制箱

这种控制箱应遵循 9.2.1 中的相同原理,用浸泡加热器代替 9.2.1 中的热元件和用一个搅拌器或者泵代替风扇或吹风机。

9.2.3 沸腾床

这种控制箱利用一个惰性材料床,当一种合适的气体以合适的速度通过该床时,惰性材料达到沸腾。

9.3 低温时控制箱的操作

9.3.1 机械冷却装置

通常机械冷却低温控制箱有一个多级压缩机和一个围绕试验箱的冷却螺旋管。

9.3.2 固体二氧化碳冷却装置(直接冷却)

在固体二氧化碳直接冷却低温控制箱中,有一个合适的风扇或吹风机位于固体二氧化碳隔层中,使二氧化碳从固体二氧化碳隔层中气化流动到试样隔层并返回。

9.3.3 固体二氧化碳装置(间接冷却)

在固体二氧化碳间接冷却低温控制箱中,空气作为热传输介质,没有二氧化碳气体与试样接触。

9.3.4 整体冷却装置

将试验装置放入试验控制箱中,循环调节温度的冷空气或二氧化碳气体,从一个单独的冷却装置通过绝热管流通到试验箱并返回这是最理想的。

9.3.5 液氮

可以将液氮按需要注入箱中,来控制温度,或由箱内足够体积的气体经由箱外的液氮容器循环流动,以达到所要求的温度。液氮注入时,应完全气化,氮气应接触试验装置或试样之前达到试验温度。

10 试验报告

试验报告应包括以下信息:

a) 模压条件及模压日期(如果适用);

b) 样品和试样的制备方法;

c) 试样的调节细节;

d) 测量试样尺寸的方法和测试结果;

e) 相应的试验温度和湿度。

附 录 A
（资料性附录）
裁刀的保养方法

A.1 裁刀的保养

A.1.1 裁刀的刃口保养是十分关键的。可以用磨石经常轻轻地研磨和修整刃口，并通过一系列的试验后试样的断裂点来评价刃口的状况。当把断裂的试样从夹持器上取下时，检验试样是否存在总在同一位置、或接近同一位置断裂的趋势，如果有这一趋势，表明刃口在这个特定的部位上可能变钝、有缺口或卷刃。

A.1.2 裁刀应贮存在干燥的环境中并涂上防护油，防止裁刀被腐蚀。

A.1.3 使用时应注意保护刃口，在样品下边垫上软硬适宜的覆胶带或优质纸板保护刃口不受损伤。刃口应定期研磨以保持锋利。

A.1.4 当需要大的研磨时，应首先用安装在通用磨床上的直径为 12.5 mm 的碳化硅磨石研磨。

A.1.4.1 准备 4 种磨石。

A 种：具有与磨石轴垂直的平整面，用以打磨与裁刀底部平行的刃口；

B 种：直径小到足以安装到裁刀刃口内侧，使内侧表面垂直于通过刃口端点确定的平面；

C 种：具有 36°～44°角的锥形端，可以在刃口上产生 18°～22°角；

D 种：具有 60°～70°角的锥形端，可以在刃口上产生 30°～35°角。

A.1.4.2 把每种磨石安装到机器上并用砂轮打磨，对磨石进行整形。

A.1.4.3 沿着机器加工台移动裁刀，依次接触各个旋转的磨石，使裁刀重新磨锐。

A.1.4.4 使用 A 种磨石直到裁刀整个刃口上出现小平面。

A.1.4.5 接着使用 B 种磨石精磨裁刀内侧垂直面（见图 1），裁刀的宽度及其他外形尺寸不应超出公差。

A.1.4.6 然后使用 C 种磨石直至刃口整个长度上出现宽度均匀，非常窄的平面。

A.1.4.7 最后使用 D 种磨石，应保证刃口宽度均匀。

A.1.4.8 这些操作完成后用手工磨刃口，除去沿着刃口出现的羽状毛刺。

A.1.4.9 裁刀磨锐后用工具显微镜对关键尺寸进行测量。

A.2 裁切润滑

用稀释的洗涤液对裁刀或样品表面进行润滑。使用润滑剂后应注意擦干金属表面，防止刃口锈蚀。当润滑剂在旋转裁刀上使用时，由于液体会从裁刀下溅射出来，因此需要加防护罩。

附 录 B
（规范性附录）
橡胶试样的调节时间

表 B.1～表 B.3 给出了试样中心达到设定的调节温度 1℃之内的计算时间，从初始温度为 20℃开始。该时间由试样的几何形状、胶料以及所用热传输介质的类型决定。

对目前正使用着的每一个试样单独进行计算是不实际的。所幸的是试样基本上可分为 3 类：圆盘状、片状及长条状、拉伸试验中用到的哑铃状试样可以认为是长条状。

试样的调节时间取决于样品材料的热性能。橡胶的热扩散率为 0.1 mm^2/s，热导率为 0.2 W/(m·K)。

多数温控箱使用空气或液体作为热传递的介质。为了形成一个表格，假设空气的热传递系数为 20 W/(m^2·K)。不同的液体具有不同的热传递系数，但多数情况下假设为 750 W/(m^2·K)。

调节时间不是最接近分钟数的临界值，尽管这是试样达到平衡给出的足够时间的基础。表中所有时间已被向上舍入到下一个最高 5 min 的倍数。

表 B.1 圆盘状

介质	温度/℃	平衡 1℃的时间/min											
		直径/mm											
		64	40	37	32	29	29	25	25	25	13	13	9.5
		高度/mm											
		38.0	30.0	10.2	16.5	25.0	12.5	20.0	10.0	6.3	12.6	6.3	9.5
空气	−50	130	75	35	45	50	35	40	25	20	20	15	15
	0	95	55	25	35	40	25	30	20	15	15	10	10
	50	105	60	30	35	45	30	35	20	20	20	15	15
	100	130	75	35	45	55	35	45	25	20	20	15	15
	150	145	85	40	50	60	40	45	30	25	25	20	20
	200	155	90	40	55	65	45	50	30	25	25	20	20
	250	160	95	45	55	65	45	50	30	25	25	25	20
液体	−50	75	35	10	15	20	10	20	10	15	5	5	5
	0	60	30	10	15	15	10	15	10	15	5	5	5
	50	65	30	10	15	20	10	20	10	15	5	5	5
	100	80	35	10	20	25	15	25	15	15	5	5	5
	150	85	40	10	20	25	15	25	15	20	10	5	5
	200	90	45	10	20	25	15	25	15	20	10	5	5
	250	90	45	15	20	25	15	25	15	20	10	5	5

表 B.2 片状

介质	温度/℃	平衡 1℃的时间/min								
		厚度/mm								
		25.0	15.0	10.0	8.0	5.0	3.0	2.0	1.0	0.2
空气	−50	135	70	45	35	20	15	10	5	5
	0	95	50	30	25	15	10	10	5	5
	50	110	60	35	30	20	10	10	5	5
	100	140	75	45	35	20	15	10	5	5
	150	155	80	50	40	25	15	10	5	5
	200	160	85	55	40	25	15	10	5	5
	250	170	90	55	45	25	15	10	5	5

表 B.2(续)

介质	温度/℃	平衡 1℃的时间/min								
		厚度/mm								
		25.0	15.0	10.0	8.0	5.0	3.0	2.0	1.0	0.2
液体	−50	90	35	15	10	5	5	5	5	5
	0	75	30	15	10	5	5	5	5	5
	50	80	30	15	10	5	5	5	5	5
	100	90	35	20	10	5	5	5	5	5
	150	95	40	20	10	5	5	5	5	5
	200	100	40	20	15	5	5	5	5	5
	250	105	40	20	15	5	5	5	5	5

表 B.3 长条状

介质	温度/℃	平衡 1℃的时间/min																	
		宽度/mm																	
		25.4								15.0	12.7								
		厚度/mm																	
		12.7	10.0	9.5	6.5	5.0	3.0	2.0	1.0	15.0	12.7	10.0	9.5	6.5	5.0	3.2	3.0	2.0	1.0
空气	−50	45	35	35	25	20	15	10	5	35	30	25	25	20	15	15	10	10	5
	0	30	25	25	20	15	10	10	5	30	25	20	20	15	15	10	10	5	5
	50	35	30	30	20	15	10	10	5	30	25	20	20	15	15	10	10	10	5
	100	45	35	35	25	20	15	10	5	40	30	30	25	20	20	15	10	10	5
	150	50	40	40	30	20	15	10	5	40	35	30	30	25	20	15	15	10	5
	200	50	40	40	30	20	15	10	5	45	35	30	30	25	20	15	15	10	5
	250	55	45	40	30	25	15	10	5	45	40	35	35	25	20	15	15	10	5
液体	−50	15	10	10	5	5	5	5	5	10	10	10	10	5	5	5	5	5	5
	0	10	10	10	5	5	5	5	5	10	10	5	5	5	5	5	5	5	5
	50	15	10	10	5	5	5	5	5	10	10	5	5	5	5	5	5	5	5
	100	15	10	10	5	5	5	5	5	10	10	10	10	5	5	5	5	5	5
	150	15	10	10	5	5	5	5	5	15	10	10	10	5	5	5	5	5	5
	200	15	10	10	5	5	5	5	5	15	10	10	10	5	5	5	5	5	5
	250	15	10	10	5	5	5	5	5	15	10	10	10	5	5	5	5	5	5

介质	温度/℃	平衡 1℃的时间/min														
		宽度/mm														
		6.35								4.0						
		厚度/mm														
		12.7	10.0	6.52	5.0	3.0	2.0	1.5	1.0	12.7	10.0	6.5	5.0	3.0	2.0	1.0
空气	−50	20	20	15	15	10	10	5	5	15	15	10	10	10	5	5
	0	15	15	10	10	10	5	5	5	10	10	10	10	5	5	5
	50	15	15	15	10	10	5	5	5	10	10	10	10	10	5	5
	100	20	20	15	15	10	10	5	5	15	15	10	10	10	10	5
	150	25	20	15	15	10	10	10	5	15	15	15	10	10	10	5
	200	25	20	20	15	10	10	10	5	15	15	15	15	10	10	5
	250	25	25	20	15	10	10	10	5	20	15	15	15	10	10	5

表 B.3(续)

介质	温度/℃	平衡1℃的时间/min														
		宽度/mm														
		6.35								4.0						
		厚度/mm														
		12.7	10.0	6.52	5.0	3.0	2.0	1.5	1.0	12.7	10.0	6.5	5.0	3.0	2.0	1.0
液体	−50	5	5	5	5	5	5	5	5	5	5	5	5	5	5	5
	0	5	5	5	5	5	5	5	5	5	5	5	5	5	5	5
	50	5	5	5	5	5	5	5	5	5	5	5	5	5	5	5
	100	5	5	5	5	5	5	5	5	5	5	5	5	5	5	5
	150	5	5	5	5	5	5	5	5	5	5	5	5	5	5	5
	200	5	5	5	5	5	5	5	5	5	5	5	5	5	5	5
	250	5	5	5	5	5	5	5	5	5	5	5	5	5	5	5

参考文献

[1] GB/T 3672.1 橡胶制品公差 第1部分:尺寸公差
[2] GB/T 6038 橡胶试验胶料 配料、混炼和硫化设备及操作程序
[3] ISO 139 纺织物调节和试验的标准环境
[4] ISO 525 粘结型磨削产品的一般要求

ICS 71.100;87.060.10
G 56

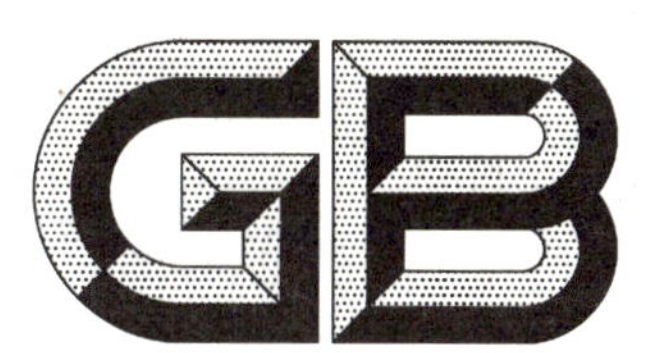

中华人民共和国国家标准

GB 2961—2006
代替 GB 2961—1990

2006-08-24 发布 2007-04-01 实施

中华人民共和国国家质量监督检验检疫总局
中国国家标准化管理委员会
发布

前　言

本标准的第3章、第7章为强制性的，其余为推荐性的。

本标准修改采用日本工业标准 JIS K 4109:1995《苯胺类》(日文版)。

本标准与 JIS K 4109:1995 的主要差异：

——增加了结晶点的测定(本标准的第3章，JIS K 4109:1995 的第3章)；

——取消了苯酚含量、其他成分总和及不挥发分指标(本标准的第3章，JIS K 4109:1995 的第3章)；

——色谱柱由填充柱改为毛细管柱(本标准的5.5.1，JIS K 4109:1995 的2.2.2)。

本标准代替 GB 2961—1990《苯胺》。本标准与 GB 2961—1990 相比主要变化如下：

——苯胺含量由化学法修改为汽相色谱法(本标准的5.5，GB 2961—1990 的4.3)；

——增加了苯胺中低沸物、高沸物含量的测定和指标(本标准的第3章，GB 2961—1990 的第3章)；

——硝基苯含量由极谱法修改为汽相色谱法(本标准的5.5，GB 2961—1990 的4.4)；

——提高了各等级纯度指标(本标准的第3章，GB 2961—1990 的第3章)；

——干品凝固点规范为干品结晶点并列为型式检验项目(本标准的第3章，GB 2961—1990 的第3章)。

本标准由中国石油和化工协会提出。

本标准由全国染料标准化技术委员会(SAC/TC 134)归口。

本标准起草单位：沈阳化工研究院、吉林化学工业公司染料厂、南京浦津化工有限公司、兰州化学工业公司有机厂。

本标准主要起草人：季浩、张贵、单翘伦、纪莉、刘玉莲。

本标准于1966年首次发布为化工部颁标准 HG 2-327—1966，于1982年第一次修订并调整为国家标准 GB 2961—1982；1990年第二次修订为 GB 2961—1990。

苯　胺

1　范围

本标准规定了苯胺的要求、采样、试验方法、检验规则以及标志、包装、运输和贮存。

本标准适用于苯胺产品的质量检验，该产品主要用于染料中间体、农药、医药、橡胶助剂及其他有机合成原料。

结构式：

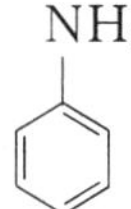

分子式：C_6H_7N

相对分子质量：93.13(按2005年国际相对原子质量)。

2　规范性引用文件

下列文件中的条款通过本标准的引用而成为本标准的条款。凡是注日期的引用文件，其随后所有的修改单(不包括勘误的内容)或修订版均不适用于本标准，然而，鼓励根据本标准达成协议的各方研究是否可使用这些文件的最新版本。凡是不注日期的引用文件，其最新版本适用于本标准。

GB 190—1990　危险货物包装标志

GB/T 1250—1989　极限数值的表示方法和判定方法

GB/T 2385　染料中间体结晶点测定通用方法

GB/T 2386—2006　染料及染料中间体　水分的测定

GB/T 6678—2003　化工产品采样总则

GB/T 6682　分析试验室用水规格和试验方法

GB/T 9722—2006　化学试剂　气相色谱法通则

GB 13690—1992　化学危险品分类与标志

3　要求

苯胺的质量应符合表1的要求。

表1　苯胺的质量要求

项　目		指　标		
		优等品	一等品	合格品
(1) 外观		无色至浅黄色透明液体，贮存时允许颜色变深		
(2) 苯胺质量分数/%	≥	99.80	99.60	99.40
(3) 干品结晶点/℃	≥	−6.2	−6.4	−6.6
(4) 水分质量分数/%	≤	0.10	0.30	0.50
(5) 硝基苯质量分数/%	≤	0.002	0.010	0.015
(6) 低沸物质量分数/%	≤	0.005	0.007	0.010
(7) 高沸物质量分数/%	≤	0.01	0.03	0.05

4 采样

以批为单位采样(以一次混合均匀的产品为一批)。每批采样桶数应符合 GB/T 6678—2003 中 7.6 的规定,小批产品取样不得少于 3 桶。取样时用清洁干燥的玻璃采样管从桶的上、中、下三部分取样;苯胺用槽车运输时从上、中、下三部(上部离液面 1/10 液层,下部离底部 1/10 液层)取出等量样品,采样总量不得少于 500 mL。将样品混匀后分装于两个清洁、干燥、密封良好的磨口瓶中,瓶上粘贴标签,注明:生产厂名称、产品名称、批号、取样日期,一瓶由检验部门检验,一瓶保存备查。

5 试验方法

警告——使用本标准的人员应有正规实验室工作的实践经验。本标准并未指出所有可能的安全问题。使用者有责任采取适当的安全和健康措施,并保证符合国家有关法规规定的条件。

5.1 一般规定

除另有说明,本标准所用试剂均指分析纯试剂;水应符合 GB/T 6682 中三级水规格。检验结果的判定按 GB/T 1250—1989 中 5.2 修约值比较法进行。

5.2 外观的评定

在自然光线下采用目视评定。

5.3 水分的测定

5.3.1 卡尔费休法

按 GB/T 2386—2006 中 3.4 的规定进行测定。苯胺进样量为 5 mL。苯胺密度为 1.02 g/mL。

5.3.2 气相色谱法

5.3.2.1 仪器和试剂

a) 气相色谱仪:仪器灵敏度及稳定性应符合 GB/T 9722 的规定;

b) 检测器:热导检测器;

c) 色谱柱:直径 3 mm~4 mm、长度 1 m 的不锈钢柱;

d) 微量注射器:1 μL;

e) 固定相:GDX-103,250 μm~400 μm(40 目~60 目);

f) 载气:氢气(经干燥净化处理)。

5.3.2.2 色谱柱制备及老化

用真空泵边抽边轻轻拍打色谱柱将固定相充填入柱管中,在 5.32×10^4 Pa 下抽约 5 min,装填物应均匀紧密。

将充填好的色谱柱于 200℃柱温下通氢气老化 6 h~7 h。

5.3.2.3 色谱操作条件

a) 柱温:180℃;

b) 汽化温度:250℃;

c) 柱前压:3.92×10^4 Pa;

d) 载气流速:(52~56)mL/min;

e) 桥流:190 mA(可适当增减);

f) 进样量:1 μL;

g) 定量方法:外标法。

根据不同仪器,选取其最佳操作条件。

5.3.2.4 标样水分的配制

在清洁干燥的小玻璃瓶内,以苯胺为底液加水(用微量注射器注入)用重量法准确配制所需浓度的标样,充分混匀,用橡皮塞盖紧,并用石蜡封口,放置 3 h 后与底液同时在色谱仪上进样,准确测量底液中水的峰高和标样中水的峰高。

以质量分数 w_s(%)表示的标样中水分含量按式(1)计算:

$$w_s = \frac{w \times h_s}{h_s - h_0} \qquad \cdots\cdots(1)$$

式中:

w——配加水的质量分数,%;

h_s——标样水的峰高数值,单位为毫伏(mV);

h_0——底液水的峰高数值,单位为毫伏(mV)。

苯胺底液中的水分质量分数要求小于0.1%;标样的保存期为半个月。

5.3.2.5 测定步骤

启动仪器,待条件稳定后,用注射器吸取1 μL苯胺试样进样,同时取和被测试样水分相接近的标样进样,准确测量试样和标样的峰高。

以质量分数 w_1(%)表示的苯胺中水分含量按式(2)计算:

$$w_1 = \frac{w_s \times h_i}{h_s} \qquad \cdots\cdots(2)$$

式中:

w_s——标样中水分的质量分数,%;

h_s——标样水的峰高数值,单位为毫伏秒,(mV·s);

h_i——苯胺试样中水的峰高数值,单位为毫伏秒,(mV·s)。

5.3.2.6 允许差

两次平行测定结果的质量分数相对误差不大于15%,以算术平均值作为分析结果。结果应保留两位小数。

5.3.3 仲裁

仲裁方法采用卡尔费休法。

5.4 结晶点的测定

按照GB/T 2385规定的方法进行测定。试样量约30 mL,冷却剂用冰和工业盐,试样用10 g 4 A(或5 A)分子筛干燥1 h。

5.5 苯胺及硝基苯、低沸物、高沸物含量的测定

5.5.1 仪器

a) 气相色谱仪:所用仪器应符合GB/T 9722—2006第5章的规定;

b) 色谱柱:长60 m、内径0.32 mm、内涂甲基硅氧烷、液膜厚度为0.25 μm的毛细柱(或能达到同等分离效果的其他毛细管柱);

c) 微量注射器:10 μL;

d) 检测器:氢火焰离子化检测器。

5.5.2 色谱操作条件

a) 柱温:105℃;

b) 汽化室温度:280℃;

c) 检测室温度:280℃;

d) 载气(氮气)流量:50 mL/min;

e) 燃烧气(氢气)流量:50 mL/min;

f) 助燃气(空气)流量:500 mL/min;

g) 进样量:0.4 μL;

h） 定量方法：校正面积归一化法。

根据仪器的不同可以选择合适的色谱操作条件。

5.5.3 标准混合溶液的配制和相对校正因子的测定

5.5.3.1 试剂

a） 甲苯：色谱纯；

b） 苯胺：色谱纯；

c） 甲苯胺：色谱纯；

d） 硝基苯：色谱纯。

5.5.3.2 标准混合溶液的配制

分别称取甲苯 0.005 g、甲苯胺 0.05 g、硝基苯 0.05 g（皆精确至 0.000 2 g）于干燥已知质量的 50 mL容量瓶中，用苯胺溶解并稀释至刻度。

分别用移液管移取上述甲苯、甲苯胺、硝基苯溶液各 0.4 mL、0.6 mL、0.8 mL、1.0 mL，加入到干燥的已知质量的四个 10 mL 容量瓶中，用苯胺分别稀释至刻度。

5.5.3.3 相对校正因子的测定

启动色谱仪，待仪器各项操作条件稳定后，用注射器吸取 0.4 μL 标样溶液进样，待出峰完毕，准确测量各组分的峰面积。

各组分相对校正因子按式(3)计算：

$$f_i = \frac{m_i A}{m A_i} \quad \cdots\cdots(3)$$

式中：

f_i——组分 i 相对于苯胺的校正因子；

m_i——组分 i 的质量数值，单位为毫克(mg)；

A_i——组分 i 的峰面积数值，单位为毫伏秒(mV·s)；

m——苯胺的质量数值，单位为毫克(mg)；

A——苯胺的峰面积数值，单位为毫伏秒(mV·s)。

5.5.4 测定步骤

待色谱仪各项操作条件稳定后，用微量注射器吸取 0.4 μL 试样进样，待出峰完毕后，准确测量各组分的峰面积。

以质量分数 w_i(%)表示的苯胺及有机杂质含量按式(4)计算：

$$w_i = \frac{f_i A_i}{\Sigma(f_i A_i)} \times (100 - w) \quad \cdots\cdots(4)$$

式中：

f_i——苯胺及各有机杂质的相对校正因子；

A_i——苯胺及各有机杂质的峰面积数值，单位为毫伏秒(mV·s)；

w——试样中水的质量分数，%。

注：苯胺峰之前杂质为低沸物，校正因子按甲苯校正因子计算；苯胺峰之后除硝基苯峰之外杂质为高沸物，校正因子按甲苯胺计算。

5.5.5 允许差

两次平行测定结果之差低沸物、高沸物、硝基苯不大于 0.001%，苯胺不大于 0.1%。

5.5.6 色谱图

色谱图示例见图 1。

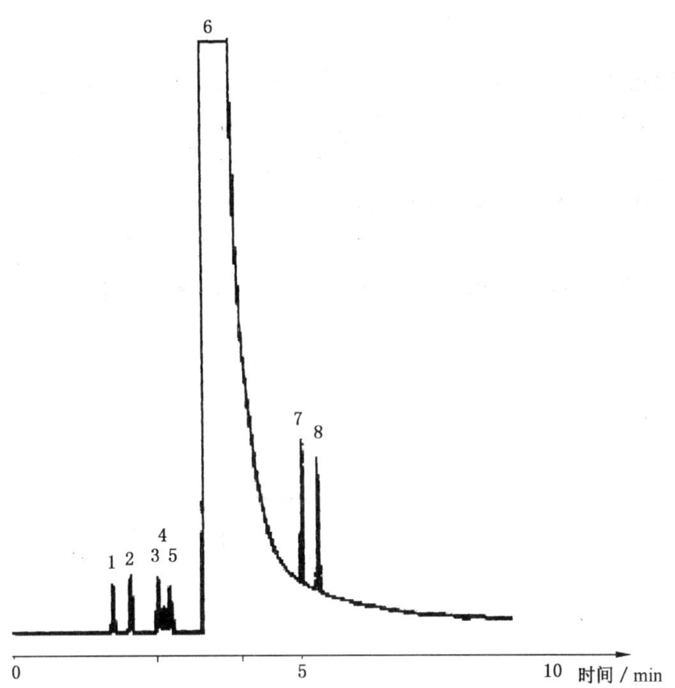

1——苯；
2——甲苯；
3——乙苯；
4——环己醇+环己胺；
5——二甲苯；
6——苯胺；
7——甲苯胺；
8——硝基苯。

图 1 苯胺色谱图

6 检验规则

6.1 检验分类

本标准表 1 中的(1)、(2)、(4)～(7)规定的项目为出厂检验项目，表 1 中的(3)为型式检验项目，正常生产的情况下每三个月进行一次检验。有下列情况之一者要随时进行型式检验。

1) 新产品最初定型时；
2) 产品异地生产时；
3) 生产配方、工艺及原材料有较大改变时；
4) 停产三个月后又恢复生产时；
5) 客户提出要求时。

6.2 生产厂检验

苯胺应由生产厂的质量检验部门进行检验。生产厂应保证所有出厂的苯胺均符合本标准的要求。

6.3 复检

检验结果中若有 1 项指标不符合本标准要求时，应重新自两倍量的包装中取样进行检验，重新检验的结果即使只有 1 项指标不符合本标准要求，则整批产品不能验收。

7 标志、包装、运输和贮存

7.1 标志

苯胺包装容器上应用不褪色的漆注明：产品名称、等级、商标、净含量、生产厂名称、生产日期和批号，并按 GB 190—1990 和 GB 13690—1992 的规定，标明“有毒”标志。

7.2 包装

苯胺用铁桶包装或用槽车装运。用铁桶包装时，铁皮厚度不小于 1.25 mm，每桶净含量 200 kg。

7.3 运输

运输时应轻取轻放，防止日晒雨淋，不得接近火源。接触或搬运苯胺时，应使用防护用品，防止直接接触皮肤或吸入体内。

7.4 贮存

贮存时应远离火源，放置阴凉干燥处。

ICS 81.080
Q 47

中华人民共和国国家标准

GB/T 3003—2006
代替 GB/T 3003—1982

耐火材料　陶瓷纤维及制品

Refractory—Ceramic fibre and the products

2006-09-30 发布　　2007-02-01 实施

中华人民共和国国家质量监督检验检疫总局
中国国家标准化管理委员会　发布

前　言

本次修订按照 EN 1094-3:2003《隔热耐火制品　第 3 部分:耐火陶瓷纤维制品的分级》(英文版)的原则对耐火陶瓷纤维制品进行分级。

本标准代替 GB/T 3003—1982《普通硅酸铝耐火纤维毡》。

本标准与 GB/T 3003—1982 的主要差异如下:

——改变了标准名称;

——增加了规范性引用文件;

——增加了产品品种,包括耐火陶瓷纤维棉、毡、毯及其组件、板及异型硬制品、纸、纱线、布、带、扭绳和盘根;

——采用了新的分级和标记方法;

——根据分级原则对产品进行合格判定。

本标准的附录 A 和附录 B 是规范性附录。

本标准由全国耐火材料标准化技术委员会提出并归口。

本标准负责起草单位:中钢集团洛阳耐火材料研究院、山东鲁阳股份有限公司、中材科技股份有限公司双威事业部、北京英特莱科技有限公司。

本标准参加起草单位:浙江欧诗漫晶体纤维有限公司、摩根凯龙(荆门)热陶瓷有限公司、南京铜井陶纤有限责任公司、山东红阳耐火保温材料有限公司、绵竹恒丰节能材料有限公司、绵竹市剑桥节能材料有限公司、三门峡市盛源材料工程公司。

本标准主要起草人:阴怀亮、张成田、朱益梅、史俊荣、严掌贵、王国栋、陈意和、孙启宝、袁兴田、任惠清、郭建亭、鹿成滨。

本标准所代替标准的历次版本发布情况为:

——GB/T 3003—1982。

引　言

耐火陶瓷纤维及制品的应用越来越广泛，其品种不断增加，同时各种化学成分的新型耐火陶瓷纤维相继开发成功。原来按化学成分命名耐火陶瓷纤维并以此作为产品是否合格的依据，已不适应该领域科学技术的发展，并有束缚新技术的弊端。因此，出现了欧洲标准 EN 1094-3:2003《隔热耐火制品　第3部分:耐火陶瓷纤维制品的分级》这样新概念的分级标准。

本标准采用 EN 1094-3:2003 的分级原则，即按照 GB/T 17911—2006 测定耐火陶瓷纤维制品的加热永久线变化，以陶瓷纤维板及异型硬制品加热线收缩不超过 2%，棉、毡、毯、纸等软制品加热线收缩不超过 4%的温度为分级温度(均按 50℃为间隔向下修约)。由于不再限定化学成分，也就不再有普通硅酸铝纤维、高纯纤维、高铝纤维等称谓。同样是过去概念上的高铝纤维，由于化学成分和生产工艺水平的差异可能会属于不同的级别。化学成分的差异所导致的耐火陶瓷纤维制品加热线收缩的不同并不意味着该产品不合格，而是只决定其级别高低——可以使用的温度有差异。

本标准按分级温度对制品进行分级和标记，在我国耐火陶瓷纤维行业是首次，为了方便使用本标准的相关各方，在标准中给出了推荐使用温度。给出推荐使用温度，是为了预防有人误将分级温度当作材料的安全使用温度，以避免可能造成的损失。

耐火材料 陶瓷纤维及制品

1 范围

本标准规定了耐火陶瓷纤维及制品的术语和定义、分级和标记、技术要求、试验方法、质量评定程序、包装、标志、运输、储存和质量证明书。

本标准适用于耐火陶瓷纤维棉、毡、毯及其组件、纸、板、异型硬制品、纱线、布、带、绳和盘根等制品。

2 规范性引用文件

下列文件中的条款通过本标准的引用而成为本标准的条款。凡是注日期的引用文件，其随后所有的修改单(不包括勘误的内容)或修订版均不适用于本标准，然而，鼓励根据本标准达成协议的各方研究是否可使用这些文件的最新版本。凡是不注日期的引用文件，其最新版本适用于本标准。

GB/T 2828.1—2003/ISO 2859-1:1999 计数抽样检验程序 第1部分:按接受质量限(AQL)检索的逐批抽样计划

GB/T 3007—2006 耐火材料 含水量试验方法

GB/T 3923.1—1997 纺织品 织物拉伸性能 第1部分:断裂强力和断裂伸长率的测定 条样法(neq ISO/DIS 13934-1:1994)

GB/T 4743—1995 纱线线密度的测定 绞纱法(neq ISO 2060-2:1993)

GB/T 4984 锆刚玉耐火材料化学分析方法

GB/T 5069 镁质及镁铝(铝镁)质耐火材料化学分析方法

GB/T 6900—2006 铝硅系耐火材料化学分析方法

GB/T 7689.2—2001 增强材料 机织物试验方法 第2部分:经、纬密度的测定(idt ISO 4602:1997)

GB/T 7689.3—2001 增强材料 机织物试验方法 第3部分:宽度和长度的测定(idt ISO 5025:1997)

GB/T 7690.2—2001 增强材料 纱线试验方法 第2部分 捻度的测定(idt ISO 1890:1997)

GB/T 9914.3—2001 增强制品试验方法 第3部分:单位面积质量的测定(idt ISO 3374:2000)

GB/T 17911—2006 耐火材料 陶瓷纤维制品试验方法(ISO 10635:1999,MOD)

GB/T 18930—2002 耐火材料术语(ISO 836:2001,MOD)

FZ 01018--1992 纺织品 机织物疵点术语

3 术语和定义

GB/T 18930—2002 和 FZ 01018—1992 确立的术语和定义适用于本标准。

4 分级和标记

4.1 分级原则

按照 GB/T 17911—2006 测定耐火陶瓷纤维制品的加热永久线变化，以加热线收缩不超过如下规定值的温度为分级温度：

耐火陶瓷纤维板及异型硬制品:加热线收缩不超过 2%；

耐火陶瓷纤维棉、毡、毯、纸等软制品:加热线收缩不超过 4%。

4.2 分级和标记

4.2.1 分级

耐火陶瓷纤维制品自850℃至1 750℃，以其加热线收缩满足4.1的要求时的温度进行分级，每级间隔50℃，分级温度均向下修约为50的整倍数，见表1。

表1 耐火陶瓷纤维制品的分级

级别	加热永久线变化的试验温度/℃	级别	加热永久线变化的试验温度/℃
085	850	135	1 350
090	900	140	1 400
095	950	145	1 450
100	1 000	150	1 500
105	1 050	155	1 550
110	1 100	160	1 600
115	1 150	165	1 650
120	1 200	170	1 700
125	1 250	175	1 750
130	1 300		

4.2.2 标记

耐火陶瓷纤维制品的主要标记由产品的英文名称缩与和分级温度的前三位数字组成，可在主标记后增加辅助性标记，见表2。

表2 耐火陶瓷纤维制品的标记

产品名称	产品英文名称	标记
耐火陶瓷纤维棉	bulk ceramic fibre	BF-级别
耐火陶瓷纤维毡	ceramic fibre felt	CF-级别-尺寸
耐火陶瓷纤维毯	ceramic fibre blanket	CB-级别-类别-尺寸
耐火陶瓷纤维组件	ceramic fibre module	CM-级别-类别-尺寸
耐火陶瓷纤维板	ceramic fibre board	CBD-级别-体积密度-尺寸
耐火陶瓷纤维异型硬制品	pre-formed rigid ceramic fibre	CR-级别
耐火陶瓷纤维纸	ceramic fibre paper	CP-级别-厚度
耐火陶瓷纤维纱线	ceramic fibre yarn	CY-级别-线密度(tex)
耐火陶瓷纤维布	ceramic fibre cloth	CC-级别-厚度
耐火陶瓷纤维带	ceramic fibre tape(textile)	CT-级别-厚度-宽度
耐火陶瓷纤维扭绳	ceramic fibre twisted rope	CTR-级别-直径(-股数)
耐火陶瓷纤维盘根	ceramic fibre braided rope	CBR-级别-直径或边长

5 技术要求

5.1 耐火陶瓷纤维棉

耐火陶瓷纤维棉的型号和技术指标应符合表3的规定。

5.2 耐火陶瓷纤维毡

耐火陶瓷纤维毡的技术指标应符合表4的规定。

表 3 耐火陶瓷纤维棉的型号和技术指标

标　记	分级温度/℃	渣球含量(质量分数)/% (0.212 mm 筛)	加热永久线变化/% (分级温度×24 h,收缩值)	化学成分
BF-085 BF-090 BF-095 BF-100 BF-105 BF-110 BF-115 BF-120 BF-125	850 900 950 1 000 1 050 1 100 1 150 1 200 1 250	≤25	≤4	提供测试数据
BF-130 BF-135 BF-140 BF-145	1 300 1 350 1 400 1 450	≤20		
BF-150 BF-155 BF-160	1 500 1 550 1 600	≤5		
注：推荐使用温度：在氧化性或中性气氛下，比分级温度低 100℃～200℃，在还原性气氛下比分级温度低 200℃～350℃。				

表 4 耐火陶瓷纤维毡的技术指标

标　记	加热永久线变化/% (分级温度×24 h,收缩值)	抗拉强度/ kPa	化学成分	导热系数
CF-级别-尺寸	≤4	≥30	提供数据(以灼减后为基)	提供分级温度范围内的导热系数试验数据,并注明试样体积密度、厚度、层数
毡的含水量(质量分数)应≤1%。回弹性指标由供需双方协商。 注：推荐使用温度参见表 3。				

5.3 耐火陶瓷纤维毯及其组件

耐火陶瓷纤维毯及其组件按体积密度分为 3 类，其标称体积密度、允许偏差范围和抗拉强度应符合表 5 的规定。

耐火陶瓷纤维毯及其组件的标记和其他理化指标应符合表 6 的规定。如有特殊要求，由供需双方商定。

耐火陶瓷纤维毯的尺寸允许偏差应符合表 7 的要求；外观应一致，且不应有撕裂、破洞以及夹心层等缺陷。

5.4 耐火陶瓷纤维板及异型硬制品

耐火陶瓷纤维板及异型硬制品的体积密度应符合表 8 的规定。特殊要求供需双方协议确定。

耐火陶瓷纤维板的尺寸允许偏差应符合表 9 的要求。异型硬制品尺寸允许偏差由协议规定。

耐火陶瓷纤维板及异型硬制品应没有如下缺陷：孔洞、蜂窝、显裂纹及按三边之和计算大于 60 mm 的缺角或缺棱。

5.5 耐火陶瓷纤维纸

耐火陶瓷纤维纸按原料纤维棉的分级温度分为不同的型号。

耐火陶瓷纤维纸应表面平整、纸卷整齐，厚度及允许偏差应符合表10的规定，其他技术指标应符合表11的规定。

表5 耐火陶瓷纤维毯及其组件的分类、抗拉强度、体积密度

类别	耐火陶瓷纤维毯			组件(不含锚固件)	
	体积密度/(kg/m³)		抗拉强度/kPa	体积密度/(kg/m³)	
	标称值	允许偏差范围		标称值	允许偏差范围
1	100	85～114	≥18	180	170～200
2	130	115～149	≥30	220	201～234
3	160	150～185	≥40	240	235～255

表6 耐火陶瓷纤维毯及其组件的其他理化指标

标记	加热永久线变化/% (分级温度×24 h,收缩值)	回弹性/ %	化学成分	导热系数
CB(或 CM)-级别-类别号-尺寸	≤4	≥80	提供数据	提供分级温度范围内的导热系数试验数据。并注明试样体积密度、厚度、层数
注：推荐使用温度参见表3。				

表7 耐火陶瓷纤维毯的尺寸允许偏差

厚度/mm	12.5	25	50	其他规格
厚度允许偏差/mm	+4,−2	+6,−4	+8,−5	协议确定
长度允许偏差/%	0～4			
宽度允许偏差/%	+4,−2			

表8 耐火陶瓷纤维板及异型硬制品的体积密度

单位为千克每立方米(kg/m³)

耐火陶瓷纤维板		异型硬制品	
标称值	允许偏差范围	标称值	允许偏差范围
260	200～280	280	240～300
300	281～320	320	301～340
340	321～360	360	341～380
380	361～440	400	381～460

表9 耐火陶瓷纤维板的尺寸允许偏差

长度允许偏差/%	宽度允许偏差/%	厚度允许偏差/mm
0～6	±4	±1

表10 耐火陶瓷纤维纸的标记和厚度指标

标记	厚度/mm		推荐使用温度
	标称值	允许偏差	
CP-级别-厚度	0.5～5.0	±15%	参见表3

表 11　耐火陶瓷纤维纸的其他技术指标

项　目	指　　标		
抗拉强度/kPa ≥	厚度/mm	0.5～2.0	250
		≥2.0～3.0	200
		≥3.0～4.0	150
		≥4.0～5.0	100
体积密度/(kg/m^3)	标称值±20		
灼烧减量(质量分数)/%	≤10		
渣球含量	双方协议		

5.6　耐火陶瓷纤维纱线

5.6.1　分类和标记

耐火陶瓷纤维纱线按原料、增强型式分为玻璃纤维(G)增强型和耐高温不锈钢丝(S)增强型。产品规格可根据纱线线密度(tex)和增强形式(G 或 S)细分并标记，见表 13。

5.6.2　技术指标及外观要求

耐火陶瓷纤维纱线外观应符合表 12 的规定。

耐火陶瓷纤维纱线的技术指标应符合表 13 的规定，同时应给出适宜的使用温度。特殊要求由供需双方协议约定。

表 12　耐火陶瓷纤维纱线外观要求

疵点名称	要　　求
多股或少股	不允许
污渍纱	不允许
小辫纱	10 m 内不超过 2 处，整筒纱不超过 10 处
大肚纱	10 m 内不超过 2 处，整筒纱不超过 10 处
断头	整筒纱内不超过 2 个
接头不良	整筒纱不超过 2 处

表 13　耐火陶瓷纤维纱线的规格和技术指标

规格及标记	单纱线密度/tex	股数	断裂强力/N		断裂伸长率/%
			玻璃纤维(G)增强	不锈钢丝(S)增强	
CY-级别-单纱线密度×股数 S(或 G)	330～420	2	≥25	≥30	≥3
CY-级别-单纱线密度×股数 S(或 G)	525～630	2	≥35	≥40	
CY-级别-单纱线密度×股数 S(或 G)	700～830	2	≥40	≥50	
CY-级别-单纱线密度×股数 S(或 G)	1 000～2 500	2	≥70	≥80	
纱线的含水量不大于 2%，灼烧减量不大于 18%。 单纱的初捻为“Z”向，合股纱的终捻为“S”向。捻度按加工工艺的要求设计，捻度公差为标称值±10 捻/m。 单纱线密度允许偏差为±10%。					

5.7　耐火陶瓷纤维布

5.7.1　分类和标记

耐火陶瓷纤维布按所用耐火陶瓷纤维纱线的不同分为玻璃纤维(G)增强型和耐高温不锈钢丝(S)增强型。产品规格可按其厚度和增强形式(G 或 S)细分并标记，见表 15。

5.7.2 技术指标及外观要求

耐火陶瓷纤维布外观应符合表14的规定。

耐火陶瓷纤维布的技术指标应符合表15的规定，同时应给出适宜的使用温度。特殊要求由供需双方协议约定。

表14 耐火陶瓷纤维布外观要求

疵点名称	要 求
纬斜或弓纬	整幅宽度不超过100 mm
破边或破洞	不允许
断经、断纬	长度大于30 mm的，1 m内不超过2处，整卷内不超过5处
弓纱	高于布面5 mm的，1 m内不超过2个，整卷不超过5个
油污或杂物	不允许
边不齐或松边	不影响幅宽
稀密档	1 m内不超过1处，整卷不超过3处

表15 耐火陶瓷纤维布的规格和技术指标

规格及标记	厚度/m	长度/m	单位面积质量/(g/m²)	断裂强力(50 mm)/N	
				经向	纬向
CC-级别-1.5G	1.5	30	750±10%	≥400	≥250
CC-级别-2G	2	30	1 000±10%		
CC-级别-3G	3	30	1 400±8%	≥750	≥450
CC-级别-5G	5	20	2 300±8%	≥1 000	≥600
CC-级别-1.5S	1.5	30	800±10%	≥550	≥350
CC-级别-2S	2	30	1 100±10%		
CC-级别-3S	3	30	1 500±8%	≥1 000	≥550
CC-级别-5S	5	20	2 400±8%	≥1 200	≥650
布的含水量(质量分数)不大于2%，灼烧减量不大于18%。 宽度为1 000 mm、1 200 mm和1 500 mm，允许偏差为+20 mm；厚度允许偏差为：≥2 mm时+0.5 mm，<2 mm时+0.3 mm；长度允许偏差为+0.5 m。经密度及纬密度允许偏差为±2根/10 cm。					

5.8 耐火陶瓷纤维带

5.8.1 分类和标记

耐火陶瓷纤维带按所用耐火陶瓷纤维纱线的不同分为玻璃纤维(G)增强型和耐高温不锈钢丝(S)增强型。产品规格可按厚度、增强形式(G或S)和宽度细分并标记，见表17。

5.8.2 技术指标及外观要求

耐火陶瓷纤维带外观应符合表16的规定。

耐火陶瓷纤维带的技术指标应符合表17的规定，同时应给出适宜的使用温度。

表16 耐火陶瓷纤维带的外观要求

疵点名称	要 求
破洞、破边	不允许
断经、断纬	长度大于30 mm的，1 m内不超过2处，整卷内不超过5处
弓纱	高于带面5 mm的，1 m内不超过2个，整卷不超过5个
油污、错纱	不允许
边不齐	不影响幅宽

表 17 耐火陶瓷纤维带的规格和技术指标

规格及标记	厚度/mm	宽度/mm	单位质量/(g/m)
CT-级别-2G(或 S)-宽度	2	10～200	等于其宽度数值,允许偏差±15%
CT-级别-3G(或 S)-宽度	3	10～200	等于其宽度数值的 1.6 倍,允许偏差±15%
CT-级别-5G-宽度	5	30～120	等于其宽度数值的 2.3 倍,允许偏差±15%
CT-级别-5S-宽度	5	30～120	等于其宽度数值的 2.5 倍,允许偏差±15%
纤维带的含水量(质量分数)不大于 2%,灼烧碱量(质量分数)不大于 18%。断裂强力由供需双方约定。 厚度允许偏差为+0.5 mm;宽度允许偏差为±2 mm;长度为 30 m 或 50 m,允许偏差为+0.5 m。经密度及纬密度允许偏差为±2 根/10 cm。			

5.9 耐火陶瓷纤维扭绳

5.9.1 分类和标记

耐火陶瓷纤维扭绳按所用耐火陶瓷纤维纱线的不同分为玻璃纤维(G)增强型和耐高温不锈钢丝(S)增强型。产品规格可按直径、增强形式(G 或 S)和单股或 3 股结构细分并标记,末尾的 3 表示 3 股,见表 19。

5.9.2 技术指标及外观要求

耐火陶瓷纤维扭绳外观应松紧均匀、表面光洁,且符合表 18 的规定。

耐火陶瓷纤维扭绳的技术指标应符合表 19 的要求,同时应给出适宜的使用温度。

表 18 耐火陶瓷纤维扭绳的外观要求

疵点名称	要　求
断头	不允许
线头外露	连续 10 m 内不超过 3 处
跳线	连续 10 m 内不超过 3 处
油污	不允许

5.10 耐火陶瓷纤维盘根

5.10.1 分类和标记

耐火陶瓷纤维盘根按所用耐火陶瓷纤维纱线的不同为玻璃纤维(G)增强型和耐高温不锈钢丝(S)增强型。产品规格可按其截面的直径或边长、增强形式(G 或 S)细分并标记,见表 21。

5.10.2 技术指标及外观要求

耐火陶瓷纤维盘根外观应松紧均匀、表面光洁、花纹紧密,且符合表 20 的规定。

耐火陶瓷纤维盘根的技术指标应符合表 21 的要求,同时应给出适宜的使用温度。

表 19 耐火陶瓷纤维扭绳的规格和技术指标

规格及标记	直径/mm		长度/m		断裂强力	单位长度质量
	范围	允许偏差	范　围	允许偏差		
CTR-级别-直径 G(或 S)	3～50	标称值的 0～+15%	按直径不同分为 200,100,50,25,15 等规格	不允许负偏差	协议约定	提供数据
CTR-级别-直径 G(或 S)3	6～50					
扭绳的含水量(质量分数)不大于 2%,灼烧减量(质量分数)不大于 18%。						

表 20　耐火陶瓷纤维盘根外观要求

疵点名称	要　求
断头	不允许
软节	连续 10 m 内不超过 3 处
线头外露	连续 10 m 内不超过 3 处
弯曲	连续 10 m 内不超过 3 处
跳线	连续 10 m 内不超过 3 处
油污	不允许

表 21　耐火陶瓷纤维盘根的规格和技术指标

<table>
<tr><th rowspan="2">规格及标记</th><th colspan="2">直径或边长/mm</th><th colspan="2">长度/m</th><th rowspan="2">断裂强力</th><th rowspan="2">单位长度质量</th></tr>
<tr><th>范围</th><th>允许偏差</th><th>范　围</th><th>允许偏差</th></tr>
<tr><td>CBR-级别-直径 G(或 S)</td><td>5～50</td><td rowspan="2">标称值的
0～+15%</td><td rowspan="2">按直径或边长不同分为 200，100，50，25，15 等规格</td><td rowspan="2">不允许
负偏差</td><td rowspan="2">协议约定</td><td rowspan="2">提供数据</td></tr>
<tr><td>CBR-级别-边长×边长 G(或 S)</td><td>6×6～60×50</td></tr>
<tr><td colspan="7">盘根的含水量(质量分数)不大于 2%，灼烧减量(质量分数)不大于 18%。</td></tr>
</table>

6　试验方法

6.1　外观及尺寸检验

6.1.1　耐火陶瓷纤维纱线在正常光照度下，距离 0.5 m，对筒纱逐个目测检验。试验室标准测试温度为 20℃±3℃，相对湿度 62%～68%；对于非仲裁性检验，允许在非标准环境下进行，但应记录测试环境的温度及相对湿度。

6.1.2　耐火陶瓷纤维布在距离布面 1 m 处目测检验，检验区长度至少 1 m，宽度为整幅布宽。检验区光源应平行于检测面，并以垂直顶光从上部照亮布面。

6.1.3　耐火陶瓷纤维带平铺在刚性平台上呈自然状态，用目测和度量的方法进行检验。

6.1.4　整卷耐火陶瓷纤维扭绳、盘根重新进行慢速卷绕，用目测和度量的方法进行检验。

6.1.4.1　耐火陶瓷纤维扭绳、盘根直径的测量在不被解捻的情况下进行。每个试样测量 5 次，每个测点的间隔距离不小于 1 m。用精度为 0.02 mm 的游标卡尺测量，精确到 0.1 mm。以 5 次测量的平均值为试样的测量结果，取批样本的平均值为该批产品的测量结果。

6.1.4.2　耐火陶瓷纤维扭绳、盘根长度测量时将整卷平放在刚性平台上，呈自然状态，用钢卷尺测量，精确到 0.1 m。取批样本的平均值为该批产品的测量结果。

6.1.5　耐火陶瓷纤维纸及其他制品在光线明亮的室内目测和度量。

6.1.6　耐火陶瓷纤维布、带宽度和长度的测量按 GB/T 7689.3—2001 的规定进行。

6.2　理化检验的制样

6.2.1　一般试样的制备按 GB/T 17911—2006 规定进行。特殊要求的制样按 6.2.2～6.2.5 的规定进行。

6.2.2　测定耐火陶瓷纤维毯组件的导热系数，应先抽去金属件，按照组件的结构形式使试样厚度达到 GB/T 17911—2006 允许的最大值。

6.2.3　耐火陶瓷纤维棉加热永久线变化试样的制备按附录 A 的规定进行。

6.2.4　异型硬制品无法制取满足试验要求的试样或不允许破坏性取样时，可用同批原料，按照同一生产工艺和配方，根据检验项目要求进行制样。

6.2.5 测定耐火陶瓷纤维纱线、布、带、扭绳、盘根的含水量和灼烧减量，应抽出其中的增强高温不锈钢丝或玻璃纤维纱。

6.3 理化检验

6.3.1 ZrO_2 的测定按 GB/T 4984 进行。

6.3.2 SiO_2、Al_2O_3、Fe_2O_3、K_2O、Na_2O 和灼烧减量的测定按 GB/T 6900—2006 进行。

6.3.3 CaO、MgO 的测定按 GB/T 5069 进行。

6.3.4 含水量的测定按 GB/T 3007—2006 进行。

6.3.5 厚度、体积密度、加热永久线变化、抗拉强度、回弹性、导热系数的测定按 GB/T 17911—2006 进行。

6.3.6 渣球含量的测定按 GB/T 17911—2006 第 10 章之方法 B——0.212 mm 渣球含量试验方法进行。

6.3.7 纱线线密度的测定按 GB/T 4743—1995 进行。

6.3.8 捻度的测定按 GB/T 7690.2—2001 进行。

6.3.9 断裂强力和断裂伸长率的测定按 GB/T 3923.1—1997 进行。

6.3.10 经密度和纬密度的测定按 GB/T 7689.2—2001 进行。

6.3.11 单位面积质量的测定按 GB/T 9914.3—2001 进行。

6.3.12 单位长度质量的测定按附录 B 进行。

7 质量评定程序

7.1 组批

按同一产品、同一规格品种、同一质量等级、同一生产工艺稳定连续生产的一定数量的产品为一批。产品最大批量应符合表 22 的规定。

表 22 产品最大批量

产品	最大批量(发货包装件)
耐火陶瓷纤维棉、纱线	10 000
耐火陶瓷纤维毡、毯及其组件、板	5 000
耐火陶瓷纤维纸、布、带、绳、盘根、异型硬制品	1 000

7.2 抽样与检验

7.2.1 根据批量按表 23 确定抽样样本量，也可根据 GB/T 2828—2003 选取抽样方案，并从批中随机抽取样本。从每个样本中随机抽取一件产品进行外观、尺寸和体积密度检验。理化检验从外观检验合格的样本中随机抽取 3～5 件。

7.2.2 耐火陶瓷纤维棉、毡、毯及其组件、板、异型硬制品的加热永久线变化不合格时应重新进行降级检验。

7.2.3 产品的验收检验项目见表 24。

7.3 合格判定规则

7.3.1 产品的外观和尺寸检验的最大不合格品数符合规定，同时验收检验项目合格时，判定为合格批。

7.3.2 当产品的外观和尺寸检验的最大不合格品数符合规定，加热永久线变化不合格但其他验收检验项目合格时，按降级检验结果判定为合格批。

7.3.3 当产品的外观和尺寸检验的最大不合格品数不符合规定时，允许分拣后重新编批，并按规定的抽样方案重新抽样检验，重新检验合格的新批为合格批；否则，为不合格批。

7.4 合格评定形式

合格评定可采用供货方声明、使用方认定或由第三方认证的形式进行。

表 23 外观检验抽样方案和接收规则

批量 (发货包装件)	样本量 (发货包装件)	接收数 (最大不合格品数)
≤50	3	1
51～150	5	1
151～500	8	2
501～3 200	13	3
≥3 201	20	5
注：本抽样方案取自 GB/T 2828—2003，批量≤50 时采用特殊检验水平 S-3，AQL＝15%，其余为 S-3，AQL＝10%。		

表 24 产品的验收检验项目

产品名称	验收检验项目		
耐火陶瓷纤维棉	加热永久线变化	—	如需增加验收检验项目由供需双方约定
耐火陶瓷纤维毡	加热永久线变化	抗拉强度	
耐火陶瓷纤维纸毯	加热永久线变化	抗拉强度	
耐火陶瓷纤维板及异型硬制品	加热永久线变化	—	
耐火陶瓷纤维纸	抗拉强度	—	
耐火陶瓷纤维纱线	断裂强力	断裂伸长率	
耐火陶瓷纤维布	断裂强力	长度、宽度、厚度	
耐火陶瓷纤维带	长度、宽度、厚度	—	
耐火陶瓷纤维扭绳	直径	长度	
耐火陶瓷纤维盘根	直径或边长	长度	

8 包装、标志、运输、储存和质量证明书

8.1 包装

包装材料应具有防潮性能，密封或捆扎牢固，特殊包装由供需双方协商确定。

8.2 标志

外包装应有下列标志：

a) 制造商；

b) 产品名称和标记；

c) 产品规格和质量或体积立方数；

d) 产品出厂日期及批号；

e) 防潮等标志。

8.3 运输

运输时应加盖苫布以防潮、防雨雪，装卸时不得抛扔、防止破损。

8.4 储存

应在干燥、防潮的仓库内储存。

8.5 质量证明书

产品发出时，应附有供方质量监督部门签发的质量证明书。

附 录 A
（规范性附录）
耐火陶瓷纤维棉加热永久线变化试样的制备方法

A.1 试剂和设备

A.1.1 羧甲基纤维素钠，工业级，粉状。

A.1.2 天平，分度值 0.1 g。

A.1.3 模具，见图 A.1。

A.2 试样制备

A.2.1 称取 100 g 羧甲基纤维素钠，预先加适量水浸泡，溶解，备用。

A.2.2 称取 50 g 耐火陶瓷纤维棉，放入容量不小于 15 kg 的水桶中，加水约 5 kg(其中含有约千分之一的羧甲基纤维素钠)，搅拌均匀，倒入模具，压制成直径 150 mm，厚度 15 mm～25 mm 的试样，烘干。

A.2.3 按 A.2.2 的方法制备样垫。

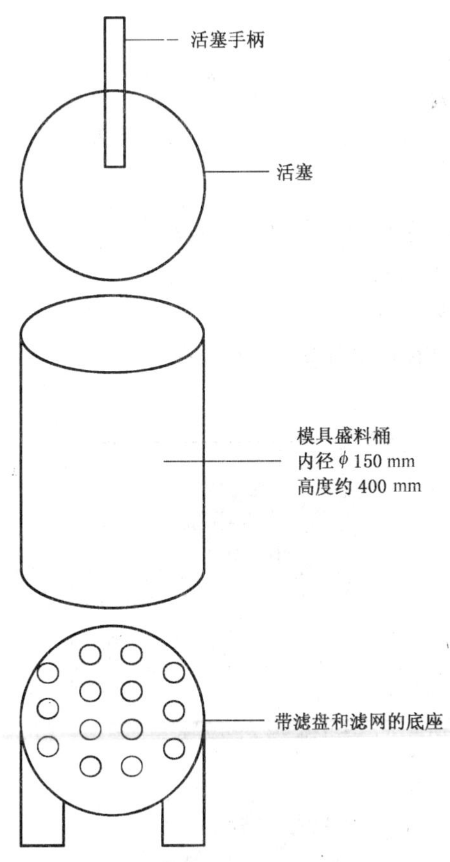

图 A.1 模具示意图

附 录 B
（规范性附录）
耐火陶瓷纤维带、扭绳和盘根单位长度质量的测定方法

B.1 仪器

B.1.1 天平，分度值 0.01 g。

B.1.2 钢卷尺，分度值 1 mm。

B.2 试样

试样长度 2 m，每卷取 2 个试样。

B.3 试验步骤

B.3.1 从实验室样本上退出 2.5 m 长的耐火陶瓷纤维带，应铺放平整无折痕，并施以一定张力，从耐火陶瓷纤维带中心点量出 2 m 长的试样，精确至 1 mm，用锐利刀具切下。

B.3.2 称量试样质量，精确至 0.01 g。

B.4 结果表示

单位长度质量按式(B.1)计算：

$$P_L = m/2 \qquad \cdots\cdots(B.1)$$

式中：

P_L——试样的单位长度质量，单位为克每米(g/m)；

m——试样的质量，单位为克(g)；

2——试样的长度，单位为米(m)。

报告 2 次测量结果的算术平均值，精确至 0.01 g/m。

ICS 81.080
Q 40

中华人民共和国国家标准

GB/T 3007—2006
代替 GB/T 3007—1982

耐火材料　含水量试验方法

Refractory—Determination of moisture content

2006-09-30 发布　　2007-02-01 实施

中华人民共和国国家质量监督检验检疫总局
中国国家标准化管理委员会　发布

前　言

本标准代替 GB/T 3007—1982《普通硅酸铝耐火纤维毡含水量试验方法》。

本标准与 GB/T 3007—1982 相比主要变化如下：

——改变了标准名称，扩展了标准适用范围；

——增加了范围和规范性引用文件。

本标准由全国耐火材料标准化技术委员会(SAC/TC 193)提出并归口。

本标准负责起草单位：中钢集团洛阳耐火材料研究院、中冶集团武汉冶建技术研究有限公司。

本标准主要起草人：梁献雷、王孝瑞、程水明。

本标准所代替标准的历次版本发布情况为：

——GB/T 3007—1982。

耐火材料　含水量试验方法

1　范围

本标准规定了耐火材料含水量的定义和试验方法。

本标准适用于耐火原料和产品含水量的测定。

本标准不适用于含有在测定温度下易挥发的有机物的耐火材料。

2　规范性引用文件

下列文件中的条款通过本标准的引用而成为本标准的条款。凡是注日期的引用文件，其随后所有的修改单(不包括勘误的内容)或修订版均不适用于本标准，然而，鼓励根据本标准达成协议的各方研究是否可使用这些文件的最新版本。凡是不注日期的引用文件，其最新版本适用于本标准。

GB/T 8170　数值修约规则

GB/T 17617—1998　耐火原料和不定形耐火材料　取样(neq ISO 8656-1:1988, Refractory products—Sampling of raw materials and unshaped products—Part 1: Sampling scheme)

3　定义

含水量　moisture content

耐火材料试样所含游离水质量与试样原始质量之比，数值以%表示。

4　原理

耐火材料试样经105℃～110℃烘干，其损失的质量即为试样所含的游离水质量。

5　设备

5.1　天平，分度值为0.001 g。

5.2　自动控温电热干燥箱。

5.3　干燥器。

6　样品采集

按GB/T 17617—1998或有关规定抽取不少于200 g的样品，当样品块度较大时，应破碎至≤10 mm的颗粒，纤维状样品应适量切取，采集的样品应保存在干燥过的密闭容器中作为实验室样品。

7　试验步骤

7.1　将称样皿在105℃～110℃烘至恒量，放入干燥器中备用。

7.2　于已恒量的称样皿中称取10 g～50 g试料2份，精确至0.001 g。放入电热干燥箱中，于105℃～110℃烘2 h，取出，置于干燥器中冷至室温，称量。重复烘干(每次15 min)，称量，直至恒量。

注：前后两次称量变化≤0.1%，即为恒量。

8　结果计算和判定

含水量以质量分数计，数值以%表示，按式(1)计算：

$$含水量 = \frac{m_1 - m_2}{m} \times 100 \quad \cdots\cdots(1)$$

式中：

m_1——烘干前试料和称样皿质量的数值，单位为克(g)；

m_2——烘干后试料和称样皿质量的数值，单位为克(g)；

m——试料质量的数值，单位为克(g)。

9 试验报告

试验报告应至少包括下列内容：

a) 委托单位；

b) 样品名称；

c) 样品数量；

d) 试验结果，每个试样的测定单值和平均值；

e) 执行标准(即 GB/T 3007—2006)；

f) 试验日期；

g) 试验单位。

ICS 71.040.40
G 10

中华人民共和国国家标准

GB/T 3049—2006/ISO 6685:1982
代替 GB/T 3049—1986

工业用化工产品　铁含量测定的通用方法 1,10-菲啰啉分光光度法

Chemical products for industrial use—General method for determination of iron content—1,10-Phenanthroline spectrophotometric method

(ISO 6685:1982,IDT)

2006-12-29 发布　　　　2007-06-01 实施

中华人民共和国国家质量监督检验检疫总局
中国国家标准化管理委员会　发布

前　言

本标准等同采用国际标准 ISO 6685:1982《工业用化工产品　铁含量测定的通用方法　1,10-菲啰啉分光光度法》。

本标准与国际标准 ISO 6685:1982(E)在技术内容上相同,但包含下述小的编辑性修改:

——用小数点"."代替逗号",";

——用"本标准"代替"本国际标准";

——将"附录"改为"附录 A(资料性附录)"。

本标准代替 GB/T 3049—1986《工业用化工产品　铁含量测定的通用方法　1,10-菲啰啉分光光度法》。

本标准与 GB/T 3049—1986 相比,主要变化如下:

——试验中所用试剂的浓度均有所改变(1986 年版第 3 章,本版第 4 章);

——由于试剂浓度的变化,因此加入的试剂量也发生了改变(1986 年版第 5 章,本版第 6 章);

——增加了光程为 4 cm 或 5 cm 的比色皿,取消了 0.5 cm 和 3 cm 光程的比色皿(1986 年版4.2,本版 5.1);

——规定显色时间不少于 15 min(本版第 6 章);

——依据国际标准,取消了附录 B 中不干扰离子 La^{3+}、Ce^{3+}、Al^{3+}、Th^{4+}、ClO_4^-、CO_3^{2-}(1986 年版附录 B,本版第 2 章);

——取消了附录 C、附录 D 中干扰离子 S^{2-}、$S_2O_3^{2-}$、NO_2^-、MnO_4^-、Cr^{3+}、F^- 及相应的消除干扰方法(1986 年版附录 C、附录 D,本版附录 A);

——增加了部分干扰离子的消除方法(1986 年版附录 C 和附录 D,本版附录 A)。

本标准的附录 A 为资料性附录。

本标准由中国石油和化学工业协会提出。

本标准由全国化学标准化技术委员会无机化工分会(SAC/TC 63/SC 1)归口。

本标准主要起草单位:天津出入境检验检疫局、山东出入境检验检疫局、天津化工研究设计院。

本标准主要起草人:刘绍从、赵祖亮、刘幽若、孙书军、陆思伟。

本标准所代替标准的历次版本发布情况:GB/T 3049—1986。

工业用化工产品 铁含量测定的通用方法 1,10-菲啰啉分光光度法

1 范围

本标准规定了测定化工产品中铁含量测定的通用方法 1,10-菲啰啉分光光度法。

本标准描述了溶液中铁含量的测定技术。在制备试验溶液时,应参考与所分析产品有关的标准对本方法进行必要的修改使其适合产品的测定。

2 适用领域

本标准适用于所取试液中铁含量为 10 μg～500 μg,其体积不大于 60 mL。

大量的碱金属、钙、锶、钡、镁、锰(Ⅱ)、砷(Ⅲ)、砷(Ⅴ)、铀(Ⅵ)、铅、氯离子、溴离子、碘离子、硫氰酸根、乙酸根、氯酸根、硫酸根、硝酸根、硫离子、偏硼酸根、硒酸根、柠檬酸根、酒石酸根、磷酸根和 100 mg 以下的锗(Ⅳ)在试验溶液中,对测定无干扰。如试验溶液中存在柠檬酸根、酒石酸根、砷酸根或大于 100 mg 的磷酸根,显色速度变慢。

干扰和消除的方法参见附录 A。

3 原理

用抗坏血酸将试液中的 Fe^{3+} 还原成 Fe^{2+}。在 pH 值为 2～9 时,Fe^{2+} 与 1,10-菲啰啉生成橙红色络合物,在分光光度计最大吸收波长(510 nm)处测定其吸光度。

在特定的条件下,络合物在 pH 值为 4～6 时测定。

4 试剂

分析时只能使用分析纯试剂,蒸馏水或纯度相当的水。

4.1 盐酸,180 g/L 溶液

将 409 mL 质量分数为 38%的盐酸溶液(ρ=1.19 g/mL)用水稀释至 1 000 mL,并混匀(操作时要小心)。

4.2 氨水,85 g/L 溶液

将 374 mL 质量分数为 25%氨水(ρ=0.910 g/mL)用水稀释至 1 000 mL 并混匀。

4.3 乙酸-乙酸钠缓冲溶液,在 20℃时 pH=4.5

称取 164 g 无水乙酸钠用 500 mL 水溶解,加 240 mL 冰乙酸,用水稀释至 1 000 mL。

4.4 抗坏血酸,100 g/L 溶液

该溶液一周后不能使用。

4.5 1,10-菲啰啉盐酸一水合物($C_{12}H_8N_2 \cdot HCl \cdot H_2O$),或 1,10-菲啰啉一水合物($C_{12}H_8N_2 \cdot H_2O$),1 g/L 溶液

用水溶解 1 g 1,10-菲啰啉一水合物或 1,10-菲啰啉盐酸一水合物,并稀释至 1 000 mL。

避光保存,使用无色溶液。

4.6 铁标准溶液,每升含有 0.200 g 的铁(Fe)

按下法之一制备。

4.6.1 称取 1.727 g 十二水硫酸铁铵[$NH_4Fe(SO_4)_2 \cdot 12H_2O$],精确至 0.001 g,用约 200 mL 水溶

解，定量转移至 1 000 mL 容量瓶中，加 20 mL 硫酸溶液(1+1)，稀释至刻度并混匀。

4.6.2 称取 0.200 g 纯铁丝(质量分数为 99.9%)，精确至 0.001 g，放入 100 mL 烧杯中，加 10 mL 浓盐酸(ρ=1.19 g/mL)。缓慢加热至完全溶解，冷却，定量转移至 1 000 mL 容量瓶中，稀释至刻度并混匀。

1 mL 该标准溶液含有 0.200 mg 的铁(Fe)。

4.7 铁标准溶液，每升含有 0.020 g 的铁(Fe)

移取 50.0 mL 铁标准溶液(4.6)至 500 mL 容量瓶中，稀释至刻度并混匀。

1 mL 该标准溶液含有 20 μg 的铁(Fe)。

该溶液现用现配。

5 仪器设备

一般实验室仪器和以下设备。

5.1 分光光度计，带有光程为 1 cm、2 cm、4 cm 或 5 cm 的比色皿。

6 测定步骤

6.1 称样和试液的制备

称样量和试液制备方法按有关产品标准的规定。

6.2 空白试验

在测定试液的同时，用制备试液的全部试剂和相同量制备空白溶液，稀释至相同体积，移取与测定试验时同样体积的试验空白溶液进行空白试验。

6.3 标准曲线的绘制

6.3.1 标准比色液的配制

适用于光程为 1 cm、2 cm、4 cm 或 5 cm 比色皿吸光度的测定。

根据试液中预计的铁含量，按照表 1 指出的范围在一系列 100 mL 容量瓶中，分别加入给定体积的铁标准溶液(4.7)。

6.3.2 显色

每个容量瓶都按下述规定同时同样处理：

如有必要，用水稀释至约 60 mL，用盐酸溶液(4.1)调至 pH 为 2(用精密 pH 试纸检查)。加 1 mL 抗坏血酸溶液(4.4)，然后加 20 mL 缓冲溶液(4.3)和 10 mL 1,10-菲啰啉溶液(4.5)，用水稀释至刻度，摇匀。放置不少于 15 min。

6.3.3 吸光度的测定

选择适当光程的比色皿(见表 1)，于最大吸收波长(约 510 nm)处，以水为参比，将分光光度计(5.1)的吸光度调整到零，进行吸光度测量。

表 1

试液中预计的铁含量/μg					
50～500		25～250		10～100	
铁标准溶液(4.7)	对应的铁含量	铁标准溶液(4.7)	对应的铁含量	铁标准溶液(4.7)	对应的铁含量
mL	μg	mL	μg	mL	μg
0[a]	0	0[a]	0	0[a]	0
2.50	50	3.00	60	0.50	10
5.00	100	5.00	100	1.00	20

表 1（续）

试液中预计的铁含量/μg					
50～500		25～250		10～100	
铁标准溶液(4.7)	对应的铁含量	铁标准溶液(4.7)	对应的铁含量	铁标准溶液(4.7)	对应的铁含量
mL	μg	mL	μg	mL	μg
10.00	200	7.00	140	2.00	40
15.00	300	9.00	180	3.00	60
20.00	400	11.00	220	4.00	80
25.00	500	13.00	260	5.00	100
比色皿光程/cm					
1		2		4 或 5	
a 试剂空白溶液。					

6.3.4 **绘图**

从每个标准比色液的吸光度中减去试剂空白试液的吸光度，以每 100 mL 含 Fe 量(mg)为横坐标，对应的吸光度为纵坐标，绘制标准曲线。

6.4 **测定**

6.4.1 **显色**

取一定量的试液(6.1)，其中铁含量在 60 mL 中不超过 500 μg，另取同样体积的试剂空白溶液，必要时，加水至 60 mL，用氨水溶液(4.2)或盐酸溶液(4.1)调整 pH 值为 2，用精密试纸检查 pH。将试液定量转移至 100 mL 的容量瓶内，按 6.3.2 从“加 1 mL 抗坏血酸溶液(4.4)……”开始进行操作。

6.4.2 **吸光度的测定**

显色后，按 6.3.3 规定的步骤，测定两个试液(6.4.1)的吸光度。

7 结果表述

7.1 计算

由显色后测得的相应的吸光度值从标准曲线(6.3.4)中查得试液和试验空白溶液中的铁含量。

与产品相关的国际标准将给出合适的最终结果的计算公式。

7.2 重现性和再现性

7 个试验室对三种铁含量水平的硫酸铝、硫酸铵和硼砂进行比对实验，表 2 给出了其统计结果。

表 2

项　　目	硫酸铝			硫酸铵			硼　　砂		
平均值(以 Fe 计)/(μg/mL)	2.209	3.874	6.833	1.152	3.973	5.375	1.189	2.825	5.727
重现性[a]	1.00	1.16	1.17	0.77	1.11	1.15	1.35	1.77	0.77
再现性[a]	5.9	3.6	2.5	5.6	4.4	2.2	7.0	3.6	2.3
a $\frac{\text{标准偏差}}{\text{平均值}} \times 100$									

8 试验报告

试验报告应包括以下部分：

a) 样品的鉴定。

b) 依据的通用方法和相关产品的国际标准。

c) 结果和表述方法。

d) 在测定过程中任何异常情况的提示。

e) 在本标准或相关的产品标准中不包括的操作或随意的操作情况。

附 录 A
（资料性附录）
干 扰

A.1 某些阳离子，特别是锡（Ⅴ），锑（Ⅲ），锑（Ⅴ），钛，锆，铈（Ⅲ）和铋在 pH 约为 4 的乙酸盐溶液中会水解。但如果有足够的柠檬酸盐和酒石酸盐存在，这些离子仍保持在溶液中。如果用柠檬酸钠（或酒石酸钠）缓冲溶液代替乙酸盐缓冲溶液（4.3），这些阳离子在高达 100 mg 时也不会产生沉淀。如果溶液的温度升至沸点时，显色将加速。如果用柠檬酸盐或酒石酸盐缓冲溶液，6.4.1 规定的试剂添加次序是至关重要的。

另外，柠檬酸盐的存在也能防止不溶磷酸盐的生成。

A.2 如果按通常的步骤，铝离子存在可能会产生水解现象。用柠檬酸盐或酒石酸盐缓冲溶液取代乙酸盐缓冲溶液时，这种干扰可以消除（钛和锆的存在也是如此），如在 pH 值为 3.5 和 4.2 时显色，铝离子无干扰（见 ISO 805[1)]）。

A.3 镉、锌、镍、钴和铜离子和 1,10-菲啰啉形成可溶性络合物。如果这些金属存在，会妨碍显色，降低吸光度。每 0.1 mg 的铁含量最少显色剂（4.5）用量为 1.7 mL，但当这些干扰金属存在时，需增加要求的试剂。对于每 0.1 mg 的镍、钴或铜，0.5 mg 锌和 3 mg 的钙，需增加 1 mL 的试剂用量。

A.4 溶液中含有带色离子时不能用水做参比测定。以和试液相同组分但不加 1,10-菲啰啉的溶液当作参比。

A.5 如果存在钨（Ⅴ）或钼（Ⅵ），尤其是大量存在时，反应在 pH 为 7 时进行，并应做以下修改：

对含有钨和钼的试液，加 300 g/L 酒石酸溶液 1 mL，用盐酸溶液（4.1）或氨溶液（4.2）调整，至溶液对石蕊稍显碱性。再加 1 mL～2 mL 氨溶液（4.2），稀释至 75 mL，加 1 mL 抗坏血酸溶液（4.4），10 mL 显色剂（4.5）。在 90℃～100℃加热 5 min～10 min，冷却至室温，并稀释至 100 mL。用此方法试液中高达 250 mg 的钨和钼无干扰。

A.6 银与显色剂（4.5）和盐酸形成不稳定的络合物，按以下步骤加入硫代硫酸盐可以防止络合物的生成：

加入足够的 NaCl 溶液使所有的银离子沉淀。加入缓冲溶液调整 pH 值为 3～5，按 6.3.2 的规定加入抗坏血酸。然后加入 25 g/L 五水硫代硫酸钠溶液至沉淀恰好溶解，加 10mL 显色剂（4.5）以下按 6.3.2 规定继续。用此方法试液中存在高达 100 mg 的银无干扰。

A.7 如果试液有汞（Ⅰ）或汞（Ⅱ）存在，那么试液中不允许有氯离子。在这种情况下，用 252 g/L 的硝酸溶液调整 pH 值。试液中每存在 5 mg 的汞，那么除按规定加入显色试剂外，要额外加入 10 mL 的试剂（4.5）。

A.8 试液中存在高于 10 mg 的铼能形成 1,10-菲啰啉高铼酸盐的沉淀。

A.9 焦磷酸盐存在，铁离子显色减慢并且影响铁（Ⅲ）还原成铁（Ⅱ）的反应。如果 30 min 后读取吸光值，试液中 2 mg 的焦磷酸盐不会产生严重干扰。通过提高 pH 值，显色将加快，在 pH 值为 8.8 时，试液中允许存在 30 mg 的焦磷酸盐。

1） ISO 805《制铝用氧化铝中铁含量测定 1,10-菲啰啉分光光度法》。

A.10 试液中允许存在 500 mg 草酸盐，高于此量显色将不完全。

A.11 试液中允许存在 250 mg 的氟化物，高于此量的显色将不完全。铁(Ⅲ)还原成铁(Ⅱ)的反应受影响。

A.12 试液中 200 mg 的钒(Ⅴ)无干扰。

A.13 试液中任何硒的存在将被氧化成硒酸盐。1 000 mg 的硒酸盐无干扰。

A.14 1 mg 的氰化物无干扰。

ICS 85.060
Y 39

中华人民共和国国家标准

GB/T 3147—2006
代替 GB/T 3147—1982

信息处理未穿孔纸带

Information processing-unpunched paper tape

2006-03-10 发布 2006-10-01 实施

中华人民共和国国家质量监督检验检疫总局
中国国家标准化管理委员会 发布

前言

本标准是对 GB/T 3147—1982《信息处理未穿孔纸带》的修订。

本标准自实施之日起，原 GB/T 3147—1982《信息处理未穿孔纸带》废止。

本标准与 GB/T 3147—1982 相比主要变化如下：

——修改了抗张力和耐折度指标及纸条的宽度要求；

——将检验规则改为抽样，引用 GB/T 2828.1—2003《计数抽样检验程序　第 1 部分：按接收质量限(AQL)检索的逐批检查抽样计划》。

本标准由中国轻工业联合会提出。

本标准由全国造纸工业标准化技术委员会(SAC/TC 141)归口。

本标准起草单位：民丰特种纸股份有限公司。

本标准主要起草人：鲁俭、刘海宁、胡铮。

本标准所代替标准的历次版本发布情况为：

——GB/T 3147—1982。

本标准由全国造纸工业标准化技术委员会(SAC/TC 141)负责解释。

信息处理未穿孔纸带

1 范围

本标准规定了信息处理未穿孔纸带分类、要求、试验方法、抽样、标志、包装、运输和贮存等。

本标准适用于办公、邮电、通讯等信息处理用纸。

2 规范性引用文件

下列文件中的条款通过本标准的引用而成为本标准的条款。凡是注日期的引用文件，其随后所有的修改单(不包括勘误的内容)或修订版均不适用于本标准，然而，鼓励根据本标准达成协议的各方研究是否可使用这些文件的最新版本。凡是不注日期的引用文件，其最新版本适用于本标准。

GB/T 450 纸和纸板试样的采取(GB/T 450—2002,eqv ISO 186:1994)

GB/T 451.2 纸和纸板定量的测定(GB/T 451.2—2002,eqv ISO 536:1995)

GB/T 451.3 纸和纸板厚度的测定(GB/T 451.3—2002,idt ISO 534:1988)

GB/T 453 纸和纸板抗张强度的测定(恒速加荷法)(GB/T 453—2002,idt ISO 1924-1:1992)

GB/T 457 纸耐折度的测定(肖伯尔法)(GB/T 457—2002,eqv ISO 5626:1993)

GB/T 462 纸和纸板 水分的测定(GB/T 462—2003,ISO 287:1991,MOD)

GB/T 742 纸、纸板和纸浆 残余物(灰分)的测定(900℃)(GB/T 742—2003,ISO 2144:1997,MOD)

GB/T 1545.2 纸、纸板和纸浆 水抽提液 pH 的测定(GB/T 1545.2—2003,ISO 6588:1986,MOD)

GB/T 2828.1 计数抽样检验程序 第1部分:按接收质量限(AQL)检索的逐批检验抽样计划(GB/T 2828.1—2003,ISO 2859-1:1999,IDT)

GB/T 10342 纸张的包装和标志

GB/T 10739 纸、纸板和纸浆试样处理与试验的标准大气条件(GB/T 10739—2002,eqv ISO 187:1990)

GB/T 12914 纸和纸板抗张强度的测定法(恒速拉伸法)(GB/T 12914—1991,eqv ISO 1924-2:1985)

3 分类

3.1 纸带为卷盘形，或按合同要求。

3.2 纸带宽度见表1。

表 1

纸带宽度的基本尺寸	极限偏差/mm
按合同要求	+0.08 −0.12

3.3 盘芯宽度与纸带相同，盘芯内径为(11.0±1.0) mm、(50.8～52.4) mm。

3.4 卷盘外径按合同要求，允许偏差为±2 mm。

4 要求

4.1 信息处理未穿孔纸带的技术指标应符合表2或符合合同要求。

表 2

指标名称		单　位	规　　定
厚度		mm	0.10±0.01
紧度	≥	g/cm^3	0.85
抗张强度	≥	kN/m	0.7
伸长率	≤	%	9.0
水抽出物 pH		—	7±1.5
耐折度(纵向)	≥	次	70
灰分		%	1.0
交货水分		%	5.0～9.0
光透过率 黑色纸带光透过率	≤ ≤	%	50 10

4.2　盘面应平整无毛刺。

4.3　纸带表面应平整,不应有影响打孔的杂质、砂粒、浆块和肉眼可见的孔眼。

4.4　纸带在调整好的穿孔机上穿孔时,不应有穿不透现象,孔的边缘不应有肉眼可见的毛刺。

4.5　卷盘内不应夹有碎纸,不应有断头和接头,不应把胶水粘到盘面上。纸条应能完全自由地脱离盘芯。

4.6　纸带尾端 5 m～10 m 处,刷上长度约为 2 m 的颜色,作为终点预报标志。着色剂应是不粘、不易掉色和无毒的。

4.7　颜色:如果能全部满足本标准所规定的各项指标,纸带可以是各种颜色的。

5　试验方法

5.1　试样的采取和试验前的预处理按 GB/T 450 和 GB/T 10739 进行。

5.2　外观检验:采用目测。

5.3　纸带宽度的测定,用极限测量总误差为±0.01 mm 的光学测定仪测定。

5.4　卷盘直径和盘芯内径用精度 0.05 mm 的卡尺测量。

5.5　定量按 GB/T 451.2 测定。

5.6　厚度、紧度按 GB/T 451.3 测定。

5.7　抗张强度、伸长率按 GB/T 453 或 GB/T 12914 测定,仲裁时按 GB/T 12914 测定。

5.8　水抽出物 pH 按 GB/T 1545.2 测定。

5.9　耐折度按 GB/T 457 测定。

5.10　灰分按 GB/T 463 测定。

5.11　水分按 GB/T 462 测定。

5.12　光透过率的测定

5.12.1　光透过率试验

采用 30 W 的白炽灯,用 50V2AV-1 光电二极管(锗管)为受光元件,灯丝与二极管垂直距离约为 150 mm 。开启电源后,先调整电位器,使无试料时电流为 100 μA,再用遮光板遮住光源,使电流为 0。随后去掉遮光板可进行测试。测试时纸带长度在 250 mm～1 000 mm 左右,记录的取样点不应少于 30 个。

5.12.2　光透过率的计算

光透过率百分比的平均最大值计算,见式(1)。

$$T_{max} = \bar{t} + \Delta + 3\delta \qquad (1)$$

$$\Delta = \frac{3\delta}{\sqrt{n}}（其中 n \geqslant 30）$$

式中：

$\bar{t}$——n 次观测的光透过率的平均值，%；

δ——标准偏差。

6 抽样

6.1 以一次交货的数量为一批，但不多于 5 t。

6.2 计数抽样检验程序按 GB/T 2828.1 规定进行。样本单位为卷盘。接收质量限(AQL)：紧度、抗张强度 AQL=4.0，伸长率、耐折度、水抽出物 pH、灰分、交货水分、光透过率、外观质量 AQL=6.5。抽样方案采用正常检验二次抽样方案，检查水平为特殊检查水平 S-2。见表 3。

表 3

批　量 (卷盘)	抽样方案				
	正常检验二次抽样方案　特殊检查水平 S-2				
	样本量	AQL=4.0		AQL=6.5	
		Ac	Re	Ac	Re
3～150	3	0	1	0	1
151～1 200	3	0	1	—	—
	5 5(10)	— —	— —	0 1	2 2

6.3 可接收性的确定：第一次检验的样品数量应等于该方案给出的第一样本量。如果第一样本中发现的不合格品数小于或等于第一接收数，应认为该批是可接收的；如果第一样本中发现的不合格品数大于或等于第一拒收数，应认为该批是不可接收的。如果第一样本中发现的不合格品数介于第一接收数与第一拒收数之间，应检验由方案给出样本量的第二样本并累计在第一样本和第二样本中发现的不合格品数。如果不合格品累计数小于或等于第二接收数，则判定批是可接收的；如果不合格品累计数大于或等于第二拒收数，则判定该批是不可接收的。

6.4 需方有权检查该产品的质量是否符合本标准要求，若需方对产品质量有异议，应在到货后三个月内通知供方共同进行复验，若该产品符合本标准要求，判为批合格，由需方负责处理；若该产品不符合本标准要求则判为批不合格，由供方负责处理。

7 标志、包装、运输和贮存

7.1 每盘纸带盘面应有生产的年、月、日及检查员代号。

7.2 每箱外贴合格证，并应有产品名称、规格、数量、编号及符合 GB/T 10342。

7.3 纸带先包小包，然后用纸箱包装。宽度小于 25.40 mm 的 10 盘为一小包，宽度大于等于 25.40 mm 的5 盘为一小包。每包用一层包装纸包好。装入塑料袋内并加以封口。

7.4 盘径小于等于 140 mm 的每 10 包为一箱，盘径大于 140 mm 的每 5 包为一箱。

7.5 每箱内放一张产品说明书，注明产品名称、规格、数量、装箱日期和检查负责人及使用保管注意事项。

7.6 包装好的产品应能以任何交通工具运输，但需避免雨雪的淋袭与机械损伤。

7.7 成品应保管在干燥、通风的仓库内。应避免放在过热、过潮或太干燥和有酸、碱等腐蚀性气体的环境中。

ICS 11.040.30
C 36

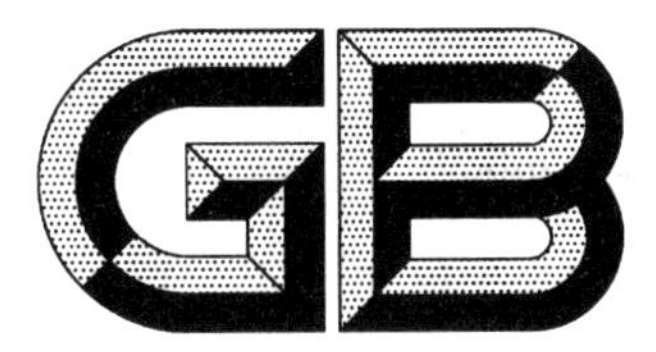

中华人民共和国国家标准

GB 3156—2006
代替 GB 3156—1995

OCu 宫内节育器

OCu intra-uterine devices

2006-09-14 发布 2007-05-01 实施

中华人民共和国国家质量监督检验检疫总局
中国国家标准化管理委员会 发布

前　言

本标准代替 GB 3156—1995《OCu 宫内节育器》。

本标准与 GB 3156—1995 的主要区别：

——增加了一次性使用放置器内容及要求；

——增加了灭菌要求；

——修改了铜表面积计算公式。

本标准的附录 A、附录 B、附录 C 为规范性附录。

本标准由国家食品药品监督管理局提出。

本标准由全国计划生育器械标准化技术委员会归口。

本标准起草单位：商丘雅康药械有限公司。

本标准主要起草人：种秀云、高广潮。

本标准所代替标准的历次版本发布情况为：

—— GB 3156—1989；

—— GB 3156—1995。

OCu 宫内节育器

1 范围

本标准规定了活性 OCu 宫内节育器的材料、型式和基本尺寸、配合、标示、要求、试验方法、检验规则、标志、包装、贮存和灭菌有效期等。

本标准适用于 OCu 宫内节育器及其他金属圆环形宫内节育器(以下简称节育器)。该产品放置于妇女子宫腔内作避孕用。

2 规范性引用文件

下列文件中的条款通过本标准的引用而成为本标准的条款。凡是注日期的引用文件,其随后所有的修改单(不包括勘误的内容)或修订版均不适用于本标准,然而,鼓励根据本标准达成协议的各方研究是否可使用这些文件的最新版本。凡是不注日期的引用文件,其最新版本适用于本标准。

GB/T 191 包装储运图示标志(GB/T 191—2000,eqv ISO 780:1997)

GB/T 2828.1 计数抽样检验程序 第1部分:按接收质量限(AQL)检索的逐批检验抽样计划(GB/T 2828.1—2003,ISO 2859-1:1999,IDT)

GB/T 4240 不锈钢丝(neq JIS G4309:1988)

GB/T 4340.1 金属维氏硬度试验 第1部分:试验方法(eqv ISO 6507-1:1997)

GB 9969.1 工业产品使用说明书 总则

GB/T 14233.1 医用输液、输血、注射器具检验方法 第1部分:化学分析方法

GB/T 16886.1 医疗器械生物学评价 第1部分:评价与试验(GB/T 16886.1—2001,idt ISO 10993-1:1997)

GB/T 16886.5 医疗器械生物学评价 第5部分:体外细胞毒性试验(GB/T 16886.5—2003,ISO 10993-5:1999,IDT)

GB/T 16886.6 医疗器械生物学评价 第6部分:植入后局部反应试验(GB/T 16886.6—1997,idt ISO 10993-6:1994)

GB/T 16886.10 医疗器械生物学评价 第10部分:刺激与迟发型超敏反应试验(GB/T 16886.10—2005,ISO 10993-10:2002,IDT)

GB 18279 医疗器械 环氧乙烷灭菌 确认和常规控制(GB 18279—2000,idt ISO 11135:1994)

YY/T 0149 不锈钢医用器械耐腐蚀性能试验方法

中华人民共和国药典(2000年版)

3 材料、型式和基本尺寸、配合、标示

3.1 材料

节育器选用 1Cr18Ni9Ti 或 0Cr18Ni9 不锈钢和高导无氧铜丝材料制成,材料的技术要求应符合附录 A 的规定。其放置器应由无毒塑料制成。

3.2 型式和基本尺寸(规格)

节育器的规格以外径 D 尺寸而定,有 19 mm、20 mm、21 mm、22 mm、23 mm、24 mm 六个规格。其型式和基本尺寸应符合图1和表1的规定。

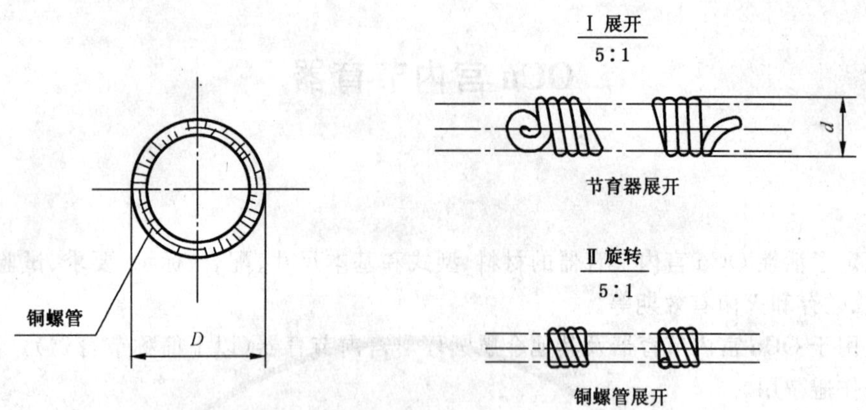

图1 节育器

表1 节育器的基本尺寸

单位为毫米

D		d	
基本尺寸	公 差	基本尺寸	公 差
19≤D≤24	±0.65	2.10	±0.13

3.3 配合

一次性使用放置器由叉头、定位块、放置管、推杆组成，节育器与一次性使用放置器的配置应符合图2的规定。

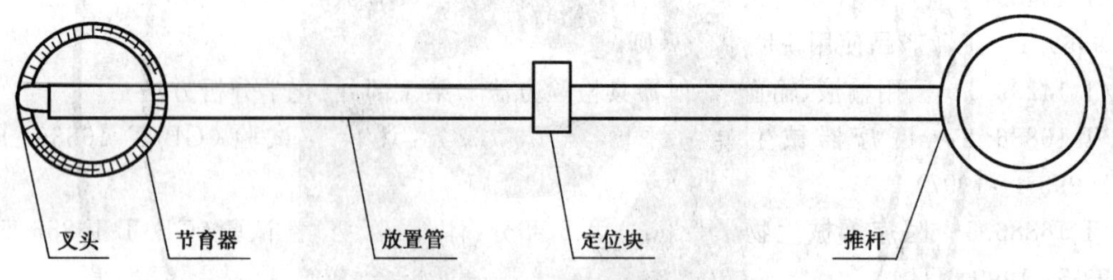

图2 节育器与放置器配置示意图

3.4 标示

节育器的名称、铜表面积和规格应按以下方式标示：

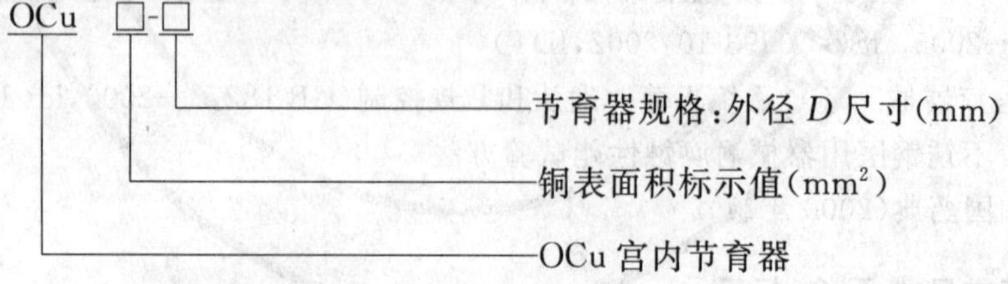

标记示例：

OCu 200-20：表示 OCu 宫内节育器，铜表面积为 200 mm^2，外径 D 尺寸为 20 mm。

4 要求

4.1 包装

节育器单包装若为纸塑包装，其纸与塑料薄膜的剥离力应≥6.0 N。

4.2 外观

4.2.1 节育器表面应清洁、不允许有发黑、发黄现象。

4.2.2 节育器表面应光滑，不允许有裂纹、斑疤、毛刺。

4.2.3 节育器接头旋合处应匀整,旋合总圈数为 4～6 圈。

4.2.4 节育器螺旋圈应紧密,不得有扭曲,离距现象。

4.2.5 节育器接头旋合处的弯钩应伸入螺旋圈内,并不得少于 1 圈。

4.3 性能

4.3.1 节育器的钢丝硬度为 430 $HV_{0.2}$～530 $HV_{0.2}$。

4.3.2 节育器的铜丝表面积应为标示值$^{+10\%}_{-5\%}$。

4.3.3 节育器的支撑力为 1.65 N±0.30 N。

4.3.4 节育器的钢丝耐腐蚀性应达到 YY/T 0149 中 a 级的规定。

4.3.5 节育器钢丝表面粗糙度 Ra 之数值应不大于 0.4 μm。

4.3.6 节育器拉伸至 D 尺寸的 150%时应不脱开,放松后 D 的变形量应不大于 1 mm。

4.3.7 节育器受径向压缩时,其偏扭程度应符合表 2 规定。

表 2 偏扭程度

单位为毫米

产品规格	偏扭程度
$D \leqslant 21$	≤1.5
$D > 21$	≤2.0

4.3.8 放置器的定位块,在放置管上自前端起至 100 mm 内的移动阻力应在 2.5 N～10.0 N 之间。

4.4 无菌保证

节育器与放置器应经已确认过的灭菌过程进行灭菌,使产品保证无菌。若采用环氧乙烷灭菌,灭菌过程的确认应按照 GB 18279 的规定进行。

4.5 环氧乙烷残留量

若采用环氧乙烷灭菌,则环氧乙烷残留量应不大于 5 μg/g。

4.6 生物相容性评价

节育器应按 GB/T 16886.1 的规定进行生物相容性评价,评价结果应无生物相容危害。

5 试验方法

5.1 外观

5.1.1 以目力观察节育器应符合 4.2.1、4.2.2、4.2.3、4.2.4 的规定。

5.1.2 用 10 倍放大镜观察节育器接头处旋合用的弯钩头,应符合 4.2.5 的规定。

5.1.3 将节育器和粗糙度比较样块在 10 倍放大镜下进行比较,应符合 4.3.5 的规定。

5.2 铜丝表面积

将节育器内铜螺管全部取出,用通用或专用量具测量,按照附录 B 给出的公式计算,应符合 4.3.2 的规定。

5.3 性能

5.3.1 钢丝硬度

按 GB/T 4340.1 中规定的方法进行试验,在钢丝上测三点,取其算术平均值,应符合 4.3.1 的规定。

5.3.2 偏扭程度

用专用仪器测量节育器的偏扭程度,以节育器的接头处和其相对应另一处为加力点(其他部位应无支撑)逐渐向圆心压缩到内圈两点接触,观察节育器的偏扭程度,应符合 4.3.7 的规定。

5.3.3 支撑力

用专用仪器或其他仪器测量节育器支撑力,将节育器接头处向下,放在固定压力传感器支架的 R 槽内,利用压力传感器将节育器压缩到 11 mm,待数字稳定后,读取显示屏上所显示的数字,即为所测节育器的支撑力,应符合 4.3.3 的规定。

5.3.4 接头牢固性与变形量

将节育器固定在专用仪器上,使接头处于拉伸的中间位置,逐渐拉伸至 *D* 尺寸的 150%,立即放松,*D* 的变形量应符合 4.3.6 的规定。

5.3.5 剥离力

以专用拉力表的夹具夹紧包装袋的纸,一手固定塑料薄膜,一手握住拉力表,匀速剥离包装袋至放置管定位块处,观察其剥离的力值,应符合 4.1 的规定。

5.3.6 定位块位移阻力

固定放置管,然后将放置管上的定位块固定在专用拉力表的连接杆的 U 形槽中,手握住拉力表均匀移动,观察其所受移动阻力,应符合 4.3.8 的规定。

5.3.7 耐腐蚀性

按 YY/T 0149 中规定的氯化钠溶液试验法中半浸法进行试验,应符合 4.3.4 的规定。

5.4 无菌

按《中华人民共和国药典》2000 年版附录中(无菌检验法)进行检验,应符合 4.4 的规定。

5.5 环氧乙烷残留量

按 GB/T 14233.1 进行试验,应符合 4.5 的规定。

5.6 生物相容性

按附录 C 要求进行生物相容性试验,应符合 4.6 的规定。

6 检验规则

6.1 验收

节育器应经制造厂技术检验部门进行检验,合格后方可提交验收。

6.2 检验方式

节育器应成批提交检验,检验分为逐批检验和周期检验。

6.3 逐批检验

6.3.1 逐批检验按 GB/T 2828.1 的有关规定进行。

6.3.2 抽样方案类型采用一次抽样,抽样方案严格性从正常检验抽样开始,其不合格分类、检验项目、检验水平和接收质量限(AQL)按表 3 的规定。

表 3 逐批检验抽样方案

不合格分类	A	B			C		
不合格分类组	Ⅰ	Ⅰ	Ⅱ	Ⅲ	Ⅰ	Ⅱ	Ⅲ
检验项目	4.4 4.5	4.3.1 4.3.2	4.3.3 4.3.4 4.3.5	4.3.6 4.3.7	4.2.2 4.2.5	4.1 4.3.8	4.2.1 4.2.3 4.2.4
检验水平	—	S-1	S-2	S-2	S-2	S-2	S-3
接收质量限(AQL)	全部合格	2.5			4.0		6.5
注:环氧乙烷残留量和无菌测试以每一灭菌批提供报告或提供有关验证报告。							

6.4 周期检验

6.4.1 在下列情况下应进行周期检查:

a) 新产品投产前(包括老产品转厂生产注册时);

b) 连续生产中每年不少于一次;

c) 停产一年以上恢复生产时;

d） 在设计、工艺或材料有重大改变时；

e） 质量监督部门对产品质量进行监督抽查时。

6.4.2 周期检查为全性能检验。

6.4.3 周期检查样本应从逐批检验合格批中随机抽取5套。

6.4.4 周期检查中若出现不合格项目，应重新加倍抽取样本，对不合格项目重新进行检验。检验仍不合格，则判周期检查不合格。

7 标志、包装、贮存

7.1 节育器及其放置器应单个包装在防穿刺的医用包装袋中。

7.2 单包装袋上应有下列标志：

a） 产品名称；

b） 产品规格（产品标示）；

c） 产品注册号；

d） 产品标准号；

e） 灭菌方法；

f） 灭菌批号和灭菌失效期；

g） “包装袋破损勿用”等字样或标志；

h） 制造厂名称、地址。

7.3 节育器应有能防护产品的中包装和大包装，中包装内应有产品说明书和检验合格证。

7.3.1 中包装应有下列标志：

a） 产品名称、规格和数量；

b） 产品注册号；

c） 产品标准号；

d） 灭菌方法；

e） 灭菌批号和灭菌失效期；

f） 制造厂名称、地址。

7.3.2 检验合格证应有下列标志：

a） 产品名称、规格和数量；

b） 产品注册号；

c） 产品标准号；

d） 灭菌批号和灭菌失效期；

e） 检验员代号和检验日期。

7.3.3 产品说明书的编写应遵循GB 9969.1和有关规定。中包装中说明书的数量应与中包装中的节育器数量相同。在说明书中应标明节育器在妇女子宫腔内的放置年限、不良反应、禁忌症、注意事项等内容，并标明不可重复使用。

7.3.4 大包装应有下列标志：

a） 产品名称、规格和数量；

b） 产品注册号；

c） 产品标准号；

d） 灭菌批号和灭菌失效期；

e） 毛重、体积（长×宽×高）；

f） 制造厂名称、地址、电话等；

g） “怕晒”、“怕雨”等字样或标志，应符合GB/T 191中有关规定。

7.4　包装后的节育器应贮存在相对湿度不超过80%，无腐蚀性气体和通风良好的室内。

8　灭菌失效期

经包装袋密封后灭菌的节育器，在遵守贮存规则的条件下，应标明从灭菌之日起计算的灭菌失效期。

附 录 A
（规范性附录）
节育器原材料的技术要求

A.1 不锈钢丝材料

A.1.1 节育器基体材料为0cr18Ni9或1Cr18Ni9Ti不锈耐酸钢丝，应符合GB/T 4240的规定。

A.1.2 钢丝表面粗糙度 Ra 数值不大于0.32 μm。

A.1.3 钢丝硬度为410 $HV_{0.2}$～460 $HV_{0.2}$。

A.1.4 钢丝应有良好的耐腐蚀性（用0.5 mol/L氯化钠溶液半浸或全浸168 h，在室温20℃±5℃时不生锈斑）。

A.2 铜丝材料

A.2.1 铜螺管材料为高导无氧铜丝。

A.2.2 铜丝纯度应不低于99.99%。

A.2.3 铜丝表面应光滑、清洁，不应有裂纹、起皮、划痕现象。

附　录　B
（规范性附录）
铜丝表面积的计算

B.1　铜丝表面积(S_1)计算公式〔见式(B.1)、式(B.2)、式(B.3)〕

$$S_1 = 2r\pi l = 2r\pi(m/\rho\pi r^2) = 2m/\rho r \qquad \cdots\cdots(B.1)$$

$$m = \rho \times V \qquad \cdots\cdots(B.2)$$

式中：

m——铜丝质量，单位为毫克(mg)；

ρ——密度，单位为毫克每立方毫米(mg/mm^3)(ρ_{Cu}=8.96 mg/mm^3)；

V——体积，单位为立方毫米(mm^3)。

$$V = \pi \times r^2 \times l \qquad \cdots\cdots(B.3)$$

式中：

l——铜丝的长度，单位为毫米(mm)；

r——铜丝的半径，单位为毫米(mm)。

B.2　铜管表面积(S_2)计算公式〔见式(B.4)〕

$$S_2 = n[2R\pi L + 2(\pi \times R^2 - \pi \times r^2)] = n[D\pi L + 1/2\pi(D^2 - d^2)] \qquad \cdots\cdots(B.4)$$

式中：

R——铜管外半径，单位为毫米(mm)；

r——铜管内半径，单位为毫米(mm)；

D——铜管外直径，单位为毫米(mm)；

d——铜管内直径，单位为毫米(mm)；

L——铜管长度，单位为毫米(mm)；

n——铜管个数。

B.3　铜总表面积(S)计算公式〔见式(B.5)〕

$$S = S_1 + S_2 \qquad \cdots\cdots(B.5)$$

注：本标准节育器的铜表面积控制是通过控制最终产品的铜丝质量及生产过程中将铜丝缠绕在纵臂之前控制其长度。

附　录　C
（规范性附录）
生物相容性评价

C.1　在下列任一情况下，应考虑对材料或最终产品重新进行生物学评价（无下列情况可以豁免）：

a)　新产品注册时；

b)　制造产品所用材料来源或技术条件改变时；

c)　产品配方、工艺、初级包装或灭菌改变时；

d)　贮存期内最终产品中的任何变化；

e)　产品用途改变时；

f)　有迹象表明产品用于人体时会产生不良作用。

注：评价可以包括有关经验研究和实际试验，如果设计中器械的材料在具体应用中具有可论证的使用史，采用这样的评价，其结果可能是不必再进行试验。

C.2　为了保证节育器临床适应性能，应进行下列试验：

a)　节育器应按 GB/T 16886.5 的试验方法，进行刺激与致敏试验；

b)　节育器应按 GB/T 16886.6 的试验方法，进行植入试验；

c)　节育器应按 GB/T 16886.10 的试验方法，进行细胞毒性试验。

ICS 87.010
G 51

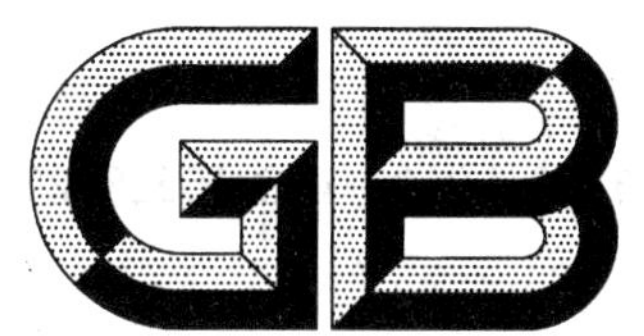

中华人民共和国国家标准

GB/T 3186—2006/ISO 15528:2000
代替 GB 3186—1982,GB 9285—1988

色漆、清漆和色漆与清漆用原材料　取样

Paints, varnishes and raw materials for paints and varnishes—Sampling

(ISO 15528:2000,IDT)

2006-09-01 发布　　2007-02-01 实施

中华人民共和国国家质量监督检验检疫总局
中国国家标准化管理委员会　发布

前　言

本标准等同采用国际标准 ISO 15528:2000《色漆、清漆和色漆与清漆用原材料　取样》(英文版)。

本标准代替 GB 3186—1982(1989)《涂料产品的取样》和 GB 9285—1988《色漆和清漆用原材料取样》。

本标准与 GB 3186 和 GB 9285 的主要技术差异为:

——本标准将 GB 3186 和 GB 9285 的内容合并,增加了一些简单适用的取样器具,删除了一些不适用的取样器具;

——本标准删除了对被取样品进行初检的程序。

本标准由中国石油和化学工业协会提出。

本标准由全国涂料和颜料标准化技术委员会归口。

本标准起草单位:中国化工建设总公司常州涂料化工研究院。

本标准主要起草人:黄宁。

GB 3186 于 1982 年首次发布,1989 年确认;GB 9285 于 1988 年首次发布。两标准本次均为第一次修订。

色漆、清漆和色漆与清漆用原材料　取样

1　范围

本标准规定了色漆、清漆和色漆与清漆用原材料的几种人工取样方法。这些产品包括液体以及加热时能液化却不发生化学变化的物料，也包括粉状、粒状和膏状物料。可以从罐、柱状桶、贮槽、集装箱、槽车或槽船中取样，也可以从鼓状桶、袋、大包、贮仓、贮仓车或传送带上取样。

2　规范性引用文件

下列文件中的条款通过本标准的引用而成为本标准的条款。凡是注日期的引用文件，其随后所有的修改单(不包括勘误的内容)或修订版均不适用于本标准，然而，鼓励根据本标准达成协议的各方研究是否可使用下列文件的最新版本。凡是不注日期的引用文件，其最新版本适用于本标准。

GB/T 3723—1999　工业用化学产品采样安全通则(idt ISO 3165:1976)

GB/T 4650—1998　工业用化学产品采样词汇(idt ISO 6206:1979)

3　术语和定义

本标准采用 GB/T 4650—1998 中规定的以及下列术语和定义。

3.1

生产批　batch

在同一条件下生产的一定数量的物料。

3.2

(检查)批　lot

需要取样的物料总量，可以由若干生产批或若干取样单元组成。

3.3

单一样品　individual sample

从大量物料中通过一次取样操作所得到的那部分产品。

3.4

代表性样品　representative sample

在所选用的试验方法的精度范围内，具有被取样物料的所有特性的样品。

3.5

平均样品　average sample

等量的单一样品(3.3)的混合物。

3.6

上部样品　top sample

从物料的表面或表面附近取得的单一样品。

3.7

底部样品　bottom sample

从物料的最低处或最低处附近取得的单一样品。

3.8

复合样品　composite sample

从物料的不同深度取得的单一样品。

3.9

间歇样品　intermittent sample

从物料流中间歇地取得的单一样品。

3.10

连续样品　continuous sample

从物料流中连续地取得的样品。

3.11

参考样品　reference sample

已取得的并贮存了一定时间的用于参考目的的单一样品、平均样品或连续样品。

4　一般要求

样品的取样、标识和贮存，以及相关文件的制定应由有经验的人员进行。取样前应选择适宜类型和规格的清洁的取样器具，并了解相关的健康和安全法规，以尽可能减少释放。

选择取样方法应考虑被取物料的物理和化学特性，例如光敏性和氧化性、发生表面反应（形成结皮）的趋势以及吸湿性、生理特性和毒性。

制定取得代表性样品方案的前提是采用符合质量检测和质量管理要求的程序，同时又要被有关各方认可。

样品（包括参考样品）的贮存，应符合质量管理的有关标识、可追溯性和贮存期的要求。

对特别敏感的物料，应提供贮存条件的说明书，以确保样品特别是参考样品在整个贮存期的质量。

有关取样的健康和安全信息参见 GB/T 3723—1999。

5　取样器具

5.1　取样器

5.1.1　总则

取样器的选择取决于被取物料的类型、聚集状态、容器的类型、容器被填装的程度、物料对健康和安全的危害性，以及所需样品的多少。对取样器的一般要求为：

——易于操作；

——易于清洗（表面光滑）；

——易购；

——与被取物料不发生化学反应。

5.1.2　各种取样勺

5.1.2.1　取样勺（铲，也可见 5.1.7）

取样勺主要用于取固体物料的上部样品。

5.1.2.2　液体取样勺

这种取样器是由一个沿其长度方向分成几个隔段的 D 型金属槽和一个活门组成。此活门能沿着整个长度方向垂直移动，从而打开和关闭各隔段（见图 1）。其直径通常为 25 mm～50 mm。

关闭取样勺活门后插入液体中，然后拉开活门让液体进入，最后关闭活门并取出取样勺。

5.1.2.3　粉末取样勺

这种取样勺是敞口的，用于粉末状固体的取样。用金属制成，横截面为半圆型或 C 型，可插入物料钻取芯样（见图 2）。

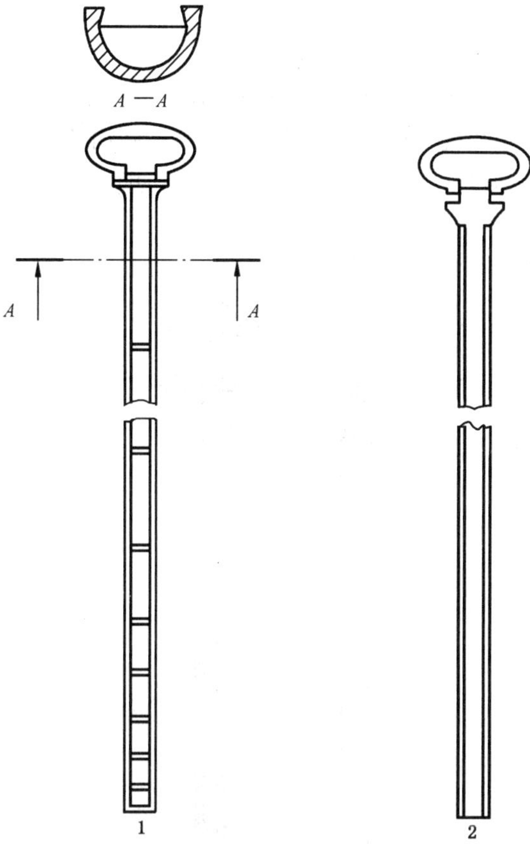

1——槽；

2——活门。

图 1 液体取样勺

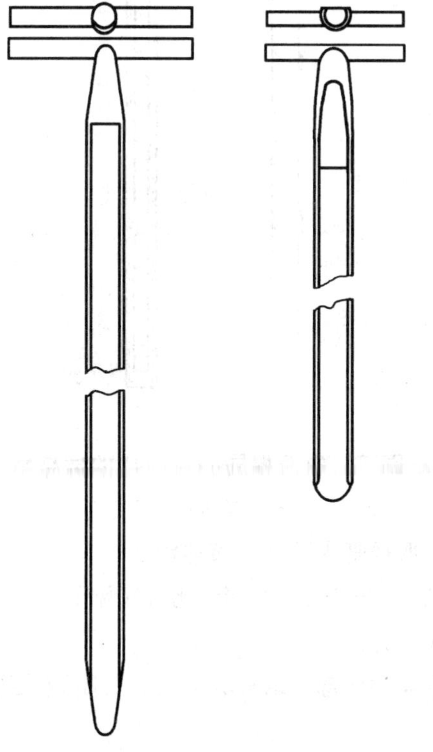

图 2 粉末取样勺

5.1.3 液体取样管

5.1.3.1 同心取样管

这种取样管由两根同心的金属套管组成，二者在整个长度上都紧密配合，且一根管子能在另一根管子内转动。在两根管子上均有一个或一组切成宽约为三分之一圆周长的纵向开口。在某一位置管子是敞开的，让液体进入。通过旋转内管，就成为一个密闭的容器(见图3)。

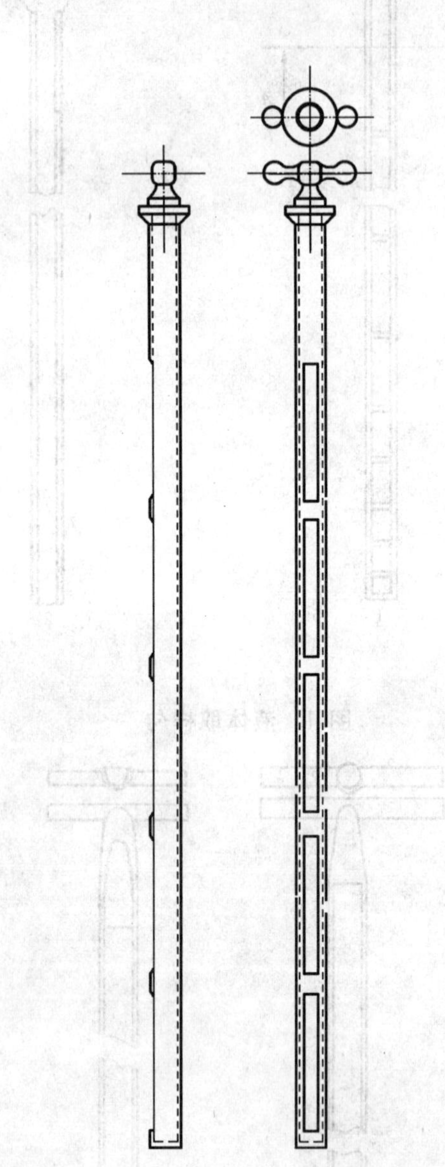

图3 由两根同心管组成的取样管

内管直径通常为20 mm～40 mm，沿其长度方向可以是连通的。在这种情况下，两管在底端成V型开口，以便当纵向开口打开时，取样管内装有的液体能通过V型开口放出。

内管也可分隔成若干个隔段，一般为3～10个，此时底端勿需再开V型口。这种设计能让从容器中不同深度抽取的液体样品彼此分开。

取样管的长度应足以达到容器的底部。取样管插入时关闭，然后打开让液体进入，最后将其关闭并取出。

5.1.3.2 **单管取样管**

单管取样器如图4所示，可用于抽取均匀的液体样品。它是一根金属管或厚壁玻璃管，其直径可为20 mm～40 mm，长度可为400 mm～800 mm，其上端和下端都是圆锥形的，并收缩成约为5 mm～10 mm的窄口，上端有两个环以便于操作。

采集单一样品时，先用大拇指或塞子将管子的顶端堵住，并下降到所需的深度，打开顶端一小段时间让液体流入，然后堵住管口并取出。

图4 单管取样管

5.1.3.3 **阀门取样管**

阀门取样管，如图5所示，是由底部装有阀门的一根金属管组成，该阀门通过中心杆与顶端螺旋手柄相连。当手柄向下旋动时，阀门关闭。它与前面所述取样管的不同之处是将阀门打开着插入液体中，当取样管浸入液面以下时，液体就进入管子，而被取代的空气通过管子顶部的气孔排出。当取样管的底端接触到容器的底部时，阀门自动关闭。然后旋紧手柄，以使阀门保持关闭状态，并取出装有样品的管子。将取样管的外部擦干净或用清洗装置清洗。对于不同情况，可使用不同长度的取样管。一种铝制的长2 m的取样管适用于公路槽车的取样。图5所示的取样管不适用于已积有沉淀物的产品的取样。

5.1.4 **取样瓶(取样罐)**

这种取样瓶(取样罐)也称浸入式瓶(浸入式罐)(见图6)。它有一个足够重的由防火花金属制成的支架，并与一根由不锈钢或任何其他合适材质制成的链子相连，支架上装有一个由玻璃或任何其他合适材料制成的瓶子。浸入式罐可以是以下几种：

——敞口瓶;

——装有二根不同长度玻璃管的带塞瓶子(调节管子的内径,就可得到对应于容器某一深度的以及某一物料黏度的样品);

——带塞子的瓶子,该塞子能借助配套的链子在所要求的深度被移去。

浸入式罐特别适用于从大容器(例如贮槽,槽船等)中取样。

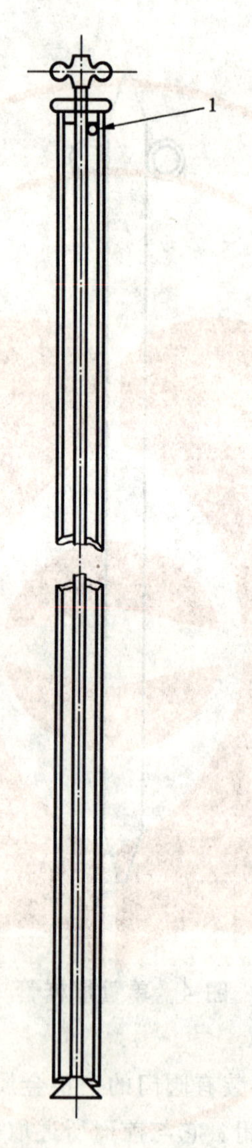

1——气孔。

图5 阀门取样管

5.1.5 底部(区域)取样器

底部(区域)取样器(见图7)是一个带有轴阀的圆柱形容器,用防火花金属制成。取样器上连接有一根由不锈钢或任何其他合适材料制成的浸入链条,在阀轴的顶端可连接另一根链条,能让阀在特定的深度打开。当取样器接触到容器底部时阀门自动打开,因此区域取样器特别适用于大容器底部样品的取样。

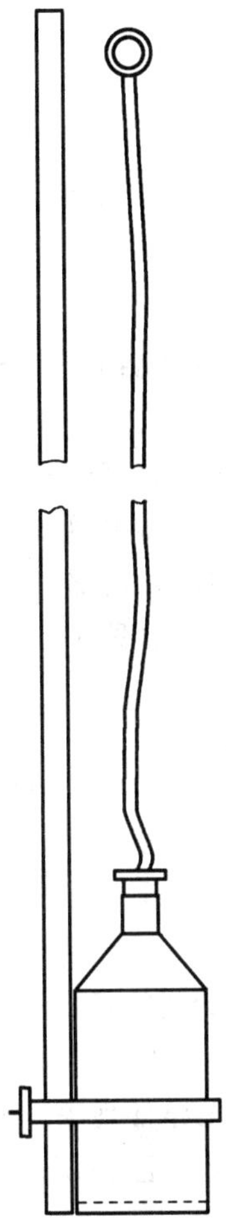

图 6　取样罐

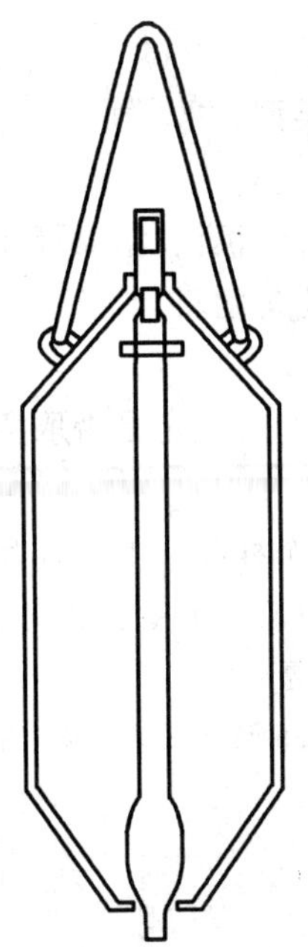

图 7　底部(区域)取样器(截面图)

5.1.6 **调刀**

调刀可以是任何合适的形状和大小,刀片由合适的材料例如不锈钢或塑料制成。调刀特别适用于膏状物料例如腻子的单一样品的取样。

5.1.7 **铲**(也可见5.1.2.1)

取样铲由合适的材料例如不锈钢或塑料制成,有卷起的边和一根短手柄。取样铲主要用于粒状或粉末状固体物料的取样。

5.1.8 **支管**

支管适用于从贮槽、槽车或管道中取单一样品或连续样品,并配有一个关闭阀。

5.2 装样容器

带有螺旋盖的罐、瓶、桶或塑料袋均适用于储存单一样品和参考样品。装样容器及盖子的材料应选用能使样品不受光的影响并且没有物料能从容器中逸出或进入容器。

金属容器应配有密封的金属盖,不应有焊料,内部一般不涂色漆和清漆(见注1)。

玻璃容器应配有密封盖,且不受样品的影响(见注2)。

镀锌和铝质容器不应盛放醇类物料。

注1:内部涂漆的容器对许多水性产品是适用的。

注2:深色玻璃能部分地防止光的作用,如需要,可在容器外部用不透明材料覆盖或包裹,以进一步遮护样品。

6 取样程序

6.1 总则

样品的最少量应为2 kg或完成规定试验所需量的3~4倍。所取样品的件数见表1。

6.2 取样前的检查

取样前,应检查物料、容器和取样点有无异常现象。若发现任何异常现象,应在取样报告中注明。然后由取样者决定是否取样,若决定取样,应确定样品按哪种类型取得。

6.3 均匀性

6.3.1 均匀物料

对于均匀物料,取单一样品就足够了。

6.3.2 不均匀物料

6.3.2.1 总则

不均匀物料有暂时性和永久性二种类型。

6.3.2.2 暂时性的不均匀物料

这种现象是由诸如不彻底的混合、泡沫、沉淀、结晶等原因引起,可导致物料密度或黏度等的不同。取样前搅拌或加热这类物料可使其成为均匀物料。

6.3.2.3 永久性的不均匀物料

如果这类物料既不互混也不互溶,此时应决定是否取样以及取样的目的。

对小容器,应选用取样管(5.1.3)取样。

对大容器中物料的取样,至少应取2个样品。上层样品可用取样勺(5.1.2)取样,下层样品可用区域取样器(5.1.5)或合适的浸入式瓶(罐)(5.1.4)(见注)取样,或在容器底阀(如果有的话)处取样。制备样品时,应考虑所取两层样品的相对数量。

注:带有塞子的并能在所需深度将塞子移去的浸入式罐是适用的。

6.4 容器的大小

6.4.1 大容器

6.4.1.1 总则

大容器可理解为贮槽、公路槽车、贮仓、贮仓车、铁路槽车,槽船或平均高度至少1 m的反应器。

除了永久性的不均匀产品外，产品在取样前应是均匀的。对大型容器中复合样品的取样例如用浸入式罐(5.1.4)取样，一般无再现性可言，所以上部样品应选用取样勺(5.1.2)或取样管(5.1.3)取样，中部样品用浸入式罐(5.1.4)取样，距液面十分之九深度处的底部样品用浸入式罐(5.1.4)或区域取样器(5.1.5)取样。当大容器由几个隔段组成时，至少应从每个隔段中取一个样品。如果是相同的产品，那么这几个单一样品(3.3)可以混合成一个平均样品。

对永久性的不均匀物料，按6.3.2.3规定的程序取样。

6.4.1.2 **液体**

液体或液化了的产品可用取样勺(5.1.2)取上部样品。对其他液位处样品的取样，浸入式罐(5.1.4)是最合适的取样器，区域取样器(5.1.5)则特别适用于取底部样品。

其他可采用的取样程序还有从流出口处取单一样品，但应注意先让足量的液体流出，对在循环、放料或装料过程中，用泵送出的液体可用支管(5.1.8)取样。在泵输送操作过程中，则可用一个合适的支管从旁路取得连续样品。

6.4.1.3 **膏状产品**

用调刀(5.1.6)、取样勺(5.1.2.1)，或者在某些情况下也可用取样管(5.1.3)从膏状产品中取上部样品。

6.4.1.4 **固体**

对于颗粒或粗粒状粉末固体，一般只能用取样勺(5.1.2)、调刀(5.1.6)或铲(5.1.7)取上部样品。

在容器充装或倒空时，可从传送带或螺旋输送机上取几个间歇样品。

在某些场合也可使用取样管(5.1.3)取样。

6.4.2 **小容器**

6.4.2.1 **总则**

小容器包括鼓状桶、柱状桶、袋以及其他类似的容器。一般从每个被取样的容器中取一个样品就足够了。当交付批有若干个容器时，符合统计学要求的正确的取样数列于表1；若取样数低于表中数值，应在取样报告中注明。

表1 被取样容器的最低件数

容器的总数 N	被取样容器的最低件数 n
1～2	全部
3～8	2
9～25	3
26～100	5
101～500	8
501～1 000	13
其后类推	$n=\sqrt{N/2}$

若交付批是由不同生产批的容器组成，那么应对每个生产批的容器取样。

6.4.2.2 **液体**

用取样勺(5.1.2)取上部样品作为单一样品。不同深度的样品，复合样品或底部样品也可用取样管(5.1.3)取样。

6.4.2.3 **膏状产品**

膏状产品的取样应按6.4.1.3规定进行。

6.4.2.4 **固体**

固体样品的取样应按6.4.1.4规定进行。

6.5 样品量的缩减

将按合适的方法取得的全部样品充分混合。

对于液体，在一个清洁、干燥的容器中，最好是不锈钢容器中混合。尽快取出至少3份均匀的样品（最终样品），每份样品至少400 mL或完成规定试验所需样品量的3～4倍，然后将样品装入符合5.2要求的容器中。

对于固体，用旋转分样器（格槽缩样器）将全部样品分成四等分。取出3份，每份各为500 g或完成规定试验所需样品量3～4倍的样品，并将样品装入符合5.2要求的容器中。

6.6 标识

样品取得后，应贴上符合质量管理要求的能够追溯样品情况的标签。

标签至少应包括下列信息：

——样品名称；

——商品名称和/或代码；

——取样日期；

——样品的生产厂名（若有必要）；

——取样地点，例如工厂，承销商或卖主；

——生产批号或生产日期（若有的话）；

——取样者姓名；

——任何必需的危险性符号。

6.7 贮存

参考样品应装入密闭的容器中在适当的贮存条件下贮存，必要时，在规定的期限内应避光和防潮并符合所有相关的安全法规要求。

6.8 取样报告

取样报告，可以以电子版本的形式存储，除了6.6标识上给出的信息外，还应包括下列信息：

——依据标准GB/T 3186—2006；

——所用的取样器具；

——被取样容器的类型，例如公路槽车、铁路槽车、船仓、桶、袋、贮槽、生产线；

——有关容器包装和/或托运情况的任何说明；

——任何其他说明，例如：取样基数、新的容器，还是回收的容器等；

——取样的深度。

ICS 17.140
A 59

中华人民共和国国家标准

GB/T 3222.1—2006/ISO 1996-1:2003

声学 环境噪声的描述、测量与评价 第1部分:基本参量与评价方法

Acoustics—Description, measurement and assessment of environmental noise—Part 1: Basic quantities and assessment procedures

(ISO 1996-1:2003, IDT)

2006-07-25 发布 2006-12-01 实施

中华人民共和国国家质量监督检验检疫总局
中国国家标准化管理委员会 发布

ICS 17.140
A 59

中华人民共和国国家标准

GB/T 3222.1—2006/ISO 1996-1:2003

声学 环境噪声的描述、测量与评价 第1部分：基本参量与评价方法

Acoustics—Description, measurement and assessment of environmental noise—Part 1: Basic quantities and assessment procedures

(ISO 1996-1:2003, IDT)

2006-07-25发布　　2006-12-01实施

中华人民共和国国家质量监督检验检疫总局
中国国家标准化管理委员会　发布

前言

GB/T 3222《声学　环境噪声的描述、测量与评价》系列标准包含以下两个部分：

第1部分：基本参量与评价方法；

第2部分：环境噪声级的测定。

本部分为GB/T 3222的第1部分，等同采用ISO 1996-1:2003(第2版)《声学　环境噪声的描述、测量与评价　第1部分：基本参量与评价方法》。

本部分将ISO 1996-1:2003的规范性引用文件和参考文献中部分ISO标准替换成对应的有效的国家标准，在规范性引用文件中加入了GB/T 3102.7—1993《声学的量和单位》和GB/T 3947—1996《声学名词术语》，并进行了编辑性修改。

本部分是对GB/T 3222—1994的修订。

ISO/TC 43技术委员会对第1版的ISO 1996做了较大修改。第2版的ISO 1996-1和ISO 1996-2删除和替代了第1版的ISO 1996-1:1982、ISO 1996-2:1987、ISO 1996-2/修订和ISO 1996-3。将第1版的标准题目《声学　环境噪声的描述和测量》改为《声学　环境噪声的描述、测量与评价》，增加了评价的内容。

GB/T 3222.1—2006和GB/T 3222—1994的主要差异是：GB/T 3222.1—2006是等同采用ISO 1996-1—2003(第2版)。它给出了各种环境噪声评估的评价量，特别是评价声级的详细定义和修正因子以及脉冲噪声的评价方法，对我国今后制定新的环境噪声标准和现有环境噪声标准的修订具有普遍的指导意义。而GB/T 3222—1994是参照采用ISO 1996-1:1982《声学　环境噪声的描述和测量　第1部分：基本量与测量方法》(第1版)和ISO 1996-2:1987《声学　环境噪声的描述和测量　第2部分：与土地使用有关的数据采集》(第1版)制定的。该标准只适用于城市区域的环境噪声和城市交通噪声的测量和评价。因此仅采用了ISO 1996-1中的等效连续A计权声压级和累积百分声级来评估噪声和ISO 1996-2:1987中的噪声等级划分方法来绘制城市噪声污染图，对于ISO 1996中有关环境噪声的其他描述量和评价方法，诸如飞机噪声、火车噪声、高速公路噪声、脉冲噪声等均未引用。因此，GB/T 3222—1994远远不能满足当前我国环境噪声测量和评价的需要。目前国际上特别是欧洲许多环境噪声标准均趋向于采用评价声级作为主要的评价量，而GB/T 3222—1994仍采用等效声级，与国际严重脱轨，影响了与国外噪声水平的比较和国际交流。

在GB/T 3222的第2部分中将要对GB/T 3222—1994作重大修改，补充飞机噪声、火车噪声、高速公路噪声、脉冲噪声等其他有关环境噪声的测量方法。

本部分的附录A至附录F均为资料性附录。

本部分由中国科学院提出。

本部分由全国声学标准化技术委员会技术(SAC/TC 17)归口。

本部分起草单位：中国科学院声学研究所、同济大学声学研究所、上海市环境科学研究院。

本部分主要起草人：程明昆、毛东兴、田静、周裕德、李晓东。

引　言

实际应用中,环境噪声的描述、测量以及评价方法一定在某些方面与所掌握的人类对噪声的反应特征有关。随着噪声的增大,环境噪声的负面影响也会增强,但这其中所涉及的噪声剂量-反应关系仍是学术争论的主题。而且,尤其重要的是所采用的这些方法在所应用的社会、经济以及政治环境中应该切实可行。正由于这些原因,针对不同类型的噪声,世界各国采用了众多不同的评价方法,这就给在国际对比和理解等方面带来很大困难。

GB/T 3222 系列标准的目的是与国际上各类声源环境噪声的描述、测量以及评价方法取得一致。

本部分中所描述的方法和程序适用于对现场噪声总暴露产生贡献的各种类型的单个或组合噪声源。在目前的技术水平条件下,采用修正的 A 计权等效连续声压级(被称为“评价级”)看来是评价长期噪声烦恼的最佳参量。

GB/T 3222 系列标准旨在向管理机构提供描述和评价社区环境噪声的资料。基于 GB/T 3222 的本部分,可以制定相应的噪声限值标准和法规。

声学 环境噪声的描述、测量与评价
第1部分:基本参量与评价方法

1 范围

GB/T 3222 的本部分规定了用于描述社区环境噪声的基本参量和评价方法。详细规定了评价环境噪声的步骤,并给出了预测人们长期暴露于各种环境噪声下的潜在烦恼反应的导则。噪声源可以是单独的,也可以是多种声源的组合。预测烦恼反应的方法仅用于人们居住的地区及长期使用土地的情况。

人们对具有相同声级的噪声源的反应具有较大的差异。本部分描述了对具有不同特性的噪声的修正。术语"评价声级"用于描述加了一个或多个修正后的实际噪声预测或测量。根据评价声级可以估计长期烦恼反应。

对噪声信号以单独或联合的方式进行评估。当有关主管部门认为必需时,可考虑其脉冲性、音调及低频特性,以及不同特性的道路交通噪声、其他形式的交通噪声(如飞机噪声)以及工业噪声。

本部分未规定环境噪声的限值。

注1:在声学中,用以描述声音的几个不同的物理量(如声压、最大声压、等效连续声压)是以 dB 来表示。这些物理量的声级对于同一个声音来说通常是不同的,这常常会引起混淆。因此,有必要规定基本的物理量(如声压级、最大声压级、等效连续声压级)。

注2:本部分中,这些物理量是以 dB 为单位的级来表达,但也有些国家采用另一些有效的形式表达,如以帕斯卡为单位表示最大声压,或以二次方帕斯卡秒表示噪声暴露量。

注3:本标准的第2部分描述声压级的确定。

2 规范性引用文件

下列文件中的条款通过 GB/T 3222 的本部分的引用而成为本部分的条款。凡是注日期的引用文件,其随后所有的修改单(不包括勘误的内容)或修订版均不适用于本部分,然而,鼓励根据本部分达成协议的各方研究是否可使用这些文件的最新版本。凡是不注日期的引用文件,其最新版本适用于本部分。

GB/T 3102.7—1993 声学的量和单位(eqv ISO 31-7:1992)

GB/T 3947—1996 声学名词术语

IEC 61672-1 电声学 声级计 第1部分:规范[1)]

3 术语和定义

下列术语和定义适用于 GB/T 3222 的本部分。

3.1

声级表示 expression of levels

注:对 3.1.1~3.1.6 定义的声级,宜标明频率计权、频带宽度以及时间计权。

3.1.1

时间计权与频率计权声压级 time-weighted and frequency-weighted sound pressure level

通过标准频率计权和标准时间计权获得的一个均方根声压平方与基准声压平方之比的以10为底

1) IEC 60651 和 IEC 60804 合并的修订版。

的对数的 10 倍。

注 1：基准声压为 20 μPa。

注 2：声压单位为帕斯卡(Pa)。

注 3：标准频率计权是 IEC 61672-1 规定的 A 计权和 C 计权，标准时间计权是 IEC 61672-1 规定的 F 计权和 S 计权。

注 4：时间计权与频率计权的声压级单位为分贝(dB)。

3.1.2

最大时间计权与频率计权声压级　maximum time-weighted and frequency-weighted sound pressure level

确定时间间隔内最大的时间计权与频率计权的声压级。

注：最大时间计权与频率计权声压级的单位为分贝(dB)。

3.1.3

***N* 累计百分数声级　*N* percent exceedance level**

测量时间内超过 N% 时间的时间计权与频率计权声压级。

例：$L_{AF95,1\,h}$ 表示 1 h 内超过 95% 时间的 A 频率计权、F 时间计权的声压级。

注：累计百分数声级的单位为分贝(dB)。

3.1.4

峰值声压级　peak sound pressure level

峰值声压平方与基准声压平方之比的以 10 为底的对数的 10 倍。峰值声压为一定时间间隔内，在标准频率计权或测量频带下的最大瞬时声压绝对值。

注 1：峰值声压级的单位为分贝(dB)。

注 2：峰值声压应由 IEC 61672-1 规定的传声器测定，IEC 61672-1 只规定了传声器应用 C 计权的准确度。

3.1.5

暴露声级　sound exposure level

L_E

噪声暴露量 E 与基准噪声暴露量 E_0 之比的以 10 为底的对数的 10 倍。噪声暴露量是时变频率计权的瞬时声压的平方在一定时间间隔 T 内的积分。

注 1：E_0 等于基准声压 20 μPa 的平方乘 1 s 的时间间隔[$E_0=400(\mu\text{Pa})^2\text{s}$]。

$$L_E = 10\lg(E/E_0)$$

式中：

$$E = \int_T p^2(t)\,dt$$

注 2：暴露声级的单位为分贝(dB)。

注 3：噪声暴露量的单位为二次方帕斯卡秒(Pa^2s)。

注 4：持续时间 T 隐含在时间积分内，不必明确指出。在测量规定时间间隔的噪声暴露量时，应指明持续时间，且符号应为 L_{ET}。

注 5：对一个声事件的暴露声级，应说明声事件的特性。

3.1.6

等效连续声压级　equivalent continuous sound pressure level

一定时间间隔内均方根声压平方与基准声压平方之比的以 10 为底的对数的 10 倍。声压由标准频率计权得到。

注 1：等效连续 A 声级为：

$$L_{AeqT} = 10\lg\left[\frac{1}{T}\int_T p_A^2(t)/p_0^2\,dt\right]$$

式中：

$p_A(t)$——时刻 t 时的 A 计权瞬时声压；

p_0——基准声压(= 20 μPa)。

注 2:等效连续声压级的单位为分贝(dB)。

注 3:等效连续声压级也被称为"时间平均声压级"。

3.2 时间间隔

3.2.1

参考时间间隔 reference time interval

噪声评价时涉及到的时间间隔。

注 1:参考时间间隔可以针对包含典型的人类活动及声源运行的变化,在国家标准或国际标准中规定,也可由主管部门制定。例如,参考时间间隔可以是一天的某段时间,一整天或一整周。有些国家还定义了更长的参考时间间隔。

注 2:对不同的参考时间间隔可以规定一组或几组不同的声级。

3.2.2

长期时间间隔 long-term time interval

对一组参考时间间隔的噪声进行平均或评估的规定时间间隔。

注 1:相关机构规定长期时间间隔的目的是为了描述环境噪声。

注 2:对于长期评估及土地使用规划,应使用能表现一年中重要部分的长期时间间隔(如 3 个月,6 个月,1 年)。

3.3 评价

3.3.1

修正量 adjustment

加到预测或测量声级上说明声音的某些特性、一天中的时间或声源类型的任何正的或负的、恒定的或变化的参量。

3.3.2

评价声级 rating level

加上一个修正量的任何预测的或测量的声级。

注 1:如昼间/夜间声压级或昼间/晚间/夜间声压级的测量就是评价声级的例子,因为它们是从不同参考时间内测量或预测的声音中通过计算得到的,并且基于一天中的时间,在参考时间间隔等效连续声压级上附加了一个修正量。

注 2:评价声级可通过在测量或预测的声级上加一个修正量产生,用以说明声音的某些特性,如单频或脉冲特性。

注 3:评价声级可通过在测量或预测的声级上加一个修正量产生,用以说明不同声源类型之间的差别。例如,用道路交通噪声作为基本的噪声源,对飞机或铁路噪声源的声级就可使用一个修正量。

3.4 声的表述

见图 1。

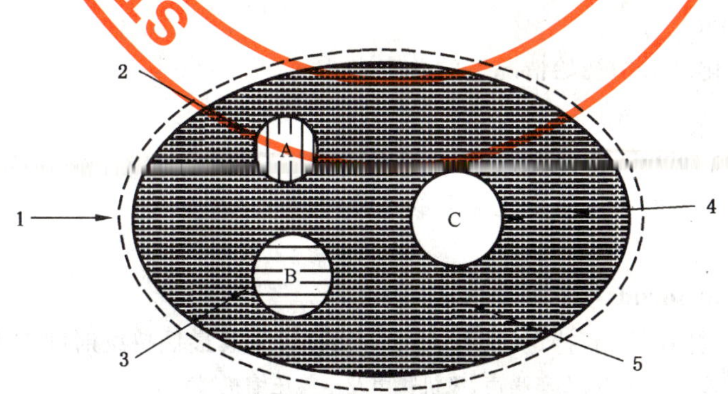

a) 考虑三个特定声时的残余声与总声

图 1 总声、特定声与残余声表述

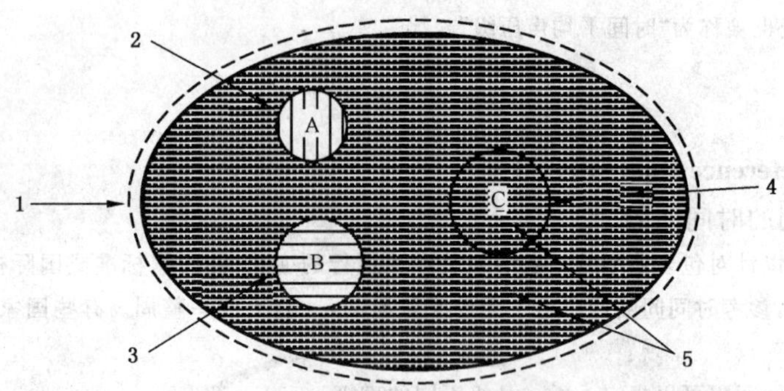

b) 考虑两个特定声 A 和 B 时的残余声与总声

符号：

1——总声；

2——特定声 A；

3——特定声 B；

4——特定声 C；

5——残余声。

注 1：在抑制所有特定声的情况下得到的是最低残余声级。

注 2：图中带点区域表示在抑制 A、B 和 C 三种特定声情况下得到的残余声。

注 3：在图 b)中，没有考虑特定声 C 的影响，因此残余声的范围包括特定声 C。

图 1（续）

3.4.1

总声 total sound

一定时间一定条件下包含的全部声音，通常由远近各种声源发出的声音组成。

3.4.2

特定声 specific sound

能被明确确定且与具体声源有关的总声音的组成部分。

3.4.3

残余声 residual sound

在抑制特定声的情况下，某特定位置给定条件下剩余的总声音。

3.4.4

初始声 initial sound

在没有发生任何变化之前的初始情况下的总声音。

3.4.5

起伏声 fluctuating sound

观测期间内非脉冲形式的声压级变化显著的连续声。

3.4.6

间歇声 intermittent sound

仅在固定或不固定时间间隔的特定时间内观测到的声音，其最低持续时间约大于 5 s。

如：交通流量较小时的摩托车噪声、火车噪声、飞机噪声及空气压缩机噪声。

3.4.7

声音凸现 sound emergence

某种情况下由于引入某些特定声而导致的总声的增加。

3.4.8

脉冲声 impulsive sound

具有声压猝增特征的声音。

注：单个脉冲声的持续时间一般小于 1 s。

3.4.9

有调声 tonal sound

出自总声音且具有单一频率或窄带频谱特性的可听声。

3.5 脉冲声源

注：目前还没有一个数学描述量能明确定义脉冲声或者能将脉冲声归为 3.5.1～3.5.3 所示的类别。已经证明，这三种类型的脉冲声与人们的反映有很好的相关性，因此，3.5.1～3.5.3 所列出的声源常被用来定义脉冲声源。

3.5.1

高能脉冲声源 high-energy impulsive sound source

相当于 50 g 以上 TNT 炸药爆炸所能发出的能量或者性质与之相当的声源。

示例：采石与采矿的爆炸声、轰声，应用烈性炸药的爆破或工业过程，爆炸性的工业电路断路器，军用兵器(如装甲车，大炮，迫击炮，炸弹，火箭与导弹的起爆点火)。

注：轰声声源包含诸如飞机、火箭、小型炮弹、装甲车炮弹及其他类似声源。这类声源不包含由小型武器及其他类似声源射击时发出的短时声爆。

3.5.2

高脉冲声源 highly impulsive sound source

具有高脉冲性及高侵扰度的所有声源。

注：小型武器射击声，锤子打在钢铁或木头上发出的声音，射钉枪、落锤、打桩机、落锤锻造、冲床、气锤、路面破碎或铁路调车转轨时的金属撞击声。

3.5.3

常规脉冲声源 regular impulsive sound sources

高脉冲声源与高能脉冲声源之外的脉冲声源。

注：此类声源包括有时被描述为脉冲声但通常不认为是高脉冲声的声源。

示例：汽车关门声、户外球类如足球或篮球等运动发出的声音以及教堂里的钟声。飞快驶过的低空飞行的军用飞机发出的声音也可归入此类声源。

4 符号

表 1 中给出了符号，此处 A 频率计权与 F 时间计权仅起示例作用。对主管部门来说，可用认为合适的和/或需要的其他频率和时间计权来替代。

表 1 声压级与暴露声级的符号

物 理 量	符 号
时间平均与频率计权的声压级	L_{AF}
最大时间平均与频率计权声压级	L_{AFmax}
累计百分数声级	L_{AFNT}
峰值声压级	L_{Cpeak}
暴露声级	L_{AE}
等效连续声压级	L_{AeqT}
评价暴露声级	L_{RE}
评价等效连续声级	L_{ReqT}

5 环境噪声描述量

5.1 单一声事件

5.1.1 描述量

单一事件中的声音(如卡车的通过声、飞机的飞越声、采石场的爆破声)都是单一事件声的例子。有许多描述量都可以描述单一事件声的特性,这些描述量包括物理量和以 dB 表示的相应声级。通常用于描述单一事件声的描述量有三个。A 频率计权通常被用于除高能脉冲声或低频成分丰富的声音之外的声音。首选的三个描述量是:

a) 规定频率计权的暴露声级;

b) 规定时间计权和频率计权的最大声压级;

c) 规定频率计权的峰值声压级。

注:不推荐使用 A 计权峰值声级(见 3.1.4)。

5.1.2 事件持续时间

根据声音的某些特性而规定的声事件持续时间,如超过某些固定声级的次数。

示例:声事件的持续时间可定义为声压级在其最大声压级 10dB 内的总时间。

注:当暴露声级与声级和持续时间结合在一起时,事件持续时间的概念可用于区分不同的事件。例如飞机掠过的持续时间为 10 s 到 20 s,而一次射击的持续时间则少于 1 s。

5.2 重复性单一声事件

重复性单一事件环境声是典型的单一声事件的再次发生。例如,飞机噪声、铁路噪声或低流量下的道路交通噪声等都可以被认为是若干个别事件之和。同样地,枪炮声是由若干单独的射击声之和构成。在 GB/T 3222 的本部分中,所有重复性单一事件声源的描述都利用单一事件声的暴露声级及相应事件数来决定评价等效连续声压级。

5.3 连续声

变压器、鼓风机以及冷却塔是连续声源的例子。由连续声源发出的声音的声压级可以是恒定的、起伏的或在某一时间间隔内缓慢变化的。连续声更适合用某个特定时间间隔内的 A 计权等效连续声压级来描述。对于起伏声和间歇声,也可用规定时间计权的 A 计权最大声压级来描述。

注:根据不同的情形,道路交通噪声可被认为是连续声源也可被认为是若干重复性单一事件声之和。

6 噪声烦恼度

6.1 社区噪声描述量

本部分对来自单独声源或任何组合声源的环境噪声的评价提供了指导。有关主管部门可能会决定组合声源的种类以及所需使用的修正量。如果声音有特殊的性质,则评价等效连续声压级将成为描述声音的首选量。也可规定其他量,如最大声压级、(修正过的)暴露声级、或峰值声压级。

研究表明:仅以 A 频率计权来评价具有单频特性、脉冲特性或低频成分丰富的声音是不够的。为了估计人们对某些包含这类特性的声音的长期烦恼度反应,一个以分贝形式表示的修正量被加在 A 计权暴露声级或 A 计权等效连续声压级上。研究还表明:对于同样的 A 计权等效连续声压级,不同的交通噪声或工业噪声引起的烦恼度响应是不同的。参考文献里面包含一个报告和出版物的清单,介绍了 GB/T 3222 本部分评价和预测方法的技术原理。

6.2 频率计权

A 频率计权通常用于评价除高能脉冲声或低频成分丰富的声音之外的所有声源。A 频率计权不能用于度量峰值声压级。

6.3 修正过的声级

6.3.1 修正过的暴露声级

当单一事件的暴露声级可以单独测量或计算时,则应使用下述方法。在测量环境下,如果不能从其他声源中辨别出单一事件中的声音，则应用6.3.2所述的方法。

对除高能脉冲声或低频成分丰富的声音之外的任何单一声事件，修正过的暴露声级 L_{REij} 通过第 i 个单一事件声的暴露声级 L_{Eij} 加上第 j 类声音的声级修正 K_j 而得到，单位用 dB 表示。附录 A～附录 C 给出了对具体声源和具体情况下的修正量确定导则。

用数学表达式表示见式(1)：

$$L_{REij} = L_{Eij} + K_j \qquad (1)$$

6.3.2 修正过的等效连续声压级

在时间间隔 T_n 内，第 j 个声源修正过的等效连续声压级或评价声级 $L_{\mathrm{Req}j,T_n}$ 等于实际等效连续声压级 $L_{\mathrm{Aeq}j,T_n}$ 加上第 j 个声源的修正量 K_j，单位用 dB 表示。附录 A～附录 C 给出了具体声源和具体情况下的修正量确定导则。

用数学表达式表示见式(2)：

$$L_{\mathrm{Req}j,T_n} = L_{\mathrm{Aeq}j,T_n} + K_j \qquad (2)$$

对于涉及到声音特性的修正量，仅在出现具体的声音特性的时间内应用这些修正量。例如，如果声音具有单频特性，则修正量应仅用于可感知单频声的时间段内。

6.4 评价声级

6.4.1 单声源

如果在某个时间间隔 T_n 内，仅仅有一个声源是相关的，评价声级根据式(3)，从6.3.1给出的修正过的暴露声级计算得到的等效连续声压级，或者是6.3.2给出的修正过的等效连续声压级。评价声级可按3.2规定的任何时间间隔进行计算。

$$L_{\mathrm{Req}j,T_n} = 10\lg\left(\frac{1}{T_n}\sum_i 10^{L_{REij}/10}\right) \qquad (3)$$

6.4.2 组合声源

附录 E 中给出了评估组合声源的评价声级的一般导则。可按3.2规定的任何时间间隔计算得到组合声源的评价声级。通常，对每个声源 j，时间间隔 T 可细分为一系列时间间隔 T_{nj} 的集合。根据 $L_{\mathrm{Req}j,T_n}$ 的修正量是常数来确定 T_{nj} 的值。对不同的声源，T 的细分可能是不同的。评价等效连续声压级可由式(4)给出：

$$L_{\mathrm{Req}T} = 10\lg\left(\frac{1}{T}\sum_n\sum_j T_{nj}\times 10^{L_{\mathrm{Req}j,T_{nj}}/10}\right) \qquad (4)$$

式中，对每个声源 j，

$$T = \sum_n T_{nj} \qquad (5)$$

6.5 全天复合评价声级

另一个广泛用于描述社会噪声环境的方法是评价由一天内不同时段的评价声级得到的全天的复合评价声级。例如，昼/夜评价声级 L_{Rdn}，它由式(6)给出：

$$L_{\mathrm{Rdn}} = 10\lg\left[\frac{d}{24}\times 10^{(L_{\mathrm{Rd}}+K_{\mathrm{d}})/10} + \frac{24-d}{24}\times 10^{(L_{\mathrm{Rn}}+K_{\mathrm{n}})/10}\right] \qquad (6)$$

式中：

d——昼间的小时数；

L_{Rd}——昼间评价声级，包含对声源和声音特性的修正量，单位为分贝(dB)；

L_{Rn}——夜间评价声级，包含对声源和声音特性的修正量，单位为分贝(dB)；

K_{d}——周末昼间的修正量；

K_{n}——周末夜间的修正量。

可用类似的公式得到一个昼间/晚间/夜间评价声级 L_{Rden}，如式(7)：

$$L_{\mathrm{Rden}} = 10\lg\left[\frac{d}{24}\times 10^{(L_{\mathrm{Rd}}+K_{\mathrm{n}})/10} + \frac{e}{24}\times 10^{(L_{\mathrm{Re}}+K_{\mathrm{n}})/10} + \frac{24-d-e}{24}\times 10^{(L_{\mathrm{Rn}}+K_{\mathrm{n}})/10}\right] \qquad (7)$$

式中：

e——晚间的小时数；

L_{Re}——晚间时间评价声级，包含对声源和声音特性的修正量。其他符号与式(6)中的定义相同。

有关主管部门应规定一天的持续时间选择以及一天时间段的组成。

7 噪声限值要求

7.1 概述

根据噪声对人类身体健康和破坏安宁(尤其是剂量-反应关系对人们的烦恼度影响方面)的影响规律，并考虑到社会和经济因素，相关部门规定了噪声限值。

这些限值依赖于很多因素，如一天中的时间(如昼间、晚间、夜间、24 h)，需受保护的活动(如户外或室内生活、学校的信息交流活动、公园里的娱乐)，声源类型，具体情况(如新居民区的开发、靠近现有居民区的新工业或交通设施建设、现有情形下的补救措施)。

噪声限值法规包含限值的数值和描述环境条件是否符合法规的验证方法。这些方法既可由声音预测模型计算得到，又可通过测量得到。

方法应该包含下列要素：

a) 一个或多个声音描述量；

b) 相应的时间间隔；

c) 检验噪声限值的位置；

d) 应用噪声限值区域的类型和特性；

e) 声源及其运行模式和环境；

f) 从声源到接受者的传播条件；

g) 评价符合限值的标准。

7.2 技术要求

7.2.1 噪声描述量

噪声限值要求的首选噪声描述量是一个或多个给定的参考时间间隔内的评价声级。应用评价声级时，应规定必须考虑的修正量。

注：在有些国家，不是通过修正量而是通过声源特定限制来考虑声源评价的不同。应用到声事件中的限制可通过暴露声级或最大声级来规定。两种情况下，应规定与此限制有关的(统计)数值(如给定时间间隔内的最大声级，规定声源最大声的平均最大声级)。

如果附加限值由另一些描述量如声音凸现来规定，则应规定确定这些数值的方法。

7.2.2 相关的时间间隔

应规定评价所涉及到的参考时间间隔。参考时间间隔与典型的人类活动和声源运行条件变化有关。

当检查与限值的符合性时，应清楚地说明在参考时间间隔内声音发射和声音传播出现哪些变化。

另外，应规定长期时间间隔(见 3.2.2)。

7.2.3 声源及其运行条件

应规定应用噪声限制的噪声源。在适当的地方，还应规定声源的运行条件。

7.2.4 位置

应明确规定必须满足噪声限值的场合。如果限值必须通过测量靠近建筑物或其他大的反射物来校验，则应考虑 ISO 1996-2[7] 给出的导则。

7.2.5 传播条件

对于户外声传播，气象条件的变化会影响接收到的声压级。在这种情况下，噪声限值应基于所有有关传播条件下的平均值或某一规定条件下的平均值。

7.2.6 不确定度

当评价与限值的符合程度时，应说明估计预测或测量不确定度的方法。在测量的情况下，有必要规定一个统计意义独立的最少测量次数。

注：ISO 1996-2 对不确定度给出了进一步的导则。

8 环境噪声评价与社区长期烦恼反应评估报告

8.1 社区长期烦恼反应的评估

用描述长期时间间隔(通常为一年)的噪声评价来估计社区对总体稳定的噪声环境下的烦恼反应。

注：附录D可用于评估社区对道路交通噪声的长期烦恼反应。它可评估由特定的年平均修正昼夜声级引起的环境噪声可能高度烦恼的人口的百分数。用于产生附录D的结果数据是极为分散的。任何特定社区的反应与图D.1典型数值相比可能会明显不同。

8.2 测试报告

8.2.1 报告应包含的内容

a) 参考时间间隔；

b) 长期时间间隔；

c) 测量所用的仪器，仪器校准及布置及测量时间间隔；

d) 评价声级及其成分，包括对评价声级有贡献的声级；

e) 对参考时间间隔内一个或多个声源的描述；

f) 对一个声源或多个声源运行条件的描述；

g) 对评价地点的描述，包括地形，建筑物几何形状，地面植被覆盖情况；

h) 对通过残余声校正噪声污染的方法的描述以及对残余声的描述；

i) 社会长期烦恼反应估计的结果；

j) 对测量过程中天气情况的描述，尤其是风向和风速，云层情况及是否有降雨；

k) 结果不确定度以及考虑到这些不确定度所采用的方法(见7.2.6)；

l) 计算时，输入数据的来源以及校验输入数据可靠性的过程。

注：ISO 1996-2 对c)，h)，j)和k)款给出了详细的说明。

尽管本部分用dB的形式来表示声压级和评价声级，但用基本的物理量来表示结果也是同样有效的，如用$Pa^2 \cdot s$来表示噪声暴露。声级的附加修正量应转换成物理量的相应因数。

8.2.2 报告与限值符合情况的附加要求

a) 噪声限值法规的相关条款；

b) 如果采用预测的方法，对预测模型及其所基于的假设的描述；

c) 如果采用预测的方法，声音描述量预测数值的不确定度。

附　录　A
（资料性附录）
对声源评价声级的修正

A.1　引言

有科学证据显示：对交通运输声源的烦恼反应随运输模式的不同而不同。通常发现，对相同的等效连续声压级，飞机噪声比道路交通噪声更能引起人们的烦恼，尤其在中到高声压级段。还发现，同样是在中到高声压级段，铁路噪声比道路交通噪声引起的烦恼度要小。然而，关于铁路噪声的这个结论可能仅适用于较短的（通常12到20节车厢）电力牵引的列车的情况。现存的数据没有将此结论扩展到较长的（通常50到100节车厢）以内燃机为动力的列车或时速超过250 km/h的列车上。

对于常规声和高脉冲声，有充分的证据显示：对可比较等效连续声压级，由脉冲声引起的烦恼度要高于由道路交通噪声引起的烦恼度。同样的，对于有显著单频特性的声音，试验数据显示其引起的烦恼度要高于相同等效连续声压级下的道路交通噪声。GB/T 3222等同采用的ISO 1996自1971年起的所有版本中，都对单频声或脉冲声的修正作出了说明。本部分等同采用的ISO 1996-1:2003，此版本延续了这个惯例，并采取了与ISO 1996-2:1998/Amd.1相同的脉冲声修正。

对于连续的工业噪声，没有足够的资料显示噪声剂量与反应之间的关系。一些国家的实验显示：尽管工业噪声不包含明显的单频声或脉冲声，其引起的烦恼度要高于道路交通噪声引起的烦恼度。一些国家认为，由工业噪声（及邻居噪声）引起的烦恼度取决于声音凸现。然而，现在暂时认为由这些声音引起的烦恼度与由道路交通噪声引起的烦恼度是一样的。然而，许多工业噪声本质上或者具有单频性（风机和泵机），或者具有脉冲性，由于这些特性，评价这些声音时要加上修正量。

对一天中时间段的修正量现在已被许多国家接受且在当前几个重要的新规则里面均提议使用此修正量。这些修正量用于提高人们对一天或一周特定时段声音反应之间的可比性。GB/T 3222的本部分推荐对晚间、夜间和周末使用修正量。相关管理机构可决定是否采用一天中时间修正量这一选项。

A.2　修正量

由于对不同声源、不同声特性和不同时间等的噪声烦恼度的不同，应在测量或预测的声级上加上一个修正量。这些修正量应该加在测量的或预测的暴露声级或等效连续声压级上，如6.3所述。对于单一声事件，这类修正量被用于每个可用事件的暴露声级。对于连续声源，这类修正量被用于测量或预测的等效连续声压级。在适当与方便的时候，一天中不同时间段的修正量可用于暴露声级或等效连续声压级。由于不同时间的修正量对所有声源在测量时间内是恒定的，结果也是同样的。例如，可以对晚间每架飞机的暴露声级加上5dB或者对晚间飞机的等效连续声压级加上5 dB，结果是一样的。表A.1包含了推荐的修正量。大多数情况下，对不同的声源种类，这些修正量给出的是一个范围。

表 A.1　根据声源种类和一天内不同时间段的典型声级修正量

类　型	详　述	声级修正量/dB
声源	道路交通	0
	飞机	3～6
	铁路[a]	－3～－6
	工业	0

表 A.1（续）

类　型	详　述	声级修正量/dB
声源特性	常规脉冲[b]	5
	高脉冲	12
	高能脉冲	见附录 B
	显著单频[c]	3～6
时间段	晚间	5
	夜间	10
	周末昼间[d]	5

a　铁路修正量不用于较长的以内燃机车牵引的或时速 250 km/h 以上的列车。

b　有些国家采用客观显著试验以判定声源是否为常规脉冲。

c　如果不能确定是否存在显著单频成分，ISO 1996-2 提供了检验其存在的测量方法。

d　周末昼间修正量加在有关机构定义的 L_d 上（见 6.5）。

规则中声源的周末修正量可使更多呆在家中的人得到适当的休息和恢复。

对于给定的单声源，如果对声源类型或特性需应用多个修正量，则应仅使用最大的修正量。但是，时间段修正量经常被加在其他的修正声级上。

对脉冲声源特性的修正量应当仅用于在接收者位置能听到的脉冲声源上。对单频特性的修正量应当仅用于在接收者位置能听到单频声之时。

当脉冲声源产生的声音很小，以致于无法将其从其他声源产生的声音中分离出来的时候，则不应考虑这些不常见的脉冲声。当脉冲声事件发生的比率达到或超过相关机构规定的限值时，则修正量应为 5 dB。一般这个比率的范围从每几秒内一个事件到每几分钟内一个事件。

附 录 B
(资料性附录)
高能脉冲声

B.1 引言

本附录中的方法是基于德国、荷兰和美国发表的研究以及对1996年美国国家委员会听觉、生物声学和生物力学委员会(CHABA)对上述研究的综述。

B.2 基本描述量

对于单个事件高能脉冲声,基本描述量采用C计权暴露声级 L_{CE} 来表示。

B.3 利用C计权暴露声级计算高能脉冲声的评价暴露声级

对于每个事件,高能脉冲的评价暴露声级 L_{RE} 应由C计权暴露声级 L_{CE} 根据下式计算得到:

$$L_{RE} = 2L_{CE} - 93 \qquad (\text{当 } L_{CE} \geqslant 100 \text{ 时})$$

$$L_{RE} = 1.18L_{CE} - 11 \qquad (\text{当 } L_{CE} < 100 \text{ 时})$$

当C计权暴露声级等于100 dB时,两个关系式相等。此时评价暴露声级为107 dB。基本关系如图B.1所示。

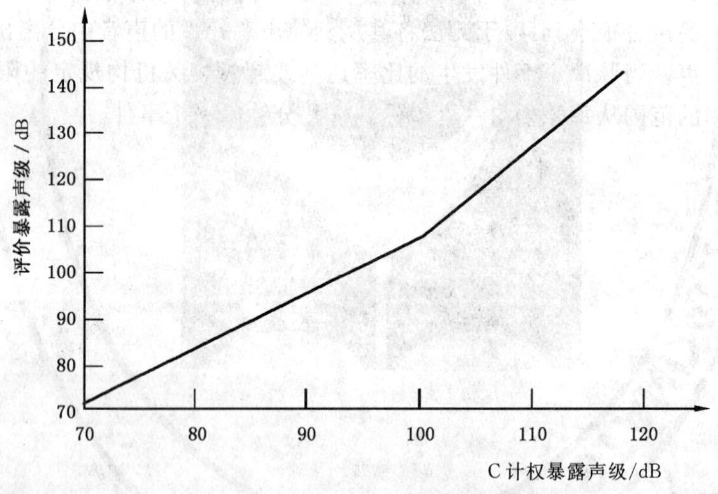

图 B.1 高能脉冲噪声的评价暴露声级与C计权暴露声级的函数关系

B.4 可选择的其他噪声模型

根据真实声信号的现场和实验室数据,建立了两个相关模型来评估所有类型的枪声,从小口径手枪到中型武器(例如35 mm口径),直到大口径武器(例如155 mm)。所有数据都采用了A计权声级、C计权声级以及两者之差这三个参量。因此,正如以响度公式为依据的方法,在整个频段内这些数据比A计权声级更能精确反映声信号特性。

其中一种模式中(见[14])的基本方程如下式所示:

$$L_{RE} = 1.40L_{CE} - 0.92(L_{CFmax} - L_{AFmax}) - 21.9$$

这个模式使用了以下三种参量:C计权与A计权最大声压级差、F时间计权以及C计权暴露声级。这三种参量能够满足测试所需的信噪比要求。

在另一种模式中(见[22]),基本方程如下所示:

$$L_{RE} = L_{AE} + 12 + 0.015(L_{CE} - L_{AE})(L_{AE} - 47)$$

这里使用了两个参量,一个是C计权与A计权暴露声级之差,另一个则是A计权暴露声级。然而,A计权暴露声级难以满足远处枪声的测量要求,故实际测试中需要一个适宜的传播模型。

附 录 C
（资料性附录）
具有强低频成分的声源

C.1 引言

研究表明，人们对低频声音的感觉及其效应与中高频声音相比有显著差异。产生这些差异的主要原因如下所示：

——当声音频率在 60 Hz 以下时，对音调的感觉将降低；

——声音的感觉有如脉动和起伏；

——当声压级增加时，低频响度和烦恼度比中高频提高更快；

——关于耳压感觉的抱怨；

——建筑构件、窗户、门的哗啦声或者小摆设的叮当声所产生的二次效应造成的烦恼度；

——低频声在建筑结构中的传声损失也少于中高频声音。

为了评价强低频声，应修改评价方法。因为强低频声产生的烦恼度比用 A 计权声级评价预期的要大，测试位置可能需要改变，因此频率计权方式也要改变。

C.2 分析要素

最主要的因素如下所示：

a） 研究的频率范围是 5 Hz～100 Hz。当频率低于 20 Hz 时，一些国家使用 G 计权评价声音。当频率高于 15 Hz 时，若干国家使用倍频带或 1/3 倍频带对 16 Hz～100 Hz 的声信号进行分析。

注：G 计权详见 ISO 7196。

b） 利用特定方法评估低频声的一些国家或地区，不是像评估中高频声音那样使用 A 计权模式，只是在上面讨论的限定频率范围内对低频声进行评估。

c） 几个国家已制定基于室内而非室外噪声测试的低频噪声标准。其他国家则在其国家标准中使用室内及室外噪声测试。

d） 低频噪声评估的一个问题是，房间低频共振难以通过室外测试来进行预测。在评价特定住宅时，这一点显得尤为重要。然而，为了估计在人口密集的社区内产生的高烦恼度，室外测试或许可以满足要求。

e） 建筑构件中声音激发的哗啦声对低频声造成的烦恼度起决定作用。附录 B 中方法已经介绍了这种哗啦声与高能脉冲声有关。如上所示，对于连续声，一些国家制定了针对可听声和连续脉冲声的室内标准。另一些国家则制定了单独的室内限值来评估声致哗啦声的潜在影响。

附　录　D
（资料性附录）
利用修正的昼/夜声级预测人群中高烦恼度的百分比

D.1　引言

在1978年，人们发表了一个关系式[1]，内容是由于飞机、公路交通以及铁路噪声而产生的人群高烦恼度百分比和相应的A计权昼/夜声级的关系。几年后，产生了一些争论，人们认为对于交通噪声的反应不能被一条曲线所描述[6]。对于等效昼/夜声级来说，人群中由于飞机噪声所造成的高烦恼度百分比更高，而铁路噪声造成的高烦恼度百分比则低于公路交通噪声。

修正曲线发表于1994年[2]，与1978年的曲线相比，修正曲线由更多系列的数据推导而得。修正的数据表明：根据前面的注释[6]，飞机、公路交通以及铁路噪声之间至少在高声压级时存在一个系统性差别。最近，其他后续分析发现了某些类似的系统性差别[3]。

D.2　剂量-反应函数

文献[2]中的道路交通噪声剂量-反应关系估算的高烦恼度百分比，比文献[1]Schultz曲线推出的百分比略低。然而文献[3]的另一个公路交通噪声的剂量-反应关系估算的高烦恼度百分比略高于Schultz曲线推出的百分比。

从文献[2][3]的曲线所获得的平均值实际与Schultz曲线[1]吻合。因此，根据简便性原则以及历史原因，Schultz曲线被用来定义人群中由于公路交通噪声产生高烦恼度的百分比HA，它是自由场条件下昼/夜声级的函数2)（即未考虑建筑物反射情况）。在图D.1中的实线即为Schultz曲线。各种现场调查得到的分类结果大约有90%落在这两条虚线之间。

图D.1中Schultz曲线的公式如式(D.1)所示：

$$HA = 100/[1+\exp(10.4-0.132L_{dn})]\% \qquad \text{(D.1)}$$

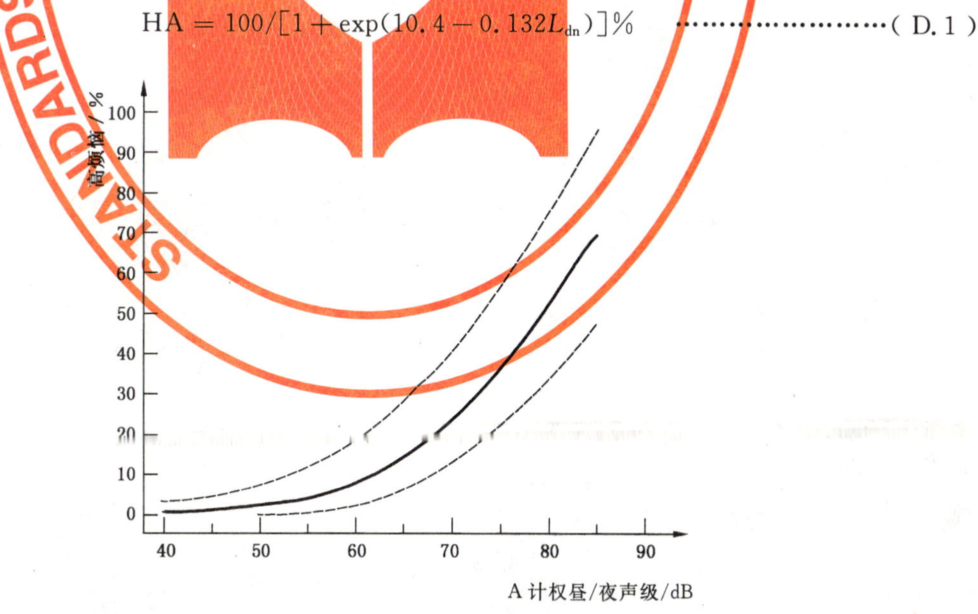

图D.1　道路交通噪声产生高烦恼度的百分比与A计权昼夜声级的函数关系

2)　6.5中叙述的昼/夜声级(L_{dn})是一个特殊的全天综合评价声级，昼间是15 h，周末昼间的修正量为10 dB，昼间一般定义为07:00～22:00。

得到 Schultz 平均曲线的原始数据大约有 90%落在两条虚线之间。

如果其他相关声源已按 GB/T 3222 的本部分进行修正，那么这个剂量-反应关系同样可以被用来评估由其他声源所引起的社区烦恼度。

注：在繁忙的公路上，L_{dn} 与 L_{den} 之差（见 6.5）一般量级位于 0～2 dB。

D.3 剂量-反应函数的条件

D.3.1 式(D.1)只是在长期的环境声分析中才使用，例如计算每年的平均值。

D.3.2 式(D.1)不能用于较短时间间隔，例如周末，单个季度或者是“繁忙日”。所以必须使用每年或其他长期时间段的平均值。

D.3.3 式(D.1)不能用于短期的环境声分析，例如由于较短持续时间的建设工程所造成的道路交通的增加。

D.3.4 式(D.1)仅适用于现有的情况。

新建项目情况下，特别是出现了为社区人群所不熟悉的有问题声源时，将会导致社区高烦恼度的出现，差值可能达到 5 dB。

研究表明在安静的农村地区，对环境的“宁静”要求存在一个更高的期望值，期望值可能比通常的高 10 dB。

以上就是附加的两个因素。一个新的、人们不熟悉的声源在宁静郊区产生的烦恼级会远远高于用诸如式(D.1)之类的关系正常作出的预测值。由此增加的烦恼度可能相当于在测量或预测值上增加 15 dB。

附　录　E
（资料性附录）
暴露于多声源环境中所产生的烦恼度

E.1　概述

本附录列出了三个最常用的理论体系，用来评估暴露在多声源环境中所产生的烦恼度。一个方法是假设总的烦恼度与6.4.2及6.5中描述的组合声源的复合评价声级有关。第二种方法是假设总的烦恼度与所有声源的修正等效连续声压级能量之和有关。实际应用中，当修正量（附录A）不变的话，两种方法可以得到同样的结果。而当修正量不是常量时（附录B），两种方法得出的结果将有所不同。第三种方法是使用实测量，这种方法综合了所有声源，并且不需要声源的类型以及GB/T 3222的本部分所述的大多数声源特征修正参数。这些方法仍在发展之中，下面做简要介绍。

E.2　单个事件方法

单个事件方法假设总烦恼度直接与式(4)给出的组合声源的评价声级相关。特别是可以计算出组合声源的复合全天评价声级。适当选择昼间和昼间修正的时段，可以得到组合声源的昼/夜评价声级(L_{Rdn})。由于在GB/T 3222的本部分中交通噪声被用来与其他声源比较，作为第一近似值，式(D.1)可以被用来预测由于指定组合声源昼夜评价声级所造成的高烦恼度人口百分比。为了预测人群中产生高烦恼度百分比情况，在式(D.1)中，用L_{Rdn}代替L_{dn}。

E.3　等效声级方法

等效声级方法假设总烦恼度直接与每个声源一天的等效声级所产生的烦恼度之和相关。这个模型假设研究对象是分别得到每个声源所产生的烦恼度，最后将所有的数值相加。

为了应用这种方法，推荐测量每个声事件（每个通过噪声）的暴露声级并且按能量将其相加。相应的剂量-反应曲线（关于公路交通）被用来将噪声量值（例如时间段修正等效声级）转换为适宜的烦恼度量值，例如“烦恼度得分”。

扩展该方法可涵盖多声源情形，方法如下：

对于单个事件情况，测量每个声源的暴露声级，在能量相加基础之上，可以得到每个声源的等效声级。选择一个共同的参考源，并且使用剂量-反应曲线将每个声源的等效声级转换为相等的烦恼度修正等效声级（对参考源来说）。将这些修正等效声级能量相加，并且使用参考源的剂量-反应曲线，可以得到多声源情况下相应的烦恼度。A计权等效声级L_{Aeq}，或者由它推导出的L_{dn}或L_{den}被推荐用作剂量-反应曲线的噪声剂量量值。

E.4　基于响度的方法

响度计算和响度级计权二者被推荐用来评估噪声所引起的烦恼度。响度方法是使用响度计算来评估噪声的烦恼度。具体计算采用响度判别中固有的以2为底的对数算法。

响度级计权方法是采用等响度曲线来取代A计权，从而需要提供一个幅度和频率相应变化的滤波器。这个方法保留了目前A计权评估所采用的以10为底的对数算法，另外还保留了等效声级和暴露声级的概念。

附 录 F
（资料性附录）
参 考 文 献

通用性文献

[1] SCHULTZ T. J. Synthesis of social surveys on noise annoyance. *J. Acoust. Soc. Am.*, 64 (2), 1978, pp. 337-405

[2] FINEGOLD S. F., HARRIS C. S. and von GIERKE H. E. Community annoyance and sleep disturbance: Updated criteria for assessing the impacts of general transportation noise on people. *Noise Control Eng. J.*, 42(1), 1994, pp. 25-30

[3] MIEDEMA H. M. E. and VOS H. Exposure-response relationships for transportation noise. *J. Acoust. Soc. Am.*, 104(6), 1998, pp. 3432-3445.

[4] SCHOMER P. Loudness-level weighting for environmental noise assessment. *Acta Acustica*,. 86(1), 2000

[5] VOS J. Annoyance caused by simultaneous impulse, road-traffic, and aircraft sounds: A quantitative model. *J. Acoust. Soc. Am.*, 91(6), 1992, pp. 3330-3345

[6] KRYTER K. D. Community annoyance from aircraft and ground vehicle noise. *J. Acoust. Soc. Am.*, 72, 1982, pp. 1212-1242

[7] ISO 1996-2 声学 环境噪声的描述、评价与测量 第2部分:环境噪声级的测定

[8] GB/T 14366 声学 职业噪声测量与噪声引起的听力损伤评价

[9] ISO 3891, *Acoustics—Procedure for describing aircraft noise heard on the ground*

[10] ISO 7196, *Acoustics—Frequency-weighting characteristic for infrasound measurements*

[11] GB/T 17247.1 声学 户外声传播衰减 第1部分:大气声吸收的计算

[12] GB/T 17247.2 声学 户外声传播衰减 第2部分:一般计算方法

脉冲声

[13] ISO 10843, *Acoustics—Methods for the description and physical measurement of single impulses or series of impulses.*

[14] BERRY B. F. and BISPING R. CEC joint project on impulse noise: Physical quantification methods. *Proc. 5th Intl. Congress on Noise as a Public Health Problem*, 1988, pp. 153-158

[15] BUCHTA E. Annoyance caused by shooting noise—Determination of the penalty for various weaponcalibers. *InterNoise 96, Liverpool, UK*, 1996, pp. 2495-2500

[16] BUCHTA E. and VOS J. A field survey on the annoyance caused by sounds from large firearms and road traffic. *J. Acoust. Soc. Am.*, 104(5), 1998, pp. 2890-2902

[17] *Assessment of community response to high-energy impulsive sounds.* Report of Working Group 84, Committee on Hearing, Bioacoustics and Biomechanics (CHABA), National Research Council, (National Academy of Science, Washington, DC, 1981) (NTIS ADA110100)

[18] *Community response to high-energy impulsive sounds: An assessment of the field since* 1981. Committee on Hearing, Bioacoustics and Biomechanics (CHABA), National Research Council, (National Academy of Science, Washington, DC, 1996) (NTIS PB 97-

124044)

[19] SCHOMER P. D. New descriptor for high-energy impulsive sounds. *Noise Control Eng. J.*, 42(5), 1994, pp. 179-191

[20] SCHOMER P. D., SIAS J. W. and MAGLIERI D. A comparative study of human response, indoors, to blast noise and sonic booms. *Noise Control Eng. J.*, 45(4), 1997, pp. 169-182

[21] VOS J. A review of research on the annoyance caused by impulse sounds produced by small firearms. *Proc. INTER-NOISE* 95, *Newport Beach*, *CA9*, *Vol.* 2, pp. 875-878

[22] VOS J. Comments on a procedure for rating high-energy impulse sounds: Analyses of previous and new data sets, and suggestions for a revision. *Noise Vib. Worldwide*, 31(1), 2000, pp. 18-29

[23] VOS J. On the annoyance caused by impulse sounds produced by small, medium-large, and large firearms. *J. Acoust. Soc. Am.*, 109(1), 2001, pp. 244-253

音调噪声修正

[24] KRYTER K. D. *Effects of Noise on Man*. 2nd edn., Academic Press, New York, 1985

[25] SCHARF B., HELLMAN R. and BAUER J. *Comparison of various methods for predicting the loudness and acceptability of noise*. Office of Noise Abatement and Control (US Environmental Protection Agency, Washington DC, August 1977) (NTIS PB81-243826)

[26] SCHARF B. and HELLMAN R. *Comparison of various methods for predicting the loudness and acceptability of noise*: *Part* 11, *Effects of spectral pattern and tonal components*. Office of Noise Abatement and Control (US Environmental Protection Agency, Washington DC, November 1979) (NTIS PB82-138702)

具有强低频成分的声音

[27] GB/T 4963 声学 自由场纯音标准等响曲线

[28] ANSI S12.9-4:1996, *American National Standard Quantities and Procedures for Description and Measurement of Environmental Sound—Part* 4: *Noise Assessment and Prediction of Long-Tem Community Response*. Acoustical Society of America, New York, NY

[29] DIN 45680:1997, *Measurement and evaluation of low frequency noise in the neighbourhood*: *Supplement* 1, *Measurement and evaluation of low frequency noise in the neighbourhood —Guidelines for the assessment for industrial plants* (in German)

[30] BRONER N. and LEVENTHALL H. G. Low frequency noise annoyance assessment by low frequency noise rating (LFNR) curves. *J. Low Frequency Noise Vib.*, 2(1), 1983, pp. 20-28

[31] BRONER N. and LEVENTHALL H. G. Annoyance loudness and unacceptability of higher level low frequency noise. *J. Low Frequency Noise Vibr.*, 4(1), 1985, pp. 1-11

[32] GOTTLOB D. P. A. German standard for rating low-frequency noise immissions. *Inter-Noise* 98, *Christchurch*, *New Zealand*, 1998

[33] JAKOBSEN J. Measurement and assessment of environmental low frequency noise and infrasound. *Proc. InterNoise* 98; *Christchurch*, *New Zealand*, 1998, pp. 1199-1202

［34］ MIROWSKA M. Results of measurements and limits proposal for low frequency noise in the living environment. *J. Low Frequency Noise Vib.*, 14,1995, pp. 135-141

［35］ PIORR D. and WIETLAKE K. H. Assessment of low frequency noise in the vicinity of industrial noise sources. *J. Low Frequency Noise Vib.*, 9, 1990,116

［36］ VERCAMMEN M. L. S. Low-frequency noise limits. *J. Low Frequency Noise Vib.*, 11, 1992, pp. 7-12

ICS 77.040.10
H 22

中华人民共和国国家标准

GB/T 3251—2006
代替 GB/T 3251—1982

铝及铝合金管材压缩试验方法

Compression test method for aluminium and aluminium alloys tubes

2006-09-26 发布 2007-02-01 实施

中华人民共和国国家质量监督检验检疫总局
中国国家标准化管理委员会 发布

前　言

本标准代替 GB/T 3251—1982《铝及铝合金管材压缩试验方法》。

本标准与 GB/T 3251—1982 相比，主要变化如下：

——增加了试验温度的范围；

——增加了试验速度的范围；

——将原力值符号 P 修改为 F。

本标准由中国有色金属工业协会提出。

本标准由全国有色金属标准化技术委员会归口并负责解释。

本标准由东北轻合金有限责任公司负责起草。

本标准主要起草人：邱纪微、赵胜强、韩啸、何滨、王龙。

本部分所代替的历次版本标准发布情况为：

——GB/T 3251—1982。

铝及铝合金管材压缩试验方法

1 范围

本标准规定了铝及铝合金管材压缩试验方法。

本标准适用于铝及铝合金管材纵向抗压缩变形能力的检验。

2 方法原理

在10℃～35℃温度下，将管材沿纵轴方向压缩到规定尺寸，从而检验管材抗压缩变形的能力。

3 试验设备

压力试验机或材料拉伸试验机。

4 试样

4.1 从外观检查合格的管材任意部位切取试样，试样高度等于管材外径(D)的两倍。

4.2 试样两端面应光滑无毛刺，并与管材纵轴线垂直。

4.3 试样应附以合金牌号、规格、批号及试样号的标记，其标记不应影响试样性能结果的评定。

5 试验步骤

5.1 将试样直立于两平行压板之间，使试样的轴线与试验机的施荷中心线相重合。

5.2 如图1，匀速压缩试样至原高度的二分之一，即压缩距离 H 等于管材的原始外径 D。试验压缩速度控制在10 mm/min～30 mm/min范围内。

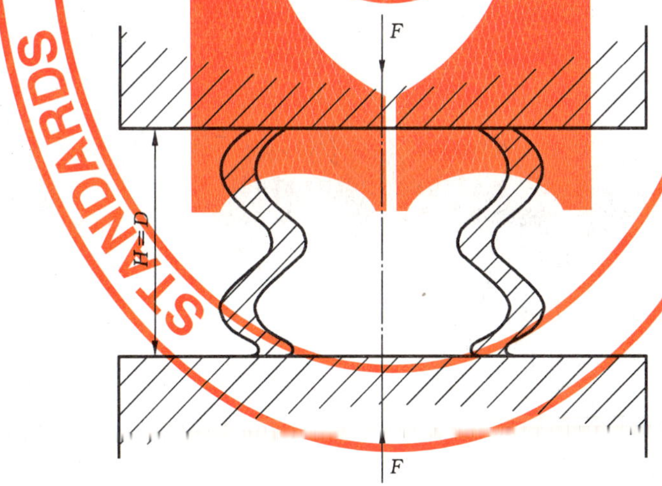

D——管材的原始外径；

H——压缩后的试样高度。

图1 管材压缩试验示意图

6 试验结果及评定

用肉眼检查试样弯曲变形处，若无裂纹、裂口，则判合格。

ICS 77.100
H 42

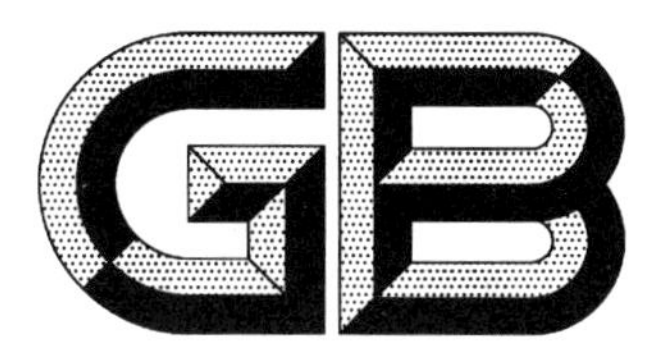

中华人民共和国国家标准

GB/T 3282—2006
代替 GB/T 3282—1987

钛　　铁

Ferrotitanium

(ISO 5454:1980,Ferrotitanium—Specification and conditions of delivery,MOD)

2006-11-01 发布　　2007-02-01 实施

中华人民共和国国家质量监督检验检疫总局
中国国家标准化管理委员会　发布

前　言

本标准修改采用国际标准 ISO 5454:1980《钛铁　规格和交货条件》(英文版)。

本标准根据 ISO 5454:1980 重新起草。在附录 A 中列出了本标准章条编号与 ISO 5454:1980 章条编号的对照一览表。

考虑到我国国情,在采用 ISO 5454:1980 时,本标准做了一些修改。有关技术性差异已编入正文并在它们所涉及的条款的页边空白处用垂直单线标识。在附录 B 中给出了这些技术性差异及其原因的一览表以供参考。

为便于使用,对 ISO 5454:1980,本标准还做了下列编辑性修改:

——将"本国际标准"一词改为"本标准";

——用小数点"."代替 ISO 5454:1980 中作为小数点使用的",";

——删除 ISO 5454:1980 的前言。

本标准代替 GB/T 3282—1987《钛铁》。

本标准与 GB/T 3282—1987 相比,主要变化如下:

——增加了 FeTi70-A、FeTi70-B 和 FeTi70-C 三个牌号;

——修改了产品化学成分要求;

——增加了产品粒度级别(组别);

——增加了附录 A、附录 B。

本标准的附录 A 和附录 B 均为资料性附录。

本标准由中国钢铁工业协会提出。

本标准由冶金工业信息标准研究院归口。

本标准起草单位:攀枝花钢铁(集团)公司、攀钢集团北海特种铁合金公司、冶金工业信息标准研究院。

本标准主要起草人:颜启光、何清志、殷志双、钱裕祥、唐红国、叶云良、张瑞香。

本标准所代替标准的历次版本发布情况为:

——GB/T 3282—1982、GB/T 3282—1987。

钛　　铁

1　范围

本标准规定了钛铁的要求、试验方法、检验规则以及包装、储运、标志和质量证明书。

本标准适用于炼钢或合金材料中作为钛元素添加剂和电焊条涂料用的钛铁。

2　规范性引用文件

下列文件中的条款通过本标准的引用而成为本标准的条款。凡是注日期的引用文件，其随后所有的修改单(不包括勘误的内容)或修订版均不适用于本标准，然而，鼓励根据本标准达成协议的各方研究是否可使用这些文件的最新版本。凡是不注日期的引用文件，其最新版本适用于本标准。

GB/T 3650　铁合金验收、包装、储运、标志和质量证明书的一般规定

GB/T 4010　铁合金化学分析用试样的采取和制备(GB/T 4010—1994,neq ISO 4552:1987)

GB/T 4701.1　钛铁化学分析方法　硫酸铁铵容量法测定钛量(GB/T 4701.1—1984,idt ISO 7692:1983)

GB/T 4701.2　钛铁化学分析方法　重量法测定硅量

GB/T 4701.3　钛铁化学分析方法　铜试剂光度法测定铜量

GB/T 4701.4　钛铁化学分析方法　过硫酸盐、亚砷酸盐容量法测定锰量

GB/T 4701.5　钛铁化学分析方法　高碘酸盐光度法测定锰量

GB/T 4701.6　钛铁化学分析方法　8-羟基喹啉容量法测定铝量

GB/T 4701.7　钛铁化学分析方法　钼蓝分光光度法测定磷量

GB/T 4701.8　钛铁化学分析方法　红外线吸收法测定碳量

GB/T 4701.10　钛铁化学分析方法　红外线吸收法测定硫量

GB/T 4701.11　钛铁化学分析方法　燃烧中和滴定法测定硫量

GB/T 13247　铁合金产品粒度的取样和检测方法(GB/T 13247—1991,neq ISO 4551:1987)

3　要求

3.1　牌号和化学成分

3.1.1　钛铁按钛和杂质含量不同分为7个牌号，其化学成分应符合表1的规定。

表1　牌号和化学成分

牌　　号	化学成分(质量分数)/%							
	Ti	C	Si	P	S	Al	Mn	Cu
		不大于						
FeTi30-A	25.0～35.0	0.10	4.5	0.05	0.03	8.0	2.5	0.20
FeTi30-B	25.0～35.0	0.15	5.0	0.06	0.04	8.5	2.5	0.20
FeTi40-A	35.0～45.0	0.10	3.5	0.05	0.03	9.0	2.5	0.20
FeTi40-B	35.0～45.0	0.15	4.0	0.07	0.04	9.5	2.5	0.20
FeTi70-A	65.0～75.0	0.10	0.50	0.04	0.03	3.0	1.0	0.20
FeTi70-B	65.0～75.0	0.20	4.0	0.06	0.03	5.0	1.0	0.20
FeTi70-C	65.0～75.0	0.30	5.0	0.08	0.04	7.0	1.0	0.20

3.1.2 经供需双方协商并在合同中注明，可供应其他化学成分要求的钛铁。

3.2 粒度

3.2.1 钛铁分块状、粒状或粉状五个粒度组别交货，其粒度要求应符合表2的规定。

表2 粒度要求

粒度组别	粒度/mm	小于下限粒度/%	大于上限粒度/%
		不大于	
1	5～100	3	7
2	5～70	3	7
3	5～40	3	7
4	<20	—	2
5	<2	—	2

3.2.2 经供需双方协商并在合同中注明，可供应其他粒度要求的钛铁。

4 试验方法

4.1 取样和制样

钛铁化学分析用试样的采取和制备按 GB/T 4010 的规定进行。

4.2 化学分析方法

钛铁的化学分析方法应符合表3的规定。

表3 钛铁的化学分析方法

序号	元素	分析方法
1	Ti	GB/T 4701.1
2	C	GB/T 4701.8
3	Si	GB/T 4701.2
4	P	GB/T 4701.7
5	S	GB/T 4701.10、GB/T 4701.11
6	Al	GB/T 4701.6
7	Mn	GB/T 4701.4、GB/T 4701.5
8	Cu	GB/T 4701.3

4.3 粒度检验

钛铁粒度的检验按 GB/T 13247 的规定进行。

5 检验规则

5.1 钛铁的质量检查和验收应符合 GB/T 3650 的规定。

5.2 钛铁应按炉组批或按牌号组批交货，每批批量应不大于 60 t。按牌号组批时，构成一批交货产品的各炉号之间的平均含钛量之差应不大于3%。

产品组批方式应在合同中注明。

6 包装、储运、标志和质量证明书

6.1 对表2中粒度组别为1、2和3的钛铁应采用铁桶包装，每桶净重分为50 kg和100 kg两种，产品的包装规格应在合同中注明。对表2中粒度组别为4和5的钛铁，其包装方式由供需双方商定并在合同中注明。

6.2 产品的储运、标志和质量证明书应符合GB/T 3650的规定。

6.3 需方对产品的包装、储运、标志等如有特殊要求，按合同规定进行。

附　录　A
（资料性附录）
本标准章条编号与 ISO 5454:1980 章条编号对照

表 A.1 给出了本标准章条编号与 ISO 5454:1980 章条编号对照一览表。

表 A.1　本标准章条编号与 ISO 5454:1980 章条编号对照

本标准章条编号	对应的国际标准章条编号
1	1
2	2
—	3
—	4
3	5
3.1	5.2
3.1.1	5.2.1
3.1.2	5.2.2
—	5.2.3
3.2	5.3
3.2.1	5.3.1
3.2.2	5.3.2
—	5.4
4	6
—	6.1
4.1、4.3	6.1.1
—	6.2
4.2	6.2.1
5	—
5.1	6.1.2、6.1.3、6.2.3 的对应内容
5.2	5.1
—	5.1.1
—	5.1.2
—	5.1.3
6	7
6.1	—
6.2	6.2.2 的部分内容
6.3	—
附录 A	—
附录 B	—

附　录　B
（资料性附录）
本标准与 ISO 5454:1980 技术性差异及其原因

表 B.1 给出了本标准与 ISO 5454:1980 技术性差异及其原因一览表。

表 B.1　本标准与 ISO 5454:1980 技术性差异及其原因

本标准的章条编号	技术性差异	原　因
1	用“炼钢或合金材料中作为钛元素添加剂和电焊条涂料的钛铁”代替“用于炼钢和铸造的钛铁”	国际标准规定的适用领域仅是“通常”的而不是全部的
2	引用了我国标准而非国际标准。其中 GB/T 4701.1 等同于 ISO 7692;GB/T 4701.2、GB/T 4701.4、GB/T 4701.5、GB/T 4701.6 和 GB/T 4701.7 等效于 JIS G1319;GB/T 4010 和 GB/T 13247 与国际标准一致性程度为“非等效”。 删除 ISO 5454:1980 中引用的 ISO 565	以适合我国国情; ISO 5454:1980 中没有具体给出钛铁化学成分和粒度的测定方法标准,不能满足使用。 本标准引用的 GB/T 13247 中已包含对试验用筛的要求
	删除 ISO 5454:1980 中的第 3 章“定义”	“钛铁”的定义在 GB/T 14984—1994《铁合金术语》已定义,无需进行重新定义
	删除 ISO 5454:1980 中的第 4 章“订货内容”	目前我国铁合金国家标准均将此项内容纳入到 GB/T 3650 标准的质量证明书中,每个标准没有必要再单列
3.1.1	以本标准的七个牌号代替 ISO 5454:1980 中的八个牌号。 缩小了部分牌号钛铁主元素(Ti)的允许含量范围。例如,对 FeTi40,用“35.0%～45.0%”代替 ISO 5454:1980 的“35.0%～50.0%”。 删除 ISO 5454:1980 中对 70 钛铁的含钒量要求;增加各牌号钛铁的含铜量要求;对碳、硅、磷、硫、铝、锰等杂质元素的允许含量进行了修改。 删除 ISO 5454:1980 中 5.2.1 中“其粒度应符合表 2 中 1～4 级的粒度范围”	以适合我国国情并保持与原国家标准的连续性。 作为钛铁的主元素,其钛含量波动范围大必然影响使用,例如炼钢时。目前的钛铁生产技术水平亦可以把产品的含钛量控制在较小的范围。 以适合我国国情并保持与原国家标准的连续性。 粒度要求在本标准 3.2.1(ISO 5454:1980 中 5.3)中规定
3.2.1	删除 ISO 5454:1980 中 5.2.3“表 1 所列化学成分受钛铁取样和分析方法精确度的影响(见‘6’条)”。 以本标准的五个粒度组别代替 ISO 5454:1980 的七个粒度级别。 删去 ISO 5454:1980 中 5.3.1 中的“过细粒度以给需方的交货点为准”和“规定的粒度系用方孔钢筛筛分,见 ISO 565”	钛铁取样和分析方法对化学成分的影响是显而易见的。 以适合我国国情并保持与原国家标准连续性。 此两项内容在本标准的引用标准 GB/T 13247 中已有相应规定

表 B.1(续)

<table>
<tr><th>本标准的章条编号</th><th>技术性差异</th><th>原　因</th></tr>
<tr><td>4</td><td>删去 ISO 5454:1980 中 5.4“外来沾污　钛铁应尽可能避免外来沾污”。
以本标准的 4.1 和 4.3 代替 ISO 5454:1980 的 6.1.1“化学分析和筛分分析的取样最好按 ISO 3713 中规定的方法进行,但是也可以采用具有类似准确度的其他取样方法”。
删除 ISO 5454:1980 的 6.1.2 和 6.1.3。
以本标准的 4.2 代替 ISO 5454:1980 的 6.2.1“钛铁的化学成分分析将制定国际标准,最好用标准方法分析钛铁的成分,但是也可以采用具有类似精确度的其他化学分析方法”。
将 ISO 5454:1980 的 6.2.2“钛铁交货产品应附有供方提供的分析合格证,说明钛的含量,如经商定,也可说明表 1 中规定的或附加协议规定的其他元素含量,如果需方要求,应交付产品的代表性样品”和 6.2.3“发生争议时,可采用下列两种方法中的一种方法解决”及 6.2.3 项下的 6.2.3.1 和 6.2.3.2 的相应内容分别安排在本标准的 5.1 和 6.2 中规定,其具体内容按本标准的引用标准 GB/T 3650</td><td>在本标准的引用标准 GB/T 3650 中对钛铁的外观质量已有相应规定。
与引用标准一致。
相关内容在本标准的引用标准 GB/T 3650 中已有规定。
ISO 5454:1980 没有具体给出钛铁化学成分测定方法,本标准则引用了测定钛铁化学成分的国家标准。
ISO 5454:1980 的 6.2.2 和 6.2.3 的规定不属于试验方法的范畴</td></tr>
<tr><td>5</td><td>增加第 5 章“检验规则”(国际标准中没有对应章节)。
将 ISO 5454:1980 中 5.1“组批”的内容安排在本标准的 5.2。并且仅选择了其中规定的组批方法中的“按炉组批法”和“按级组批”。
以本标准的“按牌号组批”代替 ISO 5454:1980 的“按级组批”,并规定了按牌号组批的批量要求</td><td>适应我国标准版式。
此内容属检验规则而非对产品的要求;
以适合我国国情并保持和原国家标准的连续性。
使定义更加准确并增加可操作性</td></tr>
<tr><td>6</td><td>以本章代替 ISO 5454:1980 的第 7 章“交货和储存”。并增加对产品标志的要求和修改对质量证明书(合格证)的要求,同时明确了常用的几种包装规格</td><td>以适合我国国情;
本标准关于产品的包装、储运的要求引用了国家标准而非国际规章</td></tr>
</table>

ICS 45.060.01
S 42

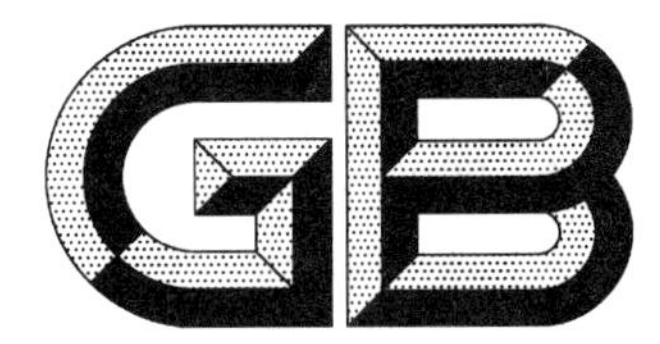

中华人民共和国国家标准

GB/T 3314—2006
代替 GB/T 3314—1982

内燃机车通用技术条件

General technical specifications for diesel locomotives

2006-08-22 发布　　2007-01-01 实施

中华人民共和国国家质量监督检验检疫总局
中国国家标准化管理委员会　发布

前　言

本标准参照了 IEC 61133:1992《电力牵引　机车车辆　电力机车车辆和电传动热力机车车辆制成后投入使用前的试验方法》中有关内燃机车的内容。

本标准代替 GB/T 3314—1982《内燃机车通用技术条件》。

本标准与 GB/T 3314—1982 相比主要变化如下：

——增加了“术语与定义”一章内容；

——增加了对司机室的特殊安全要求条款；

——增加了转向架构架强度试验要求条款；

——单独设立了“调车机车的特殊要求”一章；

——将原“控制、仪表”一章内容调整到相关章中。

本标准由中华人民共和国铁道部提出。

本标准由铁道部标准计量研究所归口。

本标准负责起草单位：铁道部标准计量研究所、中国北车集团大连机车研究所。

本标准参加起草单位：中国北车集团大连机车车辆厂、中国南车集团戚墅堰机车车辆厂。

本标准主要起草人：张一兵、曲峻峰、瞿建平。

本标准于 1982 年首次发布。

内燃机车通用技术条件

1 范围

本标准规定了内燃机车的技术要求、验收规则、标志与质量保证等内容。

本标准适用于轨距 1 435 mm 以柴油机为动力的电力传动和液力传动内燃机车(以下简称机车)。

2 规范性引用文件

下列文件中的条款通过本标准的引用而成为本标准的条款。凡是注日期的引用文件,其随后所有的修改单(不包括勘误的内容)或修订版均不适用于本标准,然而,鼓励根据本标准达成协议的各方研究是否可使用这些文件的最新版本。凡是不注日期的引用文件,其最新版本适用于本标准。

GB 146.1 标准轨距铁路机车车辆限界

GB/T 3315—2006 内燃机车制成后投入使用前的试验方法

GB/T 3316—1982 内燃机车功率确定方法

GB/T 3450—2006 铁道机车和动车组司机室噪声限值及测量方法

GB/T 5913—1986 柴油机车车内设备机械振动烈度评定方法

GB 5914.1 机车司机室瞭望条件

GB 6770 机车司机室特殊安全规则

TB 1126 机车控制与照明电路标准电压

TB/T 1484 铁路机车车辆电缆订货技术条件

TB/T 1507—1993 机车电气设备布线规则

TB/T 1736—1996 内燃、电力机车车型及车号编制规则

TB/T 1737—1996 内燃、电力机车标记

TB/T 1828—2004 铁道机车和动车组司机室人体全身振动和测量方法

TB/T 2356—1993 内燃机车用柴油机通用技术条件

TB/T 2360—1993 铁道机车动力学性能试验鉴定方法及评定标准

TB/T 2368—2005 动力转向架构架强度试验方法

TB/T 2740—2003 内燃机车转向架技术条件

TB/T 2783—1997 铁路牵引用柴油机排放污染物限值及测试规则

UIC 642—2001 国际联运机车、动车及控制拖车的防火消防特殊规定

3 术语与定义

下列术语和定义适用于本标准。

3.1

制造商 manufacturer

对供应的机车负有技术责任的机构。当合同为两个或两个以上部分时,制造商可能不是一个。

3.2

制造商工厂 manufacturers' works

完成机车组装的场地,一般在那里进行定置试验。

3.3

用户　user

负责直接与制造商谈判订购机车的机构。

3.4

供货商　supplier

供应各种设备的个别项目或成套设备的机构。

3.5

供货商工厂　supplier's works

生产设备的个别项目或成套设备的场地。

3.6

合同　contract

制造商与用户双方商定的全套技术文件，包括用户的技术文件、制造商的技术责任、会议纪要、询问与答复。这些内容通常在工程项目设计阶段之前和设计阶段过程中进行讨论并确定。

4 技术要求

4.1 使用环境条件

a) 机车在下列环境中使用时，柴油机应能发出最大运用功率，并能正常工作而不需进行功率修正：

周围空气温度不高于 30℃；

海拔不高于 700 m；

相对湿度不大于 95%。

当机车使用环境超过上述的条件时，制造商应提供功率修正曲线。

b) 通常机车应能在周围空气温度－40℃～＋40℃条件下使用。

c) 机车应能承受自然环境如风、沙、雨、雪的侵袭。

4.2 基本要求

4.2.1 机车外形尺寸应符合 GB 146.1 的有关规定。

4.2.2 柴油机最大运用功率相对其标定功率应留有必要的功率储备。

4.2.3 机车滚动圆直径一般为 1 050 mm。同轴左右轮径之差不大于 0.5 mm，同一机车各轮轮径之差不大于 1 mm。轮对内侧距为 $1\ 353_{-3}^{+1}$ mm。

4.2.4 车钩中心线距轨面高度为 880 mm±10 mm。

4.2.5 机车在全整备状态下：

a) 机车总重的允差$_{-1}^{+3}$%；

b) 同一机车每个动轴的实际轴重与该机车平均轴重之差不超过实际平均轴重的±2%；

c) 最大轴重与线路允许值之差不应超过线路允许值的 1%；

d) 每个车轮的轮重与该轴两轮平均轮重之差不超过该轴两轮平均轮重的±4%。

4.2.6 机车以 5 km/h 通过的最小平面几何曲线半径应不大于 145 m。

4.2.7 机车应能在半径为 250 m 的曲线线路上进行摘挂作业。

4.2.8 两端有司机室的机车及由双节组成一台的机车均应有方向标志。

4.2.9 机车用控制与照明电路标准电压应符合 TB 1126 的规定。

4.2.10 机车动力学性能应符合 TB/T 2360—1993 的规定。

4.2.11 机车在投入运行前应安装运行安全设备。

4.2.12 机车内设备振动性能应符合 GB/T 5913—1986 的规定。

4.2.13 车内各种设备应能承受相当于机车纵向加速度 $3g$ 的冲击。

4.2.14 机车防火及消防应符合 UIC 642—2001 的规定。

4.2.15 机车的标称功率应符合 GB/T 3316—1982 及有关规定。

4.2.16 机车以最高速度运行于平直道上时单纯施行空气紧急制动，应在如下规定的距离内停车：

a) 运行速度 $v \leqslant 120$ km/h 时为 800 m；

b) 120 km/h $< v \leqslant$ 140 km/h 时为 1 100 m；

c) 140 km/h $< v \leqslant$ 160 km/h 时为 1 400 m；

d) 160 km/h $< v \leqslant$ 200 km/h 时为 2 000 m；

e) 轴重大于 23 t 的机车制动距离应符合合同的要求。

5 一般规定

5.1 机车内各种设备、零部件应按经规定程序批准的图样和技术文件制造，并应符合有关标准的规定，经检验合格后方能装车。

5.2 机车内各种设备的布置应具有良好的可接近性，便于装配检修和吊装。

5.3 机车应设架车支座、整车起吊装置、车体和转向架之间连接装置，便于救援起吊。

5.4 同型号机车的相同机组、零部件和管件应能互换。

5.5 各系统管路涂色应符合有关标准要求。

5.6 车内设备以及周围的材料应采用低毒的阻燃材料和放火材料。

5.7 电传动内燃机车应设外电源移车装置。

5.8 应设无动力回送设施。

5.9 人体易碰到的锐边锐角均应倒钝。

5.10 机车进出风口应有滤清或防护装置。

5.11 车上应装有前照灯、辅助照明灯和标志灯，灯管灯泡易于更换，并应符合有关规定。

5.12 机车各机器间或工作区走廊应设固定式照明和插座，供移动式照明灯用。车架下设若干防雨照明灯和插座。

动力室及冷却室通道地板上的照度不低于 30 lx。

5.13 机车车型及车号编制应符合 TB/T 1736—1996 的规定。

5.14 车内应设有各种警告标示，如最高运行速度值、紧急制动装置、消防器材等。

6 司机室

6.1 司机室应视野宽广，保证能清楚方便地瞭望到前方信号和线路，不应因窗户或反射光(从玻璃或从其他反射面反射来的日光或人造光)而迫使司机采取不正常的位置和引起过度紧张或眼睛过分疲劳。一般应符合 GB 5914.1 的规定。

6.2 司机室前窗和侧窗应采用安全玻璃，前窗应设刮雨器及遮阳装置，根据需要采取防霜冻措施，如采用电热玻璃，应符合有关规定。

6.3 司机室入口侧门门框净高度和宽度应符合有关规定，门窗关闭时要严密。

6.4 在人工照明条件下，司机室地板中央照度不小于 30 lx，操作台上方应不小于 60 lx。指示灯和人工照明不应引起司机对信号产生错觉。

6.5 照明灯关闭后，司机应能根据指示灯和仪表灯正常观察和操作。

6.6 仪表和显示屏在日光下和晚上关闭照明灯时，应能在 500 mm 处清楚看见显示值。

6.7 司机室各操纵装置的布置应符合有关标准要求，应便于操纵，不致引起司机疲劳。

6.8 司机室应设风扇和空调装置，在夏季运行时，司机室温度不高于 30℃。在冬季运行时，司机室温度不低于 10℃。

6.9 机车应设工具箱、衣柜、食物加热设施,在条件允许时还应设食物冷藏设施。

6.10 司机室座椅应为可以转动,上下前后可以调节的固定软座。座椅舒适,应有良好的减振性能。

6.11 司机室噪声允许值应符合 GB/T 3450—2006 的有关规定。

6.12 司机室人体全身振动应符合 TB/T 1828—2004 的规定。

6.13 司机室如有管道或轴通过墙壁、地板,其通过孔应加以密封。

6.14 司机室特殊安全要求应符合 GB 6770 的规定。

7 车体、转向架

7.1 在车架上承受相当于结构载荷的重量时,沿车钩纵向中心线施加 2 000 kN 的静压力。在此作用力下,车体及车架应力不应超过允许值。

7.2 机车缓冲器的最低吸收容量,应能承受机车以 3.6 km/h 速度与一个无缓冲装置的高惯性静止阻挡碰撞,保证不损坏。

7.3 机车应设高度可调整的排障器和扫石器,排障器中央低部应能承受相当于 140 kN 静压力的冲击力。

7.4 司机室上车扶手的最低处距轨面高度应不低于 1 300 mm。车体的第一级脚蹬距轨面应尽量接近限界允许的最低高度。脚蹬板应防滑,内侧设止挡。

7.5 走台板或通道地板应有防滑措施。走台板护栏应牢固。

7.6 转向架构架应符合 TB/T 2368—2005、TB/T 2740—2003 的规定。

8 柴油机

8.1 柴油机标定功率应符合有关规定。

8.2 柴油机最大运用功率应符合 GB/T 3316—1982 的规定。

8.3 柴油机排放污染限值应符合 TB/T 2783—1997 的有关规定。

8.4 柴油机安装到车上的整机振动水平应符合 GB/T 5913—1986 的有关要求。

8.5 柴油机无牵引负载的最低稳定转速及全负载的最高转速,相对各自的标称值偏差 10 r/min。

8.6 柴油机应设超速停车保护装置。

8.7 废气排气管不应泄漏,并加装隔热隔振层。

8.8 除上述条款外,柴油机还应符合 TB/T 2356—1993 的规定。

9 辅助装置

9.1 机车的主、辅、控电路应有可靠的保护措施,并有故障显示和切除装置,以维持故障运行的可靠性。

9.2 燃油供给系统应保持气密。

9.3 冷却水及机油加入添加剂后对管路及机体等内表面无腐蚀作用。

9.4 燃油箱污物沉积部分的容积及燃油输送泵吸油口高度对油箱有效容积的影响不大于 10%。

9.5 机车蓄电池容量应满足柴油机连续 4 次启动的要求,蓄电池充电设备满足蓄电池充放电要求。

9.6 机车油水系统应设置能排净液体的设施。

9.7 机车两侧应设通用的注水口。

9.8 应设空转/滑行防护装置。

9.9 应设有轮缘自动润滑装置。

9.10 车内预热设备热量应符合合同规定,并设外接交流电源插座。

9.11 污油污水应能定期排放。排污不应污染其他部件和轨面。

9.12 司机室及机器间应设适用于电气装置和油类灭火的消防设备。

9.13 应设高低音风笛,音量和频率应符合有关规定。

9.14 根据用户要求，机车应设置相应的防寒设施。

10 传动装置

10.1 机车各牵引电动机额定工况下电流分配不均匀系数按下式计算：

$$电流分配不均匀系数=\frac{最大电流-最小电流}{最大电流}$$

电流分配不均匀系数应符合下列规定：

全磁场 ≤0.06；

一级磁场消弱 ≤0.12；

二级磁场消弱 ≤0.14。

10.2 牵引发电机、牵引电动机、主电路各主要设备及传动箱的温升不应大于规定值。

10.3 可根据用户需要设置机车重联装置，应确保在每一司机室均能正确控制本务机车与重联机车正常运行及制动。

10.4 液力传动系统应有自动换挡装置和换向机构以及有关保护装置。

11 制动

11.1 空气压缩机流量应符合有关规定。空气压力调节器开断压力值为 900 kPa±20 kPa，闭合压力值为 750 kPa±20 kPa，安全阀动作压力值为 950 kPa±20 kPa。压缩空气应有空气净化装置。

11.2 机车应设停车制动装置及手制动操纵装置。

11.3 在平直线路上机车单机紧急制动距离应符合有关规定。

11.4 根据用户要求加装相应的电阻制动装置或液力制动装置。电阻制动和液力制动性能应符合有关技术要求。制动电阻带可承受的最高温度应大于 640℃。

11.5 机车撒砂装置应作用良好，保证砂子落在轨面上。撒砂量应在 0.7 L/min～1.5 L/min 范围内，砂箱的容积应满足使用要求。

12 布线

12.1 电线、电缆的绝缘等级应与工作电压相符，并符合 TB/T 1484 的规定。

12.2 机车应采用预布线方式，主电路、辅助电路和控制电路的电线、电缆应纳入电线管槽内，分开走线，不宜交叉，当无法避免交叉时，对高电压电缆在交叉处应包以绝缘层。布线规则应符合 TB/T 1507—1993 的规定。

12.3 电线管槽应安装牢固。电线、电缆要用线卡、扎线带等适当间隔固定。

12.4 每根电线、电缆两端应有清晰牢固的线号标记。铜母线要打钢印号码。

12.5 接线端子应采用压接，两接线端子间电线不允许剪接。

12.6 电线管槽的设置应能防止油、水及其他污物的侵入。

13 调车机车的特殊要求

13.1 调车机车按牵引定数牵引列车，在调车场以 4 km/h 速度正常作业时，不应产生非正常发热现象。

13.2 调车机车能以 5 km/h 速度通过的最小平面几何曲线半径不大于 100 m。

13.3 轮箍厚度达到容许的最小值时，机车下部装置的最低位置不应与驼峰调车场缓行器相碰。

13.4 在驼峰顶断面的起伏点处，连挂与被连挂的机车、车辆轮箍分别为最大最小厚度时，应能保证车钩作业的可靠性。

13.5 调车机车推送车辆通过驼峰的峰顶最小竖曲线半径不大于 300 m。机车竖曲线几何通过计算，应按车钩最大垂直连挂角度及车钩最大垂直位移进行校核，该校核结果应列入机车总参数中。

14 试验、验收

14.1 机车组装后，应按 GB/T 3315—2006 进行检查与试验，并按有关规定验收。

14.2 机车在下列情况之一时，应进行型式试验：

a) 新设计制造的机车；

b) 转厂后新生产的机车；

c) 批量生产的机车经重大技术改造，性能、结构、材料有较大变动时；

d) 机车停产三年以上重新制造，有必要重新确认性能时；

e) 批量生产的机车生产一定数量后，有必要重新确认性能时，应抽样进行型式试验。

14.3 批量生产的机车，每台均应进行例行试验，试验结果应与型式试验相符。

14.4 研究性试验项目及试验方法由制造商和用户间订货合同确定。

14.5 提交验收的机车应有合格证书、使用保养说明书、履历簿及例行试验记录。进行型式试验后的机车应向用户提供型式试验报告一份。

14.6 机车交车时，制造商应向用户提供合同规定的有关技术文件、检修手册和产品图样及随车工具等。

15 标志与质量保证

15.1 机车应按 TB/T 1737—1996 及有关规定涂装各种标记及铭牌。

15.2 制造商应明确给出机车及主要部件的保修期，具体条款按合同内容执行。

ICS 45.060.01
S 42

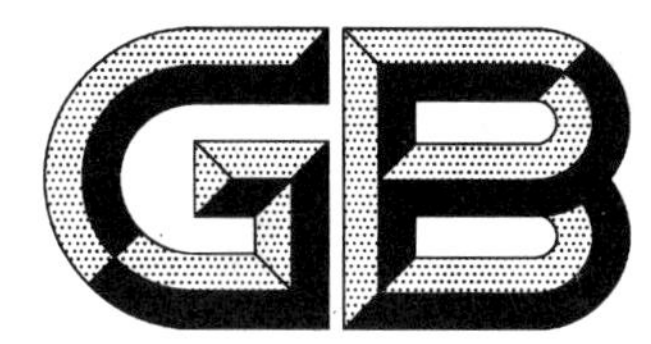

中华人民共和国国家标准

GB/T 3315—2006
代替 GB/T 3315—1982

内燃机车制成后投入使用前的试验方法

Test methods for diesel locomotives on completion of construction and before entry into service

2006-08-22 发布　　2007-01-01 实施

中华人民共和国国家质量监督检验检疫总局
中国国家标准化管理委员会　发布

前　言

本标准参照了 IEC 61133:1992《电力牵引　机车车辆　电力机车车辆和电传动热力机车车辆制成后投入使用前的试验方法》中电传动内燃机车部分的内容。

本标准代替 GB/T 3315—1982《内燃机车组装后的检查与试验规则》。

本标准与 GB/T 3315—1982 相比主要变化如下：

——范围中，增加本标准适用于速度低于 200 km/h 的条件；

——适用范围修改为：其他类似的由柴油机提供动力的机车可参照使用；

——试验分类中，增加调整试验项目，并规定了试验内容；

——增加试验实施方法的规定；

——将原标准的《检查与试验项目表》修改为：表 1　定置试验项目，表 2　线路试验项目，试验项目按不同试验种类作了规定；

——将试验项目内容按照机车运转状态分为两章：定置试验和运转试验；

——将原标准中动力学性能试验项目删去；

——本标准增加干扰试验项目。

本标准的附录 A 为规范性附录。

本标准由中华人民共和国铁道部提出。

本标准由铁道部标准计量研究所归口。

本标准起草单位：中国北车集团大连机车研究所、铁道部标准计量研究所。

本标准主要起草人：曲峻峰、张一兵、王尊一。

本标准于 1982 年首次发布。

内燃机车制成后投入使用前的试验方法

1 范围

本标准规定了内燃机车制成后投入使用前对主要技术性能所进行的检查与试验方法。

本标准适用于轨距 1 435 mm、速度低于 200 km/h 的以柴油机为动力的电力传动内燃机车和液力传动内燃机车(以下简称机车)。

其他类似的由柴油机提供动力的机车可参照使用。

2 规范性引用文件

见附录 A。

3 术语和定义

本标准采用 GB/T 3314—2006 规定的术语和定义。

4 试验分类和实施方法

4.1 总则

机车制成后,投入使用前的试验分类如下:

a) 调整试验;

b) 验收试验,包括:

——型式试验:是对机车的基本参数、结构、性能等是否符合设计要求而进行的全面考核。原则上,试验项目集中在给定设计的一台机车上进行。

——例行试验:是对批量生产的机车为检验其结构、性能是否与型式试验结果相符合而进行的试验。对同一设计的每台机车都应进行。

c) 研究性试验:是为了获得补充资料而进行的试验。

d) 线路运用考核试验:新设计机车或有重大改进设计的机车在正式批量生产之前进行的试验。

在下列情况下,经用户与制造商双方议定,上述试验可以简化或省略:

——机车与以前制造过的机车相同,其生产经验可以采用或机车装有用户规定的重要部件(柴油机、电动机等);

——能够以试验报告证明在有代表性的条件下已完成了等效试验。

定置试验通常在制造商的工厂进行,线路试验通常在机车的运用场所进行。

4.2 调整试验

机车在进行验收之前,制造商可以要求进行不能在制造商的工厂内进行的调整试验,包括在用户的线路上进行负载或空载试验。对新设计机车,制造商可以在调整试验过程中进行必要的修改。

调整试验的最大试运行里程由用户与制造商双方商定。当合同中缺乏规定时,对要进行型式试验的机车的最大试运行里程应不超过 5 000 km。

4.3 验收试验

4.3.1 型式试验

型式试验项目应符合表 1 及机车产品试制鉴定大纲的规定。型式试验期限由用户与制造商双方议定,型式试验期从制造商做好试验准备时算起。

任何必须增加的型式试验项目需经用户与制造商双方商定。

4.3.2 **例行试验**

例行试验项目应符合表2及机车产品试制鉴定大纲的规定。

例行试验可以在用户与制造商双方议定的期限内,按照本标准第5章和第6章所述的方法进行。

例行试验结果应与型式试验的结果相符。

例行试验的条件限制和试验项目的简化形式应由用户与制造商双方议定。

任何必须增加的例行试验需经用户与制造商双方商定。

表1 定置试验项目

试验项目	例行试验	型式试验
定置机械试验		
限界检查	5.2.1	
间距检查	5.2.2	
起吊性能检查	5.2.4	
称重试验	5.3	5.3
压缩空气系统气密性和运转试验	5.4	5.4
定置制动试验	5.5	5.5
绝缘性能试验	5.6	5.6
成套电气设备正常操作试验	5.7	5.7
接地电路接线的检查	5.8	5.8
辅助电气设备和辅助电源设备试验		5.9
旋转方向等	5.9.3	
起动试验	5.9.4	
蓄电池充电设备检查		5.10
最大充电电流	5.10.6	
最高充电电压	5.10.6	
浮充电压	5.10.6	
浮充电流	5.10.6	
柴油机及有关设备的检查与试验	5.11	5.11
涡轮增压器和波动范围		5.11.6.3(可选)
废气成分		5.11.6.4(可选)
液力传动系统检查	5.12	5.12
车体及外部设备箱体的密封试验		5.13
最初检查	5.13.1	
水密性试验	5.13.2	
过滤器等的安装	5.13.3	
撒砂装置检查	5.14	5.14
工作条件及舒适度检查		5.15
防寒试验		5.16
安全措施检查	5.17	5.17
安全设备检查	5.18	5.18

表 2　线路试验项目

试　验　项　目	例行试验	型式试验	研究性试验
运行安全与舒适度试验		6.1	
弯道和坡道多变线路的运行试验	6.2.6	6.2	
起动和加速试验 　牵引特性	 6.3.2	6.3	
线路制动试验		6.4	
总则	6.4.1		
制停距离测量		6.4.4	
电阻制动	6.4.7	6.4.7	
平滑转换	6.4.7d)		
平稳施加	6.4.7d)		
液力制动	6.4.8	6.4.8	
速度控制与列车运行监控记录装置试验	6.5	6.5	
干扰试验		6.6	
牵引能力与制动能力试验		6.7	
运行阻力试验		6.8	6.8
液力传动换挡性能检查与试验	6.9	6.9	
燃油消耗试验		6.10	6.10
典型运行图检查		6.11(可选)	
过载与接地等保护装置动作正确性试验	6.12	6.12	
内部过电压水平的检查		6.13	6.13
线路运用考核试验		6.14(可选)	

4.4　研究性试验

研究性试验为具有选择性质的特殊试验，仅当合同有规定时方可进行。当进行特定的试验时，用户与制造商应对试验程序和试验方法进行磋商。

通常研究性试验的结果，不应作为拒绝接收机车的理由。

4.5　线路运用考核试验

线路运用考核试验的试验项目、实际运行里程（不包括被牵引运行的里程）及环境条件应符合合同或 GB/T 3314—2006 的规定。

4.6　试验实施方法

用户与制造商应根据每项试验的试验性质和试验场所，就本标准提出的各项试验进行磋商。在合同签订时应就下列内容达成协议：

a)　型式试验和例行试验程序，特别是本标准允许双方有某种选择时；

b)　对于通常在制造商的工厂内进行的定置试验项目，制造商应特别提醒用户有关试验设备的限制条件；

c)　用户希望在自己的线路上进行的试验项目和试验条件；

d)　环境条件，例如雨、雪、尘埃、温度等；

e)　某些部件由于供货商的工厂相应的试验设备的限制，需要在机车上进行定置试验或线路试验时；

f) 需要在一个属于第三方的试验中心进行定置试验时；

g) 需要在一个属于第三方的场所进行线路试验时。

5 定置试验

5.1 机车载荷状态

除非合同另有规定，本标准各项试验实施时应考虑表3所列的常规载荷状态。

表3 载荷状态

	空重	计算重量	全整备重量
乘务员	0	满	
燃油	0	2/3	满
砂	0	2/3	满
冷却水	0	额定的	
柴油机机油	0	额定的	
液力传动箱工作油	0	额定的	
其他流体与润滑剂	额定的		
随车工具	全套		

5.2 定置机械试验

5.2.1 限界检查

在平直线路上，将制动机缓解，机车缓行，使弹簧装置趋于稳定后进行限界检查。上部限界检查应在空重状态下进行，下部限界检查应在全整备状态下进行，侧向限界检查应在空重与全整备重量状态下分别进行。

限界检查结果应符合 GB 146.1 和 GB/T 16904 的规定。

5.2.2 间距检查

机车于平直道上全整备重量下，缓解制动，以轨面为基准，检查车底架高度、转向架高度差、车体与转向架间距（前后、左右、对角），应符合产品技术条件的要求。

检查轮对内侧距和车钩中心线距轨面高度等，应符合 GB/T 3314—2006 的规定。

因踏面磨耗需要调整的部件（如排障器、撒砂管等）应进行适当的调整。

应对轮缘磨耗、操作不当或悬挂装置的损坏（断簧或空气弹簧漏气）引起车体在一处或多处与转向架相碰的后果予以考虑。

5.2.3 车钩状态检查

车钩状态应作用良好。

5.2.4 起吊性能检查

试验在制造商的工厂内按型式试验项目进行，包括用桥式吊车或架车机在设计好的起吊点提升机车。车体和转向架同时起吊时车体不应产生永久变形。

5.3 称重试验

5.3.1 除非合同另有规定，称重试验应在下列载荷条件下进行：

——型式试验应在全整备重量和（或）计算重量状态下进行；

——例行试验应在计算重量状态下进行。

应测量机车的重量和每个车轮作用于轨道的垂向载荷，并应说明测量设备的精度。

5.3.2 称重试验的具体要求和实施方法，按 TB/T 1740—1997 的规定进行。

5.3.3 称重试验通常在制造商的工厂内进行，经过双方约定也可在用户指定的装备上进行。

5.3.4 称重试验结果，包括机车的重量以及机车的轴重、轮重应符合合同或 GB/T 3314—2006 的规定。

5.4 压缩空气系统气密性和运转试验

5.4.1 总风缸和其他贮气设备的气密性

机车在正常工作状态下，总风缸充风至最大工作压力，然后断开压缩机通路，进行下列检查：

a) 在各种压缩空气设备（制动管路、塞门、悬挂装置、气动装置等）关闭气路并不带压力的情况下，检查总风缸压力。在合同规定的时间内，总风缸压力降不应小于合同的规定值。合同未作规定时，则 5 min 内压力下降不应大于 20 kPa。

b) 各种压缩空气设备处于压力状态下（有意设计成固有漏气者除外），关闭气路。总风缸压力降在合同规定的时间内不应小于合同规定值。合同未作规定时，在 20 min 内总风缸压力降不应小于所有设备都能正常工作的最小值。

5.4.2 总风管和制动管气密性

总风管和制动管气密性的试验方法与所使用的制动机型式有关，应由用户与制造商双方议定。

5.4.3 压缩空气设备动作检查

对所有压缩空气设备均应检查其动作是否正常，如安全保护装置、压力调节装置、隔离塞门、排水阀、压力传感器与开关等。

5.5 定置制动试验

5.5.1 常用与紧急制动试验

5.5.1.1 应检查主制动管、风缸和制动缸按 5.4 规定的条件在最大压力下的气密性，并应检查供气系统能否以合同规定的压力和速率对管道与风缸供气。

5.5.1.2 应检查制动机在各种工况下的性能，如制动与缓解的作用时间以及制动缸压力，应符合产品技术条件或合同的规定。

5.5.1.3 当机车装有防滑装置时，应检查其动作性能，如排放时间、作用时间、缓解时间等。

5.5.2 停放制动装置试验

应对停放制动装置进行试验，检查其操作条件并测量所施加的力，应符合产品技术条件或合同的规定。

5.6 绝缘性能试验

5.6.1 耐受电压试验

5.6.1.1 设备通常是由几个绝缘等级不同的电路组成，应分别对每个电路进行对地工频耐受电压试验。此时其他电路原则上应接地。必要时接触器与开关电路应闭合或短路，以确保试验电路的所有部件均连接在内。应采取措施避免因电容或电感的影响而可能在某些点上出现异常的电压。易受损伤的电子设备应在试验前切除或短路。

在各电路对地之间施加试验电压，历时 1 min。试验电压值应等于电路中具有最低试验电压部件所规定的单个装置试验电压的 85%。

5.6.1.2 各电路的耐受电压试验应在制造商的工厂内，在机车电缆铺设完成、设备安装之后进行。在电气设备接线之前，均应分别进行耐受电压试验。接线应不影响电气设备的绝缘水平。

机车全部组装完工后，应进行各电路的绝缘检查，必要时应测量绝缘电阻值。

5.6.2 绝缘性能试验应以耐受电压试验为准，绝缘电阻值仅作为耐受电压试验参考用。

5.7 成套电气设备正常操作试验

5.7.1 总则

所有成套电气设备在装车前均应按照相应的技术条件在供货商的工厂内作过试验。

定置试验时应检查各电路中所有设备单独操作与程序操作的正确性（包括所有动轴的运转方向、安全回路等），并核实在最后装配中未受损伤。

型式试验时，应特别检查成套设备连接线处的电气间隙。

本试验应尽可能在静置状态下进行，必要时经用户与制造商协商可安排在线路试验时进行。

5.7.2 **保护装置的整定**

应检查各种保护装置的和继电器的整定值、保护动作程序是否正确。

5.7.3 **气动开关装置**

在正常控制电压与工作气压下连续动作20次后，检查气动开关装置动作的正确性，其动作不应因供气管道截面太小或风缸容量不足而受到影响。

5.7.4 **重联操作**

如果机车与其他同型机车重联运行，且由一个司机室操纵时，应在重联组合的机车上进行下列试验，以验证重联运行所要求的功能：

——牵引与制动电路；

——故障显示与信号装置；

——压缩机联锁装置；

——辅助电源或蓄电池的并联装置或转换装置；

——制动控制装置和空电联合制动装置；

——其他有关辅助设备的控制；

——所有操作或控制级位的功能；

——重联通信装置。

经用户与制造商协商，本试验可以进行线路试验。

例行试验可用简化方式检查重联操作，如在静态程序检查时向机车的连接端输入各种信号。

5.7.5 **牵引电动机磁场削弱系数试验**

牵引电动机的磁场削弱系数与负荷分配不均匀系数应符合产品技术条件的要求。

电流分配不均匀系数允许在线路试验时测定。

5.7.6 **通风管道试验**

机车上各通风管道(冷却用或空调用)的气密性均应进行例行试验检查，可用产生烟雾的装置检查。

型式试验时，应检查通过管道分配给各设备的风量是否符合设计要求。

5.8 **接地电路接线的检查**

5.8.1 接地电路应符合产品技术条件的要求。

5.8.2 电路的软连接线应具有适当的长度及足够大的导线截面，接线端子应易于接近、连接牢固且具有足够大的接触面。在焊接连线的情况下，应检查焊接质量。

5.9 **辅助电气设备和辅助电源设备试验**

5.9.1 辅助电气设备和辅助电源设备在装车之前，应对使用中将会出现的电压变化范围内的工作性能进行检查。当供货商的工厂缺少相应的试验设备时，这部分试验可在整车的线路试验时进行。

在机车上进行试验时，辅助电源的输入和输出应保持在“持续额定”之内或在间歇工作的场合保持在“间歇额定”之内。“持续额定”、“间歇额定”应与有关技术条件中的额定值相一致。

5.9.2 在辅助电气设备和辅助电源强迫通风的情况下，如果有关设备在试验台上试验时没有使用与机车上相同的通风机组和相同尺寸的风道，应在机车上检查冷却风量及设备周围空气温度是否符合设计要求。

5.9.3 应检查辅助电动机的旋转方向和交流电源的相序旋转方向。

5.9.4 对连续运行的辅助电动机应进行4次完整的连续起动，对断续工作的辅助电动机应利用间断操作进行6次连续运动(尽可能使这些起动次数的一半在最高电压下进行，另一半在最低电压下进行)。第一次起动时，电动机处于冷态。每次试验的持续时间应严格限定在正常工作条件下起动和停止所必需的时间内。

重复起动试验为型式试验。例行试验时可只进行1次或2次起动试验。

5.9.5 辅助电动机温升应符合有关规定。

5.10 蓄电池充电设备检查

5.10.1 控制电源容量应满足机车控制电路和浮充电的需要，控制电源质量应符合TB 1126的规定。控制电源应能在柴油机各种工作转速及所有负载条件下给蓄电池充电。

5.10.2 蓄电池充电设备应按合同的要求，充分而又不过度地给蓄电池充电。

5.10.3 当机车运行时，充电设备除作充电用以外，还应能提供蓄电池所有预定的负载。

5.10.4 充电设备应具有能在24 h内按标称负载循环使蓄电池满充电的容量。

5.10.5 蓄电池箱应通风良好，保证充电周期内没有危险气体的积聚。

5.10.6 蓄电池电路参数应符合合同的要求，如最大充电电流、最高充电电压、浮充电压、浮充电流、放电电流、放电时间等。

由于蓄电池和充电设备品种多样，蓄电池的充放电试验方法应由用户与制造商双方议定。

试验时测量上述各项参数应符合有关规定。

5.10.7 例行试验时，只需测量最大充电电流、最高充电电压、浮动电压、浮动电流。

5.11 柴油机及有关设备的检查与试验

5.11.1 装车前的试验要求

柴油机、发电机、液力传动箱在装车之前，应按用户与制造商预先商定的各项要求及有关标准(如TB/T 2744—2002、TB/T 2745—2002、TB/T 2746—2002、TB/T 1387—1982等)进行过试验。

对于柴油机、发电机、液力传动箱在装车之前不能在一起进行试验的情况，试验程序由用户与制造商议定。

5.11.2 柴油机工作转速

柴油机工作转速应进行下列检查：

a) 应测量柴油机惰转工况和所有中间级位的空载转速，以检查转速控制系统工作是否正常。

b) 应测量柴油机正常工况点规定的所有负载级位的负载转速。

c) 空负载时的最低稳定转速允差与全负载时的最高转速允差应符合GB/T 3314—2006的规定。

5.11.3 安全装置

应定性检查柴油机的各种安全装置，如曲轴箱压力保护装置、温度自动调节装置、压力表、超速保护装置、火警检测装置、紧急停车装置及盘车联锁等。

5.11.4 辅助装置及其回路

辅助装置及其回路应进行下列检查：

a) 柴油机及其驱动的辅助装置间连接装置的工作状态；

b) 所有管路和热力设备(燃油、机油、水、压缩空气起动回路等)各通道的密封性能；

c) 燃油供给装置、机油供给装置及冷态起动装置的工作性能；

d) 风扇及其驱动装置的运转状态、控制性能及密封状态；

e) 百叶窗的操纵性能及密封状态；

f) 预热锅炉点火装置的点火性能、控制装置的作用、预热保温性能等。型式试验还应检查一氧化碳在燃气中的含量，其值应小于12%。

5.11.5 柴油机(组)的起动和停机

在环境温度下，检查机组(柴油机冷态，必要时预热)的起动性能。机组在合同规定的最低温度下起动应注意的事项以及由蓄电池或其他方法(如压缩空气)进行连续起动操作的次数由用户与制造商议定。

应检查柴油机正常停机、紧急停机及超速停机的性能。

5.11.6 **机组的运行**

5.11.6.1 应进行下列检查：

a) 防振装置及扭振减振器在柴油机转速与负载的所有工况下均为有效；

b) 在柴油机各种转速与负载工况下的燃料消耗，应符合合同的规定；

c) 检查柴油机的整体振动水平，应符合 GB/T 5913—1986 的规定。

5.11.6.2 在额定工作温度与励磁条件下，将柴油机与发电机整定到合同规定的状态，根据电机损耗曲线确定：

a) 牵引电动机在全功率与双方商定的中间功率级位的输出功率；

b) 所有柴油机驱动的辅助设备的功率；

c) 根据两者之和，确定柴油机总的输出功率。

对液力传动内燃机车，柴油机总的输出功率的确定方法由用户与制造商议定。

5.11.6.3 试验时，应进行下列检查和测量：

a) 热力设备的所有管路及进排气管道的密封性；

b) 调节设备的运转情况；

c) 柴油机冷却装置的几个重要参数，如流量、温度、压力等；

d) 柴油机进气与排气的几个重要参数，如温度、压力等。

5.11.6.4 根据用户与制造商的协议，可以检验柴油机的废气成分。

5.12 **液力传动系统检查**

应进行下列检查：

a) 换向装置，包括换向齿轮作用、换向显示、手动换向机构的作用等；

b) 万向轴，包括万向轴运转状态、花键轴与花键套的安装情况、螺栓的紧固状态与防松装置等；

c) 自动换挡、手动换挡应作用良好；并应检查柴油机无牵引负载时最低稳定转速下液力传动工作油的最低油压；

d) 液力传动箱、车轴齿轮箱及工况齿轮箱的密封状态。

5.13 **车体及外部设备箱体的密封试验**

5.13.1 进行车体及其外部电气设备箱体的水密性试验时，应检查所有开孔、门、孔盖、盖板(包括电源插座盖板)和缝隙等有可能有雨水浸入之处。

开孔(进风口等)和孔盖(门、窗、顶盖等)的水密性以及用于从某些隔室中排水的装置的效能应保证水的浸入不会对电缆配置、电气设备及其他保证机车正常工作所必需的其他设备造成有害结果。

5.13.2 进行开孔与孔盖的水密性试验时，机车应开动所有的通风机驶过喷水的龙门架，使水流喷向各试验部位，持续喷射 15 min。喷射架的喷水量、水流分配、喷射部位以及喷水速率，应由用户与制造商按运行气候条件确定。

在没有协议的情况下，可采用上部有一排水平喷嘴、两侧各有一排垂向喷嘴的喷射架，每排每分钟能均匀地喷射流量 0.5 m^3、压力 200 kPa、采用 90°固定锥体喷嘴的喷射方式。

也可按下列方法之一进行：

a) 按 TB/T 2054—1989 的规定进行；

b) 开动所有风机，通过自动洗刷装置，历时 15 min。

例行试验可仅试 5 min，可以不开风机。

5.13.3 应对用于净化吸入车体和设备箱体空气的防护板、百叶窗、过滤器、尘埃分离器等装置的安装及效能进行检查，应符合设计要求。

5.13.4 如果合同规定机车须运行在风、沙、雨、雪的线路上时，应对防止尘沙、雨雪入侵的各种装置进行检查。

5.13.5 对采用侧墙滤网进风的情况，应检查机车内部电气屏柜的防护是否符合设计要求。试验方法按 GB/T 7181—2000。

5.14 撒砂装置检查

在机车前进与后退两种工况下，检查下列各项，应附合 GB/T 3314—2006 及设计要求：

a) 撒砂装置的作用；

b) 风管及砂箱的安装及密封状态；

c) 各撒砂管的撒砂量、撒砂时间、安装位置及高度。

5.15 工作条件及舒适度检查

5.15.1 工作条件与舒适度的检查应尽可能在静置状态下进行，并在线路试验过程中完成。

5.15.2 司机室工作条件应按照有关标准进行下列检查：

a) 瞭望方便。司机能容易地看到轨道和所有的信号，没有因障碍物（立柱等）或反射光（从车窗或其他光亮处或反光表面反射来的日光或人造光）而迫使司机采取不正常的位置和引起司机眼睛过度疲劳。应符合 GB/T 5914.1—2000 的规定；

b) 显示屏在日光下和夜晚均清晰可见，夜晚从它们射出或反射的光不应妨碍司机的视线；

c) 指示灯与通常的人工照明不得在前窗产生引起信号错觉或其他有影响的反射；

d) 强迫通风与自然通风均应符合合同的要求；

e) 各种控制器不需用过大的力就能操作，不会造成操作不准确或引起司机身体过度疲劳；无意中触动某些控制器件（如按钮、键等）不会发生危险；

f) 门和窗的设计合理，装配紧密，能防止气流侵入；

g) 采暖和空调设备，应能在合同规定的气候条件下保持规定的温度；

h) 司机室照明应符合 GB/T 3314—2006 的规定，试验方法参照 TB/T 2011—1987 进行；

i) 车窗刮雨器、电热玻璃、遮阳设施应满足运行要求；

j) 司机室噪声不得超过 GB/T 3450 或合同的规定值。测量方法按 GB/T 3450 进行；

k) 司机室座椅应符合 TB/T 2961—1999 的规定；

l) 司机室内无易触电、易碰撞的不安全设施；

m) 运行时前照灯的照度应符合合同要求；

n) 司机室人体全身振动应符合 TB/T 1828—2004 的规定。

5.15.3 各设备工作区照明及车体侧窗设置应符合合同的规定。

5.16 防寒试验

对有防寒设施的机车应进行防寒性能试验，应符合 TB/T 2728—1996 或合同的规定，试验方法按 TB/T 2366—1993 进行。

5.17 安全措施检查

5.17.1 应进行下列检查：

a) 防止可能触及通风机、联轴器、皮带等转动部件和机械部件尖锐边缘的设施的效能；

b) 防止某些进风口可能造成危险的设施的效能；

c) 与固定的或移动的带电设备之间应留有足够的常规安全距离；

d) 防止意外触及带电零件而设置的各种装置的效能；

e) 电气设备或可能偶然带电部件的保护性接地；

f) 防护接触器电弧的设施的效能；

g) 消防设备的型式、数量与可接近性，防火系统的操作，车下部件、装置的危险性防护效能，应符合相关标准的规定；

h) 某些可能在无意中触及并具有烫伤温度部件（如排气系统、发热元件、压缩机高压风管等）防护的有效性。

5.17.2 应提供必备的警示信号，尤其对于高温、高压或移动部件。

5.18 安全设备检查

应对机车安全设备的正确动作进行检查。例如：

a) 列车安全运行监控装置(包括速度表和记录显示装置)；

b) 通用制式自动信号装置；

c) 紧急停车装置；

d) 柴油机超速保护装置；

e) 声响警告装置；

f) 火灾检测报警装置；

g) 前照灯及标志灯；

h) 仪表指示及色灯信号装置；

i) 手制动或停放制动装置。

特殊的检查项目由用户与制造商双方议定。

6 线路试验[1)]

6.1 运行安全与舒适度试验

6.1.1 运行安全试验

机车应在正常维护的用户线路上，包括隧道，按时刻表范围内的速度和合同中规定的最高速度运行，也可按照用户与制造商选定的平均条件在其他线路上进行。

试验时，按用户与制造商的协议，检查有关机车运行安全的特性参数。

如在合同中规定，可以进行机车的机械部分耐受隧道内和相邻线路列车通过而形成的空气压力试验。

6.1.2 车体底架、转向架构架动强度检查

测量车体底架、转向架构架等主要部件的动强度，应符合设计要求。

6.1.3 舒适度试验

机车的舒适度试验应按用户与制造商议定的方法进行测量，可按 5.15 进行复核。

6.2 弯道和坡道多变线路的运行试验

6.2.1 试验时，机车以合同规定的速度通过 GB/T 3314—2006 或合同规定的最小半径曲线，检查下列内容：

a) 机车运动不受限制；

b) 跨接电缆、连接风管、电动机连接线等应有足够的长度；

c) 电动机通风折皱管及车轴带动的传动机构不应受损。

必要时，可在包括反向曲线的道岔上进行试验。

6.2.2 应检查自动车钩在合同规定的曲线上进行连挂的性能。

6.2.3 机车通过曲线和道岔时，走行部应不受束缚，不应使钢轨有永久变形。

6.2.4 对于在合同规定的坡度变化最大的线路上或坡度与倾斜度多变的弯道上(例如轮渡)运行的机车，应重复 6.2.1～6.2.3 的试验项目。

6.2.5 机车在弯道上的位移，可以利用活动平台或转车盘，相对于车体移动一个转向架做定置检查。

6.2.6 如果机车装有轮轨润滑装置，应对其动作性能进行检查。

6.3 起动和加速试验

6.3.1 起动和加速试验应在良好的黏着条件下，按合同的规定进行起动和加速，直至要求的最高速度。可参照 TB/T 2365—1993 进行。

---

1) 运行试验的线路条件与试验方法由用户与制造商议定。

6.3.2　型式试验应检查下列各项：

a)　牵引特性以及牵引设备的工作条件应符合合同的规定。

b)　级间过渡所产生的牵引力瞬时增值不得超过规定的要求。

c)　防空转装置在低黏着状态下应正确动作，可用50%乙二醇和50%水的混合剂洒于轮轨表面以模拟低黏着状态。

6.3.3　例行试验时应检查下列各项：

牵引特性应符合合同的规定。该特性可通过起动与加速度型式试验所测量的机车速度与时间的关系来推算。应定性检查在特性转折点上无异常冲击。

6.4　线路制动试验

6.4.1　总则

线路制动试验包括不同制动系统制停距离的测量和其他用以检查制动系统动力学性能的试验。

型式试验应对机车所有不同的制动系统(如紧急制动与常用制动、单纯的空气制动、液力制动或空电联合制动等)进行试验。试验应在全整备重量状态下进行。

例行试验在全整备重量状态下进行，对常用制动系统可进行简化试验。

6.4.2　试验线路状态

线路制动试验应在道床良好的干态线路上，风速不大于5 m/s的条件下进行。

6.4.3　闸瓦状态

试验前应确定闸瓦良好地贴靠在车轮上，并经过适当的磨合。

对于装有闸瓦间隙调整器的机车，应以新闸瓦进行型式试验；对未装闸瓦间隙调整器的机车，应以完全磨耗的闸瓦进行型式试验。

6.4.4　制停距离的测量方法

6.4.4.1　制停距离的测定，应在平直线路上进行。编组情况应根据合同的要求。

对每一个设定位置或每一种制动型式(紧急制动、常用制动或联合制动)至少应检查3次，每次检查应按下述方法通过相同的运行方式进行。实际试验次数取决于每种检查所获得试验结果的偏差。

a)　在通过施加制动的标志之前，断开牵引电机电源或液力变矩器排空，使机车速度接近预定参考速度，当到达标志点时实施所要求的制动方式。

b)　应精确测量每次试验所记录的制停距离 L(单位 m)，制动开始时的速度 v(单位 km/h，与参考速度 v_0 之差不应超过±3 km/h)。

c)　应记录在制动期间速度与时间的关系曲线和必要的补充参数(压力、制动电流等)。常用制动和紧急制动减速率应符合合同的规定。

d)　应检查各次试验之间制动管压力是否恢复正常。

6.4.4.2　如果制停距离测量不能在绝对平直的线路上进行，则所选的直线线路的坡度不应超过±4‰。测得的制停距离 L 与平直线路或 v 值之间的偏差应用下式修正：

$$L_1 = L \times \frac{3.92 \times (1 + R_0) \times v_0^2}{[3.92 \times (1 + R_0) \times v^2] + i \times L}$$

式中：

L_1——修正后的制停距离，单位为米(m)。不应大于合同中对每个设定位置和每种制动型式所规定的值；

L——测得的制停距离，单位为米(m)；

v_0——参考初速度，单位为千米每小时(km/h)；

v——实际初速度，单位为千米每小时(km/h)；

i——坡度，‰；“+”号用于下坡，“−”号用于上坡；

R_0——旋转惯性系数，合同中未规定时，取 R_0=0.08。

6.4.5 **制动试验频率**

制动试验频率,即重复进行的制动操作频率不应超过合同的规定。

应检查在合同要求最苛刻的制动条件下,用于制动系统的能量消耗,如压缩空气,不应超过机车提供的能力。轮对防滑装置引起的附加损耗应予考虑。

6.4.6 **轮对防滑系统**

如制动系统中带有轮对防滑装置,制动试验时应将该装置投入使用。采用用户与制造商商定的一种方法将黏着系数人为降低。合同未做规定时,可以用50%乙二醇与50%水的混合剂施于轮轨以模拟低黏着状态。

6.4.7 **电阻制动试验**

对装有电阻制动的机车,应对常用制动中的全部级位和手动或自动施加的制动方式检查下列项目:

a) 下坡采用恒速或准恒速电阻制动时,实际的制动状态应符合合同规定的制动性能;

b) 在每台电动机和调节设备端子上出现的电压,不应超过设计值或合同规定值;

c) 在每台牵引电动机中流过的电流不应超过设计值或合同规定值;

d) 对于装有混合制动系统,如联合制动的情况,应能在不同的制动系统(如空气制动、电阻制动)之间平滑转换,无明显冲击、欠制动或过制动。

6.4.8 **液力制动试验**

试验时,最高制动级位应进行试验。另外可再选做2～4个级位。最高制动级位的制动性能应符合设计要求或合同的规定。可参照TB/T 2529—1995进行。

制动过程中,液力传动工作油的温度不应超过规定值。所有液力元件应工作良好。

6.5 速度控制与列车运行监控记录装置试验

6.5.1 **速度控制系统**

应进行下列各项检查:

a) 机车速度应能控制在平稳状态,在制动、惰行和加速过程中没有明显的冲击和振动;

b) 从最低级位到最高级位的调整动作时间应符合规定要求;

c) 机车牵引与制动设备不承受过频的通断操作;

d) 调速系统控制车速不超过各整定级规定的允差。

6.5.2 **列车运行监控记录装置**

列车运行监控记录装置,应进行运行性能试验,试验结果应符合TB/T 2765—2005的规定。

6.6 干扰试验

6.6.1 **机车的内部干扰**

试验在于确认可能存在的干扰源以及控制设备的抗干扰能力是否有足够的裕度。试验可按下列方式进行:

按顺序操作机车上所有的接触器、继电器及电路中其他可能的干扰源,以保证不因电磁辐射或传导信号而对机车电路产生有害的电气干扰。

6.6.2 **机车对外部的干扰**

试验在于确认机车产生的干扰频谱(幅值/频率、干扰电流等)符合合同的规定。

试验应在用户与制造商双方商定的工作条件下通电,以确保在正常情况下,不会对用户铁路产生有害的影响。

用于监视临界频率而安装的检测装置的操作应进行检查。

如果合同未规定最大的干扰电平,可以通过用户线路上相似类型的机车在等效条件下测得的干扰电平和频率来作比较。对机车上各系统不同的临界频率应予考虑。

6.6.3 **无线电频率干扰**

应证实机车在等于或大于100 kHz的临界频率下,不会产生过大的电磁干扰。临界频率和最高电平应由用户与制造商双方议定。

6.6.4 外部对机车的干扰

外部可能对机车产生传导干扰或辐射干扰。用户有责任在签定合同时告知制造商其线路附近任何潜在的干扰源。

6.6.5 静电放电

当机车上的金属导电构件与公共接地点相连时，静电放电对电气设备的干扰原则上可以忽略。

对非导电构件的特殊情况，应对敏感的设备采取相应的防护措施。

6.7 牵引能力与制动能力试验

6.7.1 经用户与制造商协议，由规定的负载周期内达到的温升，可以通过车下试验台对组装好的整台设备进行试验来确定。必要时，这些试验可在合同规定的使用条件下，在线路试验时完成。缺少合适的试验台时，全部试验可在线路上进行。

6.7.2 试验过程中，应根据用户与制造商双方议定的方式，检查下列设备温升是否在设计限值之内：

a) 旋转电机；

b) 柴油机冷却液；

c) 液力传动工作油；

d) 功率半导体元件；

e) 制动电阻；

f) 电缆绝缘与电缆管道；

g) 辅助机械；

h) 控制开关装置；

i) 设备隔室和设备机箱；

j) 冷却空气；

k) 牵引电动机与轮对的活性连接；

l) 机械制动构件；

m) 轮对和轴箱。

6.7.3 应根据牵引电动机负荷分配及风量分配情况，在机车额定功率工况下，测量工作条件最恶劣的一台牵引电动机各部绕组的温升，不应超过有关规定。

6.7.4 应对柴油机的工作条件进行检查，尤其要检查各种液体的温度与压力以及动力室的温度。

6.7.5 应对柴油机排气系统进行检查，以保证在所有门窗紧闭时无有害气体进入动力室、司机室。

6.8 运行阻力试验

试验应于气候干燥、风速不大于 5 m/s 的条件下进行。

机车应以合同规定的最高速度，在一个已知坡度、尽可能没有弯道的线路上运行，在不施加制动的情况下任其减速。

用适当的方法将速度的变化、运行时间和距离同时记录下来。根据记录值，同时考虑线路坡度和旋转质量的影响，绘制运行阻力曲线。

运行阻力试验也可用动力试验车或用测量减速度的仪器进行；也可以由牵引电路消耗的功率来推算，同时考虑牵引电动机的效率以及牵引系统中的全部功耗。

6.9 液力传动换挡性能检查与试验

液力传动换挡性能检查与试验内容如下：

a) 测量机车由低速挡到高速挡和由高速挡到低速挡时各换挡点的速度，尤其是柴油机最高转速时；

b) 检查各换挡点液力变矩器油压、柴油机转速和机车牵引力的变化情况。

6.10 **燃油消耗试验**

6.10.1 任何希望由制造商进行燃油消耗试验的用户，均应提供用于按照绘制的速度/时间图表来计算燃油消耗所需的全部详细数据的确切说明。为此，用户应向制造商提供下列资料：

a) 对于试验运行方面：

1) 线路长度、坡度与弯道的详细资料；

2) 停车时间；

3) 不同区间的最高允许速度；

4) 跑完全程或其中各区间所需要的最长时间。

b) 对于试验列车方面：

1) 机车载荷或牵引载荷；

2) 轴数；

3) 考虑到旋转质量的惯性而采用的质量增值系数；

4) 所牵引的车辆在不同速度时的运行阻力曲线；

5) 所牵引的车辆在不同速度时的制动力曲线；

6) 允许的最大加速度和最大加速度变量；

7) 允许的最大制动减速度；

8) 驾驶方式——人工的或自动的。

6.10.2 柴油机燃油和机油的特性应符合柴油机制造商规定的并为用户认可的特性。

6.10.3 燃油消耗试验也可以在静止的机车上采用用户与制造商双方同意的负载周期进行。

6.10.4 本试验应在用户与制造商双方商定的气候条件下，利用已经运行了一段时间的机车来进行。

柴油机连续运行的平均燃油消耗应进行测定。

所测得的燃油消耗与某些有影响而不受控制的变量有关，例如运行条件、转速差异等。

试验后，制造商应根据试验结果重新核算燃油消耗的预测值。

6.11 **典型运行图的检查**

如果用户要求进行试验来检查"典型运行图"，应在合同签订之前向制造商提供有关"典型运行图"和所使用的"典型列车"方面的全部详细资料，条件同6.10。

试验过程中应测量通过各个区间和总里程所需的时间，应符合合同的规定。

6.12 **过载与接地等保护装置动作正确性试验**

6.12.1 **基本要求**

机车上的过载电路和电气保护装置应在用户与制造商同意的试验台上试验其动作的正确性。在没有这种试验台的情况下，经双方商定可在线路上进行试验。

6.12.2 **牵引与电阻制动过载保护装置**

牵引与电阻制动过载保护装置应进行检查。可采用下列方法中的一种：

a) 利用某一试验绕组或电路，引入与牵引或制动电流成比例的电信号，使保护装置动作；

b) 将牵引或制动电流升至保护装置动作的值(可利用抱闸)。

可以测量保护装置要求的触发电流或等效的电信号幅值。

6.12.3 **辅助电路过载保护装置**

检查辅助电路或辅助设备(如电动发电机组、压缩机、辅助电源等)的过载保护装置，可采用下列方法中的一种：

a) 引入一个适当的电信号，使保护装置动作；

b) 将辅助电路中的电流升至保护装置动作的规定值。可利用跨接在输出端子上的低电阻来达到。

6.12.4 接地和其他保护装置

检查主电路和辅助电路接地检测装置，可利用人为接地点进行检测，应能正常动作。

检查欠压保护、失压（或零压）保护、超压保护装置的动作值和动作时间，应符合规定。

6.13 内部过电压水平的检查

观测到的过电压峰值与持续时间，不应超过设计规定的设备所能承受的值。测量内部过电压的试验方法如下：

对于主电路和辅助电路，可在最小与最大线路电流与辅助电流下，利用主接触器跳闸来作试验。对于控制电路在自身负荷条件下进行开关的开与合的操作来作试验。试验应重复多次，并记录最高电压。

对于电子电路，当主接触器或其他任何开关、继电器在不同电路条件下动作时，在电子装置端子上所测得的电压不应超过规定值。

6.14 线路运用考核试验

凡新设计的机车，在正式鉴定投产之前，根据用户与制造商的协议，可进行线路运用考核试验。

运用考核试验至少应在一台机车上进行。进行运用考核试验的机车，在试验期间应进行正常的保养和维修。

运用考核试验的实际运行里程（不包括被牵引运行的里程）应符合合同的规定。

运用考核试验的环境条件应符合合同或 GB/T 3314—2006 的规定。

试验时应考虑机车以最高速度运行和较长时间发挥最大牵引力的工况。柴油机实际工作时间内的小时燃油消耗量应符合合同规定。

试验期间，应记录下列事项：

a） 运行区间及运行时刻；

b） 作业类别及牵引吨位；

c） 运行里程及最高速度；

d） 燃油、机油消耗量；

e） 运用中的问题。

运用考核试验结束后，机车应解体进行全面的检查与测量，并提出试验报告。

对于那些装车前已经进行了运用考核试验并已批量生产的部件（如柴油机、液力传动箱、牵引电动机等），在进行机车的运用考核试验时，可以不列入考核的范围。

附　录　A
（规范性附录）
规范性引用文件

下列文件中的条款通过本标准的引用而成为本标准的条款。凡是注日期的引用文件，其随后所有的修改单（不包括勘误的内容）或修订版均不适用于本标准，然而，鼓励根据本标准达成协议的各方研究是否可使用这些文件的最新版本。凡是不注日期的引用文件，其最新版本适用于本标准。

GB 146.1　标准轨距铁路机车车辆限界
GB/T 3314—2006　内燃机车通用技术条件
GB/T 3450　铁道机车和动车组司机室噪声限值及测量方法
GB/T 5913—1986　柴油机车车内设备机械振动烈度评定方法
GB 5914.1—2000　机车司机室瞭望条件
GB/T 7181—2000　铁路机车机械活性物质测定方法
GB/T 16904　标准轨距铁路机车车辆限界检查
TB 1126　机车控制与照明电路标准电压
TB/T 1387—1982　液力传动箱试验方法
TB/T 1740—1997　铁道机车车辆重量测定方法
TB/T 1828—2004　铁道机车和动车组司机室人体全身振动限值和测量方法
TB/T 2011—1987　机车司机室照明测量方法
TB/T 2054—1989　铁路机车漏雨试验方法
TB/T 2365—1993　内燃机车最大牵引力、起动加速能力试验方法
TB/T 2366—1993　内燃机车防寒保温性能试验方法
TB/T 2529—1995　液力传动内燃机车液力制动性能试验方法
TB/T 2728—1996　内燃机车防寒技术条件
TB/T 2744—2002　动力装置用柴油机认证方法
TB/T 2745—2002　动力装置用柴油机认证试验
TB/T 2746—2002　动力装置用柴油机例行试验和验收条件
TB/T 2765—2005　列车运行监控记录装置技术条件
TB/T 2961—1999　机车司机室座椅

ICS 29.280
S 41

中华人民共和国国家标准

GB/T 3317—2006
代替 GB/T 3317—1982

电力机车通用技术条件

General technical specification for electric locomotive

2006-12-14 发布 2007-05-01 实施

中华人民共和国国家质量监督检验检疫总局
中国国家标准化管理委员会 发布

前 言

本标准参照了 IEC 61133:1992《电力牵引　机车车辆　电力机车车辆和电传动热力机车车辆制成后投入使用前的试验方法》有关电力机车的内容。

本标准代替 GB/T 3317—1982《电力机车通用技术条件》。

本标准与 GB/T 3317—1982 相比主要变化如下：

——明确了机车车辆标准与各类部件标准之间的引用关系(本标准第 2 章,原版无)。

——海拔改为 1 400 m[本版 4.1 a)],原版为 1 200 m(1982 版 1.1.1)。环温改为－40℃～40℃[本版 4.1 b)],原版为－25℃～40℃(1982 版 1.1.2)。

——受电弓滑板工作长度 1 150 mm～1 250 mm(本版 4.2.7),原版为 1 250 mm(1982 版 2.9)。

——规定了在不同速度下的制停距离(本版 4.2.11),原版无明确规定值(1982 版 2.17)。

——规定了电气屏柜的防护等级和车内防尘要求(本版 4.3.5、4.3.7,原版无)。

——司机室照明要求由原来 4 lx、7 lx 提高到 30 lx、60 lx(本版 4.4.4,1982 版 4.4)。

——规定了机车与牵引变电所的保护配合要求、电气部分的电磁兼容要求、对外部入侵的浪涌过电压保护措施要求等机车专用技术要求(本版 4.6.4、4.6.5、4.6.7～4.6.9、4.6.12～4.6.15,原版无)。

——增加了安装监控装置的安全保障措施(本版 4.7.1,原版无)。

——增加了电气绝缘材料或非金属材料应采用少烟、低混浊度、低毒的阻燃材料或防火材料等环保要求(本版 4.7.6,原版无)。

本标准的附录 A 为规范性附录。

本标准由中华人民共和国铁道部提出。

本标准由铁道部标准计量研究所归口。

本标准起草单位:中国南车集团株洲电力机车研究所、铁道部标准计量研究所。

本标准主要起草人:陈开运、言武、张一兵、瞿建平。

本标准于 1982 年首次发布。

电力机车通用技术条件

1 范围

本标准规定了电力机车的通用技术条件、验收规则、标志与质量保证等。

本标准适用于轨距 1 435 mm、单相交流 50 Hz、25 kV 的干线电力机车(以下简称机车)。

与本标准类似的由旋转电动机提供动力的机车可参考使用。

2 规范性引用文件

见附录 A。

3 术语和定义

下列术语和定义适用于本标准。

3.1

制造商 manufacturer

对供应的机车负有技术责任的机构。当机车合同分成两个或两个以上部分时,制造商可能不止一个。

3.2

制造商工厂 manufacturer's works

完成机车组装的场地,一般在那里进行静置试验。

3.3

用户 user

负责直接与制造商谈判订购机车的机构。

3.4

供货商 supplier

供应各种设备的个别项目或成套设备的机构。

3.5

供货商工厂 supplier's works

生产设备的个别项目或成套设备的场地。

3.6

合同 contract

制造商与用户双方商订的全套技术文件,包括用户的技术条件、制造商的技术责任、会议纪要、询问与答复。这些内容通常在工程项目设计阶段之前和设计阶段过程中进行讨论并确定。

3.7 其他定义

采用 GB/T 2900.36 及引用文件涉及的定义。

4 技术要求

4.1 使用环境条件

机车在下列环境条件下应能按持续功率正常工作。

a) 海拔不超过 1 400 m;

b) 周围空气温度在－40℃～＋40℃之间;

c) 最湿月月平均最大相对湿度不大于95%(该月月平均最低温度为+25℃);

d) 机车应能承受风、沙、雨、雪的侵袭。

当机车使用于海拔1 400 m以上地区时,应考虑该地区的周围空气温度和海拔的影响。

4.2 基本要求

4.2.1 机车在受电弓降下时,其外限尺寸应符合GB 146.1有关规定。

4.2.2 车钩中心线距轨面高度应为880 mm±10 mm。

4.2.3 机车动轮滚动圆直径一般为1 250 mm,同轴左右轮径之差不超过0.5 mm,同一机车各轮径之差不大于1 mm,轮对内侧距为1 353^{+1}_{-3}mm。

4.2.4 机车在全整备状态下:

a) 机车总重的允差为$^{+3}_{-1}$%;

b) 同一机车每个动轴的实际轴重与该机车平均轴重之差不超过实际平均轴重的±2%;

c) 最大轴重与线路允许值之差不应超过线路允许值的1%;

d) 每个车轮轮重与该轴两轮平均轮重之差不超过该轴两轮平均轮重的±4%。

4.2.5 机车应能以5 km/h速度安全通过半径125 m的曲线,并应能在半径250 m的曲线上进行正常摘挂作业。

4.2.6 机车应能在GB 1402规定的供电电压变化范围内正常工作。

4.2.7 机车受电弓工作高度应由用户按接触网要求来规定。若无特殊要求时应在距轨面高度5 200 mm~6 500 mm之间能正常受流,受电弓滑板工作长度为1 150 mm~1 250 mm。

4.2.8 机车控制与照明电路标准电压应符合TB 1126要求。

4.2.9 机车在持续制工况下的牵引力、功率、功率因数、速度、总效率、牵引电动机负荷分配的偏差、原边电流的谐波成分、等效干扰电流和最大电制动功率等应符合设计任务书或合同的规定。

4.2.10 机车在各种工况下的牵引特性、电气制动特性应满足产品设计任务书或合同要求。

4.2.11 机车以最高速度运行于平直道上时单纯施行空气紧急制动,应在如下规定的距离内停车:

a) 运行速度$v \leqslant 120$ km/h时为800 m;

b) 120 km/h$<v\leqslant$140 km/h时为1 100 m;

c) 140 km/h$<v\leqslant$160 km/h时为1 400 m;

d) 160 km/h$<v\leqslant$200 km/h时为2 000 m;

e) 轴重大于23 t的机车制停距离应符合合同要求。

4.2.12 机车的动力学性能,应符合TB/T 2360要求。

4.3 一般规定

4.3.1 机车上各种专用电气设备、机械设备、零部件应按经规定程序批准的图样和技术文件制造。机车应选用型式试验合格的电气、机械设备装车。在机车上实际使用环境条件和工作条件若超过该产品技术条件规定时,应对该产品提出专用的技术要求,经验证合格后才能装车。若采用非机车专用的电气、机械设备使用在机车上时,该产品应按机车上的特殊环境条件和工作条件进行验证,合格后才能装车。

4.3.2 机车上各种设备的配置应有良好的可接近性,便于检修和成组吊装。各设备之间不应存在影响正常工作的不利因素。

4.3.3 机车应设有架车支座、车体吊装装置、车体和转向架之间的连接装置,以便于救援起吊。

4.3.4 机车各机器间或工作区走廊应设置照明灯。为了便于检查设备状态,在车内和车下适当位置应设置照明电源插座。

4.3.5 一般情况下,机车内各电气室(柜、屏)应具有GB 4208中规定的IP54等级的防护性能,车底架下安装的电气设备箱应具有IP64等级的防溅密封性能。

4.3.6 机车的进出风口应有滤清(滤去灰尘及水份)设施或防护装置。

4.3.7 机车内部机器间或电气室中，砂粒(包括磨料)应少于 0.1 g/m³，灰尘沉积物应少于 3 mg/(m² · h)。

4.3.8 压缩空气源应有空气净化装置。

4.3.9 机车应设有轮缘自动润滑装置或轨道润滑装置。

4.3.10 机车应有无动力回送设施。

4.3.11 相同零部件应能互换。

4.3.12 机车两侧应有牵引电动机电路、辅助电路、控制和照明电路的外接电源插座。插座应有防护罩保护，防止积灰、漏雨。

4.3.13 机车上应设置乘务员用衣柜(或架)、工具柜(或箱)、加热食物等设施。

4.3.14 机车车型及车号编制、标记应符合 TB/T 1736、TB/T 1737 规定。

4.3.15 机车所有电气装置应有清晰牢固的中文名称或代号标志，并符合 TB/T 1398 的要求。

4.3.16 机车上安装的各种设备应能承受 TB/T 3058 的试验要求。

4.3.17 制造商应向新用户提供与检修有关的检修手册、图样资料。

4.3.18 机车交付时，制造商除向使用部门提交有关文件外，并应提供规定的随车工具和随车配件。

4.4 司机室

4.4.1 司机室应视野广阔，保证能清楚方便地瞭望到前方信号、线路和接触网。不应因窗户或反射光(从窗玻璃或从其他反射面反射来的日光或人造光)而迫使司机采取不正常的位置和引起过度紧张或使眼睛过分疲劳，应符合 GB 5914.1 有关规定。

4.4.2 司机室窗户应采用安全玻璃，并符合 GB 5914.2 规定。前窗应有刮雨器及除霜、遮阳设施。

4.4.3 机车司机室入口侧门不应向外开启，门窗关闭时要严密。司机室内布置应符合 GB/T 6769 规定。

4.4.4 司机室人工照明在地板中央照度应不小于 30 lx，司机室操纵台上方应不小于 60 lx。指示灯和人工照明不应引起司机对信号产生错觉。

4.4.5 司机室各种操纵装置应便于司机操作。

4.4.6 司机座椅应为可以转动，上下、前后可以调节的固定软座。座位舒适，应有良好减振性能。

4.4.7 在机车所有辅助机组全部运转情况下，当门窗关闭时机车在运行中司机室室内所有稳态噪声允许值应符合 GB/T 3450 要求。

4.4.8 司机室应设置电扇和/或空调装置。空调装置性能应符合 TB/T 2866 规定。

4.4.9 司机室应设置取暖装置，并符合 TB/T 2866 要求。

4.4.10 仪表和显示屏在日光下和晚上关闭照明灯时，应能在 500 mm 处清楚看见显示值。

4.4.11 司机室特殊安全要求应符合 GB 6770 规定。

4.4.12 司机室人体振动应符合 TB/T 1828 的规定。

4.4.13 司机室上车扶手的下端距轨面高度不低于 1 300 mm。

4.5 机械部分

4.5.1 机车在额定载荷状态下，在平直道上缓解制动时，以钢轨面为基准，其车体底架和转向架构架的高度(前后、左右)和高度之差，以及车体与转向架的间距(前后、左右、对角)应符合产品技术条件。

4.5.2 车体(含门、窗、顶盖)以及安装在车体外部的各种设备外壳的开孔、门、盖板，电源插座盖应能防止雨、雪侵入，能耐受 6 mm/min 的雨水喷射而不产生漏水现象。

4.5.3 在车体底架上承受相当于结构载荷状态时的负荷和设备重量下，沿车钩中心水平位置施加 GB 6770规定的纵向静压力与前窗下部施加 GB 6770 规定的均布纵向静压力时车体应力均应不超过设计值，并无压缩、翘曲等残余变形。车体和转向架设计同时需满足 TB/T 1997 及相关标准的要求。车体设计时应考虑从一端吊装时的强度要求。

4.5.4 机车总风缸压力、空气压缩机和辅助空气压缩机的性能、压缩空气生产量及风缸容积应满足设计要求。空气压力调节器的开断电路压力值为 900 kPa±20 kPa，闭合电路压力值为 750 kPa±20 kPa。

安全阀的动作压力为 950 kPa±20 kPa。空气压力调节器与安全阀的动作应准确可靠。空气系统气密性应达到设计要求。

4.5.5 机车用制动机的性能应符合 TB/T 2056、TB/T 2058 规定。

4.5.6 机车基础制动装置应装有闸瓦间隙调整器,对于独立杠杆传动装置其闸瓦压力不应超过产品设计值的±5%,对于组合式杠杆传动装置不应超过产品设计值的±10%。

4.5.7 空气管路在安装前要作除锈、防锈处理,保证清洁、无锈蚀。

4.5.8 每个司机室内应设有紧急制动及制停制动操纵装置。每台机车应设置停放制动装置。

4.5.9 停放制动装置应保证能在 25‰坡道上或由用户指定的坡道上停放机车。

4.5.10 机车的撒砂装置应能在总风缸的空气压力范围内作用良好,保证砂子能均匀落在轨面。撒砂量应能在 0.7 L/min～1.5 L/min(即 1 kg/min～2.5 kg/min)范围内,砂箱容积应满足使用要求。

4.5.11 机车的车轴齿轮箱应符合相关标准要求。

4.5.12 机车应设高度可以调整的排障器,排障器中央底部应能承受相当于静压力为 140 kN 的纵向冲击力,排障器形状应利于排除轨道障碍物,应可加装排雪装置。

4.5.13 牵引电动机应可以从转向架上方起吊,也可以连同轮对一起从落轮坑落下。

4.5.14 半悬挂牵引电动机传动的机车应有可以使主、从齿轮分离、脱开啮合的结构措施,以便切除故障。

4.5.15 各机械、电气设备安装架应保证有足够的强度与刚度,在设备安装处不应产生超过设备技术条件所规定的振动限值。

4.5.16 机车在涂装前表面处理及防护涂装技术要求应符合 TB/T 2879.3、TB/T 2879.5 规定。

4.5.17 机车车钩应符合 TB/T 1595 要求。

4.5.18 机车走廊地板应平整、防滑,走廊两侧应无妨碍通行的设施。

4.6 电气部分

4.6.1 机车电气屏柜的设备布置与布线等应符合 TB/T 1508 规定。设备布置与布线应尽量减少产生电气干扰的可能性。

4.6.2 机车在布线与设备安装完成后,各电路应分别进行工频耐受电压试验。试验电压为该电路电气设备的最低的工频耐受试验电压值的 85%。在试验之前应先检查电路的绝缘电阻值。

4.6.3 主、辅、控电路电气设备在规定的操作程序下应能正确动作,符合设计要求。

4.6.4 机车的主、辅、控电路应有可靠的保护措施,并有故障显示和切除装置,以维持机车故障运行的可能性。各种保护的整定值、作用时间、动作程序应正确无误,符合设计要求。机车与牵引变电所的保护配合时间要求应符合 TB/T 2808 规定。

4.6.5 机车电路及电气设备应具有电磁兼容性能要求,应保证其辐射与抗扰度性能能满足TB/T 3034 的要求。

机车应对静电感应有妥善的放电、接地保护措施。

当输入电源谐波分量较大时,由用户与制造商协商解决。

4.6.6 机车各电路在操作过程中会出现操作浪涌过电压,各电路中应设置浪涌过电压抑制装置,确保电路不会产生有害电气设备安全的浪涌过电压。

4.6.7 机车应对外部入侵的浪涌过电压有保护措施。

4.6.8 机车如果采用脉流电动机,则其脉流系数应符合设计任务书或合同要求,其值计算如下:

$$\frac{I_{max}-I_{min}}{I_{max}+I_{min}} \qquad \cdots\cdots(1)$$

式中:

I_{max}和 I_{min}分别代表电流波形的最大和最小瞬时值。

计算得的额定工况下各牵引电动机脉流系数最大值不超过规定值。

4.6.9 机车各动轴牵引电动机在额定工况下电流分配的不均匀系数应符合设计任务书或合同要求。其计算公式为：

$$\frac{I_{d\,max}-I_{d\,min}}{I_{d\,max}} \qquad \cdots\cdots(2)$$

式中：

$I_{d\,min}$——最小的一台牵引电动机的电流(交流牵引则为最小的一台牵引电动机的基波电流有效值)；

$I_{d\,max}$——最大的一台牵引电动机的电流(交流牵引则为最大的一台牵引电动机的基波电流有效值)。

一般情况下机车在额定工况时的电流分配不均匀系数小于0.06。

4.6.10 机车上各种测量指示装置及各种仪表的准确度应不大于2.5级。各种仪表应符合TB/T 1334要求。

4.6.11 机车上所用的各种电机、电器、变流器等电气设备的基本技术条件应符合TB/T 1333.1～1333.2、TB/T 1393、TB/T 1451、TB/T 1680、TB/T 2436、TB/T 2437、TB/T 3021、TB/T 3035、TB/T 3075、TB/T 3077的要求。

4.6.12 机车总效率计算公式如下：

$$\eta_j=\frac{\text{机车轮周输出功率(不包括列车供电功率)}}{\text{机车交流侧输入有功功率}} \qquad \cdots\cdots(3)$$

机车的总效率应不低于0.82。

4.6.13 机车各电路电流回线应独立连接到回流排上，回流排应与车体任何裸露导电部件绝缘。电流回线不应危及过电流保护装置和接地保护装置的动作。

4.6.14 机车电路的电气设备保护性接地要可靠，接地线要有足够的截面积。各车轴上接地刷应保护车轴轴承不受接地电流的影响。各电路接地螺栓的大小或接地电阻应符合有关规定。机车主电路原边接地电阻应不大于0.05 Ω(自牵引变压器接地端子至最前端的轮轨接触处)。

4.6.15 对于机车电路中各种电气设备(特别是主电路电气设备)，应具有当电路中某一设备发生故障(例如牵引电动机环火或匝间短路)时，其他设备不会因此而受损伤的安全要求。

4.6.16 机车蓄电池容量不应小于设计任务书规定，蓄电池充电设备应满足蓄电池充放电的技术要求。

4.6.17 受电弓应符合TB/T 1456的要求。

4.7 安全设施

4.7.1 机车投入运行前应装上通用制式自动信号装置、列车运行监控记录装置及列车无线调度电台。其性能应符合TB/T 2765及其他有关规定。

4.7.2 机车高压电气设备、车顶的门以及外部供电插座应设有防止接触高电压的联锁装置，其作用可靠，操作简便。当高电压设备带有接地装置时，应有适当的联锁来确保安全操作与运行，并符合TB/T 3076的要求。

4.7.3 机车应设置安全接地棒装置，必要时可使接触网接地。

4.7.4 机车应设置高低音喇叭，其音量、频率应符合有关规定。

4.7.5 机车应配置一定数量适用于电气装置和油类灭火的消防设备，并符合UIC 642—2001有关规定。

4.7.6 机车各种电气设备及非金属材料应采用少烟、低混浊度、低毒的阻燃材料或防火材料。

4.7.7 机车应设置可调焦距的头灯，灯管应能在车内方便更换。前照灯照度要求应符合TB/T 2325规定。

4.7.8 机车应有各种警告标志，如最高运行速度值、紧急制动装置、带高电压的电气设备、电容器装置、消防器材等，25 kV高电压裸线应涂以红色。

4.7.9 吊装于车底架下的电气设备应设置防止螺栓松脱、吊攀断裂而造成脱落的安全措施。

4.7.10 机车应安装机车轴承温度检测报警装置，并符合 TB/T 3057 的要求。

4.8 布线

4.8.1 机车应使用多股铜芯电缆，并符合 TB/T 1484.1～1484.3 的规定。机车使用光缆布线应符合该产品使用说明书要求。

4.8.2 机车应采用预布线方式，主、辅、控电路的电线电缆应纳入电线管槽内，分开走线，不应交叉。当无法避免交叉时，对高电压电缆在交叉处应包以绝缘层。机车布线规则应符合 TB/T 1507 规定。

4.8.3 电线管槽安装应牢固，电线要用线卡、扎线带（或采用保护套管）等适当间隔固定，防止振动造成损伤或断线故障。

4.8.4 每根电线、电缆的两端应有清晰、牢固的线号标记，铜母线要打钢印号码。

4.8.5 接线端子应采用压接，两接线端子间电线不允许有接头。

4.8.6 线管、线槽的设置应防止油、水或其他污染物侵入。

5 试验方法与试验规则

5.1 机车组装后试验要求

机车组装后应按 GB/T 3318 规定的试验方法及机车产品技术条件规定的其他特殊试验方法进行试验。

5.2 试验分类

机车试验分类如下：

a） 调整试验。

b） 验收试验，包括：

——型式试验：对机车基本参数、结构、性能等是否符合设计要求所进行的全面考核试验。原则上对指定设计的单台机车进行试验。

——例行试验：对机车基本参数、性能等是否与型式试验结果相符而做的试验。对同一设计的每台机车都要进行试验。

c） 线路运用考核试验：对新设计试制机车或有重大改进设计的机车在正式批量生产以前进行的试验。

d） 研究性试验。

5.3 调整试验

机车进行验收之前，制造商可以要求进行不能在制造商的工厂内进行的调整试验项目，包括在用户线路上进行负载或空载试验。对新设计机车，制造商可在调整试验过程中进行必要的修改。

调整试验最大试运里程由用户和制造商双方商定。当合同中缺少规定时，对要进行型式试验的机车的最大试运行里程应不超过 5 000 km。

5.4 验收试验

5.4.1 型式试验

试验项目见 GB/T 3318 及机车产品试制鉴定大纲规定。任何必须增加的型式试验项目需由用户与制造商商定。试验期限由用户与制造商商定，以制造商作好验收试验准备时算起。

机车在下列情况下应进行型式试验：

a） 新设计制造的机车；

b） 批量生产的机车经重大技术改造，其性能、构造、材料有较大变动时；

c） 转厂后生产的机车；

d） 机车停产 3 年以上又重新生产时；

e） 批量生产的机车，在生产一定数量以后有必要重新认定其性能时应抽样进行型式试验。

5.4.2 例行试验

试验项目见 GB/T 3318 及机车产品试制鉴定大纲规定。任何需要增加的例行试验项目需用户与制造商商定。例行试验结果应与型式试验相符。

5.4.3 随车资料

正式提交验收的机车应有机车合格证书、使用说明书、机车履历簿及例行试验记录等。进行型式试验后的机车应向用户提供型式试验报告。

5.5 线路运用考核试验

根据用户与制造商的协议，可以进行线路运用考核试验。

a) 试验至少在一台机车上进行，作为交付运用考核的机车在试验期间只能进行正常的保养与维修。运用考核试验的实际里程(或时间)应符合合同的规定。

b) 运行考核试验的其他要求可在合同中规定。

c) 运用考核试验结束后，应按合同要求将机车解体进行全面的检查。

5.6 研究性试验

研究性试验是为了获得补充资料而进行的一项选择性质的试验，仅当合同规定时才能进行。试验中用户与制造商对这些试验的方法、程序可以进行磋商。通常研究性试验结果不能作为拒绝接收机车的理由。

5.7 其他规定

在下列情况通过用户与制造商协商，可以简化或省略上述试验内容：

a) 当机车采用以前制造机车的相同部件时；

b) 若有试验报告证明某代表性条件已完成了等效性试验。

6 标志与质量保证

6.1 机车应按有关标准涂装各项标记、铭牌、车号牌、标志灯等。

6.2 制造商应明确给出机车及其主要零部件的质量保证期，具体条款应在合同中规定。

附 录 A
（规范性附录）
规范性引用文件

下列文件中的条款通过本标准的引用而成为本标准的条款。凡是注日期的引用文件，其随后所有的修改单(不包括勘误的内容)或修订版均不适用于本标准，然而，鼓励根据本标准达成协议的各方研究是否可使用这些文件的最新版本。凡是不注日期的引用文件，其最新版本适用于本标准。

GB 146.1　标准轨距铁路机车车辆限界

GB 1402　铁道干线电力牵引交流电压

GB/T 2900.36　电工术语　电力牵引

GB/T 3318　电力机车制成后投入使用前的试验方法

GB/T 3450　铁道机车和动车组司机室噪声限值及测量方法

GB 4208　外壳防护等级(IP 代码)

GB 5914.1　机车司机室瞭望条件

GB 5914.2　机车司机室前窗、侧窗及其他窗的配置

GB/T 6769　机车司机室布置规则

GB 6770　机车司机室特殊安全规则

TB 1126　机车控制与照明电路标准电压

TB/T 1333.1　铁路应用　机车车辆电气设备　第1部分:一般使用条件和通用规则(idt IEC 60077-1)

TB/T 1333.2　铁路应用　机车车辆电气设备　第2部分:电工器件　通用规则(idt IEC 60077-2)

TB/T 1334　直接作用模拟指示机车电测量仪表技术条件

TB/T 1393　铁路应用　机车车辆电气设备　开启式功率电阻器规则(idt IEC 60322)

TB/T 1398　机车电气设备文字符号

TB/T 1451　机车、动车组电加温玻璃技术条件

TB/T 1456　铁路应用　机车车辆　干线机车车辆受电弓特性和试验(idt IEC 60494-1)

TB/T 1484.1　铁路机车车辆电缆订货技术条件　第1部分:额定电压3 kV及以下电缆

TB/T 1484.2　铁路机车车辆电缆订货技术条件　第2部分:额定电压30 kV电力电缆

TB/T 1484.3　铁路机车车辆电缆订货技术条件　第3部分:通信网络用电缆

TB/T 1507　机车电气设备布线规则

TB/T 1508　机车电气屏柜技术条件

TB/T 1595　内燃、电力机车车钩(下作用)

TB/T 1680　牵引变压器和电抗器

TB/T 1736　内燃、电力机车车型及车号编制规则

TB/T 1737　内燃、电力机车标记

TB/T 1828　铁道机车和动车组司机室人体全身振动限值和测量方法

TB/T 1997　电力机车转向架技术条件

TB/T 2056　电力机车制动机技术条件

TB/T 2058　DK-1型机车电空制动机单机性能试验技术条件

TB/T 2325　铁路运营机车前照灯照明技术条件

TB/T 2360　铁道机车动力学性能试验鉴定方法及评定标准

TB/T 2436　铁路机车动车用旋转电机通用技术条件

TB/T 2437　机车半导体变流装置技术条件

TB/T 2765　列车运行监控记录装置技术条件

TB/T 2808　电气化铁道电力机车与牵引供电系统继电保护及自动装置配合的技术要求

TB/T 2866　机车空调装置技术条件

TB/T 2879.3　铁路机车车辆　涂料及涂装　第3部分:金属和非金属材料表面处理技术条件

TB/T 2879.5　铁路机车车辆　涂料及涂装　第5部分:客车和牵引动力车的防护和涂装技术条件

TB/T 3021　铁道机车车辆电子装置(eqv IEC 60571)

TB/T 3034　机车车辆电气设备电磁兼容性试验及其限值(eqv EN 50121-3-2)

TB/T 3035　列车通信网络

TB/T 3057　机车轴承温度监测报警装置技术条件

TB/T 3058　铁路应用　机车车辆设备　冲击和振动试验(idt IEC 61373)

TB/T 3075　铁路应用　机车车辆设备　电力电子电容器(idt IEC 61881)

TB/T 3076　铁路应用　机车车辆　电气隐患防护的规定(idt IEC 61991)

TB/T 3077　电力机车车顶绝缘子技术条件

UIC 642—2001　国际联运机车、动车及控制拖车的防火消防特殊规定

ICS 29.280
S 41

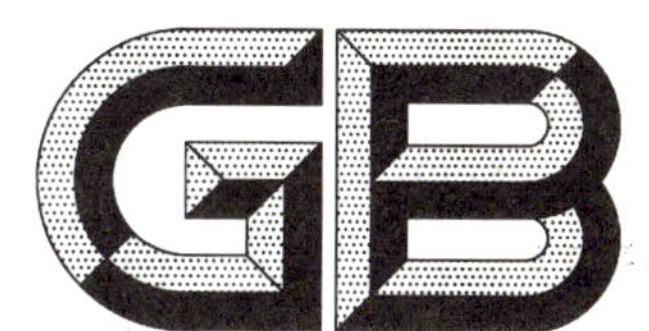

中华人民共和国国家标准

GB/T 3318—2006
代替 GB/T 3318—1982

电力机车制成后投入使用前的试验方法

Test methods for electric locomotives on completion of construction and before entry into service

2006-08-22 发布

2007-01-01 实施

中华人民共和国国家质量监督检验检疫总局
中国国家标准化管理委员会 发布

前　言

本标准参照了 IEC 61133:1992《电力牵引　机车车辆　电力机车车辆和电传动热力机车车辆制成后投入使用前的试验方法》有关电力机车的内容。

本标准代替 GB/T 3318—1982《电力机车组装后的检查与试验规则》。

本标准与 GB/T 3318—1982 相比主要变化如下：

——明确采用相关试验标准(本版第 2 章)，原版无引用；

——采用 IEC 61133:1992 推荐的制动距离计算公式(本版 5.5.2.2)与原版(1982 版 2.11.2)不同；

——增加调速控制与监控记录装置试验要求(本版 5.6)、干扰试验要求(本版 5.7)；

——增加了能耗试验(本版 5.10)、供电中断与电压突变试验(本版 5.12)。

本标准的附录 A 为规范性附录。

本标准由中华人民共和国铁道部提出。

本标准由铁道部标准计量研究所归口。

本标准起草单位：中国南车集团株洲电力机车研究所、铁道部标准计量研究所。

本标准主要起草人：陈开运、言武、张一兵、瞿建平。

本标准于 1982 年首次发布。

电力机车制成后投入使用前的试验方法

1 范围

本标准规定了电力机车制成后投入使用前的试验方法。

本标准适用于轨距1 435 mm、单相交流50 Hz、25 kV干线电力机车(以下简称机车)。本标准未作规定的其他类似的机车也可参照采用。

2 规范性引用文件

引用文件见附录A。

3 术语和定义

GB/T 3317—2006规定的术语和定义适用于本标准。

4 定置试验

4.1 机车的载荷状态

限界检查、称重试验以及其他试验原则上应该在机车全整备重量与机车自重条件下进行。

4.2 定置机械试验

机车的型式试验应在机车全整备重量与机车自重下测定。例行试验应在机车自重下测定。

4.2.1 限界检查

机车在平直道上,降下受电弓,并将制动机缓解,使机车缓行,致使弹簧趋于稳定后对机车外形尺寸,进行限界检查。在机车全整备重量下测定下部限界,在机车自重下测定上部限界,是否符合GB 146.1有关上部限界和下部限界的规定。在车轮磨耗限度以内各可调整部分(例如排障器、排石器和撒砂管等)亦应满足限界要求。

4.2.2 轮径、轮对内侧距和车钩中心线距轨面高度检查

检查轮径、轮对内侧距和车钩中心线距轨面高度等尺寸是否符合GB/T 3317—2006的规定。

4.2.3 间距检查

机车于平直道上处在全整备重量下,缓解制动时以钢轨面为基准检查车体底架高度、转向架高度、车体与转向架的间距(前后、左右、对角)是否符合产品技术要求。

对轮缘磨耗、操作不当或悬挂装置的损坏(断簧或空气弹簧漏气)引起车体在一处或多处与转向架相碰的后果应予考虑。

4.2.4 车钩三态作用良好。

4.2.5 起吊性能检查

检查根据合同规定要求的起吊性能,试验包括使用桥式吊车或架车机在设计好的起吊点提升机车。车体和转向架同时吊起时车体不应产生永久变形。

4.3 称重试验

4.3.1 除非另有规定,称重应在下列载荷条件下进行:

——型式试验应在全整备重量下测量;

——例行试验应在空车下测量。

称重试验应按TB/T 1740的要求进行,同时测量机车的重量和每个车轮作用于轨道的垂向载荷,并应说明测量设备的精度。

4.3.2 称重通常在制造商工厂内进行,经过双方协商也可以在用户指定的装备上进行。

4.3.3 机车的重量以及机车的轴重应符合 GB/T 3317—2006 中 4.2.4 的规定。

4.4 压缩空气系统的气密性和运转试验

4.4.1 总风缸和其他贮气设备的气密性

机车在正常工作状态下、总风缸充风至最大工作压力,然后断开压缩机通路,进行下列检测:

a) 在各种压缩空气设备(制动管路、塞门、悬挂装置、气动装置等)关闭气路并不带压力情况下,总风缸压力在合同规定时间内不应降到小于合同的规定值。若合同未规定时,则 5 min 内压力降不大于 20 kPa。

b) 各种压缩空气设备处于工作状态下(除有意设计成有漏气者外),关闭气路,总风缸压力在合同规定时间内不应降到小于合同规定值。若合同未规定时,在 20 min 之内压力不应降到小于所有设备都能正常工作的最小值,或每分钟泄漏量不大于 10 kPa。

c) 机车控制风缸充气至 900 kPa,关闭供给塞门,经 24 h 后控制风缸压力不小于 750 kPa。

d) 用辅助压缩机升受电弓时,控制风缸压力为 500 kPa,可升起两个受电弓,控制管路泄漏量每分钟不大于 20 kPa(对气囊式受电弓该泄露量由制造商与用户商订)。

4.4.2 总风管和列车管气密性

总风管和列车管气密性的试验方法与制动机型式有关,当采用性能符合 GB/T 3317—2006 中 4.5.5 规定的制动机时,可采用如下试验方法:

a) 自动制动阀手柄置运转位,列车管充气至 500 kPa 气压后,手柄移至中立位,列车管的泄漏量每分钟不大于 10 kPa;

b) 自动制动阀减压 140 kPa,手柄置中立位,制动缸压力为 360 kPa 时,关闭供给塞门,制动缸泄漏量每 3 min 不大于 10 kPa。

注:当 4.4.1、4.4.2 中要求与制动系统特性不能满足或不相适应时,例如在电子控制的制动系统,真空制动与液压制动系统的情况下,应由用户与制造商双方议定一种试验方法。

4.4.3 压缩空气设备动作检查

对全部压缩空气设备能否正常动作进行检查:

a) 安全保护装置;

b) 压力调节装置;

c) 隔离塞门;

d) 排水阀;

e) 压力传感器与开关。

4.5 定置制动试验

4.5.1 常用与紧急制动试验

4.5.1.1 检查制动杠杆传动装置是否符合规定的图样要求、供气系统是否能以规定的压力与速率对管道与风缸供气。

4.5.1.2 在定置时检验制动机的性能,测量在各种工况下制动和缓解的作用时间以及制动缸压力,均应符合产品技术条件要求。

4.5.1.3 凡使用防滑装置的机车,应检查其动作性能,如排放时间、作用时间、缓解时间等。

4.5.2 停放制动装置的试验

停放制动装置应检查其有效性,以确保满足产品技术条件要求(检查操作条件与施加力的测量)。

4.6 绝缘试验

4.6.1 耐受电压试验

4.6.1.1 设备通常是由几个绝缘等级不同的电路组成。试验在电缆敷设完成、设备安装之后进行。在接线之前电气设备均分别进行过耐受电压试验。在接线完工后,接线应不会影响电气设备的绝缘水平

(电气间隙或爬电距离)。还应检查各电路的绝缘电阻值。

绝缘性能主要以耐受电压试验为准,绝缘电阻值仅供耐受电压试验前参考用。

4.6.1.2 应分别对每个电压等级电路进行对地工频耐受电压试验,而此时其他所有电路原则上应接地。必要时接触器与开关电路应予闭合或短路,以确保试验电路的所有部件全部连接在内。有接地电路者应拆除,应当采取措施以防电容或电感影响而在某些点上出现异常电压。易受损伤的静止变流器与电子设备应在试验前预先切除或短路。

各电路对地施加试验电压 1 min。试验电压值应符合 GB/T 3317—2006 中 4.6.2 的规定。

4.6.2 双重绝缘

当合同或技术条件要求电气设备相对车体采用双重绝缘时,则应检查这种双重绝缘,以验证绝缘系统的每一重绝缘均符合 4.6.1 的要求。

4.7 成套设备的正常操作试验

4.7.1 总则

所有装车设备均已按照相应的产品技术条件在配件供货商的工厂内作过试验。

在定置试验时,应检查各电路中所有设备单个操作与程序操作的正确性,包括检查所有机组的动轴运转方向、门的开闭、防高电压的安全联锁措施等,并核实在最后装配中未受损伤。

型式试验时,应特别检查成套设备连接线处的电气间隙与爬电距离。

本试验应尽可能在定置状态下完成,必要时用户与制造商达成协议后,也可以在线路上进行。

4.7.2 保护装置的整定

应检查各种保护装置和继电器等的整定值是否正确、保护动作程序是否正确。

4.7.3 气动开关装置

在正常控制电压与工作气压下连续动作 20 次后,检查气动开关装置动作的正确性,并检查操作中是否因供气管道截面太小或风缸容量不足而影响正常动作。

4.7.4 重联操作

两台及以上的机车需重联工作(由一个司机室操作)时,需在进行重联组合的机车上作下列试验,以验证重联运行中所要求的功能:

a) 牵引与制动电路;
b) 故障显示与信号装置;
c) 压缩机联锁装置;
d) 辅助电源或蓄电池的并联装置或转换装置;
e) 制动控制装置和空电联合制动装置;
f) 其他有关辅助设备的控制;
g) 检测所有操作或级位控制的功能;
h) 重联通信装置。

经用户与制造商协商同意,重联运行试验可以考虑作线路试验。

4.7.5 牵引电动机磁场削弱系数的试验

牵引电动机的磁场削弱系数与电流分配不均匀系数应满足产品技术条件要求。

电流分配不均匀系数允许在线路试验中测定。

4.7.6 通风管道试验

各通风管道的气密性(设备冷却或空调用)均应作例行试验检查。可用产生烟雾的装置来检查,型式试验应检查通过管道分配各设备的通风量是否达到设计要求。

4.8 接地和回流电路接线的检查

4.8.1 接地电路和回流电路接线应符合产品技术条件要求。回流电路对接地、过电流保护无不良影响。

4.8.2 各电路的连接线应有合适的长度、足够的截面,各接线端子应易于接近,连接牢固并具有足够大的接触面。

4.8.3 牵引变压器一次侧绕组采用足够截面的绝缘电缆接地,在多个轮对车轴上的电流回流系统应无电流流经轴承。一次侧接地线路的电阻值应符合 GB/T 3317—2006 中 4.6.14 的规定。

4.9 辅助电气设备和辅助电源设备的试验

4.9.1 辅助电气设备和辅助电源设备应在供货商工厂内作过供电电压变化范围内的工作性能检查。

4.9.2 辅助电动机组的旋转方向与交流电源的相序旋转方向要作检查。

4.9.3 对连续运行的辅助机组应进行 4 次完整的连续起动试验,对断续工作的辅助机组应利用间断操作进行 6 次连续起动(尽可能使这些起动次数一半在最高电压,另一半在最低电压下进行),第一次起动电动机处于冷态,每次试验的持续时间应严格限制在正常工作条件下起动或停转所必需的时间内。例行试验时可只作 1 次或 2 次起动试验。

4.9.4 辅助电气设备在强迫通风情况下工作时,则应检查其冷却风量是否符合设计要求、设备周围空气温度是否符合产品技术条件要求。

4.9.5 辅助电动机的负荷(如通风量、压缩空气生产量等)应满足机车设计要求。

4.9.6 辅助电源设备的输出功率是否满足所有辅助电气设备的输出功率,是否满足所有辅助机组同时工作时的功率要求。在最高网压与最低网压、网压突变状态下是否都能正常工作。

4.9.7 辅助机组温升应符合有关规定。

4.10 蓄电池充电设备的检查

4.10.1 控制电源容量是否满足机车控制电路和蓄电池浮充电的需要,为此应测量控制电源的总电流和输出电压是否符合要求。控制电源供电质量应满足 GB/T 3317—2006 中 4.2.8 的规定。

4.10.2 蓄电池充电设备应按合同要求在最高、最低输入电压下能充分而不过度地给蓄电池充电。

4.10.3 在机车投入运行时,蓄电池充电设备还应能供给蓄电池所有预定的负载。

4.10.4 蓄电池充电设备应具有能在 24h 内按标称负载循环使蓄电池满充电的容量。

4.10.5 蓄电池箱的通风应保证充电周期内没有积聚危险的气体。

4.10.6 由于蓄电池和充电设备品种多样,对蓄电池的充放电试验可由用户与制造商双方议定,内容包括蓄电池容量及充放电的方式方法、最大充电电流、最高充电电压、浮充电压、浮充电流、放电电流、放电时间等。

4.10.7 蓄电池充放电试验在例行试验中只要求测定最大充电电流、最高充电电压、浮充电压、浮充电流。

4.11 车体和外部设备箱体的密封试验

4.11.1 进行车体和装在车体外部的电气设备箱体的水密性试验时,应检查所有进风口、窗、顶盖、盖板(包括电源插座盖板)或缝隙等可能有水或雨雪侵入之处。各进风口、门、窗、顶盖的密封性以及用于某些隔室中排水装置的效能都应保证浸入的水、渗入的尘埃不会对电气设备、电缆或保证机车正常工作的所必须的其他设备带来有害的后果。

4.11.2 进行进风口、门、窗、顶盖水密性检查时,机车应开动所有的通风机驶过喷水的龙门架,使水流喷向各试验部位持续 15 min,龙门架的喷流量、水流的分配与喷射部位以及龙门架喷水速率应由用户与制造商商议按运行气候条件来决定。在没有这种协议时,可采用上部有一排水平喷嘴和两侧各有一排垂向喷嘴的龙门架,每排每分钟能均匀喷射 0.5 m^3 流量,压力 200 kPa,采用 90°固定锥体喷嘴的喷射方式。

也可在下列 2 种方法选择:

a) 按 TB/T 2054 规定进行。

b) 通过洗刷装置历时 15 min。

例行试验可仅试 5 min,可以不开风机。

4.11.3 对一般用于净化吸入车体和设备箱体的空气防护板百叶窗、过滤器、尘埃分离器等装置的安装是否正确以及其净化空气的有效性应检查是否达到设计要求。

4.11.4 如果合同规定机车需运行在风、砂、雨、雪的线路上时，应根据用户与制造商协议，对防止尘沙、雨雪入侵的各种装置进行检查。

4.11.5 对采用侧墙进风通过滤尘网进入两侧走廊的情况，应检查机车内部电气屏柜的防护是否符合设计要求(试验方法参见 GB/T 7181)。

4.12 撒砂装置的检查

检查撒砂装置各管撒砂时间与撒砂量是否有显著差异，前进与后退方向应分别检查，并检查撒砂管喷砂的方向是否符合设计要求。

4.13 工作条件与舒适度检查

4.13.1 司机室工作条件按有关标准要求作下列检查：

a) 瞭望方便，司机能容易地看到轨道和所有的信号，没有因立柱等障碍物或反射光(从车窗或其他光亮或反光表面射来的日光或人造光)，而迫使司机采取不正常的位置和引起司机眼睛过分疲劳；
b) 显示屏在日光下和晚上都清晰可见，晚上从它们射出的或反射的光均不应有碍司机的视线；
c) 指示灯与通常的人工照明均不应在前窗产生引起信号错觉或其他有影响的反射；
d) 强迫通风与自然通风均应符合合同要求；
e) 各种控制器均不需用过大的力就能操作，不会造成操作不准确或身体过度疲劳，无意中触动某些控制器件(如扳钮或按钮等)不会产生危险；
f) 门和窗的设置合理，装配紧密，能防止气流侵入；
g) 采暖和空调设备足以在合同中指定的气候条件下维持规定的室温；
h) 车窗刮雨器、电加热玻璃、遮阳设施等应满足运行要求；
i) 测量司机室照明应符合规定要求(参照 TB/T 2011 进行)；
j) 司机室噪声在线路运行时开启全部辅助机组和接近最高运行速度时进行测定(参照 GB/T 3450 进行)，不应超过合同中规定值(应符合 GB/T 3317—2006 中 4.4.7 的要求)；
k) 司机室座椅应符合 GB/T 3317—2006 中 4.4.6 的要求；
l) 司机室内无易触电、易碰撞的不安全设施；
m) 运行时前照灯的照度应符合合同要求。

4.13.2 各设备工作区照明应满足要求，车体侧窗设置符合要求。

4.13.3 司机室人体全身振动应符合 TB/T 1828 规定的要求。

4.14 安全措施的检查

4.14.1 防止可能触及通风机叶轮、联轴器、皮带以及尖锐边缘等危险机械组件和转动部件的设施的功能。

4.14.2 防止某些进风口可能造成危险的设施的功能。

4.14.3 离固定的或移动的带电设备应留有足够的常规安全距离。

4.14.4 防止意外触及带电零件的各种装置的功能：

a) 与外部供电电源连接的高压室在开门时应先行断电(或将某些电路接地)；
b) 对于牵引电路设备在高压室开门时应先断开主断路器；
c) 电力电容器应具有放电设备，电容器箱应有警告标志。

4.14.5 防护断路器或接触器电弧危害邻近设备的措施。

4.14.6 电气设备或可偶然带电设备的保护性接地。

4.14.7 消防设备配置(灭火器的型式、数量、可接近性，防火系统的操作等)应符合 UIC 642:2001 的要求。

4.14.8 对无意中触及烫伤人的某些部件(例如电阻发热元件、压缩机高压风管等),应检查这些部件防护的有效性。

4.14.9 应备有安全接地棒,以备上车顶前使接触网接地。

4.14.10 检查根据合同要求提出必备的警告信号。

4.14.11 机车的车体应符合 GB 6770、TB/T 2541 规定的负荷试验要求。

4.14.12 机车的转向架构架应符合 TB/T 2368 规定的试验要求。

4.15 安全设备试验

应对机车车辆上的安全设备的正确动作进行检查,例如:

a) 列车安全运行监控装置(包括速度表和记录显示装置);

b) 通用制式自动信号装置;

c) 紧急停车装置;

d) 声响告警器;

e) 轴承温度监测报警装置;

f) 前照灯及标志灯;

g) 仪表指示及色灯信号装置;

h) 由用户与制造商商定的检查项目。

4.16 冲击耐受电压试验

冲击耐受电压试验可按 TB/T 2516 进行。

4.17 低温试验

低温试验按有关标准和规定进行。

5 线路试验

5.1 运行安全性与舒适性试验

规定运行试验的线路条件和方法应在合同中由用户与制造商协商议定。

5.1.1 运行安全试验

在运行中按用户与制造商协议检查机车运行有关安全特性参数,如无特殊规定可按 GB/T 3317—2006 中 4.2.12 要求鉴定。

如在合同中规定可以做机车进入隧道和相邻线路列车通过而形成的空气冲击力试验。

5.1.2 机车强度试验

测量车体底架、转向架构架等各主要部件的动强度是否符合设计要求。

5.1.3 运行中平稳性试验符合 TB/T 2360 的要求。

5.1.4 运行中舒适性检查按用户与制造商协商方法进行测量,可以按 4.13 要求复核。

5.2 弯道和坡道多变线路的运行试验

5.2.1 机车以规定速度通过 GB/T 3317—2006 中 4.2.5 规定最小半径的曲线运行应不受限制,跨接电缆、连接风管、电动机连线、车顶高压连线(重联车)、轴端接地线、速度表或速度传感器的连线,各种压缩空气管道无受损现象。如有需要时,也可以在包含有反向曲线的道岔上进行试验。

5.2.2 车钩可以在规定半径的曲线上进行连挂。

5.2.3 通过曲线和道岔时,机车走行不受束缚,不应使钢轨产生永久变形。

5.2.4 机车在弯道上的位移也可以利用活动平台或转车盘相对于车体移动一个转向架作静止检查。

5.2.5 需要通过轮渡等特殊线路的机车,应按合同要求在坡度和倾斜度多变的弯道上进行 5.2.1～5.2.3 项检查。

5.2.6 装有轮轨润滑装置的,其动作性能予以检查。

5.3 受电弓试验

5.3.1 **供电系统质量**

试验区段供电系统质量原则上应由用户与制造商双方在合同中议定。

5.3.2 **受电弓定置试验**

定置时受电弓在规定的行程和合同中规定的静态接触压力限值下的动作良好，其上升、下降动作时间、横向位移值应符合有关产品技术条件规定。

5.3.3 **受流试验**

机车以合同规定的最大速度、受电弓个数与间距，在其将要运行的线路上运行时，检查在规定工况下的受流性能，受电弓离线率不大于合同规定要求，滑板与接触网导线无异常磨损或烧伤。

试验应当说明天气条件，当通过接触网分相装置（中性段），受电弓和有关电气控制线路应进行检查，试验可在牵引与惰行情况下进行。

如果接触网有多种悬挂形式或多种接触导线（适用于用一种接触板配对的），则每种情况都应列入检查范围。

5.3.4 **空气动力效应**

在规定最高速度的范围内，在两个运行方向和受电弓工作高度范围内，除静态力外，空气动力效应不超过合同规定的上下限值。对于重联机车运行中的两个受电弓间距很小时应在双弓下再次进行本项试验。

在最高运行速度下作用于受电弓的空气动力不会使未升起的受电弓引起不允许的升起，也不妨碍受电弓在运行过程中正常的升降运行。

5.3.5 **受电弓摆动**

通过测量来检测受电弓的偏摆量，考虑机车最恶劣的动态位移，其偏摆应不超过计算的最大值。

5.4 **起动和加速试验**

5.4.1 型式试验应检查要求如下：

a) 牵引特性以及牵引设备工作条件符合规定要求。为此，速度、时间、距离与其相对应的电流、电压、频率、功率和功率因数、谐波分量等均应测量，起动牵引力应符合规定要求，在起动时牵引电动机火花等级符合规定要求（换向器上不留下影响继续运行的损伤）。
b) 级间过渡产生牵引力瞬时增值不超过规定要求。
c) 装有防空转装置的机车在低黏着状态下能正确动作，可用 50%乙二醇和 50%水的混合物洒于轮或轨面以模拟低黏着状态。

试验应在电流分配不均匀系数符合要求的条件下进行。

可以采用另一种方法来测量牵引特性，例如测量车钩上的力，也可用类似方法测量制动力。

5.4.2 例行试验时应检查要求如下：

牵引特性可以通过型式试验所测定的机车速度与时间的关系，从起动和加速度试验来推算，应定性检查在特性转折点上无异常冲击。

5.5 **线路制动试验**

5.5.1 **总则**

线路制动试验包括不同制动系统制停距离的测量和其他用以检查制动系统动力学性能的试验。

型式试验应对机车所有不同的制动系统（如紧急制动与常用制动、单纯的空气制动或空电联合制动）试验。试验应在全整备重量状态下进行。

例行试验在全整备重量状态下进行，对常用制动系统可进行简化试验。

线路试验道床良好，试验应在风速小于 5 m/s 情况下进行。型式试验先在干态线路上进行，再在湿态线路上（或人为将黏着条件降到模拟线路湿态的实际状态下）进行试验。例行试验在通常遇到的线路上（即湿态或干态）进行，该状态在试验报告中说明。

装有间隙调整器的机车闸瓦应在新的状态下进行型式试验（闸瓦能良好贴靠车轮，并经过适当磨合)，对未装间隙调整器的机车闸瓦应以完全磨耗的状态下进行型式试验。

5.5.2 制停距离的测定方法

5.5.2.1 制停距离的测定在平直道上进行，按合同要求载荷进行。对每一种制动型式(紧急制动、常用制动或联合制动)至少检查3次，每次检查应以下述方法通过相同的运行方式来进行。实际试验次数应取决于每种检查所获得试验结果的偏差。

a) 在通过施加制动标志点之前应断开牵引电动机电源，机车速度接近规定速度，当到达标志点时即施行所要求的制动方式。

b) 应测量每次试验所记录的制停距离(单位 m)、制动开始时的速度 v(单位 km/h)与规定速度 v_0 之差不应超过±3 km/h。

c) 记录制动期间内速度随时间变化曲线和必要的补充参数(压力、制动电流等)，以图解确定所需减速力。常用制动减速率和紧急制动减速率应符合合同的减速率要求。

d) 每次试验之间制动管压力是否恢复正常。

5.5.2.2 如果制动试验不能在绝对平直的线路上进行，则所选的直线轨道的坡度不应超过±4‰，测得制停距离 L 与平直线距或 v 值之间的任何偏差应用下式校正：

$$L_1 = L \times \frac{3.92(1+R_0)v_0^2}{[3.92(1+R_0)v^2] \pm i \times L}$$

式中：

L_1——修正后的制停距离，单位为米(m)，不应大于合同规定的每种制动型式的值；

L——测得的制停距离，单位为米(m)；

v_0——预定参考初速度，单位为千米每小时(km/h)；

v——制动起始时机车实际初速度，单位为千米每小时(km/h)；

i——坡度，‰；“+”号用于下坡，“-”号用于上坡；

R_0——旋转惯性系数(合同中未规定时取0.08)。

5.5.3 制动试验频率

制动试验连续次数应不高于合同所规定的每种型式的次数，应检查连续试验时用于制动系统的能量消耗(压缩空气)不超过机车的能力。

5.5.4 轮对防滑系统

制动系统中带有轮对防滑装置时，进行制动试验时应投入运用，根据用户与制造商同意的一种方法将黏着系数人为降低，合同未规定时可以采用50%乙二醇与50%水的混合剂施于轮轨以模拟低黏着状态。

5.5.5 电制动试验

对装有电制动的机车，应对常用制动中的全部级位和手动或自动施加的制动方式检查下列项目：

a) 下坡采用恒速或准恒速电制动时实际制动状况应完全符合合同规定的制动性能，工作性能应稳定。

b) 在每台电动机和调节设备的端子上出现的电压，不应超过设计值或合同规定值。

c) 在每台牵引电动机中流过的电流，不应超过设计值或合同规定值。

d) 再生制动时功率因数应符合合同要求。

e) 在再生制动时供电网中断情况下，应能向另一个制动系统平滑转换。

f) 对于装有混合制动系统(如联合制动或替换制动)的情况，应能在不同制动系统(例如空气制动，电阻制动与再生制动)之间平滑转换，而无明显的冲击、欠制动或过制动。

5.6 调速控制和列车运行监控记录装置的试验

5.6.1 调速控制系统

无论何种调速方式，控制都应正确可靠，机车速度平滑可控，在制动、惰行与加速之间没有明显的冲击和振荡。从最低级位到最高级位的调整动作时间应符合正常要求，机车上牵引与制动设备不承受过频的通断操作，调速系统控制车速不超过各整定级速度的规定允差。

在网压变化范围内及网压突变时应不影响调速系统的正常工作。

5.6.2 列车运行监控记录装置

列车运行监控记录装置应进行运行性能试验，并符合 TB/T 2765 的要求。

5.7 干扰试验

试验程序的详细内容由用户和制造商双方议定。

5.7.1 机车内部干扰

机车可能产生内部传导干扰，例如感性线圈电路失励或接地故障(含活接地)。

机车可能产生内部辐射干扰，例如线圈产生感应辐射可能是容性耦合或感性耦合影响邻近的电子电路。

试验在于确认可能存在的干扰源产生干扰大小及控制、电气设备的抗干扰能力之间有否足够的裕度。试验可按下列方式进行：

应按顺序依次操作机车上受电弓、主断路器、所有的接触器、继电器以及电路中其他可能的干扰源(例如变流器)，以保证不因电磁辐射或传导信号而对机车电路产生有害的电气干扰。

5.7.2 机车对外部的干扰

机车可能对外部产生传导干扰，例如机车主电路中的谐波电流对轨道电路信号频率发生干扰。

机车可能对外部产生辐射干扰，例如车上的扼流圈产生的感应辐射直接干扰轨道旁边的通信电缆或轨道上的信号控制线圈。

试验在于确认机车产生的干扰频谱(幅值/频率、干扰电流等)符合合同中的规定。

试验将在用户与制造商双方同意的各种工作条件下通电，以确定用户的机车经常所处的一切正常状况下不会产生有害的影响，例如：与变电所之间距离不同；牵引与制动时不同速度与加速度；功补装置的投入与否。

如果合同未规定最大的干扰电平，可以通过线路上相似类型机车在等效条件下测得干扰电平和频率来作比较，同时考虑列车的系统和要避免的不同临界频率。

5.7.3 无线电频率干扰

机车可能产生无线电频率干扰，对发送与接收设备均可产生干扰。

应证实机车在等于或大于 100 kHz 临界频率下不会产生过大的电磁干扰。这些临界频率和最高电平应由用户与制造商双方议定。试验可参照 GB/T 15708 进行。

5.7.4 外部对机车的干扰

外部可能对机车产生传导干扰，例如交流供电系统的谐波、操作过电压或直流供电系统的纹波、操作过电压。

外部可能对机车产生辐射干扰，例如在靠近架空电力线路的铁路线附近或变电站附近或大功率发射机附近。

用户有责任在签订合同时通知制造商有关铁路附近的任何潜在的干扰源。

5.7.5 静电放电

当机车上有金属导电构件与公共接地点相连时，则由于静电放电对电气设备的干扰危险原则上可以忽略。为此所有应接地的金属导电构件(含机箱)均应经接地装置可靠接地。

然而对非导电构件的特殊情况应对敏感的设备采取相应的预防措施。

5.8 功率试验

5.8.1 在合同规定的额定负载和短时最大负载或负荷周期下，验证设备温升不超过限值。试验可以通过在装好后的整台设备上，在经用户与制造商同意的地面设备上进行。缺少合适的试验台时全部试验可在线路上做(试验可参照 TB/T 2509～2513、TB/T 2515、TB/T 2517～2522、TB/T 2524～2525 进行)。

检验设备温升包括如下各项：

a) 旋转电机(牵引电动机、辅助电动机)；

b) 变压器、变流器的冷却液；

c) 起动电阻器与制动电阻器(含稳定电阻器)、磁场分路电阻器；

d) 变压器和各式电抗器；

e) 功率半导体器件；

f) 电缆绝缘与电缆管道；

g) 辅助机械；

h) 控制开关装置；

i) 电容器；

j) 设备隔室和设备机箱；

k) 冷却空气；

l) 牵引电动机与轮对的活性连接；

m) 机械制动构件；

n) 轴箱与轮对。

5.8.2 应测定在正常网压下，当牵引电动机电流为额定值时，牵引电动机端电压是否达到额定值，牵引电动机额定功率是否符合机车规定。

5.8.3 应根据牵引电动机负荷分配及风量分配情况，对工作条件最恶劣的一台牵引电动机测量，在机车额定功率工况下，电机各部绕组的温升都不应超过有关标准的规定，否则认为机车功率达不到要求。

5.8.4 当机车实际使用条件超过标准规定的使用环境条件时，用电阻法测定牵引电动机绕组的温升(与正常环境条件下的测定方法是一样的)。

5.8.5 如果是脉流牵引电动机，则应同时检查其脉流系数，电动机脉流系数的最大值不应超过规定值。

5.8.6 每种工况的温升各检查一次，对于短时最大负载与小时制负载温升应从冷态起进行，对于持续制温升可以不从冷态起进行。

5.8.7 机车功率因数、效率和谐波电流、等效干扰电流应进行测量，并符合有关规定要求。

5.9 运行阻力试验

试验应在风速小于 5 m/s 的干燥气候下进行。在合同规定最高速度、在一个已知坡度并尽可能没有弯道的线路上运行，并在不用制动的情况下任其减速。用适当方法将速度的变化、运行的时间和距离同时记录下来，由这些记录值，同时考虑到线路坡度和旋转质量的影响，便可绘制出运行阻力曲线。

试验也可以用动力试验车或用测量减速度的仪器进行；也可以由牵引电路消耗的功率来推算，同时考虑牵引电动机的效率，考虑牵引系统中的全部功耗(试验可参照 TB/T 2514、TB/T 2367 进行)。

5.10 能耗试验

任何希望由制造商做能耗试验的用户均应提供用以按照绘出的速度/时间图表来计算能耗所需的全部详细数据的确切说明，为此用户应向制造商提供下列资料。

对于试验运行方面：

a) 线路长度、坡度与弯道的详细资料；

b) 停车时间；

c) 不同区段上的最高允许速度；

d) 跑完全程或其中各分段距离所需要的最长时间；

e) 在全程中网压的变化范围；

f) 规定采用再生制动时供电电网的适配性。

对于试验列车方面：

a) 机车载重或牵引载荷；

b) 轴数；

c) 考虑到旋转质量的惯性而采用的重量增值因数；

d) 所牵引的车辆在不同速度时的运行阻力曲线；

e) 所牵引的车辆在各种速度下的制动力曲线；

f) 允许的最大加速度和最大的加速度变量；

g) 允许的最大制动减速度；

h) 驾驶方式——人工的或自动的。

本试验应在用户和制造商议定的风速小于5 m/s的天气和气温条件下，利用已经运行了一个时期的机车来进行。

有功的或无功的电能消耗应当用装在机车上的或装在和它连挂的试验车上的仪器来测量供电网电压和电流，然后推算而得。此外供电网电压可用记录式电压表来检查。电网对再生制动吸收能力可以监测。

所测得的电能消耗与某些能介入而不受控制的变量有关，例如与运行条件、转速差异，特别是与规定采用再生制动的电网吸收能力有关。

在这些试验之后，制造商可以根据试验条件的某些变化结果而重新核算能耗的预测值。

5.11 典型运行图的检查

如果用户想要进行试验来检查“典型运行”图，则在订合同之前就应向制造商提供有关“典型运行”和所使用的“典型列车”方面的全部详细资料，条件同5.10。

在试验过程中应测定通过各个区间或总里程所需时间，这些时间符合合同规定。

5.12 供电中断和电压突变试验

供电中断和电压突变试验应在用户与制造商都同意的试验台上进行。在缺少合适的试验台时，也可以由线路试验来进行，在运行中会遇到不同的电网条件(如电压、线路电感)，例如在变电所附近或最远离变电所的场合。

对于由交流或直流换向器电动机组成的装有末级驱动装置的设备，应在下列3种不同的条件下进行试验，该电动机是经过无源装置(变压器、调压开关、变阻器、二极管等)连至电源的：

a) 牵引电动机最小磁场(如果适用的话)；

b) 机车最高速度；

c) 牵引电动机电流为小时制定额。

对于带有变流器的设备在没有合同规定的数据时，该试验可在下列3种不同条件下进行：

a) 主电路最大电流；

b) 变流器最高输出电压；

c) 机车最高速度。

5.12.1 电压跳变试验

5.12.1.1 供电电压应从接近标称供电电压值开始，突然增加10%，可以利用多种方法进行试验，特别是下列可能的情况：

a) 利用变电所的各种控制来操作；

b) 将装在被试机车上的或装在与它连挂的另一台车上的电阻器突然短接；

c) 突然切断与被试机车并联的大负载；

d) 投入一个预先退出运行的变电所。

5.12.1.2 对于装有再生制动的机车的电压突降试验(减少10%)，应在最大转速与在该转速时可能出现的最大再生电流(亦可在合同规定的最大再生制动电流时可能达到的最大转速)下进行。可以利用突然接通与被试机车并联的大负载来进行。试验后设备应能继续正常工作。

5.12.2 供电中断试验

对于牵引与再生制动，外部供电电压切断与重合闸，其总的中断时间由用户与制造商双方规定（一般在 10 ms～10 s 的范围内）。全部保护装置包括零电压保护装置均应在试验时投入工作。试验可用断路器来分断与重合电路的方法进行（保证中断时间符合双方规定），设备在试验后应能继续正常工作。

5.12.3 电压变化试验

如果没有预先作过试验，则还应检查所有安装在车上的设备，特别是辅助设备在合同规定的网压范围（如最高网压、最低网压和标称网压）内能正常地工作。

5.13 过载与接地等保护装置动作正确性试验

机车上的过载电路和电气保护装置应在用户与制造商同意的试验台上试验其动作的正确性。

在没有这种试验台的情况下，按用户与制造商达成的协议可在线路上进行试验。

过电流保护装置可以和各电路的负载试验一并检查。超压、欠压、失压（或零压）保护可在 5.12 试验中一并进行检查。

各保护装置动作正确性应包含动作值与动作时间两项要求（试验可参照 TB/T 2523 进行）。

5.13.1 主电路短路故障状态试验

检查机车上主要电气设备在故障状态下（例如牵引电动机环火）运行时能否迅速断开故障，各保护电器是否工作协调，动作是否正确可靠。主电路有关电气设备应能承受的短路电流冲击而无损伤，仍能继续正常工作。具体试验方法与要求，由用户与制造商在合同中协商决定。短路试验只在新设计的一台机车上进行一次。

5.13.2 牵引与电制动过载保护装置

牵引与电制动（电阻制动或再生制动）过载保护装置应进行检查，可采用下列方法：

将牵引或制动电流升至保护装置动作的值（可利用抱闸）或利用某一试验电路，引入与牵引（或制动）电流成比例的电信号，使检测装置动作。

5.13.3 辅助电路过载保护装置

检查辅助电路或辅助设备（如劈相机、压缩机、通风机、列车供电、电路的辅助电源、辅助变流电源装置等）的过载保护装置可采用下列方法进行试验：

将辅助电路中的电流升至保护装置动作值（利用某一试验电路的低电阻值）或引入一个适当的电信号，使保护装置动作。

5.13.4 接地和其他保护检测装置

检查主电路和辅助电路接地检测装置，可利用人为接地点进行检测应能正常动作。

检查欠压保护、失压（或零压）保护、超压保护装置的动作值和动作时间应符合规定。

5.14 内部过电压水平的检查

观测到的过电压峰值与持续时间不应超过设备设计所能承受的值。测量内部过电压的试验方法如下：

a) 对于主电路、辅助电路、可在最小与最大线路电流与辅助电路电流下利用主断路器跳闸来作试验。对于控制电路在自身负荷条件下进行开闭操作来作试验。该试验应重复多次并记录最高过电压值；

b) 对于电力、电子电路，当主断路器、其他各种开关、继电器、接触器在不同电路条件下动作时，在电子装置端子测得的过电压不应超过有关产品技术条件规定的值；在各电路测得的过电压不应超过有关产品技术条件规定的值；

c) 当机车主断路器合闸之时，在牵引变压器次边应无危害电气设备正常工作的静电感应过电压。

试验电力机车应在距变电所不超过 1 000 m 以及正常供电的线路上进行（可参照 TB/T 2516 进行）。

5.15 外部过电压水平的检查

测量外部操作过电压试验方法(试验可参照 TB/T 2516 进行)如下:

a) 在远离或靠近变电所时当变电所操作开关动作时(机车主断路器处于闭合状态、线路电流、辅助电路电流在最大或最小值),此时由供电网传来的过电压值对机车的影响;

b) 在远离或靠近变电所时,邻近的机车在最大与最小线路电流、辅助电路电流下开断主断路器,在供电网产生过电压对被试机车的影响;

c) 在线路上通过无电区时,当机车辅助电路电流在最大或最小值时开断主断路器,在供电网产生过电压对机车车顶设备的影响。在线路上通过地面开关自动切换的分相无电区时,检测自动过分相装置对机车的影响。

6 试验项目一览表

定置试验部分见表 1,线路试验部分见表 2。

表 1 定置试验项目一览表

定置试验项目	例行试验	型式试验	研究性试验
定置机械试验		4.2	
限界检查	4.2.1		
轮对尺寸、车钩高度检查	4.2.2		
间距检查	4.2.3		
车钩动作检查	4.2.4		
称重试验	4.3	4.3	
压缩空气系统气密性和运转试验	4.4	4.4	
定置制动试验	4.5	4.5	
绝缘试验	4.6	4.6	
成套设备的正常操作试验	4.7	4.7	
接地和回流电路接线的检查	4.8	4.8	
辅助电气设备和辅助电源设备的试验		4.9	
旋转方向等	4.9.2		
起动试验	4.9.3		
蓄电池充电设备的检查		4.10	
蓄电池充放电试验	4.10.7		
车体和外部设备箱体的密封试验		4.11	
最初检查	4.11.1		
水密性检查例行试验	4.11.2		
过滤器等安装	4.11.3		
撒砂装置的检查	4.12	4.12	
工作条件与舒适度检查		4.13	
安全措施的检查		4.14	
安全措施的检查	4.14.1～4.14.10		
安全设备试验	4.15	4.15	
冲击耐受电压试验		4.16(可选)	
低温试验		4.17	

表 2　线路试验项目一览表

线路试验项目	例行试验	型式试验	研究性试验
运行安全性与舒适性试验		5.1	
弯道和坡道多变线路的运行试验	5.2.6	5.2	
受电弓试验		5.3	
静止试验	5.3.2		
起动和加速试验		5.4	
牵引特性	5.4.2		
线路制动试验		5.5	
总则	5.5.1		
制停距离测定方法	5.5.2		
电制动试验			
最大电压	5.5.5b)		
最大电流	5.5.5c)		
供电网中断	5.5.5e)		
平滑转换	5.5.5f)		
调速控制与列车运行监控记录装置的试验	5.6	5.6	
干扰试验		5.7	
功率试验		5.8	
运行阻力试验		5.9	
能耗试验		5.10	
典型运行图的检查		5.11(可选)	
供电中断和电压突变试验		5.12	
过载与接地等保护装置动作正确性试验	5.13.2～5.13.4	5.13.2～5.13.4	5.13.1(可选)
内部过电压水平的检查		5.14	
外部过电压水平的检查			5.15
线路运用考核试验		按合同要求	

附　录　A
（规范性附录）
规范性引用文件

下列文件中的条款通过本标准的引用而成为本标准的条款。凡是注日期的引用文件，其随后所有的修改单(不包括勘误的内容)或修订版均不适用于本标准，然而，鼓励根据本标准达成协议的各方研究是否可使用这些文件的最新版本。凡是不注日期的引用文件，其最新版本适用于本标准。

GB 146.1　标准轨距铁路机车车辆限界

GB/T 3317—2006　电力机车通用技术条件

GB/T 3450　铁道机车和动车组司机室噪声限值及测量方法

GB 6770　机车司机室特殊安全规则

GB/T 7181　铁路机车机械活性物质测定方法

GB/T 15708　交流电气化铁道电力机车运行产生的无线电辐射干扰的测量方法

TB/T 1740　铁道机车车辆重量测定方法

TB/T 1828　铁道机车和动车组司机室人体全身振动限值和测量方法

TB/T 2011　机车司机室照明测量方法

TB/T 2054　铁路机车漏雨试验方法

TB/T 2360—1993　铁道机车动力学性能试验鉴定方法及评定标准

TB/T 2367　电力、内燃机车起动阻力试验方法

TB/T 2368　动力转向架构架强度试验方法

TB/T 2509　电力机车总效率试验方法

TB/T 2510　电力机车牵引特性试验方法

TB/T 2511　电力机车牵引力特性试验方法

TB/T 2512　电力机车牵引支路电流脉动系数试验方法

TB/T 2513　电力机车牵引电动机输入特性试验方法

TB/T 2514　电力机车阻力试验方法

TB/T 2515　电力机车电气制动特性试验方法

TB/T 2516　电力机车过电压试验方法

TB/T 2517　电力机车功率因数和谐波的测试方法

TB/T 2518　电力机车牵引电动机励磁率试验方法

TB/T 2519　电力机车牵引电动机装车后的温升试验方法

TB/T 2520　电力机车辅助机组装车后的起动和功率测量试验方法

TB/T 2521　电力机车平波电抗器装车后温升与电感值试验计算方法

TB/T 2522　电力机车主变压器装车后的温升试验方法

TB/T 2523　电力机车接地、过载保护试验方法

TB/T 2524　电力机车供电电流特性试验方法

TB/T 2525　电力机车有功电流试验方法

TB/T 2541　内燃、电力机车车体静强度试验方法

TB/T 2765　列车运行监控记录装置技术条件

UIC 642:2001　国际联运机车、动车及控制拖车的防火消防特殊规定

ICS 13.140
S 40

中华人民共和国国家标准

GB/T 3450—2006
代替 GB/T 3450—1994

铁道机车和动车组司机室噪声限值及测量方法

Noise limit and measurement inside driver's cabs of railway—Locomotive and powered car train-sets

2006-01-18 发布　　2006-07-01 实施

中华人民共和国国家质量监督检验检疫总局
中国国家标准化管理委员会　发布

前　言

本标准代替 GB/T 3450—1994《铁路机车司机室噪声允许值》。

本标准与 GB/T 3450—1994 相比主要变化如下：

——修改了标准名称；

——调整了适用范围，增加了“动车组”和“测量方法”，取消了限制词“干线”，取消了“卫生学评价”；

——重新规定了限值；

——扩大了限值的速度适用范围；

——增加了测量方法的有关内容。

本标准由中华人民共和国铁道部提出。

本标准由铁道部劳动卫生研究所归口。

本标准负责起草单位：铁道部劳动卫生研究所。

本标准参加起草单位：中国北车集团大连机车车辆有限公司、中国南车集团株洲电力机车厂。

本标准主要起草人：焦大化、张秀华、赵方、吴志华。

本标准所代替标准的历次版本发布情况为：

——GB/T 3450—1982、GB/T 3450—1994。

铁道机车和动车组司机室噪声限值及测量方法

1 范围

本标准规定了铁道机车、动车组司机室内部噪声限值、测量方法和试验报告的主要内容。

本标准适用于铁道机车、动车组的设计、制造和检验。

2 规范性引用文件

下列文件中的条款通过本标准的引用而成为本标准的条款。凡是注日期的引用文件，其随后所有的修改单(不包括勘误的内容)或修订版均不适用于本标准，然而，鼓励根据本标准达成协议的各方研究是否可使用这些文件的最新版本。凡是不注日期的引用文件，其最新版本适用于本标准。

GB/T 3785 声级计的电、声性能及测试方法

GB/T 8170 数值修约规则

GB/T 15173 声校准器(GB/T 15173—1994,eqv IEC 60942:1988)

GB/T 17181 积分平均声级计(GB/T 17181—1997,idt IEC 60804:1985)

《铁路技术管理规程》1999 年 12 月第 9 版

3 术语和定义

下列术语和定义适用于本标准。

3.1

监测试验 monitoring test

产品质量的监督检验、验收和制造方自检所进行的试验。

3.2

等效声级 equivalent sound pressure level

$L_{Aeq,T}$,L_{eq}

在规定的时间内，某一连续稳态声的 A 计权声压，具有与时变的噪声相同的均方 A 计权声压，则这一连续稳态声的声级就是此时变噪声的等效声级。

注 1:等效声级的单位用分贝(dB)表示。

注 2:等效声级的公式是

$$L_{Aeq,T}=10\lg\left[\frac{1}{t_2-t_1}\int_{t_1}^{t_2}\frac{p_A^2(t)}{p_0^2}dt\right]$$

式中:

$L_{Aeq,T}$——等效声级，单位为分贝(dB);

t_2-t_1——规定的时间间隔，单位为秒(s);

$p_A(t)$——噪声瞬时 A 计权声压，单位为帕(Pa);

p_0——基准声压(20 μPa)。

注 3:当 A 计权声压用 A 声级 L_{pA}(dB)表示时，则公式为

$$L_{Aeq,T}=10\lg\left(\frac{1}{t_2-t_1}\int_{t_1}^{t_2}10^{0.1L_{pA}}dt\right)$$

[GB/T 3947—1996,定义 13.7]

3.3

最高运行速度 maximum running speed

机车和动车组运行时所允许的最高速度。

注：改写 GB/T 3367.6—2000，定义 5.17。

4 声学性能要求

机车和动车组司机室内部噪声等效声级 L_{eq} 的最大容许限值为 78 dB。

5 测量方法

5.1 测量的量

测量的量为等效声级 L_{eq}。

5.2 测量仪器

5.2.1 测量应采用 1 型积分式声级计，其性能应符合 GB/T 3785 或 GB/T 17181 的规定，也可采用性能等效的其他仪器。声校准器性能应符合 GB/T 15173 的规定。

5.2.2 测量前应使用 1 型声校准器校准声级计。测量结束后再用声校准器检查声级计示值，偏差应小于等于 0.5 dB，否则测量无效。

5.2.3 声级计和声校准器应经国家认可的计量单位检定合格，并在有效期限内使用。

5.2.4 测量时声级计的时间计权应采用“快档(Fast)”。

5.3 测量条件

5.3.1 传声器位置

测量时应将传声器置于司机室地板中部、距地板表面高度为 1.2 m 的位置。

5.3.2 线路

5.3.2.1 应选择在干燥、无冻结碎石道床、混凝土枕的线路上进行测量。

5.3.2.2 轨道状况应良好。线路坡度应不大于 10‰。

5.3.2.3 应避免在通过桥梁、隧道、道岔、车站和会车时进行测量。

5.3.3 机车和动车组

5.3.3.1 司机室门、窗应关闭。

5.3.3.2 司机室内人员不应超过 4 人。

5.3.3.3 被测司机室应位于列车的前端。

5.3.3.4 测量时实际功率应不小于最大运用功率的 2/3。

5.3.3.5 车轮踏面状况应符合中华人民共和国《铁路技术管理规程》规定的运用条件要求。

5.3.3.6 辅助机组均应正常运转，凡运转时间很短的辅助机组(如空压机)，可不予考虑。

5.3.3.7 测量应避开制动机排气、机车鸣笛、通讯、说话等的干扰。

5.3.4 运行速度

型式试验和监测试验的运行速度应为最高运行速度。试验速度的波动范围应小于±5%。

5.4 测量和数据处理

5.4.1 每次等效声级 L_{eq} 的测量时间应不小于 1 min。每个司机室至少应测量 3 次，如所测数据之间的最大差值大于 3 dB，则本组数据应重新测量。

5.4.2 以每个司机室所测数据的算术平均值，按照 GB/T 8170 的规则修约后，取整分贝数作为评定值。

6 试验报告

试验报告至少应包括以下内容：

a） 试验性质；

b） 机车或动车组：型号，编号，生产厂，最高运行速度，功率；

c） 线路条件：钢轨，轨枕，道床等；

d） 测量区段；

e） 被测司机室；

f） 测量仪器：名称，型号，编号，检定日期；

g） 测量数据和结果：运行速度，L_{eq}，测量时间，数据处理结果；

h） 测量过程中可能影响结果的情况说明；

i） 测量日期、测量者。

参 考 文 献

[1] GB/T 3367.6—2000 铁道机车名词术语 内燃机车术语.

[2] GB/T 3947—1996 声学名词术语.

[3] ISO/DIS 3095:2001 Railway application—Acoustics—Measurement of noise emitted by railbound vehicles.

[4] ISO/DIS 3381:2001 Railway application—Acoustics—Measurement of noise inside railbound vehicles.

[5] UIC 651 OR 机车、动车、多机牵引列车和有驾驶台拖车的司机室布置.

[6] 铁路合作组织. P652/4,关于铁路机车车辆噪声允许级的建议.

ICS 77.150.99
H 63

中华人民共和国国家标准

GB/T 3458—2006
代替 GB/T 3458—1982

钨粉

Tungsten powder

2006-07-18 发布　　　　2006-11-01 实施

中华人民共和国国家质量监督检验检疫总局
中国国家标准化管理委员会　发布

前　言

本标准是对 GB/T 3458—1982《钨粉技术条件》的修订。

本标准与 GB/T 3458—1982 相比，主要有如下变动：

——根据粒度不同，将钨粉划分成 14 个规格；

——FW-1 增加了 Pb、Bi、Sn、As、Sb、Mn 等杂质元素指标，FW-1 和 FWP-1 增加了 Cu 杂质元素指标；降低了三个牌号的部分杂质元素的含量，FW-1、FW-2 两个牌号的氧含量指标则根据粒度的不同而进行了调整；

——取消了 FW-1、FW-2 的网目数要求；

——对 FWP-1 的筛分和松装密度进行了调整。

本标准由中国有色金属工业协会提出。

本标准由全国有色金属标准化技术委员会归口。

本标准由株洲硬质合金集团有限公司负责起草。

本标准主要起草人：刘铁梅、阳冬元、李宪平、杨建国、何国新、张江峰。

本标准由全国有色金属标准化技术委员会负责解释。

本标准所代替标准的历次版本发布情况为：

——GB/T 3458—1982、YB 1570—1978。

钨　　粉

1　范围

本标准规定了钨粉的要求、试验方法、检验规则、标志、包装、运输、贮存及合同内容。

本标准适用于氢气还原氧化钨制取的钨粉。

2　规范性引用文件

下列文件中的条款通过本标准的引用而成为本标准的条款。凡是注日期的引用文件，其随后所有的修改单（不包括勘误的内容）或修订版均不适用于本标准，然而，鼓励根据本标准达成协议的各方研究是否可使用这些文件的最新版本。凡是不注日期的引用文件，其最新版本适用于本标准。

GB/T 1480　金属粉末粒度组成的测定　干筛分法

GB/T 2596　钨粉、碳化钨粉比表面积（平均粒度）测定（简化氮吸附法）

GB/T 3249　难熔金属及化合物粉末粒度的测定方法　费氏法

GB/T 4324（所有部分）　钨化学分析方法

GB/T 5314　粉末冶金用粉末的取样方法

3　要求

3.1　产品分类

3.1.1　钨粉按化学成分和用途不同，分为 FW-1、FW-2、FWP-1 三个牌号。FW-1 适用于碳化钨粉用原料、大型板坯、加工用材等；FW-2 适用于触头合金、高密度屏蔽材料；FWP-1 适用于等离子喷镀材料。

3.1.2　钨粉按粒度范围不同分为 14 个规格。

3.2　化学成分

钨粉杂质含量应符合表 1 的规定。

表 1　　%

产品牌号		FW-1	FW-2	FWP-1
杂质质量分数 不大于	Fe	粒度小于 10 μm：0.005 0 粒度大于等于 10 μm：0.010	0.030	0.030
	Al	0.001 0	0.004 0	0.005 0
	Si	0.002 0	0.005 0	0.010
	Mg	0.001 0	0.004 0	0.004 0
	Mn	0.001 0	0.002 0	0.004 0
	Ni	0.003 0	0.004 0	0.005 0
	As	0.001 5	0.002 0	0.002 0
	Pb	0.000 1	0.000 5	0.000 7
	Bi	0.000 1	0.000 5	0.000 7
	Sn	0.000 3	0.000 5	0.000 7
	Sb	0.001 0	0.001 0	0.001 0
	Cu	0.000 7	0.001 0	0.002 0
	Ca	0.002 0	0.004 0	0.004 0
	Mo	0.005 0	0.010	0.010
	K+Na	0.003 0	0.003 0	0.003 0
	P	0.001 0	0.004 0	0.004 0
	C	0.005 0	0.010	0.010
	O	见表 2		0.20

3.3 FW-1、FW-2 的平均粒度范围及氧含量应符合表 2 规定。

表 2

产品规格	平均粒度范围/μm	氧质量分数/% 不大于
04	BET:<0.10	0.80
06	BET:0.10～0.20	0.50
08	Fsss:≥0.8～1.0	0.40
10	Fsss:>1.0～1.5	0.30
15	Fsss:>1.5～2.0	0.30
20	Fsss:>2.0～3.0	0.25
30	Fsss:>3.0～4.0	0.25
40	Fsss:>4.0～5.0	0.25
50	Fsss:>5.0～7.0	0.25
70	Fsss:>7.0～10.0	0.20
100	Fsss:>10.0～15.0	0.20
150	Fsss:>15.0～20.0	0.10
200	Fsss:>20.0～30.0	0.10
300	Fsss:>30.0	0.10
注 1:BET 是按 GB/T 2596 比表面积(平均粒度)测定(简化氮吸附法)。 注 2:Fsss 是按 GB/T 3249 难熔金属及碳化物粉末粒度测定方法——费氏法测定。		

3.4 FW-1、FW-2 的松装密度、粒度分布等物理性能由供需双方协商确定。

3.5 FWP-1 粒度在 0.075 mm(−200 目)～0.045 mm(+325 目)之间的粉末重量不少于 80%,松装密度为(4.0～8.0) g/cm³。

3.6 外观

3.6.1 FW-1、FW-2 外观呈浅灰色或深灰色,FWP-1 外观呈亮灰色,各种钨粉颜色应均匀一致。

3.6.2 产品无目视可见的夹杂物。

4 试验方法

4.1 钨粉的化学成分分析方法按 GB/T 4324 的规定进行。

4.2 钨粉的费氏平均粒度测定按 GB/T 3249 的规定进行。

4.3 钨粉的比表面积(平均粒度)测定按 GB/T 2596 的规定进行。

4.4 FW-1、FW-2 的松装密度和粒度分布测定按供需双方商定的方法进行。

4.5 FWP-1 的粒度检验按 GB/T 1480 的规定进行,用户有特殊要求时,按供需双方协商要求进行。

4.6 钨粉的外观质量用目视检查。

5 检验规则

5.1 检查和验收

5.1.1 产品应由供方质量监督部门进行检验,保证产品符合本标准的规定,并填写质量证明书。

5.1.2 需方可对收到的产品按本标准的规定进行检验,如检验结果与本标准的规定不符时,应在收到产品之日起 3 个月内向供方提出,由供需双方协商解决。如需仲裁,仲裁取样在需方由供需双方共同进行。

5.2 组批

产品应成批提交验收。每批重量由供需双方协商确定。

5.3 取样和制样

取样和制样方法按 GB/T 5314 的有关规定进行。

5.4 检验结果判定

5.4.1 产品的化学成分检验结果如有一项不符合本标准的规定时，则在该批产品中对该项加倍取样进行重复试验。重复试验结果有一个不符合本标准规定，则判该批产品为不合格。

5.4.2 产品的松装密度、粒度分布检验结果如有一项不符合本标准的规定，则在该批产品中对该项加倍取样进行重复试验。重复试验结果有一个不符合本标准规定时，则判该批产品为不合格。

5.4.3 产品的外观质量逐桶检查，不合格者单桶报废。

5.4.4 FWP-1 的筛分检验不合格时，加倍取样进行重复试验，若重复试验仍不合格，则判整批产品不合格，若重复试验结果合格，则该判批产品为合格。

6 标志、包装、运输、贮存

6.1 产品采用铁桶包装，内衬聚乙烯塑料袋密封，每件重量由供需双方协商确定。

6.2 产品外包装上应注明：供方名称、产品名称和牌号、规格、批号、净重，并附有"防潮"、"向上"等字样或标志。

6.3 每批产品应附有产品质量证明书，其上注明：

a） 供方名称、地址、邮编；

b） 产品名称、牌号和规格；

c） 批号；

d） 净重；

e） 本标准编号；

f） 各项分析检验结果和质量监督部门印记；

g） 检验员号；

h） 检验日期。

6.4 产品运输时，应防止潮湿，不得剧烈碰撞。

6.5 产品应存放于干燥、通风和无酸碱气氛之处，严防氧化，FW-1、FW-2 存放期不宜超过 6 个月，FWP-1 粉存放期不宜超过 12 个月。

7 合同（或订货单）内容

合同（或订货单）应包括下列内容：

a） 产品名称；

b） 产品牌号、规格；

c） 技术要求；

d） 产品净重；

e） 本标准编号。

ICS 77.150.99
H 63

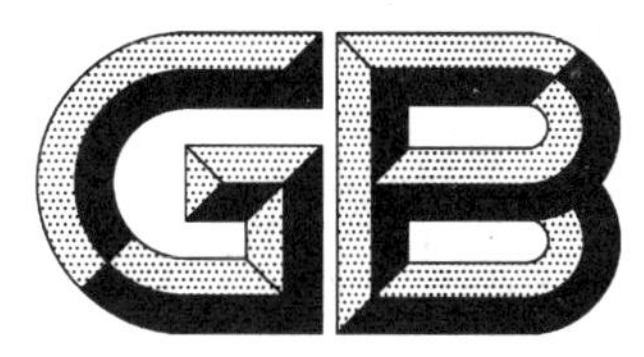

中华人民共和国国家标准

GB/T 3459—2006
代替 GB/T 3459—1982

钨　　条

Tungsten bars and rods

2006-07-18 发布　　2006-11-01 实施

中华人民共和国国家质量监督检验检疫总局
中国国家标准化管理委员会　发布

前　言

本标准是对 GB/T 3459—1982《钨条》的修订。

本标准与 GB/T 3459—1982 相比，主要有如下变动：

——修订了产品的牌号，删去了 TW-3 牌号；

——增加了钨圆条品种，并列出了钨条的尺寸表示方法；

——TW-1、TW-2 两个牌号增加了 Pb、Bi、Sn、Sb、As 五个杂质元素指标，修订了化学成分和物理性能指标要求；

——对钨条的尺寸规格进行了修订；

——修订了产品标志、包装、运输、贮存的内容。

本标准由中国有色金属工业协会提出。

本标准由全国有色金属标准化技术委员会归口。

本标准由株洲硬质合金集团有限公司负责起草。

本标准主要起草人：李宪平、廖彬彬、刘铁梅、杨建国、何国新、张江峰。

本标准由全国有色金属标准化技术委员会负责解释。

本标准所替代标准的历次版本发布情况为：

——GB/T 3459—1982、YB 1521—1978。

钨　　条

1　范围

本标准规定了钨条的要求、试验方法、检验规则、标志、包装、运输、贮存及合同内容。

本标准适用于粉末冶金法制取的钨条。

2　规范性引用文件

下列文件中的条款通过本标准的引用而成为本标准的条款。凡是注日期的引用文件，其随后所有的修改单(不包括勘误的内容)或修订版均不适用于本标准，然而，鼓励根据本标准达成协议的各方研究是否可使用这些文件的最新版本。凡是不注日期的引用文件，其最新版本适用于本标准。

GB/T 3850　致密烧结金属材料与硬质合金密度测定方法

GB/T 4324(所有部分)　钨化学分析方法

GB/T 6394　金属平均晶粒度测定方法

3　要求

3.1　产品分类

3.1.1　钨条按化学成分和用途不同，分为 TW-1、TW-2、TW-4 三个牌号。TW-1 主要用作钨基合金原料；TW-2 主要用作加工材原料；TW-4 主要用作合金添加剂。

3.1.2　钨条根据形状不同分为钨方条和钨圆条。钨方条的表示方法见示例 1，钨圆条的表示方法见示例 2。

示例 1：长 300 mm、宽 12 mm、高 12 mm 的 TW-1 方条表示方法为：

示例 2：长 300 mm、直径 12 mm 的 TW-1 圆条表示方法为：

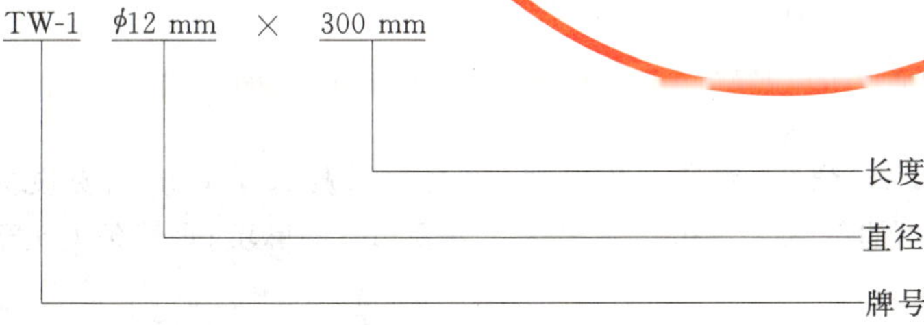

3.2　化学成分

钨条的杂质含量应符合表 1 规定。

表 1 %

产品牌号		TW-1	TW-2	TW-4
主含量		余量	余量	余量
杂质质量分数不大于	Pb	0.000 1	0.000 5	0.000 5
	Bi	0.000 1	0.000 5	0.000 5
	Sn	0.000 3	0.000 5	0.000 5
	Sb	0.001 0	0.001 0	0.001 0
	As	0.001 5	0.002 0	0.002 0
	Fe	0.003 0	0.004 0	0.030
	Ni	0.002 0	0.002 0	0.050
	Al	0.002 0	0.002 0	0.005 0
	Si	0.002 0	0.002 0	0.005 0
	Ca	0.002 0	0.002 0	0.005 0
	Mg	0.001 0	0.001 0	0.005 0
	Mo	0.004 0	0.004 0	0.050
	P	0.001 0	0.001 0	0.0030
	C	0.003 0	0.005 0	0.010
	O	0.002 0	0.002 0	0.007 0
	N	0.002 0	0.002 0	0.005 0

3.3 **物理性能**

3.3.1 密度：≥17.5 g/cm^3。

3.3.2 TW-2 产品断面晶粒度：≥1 000 个/mm^2，并用 GB/T 6394 中的对应级别表示。

3.4 **尺寸**

3.4.1 钨方条尺寸

3.4.1.1 TW-2：(10～16)mm×(10～16)mm×(≥300)mm。

3.4.1.2 TW-1、TW-4：(10～16)mm×(10～16)mm×(≥30)mm。

3.4.2 钨圆条尺寸

3.4.2.1 TW-2：ϕ(16～30)mm×(≥300)mm。

3.4.2.2 TW-1、TW-4：ϕ(16～30)mm×(≥30)mm。

3.4.3 TW-2 产品的弯曲度不大于 4 mm。

3.5 **外观质量**

3.5.1 产品表面呈灰色或暗灰色金属光泽。

3.5.2 产品表面不得有吸水现象。

3.5.3 TW-2 产品不得有过熔、鼓泡、分层、裂纹、表面粗大结晶；不得有长度大于 8 mm、宽度大于 3 mm、深度大于 1 mm 的掉边掉角；不得有直径大于 1 mm、深度大于 0.5 mm 的麻坑；垂熔条夹头部分应切除。

3.5.4 TW-1、TW-4 产品不得有过熔、鼓泡，不得有目视可见的淡黄色或浅黑色氧化现象。

3.6 需方如有特殊要求时，供需双方协商确定。

4 试验方法

4.1 产品的化学成分分析方法按 GB/T 4324 的规定进行。

4.2 产品的密度测定按 GB/T 3850 的规定进行。

4.3 产品断面晶粒度测定按 GB/T 6394 的规定进行。

4.4 产品尺寸用相应精度工具测量。

4.5 产品的外观质量用目视检查。

5 检验规则

5.1 检查和验收

5.1.1 产品应由供方质量监督部门进行检验，保证产品符合本标准规定，并填写产品质量证明书。

5.1.2 需方应对收到的产品按本标准的规定进行检验，如检验结果与本标准规定不符合时，应在收到产品之日起 3 个月内向供方提出，由供需双方协商解决。如需仲裁，仲裁取样在需方由供需双方共同进行。

5.2 组批

产品应成批提交验收。每批产品由同一原料、同一工艺、同一混合料组成，每批产品重量由供需双方协商确定。

5.3 取样

化学成分、物理性能试样从同批产品中任取一根，在条的四分之一处取样，破碎至试样所需要求。

5.4 检验结果判定

5.4.1 产品的化学成分和物理性能取样检验结果如有一项不符合本标准的规定时，则在该批产品中对该不符合项加倍取样进行重复试验。若重复试验结果有一个不符合本标准规定，则该批产品判为不合格。若重复试验结果都符合本标准规定，则该批产品判为合格。

5.4.2 产品的尺寸和外观质量逐根检查，不合格者单独报废。

6 标志、包装、运输、贮存

6.1 标志

6.1.1 产品外包装上应注明：供方名称、产品名称和牌号、规格、批号、净重。

6.1.2 每批产品应提供产品质量证明书，其上注明：

a) 供方名称、地址、邮编；
b) 产品名称、牌号和规格；
c) 批号；
d) 净重；
e) 本标准编号；
f) 各项分析检验结果和质量监督部门印记；
g) 检验员号；
h) 检验日期。

6.2 包装

产品包装采用外木箱包装，内用泡沫塑料板；或采用外纸盒包装，内用防潮纸；或按照供需双方协商确定。

6.3 运输

产品运输时，应防止潮湿，不得剧烈碰撞。

6.4 贮存

产品应存放于通风、干燥和无酸碱气氛之处，严防氧化。产品存放期不宜超过6个月。

7 合同（或订货单）内容

合同（或订货单）应包括下列内容：

a） 产品名称；

b） 产品牌号、规格；

c） 技术要求；

d） 产品净重；

e） 本标准编号。

ICS 77.150.99
H 63

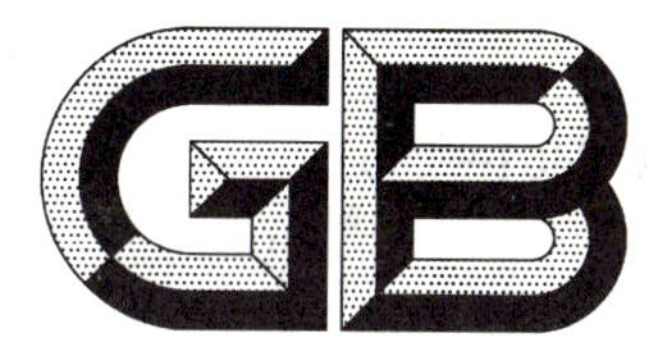

中华人民共和国国家标准

GB/T 3461—2006
代替 GB/T 3461—1982

钼粉

Molybdenum powder

2006-07-18 发布 2006-11-01 实施

中华人民共和国国家质量监督检验检疫总局
中国国家标准化管理委员会 发布

前 言

本标准是对GB/T 3461—1982《钼粉技术条件》的修订。

本标准与GB/T 3461—1982相比，主要有如下变动：

——根据不同粒度，将钼粉划分为五个粒度等级；

——FMo-1增加了Pb、Bi、Sn、Sb、Cd、N等杂质元素指标，FMo-2增加了N杂质元素指标，对两个牌号的其他杂质元素指标进行了调整；

——修订了过筛网目数要求；

——产品外观质量检查方法作了改进。

本标准由中国有色金属工业协会提出。

本标准由全国有色金属标准化技术委员会归口。

本标准由株洲硬质合金集团有限公司负责起草。

本标准主要起草人：李宪平、易小明、刘铁梅、杨建国、何国新、张江峰。

本标准由全国有色金属标准化技术委员会负责解释。

本标准所代替标准的历次版本发布情况为：

——GB/T 3461—1982。

钼　　粉

1 范围

本标准规定了钼粉的要求、试验方法、检验规则、标志、包装、运输、贮存及合同内容。

本标准适用于氢气还原氧化钼或钼酸铵制取的钼粉。

2 规范性引用文件

下列文件中的条款通过本标准的引用而成为本标准的条款。凡是注日期的引用文件，其随后所有的修改单(不包括勘误的内容)或修订版均不适用于本标准，然而，鼓励根据本标准达成协议的各方研究是否可使用这些文件的最新版本。凡是不注日期的引用文件，其最新版本适用于本标准。

GB/T 1479　金属粉末松装密度的测定　第1部分　漏斗法

GB/T 3249　难熔金属及化合物粉末粒度的测定方法　费氏法

GB/T 4325(所有部分)　钼化学分析方法

GB/T 5314　粉末冶金用粉末的取样方法

3 要求

3.1 产品分类

3.1.1 钼粉按化学成分不同，分为 FMo-1、FMo-2 二个牌号。FMo-1 主要用作大型板坯、硅化钼电热元件原料；FMo-2 主要用作可控硅圆片、钼顶头等原料。

3.1.2 钼粉按不同粒度划分为 05 型、10 型、20 型、40 型、60 型 5 个规格。

3.2 化学成分

钼粉化学成分应符合表1规定。

表 1　　%

产品牌号		FMo-1	FMo-2
主含量，不小于		99.90	99.50
杂质质量分数，不大于	Pb	0.000 5	0.000 5
	Bi	0.000 5	0.000 5
	Sn	0.000 5	0.000 5
	Sb	0.001 0	0.001 0
	Cd	0.000 5	0.000 5
	Fe	0.003 0	0.020
	Al	0.001 5	0.005 0
	Si	0.002 0	0.005 0
	Mg	0.002 0	0.004 0
	Ni	0.003 0	0.005 0
	Cu	0.001 0	0.001 0
	Ca	0.001 5	0.003 0

表 1(续)

%

产品牌号		FMo-1	FMo-2
主含量，不小于		99.90	99.50
杂质质量分数，不大于	P	0.001 0	0.003 0
	C	0.005 0	0.010
	N	0.015	0.020
注 1：主含量按表中所列分析元素差减，气体元素除外。			

3.3 钼粉的平均粒度范围及氧含量应符合表 2 规定。

表 2

型号	平均粒度范围/ μm	氧质量分数/% 不大于
05	0.5～1	0.30
10	>1～2	0.25
20	>2～4	0.20
40	>4～6	0.15
60	>6～10	0.10

3.4 钼粉的松装密度、粒度分布由供需双方协商确定。

3.5 外观

3.5.1 产品外观呈灰色，颜色应均匀一致。

3.5.2 无目视可见的夹杂物。

3.6 需方如有特殊要求时，供需双方协商确定。

4 试验方法

4.1 钼粉的化学成分分析按 GB/T 4325 的规定进行。

4.2 钼粉的费氏平均粒度测定按 GB/T 3249 的规定进行。

4.3 钼粉的松装密度按 GB/T 1479 的规定进行。

4.4 钼粉的外观颜色用目视检查；产品过 175 μm(80 目)筛后，用目视检查夹杂物。

5 检验规则

5.1 检查和验收

5.1.1 产品应由供方质量监督部门进行检验，保证产品符合本标准规定，并填写产品质量证明书。

5.1.2 需方对收到的产品按本标准的规定进行检验，如检验结果与本标准规定不符合时，应在收到产品之日起 3 个月内向供方提出，由供需双方协商解决。如需仲裁，仲裁取样在需方由供需双方共同进行。

5.2 组批

产品应成批提交验收。每批产品由同一原料、同一工艺、同一混合料组成，每批产品重量由供需双方协商确定。

5.3 取样和制样

取样和制样方法按 GB/T 5314 的规定进行。

5.4 检验结果判定

5.4.1 产品的化学成分和物理性能检验结果如有一项不符合本标准的规定时，则在该批产品中加倍取样对该不符合项进行重复试验。若重复试验结果有一个不符合本标准规定，则判该批产品为不合格。若重复试验结果都符合本标准规定，则判该批产品为合格。

5.4.2 产品的外观质量逐桶检查，不合格者单独报废。产品的过筛检查不合格时，加倍取样进行重复试验，若重复试验仍不合格，则判整批产品不合格，若重复试验结果合格，则判该批产品为合格。

6 标志、包装、运输、贮存

6.1 产品采用铁桶包装，内衬聚乙烯塑料袋密封，每件重量由供需双方协商确定。

6.2 产品外包装上应注明：供方名称、产品名称和牌号、规格、批号、净重，并附有“防潮”、“向上”等字样或标志。

6.3 每批产品应附有产品质量证明书，其上注明：

a) 供方名称、地址、邮编；

b) 产品名称、牌号和规格；

c) 批号；

d) 净重；

e) 本标准编号；

f) 分析检验结果和质量监督部门印记；

g) 检验员号；

h) 检验日期。

6.4 产品运输时，应防止潮湿，不得剧烈碰撞。

6.5 产品应存放于干燥、通风和无酸碱气氛之处，存放期不超过6个月。

7 合同(或订货单)内容

合同(或订货单)应包括下列内容：

a) 产品名称；

b) 产品牌号、规格；

c) 技术要求；

d) 产品净重；

e) 本标准编号。

ICS 77.120.99
H 65

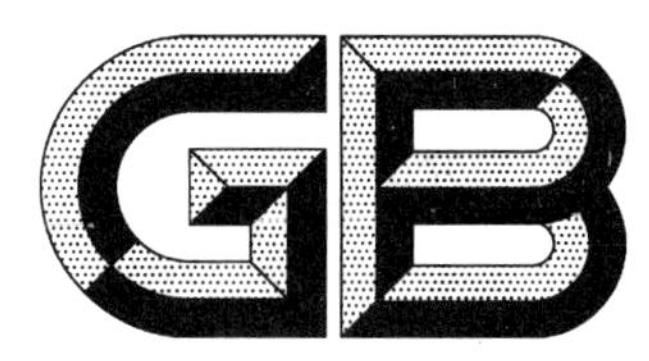

中华人民共和国国家标准

GB/T 3503—2006
代替 GB/T 3503—1993

氧　化　钇

Yttrium oxide

2006-04-13 发布　　2006-10-01 实施

中华人民共和国国家质量监督检验检疫总局
中国国家标准化管理委员会　发布

前　言

本标准代替 GB/T 3503—1993《氧化钇》。

本标准与 GB/T 3503—1993 相比主要变化如下：

——按 GB/T 17803—1999《稀土产品牌号表示方法》的要求改用数字牌号；

——增加 171045 牌号(纯度为 99.995%)，原 Y_2O_3-04Y 与原 Y_2O_3-04 两个牌号合并为 171040 牌号(纯度为 99.99%)；

——产品纯度为 99.99%以上的稀土杂质考核指标由合量变为分量；

——171050 牌号中非稀土杂质 Fe_2O_3 由 0.000 5%修改为 0.000 3%，CaO 由 0.000 5%修改为 0.000 7%，SiO_2 由 0.002 5%修改为 0.002 0%；

——171040 牌号中稀土杂质 Eu_2O_3 由 0.000 5%修改为 0.001 0%；

——增加了对非稀土杂质 Cl^- 的考核。

本标准由国家发展和改革委员会稀土办公室提出。

本标准由全国稀土标准化技术委员会归口并负责解释。

本标准由上海跃龙新材料股份有限公司负责起草。

本标准由广东珠江稀土有限公司、九江有色金属冶炼厂参加起草。

本标准主要起草人：张晓明、吴克平、靳海明、陈察苟、王丽霞。

本标准所代替标准的历次版本发布情况：

——GB/T 3503—1984、GB/T 3503—1993。

氧　化　钇

1　范围

本标准规定了氧化钇的要求、试验方法、检验规则和标志、包装、运输、贮存。

本标准适用于萃取法或其他方法制得的，供制作荧光材料、铁氧体、单晶材料、光学玻璃、人造宝石、陶瓷和制备金属钇等用的氧化钇。

2　规范性引用文件

下列文件中的条款通过本标准的引用而成为本标准的条款。凡是注日期的引用文件，其随后所有的修改单(不包括勘误的内容)或修订版均不适用于本标准，然而，鼓励根据本标准达成协议的各方研究是否可使用这些文件的最新版本。凡是不注日期的引用文件，其最新版本适用于本标准。

GB/T 8170　数值修约规则

GB/T 12690　稀土金属及其氧化物中非稀土杂质化学分析方法

GB/T 14635　稀土金属及其化合物化学分析方法

GB/T 18115　稀土金属及其氧化物中稀土杂质化学分析方法

GB/T 20170　稀土金属及其化合物物理性能测试方法

3　要求

3.1　化学成分

产品的化学成分应符合表1的规定。需方如有特殊要求，供需双方可另行协议。

表 1

产品牌号				171050	171045	171040	171030A	171030B	171030C	171020
化学成分(质量分数)/%	REO，不小于			99.0	99.0	99.0	99.0	99.0	99.0	98.5
	Y_2O_3/REO，不小于			99.999	99.995	99.99	99.9	99.9	99.9	99.0
	杂质含量，不大于	稀土杂质 REO	La_2O_3	0.000 2	0.000 5	0.001 0	—	0.02	合量 0.1	合量 1.0
			CeO_2	0.000 2	0.000 5	0.000 5	0.000 5	—		
			Pr_6O_{11}	0.000 1	0.000 5	0.001 0	0.000 5	0.001		
			Nd_2O_3	0.000 1	0.000 5	0.001 0	0.000 5	0.001		
			Sm_2O_3	0.000 1	0.000 5	0.001 0	0.003	0.001		
			Eu_2O_3	0.000 1	0.000 3	0.001 0	—	—		
			Gd_2O_3	0.000 1	0.000 5	0.001 0	—	0.01		
			Tb_4O_7	0.000 1	0.000 5	0.001 0	—	0.001		
			Dy_2O_3	0.000 1	0.000 5	0.001 0	—	—		
			Ho_2O_3	0.000 1	0.000 5	0.001 0	—	—		
			Er_2O_3	0.000 05	0.000 5	0.001 0	—	—		
			Tm_2O_3	0.000 05	0.000 3	0.000 5	—	—		
			Yb_2O_3	0.000 05	0.000 5	0.001 0	—	—		

表 1(续)

产品牌号				171050	171045	171040	171030A	171030B	171030C	171020
化学成分(质量分数)/%	杂质含量,不大于	稀土杂质 REO	Lu_2O_3	0.000 05	0.000 5	0.001 0	—	—	合量 0.1	合量 1.0
		非稀土杂质	Fe_2O_3	0.000 3	0.000 5	0.000 7	0.000 5	0.001	0.002	0.005
			CaO	0.000 7	0.001 0	0.001 0	—	—	0.002	0.005
			CuO	0.000 5	0.000 6	0.000 6	0.000 2	0.000 5	0.001	—
			NiO	0.000 5	0.000 5	0.001 0	0.000 2	0.000 5	0.001	—
			PbO	0.000 5	0.000 5	0.001 0	0.000 5	0.000 5	0.001	—
			SiO_2	0.002 0	0.003	0.005 0	—	—	0.005	0.01
			Cl^-	0.01	0.02	0.02	0.03	0.03	0.03	0.05
灼减(质量分数)/%,不大于				1.0	1.0	1.0	1.0	1.0	1.0	1.5

注:171030A——光学玻璃用;171030B——人造宝石用;171030C——普通型。

3.2 物理性能

产品纯度 99.99%以上的中心粒径(d_{50})为 2.6 μm~6.0 μm。

3.3 外观

3.3.1 产品为白色粉末。

3.3.2 产品必须洁净,无肉眼可见的夹杂物。

4 试验方法

4.1 稀土总量(REO)的分析方法按 GB/T 14635 的规定进行。

4.2 稀土杂质的分析方法按 GB/T 18115 的规定进行。

4.3 非稀土杂质及灼减的分析方法按 GB/T 12690 的规定进行。

4.4 中心粒径的测定按 GB/T 20170 的规定进行。

4.5 数值修约按 GB/T 8170 的规定进行。

4.6 外观用目测检查。

5 检验规则

5.1 检查与验收

5.1.1 产品由供方技术监督部门进行检验,保证产品质量符合本标准规定,并填写产品质量证明书。

5.1.2 需方应对收到的产品进行检验,如检验结果与本标准规定不符,应在收到产品之日起 3 个月内向供方提出,由供需双方协商解决。如需仲裁,可委托双方认可的单位进行,并在需方共同取样。

5.2 组批

产品应成批提交检验,每批应由同一牌号的产品组成。

5.3 检验项目

每批产品应进行化学成分、中心粒径和外观质量检验。

5.4 取样与制样

化学成分、中心粒径的仲裁取样按表 2 规定进行。

表 2

每批件(袋)数	1	2	3,4	5～10	11～20	21～60	61～100	101～150	>150
取样件(袋)数	1	2	3	4	5	6	7	8	10

每件(袋)取样不少于 10 g,将试样混匀后,用四分法迅速缩分至试样所需数量。

5.5 检验结果判定

化学成分、中心粒径仲裁分析结果不合格时,则从该批产品中取双倍试样重新进行复验,如仍有一项结果不合格,则该批产品为不合格。

6 标志、包装、运输、贮存

6.1 标志和包装

产品分装于双层塑料袋或塑料瓶中,再将袋(瓶)置于铁桶(木箱,纸箱或塑料箱)中,也可用大集装袋包装。桶(箱、袋)外注明:供方名称、产品名称、牌号、批号、净含量、毛重、出厂日期及“防潮”标志或字样。

6.2 运输、贮存

产品需存放于干燥处,不得露天放置。运输时严防淋雨受潮。

6.3 质量证明书

每批产品应附质量证明书,注明:

a) 供方名称;

b) 产品名称和牌号;

c) 批号;

d) 净含量和件数;

e) 各项分析检验结果和供方技术监督部门印记;

f) 本标准编号;

g) 出厂日期。

ICS 77.120.99
H 65

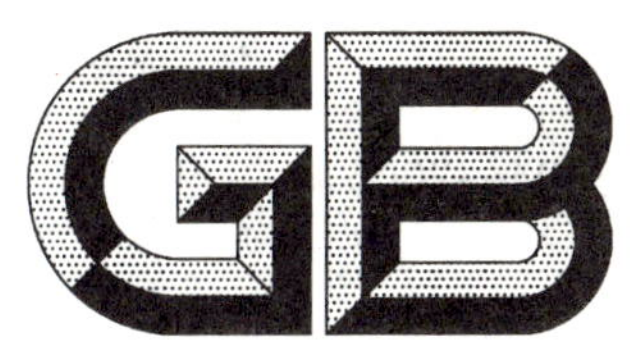

中华人民共和国国家标准

GB/T 3504—2006
代替 GB/T 3504—1992

氧化铕

Europium oxide

2006-04-13 发布 2006-10-01 实施

中华人民共和国国家质量监督检验检疫总局
中国国家标准化管理委员会 发布

前言

本标准代替 GB/T 3504—1992《荧光级氧化铕》。

本标准与 GB/T 3504—1992 相比主要变化如下：

——按 GB/T 17803—1999《稀土产品牌号表示方法》的要求改用数字牌号；

——增加 071050 牌号(纯度为 99.999%)；

——071040 牌号中稀土杂质 Nd_2O_3 由 0.004%修改为 0.002%，非稀土杂质 NiO 由 0.001%修改为 0.000 5%，ZnO 由 0.005%修改为 0.001%；

——071035 牌号中非稀土杂质 ZnO 由 0.007%修改为 0.001%；

——各牌号增加了对非稀土杂质 SiO_2、Cl^- 的考核；

——对稀土杂质的考核指标由原来 6 个增加到 14 个。

本标准由国家发展和改革委员会稀土办公室提出。

本标准由全国稀土标准化技术委员会归口并负责解释。

本标准由上海跃龙新材料股份有限公司负责起草。

本标准由甘肃稀土新材料股份有限公司参加起草。

本标准主要起草人：张晓明、吴克平、高宗德、章吉林。

本标准所代替标准的历次版本发布情况：

——GB/T 3504—1983、GB/T 3504—1992。

氧　化　铕

1　范围

本标准规定了氧化铕的要求、试验方法、检验规则和标志、包装、运输、贮存。

本标准适用于化学法或其他方法制得的，供制作彩色显象管用荧光粉、灯用稀土三基色荧光粉材料和 X 射线增感屏活化剂等用的氧化铕。

2　规范性引用文件

下列文件中的条款通过本标准的引用而成为本标准的条款。凡是注日期的引用文件，其随后所有的修改单(不包括勘误的内容)或修订版均不适用于本标准，然而，鼓励根据本标准达成协议的各方研究是否可使用这些文件的最新版本。凡是不注日期的引用文件，其最新版本适用于本标准。

GB/T 8170　数值修约规则

GB/T 12690　稀土金属及其氧化物中非稀土杂质化学分析方法

GB/T 14635　稀土金属及其化合物化学分析方法

GB/T 18115　稀土金属及其氧化物中稀土杂质化学分析方法

GB/T 20170　稀土金属及其化合物物理性能测试方法

3　要求

3.1　化学成分

产品的化学成分应符合表 1 的规定。需方如有特殊要求，供需双方可另行协议。

表 1

产品牌号				071050	071040	071035
化学成分(质量分数)/%	REO，不小于			99.0	99.0	99.0
	Eu_2O_3/REO，不小于			99.999	99.99	99.95
	杂质含量，不大于	稀土杂质/REO	La_2O_3	0.000 05	0.000 3	0.000 5
			CeO_2	0.000 1	0.000 5	0.000 5
			Pr_6O_{11}	0.000 1	0.001	0.001
			Nd_2O_3	0.000 1	0.002	0.003
			Sm_2O_3	0.000 2	0.003	0.003
			Gd_2O_3	0.000 2	0.003	0.003
			Tb_4O_7	0.000 1	0.002	0.003
			Dy_2O_3	0.000 1	0.001	0.003
			Ho_2O_3	0.000 05	0.000 3	0.000 5
			Er_2O_3	0.000 05	0.000 3	0.000 5
			Tm_2O_3	0.000 05	0.000 2	0.000 5
			Yb_2O_3	0.000 05	0.000 2	0.000 5
			Lu_2O_3	0.000 05	0.000 2	0.000 5
			Y_2O_3	0.000 05	0.000 2	0.000 5
		非稀土杂质	Fe_2O_3	0.000 5	0.000 7	0.001
			CaO	0.000 8	0.001	0.002
			CuO	0.000 1	0.000 6	0.000 6
			NiO	0.000 1	0.000 5	0.001
			PbO	0.000 3	0.001	0.001
			SiO_2	0.001 0	0.002	0.002
			ZnO	0.000 5	0.001	0.001
			Cl^-	0.005	0.01	0.02
灼减(质量分数)/%，不大于				1.0	1.0	1.0

3.2 物理性能

产品的中心粒径(d_{50})为 2.5 μm～6.0 μm。

3.3 外观

3.3.1 产品为白色略带玫瑰红色粉末。

3.3.2 产品必须洁净，无肉眼可见的夹杂物。

4 试验方法

4.1 稀土总量(REO)的分析方法按 GB/T 14635 的规定进行。

4.2 稀土杂质的分析方法按 GB/T 18115 的规定进行。

4.3 非稀土杂质及灼减的分析方法按 GB/T 12690 的规定进行。

4.4 中心粒径的测定按 GB/T 20170 的规定进行。

4.5 数值修约按 GB/T 8170 的规定进行。

4.6 外观用目测检查。

5 检验规则

5.1 检查与验收

5.1.1 产品由供方技术监督部门进行检验，保证产品质量符合本标准规定，并填写产品质量证明书。

5.1.2 需方应对收到的产品进行检验，如检验结果与本标准规定不符，应在收到产品之日起 3 个月内向供方提出，由供需双方协商解决。如需仲裁，可委托双方认可的单位进行，并在需方共同取样。

5.2 组批

产品应成批提交检验，每批应由同一牌号的产品组成。

5.3 检验项目

每批产品应进行化学成分、中心粒径和外观质量检验。

5.4 取样与制样

化学成分、中心粒径的仲裁取样按表 2 规定进行。

表 2

每批件(袋)数	1	2	3,4	5～10	11～20	21～60	61～100	101～150	>150
取样件(袋)数	1	2	3	4	5	6	7	8	10

每件(袋)取样不少于 10 g，将试样混匀后，用四分法迅速缩分至试样所需数量。

5.5 检验结果判定

化学成分、中心粒径仲裁分析结果不合格时，则从该批产品中取双倍试样重新进行复验，如仍有一项结果不合格，则该批产品为不合格。

6 标志、包装、运输、贮存

6.1 标志和包装

产品分装于双层塑料袋或塑料瓶中，再将袋(瓶)置于铁桶(木箱，纸箱或塑料箱)中，也可用大集装袋包装。桶(箱、袋)外注明：供方名称、产品名称、牌号、批号、净含量、毛重、出厂日期及“防潮”标志或字样。

6.2 运输、贮存

产品需存放于干燥处，不得露天放置。运输时严防淋雨受潮。

6.3 质量证明书

每批产品应附质量证明书，注明：

a) 供方名称；

b) 产品名称和牌号；

c) 批号；

d) 净含量和件数；

e) 各项分析检验结果和供方技术监督部门印记；

f) 本标准编号；

g) 出厂日期。

ICS 83.060
G 40

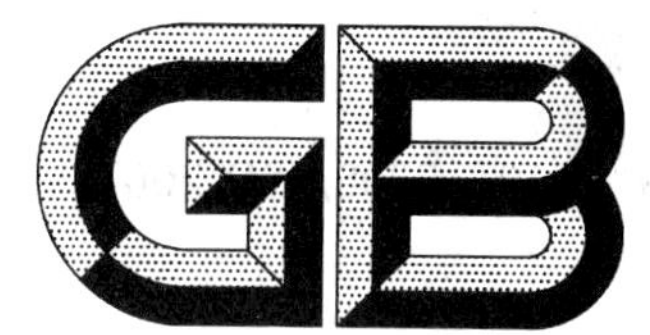

中华人民共和国国家标准

GB/T 3510—2006/ISO 2007:1991
代替 GB/T 3510—1992

未硫化胶　塑性的测定
快速塑性计法

Rubber, unvulcanized—Determination of plasticity —Rapid plastimeter method

(ISO 2007:1991, IDT)

2006-12-29 发布　　2007-06-01 实施

中华人民共和国国家质量监督检验检疫总局
中国国家标准化管理委员会　发布

前 言

本标准等同采用 ISO 2007:1991《未硫化胶　塑性的测定　快速塑性计法》。

本标准代替 GB/T 3510—1992《生胶和混炼胶的塑性测定　快速塑性计法》。

本标准的第 5 章引用了 GB/T 3517 的制样方法，该方法与 ISO 2930 规定的制样方法完全一致。

本标准与 GB/T 3510—1992 相比主要差异如下：

——将标准名称改为《未硫化胶　塑性的测定　快速塑性计法》；

——增加了前言；

——增加了第 2 章“规范性引用文件”；

——增加了第 3 章“原理”；

——删除了快速塑性计结构原理图；

——规定天然生胶的均化应符合 GB/T 15340《天然、合成生胶取样及制样方法》的规定，试样制备应符合 GB/T 3517《天然生胶　塑性保持率(PRI)的测定》的规定；

——试样制备中将 1992 版中的胶片厚度由“3～4 mm”，改为“直径大约为 13 mm，厚度大约 3.0 mm，体积为 0.40 cm^3 ±0.04 cm^3”；

——增加了快速塑性计的校准；

——删除了测试时厚度读数读到 0.005 mm 的规定；

——删除了采用国产 17 特号拷贝纸的注释；

——删除了“试验过程中如薄纸破裂，结果作废，应重新测试”；

——删除了“3 个试样的最大值与最小值之间的差不应大于 2 个塑性值，否则结果作废，需重做试验。”

本标准由中国石油和化学工业协会提出。

本标准由全国橡标委橡胶物理和化学试验方法分技术委员会(SAC/TC 35/SC 2)归口。

本标准由贵州轮胎股份有限公司负责起草。

本标准主要起草人：冯萍。

本标准所代替标准的历次版本发布情况为：

——GB/T 3510—1983；

——GB/T 3510—1992。

未硫化胶　塑性的测定
快速塑性计法

警告:使用本标准的人员应有正规实验室工作的实践经验。本标准并未指出所有可能的安全问题。使用者有责任采取适当的安全和健康措施,并保证符合国家有关法规规定的条件。

1　范围

本标准规定了用快速塑性计测试天然生胶和未硫化胶塑性的方法,它还适用于天然生胶塑性保持率(PRI)的测定(见 GB/T 3517)。

2　规范性引用文件

下列文件中的条款通过本标准的引用而成为本标准的条款。凡是注日期的引用文件,其随后所有的修改单(不包括勘误的内容)或修订版均不适合于本标准,然而,鼓励根据本标准达成协议的各方研究是否可使用这些文件的最新版本。凡是不注日期的引用文件,其最新版本适用于本标准。

GB/T 3517　天然生胶　塑性保持率(PRI)的测定(GB/T 3517—2002,mod ISO 2930:1995)

GB/T 15340　天然、合成生胶取样及制样方法(GB/T 15340—1994,idt ISO 1795:1992)

3　原理

通过快速压缩两个平行压块之间的圆柱形试样到 1 mm 的固定厚度,所测试样在压缩状态下保持 15 s,以达到与平行板之间的温度平衡,然后给试样施加 100 N±1 N 恒定的压力,并保持 15 s。在这个阶段结束时,所测得的试样厚度作为塑性的量度。

4　测试仪器

4.1　快速塑性计由以下部件组成。

4.1.1　具有光滑平整板面的两个平行圆板,其中一个可相对于另一个平板移动,两板都能提供适宜的加热装置,并有一个夹套能使测试中的试样和其周围的温度保持在规定的试验温度下。

两个平板中一个应具有不锈钢圆柱形状并具有以下直径尺寸之一:7.30 mm,10.00 mm 或 14.00 mm(允许公差±0.02 mm),有效高度应是 4.50 mm±0.15 mm,应特别注意避免损伤平行板工作表面的边缘。通过选择平板直径,使测量的塑性值在 20～85 之间(见第 9 章)。另一块平板可以是镀铬黄铜板或不锈钢材质并且直径应大于前述的一个平板直径。它在加热夹套中的有效高度应为 3.50 mm±0.25 mm。

4.1.2　能使两块平板中的一块垂直于另一块平板的表面移动的装置:将试样压缩至 1.00 mm±0.01 mm 的厚度。

无论有无试样,移动平板和施加力的操作应在 2 s 内完成,需要至少 300 N 的力,由弹簧来施加。

4.1.3　能对一个或另一个平板表面施力的装置:这个装置施加 100 N±1 N 的力到试样上。

4.1.4　测量试片厚度的装置:测量两平板之间的试样的厚度,精确到 0.01 mm。

4.1.5　计时装置:试验以秒计时,精确到 0.2 s。

4.2　裁片机

裁片机用于快速容易地制备尽可能相近的恒定体积的试样。裁片机由一个平底的圆柱形垫板和能独立于另一个上下移动的同轴的管状刀组成。按下手柄,从大约 3 mm 厚的试验材料上切出大约直径 13 mm 的圆柱形试样。所测试样仅仅要求在体积上保持大致一致,因为最后精确尺寸的定形是在测试的预热期间完成的。

4.3 试验使用漂白的、无光的、无酸的薄纸，单位面积质量约为 17 g/m^2。

进行实验室间的对比测试，应使用同一批次的薄纸。

5 试样

天然生胶的均化应符合 GB/T 15340 的规定，试样制备应符合 GB/T 3517 的规定。当进行比较试验时，生胶应进行均化。

测试试样为圆柱形，直径大约为 13 mm，厚度大约 3 mm，体积为 0.40 cm^3±0.04 cm^3。

如果是通过裁切初始厚度胶片所得到规定厚度的试样，胶片厚度不应超过 4 mm。

6 校准

快速塑性计应该按制造商的说明进行校准。用弹簧加载的仪器，加载弹簧(100 N±1 N)每 6 周重新校准，计时器(预热时间 15^{+1}_{0} s 和测试时间 15.0 s±0.2 s)每 4 周重新校准，上平行板的位置在每次测试前应重新校准。

标准的丁基橡胶试样用于检查仪器的工作状态，测试试样应从厚度大约 3 mm 的标准丁基橡胶胶片样品上切割。标号为 NBS-388 标准丁基胶的塑性值是 31.0±0.5。

7 测试温度

除非有其他要求，试验应在 100℃±1℃下进行。

8 测试程序

将两张如 4.3 所述薄纸(每张规格为 35 mm×35 mm)放在两个加热板之间(4.1.1)，关闭上下模调节厚度校准装置到零位。将测试试样放入两张薄纸中间并一起放进上下模之间，用上下模移动装置，将试样压至 1.00 mm±0.01 mm 的厚度，保持这种压力状态下预热 15^{+1}_{0} s。

预热完成后通过施力装置使试样受到 100 N±1 N 的力，并保持 15.0 s±0.2 s，然后测量试样厚度，即在 15 s 测试周期完成时，立即读出厚度值。电子数据输出的仪器中，这个值在仪器重新测试前保持不变，在带有厚度刻度表盘的仪器上，应尽快读出厚度值以免在机械锁定操作之前发生塑性值的回落。

9 结果的表示

结果以 15 s 压缩结束时三个试样的厚度中位数作为快速塑性值，以 0.01 mm 表示一个塑性值。

10 测试报告

测试报告应包括以下基本信息。

a) 样品的完整描述和特征，包括：

1) 样品的来源、产地；

2) 试样的制备 例如使用的混炼程序(见 GB/T 15340)；

3) 混炼胶的描述(如果合适)。

b) 测试方法

1) 参考的国家标准；

2) 有关仪器的参数。

c) 测试描述

1) 使用的压板规格(如 4.1.1 所提供的)；

2） 测试温度。

d） 测试结果 如在第9章中规定的塑性值的表示方法。

e） 测试日期。

ICS 83.060
G 40

中华人民共和国国家标准

GB/T 3516—2006
代替 GB/T 3516—1994

橡胶 溶剂抽出物的测定

Rubber—Determination of solvent extract

(ISO 1407:1992,MOD)

2006-09-01 发布　　　　2007-02-01 实施

中华人民共和国国家质量监督检验检疫总局
中国国家标准化管理委员会　发布

前言

本标准修改采用ISO 1407:1992《橡胶　溶剂抽出物的测定》(英文版)。

本标准代替GB/T 3516—1994《橡胶中溶剂抽出物的测定》。

本标准根据ISO 1407:1992重新起草。本标准与ISO 1407:1992的主要差异如下：

——国际标准没有提到加热装置,本标准增加了加热装置(6.6)及其操作步骤(8.1.3、8.2.3),以便于试验人员对仪器的准备和操作；

——国际标准没有提到误差范围,本标准增加了误差范围(9.4),以利于试验人员对结果的平行度作正确的判断。

为便于使用,本标准还做了下列编辑性修改：

a) "本国际标准"一词改为"本标准"；

b) 删除国际标准的前言；

c) 用小数点"."代替作为小数点的逗号","；

d) 把文中的"警告"提到正文前；

e) 删除了附录A(资料性附录)。

本标准与GB/T 3516—1994相比主要变化如下：

——调整了适用范围(见第1章)；

——增加了三个引用文件(见第2章)；

——修改了原理的陈述方法(见第3章)；

——将丙酮-三氯甲烷和丁酮改为丙酮(1994年版的4.10;本版的4.1)；

——增加了新的索氏抽提装置(本版的6.1)；

——增加了试验用筛子(本版的6.5)；

——增加了制样过程(本版的第7章)；

——将称样量由2 g改为A法的3 g～5 g,B法的90 mg～110 mg(1994年版的6.1、6.2;本版的8.1.1、8.2.1)；

——修改了试验报告的内容(1994年版的第9章;本版的第10章)。

本标准由中国石油和化学工业协会提出。

本标准由全国橡标委橡胶物理和化学试验方法分技术委员会(SAC/TC 35/SC 2)归口。

本标准由全国橡标委橡胶物理和化学试验方法分技术委员会(SAC/TC 35/SC 2)负责解释。

本标准起草单位:北京橡胶工业研究设计院、贵州轮胎股份有限公司。

本标准主要起草人:苍飞飞、张红梅、李和平、周乃东、王扬。

本标准所代替标准的历次版本发布情况为：

——GB/T 3516—1994。

橡胶　溶剂抽出物的测定

警告——使用本标准的人员应有正规实验室工作的实践经验。本标准并未指出所有可能的安全问题。使用者有责任采用适当的安全和健康措施，并保证符合国家有关法规规定的条件。

1　范围

本标准规定了橡胶溶剂抽出物测定的两种方法，方法 B 为快速抽提法，方法 A 为仲裁用试验方法。

本标准适用于生胶(天然橡胶和合成橡胶)及其混炼胶和硫化橡胶。

2　规范性引用文件

下列文件中的条款通过本标准的引用而成为本标准的条款。凡是注日期的引用文件，其随后所有的修改单(不包括勘误的内容)或修订版均不适用于本标准，然而，鼓励根据本标准达成协议的各方研究是否可使用这些文件的最新版本。凡是不注日期的引用文件，其最新版本适用于本标准。

GB/T 5576　橡胶和胶乳　命名法(GB/T 5576—1997，idt ISO 1629:1987)

GB/T 15340　天然、合成生胶取样及制备方法(GB/T 15340—1994，idt ISO 1795:1992)

GB/T 17783　硫化橡胶样品和试样的制备　化学试验(GB/T 17783—1999，idt ISO 4661-2:1987)

ISO 383:1976　实验室玻璃器皿　通用的圆锥形磨口接头

3　原理

3.1　方法 A

将称重后的单个橡胶试料置于索氏抽提装置，采用适当的溶剂抽提，然后经过蒸馏或蒸发除去溶剂，干燥，称量抽出物的质量。

3.2　方法 B

在沸腾的适宜溶剂中，对称重后多个试料进行抽提，然后在干燥箱内加热除去溶剂，冷却，分别称量每个试料的质量。

注：涉及完整描述方法 B 的文献超出了本标准的范围，使用者可以参照相关的资料。

4　使用溶剂的规定

4.1　橡胶推荐使用的溶剂见表 1。

表 1　推荐溶剂

橡胶种类	生胶和混炼胶用溶剂	硫化胶用溶剂
异戊橡胶(IR)，天然橡胶(NR)	丙酮	丙酮
丁苯橡胶(SBR)	乙醇/甲苯共沸物(ETA)	乙醇/甲苯共沸物(ETA)
氯丁橡胶(CR)	异丙醇	甲醇
丁腈橡胶(NBR)	异丙醇	异丙醇
丁基橡胶(IIR)	丙酮	丙酮

注 1：橡胶缩写参考 GB/T 5576。

注 2：当用丙酮抽提时，部分丙酮会转化为高沸点的二丙酮醇。由于这种物质的存在，溶剂在干燥时难以蒸发，因此应采用不同的溶剂或方法 B 重复抽提。

4.2　表 1 列出了各类橡胶的推荐溶剂，但在某些情况下也可用其他溶剂。例如：当抽出物是用于薄层色谱定性测定或抽提物不作定量测定时，乙醇更适用于 IR，NR 和 SBR 的硫化胶。

4.3　采用方法 A 和方法 B，不一定能获得相同的测定结果；同种方法采用不同的溶剂，也不一定能获得相同的测定结果。

由于平衡关系的建立，方法 B 获得的结果通常低于方法 A 获得的结果，尤其应用于质量大的试料测定时。

5 试剂

除非另有规定，使用的试剂均为分析纯试剂。

5.1 丙酮

5.2 乙醇/甲苯共沸物（ETA）

70 份的乙醇和 30 份的甲苯（体积比）混合在新煅烧的 CaO 中回流 4 h，收集蒸馏温度不超过 1℃的中间馏分，若使用的是无水乙醇，则无需用 CaO 干燥。

5.3 异丙醇

5.4 甲醇

6 仪器

6.1 抽提装置

a） 1 型全玻璃抽提装置，包括一个回收瓶，一个外面有套的索氏抽提器和一个冷凝器，见图 1。

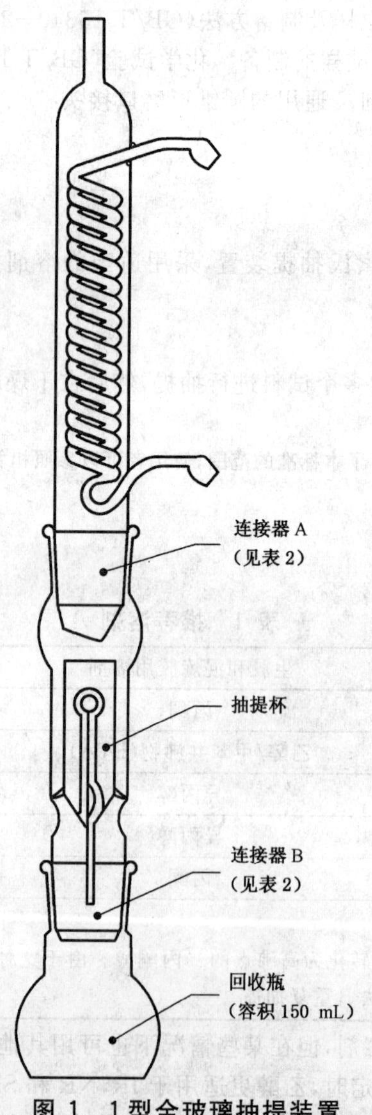

图 1 1 型全玻璃抽提装置

表 2　1 型全玻璃抽提装置中对玻璃仪器的要求

抽提杯容积/mL	连接器[a]		回收瓶容积/mL
	A	B	
15～30	34/35	24/29	150
50～60	40/45	34/35	250

[a] 见 ISO 383。

b) 2 型全玻璃抽提装置，包括一个 250 mL 回收瓶，一个冷凝器和一个由洁净金属丝悬挂着的抽提杯，见图 2。

c) 3 型全玻璃抽提装置，包括一个 250 mL 回收瓶，一个冷凝器和一个带有侧管的索氏抽提器，见图 3，典型的索氏抽提器的体积是 100 mL～200 mL，没有抽提杯。

注：这里描述了三种抽提装置，有相同功能的其他任何一种装置也可以使用。

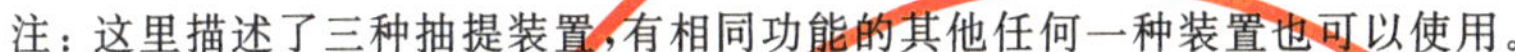

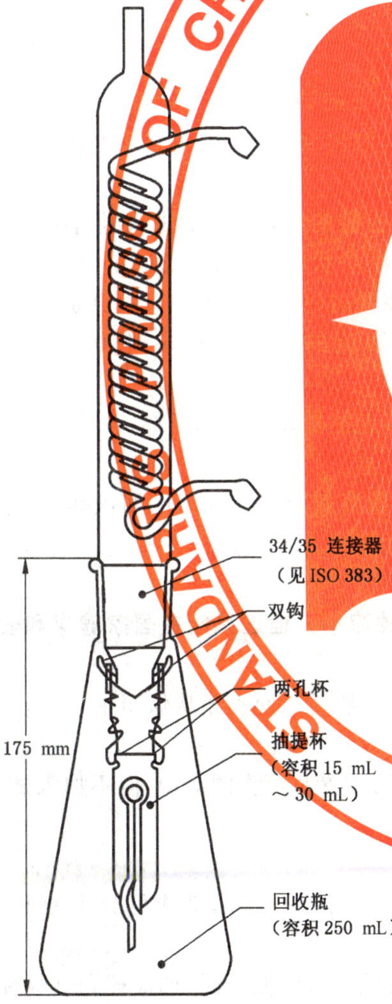

图 2　2 型全玻璃抽提装置

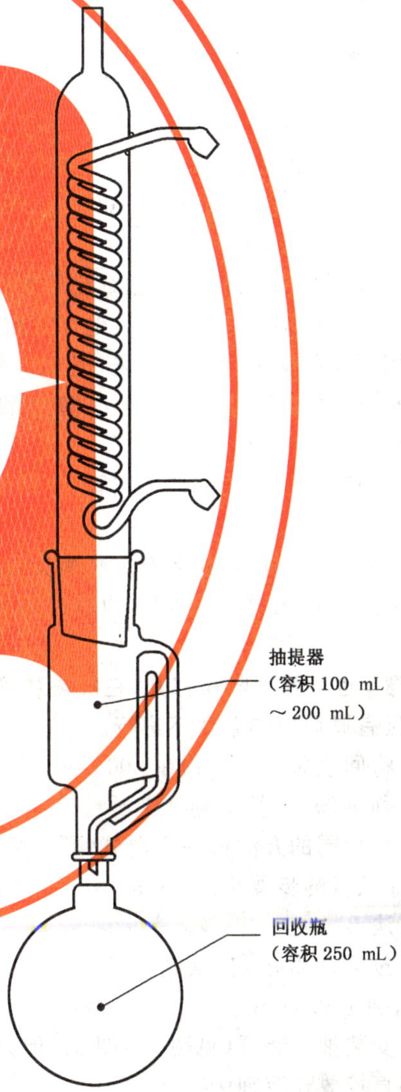

图 3　3 型全玻璃抽提装置

6.2　蒸馏头和冷凝器

蒸馏头和冷凝器（图 1～图 3 中未标出）应与抽提装置配套，用于蒸馏抽提后的溶剂。

6.3 烘箱

温度可控制在100℃±2℃。

6.4 滤纸或尼龙滤布

在抽提前用与抽提相同的溶剂进行抽提处理。

6.5 筛子

孔径为150 μm(100目)。

6.6 加热装置

不见明火,可控温度。

7 制样

对于方法A和方法B,生胶、混炼胶的取样按照GB/T 15340的规定,让其通过辊距不超过0.5 mm的冷辊。硫化橡胶的取样按照GB/T 17783的规定。

注:试样的制备可能会影响结果,这主要是由于试样的制备过程会影响橡胶在溶剂中溶胀能力和橡胶抽出物在溶剂中的溶解能力。

8 试验步骤

8.1 方法A

8.1.1 按第7章规定,从制备的试样中平行取样,称取3 g~5 g的试料(m_0),精确至0.1 mg。

8.1.2 选定的回收瓶(6.1)在100℃±2℃烘箱(6.3)中干燥,取出回收瓶,在干燥器内冷却至室温,称重(m_1),精确至0.1 mg。

8.1.3 将已称量好的试料用滤纸或尼龙滤布(6.4)卷成一个松散的卷,这样,试料不会落出,且试料的任何一个部分都不会与试料的其他部分相接触。如果试料是小块状,则用滤纸或尼龙滤布包成疏松的小袋。用干净的绳子扎紧试料袋,把试料袋放在合适的抽提装置内(见图1~图3),打开加热装置(6.6)和冷凝水,调节抽提速度,控制蒸馏出的溶剂从抽提杯中回流的次数为每小时10~20次,抽提16 h±0.5 h。

8.1.4 加热结束后,关闭加热装置,冷却仪器,关闭冷凝水,移走抽提装置或虹吸杯,若橡胶试料不做其他试验,可弃去。

8.1.5 移走回收瓶,在其上安装蒸馏头及冷凝器(6.2),将大量溶剂蒸馏至其他的回收瓶中,浓缩至原瓶中保留约0.5 cm高的溶剂。也可以用旋转式蒸发器来进行蒸馏。如果不需要进一步试验,馏出液可丢弃。

注意:也可将回收瓶打开,在加热装置上缓慢加热,挥发掉溶剂。但这只能在国家健康和安全条款准许而且有通风橱的条件下进行。

8.1.6 将回收瓶和剩余物在100℃±2℃烘箱(6.3)中干燥2 h,然后把回收瓶从烘箱中移出,在干燥器中冷却,称重(m_2),精确到0.1 mg。

8.1.7 用相同的方法做一空白试验,使用与试料测试中相同的装置及等量的溶剂,但不加入试料,测试步骤与加试料的步骤相同,称重(m_3 增量),精确至0.1 mg。

8.2 方法B

8.2.1 按第7章规定,从制备的试样中平行取样,质量为90 mg~110 mg,剪成可分辨的形状,称重(m_4),精确至0.1 mg。

8.2.2 安装抽提装置(见图1~图3),但只连接冷凝器和回收瓶。索氏抽提器、抽提杯和虹吸杯都不需要,试料直接放在溶剂中。

另外,能够使溶剂和试料沸腾的器皿也可使用,如用玻璃表面皿覆盖的烧杯,或用另一个盛有冷水的烧杯覆盖在另一个烧杯上都可使用。溶剂的体积应保持不变,如有蒸发应用新的溶剂补充。

8.2.3 按每个试料加25 mL的溶剂计算,250 mL的瓶中最多可加6个试料,150 mL的瓶中可加4个试料,打开加热装置(6.6)和冷凝水,回流60 min。

8.2.4 加热结束后，关闭加热装置，冷却抽提装置，关闭冷凝水，从冷凝器上移走回收瓶，将瓶中的内容物倒在一个干净的150 μm的筛子(6.5)中，收集抽提试料，按规定将溶剂弃去。

试料中粒径较小的橡胶在过滤中可能会损失。在这种情况下，应重新取样分析。

8.2.5 将经抽提的试料用吸收纸吸去多余的溶剂，然后在100℃±2℃烘箱(6.3)中干燥30 min或干燥试料至10 min内质量变化小于0.1 mg。

8.2.6 在干燥器中冷却试料约10 min，称重(m_5)，精确至0.1 mg。

9 结果

9.1 方法A

溶剂抽出物用质量分数表示，抽出物的质量分数(w_A)按式(1)进行计算：

$$w_A = \frac{m_2 - m_1 - m_3}{m_0} \times 100 \qquad (1)$$

式中：

m_0——试料的质量，单位为克(g)；

m_1——干燥后回收瓶的质量，单位为克(g)；

m_2——干燥后回收瓶和抽出物的总质量，单位为克(g)；

m_3——空白样的质量增量，单位为克(g)。

9.2 方法B

溶剂抽出物以质量分数表示，抽出物的质量分数(w_B)按式(2)进行计算：

$$w_B = \frac{m_4 - m_5}{m_4} \times 100 \qquad (2)$$

式中：

m_4——抽提前试料的质量，单位为毫克(mg)；

m_5——经抽提和干燥后试料的质量，单位为毫克(mg)。

9.3 试验结果

方法A或方法B的试验结果均采用平行试验测定结果的平均值。

9.4 允许差

当抽出物含量大于或等于10%时，两次平行测量结果的差的绝对值不大于0.300%；当抽出物含量小于10%时，两次平行测量结果的差的绝对值不大于0.250%。

10 试验报告

试验报告应包括以下内容：

a) 试料编号；
b) 使用的国家标准编号；
c) 确定橡胶的类别；
d) 试样的制备方法；
e) 选用方法A或方法B；
f) 试验用溶剂；
g) 试验用抽提装置；
h) 试验结果；
i) 试验日期和人员。

ICS 75.080
E 30

中华人民共和国国家标准

GB/T 3535—2006
代替 GB/T 3535—1983

石油产品倾点测定法

Petroleum products—Determination of pour point

(ISO 3016:1994,MOD)

2006-01-23 发布　　2006-10-01 实施

中华人民共和国国家质量监督检验检疫总局
中国国家标准化管理委员会　发布

前　言

本标准修改采用ISO 3016:1994《石油产品倾点测定法》。

本标准根据ISO 3016:1994重新起草。

为了更适合我国国情，本标准在采用ISO 3016:1994时进行了修改，本标准与ISO 3016:1994的技术性差异如下：

——增加了“取重复测定两个结果的平均值作为试验结果”的规定。

为了使用方便，本标准还作了如下编辑性修改：

——重复性和再现性的文字表述按我国的习惯进行了修改。

本标准代替GB/T 3535—1983《石油倾点测定法》。

本标准与GB/T 3535—1983的主要技术差异如下：

——标准名称由“石油倾点测定法”改为“石油产品倾点测定法”；

——范围一章的注中增加了“一般步骤可用于原油倾点的测定，但精密度不适用”的规定；

——增加了“试剂和材料”一章，并补充了制备－18℃、－33℃、－51℃和－69℃冷浴的常用冷却剂；

——规定了倾点测定仪中的套管只能使用金属套管，取消了GB/T 3535—1983中玻璃套管；

——试验步骤是按倾点高于－33℃和倾点低于或等于－33℃两种情况分别叙述的，GB/T 3535—1983的试验步骤是按倾点33℃～－33℃、高于33℃和低于－33℃三种情况分别叙述的；

——规定了对于倾点规格值不是3℃倍数的油品，可按6.9进行试验，结果报告试样通过或不通过规格值；

——增加了自动仪器的使用，但精密度不适用；

——本标准的重复性和再现性均适用于燃料油、残渣燃料油等油品下倾点的测定，而GB/T 3535—1983的再现性不适用于燃料油、残渣燃料油等油品下倾点的测定；

——增加了熔点用温度计及相应的技术条件。

本标准的附录A为规范性附录。

本标准由中国石油化工集团公司提出。

本标准由中国石油化工股份有限公司石油化工科学研究院归口。

本标准起草单位：中国石油化工股份有限公司石油化工科学研究院。

本标准主要起草人：郭涛、陈洁。

本标准所代替标准的历次版本发布情况为：

——GB/T 3535—1983。

石油产品倾点测定法

警告：本标准的应用可能涉及到某些有危险性的材料、操作和设备，但并未对与此有关的所有安全问题都提出建议。用户在使用本标准前有责任制定相应的安全和保护措施，并明确其受限制的适用范围。

1 范围

本标准规定了测定石油产品倾点的方法。同时也叙述了测定燃料油、重质润滑油基础油和含有残渣燃料组分的产品下倾点（参见6.10）的试验步骤。

注：测定原油倾点的专用方法正在研究之中，但本标准所述的一般试验步骤也可用来测定原油倾点。要注意某些原油需要进行专门的预处理，以避免挥发性物质的损失。

本标准精密度的确定是在不包括原油样品的基础上得到的（参见第8章的注）。

2 术语和定义

下列术语和定义适用于本标准。

倾点 pour point

油品在规定条件下冷却时能够流动的最低温度。

3 方法概要

试样经预加热后，在规定的速率下冷却，每隔3℃检查一次试样的流动性。记录观察到试样能够流动的最低温度作为倾点。

4 试剂与材料

4.1 氯化钠（NaCl）：结晶状。

4.2 氯化钙（$CaCl_2$）：结晶状。

4.3 二氧化碳（CO_2）：固体。

4.4 冷却液：丙酮、甲醇或石脑油。

4.5 擦拭液：丙酮、甲醇或乙醇。

5 仪器（见图1）

5.1 试管：由平底、圆筒状的透明玻璃制成，内径30.0 mm～32.4 mm，外径33.2 mm～34.8 mm，高115 mm～125 mm，壁厚不大于1.6 mm。距试管内底部54 mm±3 mm处标有一条长刻线，表示内容物液面的高度。

5.2 温度计：局浸式，符合附录A的要求。

5.3 软木塞：配试管用，塞的中心打有插温度计的孔。

5.4 套管：由平底、圆筒状金属制成，不漏水，能清洗，内径44.2 mm～45.8 mm，壁厚约1 mm，高115 mm±3 mm。套管在冷浴中应能维持直立位置，高出冷却介质不能超过25 mm。

5.5 圆盘：软木或毛毡制成，厚约6 mm，直径与套管内径相同。

5.6 垫圈：由橡胶、皮革或其他适当的材料制成。环形，厚约5 mm，有一定的弹性，要求能紧贴住试管外壁，而套管内壁保持宽松。还要求垫圈要有足够的硬度，以保持其形状。

注：环形垫圈的用途是防止试管与套管直接接触。

5.7 冷浴:其类型应适合于达到本标准所规定的温度。冷浴的尺寸和形状是任意的,要能把套管紧紧地固定在垂直的位置。浴温应用合适的、浸入正确浸没深度的温度计来监控。当测定倾点温度低于9℃的油品时,需用两个或更多的冷浴。所需的浴温可以用制冷装置或合适的冷却剂来维持。冷浴的浴温要求维持在规定温度的±1.5℃范围之内。

注:一般常用的冷却剂如下:

对油品的倾点温度低至:

1) 9℃:冰和水(能用于制备标准中规定的0℃浴);

2) -12℃:碎冰和氯化钠(能用于制备6.8中规定的-18℃浴);

3) -27℃:碎冰和氯化钙(能用于制备6.8中规定的-33℃浴);

4) -57℃:二氧化碳和冷却液[1](能用于制备6.8中规定的-51℃和-69℃浴)。

5.8 计时器:测量30 s的误差最大不能超过0.2 s。

单位为毫米

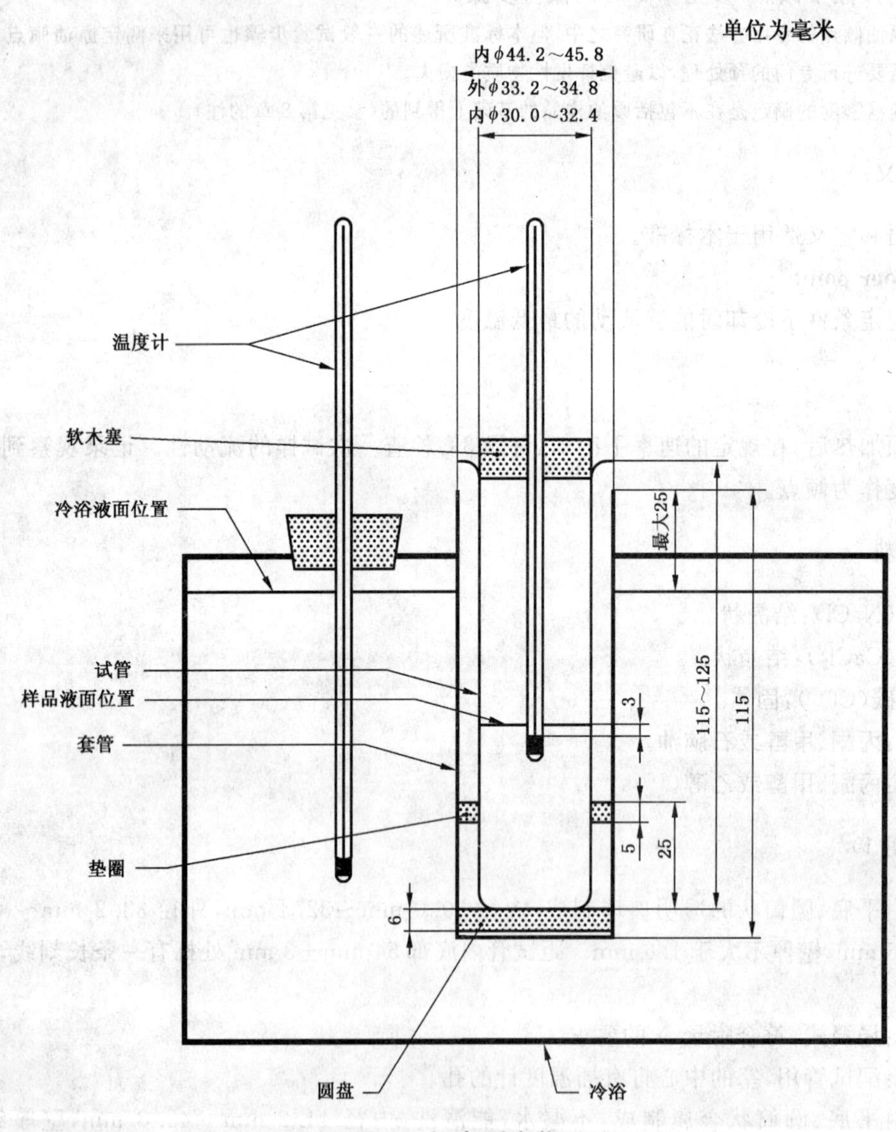

图1 倾点测定仪

1) 此混合物可按下述方法制备:在带盖的金属烧杯中,将适量的冷却液冷却至-12℃或低于-12℃(用冰-盐混合物的方法)。然后,再向已冷却的冷却液中加入足够量的二氧化碳,以得到所要求的温度。

6 试验步骤

6.1 将清洁试样倒入试管中至刻线处。如果有必要试样可先在水浴中加热至流动,再倒入试管内。已知在试验前 24 h 内曾被加热超过 45℃的样品,或是不知其受热经历的样品,均需在室温下放置 24 h 后,方可进行试验。

6.2 用插有高浊点和高倾点用温度计的软木塞塞住试管,如果试样的预期倾点高于 36℃,使用熔点用温度计(见附录 A)。调整软木塞和温度计的位置,使软木塞紧紧塞住试管,要求温度计和试管在同一轴线上。让试样浸没温度计水银球,使温度计的毛细管起点浸在试样液面下 3 mm 的位置。

6.3 根据 6.4 或 6.5,将试管中的试样进行预处理。

6.4 倾点高于－33℃的试样应按下述方法处理。

6.4.1 将试样在不搅拌的情况下,放入已保持在高于预期倾点 12℃,但至少是 48℃的浴中,将试样加热到 45℃或高于预期倾点 9℃(选择较高者)。

6.4.2 将试管转移到已维持在 24℃±1.5℃的浴中。

6.4.3 当试样达到高于预期倾点 9℃(估算为 3℃的倍数)时,应按 6.7 规定开始检查试样的流动性。

6.4.4 如果当试样温度已达到 27℃时,试样仍能流动,则小心地从浴中取出试管,用一块清洁且沾擦拭液的布擦试管外表面,然后将试管按 6.6 规定放在 0℃的浴中。按 6.7 观察试样的流动性,并按 6.8 规定的程序进行冷却。

6.5 倾点为－33℃和低于－33℃的试样应按下述方法处理。

6.5.1 试样在不搅动的情况下在 48℃浴中加热至 45℃,然后将其放在 6℃±1.5℃浴中冷却至 15℃。

6.5.2 当试样温度达到 15℃时,小心地从水浴中取出试管,用一块清洁的、沾擦拭液的布擦拭试管外表面,然后取下高浊点和高倾点用温度计,换上低浊点和低倾点用温度计。按 6.6 规定将试管放在 0℃浴中,再按 6.8 规定的步骤依次将试管转移到各低温浴中。

6.5.3 当试样温度达到高于预期倾点 9℃时,按 6.7 观察试样的流动性。

6.6 要保证圆盘、垫圈和套管的内壁是清洁和干燥的,并将圆盘放在套管的底部。在插入试管前,圆盘和套管应放入冷却介质中至少 10 min。将垫圈放在试管的外壁,离底部约 25 mm,并将试管插入套管。除 24℃和 6℃浴之外,其余情况都不能将试管直接放入冷却介质中。

6.7 观察试样的流动性。

6.7.1 从第一次观察温度开始,每降低 3℃都应将试管从浴或套管中取出(根据实际使用情况),将试管充分地倾斜以确定试样是否流动。取出试管、观察试样流动性和试管返回到浴中的全部操作要求不超过 3 s。

6.7.2 从第一次观察试样的流动性开始,温度每降低 3℃,都应观察试样的流动性。要特别注意不能搅动试样中的块状物,也不能在试样冷却至足以形成石蜡结晶后移动温度计。因为搅动石蜡中的多孔网状结晶物会导致偏低或错误的结果。

注:在低温时,冷凝的水雾会妨碍观察,可以用一块清洁的布蘸与冷浴温度接近的擦拭液擦拭试管以除去外表面的水雾。

6.7.3 当试管倾斜而试样不流动时,应立即将试管放置于水平位置 5 s(用计时器测量),并仔细观察试样表面。如果试样显示出有任何移动,应立即将试管放回浴或套管中(根据实际使用情况),待再降低 3℃时,重新观察试样的流动性。

6.7.4 按此方式继续操作,直至将试管置于水平位置 5 s;试管中的试样不移动,记录此时观察到的温度计读数。

6.8 如果温度达到 9℃时试样仍在流动,则将试管转移到下一个更低温度的浴中,并按下述程序在－6℃、－24℃和－42℃时进行同样的转移。

1) 试样温度达到 9℃,移到－18℃浴中;

2）　试样温度达到－6℃，移到－33℃浴中；

3）　试样温度达到－24℃，移到－51℃浴中；

4）　试样温度达到－42℃，移到－69℃浴中。

6.9　对于测定那些倾点规格值不是3℃的倍数的油品，也可按下述规定进行测定。从试样温度高于倾点规格值9℃时开始检查试样的流动性，然后按6.7和6.8所述步骤以3℃的间隔观察试样，直到试样的规格值。报告试样通过或不通过规格值。

6.10　对于燃料油、重质润滑油基础油和含有残渣燃料组分的产品，按6.1～6.8所述步骤测定得到的结果是试样的上（最高）倾点。如需要测定试样的下（最低）倾点，可在搅动的情况下，先将试样加热至105℃，然后再倒入试管中，按6.2～6.8所述步骤测定试样的下（最低）倾点。

6.11　如果使用自动倾点测定仪，要求用户严格遵循生产厂家仪器的校准、调整和操作说明书的规定。由于自动倾点测定仪的精密度尚未确定，因此，在发生争议时，应按本标准中所述的手动方法作为仲裁试验的方法。

7　结果表示

在6.7.4和6.10记录得到的结果上加3℃，作为试样的倾点或下倾点（根据实际使用情况），取重复测定的两个结果的平均值作为试验结果。

8　精密度

按下述规定判断试验结果的可靠性（95％的置信水平）。

8.1　重复性 r

同一操作者，使用同一仪器，用相同的方法对同一试样测得的两个连续试验结果之差不应大于3℃。

8.2　再现性 R

不同操作者，使用不同仪器，用相同的方法对同一试样测得的两个试验结果之差不应大于6℃。

注：精密度是由10个新的（未使用过的）矿油型润滑油和16个调合燃料油，在12个协作实验室作出的。矿油型润滑油倾点范围为－48℃～－6℃，燃料油倾点范围为－33℃～51℃，得到如下精密度。

样品名称	重复性	再现性
矿油型润滑油	2.87℃	6.43℃
燃料油	2.52℃	6.59℃

9　报告

试验报告至少应包括下述内容：

1）　被测产品的完整资料；

2）　注明参照本标准；

3）　试验结果；

4）　按协议规定或其他规定与本标准的试验步骤存在的任何差异都应注明；

5）　试验日期；

6）　注明测定试验是否使用了自动仪器。

附　录　A
（规范性附录）
温度计技术条件

表 A.1 给出了 ASTM 6C/IP 2C（低浊点和低倾点用温度计）、ASTM 5C/IP 1C（高浊点和高倾点用温度计）和 ASTM 61C/IP 63C（熔点用温度计）3 支局浸式玻璃液体温度计技术条件。

表 A.1　温度计技术条件

项　　　目	低浊点和低倾点用温度计	高浊点和高倾点用温度计	熔点用温度计
温度范围/℃	－80～20	－38～50	32～127
浸没深度/mm	76	108	79
分度值/℃	1	1	0.2
长刻线间隔/℃	5	5	1
数字标刻间隔/℃	10	10	2
示值允差/℃	1（＞－33℃时） 2（≤－33℃时）	0.5	0.2
安全泡允许加热至/℃	60	100	150
总长度/mm	230±5	230±5	380±5
棒外径/mm	7±1	7±1	7±1
感温泡长/mm	8.5±1.5	8.5±1.5	23±5
感温泡外径/mm	≮5.0 且≯棒外径	≮5.5 且≯棒外径	5.5±0.5
感温泡底部至刻线/℃ 距离/mm	－70 110±10	－38 125±5	32 110±5
刻度范围长度/mm	85±15	75±10	220±20

注 1：露出液柱温度在整个温度范围为 21℃。

注 2：因为有时温度计会出现液柱分离的情况，并可能被漏检。在试验前应先检查温度计，温度计的精度在±1℃范围（例如冰点）内才可使用。

ICS 43.150
Y 14

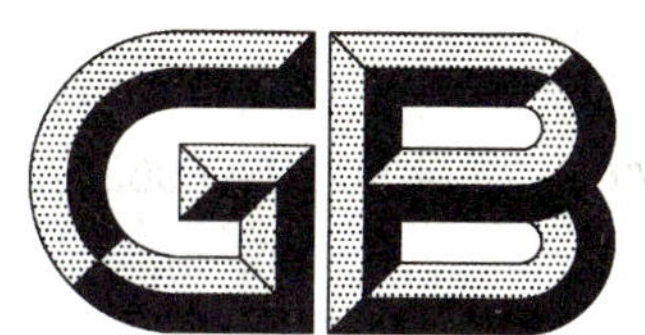

中华人民共和国国家标准

GB/T 3579—2006/ISO 9633:2001
代替 GB/T 3579—2002

自行车链条　技术条件和试验方法

Cycle chains—Characteristics and test methods

(ISO 9633:2001,IDT)

2006-12-25 发布　　　　2007-05-01 实施

中华人民共和国国家质量监督检验检疫总局
中国国家标准化管理委员会　发布

前　言

本标准等同采用国际标准ISO 9633:2001《自行车链条　技术条件和试验方法》(英文版)。

本标准是对GB/T 3579—2002《自行车链条　技术条件和试验方法》的修订。

本标准与GB/T 3579—2002相比主要技术内容变化如下：

——增加了082CⅡ型链条；

——增加了对销轴压出力测试的规定；

——删除了对过渡链节尺寸的规定；

——对081C链条的部分尺寸做了修订；

——删除了原标准的“内链节外宽 b_2”和“外链节内宽 b_3”的尺寸规定，而改用“内外链节间隙 b_3-b_2”来规定；

——在本标准关于侧弯的测定“8.2　接收标准”中，将原来对081C和082C分别规定合并成现在的一种规定，这样降低了对081C链条的接收标准。

本标准的附录A为规范性附录。

本标准由中国机械工业联合会提出。

本标准由全国链传动标准化技术委员会(SAC/TC 164)归口。

本标准负责起草单位：吉林大学(原吉林工业大学)。

本标准参加起草单位：南京利民机械有限责任公司、桂盟链条(深圳)有限公司、广州五羊链条有限公司、青岛征和工业有限公司。

本标准主要起草人：孟祥宾、许长荣、陈新强、马树澎、金玉谟。

本标准参加起草人：彭家林、何明宗、许舜高、付振明。

本标准所代替标准的历次版本发布情况为：

——GB 3579—1983；GB/T 3579—2002。

自行车链条　技术条件和试验方法

1　范围

本标准规定了自行车链条的尺寸和机械性能，以及测定这些机械性能的试验方法(即：扭曲量，横向偏差，死节和侧弯)。

注：自行车链轮的尺寸在GB/T 1243中规定。

2　规范性引用文件

下列文件中的条款通过本标准的引用而成为本标准的条款。凡是注日期的引用文件，其随后所有的修改单(不包括勘误的内容)或修订版均不适用于本标准，然而，鼓励根据本标准达成协议的各方研究是否可使用这些文件的最新版本。凡是不注日期的引用文件，其最新版本适用于本标准。

GB/T 1243—2006　传动用短节距精密滚子链、套筒链、附件和链轮(ISO 606:2004，IDT)

3　术语和定义

本标准应用了下列术语及定义。

3.1

横向偏差

链条的实际中心线和链条的几何中心线所形成的误差。

3.2

侧弯

将链条放在一个平面上，再将链条弯曲至它的内部公差所能允许的最大程度时，其弯曲弧的高度。

3.3

死节

链节的铰接不能相对于相邻链节向左或向右平滑地转动60°角。

3.4

扭曲

各链节间铰链轴线不在同一平面内。

4　链条

4.1　标号

本标准的所有要求适用于自行车链条。自行车链条应以表1所给链号加后缀C进行标号。

4.2　尺寸

自行车链条应与图1和表1所规定的尺寸相一致。这些尺寸保证了由不同厂家生产的链条的互换性。

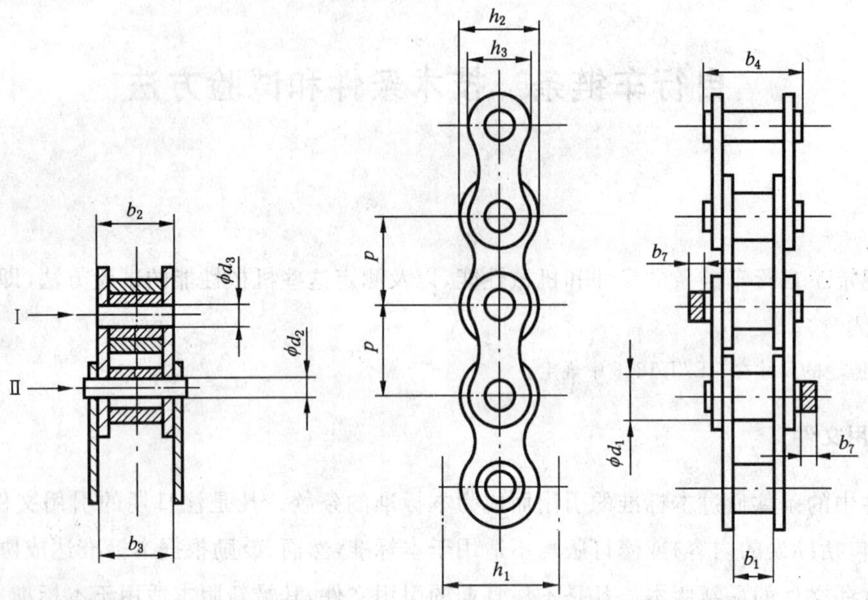

Ⅰ型：滚子链；

Ⅱ型：无套筒链。

注：图中符号的定义和尺寸见表1。

图1 链条

表1 链条主要尺寸、测量力、压出力和抗拉强度

链号	链条结构	节距 p	滚子直径 d_1 max	内节内宽 b_1 min	销轴直径 d_2 max	套筒内径 d_3 min	链条通道高度 h_1 min	内链板高度 h_2 max	外链板高度 h_3 max	内外链节间隙 b_3-b_2 min	销轴高度[a] b_4 max	止锁端附加高度[b] b_7 max	测量力	压出力 min	抗拉强度 min
		mm											N		
081C	Ⅰ型	12.7	7.75	3.3	3.66	3.69	10.2	9.9	9.9	0.05	10.2	1.5	125	—	8 000
082C	Ⅰ型	12.7	7.75	2.38	3.66	3.69	10.2	9.9	9.9	0.1	8.2	—	125	780	8 000[c]
082C	Ⅱ型	12.7	7.75	2.38	3.66	3.69	9	8.7	8.7	0.05	7.4	—	125	780	8 000[c]

a 082C链条的实际尺寸取决于所使用自行车变速器的类型，但不应超过表中规定尺寸，详情由用户向制造商咨询。

b 实际尺寸取决于所使用止锁件的类型，但不应超过表中规定尺寸，详情由用户向制造商咨询。

c 如果用户与制造商之间协商同意，最小抗拉强度可以大于表中规定值。

4.3 拉力试验

每种规格链条的最小抗拉强度规定于表1。试验结果在下列条件下有效：

——拉伸力应不小于表1中规定的最小抗拉强度，并缓慢地施加给至少包含有5个自由节距的链段的两端，与试样相连的夹头应使链段能在铰链法平面内沿链条中心线两侧自由运动。

——链条破坏被认为是发生在当链条伸长增加而不再伴随着载荷增加的第一点上，即“载荷-拉伸”图的顶点。

——若破坏发生在与夹头连接处时，则认为该试验无效。

——拉力试验被认为是破坏性试验，经过拉力试验后的链条将不能再使用。

4.4 压出力

4.4.1 从装配好的链条上选一个外链节。

4.4.2 把由一片外链板和两个销轴组成的外链节放在如图2所示的试验装置上。

4.4.3 缓慢地施加载荷给压杆，直至销轴从外链板上被压出。

4.4.4 从082C链条上将销轴从外链板上压出的最小压出力见表1的规定。

4.4.5 当从链条上取样时，应小心，以保证在外链板和两个铆头销轴之间不产生附加应力。

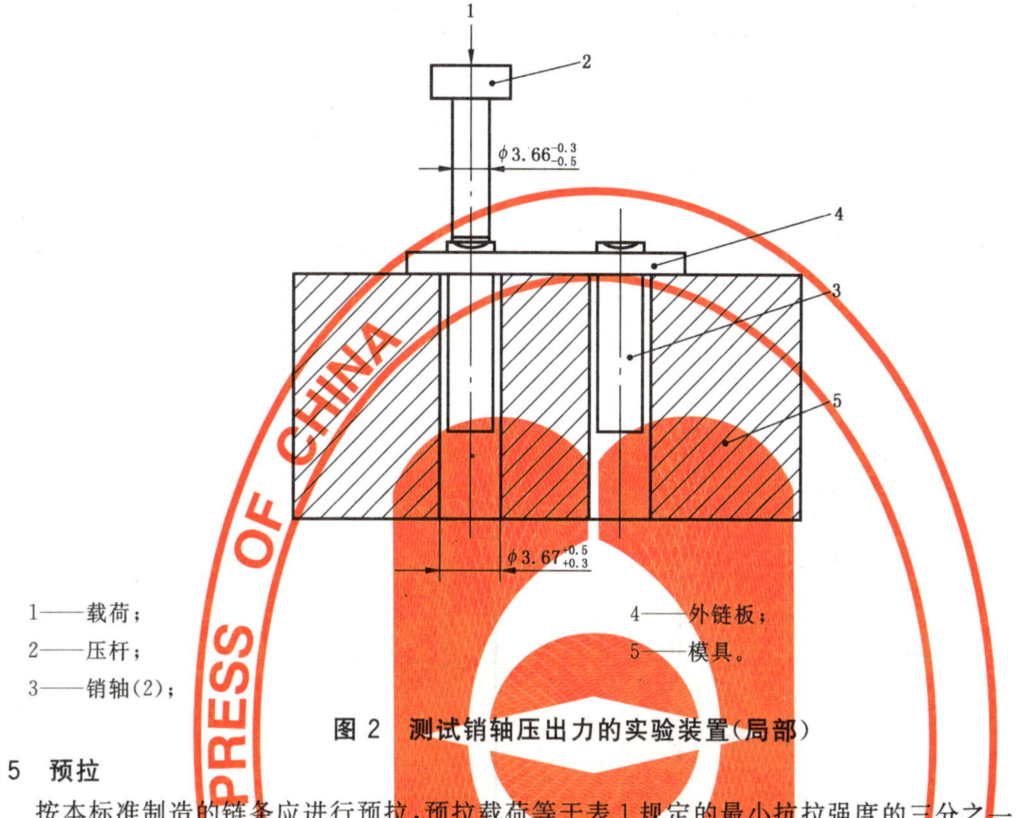

1——载荷；
2——压杆；
3——销轴(2)；
4——外链板；
5——模具。

图2 测试销轴压出力的实验装置(局部)

4.5 预拉

按本标准制造的链条应进行预拉，预拉载荷等于表1规定的最小抗拉强度的三分之一。

4.6 链长精度

装配好的链条应在预拉之后(见4.5)加润滑剂之前或脱脂之后测量链长。

标准测量长度最少应该为610 mm，链段两端应为内链节。

测量时，整个链长全部得到支撑，并按表1的规定施加测量力。

链条长度应为公称尺寸，对081C链条，其公差为公称链条长度的$^{+0.15}_{0}$%，对082C链条，其公差为公称链条长度的$^{+0.15}_{-0.08}$%。

4.7 标记

链条应标有制造厂名或商标。

推荐在外包装盒上标记表1规定的链号。

5 扭曲量的测定

5.1 扭曲量的目测

目测是将链条的一段悬吊起来，观察各链节是否排列整齐。

注：目测仅用于检查局部缺陷，在5.2中规定的程序则可测定链条的扭曲量并给出链条可扭曲能力的评估值。

5.2 测量扭曲量的方法

5.2.1 测量装置

测量扭曲量的装置见图3，它应满足图4所示的几何要求。

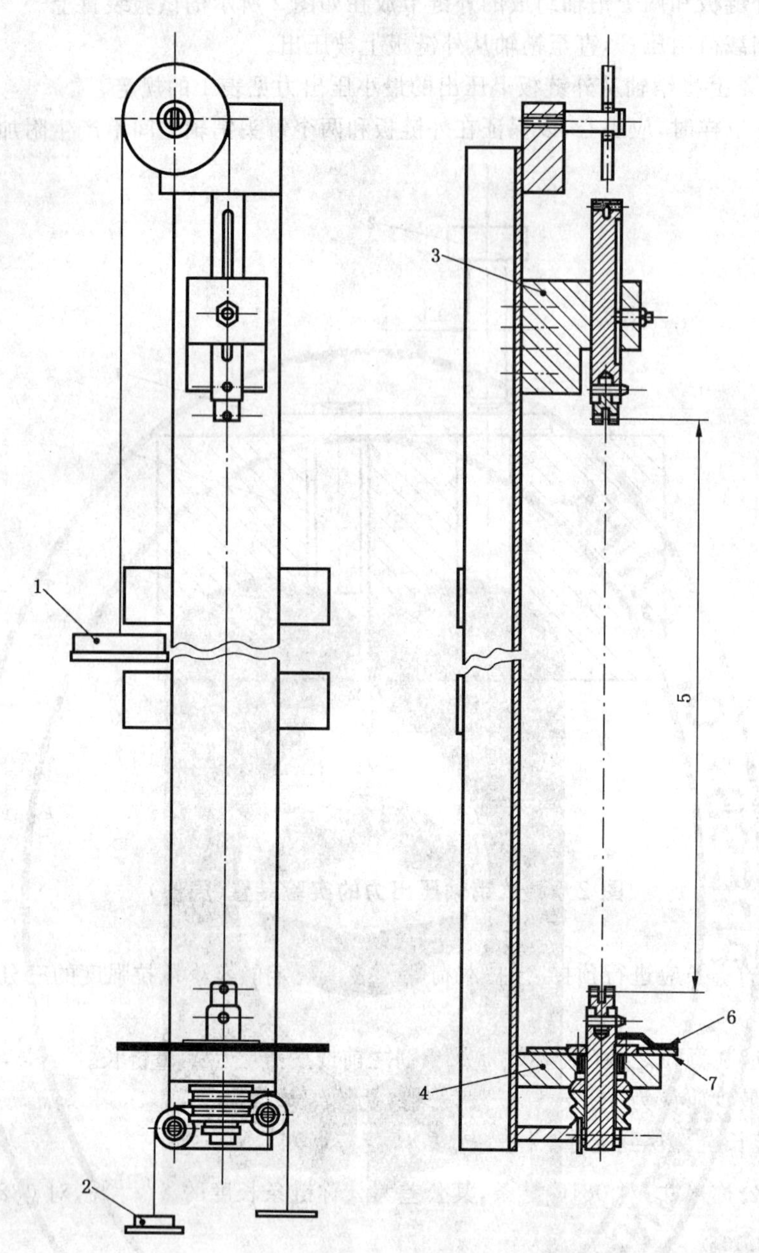

1——平衡配重；

2——扭矩平衡配重；

3——滑动夹头；

4——固定夹头；

5——长度为 49 节，节距为 12.7 mm 的自行车链条；

6——指示器；

7——分度盘。

图 3 测量扭曲量的装置

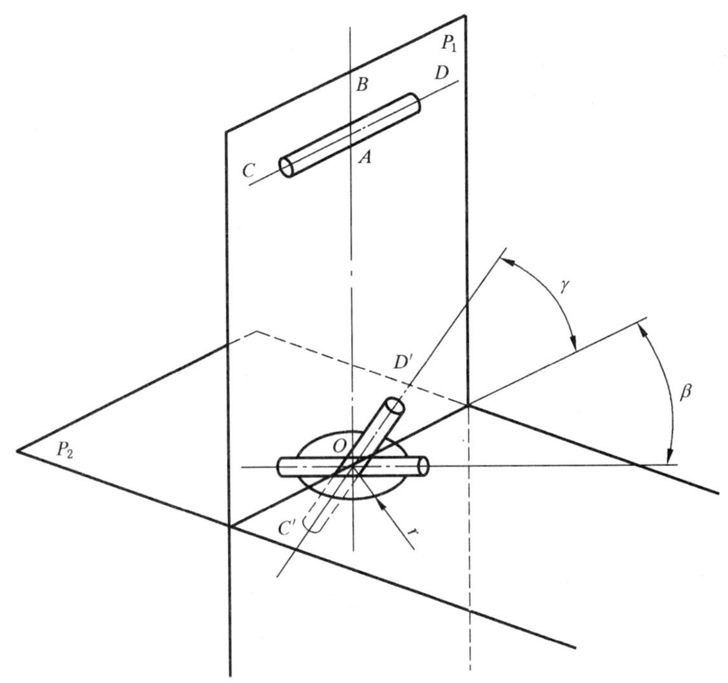

P_1 是垂直平面，由滑头的位移轴线 AB 和链条的上端附件联接销轴 CD 确定。

注：销轴 CD 和 $C'D'$ 不是链条的端部销轴，他们是试验设备的附件销轴。

P_2 是与 P_1 相互垂直的水平平面。

O 点是 AB 轴在 P_2 面的投影点。它的原点也是 AB 轴和 P_1 与 P_2 面相贯线的交点。

O' 点是链条的下端附件联接销轴 $C'D'$ 的对称中心点，它可以是：

a） 与 O 点重合；

b） 位于 P_1 与 P_2 面的相贯线上，离 O 点的最大距离为 r；

c） 在 P_2 面上，但不在 P_1 与 P_2 面的相贯线上。在这种情况下，O' 不应落在半径为 r、圆心与 O 重合圆的外面。

β 在 P_2 平面上，是销轴 $C'D'$ 在 P_2 平面上能转动的角度。

γ，若 O' 在 P_1 与 P_2 面的相贯线上，侧 γ 为销轴 $C'D'$ 在 P_1 平面上转过的角度；若 O' 不在 P_1 与 P_2 面的相贯线上，则 γ 为在与 P_1 平行的某一 P' 平面上转过的角度，P' 平面与 P_2 上的以 O 为圆心、以 r 为半径的圆面积域相截。

图 4 试验装置几何原理及要求

5.2.2 试验样品

选择一条长度为 49 节的脱脂链条，链条的两端为内链节。

5.2.3 试验样品的安装

用滑动夹头上的联接销轴 CD（见图 4）将链条悬挂起来，滑动夹头允许绕链条中心线两侧的最大转动量为 1°。

在试验开始前，附件销轴的校准如下：

$$-1° \leqslant \beta \leqslant +1°$$

$$-1° \leqslant \gamma \leqslant +1°$$

试验链条下端的内链节应夹紧在第一级夹头上。

5.2.4 试验程序

5.2.4.1 用平衡配重施加于链条下端 5 N 的拉力。

5.2.4.2 施加 0.2 N·m 的扭矩于链条的下端链节，先在一个角度方向，然后在另一个角度方向。

5.2.4.3　以测量装置的零位为基准，测量两个方向的角位移(见图5)。

注：角度 α 是以测量装置的零位为基准，链条在顺时针或逆时针方向的净扭曲量测量值。若从上往下看，角度 α 从零位逆时针旋转为正的话，则角度 α 从零位顺时针旋转为负。净扭曲量 α 是 α_1 和 α_2 之差的一半。α 或 τ 为负值时，仅表示测试时链条的扭曲方向均为顺时针，它并不表示代数量为负值。扭曲量的计算示例在附录A中给出。

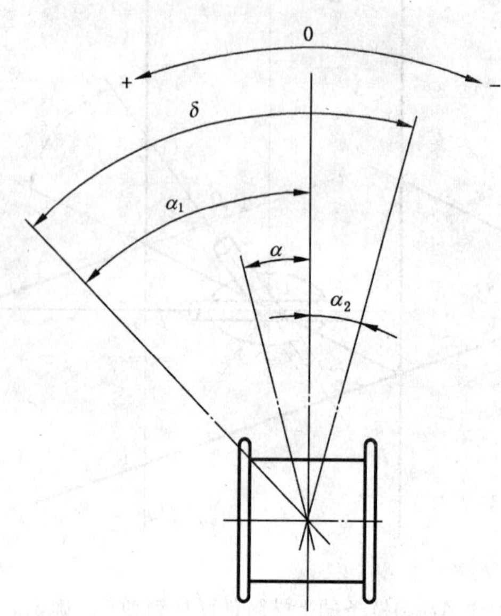

$\alpha=\frac{\alpha_1-\alpha_2}{2}$；$\tau=\frac{\alpha}{\delta}$；$\delta=\alpha_1+\alpha_2$，总扭曲量之和。

图5　扭曲量的测量

5.2.5　**接收标准**

α 和 τ 的值应在下列极限内：

$$\alpha \leqslant \pm 15°$$

式中：

$\alpha=\frac{\alpha_1-\alpha_2}{2}$

$$\tau \leqslant \pm 0.17$$

式中：

$\tau=\frac{\alpha}{\delta}$

$\delta=\alpha_1+\alpha_2$

6　横向偏差的测定

6.1　横向偏差的目测

为了目测横向偏差，将链条的一端悬吊起来并观察其链节的整齐度。

6.2　横向偏差的测定方法

6.2.1　测试装置

测定横向偏差的装置是由一个直尺构成(见图6)，直尺的表面研磨至表2规定的尺寸。

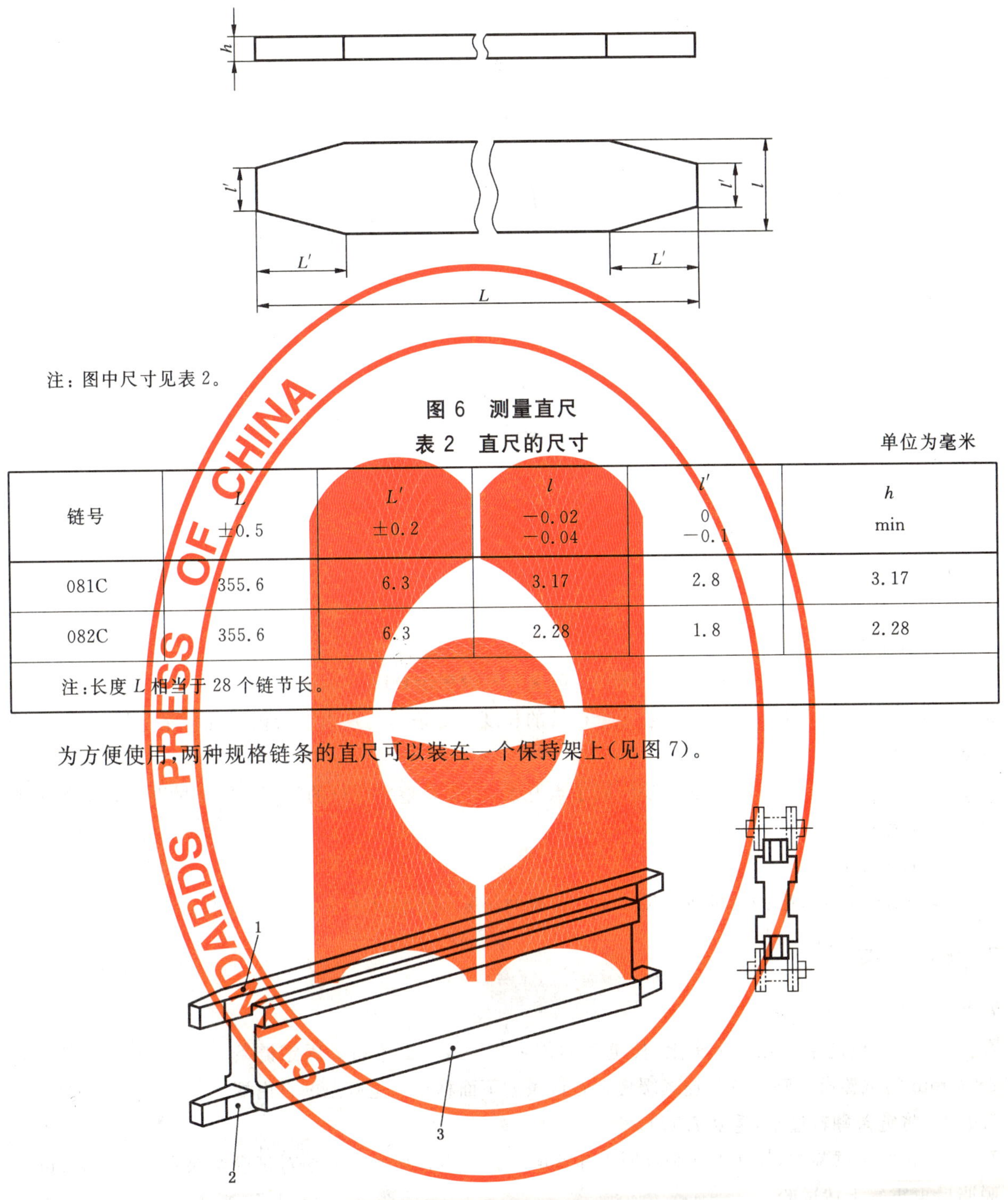

注：图中尺寸见表 2。

图 6 测量直尺

表 2 直尺的尺寸

单位为毫米

链号	L ±0.5	L' ±0.2	l −0.02 −0.04	l' 0 −0.1	h min
081C	355.6	6.3	3.17	2.8	3.17
082C	355.6	6.3	2.28	1.8	2.28
注：长度 L 相当于 28 个链节长。					

为方便使用，两种规格链条的直尺可以装在一个保持架上(见图 7)。

1——081C 链条用测量直尺；
2——082C 链条用测量直尺；
3——保持架。

图 7 测量直尺保持架总成

6.2.2 测试程序

6.2.2.1 将一挂至少由 49 个链节组成的样链放在一个水平面上，使链条的销轴平行于水平面并固定其一端，在另一端施加 12.5 N 的拉力(见图 8)。

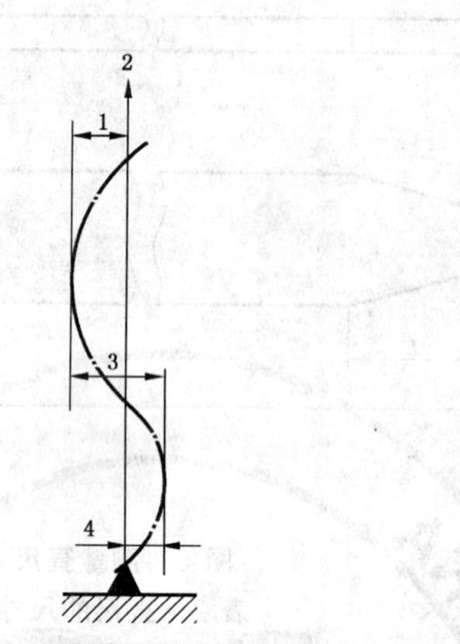

1——左偏差；

2——拉力；

3——总偏差；

4——右偏差。

图 8 测量横向偏差示意图

6.2.2.2 从链条的固定点开始，沿着整个样链的长度在链条的两片内链板内滑动测量直尺，以保证链条定位正确。

6.2.2.3 将拉力增至 1 kN，从链条的固定点开始，再沿着整个样链的长度在链条的两片内链板内滑动测量直尺。

6.2.3 接收标准

假如用正常的人手的力量使直尺在整个样链的长度内能够自由运动，则试验是肯定的。

7 死节的测定

7.1 试验程序

7.1.1 将一根链条放在一平板上，使链条的销轴与平板表面平行。固定链条的一端，将一根直径为 25.4 mm 的试棒沿着整个链长连续缓慢地在链条的下面移动直至链条的自由端。

7.1.2 将链条翻转过来，重复 7.1.1。

7.1.3 在两次试验中，任何不平卧落回平面的链节就认为是死节。假如对试验结果有怀疑，则将链条脱脂后再重复上述试验。

7.2 接收标准

链条中不应有死节。

8 侧弯的测定

8.1 侧弯的测定方法

8.1.1 将一根长度为 49 节、两端由内链节组成的脱脂链条放在一平板上，使链条的销轴平行于平板，并施加一个 3 N 的力，见图 9。

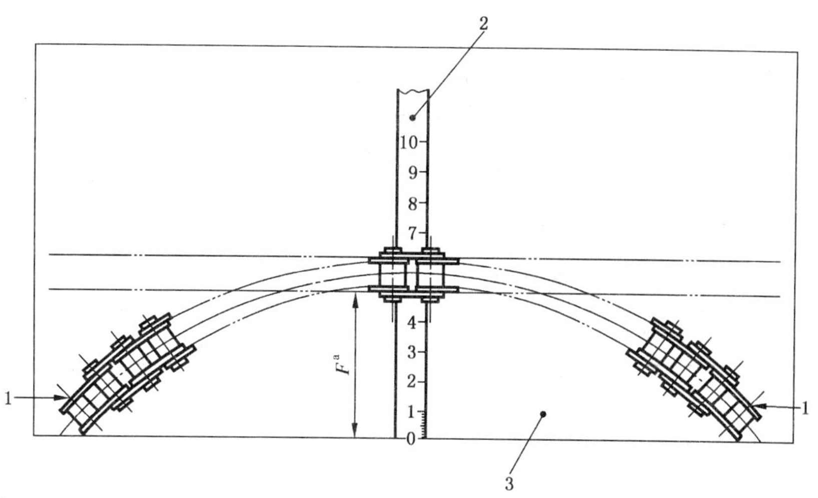

1——施加的力；

2——量尺；

3——平板。

a 弧高。

图 9 侧弯的测量

8.1.2 逐渐释放这个力并测量弧的高度 F。

8.1.3 将链条翻转过来，按 8.1.1 和 8.1.2 重复测试。

8.1.4 这两次测量中的最小值就被认为是链条的侧弯值 F。

8.2 接收标准

链条的侧弯值 F 应在下面限度内：

$$40\ \text{mm} \leqslant F \leqslant 120\ \text{mm}$$

附　录　A
（规范性附录）
扭曲量的计算示例

扭曲量的计算示例在表 A.1 中给出。

表 A.1　扭曲量的计算示例

公式	情况 1	情况 2	情况 3	情况 4
$\alpha=\frac{\alpha_1-\alpha_2}{2}$	$\alpha_1=80°$ $\alpha_2=10°$ $\alpha=35°$	$\alpha_1=10°$ $\alpha_2=80°$ $\alpha=-35°$	$\alpha_1=45°$ $\alpha_2=35°$ $\alpha=5°$	$\alpha_1=35°$ $\alpha_2=45°$ $\alpha=-5°$
$\alpha\leqslant\pm15°$[a]	$\boxed{\alpha>\pm15°}$	$\boxed{\alpha>\pm15°}$	$\boxed{\alpha<\pm15°}$	$\boxed{\alpha<\pm15°}$
$\delta=\alpha_1+\alpha_2$	$\delta=90°$	$\delta=90°$	$\delta=80°$	$\delta=80°$
$\tau=\frac{\alpha}{\delta}$	$\tau=\frac{35°}{90°}=0.39$	$\tau=\frac{-35°}{90°}=-0.39$	$\tau=\frac{5°}{80°}=0.06$	$\tau=\frac{-5°}{80°}=-0.06$
$\tau\leqslant\pm0.17$[a]	$\boxed{\tau>\pm0.17}$ 链条在 5.2.5 规定的极限之外	$\boxed{\tau>\pm0.17}$ 链条在 5.2.5 规定的极限之外	$\boxed{\tau<\pm0.17}$ 链条在 5.2.5 规定的极限之内	$\boxed{\tau<\pm0.17}$ 链条在 5.2.5 规定的极限之内
[a] 负号表示试验中的链条为顺时针转过的净扭曲量，而不具有代数负值量的含义，α_2 即是在顺时针方向的扭曲量角度值；当 α 为负号时，即为在试验设备上为顺时针方向的实际角度值；当 α 为正号时，即为在试验设备上为逆时针方向的实际角度值。				

ICS 77.150.10
H 61

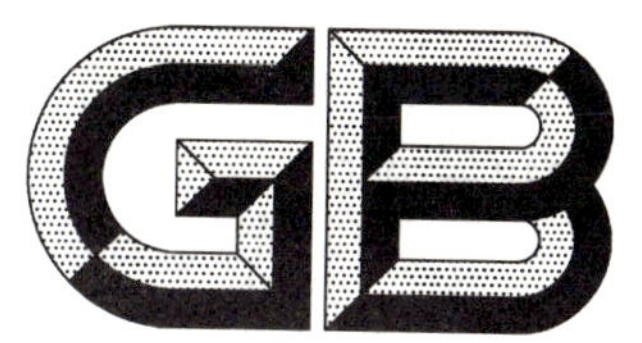

中华人民共和国国家标准

GB/T 3618—2006
代替 GB/T 3618—1989

铝及铝合金花纹板

Wrought aluminium and aluminium alloys tread sheets

2006-05-08 发布 2006-10-01 实施

中华人民共和国国家质量监督检验检疫总局
中国国家标准化管理委员会 发布

前言

本标准代替 GB/T 3618—1989《铝及铝合金花纹板》。

本标准与 GB/T 3618—1989 相比,主要有如下变动:

——本标准采用 GB/T 3190—1996《变形铝及铝合金化学成分》中的牌号及 GB/T 16475—1996《变形铝及铝合金状态代号》中的状态代号,并在附录 A 中给出了新、旧牌号对照表,同时对新状态代号也进行了说明。

——本标准增加了 8、9 号花纹板及其相应的 1×××系和 3003、5A02、5052、2A11、2A12 等牌号。

——本标准 2 号、3 号花纹板均增加了 3105、3003、5052 等牌号;4 号花纹板增加了 1×××、3003、5052 等牌号;7 号花纹板增加了 5052 牌号。

本标准的附录 A、附录 B 为资料性附录。

本标准由中国有色金属工业协会提出。

本标准由全国有色金属标准化技术委员会归口。

本标准由东北轻合金有限责任公司负责起草。

本标准主要起草人:唐明君、梁岩、谢延翠、王国军、赵永军、金龙兵、陈丽君、陶志民、唐登毅。

本标准由全国有色金属标准化技术委员会负责解释。

本标准所代替标准的历次版本发布情况为:

——GB/T 3618—1983、GB/T 3618—1989。

铝及铝合金花纹板

1 范围

本标准规定了铝及铝合金花纹板的要求、试验方法、检验规则及标志、包装、运输、贮存和合同内容等。

本标准适用于建筑、车辆、船舶、飞机等防滑用铝及铝合金单面花纹板。

2 规范性引用文件

下列文件中的条款通过本标准的引用而成为本标准的条款。凡是注日期的引用文件，其随后所有的修改单(不包括勘误的内容)或修订版均不适用于本标准，然而，鼓励根据本标准达成协议的各方研究是否可使用这些文件的最新版本。凡是不注日期的引用文件，其最新版本适用于本标准。

GB/T 228 金属材料 室温拉伸试验方法

GB/T 232 金属材料 弯曲试验方法

GB/T 3190 变形铝及铝合金化学成分

GB/T 3199 铝及铝合金加工产品 包装、标志、运输、贮存

GB/T 3246.1 变形铝及铝合金制品显微组织检验方法

GB/T 6987(所有部分) 铝及铝合金化学分析方法

GB/T 7999 铝及铝合金光电(测光法)发射光谱分析方法

GB/T 16865 变形铝、镁及其合金加工制品拉伸试验用试样

GB/T 17432 变形铝及铝合金化学成分分析取样方法

3 要求

3.1 产品分类

3.1.1 产品的花纹代号、花纹图案、牌号、状态、规格

产品的花纹代号、花纹图案、牌号、状态、规格应符合表1的规定。

3.1.2 标记示例

用2A12合金制造的、淬火自然时效状态、底板公称厚度1.50 mm、宽1 000 mm、长2 000 mm的1号花纹板标记为：

1号花纹板 2A12—T4 1.5×1 000×2 000 GB/T 3618—2006

3.2 化学成分

铝及铝合金花纹板的化学成分应符合GB/T 3190的规定。

3.3 尺寸允许偏差

3.3.1 底板厚度、切边供应的花纹板的宽度及花纹板长度的尺寸偏差应符合表2的规定。

3.3.2 供方应以工艺保证花纹板的筋高偏差符合表3的规定。

3.3.3 花纹板的不平度应符合表4的规定。

表 1

花纹代号	花纹图案	牌号	状态	底板厚度	筋高	宽度	长度
				mm			
1号	方格型(如图 1)	2A12	T4	1.0～3.0	1.0		
2号	扁豆型(如图 2)	2A11、5A02、5052	H234	2.0～4.0	1.0		
		3105、3003	H194				
3号	五条型(如图 3)	1×××、3003	H194	1.5～4.5	1.0		
		5A02、5052、3105、5A43、3003	O、H114				
4号	三条型(如图 4)	1×××、3003	H194	1.5～4.5	1.0		
		2A11、5A02、5052	H234			1 000～1 600	2 000～10 000
5号	指针型(如图 5)	1×××	H194	1.5～4.5	1.0		
		5A02、5052、5A43	O、H114				
6号	菱型(如图 6)	2A11	H234	3.0～8.0	0.9		
7号	四条型(如图 7)	6061	O	2.0～4.0	1.0		
		5A02、5052	O、H234				
8号	三条型(如图 8)	1×××	H114、H234、H194	1.0～4.5	0.3		
		3003	H114、H194				
		5A02、5052	O、H114、H194				
9号	星月型(如图 9)	1×××	H114、H234、H194	1.0～4.0	0.7		
		2A11	H194				
		2A12	T4	1.0～3.0			
		3003	H114、H234、H194	1.0～4.0			
		5A02、5052	H114、H234、H194				

注 1：要求其他合金、状态及规格时，应由供需双方协商并在合同中注明。

注 2：新、旧牌号对照表及新状态代号说明见附录 A。

注 3：2A11、2A12 合金花纹板双面可带有 1A50 合金包覆层，其每面包覆层平均厚度应不小于底板公称厚度的 4%。

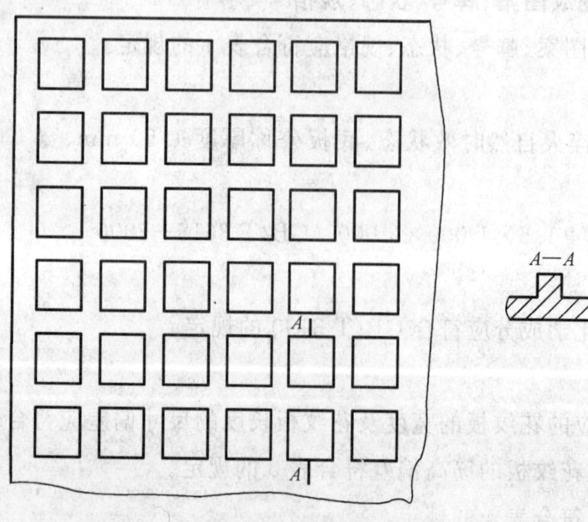

图 1　1号花纹板

图 2　2号花纹板

图 3　3号花纹板

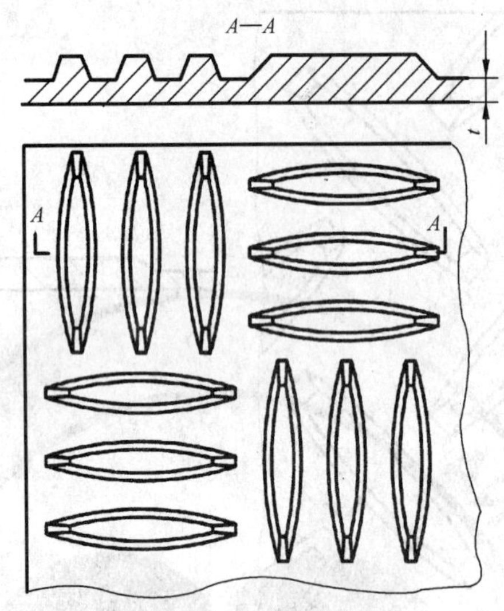

图 4　4 号花纹板

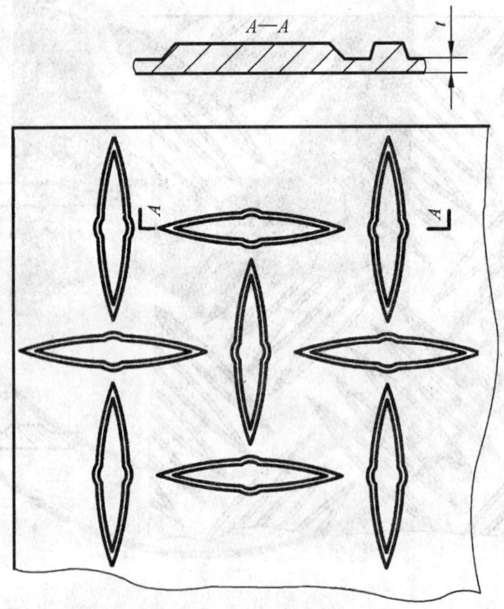

图 5　5 号花纹板

图6　6号花纹板

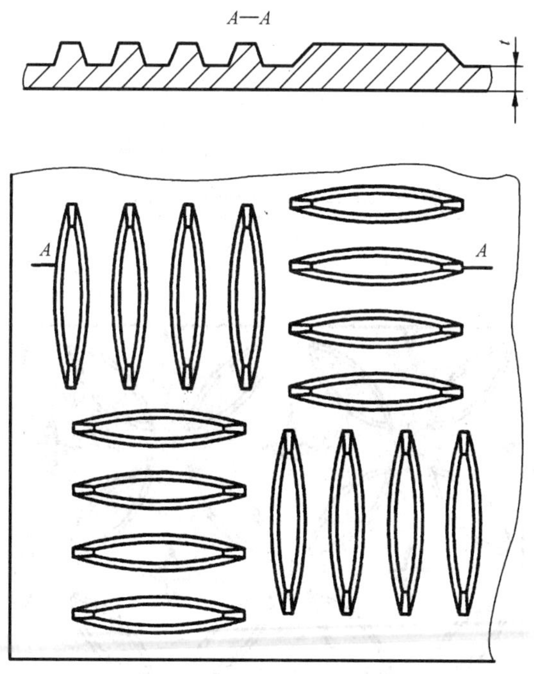

图7　7号花纹板

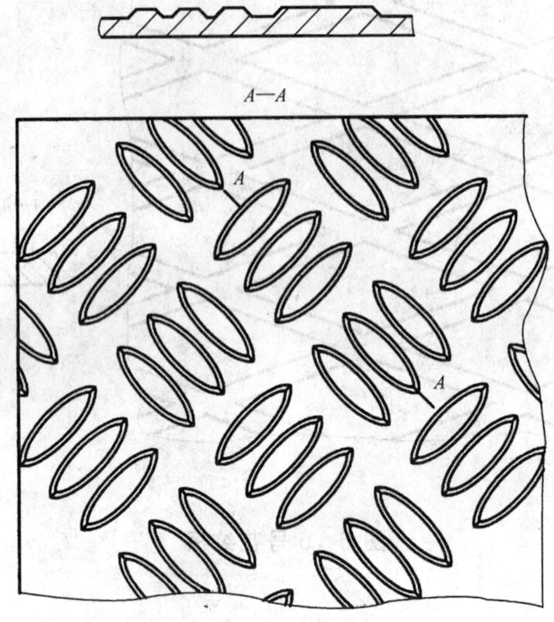

图 8　8 号花纹板

图 9　9 号花纹板

表 2

单位为毫米

底板厚度	底板厚度允许偏差	宽度允许偏差	长度允许偏差
1.00~1.20	0 −0.18	±5	±5
>1.20~1.60	0 −0.22		
>1.60~2.00	0 −0.26		
>2.00~2.50	0 −0.30		
>2.50~3.20	0 −0.36		
>3.20~4.00	0 −0.42		
>4.00~5.00	0 −0.47	—	
>5.00~8.00	0 −0.52		
注 1:要求底板厚度偏差为正值时,需供需双方协商并在合同中注明。 注 2:厚度>4.5 mm~8.0 mm 的花纹板不切边供货。但经双方协商并在合同中注明,也可切边供货。			

表 3

花纹板代号	筋高允许偏差/mm
1 号、2 号、3 号、4 号、5 号、6 号	±0.4
7 号	±0.5
8 号、9 号	±0.1

表 4

状　态	不平度/mm	
	长度方向	宽度方向
O、H114、H234、H194	≤15	≤20
T4	≤20	≤25

3.3.4 当需方对切边供应的花纹板对角线偏差有要求时,其对角线偏差应符合表 5 的规定。

表 5

单位为毫米

公称长度	两对角线长度差
≤4 000	≤10
>4 000~6 000	≤11
>6 000	≤12

3.4 力学性能

3.4.1 1 号花纹板的室温拉伸试验结果应符合表 6 的规定,当需方对其他代号的花纹板的室温拉伸试验性能或任意代号的花纹板的弯曲系数有要求时,供需双方应参考表 6 中的规定具体协商,并在合同中注明。

表 6

花纹代号	牌号	状态	抗拉强度 $R_m/(N/mm^2)$	规定非比例延伸强度 $R_{p0.2}/(N/mm^2)$	断后伸长率 $A_{50}/\%$	弯曲系数
			不小于			
1号、9号	2A12	T4	405	255	10	—
2号、4号、6号、9号	2A11	H234、H194	215	—	3	—
4号、8号、9号	3003	H114、H234	120	—	4	4
		H194	140	—	3	8
3号、4号、5号、8号、9号	1×××	H114	80	—	4	2
		H194	100	—	3	6
3号、7号	5A02、5052	O	≤150	—	14	3
2号、3号		H114	180	—	3	3
2号、4号、7号、8号、9号		H194	195	—	3	8
3号	5A43	O	≤100	—	15	2
		H114	120	—	4	4
7号	6061	O	≤150	—	12	—
注:计算截面积所用的厚度为底板厚度。						

3.5 显微组织

2A12—T4 花纹板显微组织不允许过烧。

3.6 外观质量

3.6.1 花纹板花纹面应加工良好,不应有裂纹、严重的擦划伤等影响使用的缺陷。

3.6.2 允许有因热处理引起的表面变化。

3.6.3 花纹面每平方米板面上气泡总面积不超过 100 mm^2。

3.6.4 花纹板花纹面上缺陷深度不超过底板厚度负偏差,并保证最小厚度。

3.6.5 花纹板不切边时,应保证板材公称尺寸部分符合本标准的要求。

3.6.6 淬火板材表面不允许有硝盐痕。

4 试验方法

4.1 化学成分分析方法

化学成分分析方法可采用 GB/T 6987 或 GB/T 7999,仲裁分析应符合 GB/T 6987 的规定。

4.2 尺寸检验方法

板材厚度测量用精度为 0.01 mm 的千分尺,其他尺寸用米尺、塞尺等相应精度的量具测量。

4.3 力学性能试验方法

室温拉伸试验方法应符合 GB/T 228 的规定,弯曲性能试验应按 GB/T 232 进行。

4.4 显微组织检验方法

显微组织检验方法按 GB/T 3246.1 的规定进行。

4.5 外观质量检验方法

外观质量用目视检查,当对缺陷深度不能确定时,可以修磨后测量。

4.6 硝盐痕检验方法

用一滴浓度(体积分数)为0.5%的二苯胺硫酸溶液滴在板面上,经10 s~15 s后,若该溶液急剧变蓝,即证明该处有硝盐存在,若不变蓝,即证明该处无硝盐。

5 检验规则

5.1 检验与验收

5.1.1 板材应由供方技术监督部门进行检验,保证产品质量符合本标准的规定,并填写质量证明书。

5.1.2 需方应对收到的产品按本标准的规定进行复验。复验结果与本标准及订货合同的规定不符时,应以书面形式向供方提出,由供需双方协商解决。属于外观质量及尺寸偏差的异议,应在收到产品之日起1个月内提出,属于其他的异议,应在收到产品之日起3个月内提出。如需仲裁,供需双方应在需方共同进行仲裁取样。

5.2 组批

花纹板材应成批提交验收,每批应由同一花纹代号、牌号、状态、规格的板材组成,批重不限。

5.3 计重

花纹板采用理论计重方式,有特殊要求时须在合同中注明。花纹板单位面积的理论重量参见附录B。

5.4 检验项目

每批产品均应进行化学成分、外观质量、尺寸偏差(筋高偏差、对角线偏差除外)的检验。淬火板材还应进行显微组织检验。1号花纹板需检验室温拉伸试验性能。如需方在合同中有特别规定,供方还应检验非1号花纹的产品室温拉伸试验性能或花纹板的弯曲性能、筋高偏差、对角线偏差等。

5.5 取样

产品取样应符合表7的规定。

表 7

检验项目	取样规定	要求的章条号	试验方法的章条号
化学成分	按GB/T 17432的规定进行。带包覆层的合金应去掉包覆层	3.2	4.1
尺寸偏差	逐张检验	3.3	4.3
力学性能	每批取样2%,但不少于2张。每张于板材端部取1个试样。试样长轴方向与轧制方向所成的角度:1#花纹板为45°,其余花纹板为90°。其他要求应符合GB/T 16865的规定	3.4	4.2
弯曲性能	每批取样2%,但不少于2张。每张取1个试样	3.4	4.2
显微组织	每批任取1个试样	3.5	4.4
外观质量	逐张检验	3.6	4.5

5.6 检验结果的判定

5.6.1 化学成分不合格时,判该批不合格。

5.6.2 当室温拉伸试验结果或弯曲试验结果中有试样不合格时,应从该批板材中重取双倍数量(包括原受检不合格板材)的试样进行重复试验,重复试验结果全部合格,则判该批合格。重复试验仍有试样不合格时,判该批不合格。

5.6.3 显微组织不合格时,判该批不合格。

5.6.4 外观质量、尺寸偏差不合格时,判该件不合格。

6 标志、包装、运输、贮存

6.1 标志

6.1.1 花纹板包装箱标志应符合 GB/T 3199 的规定。

6.1.2 验收合格的每批板材每垛上下各 3 张打上如下印记：

a) 技术监督部门的检印；
b) 牌号；
c) 状态；
d) 花纹代号；
e) 批号；
f) 规格。

6.2 包装、运输、贮存

1 号花纹板涂油装箱包装，其他花纹板不涂油、不垫纸成垛包装。有特殊要求应在合同中注明，其他应符合 GB/T 3199 的规定。

6.3 质量证明书

每批花纹板材应附有符合本标准要求的质量证明书，其上注明：

a) 供方名称、电话、传真；
b) 产品名称；
c) 牌号；
d) 供货状态；
e) 花纹代号；
f) 批号；
g) 规格；
h) 净重和张数；
i) 检验结果；
j) 技术监督部门印记；
k) 本标准编号；
l) 包装日期。

7 合同内容

订购本标准所列材料的合同内应包括下列内容：

a) 产品名称；
b) 牌号；
c) 状态；
d) 花纹代号；
e) 尺寸规格；
f) 重量；
g) 本标准要求的"应在合同中注明"的事项；
h) 本标准编号；
i) 其他。

附 录 A
（资料性附录）
新、旧牌号对照及新状态代号说明

A.1 新、旧牌号对照见表 A.1。

表 A.1

新牌号	旧牌号	新牌号	旧牌号
1070A	代 L1	3A21	原 LF21
1060	代 L2	3105	—
1050A	代 L3	3003	—
1100	代 L5-1	5A02	原 LF2
1200	代 L5	5A43	原 LF43
1A50	代 LB2	6061	原 LD30
2A11	原 LY11	8A06	代 L6
2A12	原 LY12	—	—

A.2 新状态代号说明见表 A.2。

表 A.2

新状态代号	状态代号含义
T4	花纹板淬火自然时效
O	花纹板成品完全退火
H114	用完全退火(O)状态的平板，经过一个道次的冷轧得到的花纹板材
H234	用不完全退火(H22)状态的平板，经过一个道次的冷轧得到的花纹板材
H194	用硬状态(H18)的平板，经过一个道次的冷轧得到的花纹板材

附 录 B
（资料性附录）
花纹板单位面积的理论重量

B.1 2A11 合金花纹板单位面积的理论重量见表 B.1。

表 B.1

底板厚度/mm	单位面积的理论重量/(kg/m²)				
	花纹代号				
	2 号	3 号	4 号	6 号	7 号
1.80	6.340	5.719	5.500	—	5.668
2.00	6.900	6.279	6.060	—	6.228
2.50	8.300	7.679	7.460	—	7.628
3.00	9.700	9.079	8.860	—	9.028
3.50	11.100	10.479	10.260	—	10.428
4.00	12.500	11.879	11.660	12.343	11.828
4.50	—	—	—	13.743	—
5.00	—	—	—	15.143	—
6.00	—	—	—	17.943	—
7.00	—	—	—	20.743	—

B.2 2A12 合金 1 号花纹板单位面积的理论重量见表 B.2。

表 B.2

底板厚度/mm	1 号花纹板单位面积的理论重量/(kg/m²)
1.00	3.452
1.20	4.008
1.50	4.842
1.80	5.676
2.00	6.232
2.50	7.622
3.00	9.012

B.3 当花纹板花型不变，只改变牌号时，按该牌号的密度及比密度换算系数(见表 B.3)，换算该牌号花纹板单位面积的理论重量。

表 B.3

牌号	密度/(g/cm³)	比密度换算系数
2A11	2.80	1.000
纯铝	2.71	0.968
2A12	2.78	0.993
3A21	2.73	0.975

表 B.3（续）

牌号	密度/(g/cm³)	比密度换算系数
3105	2.72	0.971
5A02、5A43、5052	2.68	0.957
6061	2.70	0.964

ICS 77.150.99
H 63

中华人民共和国国家标准

GB/T 3629—2006
代替 GB/T 3628—1995,GB/T 3629—1983

钽及钽合金板材、带材和箔材

Tantalum and tantalum alloy sheet,strip and foil

2006-07-18 发布　　　　2006-11-01 实施

中华人民共和国国家质量监督检验检疫总局
中国国家标准化管理委员会　发布

前言

本标准代替 GB/T 3629—1983《钽及钽合金板材、带材和箔材》和 GB/T 3628—1995《钽及钽合金箔材》。

本标准在钽材的化学成分要求方面达到了 ASTM B 708—2000《钽及钽合金中厚板、薄板和带材》标准的要求。

本标准的力学性能指标参照了 ASTM B 708—2000 中的要求。

本标准与 GB/T 3629—1983 和 GB/T 3628—1995 相比，主要有如下变动：

——产品的尺寸规格发生变化：宽度由原来的 300 mm 增加到 650 mm；长度由 1 000 mm 增加到 10 000 mm；增加了 6 mm 以上板材的要求；

——产品的化学成分发生变化：Ta1 牌号中降低杂质 O 限量；TaNb3 牌号中规定 Nb 含量为 1.5%～3.5%；FTa1牌号中降低杂质 Si、C、N 限量；

——新增了 TaW2.5 合金的化学成分和力学性能要求；

——增加了板材平直度的试验方法和平直度指标。

本标准由中国有色金属工业协会提出。

本标准由全国有色金属标准化技术委员会归口。

本标准起草单位：西部金属材料股份有限公司、西北有色金属研究院、宝鸡有色金属加工厂。

本标准主要起草人：武宇、刘宁平、王国栋、杨明杰、庞薇、朱梅生、黄永光。

本标准由全国有色金属标准化技术委员会负责解释。

本标准所代替标准的历次版本发布情况为：

——GB/T 3629—1983、GB/T 3628—1983、GB/T 3628—1995。

钽及钽合金板材、带材和箔材

1 范围

本标准规定了钽及钽合金板材、带材和箔材的要求、试验方法、检验规则及标志、包装、运输、贮存。

本标准适用于钽及钽合金板材、带材和箔材。

2 规范性引用文件

下列文件中的条款通过本标准的引用而成为本标准的条款。凡是注日期的引用文件，其随后所有的修改单(不包括勘误的内容)或修订版均不适用于本标准，然而，鼓励根据本标准达成协议的各方研究是否可使用这些文件的最新版本。凡是不注日期的引用文件，其最新版本适用于本标准。

GB/T 228—2002 金属材料 室温拉伸试验方法

GB/T 15076—1994 钽铌化学分析方法

3 要求

3.1 产品分类

产品的牌号、状态和规格应符合表1的规定。

表 1

牌号	状态	规格/mm			品种
		厚度	宽度	长度	
Ta1 Ta2 FTa1 FTa2 TaNb20 TaNb3 TaW2.5	Y	0.005～0.1	30～300	>300	箔材
	M,Y	>0.1～0.5	50～450	100～10 000	带材 板材
		>0.5～0.8	50～450	50～2 000	
	M,Y	>0.8～2.0	50～650	50～2 000	板材
		>2.0～6.0	50～650	50～1 500	
		>6.0	50～650	50～1 500	

注1：表中M为软状态，Y为硬状态。

注2：牌号说明：

Ta1：用真空电弧或真空电子束熔炼的工业一级钽材。

Ta2：用真空电弧或真空电子束熔炼的工业二级钽材。

FTa1：用粉末冶金方法制得的工业一级钽材。

FTa2：用粉末冶金方法制得的工业二级钽材。

TaNb20：用真空电弧或真空电子束熔炼的钽基合金材。

TaNb3：用真空电弧或真空电子束熔炼的钽基合金材。

TaW2.5：用真空电弧或真空电子束熔炼的钽基合金材。

3.2 标记示例

用Ta1制造的、M状态、精度为一级、厚度为0.5 mm、宽度为200 mm、长度为450 mm符合本标准的钽板标记为：

板 Ta1 M一级精度 0.5×200×450 GB/T 3629—2006。

3.3 化学成分

各种牌号产品的化学成分应符合表 2 的规定。

表 2

牌号	主要成分/%			杂质质量分数/%,不大于										
	Ta	Nb	W	Fe	Si	Ni	W	Mo	Ti	Nb	O	C	H	N
Ta1	余量	—	—	0.005	0.005	0.002	0.01	0.01	0.002	0.05	0.015	0.01	0.002	0.005
Ta2	余量	—	—	0.03	0.02	0.005	0.04	0.02	0.005	0.1	0.03	0.02	0.005	0.025
TaNb3	余量	1.5～3.5	—	0.03	0.03	0.005	0.04	0.03	0.005	—	0.03	0.02	0.005	0.025
TaNb20	余量	17～23	—	0.03	0.03	0.005	0.04	0.03	0.005	—	0.03	0.02	0.005	0.025
FTa1	余量	—	—	0.01	0.005	0.005	0.02	0.02	0.005	0.05	0.03	0.01	0.002	0.01
FTa2	余量	—	—	0.03	0.03	0.01	0.04	0.03	0.010	0.10	0.035	0.05	0.005	0.03
TaW2.5	余量	—	2.0～3.5	0.01	0.005	0.005	—	0.02	0.003	0.05	0.015	0.01	0.002	0.01

3.4 外形尺寸及允许偏差

3.4.1 钽及钽合金材的厚度、宽度、长度及其允许偏差应符合表 3 的规定。

表 3

单位为毫米

厚 度	厚度允许偏差		宽 度	宽度允许偏差	长度	长度允许偏差
	一级	二级				
0.005～0.01	±0.001	±0.002	30～300	±2.0	≥300	—
>0.01～0.02	±0.002	±0.003	30～300	±2.0	≥300	—
>0.02～0.05	±0.003	±0.004	30～300	±2.0	≥300	—
>0.05～0.07	±0.005	±0.006	30～300	±2.0	≥300	—
>0.07～0.1	±0.006	±0.008	30～300	±2.0	≥300	—
>0.1～0.2	±0.015	±0.02	50～450	±3.0	100～10000	±3.0
>0.2～0.3	±0.02	±0.03	50～450	±3.0	100～10000	±3.0
>0.3～0.5	±0.03	±0.04	50～450	±3.0	100～10000	±3.0
>0.5～0.8	±0.04	±0.06	50～450	±3.0	50～2000	±3.0
>0.8～1.0	±0.06	±0.08	50～650	±4.0	50～2000	±4.0
>1.0～1.5	±0.08	±0.10	50～650	±4.0	50～2000	±4.0
>1.5～2.0	±0.12	±0.14	50～650	±4.0	50～2000	±4.0
>2.0～3.0	±0.16	±0.18	50～650	±4.0	50～1500	±4.0
>3.0～4.0	±0.18	±0.20	50～650	±4.0	50～1500	±4.0
>4.0～6.0	±0.20	±0.24	50～650	±4.0	50～1500	±4.0

注 1:板材厚度>6.0 mm,宽度<450 mm 时,厚度偏差为其厚度的±6%;板材厚度>6.0 mm,宽度≥450 mm 时,厚度偏差为其厚度的±10%。

注 2:特殊加工产品的厚度允许偏差由供需双方协商解决。

3.4.2 箔材表面应平整。允许有不明显的波浪,但当卷在直径为 50 mm～60 mm 的卷筒上时,其波浪应当消除。

3.4.3 正方形的产品,在四个直角部分允许有不影响冲圆的少量缺角,其产品不影响用户的最终使用要求。

3.4.4 板材平直度应不大于6%。

3.5 力学性能

当合同中注明需要测定产品的力学性能时，钽材的室温纵向力学性能应符合表4的规定。

表4

牌号	状态	厚度/mm	抗拉强度 R_m/MPa	伸长率 A/%
Ta1 Ta2	M	0.1～0.25	≥200	≥20
	Y		≥500	≥2
	M	≥0.25～0.5	≥200	≥25
	Y		≥500	≥2
	M	≥0.5	≥200	≥30
	Y		≥500	≥2
FTa1 FTa2	M	0.1～0.25	≥200	≥18
	Y		≥450	≥1.5
	M	≥0.25～0.5	≥200	≥20
	Y		≥450	≥1.5
	M	≥0.5	≥200	≥25
	Y		≥450	≥1.5
TaW2.5	M	0.1～1.5	≥250	≥18
		≥1.5	≥250	≥20

注1：厚度不小于0.5 mm的板材试样的标距长度 $L_0=5.65\sqrt{S_0}$。

注2：厚度小于0.5 mm的板、带材试样的标距长度 $L_0=50$ mm，试样宽度 $b=12.5$ mm。

注3：当合同中有晶粒度和硬度要求时，供、需双方可对钽材的力学性能另做商定。

3.6 表面质量

3.6.1 产品表面应光亮，允许有不影响用户最终使用要求的表面缺陷，如轻微氧化、擦伤、辊印、修磨痕迹等。

3.6.2 厚度大于4.0 mm的板材，允许生产厂除去小的表面缺陷，清除后的厚度不得小于允许最小尺寸。

3.6.3 产品边部应剪切整齐，无裂口，允许有轻微的剪切毛刺。

3.6.4 产品不应有分层和夹杂。

3.6.5 不定尺板材的软状态产品，允许有退火时相互接触的痕迹。

4 试验方法

4.1 化学成分仲裁分析方法

钽及钽合金化学成分的仲裁分析方法按GB/T 15076—1994的规定进行。

4.2 室温力学性能检验方法

钽材的室温力学性能检验方法按GB/T 228—2002的规定进行。

4.3 尺寸测量方法

板材和带材在距离边部不小于10 mm处，用相应精度的测量工具测量其厚度。箔材用杠杆千分尺或电子测微仪测量其厚度。用钢板尺或卷尺测量其宽度和长度。

4.4 **平直度按图1测量，用式1计算：**

$$平直度 = (H/L) \times 100\% \quad \cdots\cdots(1)$$

式中：

H——板材下表面与基准面之间的最大垂直距离，单位为毫米(mm)；

L——板材最高点与基准面接触点之间的最小水平距离，单位为毫米(mm)。

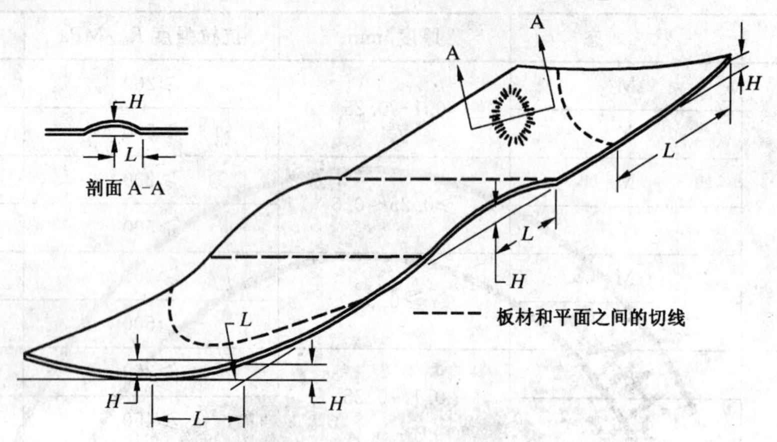

图 1

5 检验规则

5.1 检查和验收

5.1.1 钽材应由供方技术监督部门进行检验，并保证产品质量符合本标准的要求。

5.1.2 需方可对收到的产品进行检验。如检验结果与本标准不符时，在收到产品之日起3个月内向供方提出，双方协商解决。

5.2 组批

钽材应成批提交验收。每批由同一牌号、熔炼炉号或同批粉号、制造方法、规格和状态的钽材组成。

5.3 检验项目

每批钽材均应进行尺寸和表面质量的检验。

5.4 取样位置和取样数量

5.4.1 化学成分以原铸锭或烧结板(条)坯的化学成分报出。

5.4.2 室温力学性能的取样，每批产品任取二个纵向试样作室温拉伸试验。

5.5 重复试验

5.5.1 如果化学成分的分析检验结果中，有一个试样不合格时，则在原位置附近取双倍试样进行不合格项目的重复试验，若仍有一个试样不合格时，则整批报废。

5.5.2 如果室温拉伸试验有一个试样不合格，再取双倍试样进行重复试验。重复试验结果若仍有一个试样不合格时，则整批报废或逐张取二个试样进行不合格项目的试验，合格者单独组批验收。

5.5.3 如果尺寸公差、表面质量不合格时，应逐张(卷)检查，合格者重新组批交货。

6 标志、包装、运输、贮存

6.1 标志

产品除附有检查标志外，在每个包装箱上应系有标签或标牌，其上注明：

a) 供方名称；

b) 产品牌号、规格和状态；

c) 产品批号和炉号。

6.2 包装、运输和贮存

6.2.1 板材每张之间用软纸隔开，然后用箱包装。

6.2.2 带材需用防潮纸包好，放在干燥的箱内，各卷之间用填充材料塞紧，防止窜动。

6.2.3 箔材应缠绕在硬塑料圆筒上，并用塑料布和塑料袋包裹牢固，然后用箱包装。

6.2.4 箱内应衬防潮纸，箱外注明“防潮”、“轻放”等字样或标志。

6.2.5 运输和保管时，要防止碰伤、受潮和活性化学试剂的侵蚀。

6.3 质量证明书

每批产品应附有质量证明书。其上注明：

a) 供方名称；

b) 产品名称；

c) 产品牌号、规格和状态；

d) 产品批号、批重、炉号和件数；

e) 各项分析检验结果及检验部门印记；

f) 本标准编号；

g) 包装日期。

7 订货单（或合同）内容

本标准所列材料的订货单（或合同）应包括下列内容：

a) 产品名称；

b) 牌号；

c) 状态；

d) 重量或张数；

e) 本标准要求的应在合同中注明的事项；

f) 尺寸规格；

g) 包装要求；

h) 本标准编号；

i) 增加本标准以外内容时的协商结果。

ICS 77.150.99
H 63

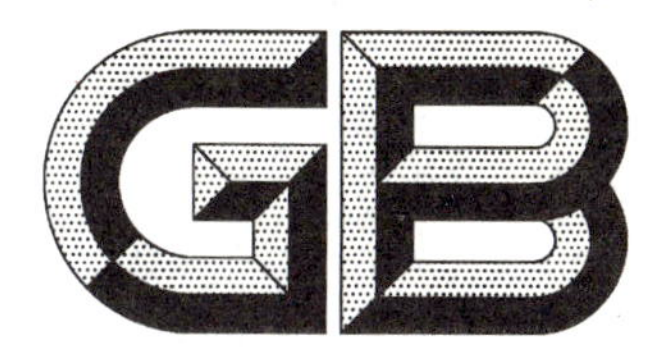

中华人民共和国国家标准

GB/T 3630—2006
代替 GB/T 3630—1983

铌板材、带材和箔材

Niobium sheet, strip and foil

2006-07-18 发布 2006-11-01 实施

中华人民共和国国家质量监督检验检疫总局
中国国家标准化管理委员会 发布

前　言

本标准是对GB/T 3630—1983《铌板材、带材和箔材》的修订。

本标准的化学成分指标参照了ASTM B393—2000《铌及铌合金带材、薄板和中厚板》的要求，本标准在铌材的力学性能要求方面达到了ASTM B393—2000的要求。

本标准与GB/T 3630—1983相比，主要做了如下变动：

——产品的尺寸规格发生变化：宽度由原来的300 mm，增加到650 mm；长度由1 000 mm，增加到10 000 mm；增加了厚度6 mm以上板材的要求；

——产品的化学成分发生变化：Nb1牌号中降低杂质C、N、O限量；Nb2牌号中降低杂质C、O限量；FNb1牌号中降低杂质O限量；FNb2牌号中降低杂质O限量；

——化学成分中增加了对W、Ni、Ta三种杂质元素的要求；

——增加了关于板材平直度的试验方法和平直度指标。

本标准自实施之日起代替GB/T 3630—1983。

本标准由中国有色金属工业协会提出。

本标准由全国有色金属标准化技术委员会归口。

本标准起草单位：西部金属材料股份有限公司、西北有色金属研究院、宝鸡有色金属加工厂。

本标准主要起草人：刘宁平、武宇、王国栋、杨明杰、赵鸿磊、朱梅生、黄永光。

本标准由全国有色金属标准化技术委员会负责解释。

本标准所代替标准的历次版本发布情况为：

—— GB/T 3630—1983。

铌板材、带材和箔材

1 范围

本标准规定了纯铌板材、带材和箔材的要求、试验方法、检验规则及标志、包装、运输、储存。

本标准适用于纯铌板材、带材和箔材。

2 规范性引用文件

下列文件中的条款通过本标准的引用而成为本标准的条款。凡是注日期的引用文件，其随后所有的修改单（不包括勘误的内容）或修订版均不适用于本标准，然而，鼓励根据本标准达成协议的各方研究是否可使用这些文件的最新版本。凡是不注日期的引用文件，其最新版本适用于本标准。

GB/T 228—2002 金属材料 室温拉伸试验方法

GB/T 15076—1994 钽铌化学分析方法

3 要求

3.1 产品分类

产品的牌号、状态和规格应符合表1的规定。

表 1

牌号	状态	规格/mm			品种
		厚度	宽度	长度	
Nb1 Nb2 FNb1 FNb2	Y	0.01～0.1	30～300	>300	箔材
	M，Y	>0.1～0.5	50～450	100～10 000	带材、板材
		>0.5～0.8	50～450	50～2 000	
	M，Y	>0.8～2.0	50～650	50～2 000	板材
		>2.0～6.0	50～650	50～1 500	
		>6.0	50～650	50～1 500	

注1：表中M为软状态，Y为硬状态。

注2：牌号说明：

Nb1：为真空电弧或真空电子束熔炼的工业一级铌材。

Nb2：为真空电弧或真空电子束熔炼的工业二级铌材。

FNb1：为粉末冶金方法制得的工业一级铌材。

FNb2：为粉末冶金方法制得的工业二级铌材。

3.2 标记示例

用Nb1制造的、M状态、精度为一级、厚度为0.5 mm、宽度为200 mm、长度为450 mm符合本标准的铌板标记为：

板 Nb1 M 一级精度 0.5×200×450 GB/T 3630—2006。

3.3 化学成分

各种牌号产品的化学成分应符合表2的规定。

表 2

牌号	Nb质量分数/%	杂质质量分数/%，不大于											
		Fe	Ni	W	Si	Mo	Cr	Ti	Ta	O	C	H	N
Nb1	余量	0.005	0.005	0.03	0.005	0.01	0.002	0.002	0.10	0.015	0.01	0.001	0.015
Nb2	余量	0.03	0.01	0.05	0.02	0.05	0.01	0.005	0.25	0.025	0.02	0.005	0.05
FNb1	余量	0.01	0.005	0.05	0.01	0.02	0.005	0.005	0.10	0.030	0.03	0.002	0.035
FNb2	余量	0.04	0.01	0.05	0.03	0.05	0.01	0.01	—	0.060	0.05	0.005	0.05

3.4 外形尺寸及允许偏差

3.4.1 铌材的厚度、宽度、长度及其允许偏差应符合表 3 的规定。

表 3

单位为毫米

厚度	厚度允许偏差		宽度	宽度允许偏差	长度	长度允许偏差
	一级	二级				
0.01～0.02	±0.002	±0.003	30～300	±2.0	≥300	—
>0.02～0.05	±0.003	±0.004	30～300	±2.0	≥300	—
>0.05～0.07	±0.005	±0.006	30～300	±2.0	≥300	—
>0.07～0.1	±0.006	±0.008	30～300	±2.0	≥300	—
>0.1～0.2	±0.015	±0.02	50～450	±3.0	100～10 000	±3.0
>0.2～0.3	±0.02	±0.03	50～450	±3.0	100～10 000	±3.0
>0.3～0.5	±0.03	±0.04	50～450	±3.0	100～10 000	±3.0
>0.5～0.8	±0.04	±0.06	50～450	±3.0	50～2 000	±3.0
>0.8～1.0	±0.06	±0.08	50～650	±4.0	50～2 000	±4.0
>1.0～1.5	±0.08	±0.10	50～650	±4.0	50～2 000	±4.0
>1.5～2.0	±0.12	±0.14	50～650	±4.0	50～2 000	±4.0
>2.0～3.0	±0.16	±0.18	50～650	±4.0	50～1 500	±4.0
>3.0～4.0	±0.18	±0.20	50～650	±4.0	50～1 500	±4.0
>4.0～6.0	±0.20	±0.24	50～650	±4.0	50～1 500	±4.0

注 1：板材厚度>6.0 mm，宽度<450 mm 时，厚度偏差为其厚度的±6%；板材厚度>6.0 mm，宽度≥450 mm 时，厚度偏差为其厚度的±10%。

注 2：特殊加工产品的厚度允许偏差由供需双方协商解决。

3.4.2 箔材表面应平整。允许有不明显的波浪，但当卷在直径为 50～60 mm 的卷筒上时，其波浪应当消除。

3.4.3 正方形的产品，在四个直角部分允许有不影响冲圆的少量缺角，其产品不影响用户的最终使用要求。

3.4.4 板材平直度应不大于 6%。

3.5 力学性能

当合同中注明需要测定产品的力学性能时，铌材的室温纵向力学性能应符合表 4 的规定。

表 4

牌　　号	状　　态	抗拉强度 R_m/MPa	伸长率 A/%
Nb1、Nb2、FNb1、FNb2	M	≥200	≥25
	Y	≥400	≥1.0

注 1：厚度不小于 0.5 mm 的板材试样的标距长度 $L_0=5.65\sqrt{S_0}$。

注 2：厚度小于 0.5 mm 的板、带材试样的标距长度 $L_0=50$ mm，试样宽度 $b=12.5$ mm。

注 3：退火状态下，厚度小于 0.3 mm 的板、带材，其伸长率 $A\geqslant 20\%$。

注 4：当合同中有晶粒度和硬度要求时，供、需双方可对铌材的力学性能另做商定。

3.6 表面质量

3.6.1 产品表面应光亮，允许有不影响用户最终使用要求的表面缺陷，如轻微氧化、擦伤、辊印、修磨痕迹等。

3.6.2 厚度大于 4.0 mm 的板材，允许生产厂除去小的表面缺陷，清除后的厚度不得小于允许最小尺寸。

3.6.3 产品边部应剪切整齐，无裂口，允许有轻微的剪切毛刺。

3.6.4 产品不应有分层和夹杂。

3.6.5 不定尺板材的软状态产品，允许有退火时相互接触的痕迹。

4 试验方法

4.1 化学成分仲裁分析方法

纯铌材化学成分的仲裁分析方法按 GB/T 15076—1994 的规定进行。

4.2 室温力学性能检验方法

铌材的室温力学性能检验方法按 GB/T 228—2002 的规定进行。

4.3 尺寸测量方法

板材和带材在距离边部不小于 10 mm 处，用相应精度的测量工具测量其厚度。箔材用杠杆千分尺或电子测微仪测量其厚度。用钢板尺或卷尺测量其宽度和长度。

4.4 平直度

平直度按图 1 测量，用式 1 计算：

$$\text{平直度} = (H/L)\times 100\% \qquad (1)$$

式中：

H——板材下表面与基准面之间的最大垂直距离，单位为毫米(mm)；

L——板材最高点与基准面接触点之间的最小水平距离，单位为毫米(mm)。

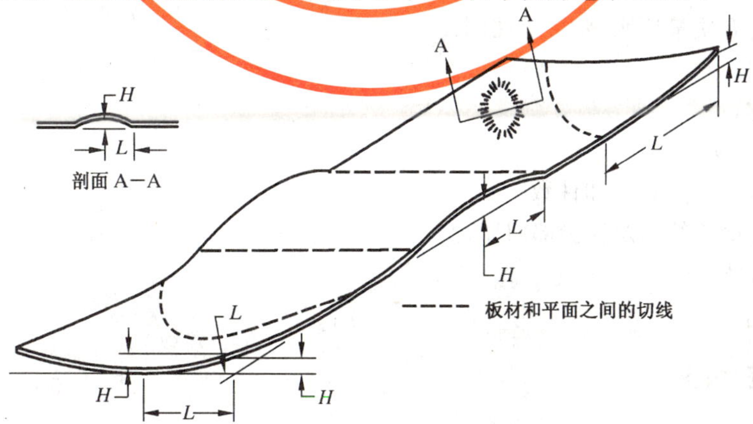

图 1

5 检验规则

5.1 检查和验收

5.1.1 铌材应由供方技术监督部门进行检验，并保证产品质量符合本标准的要求。

5.1.2 需方可对收到的产品进行检验。如检验结果与本标准不符时，在收到产品之日起3个月内向供方提出，双方协商解决。

5.2 组批

铌材应成批提交验收。每批由同一牌号、熔炼炉号或同批粉号、制造方法、规格和状态的铌材组成。

5.3 检验项目

每批铌材均应进行尺寸和表面质量的检验。

5.4 取样位置和取样数量

5.4.1 化学成分以原铸锭或烧结板(条)坯的化学成分报出。

5.4.2 室温力学性能的取样，每批产品任取二个纵向试样作室温拉伸试验。

5.5 重复试验

5.5.1 如果化学成分的分析检验结果中，有一个试样不合格时，则在原位置附近取双倍试样进行不合格项目的重复试验，若仍有一个试样不合格时，则整批报废。

5.5.2 如果室温拉伸试验有一个试样不合格，再取双倍试样进行重复试验。重复试验结果若仍有一个试样不合格时，则整批报废或逐张取二个试样进行不合格项目的试验，合格者单独组批验收。

5.5.3 如果外形尺寸偏差、表面质量不合格时，应逐张(卷)检查，合格者重新组批交货。

6 标志、包装、运输、贮存

6.1 标志

产品除附有检查标志外，在每个包装箱上应系有标签或标牌，其上注明：

a) 供方名称；

b) 产品牌号、规格和状态；

c) 产品批号和炉号。

6.2 包装、运输和贮存

6.2.1 板材每张之间用软纸隔开，然后用箱包装。

6.2.2 带材需用防潮纸包好，放在干燥的箱内，各卷之间用填充材料塞紧，防止窜动。

6.2.3 箔材应缠绕在硬塑料圆筒上，并用塑料布和塑料袋包裹牢固，然后用箱包装。

6.2.4 箱内应衬防潮纸，箱外注明“防潮”、“轻放”等字样或标志。

6.2.5 运输和保管时，要防止碰伤、受潮和活性化学试剂的侵蚀。

6.3 质量证明书

每批产品应附有质量证明书，其上注明：

a) 供方名称；

b) 产品名称；

c) 产品牌号、规格和状态；

d) 产品批号、批重、炉号和件数；

e) 各项分析检验结果及检验部门印记；

f) 本标准编号；

g) 包装日期。

7 订货单(或合同)内容

本标准所列材料的订货单(或合同)应包括下列内容：

a） 产品名称；

b） 牌号；

c） 状态；

d） 重量或张数；

e） 本标准要求的应在合同中注明的事项；

f） 尺寸规格；

g） 包装要求；

h） 本标准编号；

i） 增加本标准以外内容时的协商结果。

ICS 71.100.20
G 86

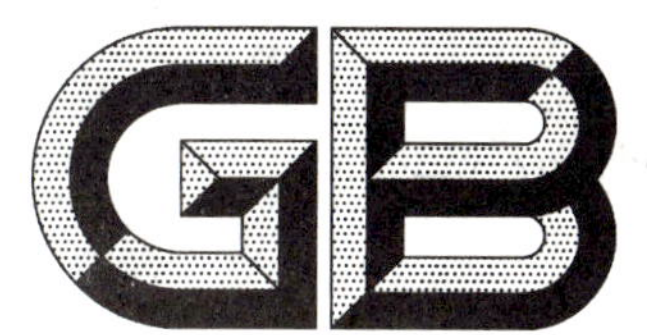

中华人民共和国国家标准

GB/T 3634.1—2006
代替 GB/T 3634—1995

氢气 第1部分 工业氢

Hydrogen—Part 1: Industrial hydrogen

2006-01-23 发布 2006-11-01 实施

中华人民共和国国家质量监督检验检疫总局
中国国家标准化管理委员会 发布

前 言

GB/T 3634《氢气》分为如下两个部分：

——第1部分：工业氢；

——第2部分：纯氢、高纯氢和超纯氢。

本部分为GB/T 3634的第1部分。

本部分代替GB/T 3634—1995《工业氢》。

本部分与GB/T 3634—1995相比主要变化如下：

——增加范围中的制氢方法和工业氢的应用范围(本版的第1章)；

——增加相关的规范性引用文件(本版的第2章)；

——提高了对氮含量和氩含量的要求(1995年版第3章和本版的第3章)；

——增加集装格装产品检验规则(见本版4.1.1和4.1.2)；

——修改试验方法，增加测定氧、氩组分的方法(1995年版的4.3和本版的附录A)；

——将氯、碱测定装置示意图编入规范性附录(1995年版的图2和本版的附录B)；

——将氢气体积计算编入资料性附录(1995年版的6.6以及附录A和本版的附录C)。

本部分的附录A、附录B为规范性附录，附录C为资料性附录。

本部分由中国石油和化学工业协会提出。

本部分由全国气体标准化技术委员会归口。

本部分起草单位：西南化工研究设计院、江苏新苑集团公司无锡市新苑科学气体厂、北京赛思瑞泰科技有限公司、光明化工研究设计院、山东省半导体研究所。

本部分主要起草人：王少楠、蔡体杰、沈涛、张丙新、陈雅丽。

本部分所代替标准的历次版本发布情况为：GB 3634—1983、GB/T 3634—1995。

氢气 第1部分 工业氢

1 范围

本部分规定了工业氢的要求、试验方法、包装标志、贮运及安全要求。

本部分适用于化学裂解、电解、吸附、膜分离以及氢化物等方法制取的瓶装、集装格装和管道输送的氢气。它主要应用于石油、食品、精细化工、玻璃和人造宝石的制造、金属冶炼、切割以及焊接等行业。

分子式：H_2

相对分子质量：2.01588（按2001年国际相对原子质量表）

2 规范性引用文件

下列文件中的条款通过GB/T 3634.1的引用而成为GB/T 3634.1的条款。凡是注日期的引用文件，其随后所有的修改单（不包括勘误的内容）或修订版均不适用于GB/T 3634.1，然而，鼓励根据GB/T 3634.1达成协议的各方研究是否可使用这些文件的最新版本。凡是不注日期的引用文件，其最新版本适用于GB/T 3634.1。

GB 190 危险货物包装标志

GB/T 3723 工业用化学产品采样安全通则（GB/T 3723—1999，idt ISO 3165：1976）

GB 4962 氢气使用安全技术规程

GB 5099 钢质无缝气瓶（GB 5099—1994，neq ISO 4705：1983）

GB/T 5832.2 气体中微量水分的测定 露点法

GB/T 6285 气体中微量氧的测定 电化学法

GB/T 6681 气体化工产品采样通则

GB 7144 气瓶颜色标记

GB 14194 永久气体气瓶充装规定

《气瓶安全监察规程》

《危险化学品安全管理条例》

《特种设备安全监察条例》

3 要求

3.1 工业氢的技术指标应符合表1的要求。

表1 技术指标

项目名称		指标		
		优等品	一等品	合格品
氢气（H_2）的体积分数/10^{-2}	≥	99.95	99.50	99.00
氧（O_2）的体积分数/10^{-2}	≤	0.01	0.20	0.40
氮加氩（N_2+Ar）的体积分数/10^{-2}	≤	0.04	0.30	0.60
露点/℃	≤	−43	—	—
游离水/（mL/40 L瓶）		—	无游离水	≤100
注：管道输送以及其他包装形式的合格品工业氢的水分指标由供需双方商定。				

3.2 食盐电解法生产的工业氢应测定氯、碱组份，测定时样品气不应与指示剂发生反应。

4 试验方法

4.1 抽样、判定和复验

4.1.1 瓶装工业氢按表2规定的批量随机抽样检验，成批验收。当检验结果有一瓶不符合本部分技术要求时，应重新加倍随即抽样检验，如果仍有一瓶不符合本部分技术要求时，则判该批产品不合格。

4.1.2 集装格装氢气产品按表2规定的批量随机抽样检验，成批验收。当检验结果有任何一项指标不符合本部分技术要求时，则判该批产品不合格。

表2 瓶装或集装格装工业氢抽样表

每批产品气瓶数或格数	1	2	3～100	101～500	>500
每批最少抽样气瓶数或格数	1	2	3	5	10

4.1.3 稳定生产的管道输送的氢气每4 h抽样检验1次。当检验结果有任何一项指标不符合本部分技术要求时则判该4 h内产品不合格。

4.1.4 工业氢的采样方法按GB/T 6681的规定执行，采样安全按GB/T 3723的规定执行。

4.2 氢纯度

氢气纯度按(1)式计算：

$$\varphi = 100 - (\varphi_1 + \varphi_2) \qquad \cdots\cdots(1)$$

式中：

φ——氢气(H_2)的体积分数/10^{-2}；

φ_1——氧(O_2)的体积分数/10^{-2}；

φ_2——氮加氩(N_2+Ar)的体积分数/10^{-2}。

4.3 水分含量的测定

4.3.1 一等品、合格品游离水的测定

采用倒置法测定。在环境温度下将氢气瓶垂直倒置约10 min后，微开瓶阀，让游离水以微小流量流入干燥清洁的容器内，当有氢气喷出时，立刻关闭瓶阀。用量筒计量流出的水，其体积应符合表1的相应规定。

4.3.2 优等品水分含量的测定

优等品按GB/T 5832.2进行测定。

允许采用其他等效的方法测定氢中水分含量。当测定结果有异议时，以GB/T 5832.2规定的方法为仲裁方法。

4.4 氧、氩和氮含量的测定

4.4.1 氧、氩和氮含量的测定见附录A。

4.4.2 允许按GB/T 6285规定的方法测定氧体积分数，该方法测氧体积分数的范围上限扩大至1×10^{-2}。当两种方法测定的氧含量有异议时，以GB/T 6285规定的方法为仲裁方法。

4.5 氯、碱的测定

氯、碱的测定见附录B。

5 包装、标志及贮运

5.1 氢气瓶应符合GB 5099的规定，气瓶颜色标记应符合GB 7144的规定。运输时，氢气瓶上应附有GB 190中指定的标志。

5.2 氢气的充装、标志及贮运应符合GB 14194以及《气瓶安全监察规程》的相关规定。

5.3 瓶装氢的成品压力在20℃时为(13.5±0.5) MPa。用于测量的压力表精度不低于2.5级。

5.4 返厂氢气瓶的余压不应低于0.05 MPa。余压不符合要求的气瓶，水压试验后的气瓶以及新气瓶等在充装前应按规定要求进行加热、抽空和置换。

5.5 氢气出厂时应附有质量合格证，其内容至少应包括：

——产品名称，生产厂名称；

——生产日期或批号，成品压力，主要成分及含量；

——本部分标准号及产品等级，检验员号。

5.6 氢气体积计算

氢气体积的计算参见附录C。

6 安全要求

6.1 氢气的生产、使用以及贮运应符合GB 4962、《危险化学品安全管理条例》和《特种设备安全监察条例》的相关规定。

6.2 氢气为无色、无味、易燃易爆气体。氢中含氯、氧、一氧化碳以及空气等的混合物有爆炸危险。由于氢气着火点低，爆炸能高，因此在生产、使用和贮运时要严加注意。以下为这些混合物的爆炸限：

——氢和氯1∶1(体积分数)混合时，在光照下即可爆炸；

——氢和氧混合物的爆炸限：氧中含氢的体积分数：$4\times10^{-2}\sim95\times10^{-2}$；

——氢和一氧化碳混合物的爆炸限：一氧化碳中含氢的体积分数：$13.5\times10^{-2}\sim49\times10^{-2}$；

——氢和空气混合物的爆炸限：空气中含氢的体积分数：$4\times10^{-2}\sim75\times10^{-2}$。

6.3 氢气在室内积聚，当含量达到爆炸限时有发生爆炸的危险。在氢气氛中，人有被窒息的危险。因此在氢气有可能泄漏或氢含量有可能增加的地方应设置通风装置；必要时应设置氢气报警仪，对氢含量进行监测。

6.4 检修或处理氢气管道、设备、气瓶等之前，必须先用氮气将氢含量置换到(或用其他方法)符合动火规定后才能开始工作。

6.5 氢气从气瓶嘴泄漏或快速排放时有着火的危险，因此瓶装氢气出厂时，应保证瓶嘴和瓶阀无泄漏并旋紧瓶帽；在使用瓶装氢时，应缓慢开启瓶阀。

6.6 瓶装氢气应存放于无明火，远离热源、氧化剂，通风良好的地方。氢气瓶库房的建筑、电气、耐火以及防爆要求等应符合相关的规定。

附 录 A
（规范性附录）
工业氢中氧、氩和氮含量的测定

A.1 氧、氩和氮含量的测定

A.1.1 方法

采用配备脱氧柱和切换阀的热导气相色谱仪实行两次进样，第一次进样后样品气不通过脱氧柱，测定样品气中氧加氩含量以及氮的含量；第二次进样后样品气通过脱氧柱，测定样品气中氩的含量。用差减法计算出样品气中氧的含量。

A.1.2 仪器

热导气相色谱仪。要求所采用的气相色谱仪对氢中氧（氩）、氮的检测限（体积分数）不大于 10×10^{-6}。仪器安装及调试按仪器说明书进行。图 A.1 给出了气相色谱仪的参考气路流程示意图。

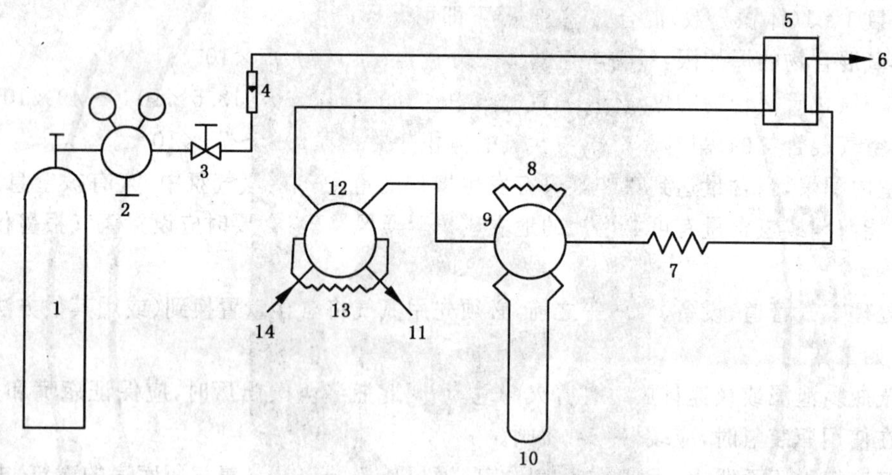

1——载气瓶；
2——钢瓶压力调节器；
3——调节阀；
4——流量计；
5——热导检测器；
6——载气出口；
7——色谱柱；
8——气路阻力平衡管或平衡调节阀；
9——切换六通阀；
10——脱氧柱；
11——样品气出口；
12——进样六通阀；
13——定体积量管；
14——样品气入口。

图 A.1 气相色谱仪气路流程示意图

A.1.3 测定条件

A.1.3.1 载气：体积分数不低于 99.99×10^{-2} 的氢气，流速约 40 mL/min。

A.1.3.2 色谱柱：长约 2 m、内径 3 mm 的不锈钢管，内装 0.25 mm～0.40 mm 的 13X 分子筛；或其他等效色谱柱。色谱柱在 180℃～220℃下通氢气活化约 3 h，流速 60 mL/min～80 mL/min。色谱柱使用温度为室温。

A.1.3.3 脱氧柱：长约 3 m、内径 3 mm 的不锈钢管，内装 0.4 mm～0.8 mm 的 401 脱氧剂。脱氧剂的使用和活化按其说明书进行。

A.1.4 气体标准样品

采用组分含量与样品气中相应组分含量相近的有证气体标准样品，其平衡气为氢气。

A.1.5 测定

仪器稳定后按仪器说明书进行测定操作。平行测定气体标准样品和样品气至少两次，记录峰面积(或峰高)，直至相邻两次测定的相对偏差不大于 5×10^{-2}，取其平均值。

A.1.6 结果处理

采用峰面积(或峰高)定量，用外标法计算结果。

氧(氩)、氮的体积分数的计算采用外标法，按式(A.1)计算：

$$\varphi_i=\frac{A_i}{A_\mathrm{S}}\times\varphi_\mathrm{S} \qquad \cdots\cdots\cdots(\mathrm{A}.1)$$

式中：

φ_i——样品气中被测组分的体积分数；

A_i——样品气中被测组分的峰面积或峰高；

A_S——气体标准样品中相应已知组分的峰面积或峰高；

φ_S——气体标准样品中相应已知组分的体积分数。

氧加氩的体积分数减去氩的体积分数即为氧的体积分数。氧、氩和氮的体积分数应符合表 1 的相应规定。

附 录 B
（规范性附录）
工业氢中氯、碱的测定

B.1 氯的测定

B.1.1 方法和原理

采用溴荧光黄显色法。含有氯的氢气通过装有溴荧光黄指示剂浸渍的棉花塞时，氯与指示剂反应生成四溴荧光素，形成红色着色层，由此测定氯。

B.1.2 试剂和材料

——氢氧化钾(GB/T 1919)，分析纯，配制成 100 g/L 的溶液；

——溴化钾(GB/T 649)，分析纯；

——碳酸钾(GB/T 1397)，分析纯；

——蒸馏水；

——溴荧光黄指示剂：称取 30 g 溴化钾和 1 g 碳酸钾溶解于 100 mL 的蒸馏水中，将 0.1 g 荧光素钠盐溶解于 1 mL、100 g/L 的氢氧化钾溶液中，把以上两种溶液混合即成；

——脱脂棉。

B.1.3 测定

测定装置参见图 B.1。

在玻璃取样管中塞入 0.15 g～0.20 g 脱脂棉，用 20 滴～25 滴溴荧光黄指示剂浸渍后立即接入（插入橡皮塞中的导管口应距棉花塞 2 mm～5 mm）测定装置中。开启样品气阀，调节样品气以约 100 mL/min的流速通过取样管，用湿式流量计计量，使 1 L 样品气通过取样管。如果棉花塞不变红，则氢中氯含量检验合格。

B.2 碱的测定

B.2.1 方法和原理

采用酚酞显色法。酚酞指示剂在 pH 值为 8.0～10.0 范围内时呈红色。由此显色反应测定氢中的碱。

B.2.2 试剂和材料

——乙醇(GB/T 679)，分析纯；

——氢氧化钠(GB/T 629)，分析纯，配制成 4 g/L 溶液；

——蒸馏水；

——酚酞指示剂，配制成 10 g/L 乙醇溶液；将 1 g 酚酞溶解于 70 mL～80 mL、50×10^{-2}（体积分数）的乙醇水溶液中，然后用氢氧化钠溶液调至中性，最后用蒸馏水稀释至 100 mL；

——脱脂棉。

B.2.3 测定

测定装置参见图 B.1。

在玻璃取样管中塞入 0.15 g～0.20 g 脱脂棉，用 20 滴～25 滴酚酞指示剂浸渍后立即接入（插入橡皮塞中的导管口应距棉花塞 2 mm～5 mm）测定装置中。开启样品气阀，调节样品气以约 100 mL/min 的流速通过取样管，用湿式流量计计量，使 2 L 样品气通过取样管。如果棉花塞不变红，则氢中碱含量检验合格。

B.3　氯、碱测定装置示意图

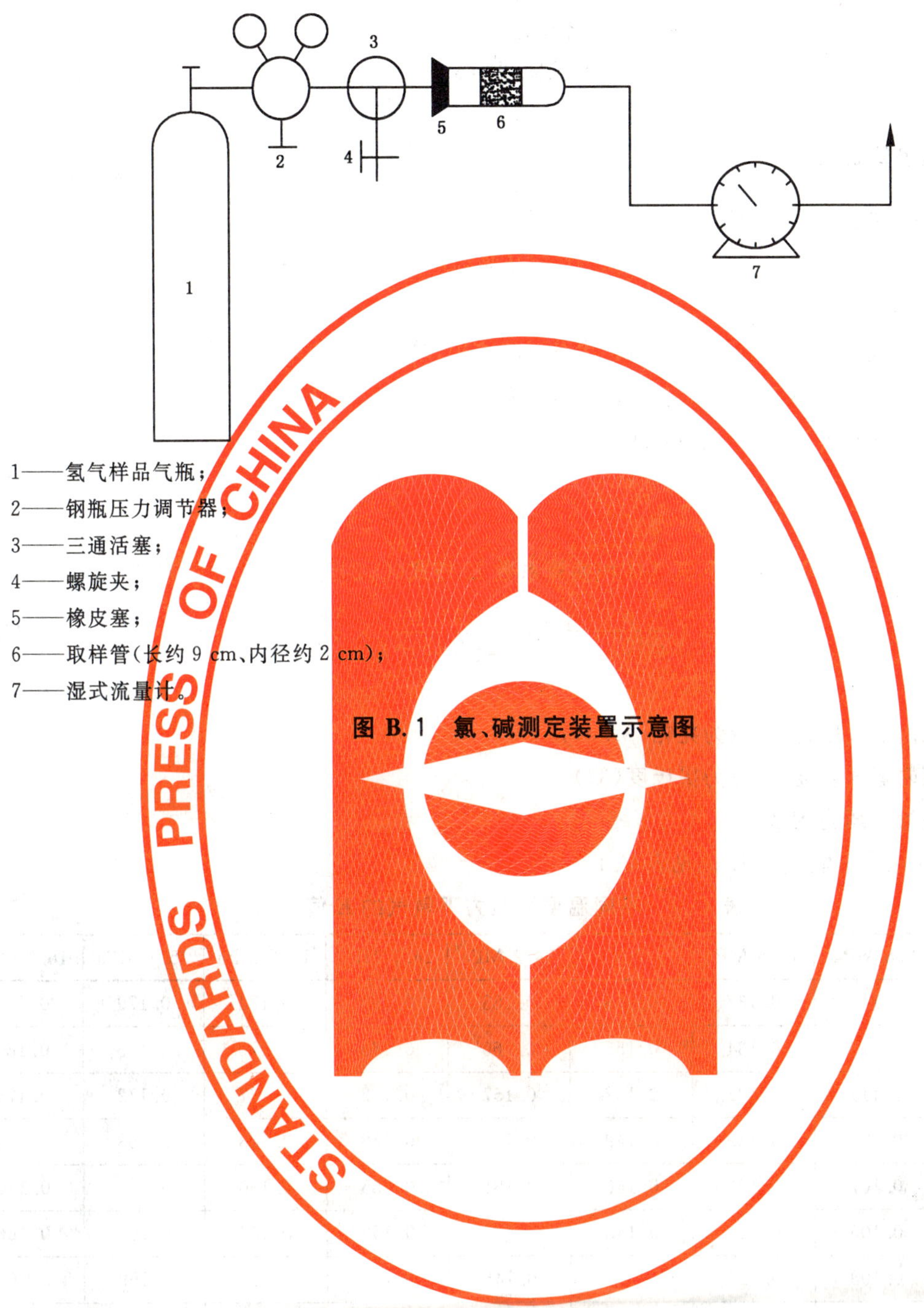

1——氢气样品气瓶；

2——钢瓶压力调节器；

3——三通活塞；

4——螺旋夹；

5——橡皮塞；

6——取样管(长约 9 cm、内径约 2 cm)；

7——湿式流量计。

图 B.1　氯、碱测定装置示意图

附　录　C
（资料性附录）
氢气体积换算

C.1　氢气体积换算公式

瓶装氢气体积按式(C.1)计算：

$$V = KV_0 \qquad \cdots\cdots (C.1)$$

式中：

V——瓶装氢气在20℃，1.013×10^5 Pa状态下的体积，单位为立方米(m^3)；

K——在20℃，1.013×10^5 Pa状态下氢气体积换算系数；

V_0——氢气瓶的水容积，单位为升(L)。

C.2　*K*值计算

在20℃，1.013×10^5 Pa状态下氢气体积换算系数K按式(C.2)计算：

$$K = \left(\frac{p}{0.1013}+1\right)\times\frac{293.15}{273.15+t}\times\frac{10^{-3}}{Z} \qquad \cdots\cdots (C.2)$$

式中：

p——气瓶内氢气压力，单位为兆帕(MPa)；

t——气瓶内氢气温度，单位为摄氏度(℃)；

Z——温度为t，压力为p时氢气的压缩系数。

不同温度和压力下氢气的K值见表C.1。

表C.1　不同温度和压力下氢气的K值

压　力	9.8 MPa	11.8 MPa	13.7 MPa	14.2 MPa	14.7 MPa	15.2 MPa	15.7 MPa	16.2 MPa
−40℃	0.116	0.137	0.158	0.163	0.168	0.174	0.179	0.184
−35℃	0.113	0.134	0.155	0.160	0.165	0.170	0.175	0.180
−30℃	0.111	0.132	0.152	0.157	0.162	0.167	0.172	0.176
−25℃	0.109	0.129	0.149	0.154	0.158	0.163	0.168	0.173
−20℃	0.107	0.126	0.146	0.151	0.155	0.160	0.165	0.170
−15℃	0.105	0.124	0.143	0.148	0.152	0.157	0.162	0.166
−10℃	0.103	0.122	0.140	0.145	0.150	0.154	0.159	0.163
−5℃	0.101	0.119	0.138	0.142	0.147	0.151	0.156	0.160
0℃	0.099	0.117	0.135	0.140	0.144	0.149	0.153	0.157
5℃	0.097	0.115	0.133	0.137	0.142	0.146	0.150	0.155
10℃	0.096	0.113	0.131	0.135	0.139	0.144	0.148	0.152
15℃	0.094	0.111	0.128	0.133	0.137	0.141	0.145	0.149
20℃	0.092	0.109	0.126	0.130	0.135	0.139	0.143	0.147
25℃	0.091	0.108	0.124	0.128	0.132	0.136	0.140	0.145

表 C.1(续)

压　　力	9.8 MPa	11.8 MPa	13.7 MPa	14.2 MPa	14.7 MPa	15.2 MPa	15.7 MPa	16.2 MPa
30℃	0.089	0.106	0.122	0.126	0.130	0.134	0.138	0.142
35℃	0.088	0.104	0.120	0.124	0.128	0.132	0.136	0.140
40℃	0.086	0.103	0.118	0.122	0.126	0.130	0.134	0.138

ICS 83.140.40
G 42

中华人民共和国国家标准

GB/T 3683.1—2006/ISO 1436-1:2001
部分代替 GB/T 3683—1992

橡胶软管及软管组合件 钢丝编织增强液压型 规范 第1部分:油基流体适用

Rubber hoses and hose assemblies—Wire-braid-reinforced hydraulic types—Specification—Part 1:Oil-based fluid applications

(ISO 1436-1:2001,IDT)

2006-08-01 发布　　2007-01-01 实施

中华人民共和国国家质量监督检验检疫总局
中国国家标准化管理委员会　发布

前　言

GB/T 3683《橡胶和橡胶软管组合件　钢丝编织增强液压型　规范》由2部分组成：

——第1部分：油基流体适用；

——第2部分：水基流体适用。

本部分为GB/T 3683的第1部分。

本部分等同采用国际标准ISO 1436-1:2001《橡胶软管及软管组合件　钢丝编织增强液压型　规范　第1部分：油基流体适用》(英文版)。

本部分等同翻译ISO 1436-1:2001。

为便于使用，本部分做了下列编辑性修改：

a) “本国际标准”一词改为“本部分”；

b) 用小数点“.”代替作为小数点的逗号“,”；

c) 删除国际标准的前言。

本部分是对GB/T 3683—1992《钢丝增强液压橡胶软管和软管组合件》的修订。本部分与GB/T 3683.2(正在起草)一起代替GB/T 3683—1992。

本部分与GB/T 3683—1992的主要区别是：

——对标准名称进行了修改；

——为与国际标准保持一致，将标准分为两个部分；

——对软管的类型进行了重新规定，由原来的6个型别改为现在的8个型别，采用了国际标准的分类形式；

——对软管的压力参数作了不同程度的调整，从而扩大了软管的使用范围；

——增加了对软管组合件部分内容的规定。

本部分附录A为资料性附录。

本部分自生效之日起，部分代替GB/T 3683—1992。

本部分由中国石油和化学工业协会提出。

本部分由全国橡胶与橡胶制品标准化技术委员会软管分技术委员会(SAC/TC 35/SC 1)归口。

本部分起草单位：广州广橡企业集团有限公司狮球胶管厂、广州天河胶管制品有限公司、青岛橡六胶管有限公司、广东省燕达橡塑制品厂、上海华瑞橡胶制品有限公司、陕西双西胶管有限公司。

本部分起草人：蔡辉、张春桃、陈润明、刘刚、冯华儿、周国钧、陈建康。

本部分所代替标准的历次版本发布情况：

——GB/T 3683—1983、GB/T 3683—1992。

橡胶软管及软管组合件
钢丝编织增强液压型　规范
第1部分:油基流体适用

1　范围

GB/T 3683的本部分规定了公称内径为5～51的8个型别钢丝编织增强橡胶软管及软管组合件的要求。它们适用于符合GB/T 7631.2要求的HH、HL、HM、HR和HV液压流体,工作温度范围为－40℃～＋100℃。

本部分未包括对管接头的要求,只限于对软管和软管组合件性能的要求。

注:与软管制造厂协商确定软管与所用流体的相容性是用户的责任。

2　规范性引用文件

下列文件中的条款通过GB/T 3683的本部分的引用而成为本部分的条款。凡是注日期的引用文件,其随后所有的修改单(不包括勘误的内容)或修订版均不适用于本部分,然而,鼓励根据本部分达成协议的各方研究是否可使用这些文件的最新版本。凡是不注日期的引用文件,其最新版本适用于本部分。

GB/T 9573　橡胶、塑料软管及软管组合件　尺寸测量方法(GB/T 9573—2003,idt ISO 4671:1999)

GB/T 12721　橡胶软管　外胶层耐磨耗性能的测定(GB/T 12721—1991,idt ISO 6945:1983)

HG/T 2869—1997　橡胶和塑料软管　静态条件下耐臭氧性能的评价(idt ISO 7326:1991)

ISO 1402　橡胶和塑料软管及软管组合件　静液压试验方法

ISO 1817　硫化橡胶　液体作用的测定

ISO 4672　橡胶和塑料软管　低温曲挠试验

ISO 6803　橡胶或塑料软管及软管组合件　无挠曲液压脉冲试验

ISO 7233　橡胶和塑料软管及软管组合件　耐吸扁性能的测定

ISO 8033　橡胶和塑料软管各层间粘合强度测定

3　型别

根据软管的结构、工作压力和耐油性能分类规定了8个型别:

——1ST和R1A型:具有单层钢丝编织增强层和厚外覆层的软管。

——2ST和R2A型:具有两层钢丝编织增强层和厚外覆层的软管。

——1SN和R1AT型:具有单层钢丝编织增强层和薄外覆层的软管。

——2SN和R2AT型:具有两层钢丝编织增强层和薄外覆层的软管。

注1:除为无需剥掉外覆层或一部分外覆层以装配管接头而具有薄外覆层外,1SN/R1AT和2SN/R2AT型的增强层尺寸分别与1ST/R1A和2ST/R2A型相同。

注2:1ST和1SN型的压力等级与R1A和R1AT型不同。同样,2ST和2SN型的压力等级与R2A和R2AT型也不同。见表3。

注3:R1A、R2A、R1AT和R2AT型不进行耐真空和耐磨试验。

4 材料和结构

4.1 软管

软管应由耐液压流体橡胶内衬层、一层或两层高强度钢丝和耐油、耐天候橡胶外覆层构成。

4.2 软管组合件

软管组合件使用符合本部分规定的软管要求的软管制造。

软管组合件应只使用其功能已按本部分 6.1、6.3、6.4 和 6.5 验证的管接头制造。

应遵循制造厂的软管组合件正确准备和装配的说明书。

5 尺寸

5.1 直径和同心度

当按 GB/T 9573 进行测量时，软管的直径应符合表 1 给出的值。

当按 GB/T 9573 进行测量时，软管的同心度应符合表 2 给出的值。

表 1 软管的尺寸

公称内径	所有类别		1ST/R1A 型				1SN/R1AT 型			2ST/R2A 型				2SN/R2AT 型		
	内径/mm		增强层外径/mm		软管外径/mm		软管外径/mm	外覆层厚度/mm		增强层外径/mm		软管外径/mm		软管外径/mm	外覆层厚度/mm	
	最小	最大	最小	最大	最小	最大	最大	最小	最大	最小	最大	最小	最大	最大	最小	最大
5	4.6	5.4	8.9	10.1	11.9	13.5	12.5	0.8	1.5	10.6	11.7	15.1	16.7	14.1	0.8	1.5
6.3	6.2	7.0	10.6	11.7	15.1	16.7	14.1	0.8	1.5	12.1	13.3	16.7	18.3	15.7	0.8	1.5
8	7.7	8.5	12.1	13.3	16.7	18.3	15.7	0.8	1.5	13.7	14.9	18.3	19.9	17.3	0.8	1.5
10	9.3	10.1	14.5	15.7	19.0	20.6	18.1	0.8	1.5	16.1	17.3	20.6	22.2	19.7	0.8	1.5
12.5	12.3	13.5	17.5	19.1	22.0	23.8	21.5	0.8	1.5	19.0	20.6	23.8	25.4	23.1	0.8	1.5
16	15.5	16.7	20.6	22.2	25.4	27.0	24.7	0.8	1.5	22.2	23.8	27.0	28.6	26.3	0.8	1.5
19	18.6	19.8	24.6	26.2	29.4	31.0	28.6	0.8	1.5	26.2	27.8	31.0	32.6	30.2	0.8	1.5
25	25.0	26.4	32.5	34.1	36.9	39.3	36.6	0.8	1.5	34.1	35.7	38.5	40.9	38.9	1.0	2.0
31.5	31.4	33.0	39.3	41.7	44.4	47.6	44.8	1.0	2.0	43.2	45.7	49.2	52.4	49.6	1.0	2.0
38	37.7	39.3	45.6	48.0	50.8	54.0	52.1	1.5	2.5	49.6	52.0	55.6	58.8	56.0	1.3	2.5
51	50.4	52.0	58.7	61.9	65.1	68.3	65.9	1.5	2.5	62.3	64.7	68.2	71.4	68.6	1.3	2.5

表 2 软管的同心度

公称内径	壁厚最大变化		
	内径和外径之间/mm	内径和增强层直径之间/mm	
	所有型别	1ST 、1SN、R1A 和 R1AT	2ST 、2SN、R2A 和 R2AT
6.3 及以下	0.8	0.4	0.5
6.3 以上到 19	1.0	0.6	0.7
19 以上	1.3	0.8	0.9

5.2 长度

软管和软管组合件的供货长度应由制造厂与采购方商定。

注：软管和软管组合件供货长度的建议在附录 A 中给出。

6 要求

6.1 静液压要求

6.1.1 当按 ISO 1402 进行试验时，软管和软管组合件的最大工作压力、验证压力和最小爆破压力应符合表 3 给出的值。

表 3 最大工作压力、验证压力和最小爆破压力

公称内径	最大工作压力/MPa		验证压力/MPa		最小爆破压力/MPa	
	1ST 和 1SN 型	2ST 和 2SN 型	1ST 和 1SN 型	2ST 和 2SN 型	1ST 和 1SN 型	2ST 和 2SN 型
5	25.0	41.5	50.0	83.0	100.0	165.0
6.3	22.5	40.0	45.0	80.0	90.0	160.0
8	21.5	35.0	43.0	70.0	85.0	140.0
10	18.0	33.0	36.0	66.0	72.0	132.0
12.5	16.0	27.5	32.0	55.0	64.0	110.0
16	13.0	25.0	26.0	50.0	52.0	100.0
19	10.5	21.5	21.0	43.0	42.0	86.0
25	8.8	16.5	17.5	32.5	35.0	65.0
31.5	6.3	12.5	12.5	25.0	25.0	50.0
38	5.0	9.0	10.0	18.0	20.0	36.0
51	4.0	8.0	8.0	16.0	16.0	32.0
	R1A 和 R1AT 型	R2A 和 R2AT 型	R1A 和 R1AT 型	R2A 和 R2AT 型	R1A 和 R1AT 型	R2A 和 R2AT 型
5	21.0	35.0	42.0	70.0	84.0	140.0
6.3	19.2	35.0	38.5	70.0	77.0	140.0
8	17.5	29.7	35.0	59.5	70.0	119.0
10	15.7	28.0	31.5	56.0	63.0	112.0
12.5	14.0	24.5	28.0	49.0	56.0	98.0
16	10.5	19.2	21.0	38.5	42.0	77.0
19	8.7	15.7	17.5	31.5	35.0	63.0
25	7.0	14.0	14.0	28.0	28.0	56.0
31.5	4.3	11.3	8.7	22.7	17.5	45.5
38	3.5	8.7	7.0	17.5	14.0	35.0
51	2.6	7.8	5.2	15.7	10.5	31.5

6.1.2 当按 ISO 1402 进行试验时，软管和软管组合件在最大工作压力下的长度变化不应大于+2%和小于−4%。

6.2 最小弯曲半径

使用长度至少为最小弯曲半径四倍的试样。在弯曲软管之前以平直放置状态用测圆规测量软管的外径。将软管弯曲 180°达到最小弯曲半径，用测圆规测量扁度。

当弯曲到表 4 给出的最小弯曲半径时，弯曲半径在弯曲部位的内侧测量，扁平度不应超过原外径的 10%。

6.3 脉冲性能

6.3.1 脉冲试验应按 ISO 6803 进行。试验流体温度应为 100℃。

6.3.2 对于 1ST/R1A 型和 1SN/R1AT 型软管，当公称内径为 25 及以下的软管在等于 125%最大工作压力的脉冲压力下，公称内径为 31 及以上软管在等于 100%最大工作压力的脉冲压力下进行试验，软管应能承受 150 000 次脉冲。

对于 2ST/R2A 型和 2SN/R2AT 型软管，当在等于 133%最大工作压力的脉冲压力下进行试验时，软管应能承受 200 000 次脉冲。

表 4 最小弯曲半径

公称内径	最小弯曲半径/mm
5	90
6.3	100
8	115
10	130
12.5	180
16	200
19	240
25	300
31.5	420
38	500
51	630

6.3.3 在达到规定的脉冲次数之前不应出现泄漏或其他故障。

6.3.4 本试验应视为破坏性试验，试验后试样应废弃。

6.4 软管组合件的泄漏

当按 ISO 1402 进行试验时，应无泄漏或其他失效迹象。本试验应视为破坏性试验，试验后试样应废弃。

6.5 低温屈挠性

当按 ISO 4672 方法 B 在－40℃下进行试验时，内衬层或外覆层应无龟裂。在恢复到室温后按 ISO 1402 进行验证压力试验，试样应无泄漏或裂纹。

6.6 层间粘合性能

当按 ISO 8033 进行测定时，内衬层与增强层、外覆层与增强层的粘合强度，1ST、2ST、1SN 和 2SN 型软管不应低于 2.5 kN/m，R1A、R2A、R1AT 和 R2AT 型软管不应低于 1.8 kN/m。

试样的类型应如 ISO 8033 表 1 所述，内衬层与增强层应为 5 型，外覆层与增强层应为 2 型或 6 型。

6.7 耐真空性能

当按 ISO 7233 进行试验时，软管和软管组合件的真空度应符合表 5 给出的值。

表 5 真空度

公称内径	负表压(最大)/MPa	
	1ST 和 1SN 型	2ST 和 2SN 型
5 6.3 8 10 12.5 16	－0.080	－0.095
19 25	—	－0.080
31.5 38 51	－0.060	—
注：R1A、R2A、R1AT 和 R2AT 型软管无耐真空性能要求。		

6.8 耐磨性能

对于1ST和2ST型软管，当以(50±0.5) N的垂直力按GB/T 12721进行试验时，2 000次循环后的质量损失不应大于1 g。

对于1SN和2SN型软管，当以(25±0.5) N的垂直力按GB/T 12721进行试验时，2 000次循环后的质量损失不应大于0.5 g。

注：R1A、R2A、R1AT和R2AT型软管无耐磨性能要求。

6.9 耐流体性能

6.9.1 试样

耐流体试验应使用最小厚度为2 mm、硫化程度与软管相同的模压的内衬层和外覆层胶片进行。

6.9.2 耐油性能

当在100℃下浸泡于IRM903号油中168 h后按ISO 1817进行测定时，内衬层的体积变化率ΔV_{100}，S型软管应在0%～+25%之间，R型软管应在0%～+100%之间(即，不允许收缩)。

当在70℃下浸泡于IRM903号油中168 h后按ISO 1817进行测定时，外覆层的体积变化率ΔV_{70}应在0%～+100%之间(即，不允许收缩)。

6.10 耐臭氧性能

当根据软管的公称内径按HG/T 2869—1997中的方法1或2进行测定时，放大2倍观察应无裂纹或性能下降。

7 标注

软管应以下列公称内径为10的1ST型钢丝编织增强液压软管为例进行标注：

示例：GB/T 3683.1/1ST/10

8 标志

8.1 软管

软管应至少标志以下内容，标志应至少每760 mm重复一次：

a) 制造厂名称或标识，例如：Man；

b) 本标准的编号，即GB/T 3683.1；

c) 型别，例如：2ST；

d) 公称内径，例如：16；

e) 制造的季和年的后两位数字，例如：4Q01。

示例：Man/GB/T 3683.1/2ST/16/4Q01

8.2 软管组合件

软管组合件应至少标志以下内容：

a) 制造厂名称或标识，例如：Man；

b) 组合件的最大工作压力，单位MPa，例如：25.0 MPa；

c) 装配的月和年的后两位数字，例如：10/01。

示例：Man/25.0 MPa/10/01

附 录 A
（资料性附录）
软管和软管组合件供货长度的建议

A.1 软管

软管的供货长度应由采购方规定，公差为±2%。

除采购方另有要求外，软管不应短于1 m，任一次交货中不同长度软管的百分比应符合表A.1的要求。

表 A.1 软管的长度公差

软管长度/ m	占总长度的百分比/ %
大于1但小于或等于10	5(最大)
大于10但小于或等于15	25(最大)
大于15	75(最小)

A.2 软管组合件

软管组合件的长度公差应符合表A.2的要求。

表 A.2 软管组合件的长度公差

<table>
<tr><th rowspan="2">软管组合件长度/
mm</th><th colspan="3">公称内径</th></tr>
<tr><th>25及以下</th><th>25以上和50及以下</th><th>50以上</th></tr>
<tr><td>630及以下</td><td>$^{+7}_{-3}$ mm</td><td>$^{+12}_{-4}$ mm</td><td rowspan="2">$^{+25}_{-6}$ mm</td></tr>
<tr><td>630以上但小于或等于1 250</td><td>$^{+12}_{-4}$ mm</td><td>$^{+20}_{-6}$ mm</td></tr>
<tr><td>1 250以上但小于或等于2 500</td><td colspan="2">$^{+20}_{-6}$ mm</td><td>$^{+25}_{-6}$ mm</td></tr>
<tr><td>2 500以上但小于或等于8 000</td><td colspan="3">$^{+1.5}_{-0.5}$%</td></tr>
<tr><td>8 000以上</td><td colspan="3">$^{+3}_{-1}$%</td></tr>
</table>

参 考 文 献

[1] GB/T 7631.2 润滑剂、工业用油和相关产品(L类)的分类 第2部分:H组(液压系统)
[2] ISO 4397 流体动力系统及部件 连接器相应部件 软管的公称外径和公称内径

ICS 53.040.20
G 42

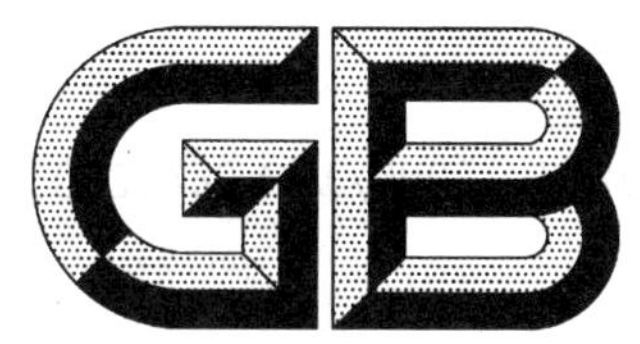

中华人民共和国国家标准

GB/T 3684—2006/ISO 284:2003
代替 GB/T 3684—1983

输送带 导电性 规范和试验方法

Conveyor belts—Electrical conductivity—Specification and test method

(ISO 284:2003,IDT)

2006-12-29 发布 2007-06-01 实施

中华人民共和国国家质量监督检验检疫总局
中国国家标准化管理委员会 发布

前言

本标准等同采用 ISO 284:2003《输送带 导电性 规范和试验方法》(英文版)。

本标准代替 GB/T 3684—1983《运输带导电性规范和试验方法》,因为国际上的发展,原标准在技术上已过时。

本标准等同翻译 ISO 284:2003。

为便于使用本标准进行下列编辑性修改:

——“本国际标准”一词改为“本标准”;

——删除国际标准的前言。

本标准与 GB/T 3684—1983 相比主要变化如下:

——欧姆表用最大量程 10^{10} Ω代替 10^{3} Ω～10^{10} Ω;电压用可调至 1 000 V 代替 50 V～1 000 V (1983 年版的 3.3,本版的 4.2.3 和 4.2.4);

——导电液的组分增加了氯化钾的质量份为 10,要求导电液的表面电阻率不大于 10^{4} Ω(见 4.2.5);

——用试样在 23℃±2℃和相对湿度 50%±5%至少停放 24 h 代替在 23℃±2℃和相对湿度 60%～70%至少停放 2 h(1983 年版的 4.4;本版的 4.4);

——增加了资料性附录“电阻随温度和湿度的变化”(见附录 A)。

本标准由中国石油和化学工业协会提出。

本标准由化学工业胶带标准化技术归口单位归口。

本标准起草单位:浙江双箭橡胶股份有限公司、青岛橡胶工业研究所。

本标准主要起草人:沈会民、辛永录、赵少英。

本标准于 1983 年 5 月首次发布,本次为第一次修订。

输送带　导电性　规范和试验方法

1　范围

本标准规定了输送带的最大电阻及其试验方法。

本标准是用来保证使输送带有足够的导电性以把在使用中形成的静电荷传导出去。

本标准不适用于 EN 873 规定的轻型输送带，该静电性的测定见 EN 1637。

2　规范性引用文件

下列文件中的条款通过本标准的引用而成为本标准的条款。凡是注日期的引用文件，其随后所有的修改单(不包括勘误的内容)或修订版均不适用于本标准，然而，鼓励根据本标准达成协议的各方研究是否可使用这些文件的最新版本。凡是不注日期的引用文件，其最新版本适用于本标准。

ISO 18573　输送带——试验环境和调节时间

3　规范

输送带按第 4 章规定的方法试验时，其表面电阻值不大于 3×10^{8} Ω(300 MΩ)。对特殊应用可规定较低值。

4　试验方法

4.1　原理

使电流在规定电压下经电极流过输送带试样。

4.2　材料和装置

4.2.1　绝缘材料板：稍大于试样。

4.2.2　两个圆柱形的同轴黄铜电极：一个为圆形，一个为环形，其尺寸和质量见图 1，每个电极的表面应磨平抛光。每个电极各自与绝缘导线相连。

4.2.3　欧姆表(电阻测试仪)：最大量程为 10^{10} Ω，测量精度为±5%。

4.2.4　直流电源：电压可调至 1 000 V，通过试样中的电流不能大于 10 mA 或在试样中消耗的功率不大于 1 W。

电源可以用蓄电池电源，也可以用交流电源，经整流后能提供稳定电压。

4.2.5　导电液(确保电极和试样的良好电接触)：表面电阻率不大于 10^{4} Ω。

导电液的组分见表 1。

表 1　导电液的组分

组　　分	质　量　份
无水聚乙二醇(分子量:600)	800
水	200
氯化钾	10
软皂(医用质量)	1

单位为毫米

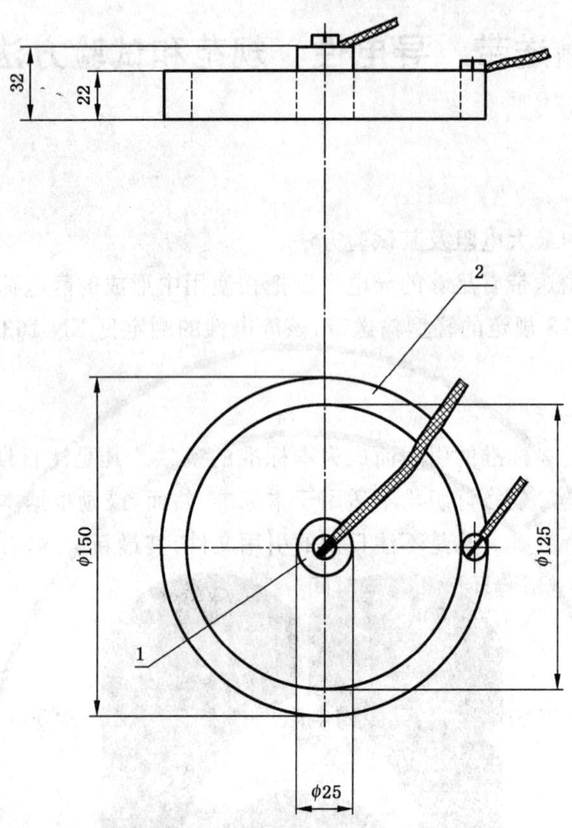

1——电极最小质量 115 g;

2——电极最小质量 900 g。

图 1 电极

4.3 试样

4.3.1 尺寸

试样为正方形,取自全厚度带,边长不小于 300 mm。

4.3.2 数量

采用一个试样。如果规定要求采用 2 个或多个试样但没规定如何取样,则可参照 ISO 282 取样。

4.3.3 试验表面的处理

用一块粘有硅藻土(即水合硅酸镁铝)的干净布,将试样的两个表面擦净,然后清除试样上的粉末,用一块粘有蒸馏水的干净布擦拭,最后用干净布擦干。

4.4 状态调节和试验的环境

试验前,将试样在 ISO 18573 规定的标准实验室环境中停放至少 24 h。在本环境中进行导电试验(参见附录 A)。环境优选温度为 23℃±2℃,优选相对湿度为 50%±5%。

4.5 程序

4.5.1 检查实验室的环境。

4.5.2 如图 2 所示在试样的一个表面涂上 4.2.5 规定的导电液。应保证涂液面积的准确性,而对中心对称性的要求则不严格,如果试样平整,则可在干净电极的底面涂上导电液,将试样表面(如图 2 所示)的两块面积涂上导电液,涂完导电液后应立即进行试验。

注:当覆盖胶表面不平时,可利用金属箔来改善电极与试样的接触,该金属箔的大小与两块电极的底面相同。将其放在导电液下,并用手指轻压使其与试样表面贴紧。然后再把黄铜电极放在金属箔上。

单位为毫米

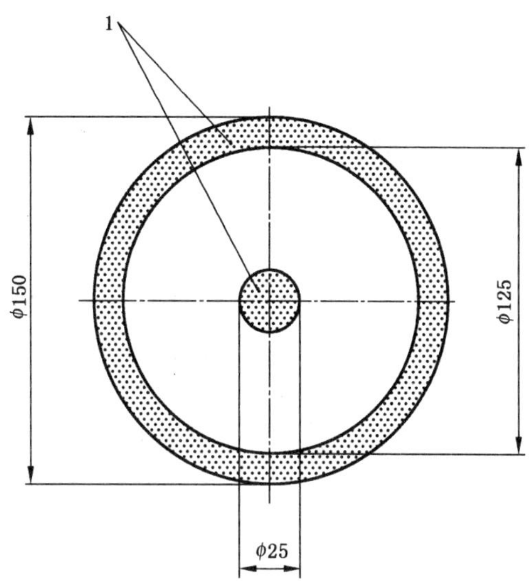

1——导电液(4.2.5)。

图 2　在试样上涂导电液部位示意

4.5.3　将制备好的试样放在绝缘材料板上,使涂有导电液的一面向上。

4.5.4　将铜电极的底面擦净,放在试样上涂有导电液的相应部位。

4.5.5　注意不要靠近试验表面呼吸,因为任何潮湿都会使结果不准确。

4.5.6　将外电极接地或与测量仪表的低压端相接。

4.5.7　将内电极与测量仪表的高压端相接。

4.5.8　通入电压后至少 1 min,测量电阻。

4.5.9　在试样的另一面上重复上述试验步骤。

4.6　结果表达

记录试样每个试验表面的电阻值,以欧姆为单位。

4.7　试验报告

试验报告应包括下列内容:

a) 输送带完整的标记及生产日期;

b) 按本标准进行试验;

c) 实验室温度及相对湿度;

d) 调节时间;

e) 使用的导电液;

f) 通过电极的电压;

g) 试验结果;

h) 试验日期;

i) 任何偏离标准试验的情况。

附 录 A
（资料性附录）
电阻随温度和湿度的变化

A.1 总则

本资料说明输送带覆盖层的电阻对温度和应力是敏感的。本现象的发生归因于聚合物中的导电离子(如碳)的结构和定向排列程度。输送带在生产阶段和安装过程中产生的应力引起导电粒子的排列程度发生变化。

输送带覆盖层的抗静电性也受静电荷特性的影响，该特性与它的相对介电常数有关。该问题的详细情况见 IEC 60250。

A.2 一致性

在按本法试验时，如果试验过程温度和实验室发生变化，则测得的输送带覆盖层的表面电阻也发生变化，而且该电阻值在相对湿度达到 50%以上时明显下降。如果因此而不能证明试验结果与本规范的要求相一致，则可按产品规范中规定的温度和湿度上限重做试验。

参 考 文 献

[1] EN 873 轻型输送带 基本性能和应用；

[2] EN 1637 轻型输送带 用于电阻测定的试验方法；

[3] ISO 282 输送带 取样；

[4] IEC 60250 电绝缘材料在电、声和无线电频率(包括米波)方面的介电常数和电消耗系数的测定方法。

ICS 83.040.20
G 49

中华人民共和国国家标准

GB/T 3780.1—2006
代替 GB/T 3780.1—1998,GB/T 3781.7—1993

炭黑　第1部分:吸碘值试验方法

Carbon black—Part 1:Test method for iodine adsorption number

2006-08-01 发布　　2007-01-01 实施

中华人民共和国国家质量监督检验检疫总局
中国国家标准化管理委员会　发布

前　言

GB/T 3780《炭黑》分为如下几个部分：

——第1部分：吸碘值试验方法；

——第2部分：邻苯二甲酸二丁酯吸收值的测定；

——第4部分：邻苯二甲酸二丁酯吸收值测定方法和试样制备(压缩试样)；

——第5部分：比表面积测定 CTAB法；

——第6部分：着色强度试验方法；

——第7部分：pH值的测定；

——第8部分：加热减量的测定；

——第10部分：灰分的测定；

——第12部分：杂质的检查；

——第14部分：硫含量的测定；

——第15部分：甲苯抽出物透光率的测定；

——第17部分：粒径的间接测定　反射率法；

——第18部分：在天然橡胶中的配方及鉴定方法；

——第21部分：橡胶配合剂筛余物的测定　水冲洗法。

本部分是GB/T 3780的第1部分。

本部分修改采用ASTM D1510:2003《炭黑吸碘值标准试验方法》(英文版)。

本部分代替GB/T 3780.1—1998《橡胶用炭黑吸碘值试验方法》和GB/T 3781.7—1993《乙炔炭黑吸碘值的测定》，因为国际上的发展原标准在技术上已过时。

本部分根据ASTM D1510:2003重新起草。为了方便比较，在资料性附录D中列出了本国家标准条款和国外先进标准条款的对照一览表。

由于我国法律要求和工业的特殊需要，本部分在采用国外先进标准时进行了修改。本部分与ASTM D1510:2003的主要差异如下：

——引用了ASTM D1510:2003中引用的D4483、D1799、D1900、D4821对应的我国国家标准GB/T 15338、GB 3778、GB/T 3782，增加了GB/T 8170，这是为了方便我国标准使用者(本部分第2章)；

——增加试剂碘化汞，因微生物易使硫代硫酸钠溶液变质，加入碘化汞可防腐(本部分的4.1)；

——规定测试条件的温度为(27±5)℃，这是由于温度变化过大会导致试验用溶液浓度发生变化(本部分第7章)；

——在表1中增加乙炔炭黑试样量与加入的碘标准溶液的对应关系，表2增加乙炔炭黑称样量(本部分的8.2.1,8.3.1)；

——删除第8章，因我国无市售的碘溶液和硫代硫酸钠溶液；

——A法的计算公式中用硫代硫酸钠标准溶液的浓度代替碘标准溶液的浓度，这样的公式更科学(本部分的9.1)；

——增加测试结果的数据处理的规定(本部分9.3)；

——删除16.1～16.4、16.7关于精密度、偏差的定义及具体计算方法，因为如何计算方法的精密度另有国家标准进行规定；

——附录A中增加溶液的标定方法，为防止碘酸钾基准溶液变黄，改变碘酸钾基准溶液的配制方法(本部分的附录A)。

为便于使用,本部分还做了下列编辑性修改:

a) “本标准”一词改为“本部分”;

b) 删除范围中方法B的计算公式来源的说明,及对标准中单位使用情况的说明;

c) 增加资料性附录B“炭黑比表面积与称样量及试样量与碘标准溶液比率的新划分法”;

d) 增加资料性附录C“SRB6系列标准参比炭黑吸碘文献值”;

e) 增加资料性附录D“本部分章条编号与ASTM D1510:2003章条编号对照”;

f) 删除第17章“主题词”。

本部分与GB/T 3780.1—1998和GB/T 3781.7—1993相比主要变化如下:

——规范性引用文件中增加GB/T 3782《乙炔炭黑》和GB/T 15338《炭黑试验方法精密度和偏差的确认》(本版的第2章);

——修改测试条件为(27±5)℃(本版的第7章);

——在表1及表2中增加乙炔炭黑的称样量及试样量与加入的碘标准溶液的对应关系(GB/T 3780.1—1998的7.1.2、7.2.2;本版的8.2.1、8.3.1);

——A法的计算公式中用硫代硫酸钠标准溶液的浓度代替碘标准溶液的浓度(GB/T 3780.1—1998的7.1.6;本版的9.1);

——精密度用相对误差代替绝对误差,即“重复性:同一实验室两次试验结果之差不超过其平均值的2.49%。”,“再现性:不同实验室两个试验结果之差不超过其平均值的5.21%。”(GB/T 3780.1—1998的第9章,GB/T 3781.7—1993的8.2;本版的第10章);

——增加对试验结果的报出形式的要求[本版的11f)];

——附录A中,为防止碘酸钾基准溶液变黄,改变碘酸钾基准溶液的配制方法(GB/T 3780.1—1998的A1.8.1,GB/T 3781.7—1993的5.2;本版的A.1.7.2);

——取消了“用As_2O_3标定I_2溶液的方法”及“用$K_2Cr_2O_7$基准物标定$Na_2S_2O_3$溶液的方法”(GB/T 3780.1—1998的A2.2.2);

——增加资料性附录B“炭黑比表面积与称样量及试样量与碘标准溶液比率的新划分法”;

——增加资料性附录C“SRB6系列标准参比炭黑吸碘文献值”;

——增加资料性附录D“本部分章条编号与ASTM D1510:2003章条编号对照”。

本部分的附录A是规范性附录,附录B、附录C、附录D是资料性附录。

本部分由中国石油和化学工业协会提出。

本部分由全国橡胶与橡胶制品标准化技术委员会炭黑分技术委员会(SAC/TC 35/SC 5)归口。

本部分起草单位:中橡集团炭黑工业研究设计院、苏州宝化炭黑有限公司、天津海豚炭黑有限公司。

本部分主要起草人:余艳、王定友、沈伟光、陈庆刚、刘金。

本部分所代替标准的历次版本发布情况为:

——GB/T 3780.1—1983、GB/T 3780.1—1991、GB/T 3780.1—1998;

——GB/T 3781.7—1983、GB/T 3781.7—1993。

炭黑 第1部分：吸碘值试验方法

警告——使用本部分的人员应有正规实验室工作的实践经验。本部分并未指出所有可能的安全问题。使用者有责任采取适当的安全和健康措施，并保证符合国家有关法规规定的条件。

1 范围

GB/T 3780 的本部分规定了橡胶用炭黑及乙炔炭黑吸碘值的试验方法。

本部分适用于各类橡胶用炭黑（不包括 S 系列、混气和天然气槽法炭黑）及乙炔炭黑。

注：有表面多孔性、挥发性和抽出物存在时会影响吸碘值。

2 规范性引用文件

下列文件中的条款通过 GB/T 3780 的本部分的引用而成为本部分的条款。凡是注日期的引用文件，其随后所有的修改单（不包括勘误的内容）或修订版均不适用于本部分，然而，鼓励根据本部分达成协议的各方研究是否可使用这些文件的最新版本。凡是不注日期的引用文件，其最新版本适用于本部分。

GB 3778 橡胶用炭黑

GB/T 3782 乙炔炭黑

GB/T 8170 数值修约规则

GB/T 12805 实验室玻璃仪器 滴定管

GB/T 12806 实验室玻璃仪器 单标线容量瓶

GB/T 15338 炭黑试验方法精密度和偏差的确认

3 原理

以规定浓度的碘标准溶液浸润定量的炭黑试样，并使其充分混合，待达到吸附平衡后，用硫代硫酸钠标准溶液滴定过量的碘，吸附的碘量与炭黑试样量的比值为吸碘值。

4 试剂

除非另有说明，在分析中仅使用确认为分析纯的试剂和蒸馏水或去离子水或相当纯度的水。

4.1 碘化汞。

4.2 正戊醇。

4.3 可溶性淀粉溶液，10 g/dm^3，配制见 A.1.6。

4.4 硫酸溶液，体积分数是 10%，配制见 A.1.5。

4.5 碘化钾溶液，111 g/dm^3，配制见 A.1.8。

4.6 硫代硫酸钠标准滴定溶液，$c(Na_2S_2O_3)=0.039\ 4$ mol/dm^3，配制见 A.1.3，标定见 A.2.1。

4.7 碘标准溶液，$c(1/2I_2)=0.047\ 3$ mol/dm^3，配制见 A.1.2，标定见 A.2.2。

4.8 碘酸钾基准溶液，配制见 A.1.7。

5 仪器

实验室常规仪器设备及以下设备。

5.1 分析天平，精度 0.1 mg。

5.2 烘箱，重力对流型，可控温度为(125±5)℃。

5.3 离心机,转数在 1 000 r/min 以上。

5.4 振荡机,240 次/min。

5.5 具塞透明玻璃离心瓶,容量 50 cm^3。

5.6 滴定管,可选用以下两种类型:

5.6.1 数字滴定管,容量为 50 cm^3,计数器增量为 0.01 cm^3,可调节至零位。

5.6.2 棕色玻璃滴定管,容量 25 cm^3 或 50 cm^3,GB/T 12805 A 级。

5.7 容量瓶,容量 1 000 cm^3,GB/T 12806 A 级。

5.8 漏斗,大直径具有标准锥度,接口能与 1 000 cm^3 容量瓶相匹配。

5.9 碘量瓶,150 cm^3。

6 采样

按 GB 3778 或 GB/T 3782 中的规定进行采样。

7 试验条件

在温度(23±2)℃、相对湿度(50±5)%或温度(27±5)℃、相对湿度(65±5)%的条件下进行。

8 分析步骤

8.1 用一个大小合适的开口容器盛不超过 10 mm 厚的足够量炭黑试样在 125℃烘箱(5.2)中干燥 1 h。并置于干燥器中冷却至室温。

8.2 A 法(仲裁方法)

8.2.1 按表 1 规定称取定量干燥炭黑试样于离心瓶中(精确到 0.1 mg)。

表 1

吸碘值范围/(g/kg)	试样量/g	试样量(g)与碘标准溶液(cm^3)比率
0~130.9	0.500 0	1∶50
乙炔炭黑	0.500 0	1∶100
131.0~280.9	0.250 0	1∶100
281.0~520.9	0.125 0	1∶200
521.0 以上	0.062 5	1∶400

注 1:如果按预计的吸碘值所确定试样量的测定结果不在规定的范围之内,则应以实测值按表 1 中对应的试样量重新试验。

注 2:粉状炭黑试样在干燥称量前应压实。

注 3:表中规定的试样量所对应的碘标准溶液量为 25 cm^3。在符合表中规定的试样量与碘标准溶液比率的情况下,最大允许试样量为 1.000 0 g,随着试样量和对应溶液量的增加,应选用适当容量的离心瓶,以保证振摇效果。

8.2.2 吸取 25 cm^3 碘标准溶液(乙炔炭黑吸取 50 cm^3 碘标准溶液)(4.7)于离心瓶(5.5)中,加塞。在振荡机(5.4)上振荡 1min,立即离心分离。粒状炭黑试样分离时间为 1min,粉状为 3min。

8.2.3 轻轻地倾出清液,如果有一个以上试样应将清液倾入洁净、干燥的细口瓶中并立即加塞。

8.2.4 吸取 20 cm^3 清液于碘量瓶(5.9)中,以硫代硫酸钠标准滴定溶液(4.6)用数字滴定管(5.6.1)或玻璃滴定管(5.6.2)分别按下述步骤进行滴定。

8.2.4.1 数字滴定管滴定

8.2.4.1.1 调开关至充液位置,使滴定管充满硫代硫酸钠标准滴定溶液,用此溶液冲洗入口及输液管。

8.2.4.1.2　调至滴定位置，使计数器回零并用薄绢纸擦净管尖部。

8.2.4.1.3　用硫代硫酸钠标准滴定溶液滴定碘液至浅黄色，用水冲洗滴定管尖部及瓶壁。加5滴淀粉溶液(4.3)，继续滴加硫代硫酸钠标准滴定溶液至蓝色近于消失时，再用水冲洗滴定管尖部及瓶壁，调计数器，使其增量为0.01 cm^3，继续滴加直至溶液变为无色即为终点。

8.2.4.1.4　记录滴定管读数，准至0.01 cm^3。

8.2.4.1.5　吸取20 cm^3 碘标准溶液做空白试验，取两次结果的平均值。空白试验硫代硫酸钠标准溶液消耗量若为(24.00±0.05) cm^3，则两种溶液均符合规定，否则重新核查两种溶液浓度。

注：同一天没更换新的溶液，空白试验仅需要进行一次平行测定。

8.2.4.2　用玻璃滴定管滴定

8.2.4.2.1　取洁净的25 cm^3 的滴定管注满硫代硫酸钠标准滴定溶液，调至零点，用薄绢纸擦净滴定管尖部，滴加硫代硫酸钠标准滴定溶液至浅黄色。用水冲洗滴定管尖部及瓶壁，加5滴淀粉溶液，继续滴加硫代硫酸钠标准滴定溶液直至最后变为无色即为终点。

8.2.4.2.2　记录滴定管读数，准至0.01 cm^3。

8.2.4.2.3　按8.2.4.1.5做空白试验。

8.3　B法

8.3.1　按表2规定称取定量干燥炭黑试样于离心瓶中(精确到0.1 mg)。

表2

吸碘值范围/(g/kg)	试样量/g
0.0～130.9	0.800 0
131.0～280.9(含乙炔炭黑)	0.400 0
281.0～520.9	0.200 0
521.0 以上	0.100 0

注1：如果按预计的吸碘值所确定的试样量的测定结果不在规定范围内，则应以按表2中对应的试样量重新试验。

注2：粉状炭黑试样在干燥称量前应压实。

8.3.2　吸取40 cm^3 碘标准溶液于离心瓶中，立即加塞，在振荡机上振荡1 min，立即取下用离心机离心分离，粒状炭黑试样分离时间为1 min，粉状为3 min。

8.3.3　从离心瓶中轻轻倾出清液，如果有一个以上的炭黑试样，其清液应入洁净、干燥的细口瓶中并立即加塞。

8.3.4　吸取25 cm^3 清液于碘量瓶中，用硫代硫酸钠标准滴定溶液滴定。用数字滴定管或玻璃滴定管分别按下述步骤进行滴定。

8.3.4.1　用数字滴定管滴定

8.3.4.1.1　调开关至充液位置，使滴定管充满硫代硫酸钠标准滴定溶液，用此溶液冲洗入口及输液管。

8.3.4.1.2　调至滴定位置，使计数器回零并用薄绢纸擦净尖部。

8.3.4.1.3　用硫代硫酸钠标准滴定溶液滴定碘液至浅黄色，用水冲洗滴定管尖部及瓶壁。加5滴淀粉溶液，继续滴加硫代硫酸钠标准滴定溶液直到蓝色近于消失时，再用水冲洗滴定管尖部及瓶壁，调计数器，使其增量为0.01 cm^3，继续滴加直至溶液变为无色即为终点。

8.3.4.1.4　记录滴定管读数，准至0.01 cm^3。

8.3.4.1.5　吸取25 cm^3 碘标准溶液做空白试验，取两次结果的平均值。空白试验硫代硫酸钠标准溶液消耗量若为(30.00±0.05) cm^3，则两种溶液均符合规定，否则重新核查两种溶液浓度。

8.3.4.2　用玻璃滴定管滴定

8.3.4.2.1 取洁净的 25 cm^3 的滴定管注满硫代硫酸钠标准滴定溶液，调至零点，用薄绢纸擦净滴定管尖部，滴加硫代硫酸钠标准滴定溶液至浅黄色。用水冲洗滴定管尖部及瓶壁，加 5 滴淀粉溶液，继续滴加硫代硫酸钠标准滴定溶液直至最后变为无色即为终点。

8.3.4.2.2 记录滴定管读数，准至 0.01 cm^3。

8.3.4.2.3 按 8.3.4.1.5 做空白试验。

8.4 硫代硫酸钠标准溶液应定期按 GB/T 15338 的规定进行校准。

9 结果计算

吸碘值以每千克炭黑吸附碘的质量(以克计)表示(g/kg)。

9.1 用 A 法测定时按式(1)进行计算：

$$I=\frac{V_0-V_1}{V_{11}}\times V_{01}\times c\times\frac{126.91}{m} \qquad \cdots\cdots(1)$$

式中：

I——吸碘值，单位为克每千克(g/kg)；

V_0——滴定空白碘溶液所消耗的硫代硫酸钠标准滴定溶液体积，单位为立方厘米(cm^3)；

V_1——滴定炭黑试样碘所消耗的硫代硫酸钠标准滴定溶液体积，单位为立方厘米(cm^3)；

V_{01}——吸取原始碘溶液体积，单位为立方厘米(cm^3)；

V_{11}——完成吸附后分离液的取用体积，单位为立方厘米(cm^3)；

m——炭黑试样质量，单位为克(g)；

c——硫代硫酸钠溶液(4.6)浓度，单位为摩尔每立方分米(mol/dm^3)；

126.91——碘原子的摩尔质量的数值，单位为克每摩尔(g/mol)。

9.2 用 B 法测定时按式(2)～式(5)进行计算：

试样质量为 0.800 0 g　$I=(V_0-V_1)\times 10$ ……(2)

试样质量为 0.400 0 g　$I=(V_0-V_1)\times 20$ ……(3)

试样质量为 0.200 0 g　$I=(V_0-V_1)\times 40$ ……(4)

试样质量为 0.100 0 g　$I=(V_0-V_1)\times 80$ ……(5)

式中：

I——吸碘值，单位为克每千克(g/kg)；

V_0——滴定空白试验所消耗硫代硫酸钠标准滴定溶液体积，单位为立方厘米(cm^3)；

V_1——滴定炭黑试样碘标准溶液所消耗的硫代硫酸钠标准滴定溶液体积，单位为立方厘米(cm^3)。

9.3 计算结果比 GB 3778、GB/T 3782 规定的有效位数多一位，如有多次测量结果，取其平均值，然后按 GB/T 8170 进行修约。

9.4 应使用 SRB6 系列标准参比炭黑按 GB/T 15338 的规定进行校验，SRB6 系列标准参比炭黑吸碘文献值参见附录 C。

10 精密度

10.1 重复性：同一实验室两次试验结果之差不超过其平均值的 2.49%。

10.2 再现性：不同实验室两个试验结果之差不超过其平均值的 5.21%。

11 试验报告

试验报告包括以下内容：

a) 试样名称及标识；

b) 本试验依据的标准；

c) 试样质量；

d) 加入的碘标准溶液的体积；

e) 碘标准溶液的空白值及滴定试样所消耗的 $Na_2S_2O_3$ 标准溶液的体积；

f) 试验结果(均值或中位数、测试次数)；

g) 所用试验步骤(A 法或 B 法)、滴定方式及与基本分析步骤的差异；

h) 试验中的异常现象；

i) 试验日期。

附　录　A
（规范性附录）
溶液的配制及标定

A.1　溶液的配制

A.1.1　碘标准溶液：$c(1/2I_2)=0.472\ 8\ mol/dm^3$

A.1.1.1　称取 1 140 g 碘化钾于 1 000 cm^3 烧杯中，从中取出约 850 g 碘化钾，用蒸馏水完全溶解并达室温后通过大径漏斗置于洁净的 2 000 cm^3 容量瓶中。

A.1.1.2　从 1 000 cm^3 烧杯中再称取 50 g 碘化钾于 250 cm^3 烧杯中加适量水溶解。加 300 cm^3 水溶解剩余在 1 000 cm^3 烧杯中的碘化钾。

A.1.1.3　用具磨口塞的高型称量瓶称取 120.0 g 碘，溶于 1 000 cm^3 烧杯的碘化钾溶液中，再通过大径漏斗转入 2 000 cm^3 容量瓶中。

注：称量碘时称量瓶与塞一起称，转移碘需用瓷勺。

A.1.1.4　用 250 cm^3 烧杯中的碘化钾溶液（A.1.1.2）连续冲洗称量瓶，将其内壁粘附的碘冲洗至 2 000 cm^3 容量瓶中，直至称量瓶无色。

A.1.1.5　用蒸馏水将 2 000 cm^3 容量瓶（A.1.1.1）中的溶液稀释至刻度。

A.1.1.6　转移溶液至棕色瓶中停放 12 h 以上。转移前需搅拌 5 min。

A.1.2　碘标准溶液：$c(1/2I_2)=0.047\ 3\ mol/dm^3$

可用 2 000 cm^3 的碘标准溶液 $c(1/2I_2)=0.472\ 8\ mol/dm^3$ 准确稀释 10 倍，制备出 20 dm^3 的碘标准溶液 $c(1/2I_2)=0.047\ 3\ mol/dm^3$ 或按下述步骤制备。

A.1.2.1　称取 912g 碘化钾于 1 000 cm^3 烧杯中，从中取出约 700 g 的碘化钾通过大径漏斗于 20 dm^3 玻璃容器中，加水浸没并振摇溶解后静置至室温。

A.1.2.2　从 1 000 cm^3 烧杯中再称取 50 g 碘化钾于 250 cm^3 烧杯中加适量的水溶解。加 300 cm^3 水溶解剩余在 1 000 cm^3 烧杯中的碘化钾。

A.1.2.3　用具磨口塞的高型称量瓶称取 96.000 g 碘，通过大径漏斗用 1 000 cm^3 烧杯中碘化钾溶液冲洗碘入 20 dm^3 的玻璃容器中。

A.1.2.4　用 250 cm^3 烧杯中的碘化钾溶液连续冲洗粘附在称量瓶中的碘于 20 dm^3 玻璃容器中，直至称量瓶无色。

A.1.2.5　以 2 dm^3～3 dm^3 增量加水并随之搅拌直至略低于 15 dm^3 刻度线后，置于磁力搅拌器上中速搅拌 30 min～60 min，再加水至 16 dm^3 刻度线，剧烈振摇后置于磁力搅拌器上搅拌 12 h 以上。

注：需用溶液量较小时，可按比例缩小配制量。

A.1.3　硫代硫酸钠标准滴定溶液：$c(Na_2S_2O_3)=0.039\ 4\ mol/dm^3$

A.1.3.1　加约 4 dm^3 水于 16 dm^3 玻璃容器中，称量 156.5 g 硫代硫酸钠（$Na_2S_2O_3\cdot 5H_2O$）通过大径漏斗冲洗入 16 dm^3 玻璃容器中，加 0.16 g 碘化汞或 80 cm^3 正戊醇搅拌至硫代硫酸钠固体溶解，再加水至 16 dm^3 刻度线。

A.1.3.2　置玻璃容器于磁力搅拌器上搅拌 1 h～2 h，停放 1 d～2 d。用前需搅拌 0.5 h。

注：需用溶液量较少时，可按比例缩小配制量。

A.1.4　碘化钾溶液：111 g/dm^3

称 10g 碘化钾于细颈瓶中，用量筒加 90 cm^3 水充分混合到溶解。

A.1.5　硫酸溶液：体积分数是 10%

用量筒量取 90 cm^3 水于洁净的 250 cm^3 烧杯中，量取 10 cm^3 浓硫酸缓慢加入 250 cm^3 烧杯中并轻轻地搅拌混合。用稀硫酸洗涤硫酸量筒，混合冷却至室温后，倾入细口瓶中备用。

A.1.6 可溶性淀粉溶液：10 g/dm^3

A.1.6.1 称约 1 g 可溶性淀粉和 0.002 g 水杨酸于 100 cm^3 烧杯中，边加水边用玻璃搅拌棒搅拌使其呈稀糊状。

A.1.6.2 加约 100 cm^3 水于 250 cm^3 烧杯中并置于电加热板上加热至沸。加稀淀粉糊于沸水中搅拌至沸腾 2 min～3 min。冷却后加 2 g～3 g 的碘化钾并搅拌至溶解。

A.1.7 碘酸钾基准溶液：$c(1/6KIO_3)=0.039\ 4$ mol/dm^3

A.1.7.1 取适量的碘酸钾于 125℃烘箱中烘 1 h，取出放入干燥器中冷却至室温。

A.1.7.2 称取 1.405 4 g 新干燥的碘酸钾，溶解后准确稀释至 1 000 cm^3。该溶液应盛于棕色试剂瓶中并置于干燥的暗处。用于标定硫代硫酸钠标准溶液。

A.1.8 碘化钾溶液：质量分数为 20%

用少量无 CO_2 的蒸馏水溶解 20.0 g 碘化钾，移至 100 cm^3 的容量瓶中，定容。

A.2 溶液的标定

A.2.1 硫代硫酸钠标准滴定溶液：$c(Na_2S_2O_3)=(0.039\ 4\pm0.000\ 08)$mol/$dm^3$

用碘酸钾基准溶液（A.1.7）标定。

准确吸取 20 cm^3 碘酸钾基准溶液于 150 cm^3 碘量瓶中，加入新配制的质量分数为 20%的碘化钾溶液（A.1.8）5.0 cm^3。用小量筒量取用 5 cm^3 硫酸溶液（4.4）于碘量瓶中，立即加盖充分混合，按 A.2.1.1 或 A.2.1.2 的操作步骤进行滴定。计算硫代硫酸钠标准滴定溶液浓度。

A.2.1.1 用数字滴定管滴定硫代硫酸钠标准滴定溶液

a) 将数字滴定管调至充液位置，将未经标定的硫代硫酸钠标准滴定溶液充入储存器，冲洗入口和输液管，然后转换至滴定位置并将计数器回零。

b) 滴加硫代硫酸钠标准滴定溶液直至碘量瓶中呈现浅黄色，用水冲洗滴定管尖部及瓶壁，加 5 滴淀粉溶液。继续滴加硫代硫酸钠标准滴定溶液，直至蓝色或紫色近于消失。用水冲洗滴定管尖部及瓶壁。调计数器至 0.01 cm^3 的增量，继续滴加直至溶液无色即为终点。

c) 记录滴定体积，再做一次平行测定。按式（A.1）计算硫代硫酸钠标准滴定溶液浓度：

$$c=\frac{20\times0.039\ 4}{V} \qquad \text{(A.1)}$$

式中：

c——硫代硫酸钠标准滴定溶液浓度的数值，单位为摩尔每立方分米（mol/dm^3）；

20——碘酸钾基准溶液体积的数值，单位为立方厘米（cm^3）；

V——所消耗的硫代硫酸钠标准滴定溶液体积的数值，单位为立方厘米（cm^3）；

0.0394——碘酸钾基准溶液浓度的数值，单位为摩尔每立方分米（mol/dm^3）。

A.2.1.2 用玻璃滴定管标定硫代硫酸钠标准滴定溶液

a) 滴定管中充满未标定的硫代硫酸钠标准滴定溶液，并从尖部放出 2 cm^3～3 cm^3，调至刻度线，滴定到碘量瓶中溶液呈浅黄色。用水冲洗滴定管尖部及瓶壁。加 5 滴淀粉溶液，继续滴加硫代硫酸钠标准滴定溶液直至蓝色恰好消失，即为终点。记录滴定体积，准至 0.01 cm^3，再做一次平行测定。

b) 按式（A.1）计算硫代硫酸钠标准滴定溶液浓度。

A.2.2 碘标准溶液：$c(1/2I_2)=(0.047\ 3\pm0.000\ 03)$mol/$dm^3$

用硫代硫酸钠标准滴定溶液浓度标定。

A.2.2.1 吸取 20 cm^3 碘标准溶液（A.1.1）于 250 cm^3 碘量瓶中，用已标定过的硫代硫酸钠标准滴定溶液（A.2.1）滴定，当碘液黄色近于消失时，加 5 滴淀粉溶液，继续滴定至蓝色刚好消失即为终点。

A.2.2.2 按式(A.2)计算碘标准溶液浓度：

$$c=\frac{0.039\,4V}{20} \tag{A.2}$$

式中：

c——碘标准溶液浓度的数值，单位为摩尔每立方分米(mol/dm^3)；

V——滴定消耗的硫代硫酸钠标准滴定溶液体积的数值，单位为立方厘米(cm^3)；

0.039 4——硫代硫酸钠标准滴定溶液浓度的数值，单位为摩尔每立方分米(mol/dm^3)；

20——碘标准溶液体积的数值，单位为立方厘米(cm^3)。

附　录　B
（资料性附录）
炭黑比表面积与称样量及试样量与碘标准溶液比率的新划分法

炭黑比表面积与称样量及试样量与碘标准溶液比率的新划分法见表 B.1：

表 B.1

品种	吸碘值范围/ (g/kg)	试样量/ g	试样量(g)与碘标准溶液(cm^3)比率
N500～N900(N582 除外)	0.0～59.9	0.500 0	1∶50
乙炔炭黑	≥90.0	0.250 0	1∶200
N100～N300、N582	60.0～199.9	0.125 0	1∶100
N472 等	200.0～499.9	0.062 5	1∶400
特殊品种	500.0～1 500.0	0.025 0	1∶1 000

注 1：如果按预计的吸碘值所确定试样量的测定结果不在规定的范围之内，则应以实测值按表 1 中对应的试样量重新试验。

注 2：粉状炭黑试样在干燥称量前应压实。

注 3：表中规定的试样量所对应的碘标准溶液量为 25 cm^3。在符合表中规定的试样量与碘标准溶液比率的情况下，最大允许试样量为 1.000 0 g，随着试样量和对应溶液量的增加，应选用适当容量的离心瓶，以保证振摇效果。

其余分析步骤同第 8 章。

附　录　C
（资料性附录）
SRB6 系列标准参比炭黑吸碘文献值

表 C.1 给出了 SRB6 系列标准参比炭黑吸碘文献值表。

表 C.1　SRB6 系列标准参比炭黑吸碘文献值表

检测项目	A6	B6	C6	D6	E6	F6
吸碘值/(g/kg)	137.2±3.00	117.9±2.28	82.4±1.08	26.5±1.06	35.3±1.62	33.1±1.44

附 录 D
（资料性附录）
本部分章条编号与 ASTM D1510:2003 章条编号对照

表 D.1 给出了本部分章条编号与 ASTM D1510:2003 章条编号对照一览表。

表 D.1 本部分章条编号与 ASTM D1510:2003 章条编号对照

本部分章条编号	对应的国外先进标准章条编号
警告	1.4
1	1.1、1.3、4.1
—	1.2
3	3.1
4 章的悬置段	6.1、6.8
4.1	—
4.2	A.1.3.3
4.3	A.1.7.1
4.4	6.7
4.5	6.6
4.6	6.5
4.7	6.3
4.8	6.4
—	6.2
5.1	5.5
5.3	5.6
5.4	5.11
5.5	5.1
5.6	5.3
5.9	5.14
—	5.4
—	5.9
—	5.10
—	5.12
—	5.13
—	5.14
6	7.1
7	—
—	8
8.1	10.1、12.1

表 D.1(续)

本部分章条编号	对应的国外先进标准章条编号
8.2.1	10.2
8.2.2	10.3～10.5
8.2.3	10.6
8.2.4	10.7
8.3.1	12.2
8.3.2	12.3～12.5
8.3.3	12.6
8.3.4	12.7
8.4	15.2
9.1	11.1
9.2	13.1
9.3	—
9.4	15
—	16.1～16.4、16.7
10.1	16.5
10.2	16.6
11	14.1
—	17
附录 A	9 和附录 A.1
附录 B	—
附录 C	—
附录 D	—

注：表中的章条以外的本部分其他章条与 ASTM D1510:2003 其他章条编号均相同且内容相对应。

ICS 83.040.20
G 49

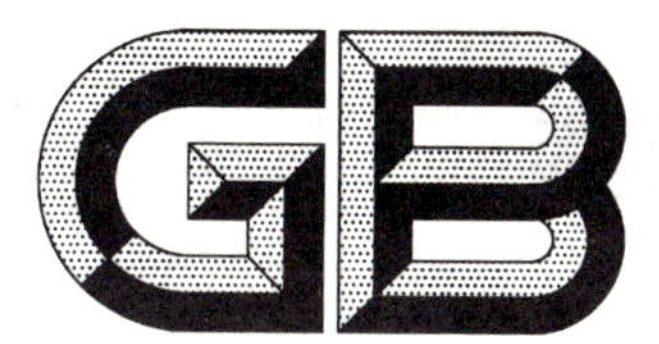

中华人民共和国国家标准

GB/T 3780.7—2006
代替 GB/T 3780.7—1996,GB/T 3781.4—1993,GB/T 7045—2003

炭黑 第7部分:pH值的测定

Carbon black—Part 7:Determination of pH value

2006-08-01 发布 2007-01-01 实施

中华人民共和国国家质量监督检验检疫总局
中国国家标准化管理委员会 发布

中华人民共和国国家标准

GB/T 3780.7—2006

炭黑 第7部分：pH值的测定

Carbon black—Part 7: Determination of pH value

2006-08-01发布　　2007-01-01实施

中华人民共和国国家质量监督检验检疫总局
中国国家标准化管理委员会　发布

前　言

GB/T 3780《炭黑》分为以下几个部分：

——第1部分：吸碘值试验方法；

——第2部分：邻苯二甲酸二丁酯吸收值的测定；

——第4部分：邻苯二甲酸二丁酯吸收值测定方法和试样制备(压缩试样)；

——第5部分：比表面积测定 CTAB法；

——第6部分：着色强度试验方法；

——第7部分：pH值的测定；

——第8部分：加热减量的测定；

——第10部分：灰分的测定；

——第12部分：杂质的检查；

——第14部分：硫含量的测定；

——第15部分：甲苯抽出物透光率的测定；

——第17部分：粒径的间接测定　反射率法；

——第18部分：在天然橡胶中的配方及鉴定方法；

——第21部分：橡胶配合剂　筛余物的测定　水冲洗法。

本部分是GB/T 3780的第7部分。

本部分修改采用ASTM D 1512：1995(2000年确认)《炭黑标准试验方法　pH值的测定　A法》(英文版)。

本部分代替GB/T 3780.7—1996《炭黑pH值的测定》、GB/T 3781.4—1993《乙炔炭黑pH值的测定》、GB/T 7045—2003《色素炭黑　pH值的测定》，因为国际上的发展原标准在技术上已过时。

本部分根据ASTM D 1512：1995重新起草。为了方便比较，在资料性附录B中列出了本国家标准条款和国外先进国家标准条款的对照一览表。

由于我国法律要求和工业的特殊需要，本部分在采用国外先进标准时进行了修改。本部分与ASTM D 1512：1995的主要差异如下：

——引用了ASTM D 1512：1995中引用的D 1193、D 1799、D 1900、E 70对应的我国国家标准GB/T 6682、GB 3778、GB/T 3782、GB/T 7044、GB/T 9724，增加了GB/T 8170，这是为了方便我国标准使用者(本部分第2章)；

——将ASTM D 1512：1995中采样与炭黑样品制备改为一章，以便于与系列标准的格式相统一(本部分第6章)；

——将ASTM D 1512：1995步骤中的"试验条件"改为一章，以便于与系列标准的格式相统一(本部分第7章)；

——修改了试样量与蒸馏水体积的关系，并将其分品种列表表示(本部分的8.1)；

——修改了测试试样pH值的方式，规定橡胶用炭黑及色素炭黑直接测混合液的pH值，乙炔炭黑测离心后清液的pH值(本部分的8.5)；

——修改了"精密度"的叙述，且重复性统一规定为"两次测定结果之差不超过0.3pH"(本部分第10章)；

——增加了规范性附录A"标准缓冲溶液及其配制"和"标准缓冲溶液pH值"，这是为了方便我国标准使用者。

为便于使用,本部分还做了下列编辑性修改:

——增加了资料性附录B"本部分章条号与 ASTM D 1512:1995 章条编号对照一览表",这是为了方便我国标准使用者。

为了方便标准使用,现将橡胶用炭黑、乙炔炭黑、色素炭黑的 pH 值测定整合为一。本部分同时代替 GB/T 3780.7—1996《炭黑 pH 值的测定》、GB/T 3781.4—1993《乙炔炭黑 pH 值的测定》、GB/T 7045—2003《色素炭黑 pH 值的测定》。

本部分与 GB/T 3780.7—1996、GB/T 3781.4—1993、GB/T 7045—2003 相比主要变化如下:

a) 增加了本部分的适用范围(见第1章);
b) 增加了规范性引用文件 GB/T 3782、GB/T 7044、GB/T 9724(见第2章);
c) pH 计的精度由 0.05 代替 0.1(GB/T 3780.7—1996 的 3.1;GB/T 3781.4—1993 的 3.2;本部分的 5.3);
d) 增加将粒状或块状炭黑研成粉末状的样品制备方法(见 6.2);
e) 试样量与蒸馏水的关系用列表的方式代替原标准的文字表述;
f) 规定橡胶用炭黑及色素炭黑直接测混合液的 pH 值,乙炔炭黑测离心后的清液的 pH 值代替原标准规定的测试炭黑干浆 pH 值(GB/T 3780.7—1996 的 6.7,GB/T 3781.4—1993 的 5.7,GB/T 7045—2003 的 8.5;本版的 8.5);
g) 增加了用两点法对仪器进行定位(见 8.4);
h) 精密度规定重复性由 0.3pH 代替原标准规定的 0.5pH(GB/T 3780.7—1996 的第7章,GB/T 7045—2003的第10章;本部分的第10章);
i) 对于原标准规范性附录A中标准缓冲溶液及配制和标准缓冲溶液 pH 值的错误按 GB/T 9724 的规定进行了修改(见附录A);
j) 增加了资料性附录B"本部分章条号与 ASTM D 1512:1995 章条编号对照一览表"。

本部分的附录A是规范性附录,附录B是资料性附录。

本部分由中国石油和化学工业协会提出。

本部分由全国橡胶与橡胶制品标准化技术委员会炭黑分技术委员会(SAC/TC 35/SC 5)归口。

本部分起草单位:中橡集团炭黑工业研究设计院、天津海豚炭黑有限公司。

本部分主要起草人:余艳、陈庆刚、刘金。

本部分所代替标准的历次版本发布情况为:

——GB/T 3780.7—1983、GB/T 3780.7—1996;

——GB/T 3781.4—1983、GB/T 3781.4—1993;

——GB/T 7045—1986、GB/T 7045—1993、GB/T 7045—2003。

炭黑　第7部分:pH值的测定

警告——使用本部分的人员应有正规实验室工作的实践经验。本部分并未指出所有可能的安全问题。使用者有责任采取适当的安全和健康措施,并保证符合国家有关法规规定的条件。

1　范围

GB/T 3780的本部分规定了炭黑pH值的测定方法。

本部分适用于各类橡胶用炭黑、各类乙炔炭黑、各类色素炭黑。

2　规范性引用文件

下列文件中的条款通过GB/T 3780的本部分的引用而成为本部分的条款。凡是注日期的引用文件,其随后所有的修改单(不包括勘误的内容)或修订版均不适用于本部分,然而,鼓励根据本部分达成协议的各方研究是否可使用这些文件的最新版本。凡是不注日期的引用文件,其最新版本适用于本部分。

GB 3778　橡胶用炭黑

GB/T 3782　乙炔炭黑

GB/T 6682　分析实验室用水规格和试验方法(GB/T 6682—1992,neq ISO 3696:1987)

GB/T 7044　色素炭黑

GB/T 8170　数值修约规则

GB/T 9724　化学试剂　pH值测定通则(GB/T 9724—1988,eqv ISO 6353-1:1982)

3　原理

将炭黑试样(以下简称试样)与蒸馏水相混合,排出其中的二氧化碳后用pH计测定试样的pH值。

4　试剂

除非另有规定,仅使用分析纯试剂。

4.1　水,GB/T 6682,三级。使用前应将其放入耐化学腐蚀的玻璃容器中煮沸5 min~10 min,并加盖冷却至室温,放置时间不超过30 min。

4.2　乙醇,体积分数是0.95。

4.3　丙酮。

4.4　部分缓冲溶液,可购市售符合本部分要求的标准缓冲溶液,也可按GB/T 9724或附录A进行配制。

5　仪器

5.1　分析天平,精度0.1 mg。

5.2　工业天平,精度0.2 g。

5.3　pH计,精度0.05。

5.4　容器,玻璃烧杯或不锈钢杯,50 cm^3~250 cm^3,容积应适应试样测试。

5.5　表面皿,大小尺寸应与容器(5.4)相匹配。

5.6　电热板或电炉。

5.7　电动离心机,可控制在1 000 r/min以上。

5.8 量筒，容量 50 cm^3 和 250 cm^3，GB 12804 中 A 类。

5.9 粉碎机或研钵和研杵，能将粒状或块状炭黑粉碎。

5.10 具塞透明玻璃离心瓶，50 cm^3。

6 采样

6.1 按 GB 3778、GB/T 3782、GB/T 7044 规定进行。

6.2 用粉碎机或研钵和研杵将粒状或块状炭黑研成粉末状。

7 试验条件

不受酸碱等化学气体污染。

8 分析步骤

8.1 按表 1 规定称取适量试样，精确至 0.2 g，置于适当的容器(5.4)中，并加入对应量的已煮沸并冷却至室温的新鲜蒸馏水，若试样不为水润湿，可加入 3 cm^3～5 cm^3 乙醇或 2 滴～3 滴丙酮。

表 1 不同品种炭黑的称样量与加入的蒸馏水量

炭黑品种	称样量/g	加入的蒸馏水量/cm^3
橡胶用炭黑	5.0	50
乙炔炭黑及粉状炭黑	3.0	90
色素炭黑	5.0	50

8.2 将装有试样混合液的容器放在电炉或电加热板上煮沸 15 min，不允许煮沸至干。

8.3 取下容器，盖上盖，置于不受化学气体污染的环境中冷却至室温。

8.4 按 GB/T 9724 的规定，用两点法进行校正、定位，两标准缓冲溶液互相校正的误差不得大于 0.1pH单位，否则应重新配制标准缓冲溶液或校正 pH 计。在每次测试后需用蒸馏水将电极冲洗干净并用滤纸吸干水迹。

8.5 乙炔炭黑首先倾去上层清液，将浆状物移入离心瓶中，并在电动离心机上离心 2 min，测定离心后的上层清液。其他品种炭黑直接测定冷却至室温后的炭黑泥浆。

8.6 置电极于待测物中，轻轻旋转烧杯，待 pH 计示值稳定 1 min 后读取 pH 值，准至 0.05 个 pH 单位。

8.7 用蒸馏水冲洗电极并擦净，当不用时，按电极的使用说明书处置电极。

9 结果表示

9.1 试样的 pH 值以 pH 计所显示的数值表示。

9.2 计算结果比 GB 3778、GB/T 3782 规定的有效位数多一位，如有多次测量结果，取其平均值，然后按 GB/T 8170 进行修约。

10 精密度

10.1 重复性：同一实验室两次测定结果之差不大于 0.3 个 pH 单位；

10.2 再现性：不同实验室两次测定结果之差不大于 1.5 个 pH 单位。

11 试验报告

试验报告包括下列项目：

a) 试样名称及标识；

b） 本试验依据的标准；

c） 试样质量，g；

d） 试验结果(均值或中位数、测试次数)；

e） 与基本分析步骤的差异；

f） 试验中出现的异常现象；

g） 试验日期。

附　录　A
（规范性附录）
标准缓冲溶液

标准缓冲溶液及其配制和 pH 值见表 A.1 和表 A.2。

注：蒸馏水 25℃时电导率不超过 5.0 μS/cm。

表 A.1　标准缓冲溶液及其配制

序号	试剂名称	溶液浓度/(mol/L)	试剂处理	蒸馏水要求	备　注	试剂等级
1	四草酸钾	$c[KH_3(C_2O_4)_2 \cdot 2H_2O]=0.05$	—	无二氧化碳的水	$KH_3(C_2O_4)_2 \cdot 2H_2O$ 用量:12.71 g	分析纯以上
2	酒石酸氢钾	25℃下饱和	外消旋		剧烈振摇	
3	苯二甲酸氢钾	$c(C_6H_4CO_2HCO_2K)=0.05$	110℃干燥 1 h		$C_6H_4CO_2HCO_2K$ 用量:10.21 g	
4	磷酸二氢钾	$c(KH_2PO_4)=0.025$	(120±10)℃干燥 2 h		KH_2PO_4 用量:3.40 g	
	磷酸氢二钠	$c(Na_2HPO_4)=0.025$			Na_2HPO_4 用量:3.55 g	
5	四硼酸钠	$c(Na_2B_4O_7 \cdot 10H_2O)=0.01$	室温		存放时应防止空气中的 CO_2 进入	

表 A.2　标准缓冲溶液 pH 值

序号	溶　液　名　称	不同温度下(℃)的 pH 值								
		0	5	10	15	20	25	30	35	40
1	0.05 mol/L 四草酸钾	1.67	1.67	1.67	1.67	1.68	1.68	1.69	1.69	1.69
2	饱和酒石酸氢钾	—	—	—	—	—	3.56	3.55	3.55	3.55
3	0.05 mol/L 苯二甲酸氢钾	4.00	4.00	4.00	4.00	4.00	4.01	4.01	4.02	4.04
4	0.025 mol/L 磷酸二氢钾＋0.025 mol/L 磷酸氢二钠	6.98	6.95	6.92	6.90	6.88	6.86	6.85	6.84	6.84
5	0.01 mol/L 四硼酸钠	9.46	9.40	9.33	9.27	9.22	9.18	9.14	9.10	9.06

附 录 B
（资料性附录）
本部分章条编号与 ASTM D 1512:1995 章条编号对照

表 B.1 给出了本部分章条编号与 ASTM D 1512:1995 章条编号对照一览表。

表 B.1 本部分章条编号与 ASTM D 1512:1995 章条编号对照

本部分章条编号	对应的国外先进标准章条编号
1	—
2	2
3	1.1
4	5
5	4
6.1	6
6.2	7.1
7	—
8.1	7.2、7.3
8.2	7.4
8.3	7.5
8.4	7.6、注 4
8.5、8.6	7.7
8.7	7.8
9	—
10.1	9.1.5.1
10.2	9.1.5.2
11	8

ICS 83.040.20
G 49

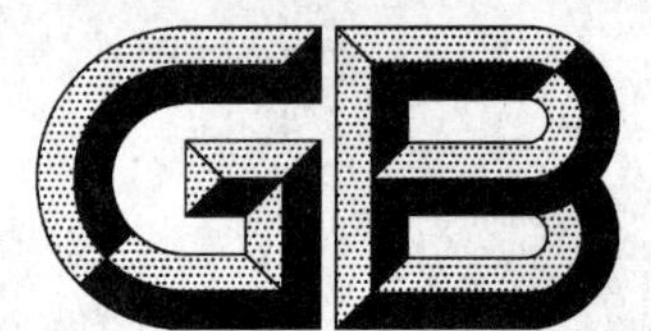

中华人民共和国国家标准

GB/T 3780.15—2006
代替 GB/T 3780.15—1997,GB/T 3780.20—1997

炭黑　第15部分:甲苯抽出物透光率的测定

**Carbon black—Part 15:
Determination of light transmittance of toluene extract**

(ISO 3858-1:1990 Carbon black for use in the rubber industry—Determination of light transmittance of toluene extract—Part 1:Rapid method,
ISO 3858-2:1990 Part 2:Method for product evaluation,MOD)

2006-08-01 发布　　2007-01-01 实施

中华人民共和国国家质量监督检验检疫总局
中国国家标准化管理委员会　发布

前 言

GB/T 3780《炭黑》分为如下几个部分：

——第 1 部分：吸碘值试验方法；

——第 2 部分：邻苯二甲酸二丁酯吸收值的测定；

——第 4 部分：邻苯二甲酸二丁酯吸收值测定方法和试样制备(压缩试样)；

——第 5 部分：比表面积测定 CTAB 法；

——第 6 部分：着色强度试验方法；

——第 7 部分：pH 值的测定；

——第 8 部分：加热减量的测定；

——第 10 部分：灰分的测定；

——第 12 部分：杂质的检查；

——第 14 部分：硫含量的测定；

——第 15 部分：甲苯抽出物透光率的测定；

——第 17 部分：粒径的间接测定 反射率法；

——第 18 部分：在天然橡胶中的配方及鉴定方法；

——第 21 部分：橡胶配合剂筛余物的测定 水冲洗法。

本部分是 GB/T 3780 的第 15 部分。

GB/T 3780 的本部分中 A 法修改采用 ISO 3858-1:1990《橡胶用炭黑 甲苯抽出物透光率的测定 第 1 部分：快速法》(英文版)，B 法修改采用 ISO 3858-2:1990《橡胶用炭黑 甲苯抽出物透光率的测定 第 2 部分：产品评价方法》(英文版)。

本部分根据 ISO 3858-1:1990 和 ISO 3858-2:1990 重新起草。在附录 A 中列出了本部分章条编号与 ISO 3858-1:1990 和 ISO 3858-2:1990 章条编号的对照一览表。

考虑到我国国情，在采用 ISO 3858-1:1990 和 ISO 3858-2:1990 时，本部分做了一些修改，主要差异如下：

——本部分中的警告用语的表达方式和出现的位置与两个国际标准不相同，本部分的用法是引用了 GB/T 20001.4—2001《标准编写规则 第 4 部分：化学分析方法》附录 A 中的警告示例；

——本部分扩大了适用范围，适用于色素炭黑；

——引用了 ISO 3858-1:1990 和 ISO 3858-2:1990 中引用的 ISO 1126 对应的我国国家标准 GB/T 3780.8 和相关其他国家标准 GB 3778、GB/T 7044、GB/T 8170(本部分的第 2 章)，以适合我国国情；

——增加了精密度；

——将 ISO 3858-1:1990 和 ISO 3858-2:1990 中相同的部分进行了合并，只在分析步骤一章进行分别叙述，这样使整个内容结构更紧凑、更合理；

——为了便于统一叙述，删除了 ISO 3858-1:1990 中的 5.7，因为 5.7 与 5.5 具有相同的功能；

——将 ISO 3858-1:1990 的第 6 章和 ISO 3858-2:1990 的第 6.2 条中的“干燥约 4 g 炭黑试样”改为“取适量炭黑试样进行干燥”，因为本部分已增加了精密度，至少应测试平行样，4 g 炭黑试样不够平行样测试。

本部分代替 GB/T 3780.15—1997《橡胶用炭黑甲苯抽出物透光率的测定 快速法》和 GB/T 3780.20—1997《橡胶用炭黑甲苯抽出物透光率的测定 产品鉴定方法》。

本部分与 GB/T 3780.15—1997 和 GB/T 3780.20—1997 相比主要变化如下：

——将 GB/T 3780.15—1997 和 GB/T 3780.20—1997 合成一个部分，用 A 法和 B 法来表示；

——本部分增加了适用于色素炭黑(见第 1 章)；

——增加了精密度(见第 10 章)；

——取消了干燥炭黑试样的质量(见 6.3)。

本部分的附录 A 为资料性附录。

本部分由中国石油和化学工业协会提出。

本部分由全国橡胶与橡胶制品标准化技术委员会炭黑分技术委员会(SAC/TC 35/SC 5)归口。

本部分起草单位：中橡集团炭黑工业研究设计院、天津海豚炭黑有限公司。

本部分主要起草人：代传银、陈庆刚、江杰。

本部分所代替标准的历次版本发布情况为：

——GB/T 3780.15—1983、GB/T 3780.15—1988、GB/T 3780.15—1997；

——GB/T 3780.20—1983、GB/T 3780.20—1988、GB/T 3780.20—1997。

炭黑 第15部分:甲苯抽出物透光率的测定

警告——使用本部分的人员应有正规实验室工作的实践经验。本部分并未指出所有可能的安全问题。使用者有责任采取适当的安全和健康措施,并保证符合国家有关法规规定的条件。

1 范围

GB/T 3780的本部分规定了用分光光度计法测定炭黑甲苯抽出物透光率的原理、试剂、仪器、采样、试验条件、分析步骤、结果表示、精密度和试验报告。

本部分适用于橡胶用炭黑和色素炭黑。

2 规范性引用文件

下列文件中的条款通过GB/T 3780的本部分的引用而成为本部分的条款。凡是注日期的引用文件,其随后所有的修改单(不包括勘误的内容)或修订版均不适用于本部分,然而,鼓励根据本部分达成协议的各方研究是否可使用这些文件的最新版本。凡是不注日期的引用文件,其最新版本适用于本部分。

GB 3778 橡胶用炭黑

GB/T 3780.8 炭黑加热减量的测定(GB/T 3780.8—2002,eqv ISO 1126:1992 Rubber compounding ingredients—Carbon black—Determination of loss on heating)

GB/T 7044 色素炭黑

GB/T 8170 数值修约规则

3 原理

称取一定量干燥炭黑试样,在室温下与一定体积的甲苯混合,过滤混合物并将滤液移入比色槽。以纯甲苯为空白,在给定波长的分光光度计上测定滤液的透光率。

4 试剂

甲苯,分析纯。

5 仪器

5.1 分析天平,精度为0.01 g。

5.2 烘箱,重力对流型,可控制在105℃±2℃或125℃±2℃。

5.3 分光光度计,波长360 nm~600 nm,精度±3 nm,在425 nm波长下可直接读出透光率。供电电压变化大于4 V时,需配稳压器。

注:普通比色计光带的半宽度大,使用时可与波长精度为425 nm±2 nm的分光光度计比较作出校正曲线。

5.4 比色槽,抛光面平面度应在10 nm内,平行面间的内部间距(即光程)为10.00 mm±0.05 mm。

注1:使用内径为10.00 mm±0.05 mm的圆形比色槽时,必须与方形比色槽比较作出校正曲线。

注2:使用光程不是10 mm比色槽时,用下式换算成光程为10 mm比色槽的透光率。

$$\lg\tau_0 = \frac{10}{L} \times \lg\tau - \frac{20}{L} + 2$$

式中：

τ_0——比色槽光程为 10 mm 的透光率百分数；

τ——光程为 L 的比色槽测得的透光率百分数；

L——所用比色槽的光程。

注 3：相同光程的比色槽其透光率可能不同，本部分建议使用同一个比色槽来调校分光光度计和进行实际测试。

5.5 锥形瓶，容量 100 cm^3 或 125 cm^3，具有磨口塞。

5.6 量筒，容量 50 cm^3，最小分度为 1 cm^3。

5.7 滤纸，直径 150 mm，中速、定性滤纸。

5.8 漏斗，直径 75 mm，由耐化学腐蚀的玻璃制成。

5.9 光学镜薄绢，不含棉、麻。

5.10 粉碎器，研钵研杵或相当的粉碎设备。

注：只适用于 B 法。

6 采样

6.1 按 GB 3778 或 GB/T 7044 的规定采取炭黑试样。

6.2 用 A 法测试时，炭黑试样不需破碎；用 B 法测试时，炭黑试样须经破碎处理。

6.3 取适量炭黑，按 GB/T 3780.8 的规定在 105℃±2℃或 125℃±2℃的烘箱中干燥1 h，在干燥器中冷却至室温备用。

注：炭黑干燥温度不可高于规定的温度，也不能用红外灯干燥，因为有些抽出物可能在较高温度下挥发而影响结果。

7 试验条件

试验应在室温为(23±2)℃，相对湿度为(50±5)%或室温为(27±2)℃，相对湿度为(65±5)%的条件下进行。试剂和仪器在使用前应达到环境温度。

甲苯易燃、有毒，试验应在通风橱内进行。使用的电动机必须防爆，通风橱内不应有影响试验结果的烟雾或蒸汽。

8 分析步骤

8.1 A 法——快速法

8.1.1 校正分光光度计(5.3)之前，至少预热 10 min。把约 50 cm^3 的甲苯(4)滤入锥形瓶(5.5)中，盖上瓶塞，用此甲苯清洗比色槽。

将滤出的甲苯注满比色槽，用薄绢(5.9)擦干比色槽外壁并置入分光光度计中，在波长 425 nm 下，调节分光光度计使纯甲苯透光率指示为 100%。

8.1.2 称取已干燥的炭黑试样 3 g±10 mg 于锥形瓶(5.5)中。

如果比色槽的容积较大，也可称取较多的试样，每增加 1 g 炭黑需增加 10 cm^3 甲苯。

8.1.3 用量筒(5.6)量取滤出的甲苯(30±0.5)cm^3，注入盛有试样的锥形瓶(8.1.2)中。

8.1.4 加入甲苯后 5 s 内使炭黑全部浸润，摇动(15±5)s。

8.1.5 摇动后，在 30 s 内过滤混合物于锥形瓶(5.5)中。每个试样均用新滤纸过滤，不允许滤纸重复使用。

8.1.6 用约 1 cm^3 的滤液(8.1.5)清洗比色槽。

8.1.7 滤后 1 min 内必须将滤液(8.1.5)注入比色槽(8.1.6)，用薄绢擦净表面。

8.1.8 把比色槽置于调节好的分光光度计(8.1.1)中，在 425 nm 的波长下，读取透光率百分数。

8.1.9 测试结束立即用清洁甲苯冲洗比色槽。

8.2 **B法——产品鉴定法**

8.2.1 校正分光光度计(5.3)之前,至少预热10 min。把约30 cm^3的甲苯(4)滤入锥形瓶(5.5)中盖上瓶塞,用此甲苯清洗比色槽3次,每次甲苯用量为比色槽容积的1/3。

将滤出的甲苯注满比色槽,用薄绢(5.9)擦干外部,置入分光光度计中,在波长425 nm下,调节分光光度计使纯甲苯透光率指示为100%。

8.2.2 称取2 g±10 mg已粉碎并干燥的炭黑试样,放入锥形瓶(5.5)中。

如果比色槽的容积较大,也可称取较多的试样,每增加1 g炭黑需增加10 cm^3 甲苯。

8.2.3 用量筒(5.6)量取滤出的甲苯(20±0.5) cm^3,注入盛有试样的锥形瓶(8.2.2)中并盖上瓶塞。

8.2.4 加入甲苯后5 s内用手摇动混合物(60^{+5}_{0})s,也可用每分钟振荡240次的振荡器进行。

8.2.5 立即过滤混合物于另一锥形瓶(5.5)中,盖上瓶塞。如果有炭黑透滤,本次试验即作废并应重新作试验。每个试样都要用新滤纸过滤,不允许滤纸重复使用。

8.2.6 每次用1 cm^3 的滤液(8.2.5)清洗比色槽,共清洗3次。

8.2.7 过滤后1 min内将滤液(8.2.5)注入比色槽(8.2.6),并用薄绢擦净表面。

8.2.8 把比色槽放入调节好的分光光度计(8.2.1)中,在425 nm的波长下读取透光率百分数。

8.2.9 测试结束后立即用清洁的甲苯冲洗比色槽。

9 结果表示

由8.1.8或8.2.8得到的读数即甲苯抽出物的透光率,以百分数表示,结果按GB/T 8170的规定修约到整数(1%)。

10 精密度

10.1 重复性:同一实验室两次测定结果之差不超过平均值的1.60%。

10.2 再现性:不同实验室间两次测定结果之差不超过平均值的3.55%。

11 试验报告

试验报告应包括以下内容:

a) 本试验依据的标准编号;
b) 试样的标志及编号;
c) 试样质量;
d) 采用的方法(A法或B法);
e) 分光光度计型号;
f) 试验结果;
g) 在试验中观察到的异常现象;
h) 试验日期;
i) 试样的干燥温度。

附 录 A
（资料性附录）
本部分章条编号与 ISO 3858-1：1990/ISO 3858-2：1990 章条编号对照

表 A.1 给出了本部分章条编号与 ISO 3858-1：1990/ISO 3858-2：1990 章条编号对照一览表。

表 A.1 本部分章条编号与 ISO 3858-1：1990/ISO 3858-2：1990 章条编号对照

本部分章条编号	对应的国际标准章条编号	
	ISO 3858-1：1990	ISO 3858-2：1990
警告	第 7 章的第 2 段和第 8 章的第 1、2 段	第 7 章的第 2 段和第 8 章的第 1、2 段
—	5.7	—
5.7	5.9	5.9
5.9	—	—
5.10	—	5.7
8.1.1～8.1.9	8.1～8.9	—
8.2.1～8.2.9	—	8.1～8.9
10	—	—
11	10	10

注：表中的章条以外的本部分其他章条编号与 ISO 3858-1：1990 和 ISO 3858-2：1990 其他章条编号均相同且内容相对应。

ICS 83.040.30
G 49

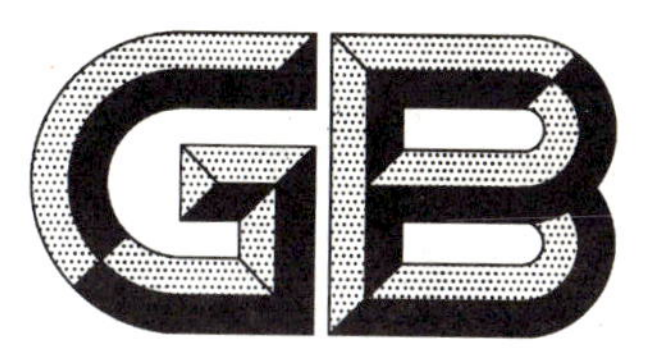

中华人民共和国国家标准

GB/T 3780.21—2006
代替 GB/T 3780.21—2002,GB/T 13647—1992

炭黑　第21部分:橡胶配合剂筛余物的测定　水冲洗法

Carbon black—Part 21:Determination of sieve residue for rubber compounding ingredients—Water washing method

(ISO 1437:1992 Rubber compounding ingredients—Carbon black—Determination of sieve residue,MOD)

2006-08-01 发布　　2007-01-01 实施

中华人民共和国国家质量监督检验检疫总局
中国国家标准化管理委员会　发布

前　言

GB/T 3780《炭黑》分为如下几个部分：

——第 1 部分：吸碘值试验方法；

——第 2 部分：邻苯二甲酸二丁酯吸收值的测定；

——第 4 部分：邻苯二甲酸二丁酯吸收值测定方法和试样制备(压缩试样)；

——第 5 部分：比表面积测定 CTAB 法；

——第 6 部分：着色强度试验方法；

——第 7 部分：pH 值的测定；

——第 8 部分：加热减量的测定；

——第 10 部分：灰分的测定；

——第 12 部分：杂质的检查；

——第 14 部分：硫含量的测定；

——第 15 部分：甲苯抽出物透光率的测定；

——第 17 部分：粒径的间接测定　反射率法；

——第 18 部分：在天然橡胶中的配方及鉴定方法；

——第 21 部分：橡胶配合剂筛余物的测定　水冲洗法。

本部分是 GB/T 3780 的第 21 部分。

本部分修改采用 ISO 1437:1992《橡胶配合剂　炭黑　筛余物的测定》(英文版)。

本部分代替 GB/T 3780.21—2002《橡胶配合剂炭黑筛余物的测定　水冲洗法》和 GB/T 13647—1992《橡胶制品用原材料筛余物的测定　水冲洗法》，因为国际上的发展原标准在技术上已过时。

本部分根据 ISO 1437:1992 重新起草。为了方便比较，在资料性附录 A 中列出了本国家标准条款和国际标准条款的对照一览表。

由于我国法律要求和工业的特殊需要，本部分在采用国际标准时进行了修改。本部分与ISO 1437:1992 的主要差异如下：

——修改了标准名称，以符合我国系列标准名称的要求；

——适用范围增加了“常规未处理过的色素炭黑及橡胶制品用粉剂原材料”，以适应我国标准的使用要求；

——引用了 ISO 1437:1992 中引用的 ISO 3310-1 对应的我国国家标准 GB/T 6003.1，增加了 GB 3778、GB/T 7044、GB/T 8170，这是为了方便我国标准使用者(本部分第 2 章)；

——取消了筛网的规格规定，这是为了方便我国标准使用者(本部分的 4.1.1)；

——给出了更详细的水洗筛余物装置图(本部分 4.1 的图 1)；

——增加第 5 章“采样”，这是为了方便我国标准使用者；

——增加清洗输水管线上的过滤器的具体步骤，这是为了方便我国标准使用者(本部分的 6.2、6.3)；

——增加其他非炭黑试样的称样量，这是为了方便我国标准使用者(本部分的 6.4)；

——增加若试验筛上仍有试样块的处置办法(本部分的 6.9)；

——增加以 mg/kg 表示时的计算公式，这是为了方便我国标准使用者(本部分的第 7 章)；

——增加第 8 章“精密度”，规定：重复性：同一实验室两次测定结果之差不超过其平均值的 80.8%；再现性：不同实验室两次测定结果之差不超过其平均值的 180%。这是为了方便我国标准使用者；

——增加附录A“本部分章条编号与ISO 1437:1992章条编号一览表”。

为便于使用,本部分还做了下列编辑性修改:

a) “本国际标准”一词改为“本部分”;

b) 用小数点“.”代替作为小数点的逗号“,”;

c) 删除国际标准的前言。

为了方便标准使用,现将橡胶配合剂炭黑筛余物的测定与橡胶制品用原材料筛余物的测定整合为一。本部分同时代替GB/T 3780.21—2002《橡胶配合剂炭黑筛余物的测定 水冲洗法》和GB/T 13647—1992《橡胶制品用原材料筛余物的测定 水冲洗法》。

本部分与GB/T 3780.21—2002和GB/T 13647—1992相比主要变化如下:

a) 适用范围增加了“常规未处理过的色素炭黑及橡胶制品用粉剂原材料”(见第1章);

b) 称炭黑的天平精度改为0.1 g(GB/T 3780.21—2002的4.4;本版的4.2);

c) 增加(105±2)℃的烘箱(GB/T 3780.21—2002的4.6;本版的4.5);

d) 增加干燥器(见4.6);

e) 增加其他非炭黑试样的称样量(GB/T 3780.21—2002的6.4,GB/T 13647—1992的5.4;本版的6.4);

f) 修改了水压的规定(GB/T 3780.21—2002的6.3;本版的6.3);

g) 增加以mg/kg表示时的计算公式(本版第7章);

h) 修改了第8章“精密度”,规定:重复性:同一实验室两次测定结果之差不超过其平均值的80.8%;再现性:不同实验室两次测定结果之差不超过其平均值的180%(GB/T 3780.21—2002第8章;本版第8章);

i) 结果表示中增加对报出的结果形式作出规定[本版的9e)];

j) 增加附录A“本部分章条编号与ISO 1437:1992章条编号一览表”。

本部分的附录A是资料性附录。

本部分由中国石油和化学工业协会提出。

本部分由全国橡胶与橡胶制品标准化技术委员会炭黑分技术委员会(SAC/TC 35/SC 5)归口。

本部分负责起草单位:中橡集团炭黑工业研究设计院。

本部分参加起草单位:武汉葛化集团炭黑厂。

本部分主要起草人:余艳、韦子明、张铭霖。

本部分所代替标准的历次版本发布情况:

——GB/T 3780.21—1983、GB/T 3780.21—1991、GB/T 3780.21—2002;

——GB/T 13647—1992。

炭黑 第21部分:橡胶配合剂筛余物的测定 水冲洗法

警告——使用本部分的人员应有正规实验室工作的实践经验。本部分并未指出所有可能的安全问题。使用者有责任采取适当的安全和健康措施,并保证符合国家有关法规规定的条件。

1 范围

GB/T 3780 的本部分规定了用水冲洗法测定炭黑及橡胶制品用粉剂原材料筛余物的方法。

本部分适用于常规未处理过的橡胶用炭黑、色素炭黑及橡胶制品用粉剂原材料,其他用途的未处理过的炭黑可参照采用,但不适用于经油处理过的各类炭黑和油处理过的粉剂。

2 规范性引用文件

下列文件中的条款通过 GB/T 3780 的本部分的引用而成为本部分的条款。凡是注日期的引用文件,其随后所有的修改单(不包括勘误的内容)或修订版均不适用于本部分,然而,鼓励根据本部分达成协议的各方研究是否可使用这些文件的最新版本。凡是不注日期的引用文件,其最新版本适用于本部分。

GB 3778 橡胶用炭黑

GB/T 6003.1 金属丝编织网试验筛(GB/T 6003.1—1997,eqv ISO 3310-1:1990)

GB/T 7044 色素炭黑

GB/T 8170 数值修约规则

3 原理

控制水流压力冲洗已知质量的试样,使之通过试验筛,干燥并称量留在试验筛上的残余物的质量。

4 仪器

4.1 水洗筛余物测定仪,图1为该仪器的主要部件原理图。

注:中橡集团炭黑工业研究设计院可提供商品名称为"TBY-60 水洗筛余物测定仪"的设备。给出这一信息是为了给本部分的使用者提供方便,而不是对这一产品的认可。

4.1.1 试验筛,用磷青铜或不锈钢制成,符合 GB/T 6003.1 规定。

4.1.2 漏斗,在其底部可安装试验筛。

4.1.3 喷嘴,在控制压力下喷出清洁水以冲洗炭黑,使之通过试验筛。

4.1.4 水压调节装置。

4.1.5 水过滤器,安装在供水管线上的金属丝网,其孔径与试验筛相同。

4.2 天平,精度为 0.1 g。

4.3 分析天平,精度为 0.1 mg。

4.4 称量盘。

4.5 烘箱,重力对流型,可控制在(105±2)℃或(125±2)℃。

4.6 干燥器,装有有效干燥剂。

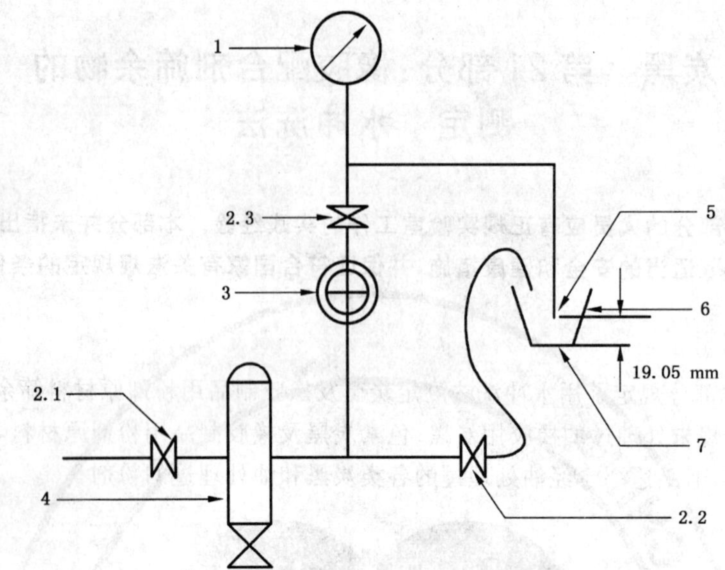

1——压力表；
2.1——A 阀；
2.2——B 阀；
2.3——C 阀；
3——水压力调节阀；
4——水过滤器；
5——水喷嘴；
6——漏斗；
7——试验筛。

图 1 水洗筛余物测定仪原理示意图

5 采样

5.1 橡胶用炭黑按 GB 3778，色素炭黑按 GB/T 7044 规定进行。

5.2 其他产品按相关产品的采样规定进行。

6 分析步骤

6.1 保持试验装置清洁，防止污染。定期检查水过滤器中的滤网并保持其清洁。按水洗筛余物测定装置说明书要求校正喷嘴和试验筛的中心及距离，确保其处于最佳状态。试验前应检查试验筛，确保试验筛网平整无破损、无变形。

6.2 打开 A、B 阀，关闭 C 阀。如图 1 所示，清洗输水管线上的过滤器。

6.3 关闭 B 阀，打开 C 阀。当 A 阀和 C 阀完全打开时，通过减压阀调出口水压为(0.2±0.04)MPa，将规定的试验筛(4.1.1)安装在测定装置的漏斗(4.1.2)上，用水冲洗 3 min，停止冲水并检查试验筛网上有无异物。若有，则需重新冲洗，直至无任何异物时方可进行试样测定。

6.4 称取至少 100 g 炭黑试样，或 10 g 其他非炭黑试样，称准至 0.1 g。

6.5 打开 C 阀，将试样少量分批加入漏斗中，以规定的水压(6.3)冲洗，冲洗过程中要仔细观察，保持水流通畅，防止试验筛堵塞。冲洗前，也可使用润湿剂(如乙醇等)进行分散。

6.6 用橡胶软管从漏斗的周边冲洗试样，连续冲洗试验筛上的残余物，直到通过试验筛的水清澈为止。

6.7 取下试验筛，用手指轻轻破碎未被湿润的试样块(不要用力过大，以免试验筛变形)。

6.8 重新装上试验筛，继续冲洗 2 min。

6.9 如果试验筛上仍然有试样块，则重复6.7和6.8，直至无试样块为止。

6.10 取下试验筛置于(105±2)℃或(125±2)℃的烘箱(4.5)中干燥1 h。

6.11 取出试验筛，移入干燥器(4.6)中冷却至室温，将干燥过的残余物转移至一张平滑的白纸上，并轻轻地磨擦以除去仍留在残余物表面的试样，炭黑试样应擦至白纸上不再出现黑的痕迹为止。

6.12 将残余物倒入一个已称过质量的称量盘(4.4)中，称量，称准至0.1 mg。

7 结果计算

筛余物的数值以筛余物质量占试样质量的百分数(%)或mg/kg表示。

以百分数表示时按式(1)计算：

$$\frac{m_1}{m_0}\times 100 \quad \cdots\cdots (1)$$

以mg/kg表示时按式(2)计算：

$$\frac{m_1}{m_0}\times 100^4 \quad \cdots\cdots (2)$$

式中：

m_1——筛余物的质量，单位为克(g)；

m_0——试样的质量，单位为克(g)。

计算结果比相应产品标准规定的有效位数多一位，如有多次测量结果，取其平均值，然后按GB/T 8170进行修约。

8 精密度

8.1 重复性：同一实验室两次测定结果之差不超过其平均值的80.8%。

8.2 再现性：不同实验室两次测定结果之差不超过其平均值的180%。

9 试验报告

试验报告应包括以下内容：

a) 试样名称及标识；

b) 本试验依据的标准；

c) 试样质量，g；

d) 所用筛的标准孔径；

e) 试验结果(均值或中位数、测试次数)；

f) 与基本分析步骤的差异；

g) 试验中出现的异常现象；

h) 试验日期。

附 录 A
（资料性附录）
本部分章条编号与 ISO 1437:1992 章条编号对照

表 A.1 给出了本部分章条编号与 ISO 1437:1992 章条编号对照一览表。

表 A.1 本部分章条编号与 ISO 1437:1992 章条编号对照

本部分章条编号	对应的国际标准章条编号
1	1
2	2
3	3
4.1	4.1
4.1.1	4.1.1
4.1.2	4.1.2
4.1.3	4.1.3
4.1.4	4.1.4
4.1.5	4.1.5
4.2	4.2
4.3	4.3
4.4	4.4
4.5	4.5
4.6	—
5	—
6.1	5.1
6.2	5.2.1
6.3	5.2.2
6.4	5.2.3
6.5	5.2.4
6.6	5.2.5
6.7	5.2.6
6.8	5.2.7
6.9	—
6.10	5.2.8
6.11	5.2.9
6.12	5.2.10
7	6
8	—
9	7

ICS 83.040.20
G 49

中华人民共和国国家标准

GB/T 3781.5—2006
代替 GB/T 3781.5—1993

乙炔炭黑　第5部分：粗粒分的测定

Acetylene black—Part 5: Determination of grit content

(ISO 1437:1992, Rubber compounding ingredients—Carbon black—Determination of sieve residue, MOD)

2006-08-01 发布　　2007-01-01 实施

中华人民共和国国家质量监督检验检疫总局
中国国家标准化管理委员会　发布

前　言

GB/T 3781《乙炔炭黑》分为以下几个部分：

——第5部分：粗粒分的测定；

——第6部分：视比容的测定；

——第8部分：盐酸吸液量的测定；

——第9部分：电阻率的测定。

本部分为GB/T 3781的第5部分。

GB/T 3781的本部分修改采用ISO 1437：1992《橡胶配合剂　炭黑　筛余物的测定》(英文版)。

本部分根据ISO 1437：1992重新起草。

考虑到我国国情，本部分与该国际标准的主要差异如下：

——引用了ISO 1437：1992中引用的ISO 3310-1对应的我国国家标准GB/T 6003.1和另外两个相关标准GB/T 3782、GB/T 8170(本部分第2章)；

——本部分增加了试剂(第5章)，用以在测定前润湿炭黑(7.2.4)；

——本部分增加第6章采样(按GB/T 20001.4—2001附录A的要求)；

——水洗筛余物测定仪原理示意图修改为ASTM D1514：2001的图样；

——称样量由100g改为50g，这是根据乙炔炭黑的体积较大的特点来确定的；

——将测试结果改为用百分含量表示，相应的结果计算公式也进行了修改，并在结果表示中明确指明以一次测定结果为准。

本部分代替GB/T 3781.5—1993《乙炔炭黑粗粒分的测定》。

本部分与GB/T 3781.5—1993相比主要变化如下：

——将水的压力进行修改(1993版的2.4.4；本版的7.2.2)；

——对烘箱的可控温度进行了修改(1993版的2.2.2；本版的4.5)；

——水洗筛余物测定仪原理示意图修改为ASTM D1514：2001的图样；

——增加了用白纸轻擦残余物，然后直接称取残余物的步骤(见7.2.10)；

——删除了B法；

——增加了附录A。

为了方便比较，在资料性附录A中列出了本部分条款和国际标准条款的对照一览表。

本部分的附录A为资料性附录。

本部分由中国石油和化学工业协会提出 。

本部分由全国橡胶与橡胶制品标准化技术委员会炭黑分技术委员会(SAC/TC 35/SC 5)归口。

本部分起草单位：中橡集团炭黑工业研究设计院。

本部分主要起草人：代传银、薛蕾、张铭霖。

本部分所代替标准的历次版本发布情况：

——GB/T 3781.5—1983、GB/T 3781.5—1993。

乙炔炭黑　第5部分:粗粒分的测定

1　范围

GB/T 3781的本部分规定了乙炔炭黑粗粒分测定的原理、仪器、试剂、采样、分析步骤、结果表示及试验报告。

本部分适用于乙炔炭黑。

2　规范性引用文件

下列文件中的条款通过GB/T 3781的本部分的引用而成为本部分的条款。凡是注日期的引用文件,其随后所有的修改单(不包括勘误的内容)或修订版均不适用于本部分,然而,鼓励根据本部分达成协议的各方研究是否可使用这些文件的最新版本。凡是不注日期的引用文件,其最新版本适用于本部分。

GB/T 3782　乙炔炭黑

GB/T 6003.1　金属丝编织网试验筛(GB/T 6003.1—1997,eqv ISO 3310-1:1990)

GB/T 8170　数值修约规则

3　原理

在控制的水流压力下冲洗已知质量的乙炔炭黑,使之通过150 μm试验筛,干燥残余物并称量、计算,即得到乙炔炭黑的粗粒分。

4　仪器

4.1　水洗筛余物测定仪(见图1)。由下列主要部件组成:

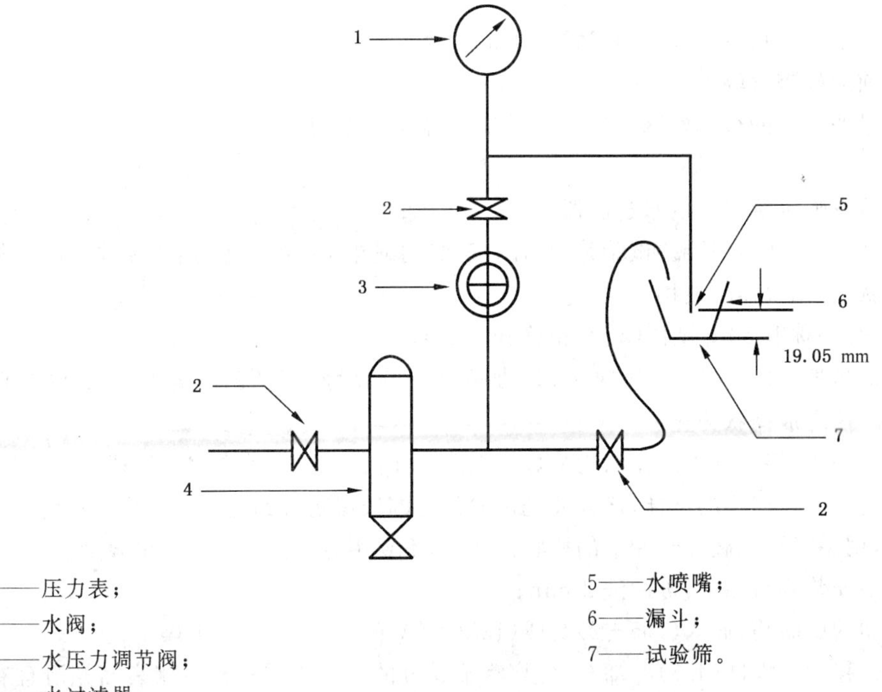

1——压力表;
2——水阀;
3——水压力调节阀;
4——水过滤器;
5——水喷嘴;
6——漏斗;
7——试验筛。

图1　水洗筛余物测定仪原理示意图

4.1.1 试验筛，由磷青铜或不锈钢丝制成，孔径 150 μm，符合 GB/T 6003.1 的规定。

4.1.2 漏斗，底部安装试验筛。

4.1.3 喷嘴，在控制压力下喷出洁净的水以冲洗乙炔炭黑，使其通过试验筛。

4.1.4 水压力调节阀。

4.1.5 过滤器，安装在供水管线上的金属丝网，其孔径应不大于试验筛。

注：国产 TBY-60 水洗筛余物测定仪符合本部分要求，该产品是由中橡集团炭黑工业研究设计院提供的产品商品名称。给出这一信息是为了给本标准的使用者提供方便，并不表示对该产品的认可。如果其他等效产品具有同样的效果，则可使用这些等效产品。

4.2 工业天平，精度为 0.1 g。

4.3 分析天平，精度为 0.1 mg。

4.4 表面皿。

4.5 烘箱，重力对流型，能控制(105±2)℃或(125±2)℃，温度均匀性±5℃。

4.6 烧杯，1 000 cm^3。

4.7 干燥器，装有有效干燥剂。

5 试剂

5.1 乙醇，分析纯。

5.2 乙醇溶液(体积分数为 5%)，量取 53 cm^3 乙醇(5.1)于 1 000 cm^3 量筒中，加水稀释至 1 000 cm^3 刻度线。

6 采样

按 GB/T 3782 的规定采取炭黑试样。

7 分析步骤

7.1 注意事项

7.1.1 须始终保持水洗筛余物测定仪干净、清洁，防止被污染。

7.1.2 在每次试验前应检查试验筛，确保筛网无破裂或异常孔洞。

7.1.3 定期检查水过滤器中的金属丝网，以确定它们的状态是否良好。

7.2 测定

7.2.1 在试验前应清洗输水管线上的水过滤器。

7.2.2 调节水压到(0.2±0.04)MPa。试验筛(4.1.1)安装到漏斗 (4.1.2)上，用水冲洗 3 min，检查试验筛网，如未见颗粒状物，则仪器可使用。

7.2.3 用工业天平(4.2)称取 50 g 试样(m_0)，精确到 0.1 g。

7.2.4 将试样放入洁净的 1 000 cm^3 烧杯(4.6)中，加入体积分数为 5% 的乙醇溶液(5.2)约 200 cm^3，并不断用玻璃棒搅拌，使之成糊状为止。

7.2.5 打开水阀开始冲水，将烧杯中的糊状物分数次倒入漏斗，仔细操作使全部试样通过试验筛。

7.2.6 用水冲洗粘附在漏斗周边的试样，连续冲洗试验筛上的残留物直到通过试验筛的水清澈为止。

7.2.7 取下试验筛，用手轻轻地破碎未冲下的块状试样，但不要用力太大以免损坏试验筛。

7.2.8 重新把试验筛安装到漏斗上，再冲洗 2 min。

7.2.9 取下带残留物的试验筛，放入(105±2)℃或(125±2)℃的烘箱(4.5)中干燥 1 h。

7.2.10 取出试验筛，移入干燥器(4.7)冷却至室温，将干燥过的残余物转移到一张表面光滑且有韧性的白纸上，并轻轻摩擦以除去附在残余物上的炭黑，直到白纸上不出现黑的痕迹为止。

7.2.11 将处理过的残余物转移至去皮的表面皿上称量(m_1)，精确到 0.1 mg。

8 结果表示

粗粒分以残余物占炭黑试样的质量分数 w 计，数值以％表示，按下列公式计算：

$$w = \frac{m_1}{m_0} \times 100$$

式中：

m_0——试样的质量，单位为克(g)；

m_1——残余物的质量，单位为克(g)。

计算结果比 GB/T 3782 中规定的有效位数增加一位，然后按 GB/T 8170 进行数值修约。

以一次测定结果为准。

9 试验报告

试验报告应包括以下内容：

a） 本试验依据的标准编号；

b） 试样的标志及编号；

c） 试样质量；

d） 试验结果；

e） 试验中出现的异常现象；

f） 试验日期。

附　录　A
（资料性附录）
本部分章条编号与 ISO 1437:1992 章条编号对照

表 A.1 给出了本部分章条编号与 ISO 1437:1992 章条编号对照一览表。

表 A.1　本部分章条编号与 ISO 1437:1992 章条编号对照

本部分章条编号	对应的国际标准章条编号
5	—
6	—
7	5
7.2.4	—
7.2.5～7.2.11	5.2.4～5.2.10
8	6
9	7
注：表中的章条以外的本部分其他章条编号与 ISO 1437:1992 其他章条编号均相同且内容相对应。	

ICS 83.040.20
G 49

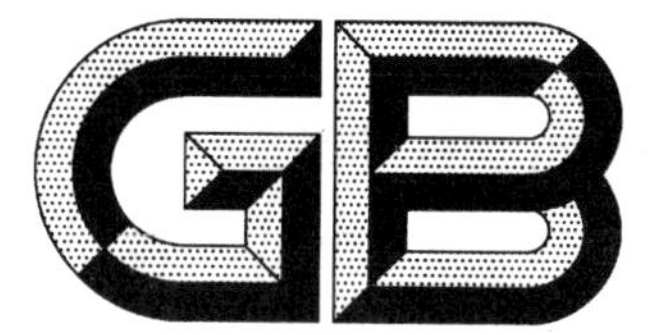

中华人民共和国国家标准

GB/T 3781.6—2006
代替 GB/T 3781.6—1993

乙炔炭黑　第6部分:视比容的测定

Acetylene black—Part 6:Determination of apparent specific volume

2006-08-01 发布　　2007-01-01 实施

中华人民共和国国家质量监督检验检疫总局
中国国家标准化管理委员会　发布

前　言

GB/T 3781《乙炔炭黑》分为如下几个部分：

——第5部分：粗粒分的测定；

——第6部分：视比容的测定；

——第8部分：盐酸吸液量的测定；

——第9部分：电阻率的测定。

本部分为GB/T 3781的第6部分。

本部分代替GB/T 3781.6—1993《乙炔炭黑视比容的测定》。

本部分与GB/T 3781.6—1993相比的主要变化如下：

a) 增加了规范性引用文件(见第2章)；

b) 增加了原理(见第3章)；

c) 体积单位用"cm^3"代替原标准的"mL"；

d) 增加了采样(见第5章)；

e) 增加了作垂直向下跌落时不能施加外力(1993年版的3.2;本版的6.2)；

f) 增加了利用双手交换具塞量筒的方法进行量筒的跌落动作(1993年版的3.3;本版的6.3)。

本部分由中国石油和化学工业协会提出。

本部分由全国橡胶与橡胶制品标准化技术委员会炭黑分技术委员会(SAC/TC 35/SC 5)归口。

本部分起草单位：中橡集团炭黑工业研究设计院。

本部分主要起草人：聂素青、夏春山。

本部分所代替标准的历次版本发布情况：

——GB/T 3781.6—1983、GB/T 3781.6—1993。

乙炔炭黑 第6部分:视比容的测定

警告——使用本部分的人员应有正规实验室工作的实践经验。本部分并未指出所有可能的安全问题。使用者有责任采取适当的安全和健康措施,并保证符合国家有关法规规定的条件。

1 范围

GB/T 3781的本部分规定了乙炔炭黑视比容的手工测定方法。

本部分适用于乙炔炭黑视比容的测定。

2 规范性引用文件

下列文件中的条款通过GB/T 3781的本部分的引用而成为本部分的条款。凡是注日期的引用文件,其随后所有的修改单(不包括勘误的内容)或修订版均不适用于本部分,然而,鼓励根据本部分达成协议的各方研究是否可使用这些文件的最新版本。凡是不注日期的引用文件,其最新版本适用于本部分。

GB/T 3782 乙炔炭黑

GB/T 8170 数值修约规则

GB/T 12804 实验室玻璃仪器 量筒

3 原理

将装有一定量炭黑试样的具塞量筒从一定的高度做垂直自由跌落动作,反复跌落,直至炭黑试样体积不再变化为止,蹾实后试样的体积与试样质量的比值,即为炭黑试样的视比容。

4 仪器

4.1 分析天平,精度1 mg。

4.2 具塞量筒,容量50 cm^3,分度1 cm^3,GB/T 12804。

4.3 橡胶板,厚度约6 mm,邵尔A硬度70~80。

5 采样

按GB/T 3782的规定进行采样。

6 分析步骤

6.1 称取试样2 g,精确到1 mg,置于具塞量筒(4.2)中,盖上塞子。

6.2 从高约5 cm处垂直向橡胶板(4.3)做自由跌落动作,在做垂直向下跌落时不能施加外力。

6.3 平行样同时测试,双手交换具塞量筒重复(6.2)操作,直到试样在量筒内体积不变为止,记录蹾实后试样的体积。

7 结果计算

7.1 视比容以单位质量体积A计,数值以立方厘米每克(cm^3/g)表示,按下列公式计算:

$$A = \frac{V}{m}$$

式中：

V——蹾实后试样的体积的数值，单位为立方厘米(cm^3)；

m——试样的质量的数值，单位为克(g)。

7.2 计算结果比 GB/T 3782 中规定的有效位数增加一位，如有多次测量结果，取其平均值，然后按 GB/T 8170 进行数值修约。

8 精密度

允许差：两次测定结果之差不超过 0.5 cm^3/g。

9 试验报告

试验报告包括下列项目：

a) 试样的名称及标识；

b) 本试验依据的标准编号；

c) 试样的质量；

d) 试验结果(均值或中位数、测试次数)；

e) 所有试样步骤与基本步骤的差异；

f) 在试验中观察到的异常现象；

g) 试验日期。

ICS 83.040.20
G 49

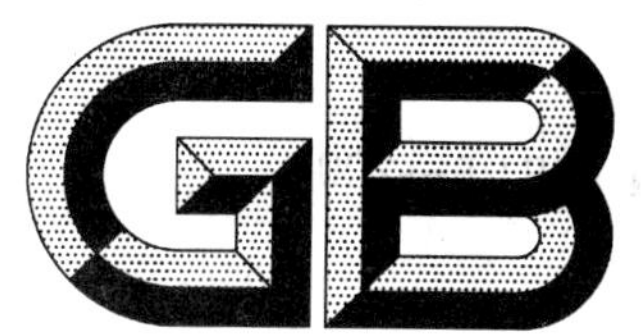

中华人民共和国国家标准

GB/T 3781.8—2006
代替 GB/T 3781.8—1993

乙炔炭黑
第8部分:盐酸吸液量的测定

Acetylene black—Part 8: Determination of hydrochloric acid absorption number

2006-08-01 发布　　2007-01-01 实施

中华人民共和国国家质量监督检验检疫总局
中国国家标准化管理委员会　发布

前　言

GB/T 3781《乙炔炭黑》分为如下几个部分：

——第 5 部分：粗粒分的测定；

——第 6 部分：视比容的测定；

——第 8 部分：盐酸吸液量的测定；

——第 9 部分：电阻率的测定。

本部分为 GB/T 3781 的第 8 部分。

本部分代替 GB/T 3781.8—1993《乙炔炭黑盐酸吸液量的测定》。

本部分与 GB/T 3781.8—1993 相比的主要变化如下：

a)　增加了规范性引用文件(见第 2 章)；

b)　体积单位用“cm^3”代替原标准的“mL”；

c)　增加了对滤布的规定(见 4.4)；

d)　增加了采样(见第 6 章)；

e)　增加了对滤布的处理(见 7.1)；

f)　改变了加入盐酸的量(1993 年版的 5.4；本版的 7.3)；

g)　增加了对体积大的炭黑试样加入玻璃注射器的操作(见 7.4)；

h)　改变了压缩时间(1993 年版的 5.6；本版的 7.6)。

本部分由中国石油和化学工业协会提出。

本部分由全国橡胶与橡胶制品标准化技术委员会炭黑分技术委员会(SAC/TC 35/SC 5)归口。

本部分起草单位：中橡集团炭黑工业研究设计院。

本部分主要起草人：聂素青、夏春山。

本部分所代替标准的历次版本发布情况：

——GB/T 3781.8—1983、GB/T 3781.8—1993。

乙 炔 炭 黑
第 8 部分：盐酸吸液量的测定

警告——使用本部分的人员应有正规实验室工作的实践经验。本部分并未指出所有可能的安全问题。使用者有责任采取适当的安全和健康措施，并保证符合国家有关法规规定的条件。

1 范围

GB/T 3781 的本部分规定了乙炔炭黑盐酸吸液量的测定方法。

本部分适用于乙炔炭黑盐酸吸液量的测定。

2 规范性引用文件

下列文件中的条款通过 GB/T 3781 的本部分的引用而成为本部分的条款。凡是注日期的引用文件，其随后所有的修改单(不包括勘误的内容)或修订版均不适用于本部分，然而，鼓励根据本部分达成协议的各方研究是否可使用这些文件的最新版本。凡是不注日期的引用文件，其最新版本适用于本部分。

GB/T 3782 乙炔炭黑

GB/T 8170 数值修约规则

GB/T 12804 实验室玻璃仪器 量筒

GB/T 12805 实验室玻璃仪器 滴定管

GB/T 12806 实验室玻璃仪器 单标线容量瓶

3 原理

根据乙炔炭黑结构高、单位质量体积大、吸收液体能力强的特点，在试样中加入过量的盐酸，待试样充分吸收盐酸后，施加一定的压力，挤出余量的盐酸，未挤出部分即为试样所吸收的盐酸量。

4 试剂及材料

除非另有规定，仅使用确认为分析纯的试剂。

4.1 盐酸，质量分数是 0.37，ρ=1.18 g/cm^3。

4.2 乙醇，体积分数是 0.95。

4.3 盐酸溶液，c(HCl)= 0.1 mol/dm^3。配制：量取约 9 cm^3 盐酸及 50 cm^3 乙醇于 1 000 cm^3 的容量瓶(5.6)中，加蒸馏水稀释至刻度摇匀。

4.4 滤布，不透滤白色细绸布或玻璃纤维过滤布。

5 仪器

5.1 分析天平，精度 1 mg。

5.2 秒表，精度 0.2 s。

5.3 酸式滴定管，容量 25 cm^3，GB/T 12805 A 级。

5.4 量筒，容量 10 cm^3，精度 0.1 cm^3，GB/T 12804。

5.5 玻璃注射器，医用 20 cm^3 中头式。

5.6 容量瓶，单标线容量瓶，容量 1 000 cm^3，GB/T 12806 A 级。

5.7 吸液量测定仪,如图 1 和图 2 所示。

单位为毫米

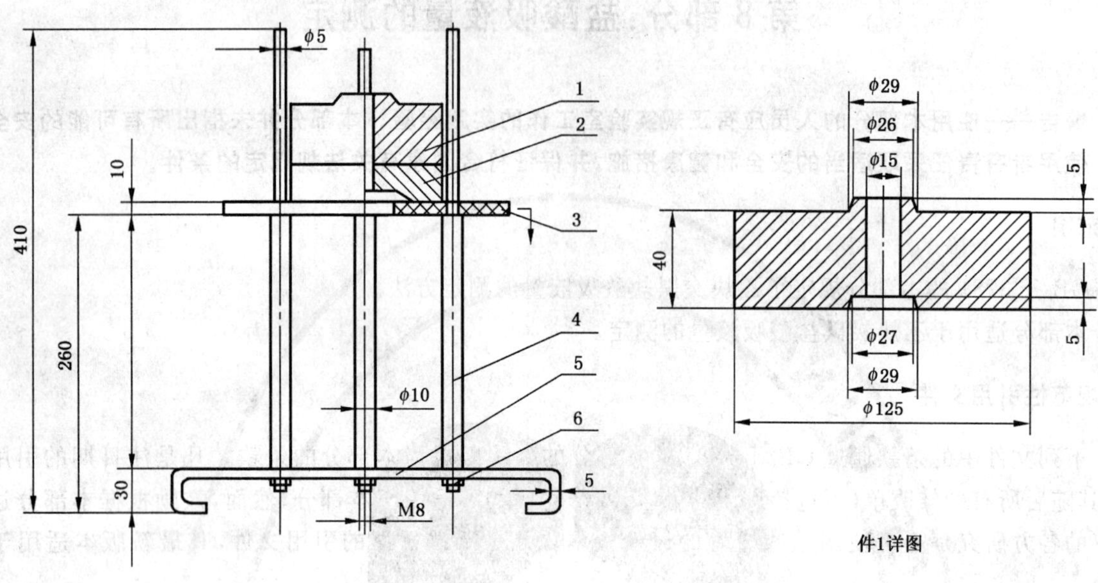

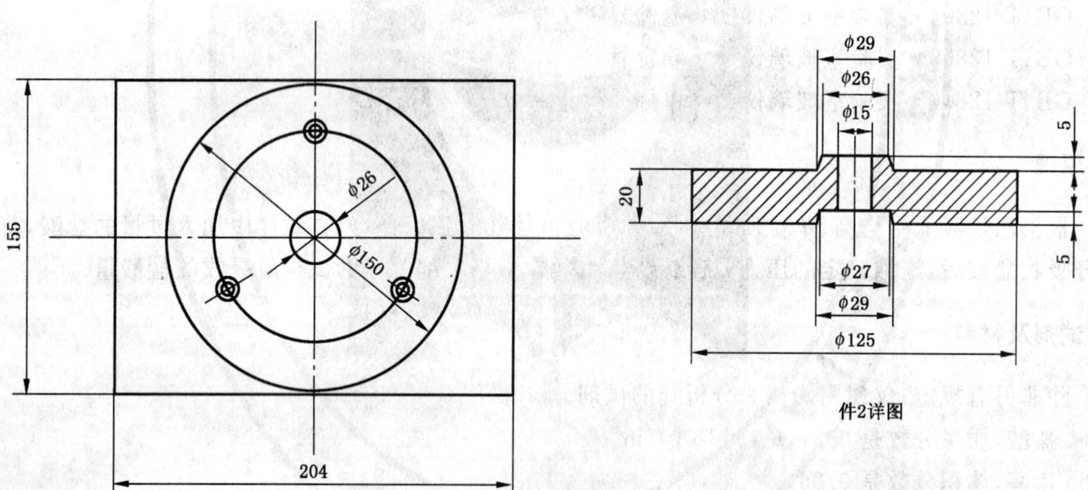

1——金属砝码,4 kg;

2——金属砝码,2 kg;

3——有机玻璃托盘;

4——柱;

5——底座;

6——螺母 M8。

图 1 测定仪部件图

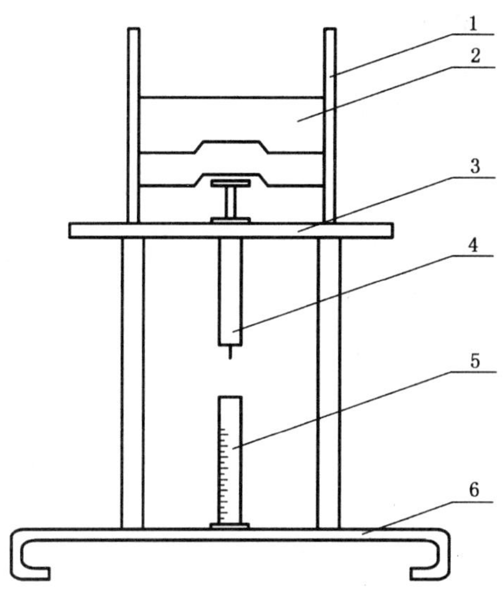

1——支柱；

2——砝码；

3——托盘；

4——玻璃注射器；

5——量筒；

6——底座。

图 2 测定仪示意图

6 采样

按 GB/T 3782 的规定进行采样。

7 分析步骤

7.1 将玻璃注射器(5.5)的管内事先垫好两层经 0.1 mol/dm^3 盐酸润湿过的滤布(4.4)(需用滤纸吸去润湿滤布上多余的盐酸)。

7.2 称取试样 1 g,精确至 1 mg,放入下端流液孔戴上小胶皮帽的玻璃注射器内。

7.3 用滴定管(5.3)缓缓地加入 $c(HCl)=0.1$ mol/dm^3 盐酸(11.00±0.50) cm^3,使炭黑试样全部浸润,停止滴加,准确地记下滴定管读数。

7.4 若炭黑体积较大,无法一次性将 1 g 炭黑加入玻璃注射器,可以将炭黑和盐酸交替加入玻璃注射器内。

7.5 放置 3 min 使试样得到充分吸液后,取下小胶皮帽,将玻璃注射器内管缓缓推入,使溶液流入量筒(5.4)中,待玻璃注射器中空气全部排除后,把玻璃注射器放入测定仪托架上(见图 2)。

7.6 将量筒置于玻璃注射器流液孔下端,先加一个 2 kg 砝码,立即按动秒表(5.2)计时,经 1 min 后,再加一个 4 kg 砝码继续加压,共经 10 min 压缩,立即停止实验,把最后未流下的余滴收入量筒中。

7.7 记录量筒内所收集的溶液量。

8 结果计算

8.1 试样的盐酸吸液量以单位质量的体积 A 计,数值以立方厘米每克(cm^3/g)表示,按下列公式计算:

$$A=\frac{V_1-V_2}{m}$$

式中:

V_1——用滴定管加入盐酸溶液体积的数值,单位为立方厘米(cm^3);

V_2——用量筒收集的盐酸溶液体积的数值,单位为立方厘米(cm^3);

m——试样的质量的数值,单位为克(g)。

8.2 计算结果比 GB/T 3782 中规定的有效位数增加一位,如有多次测量结果,取其平均值,然后按 GB/T 8170 进行数值修约。

9 精密度

允许差:两次测定结果之差不超过 0.15 cm^3/g。

10 试验报告

试验报告包括下列项目:

a) 试样的标识和编号;

b) 试验依据的标准编号;

c) 试样的质量;

d) 加入盐酸的量;

e) 试验结果(均值或中位数、测试次数);

f) 与本部分规定步骤的任何差异;

g) 在试验中观察到的异常现象;

h) 试验日期。

ICS 83.040.20
G 49

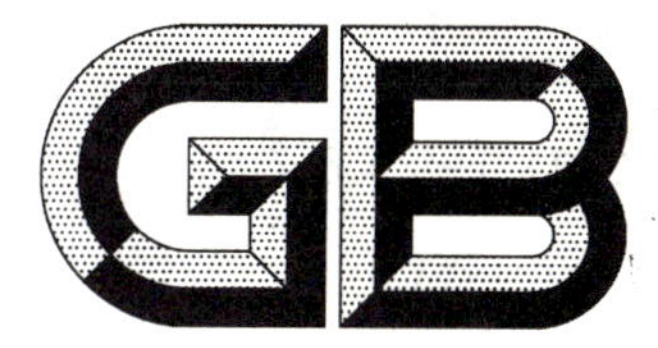

中华人民共和国国家标准

GB/T 3781.9—2006
代替 GB/T 3781.9—1993

乙炔炭黑 第9部分：电阻率的测定

Acetylene black—Part 9: Determination of resistivity

2006-08-01 发布　　2007-01-01 实施

中华人民共和国国家质量监督检验检疫总局
中国国家标准化管理委员会　发布

前言

GB/T 3781《乙炔炭黑》分为如下几个部分：

——第 5 部分：粗粒分的测定；

——第 6 部分：视比容的测定；

——第 8 部分：盐酸吸液量的测定；

——第 9 部分：电阻率的测定。

本部分为 GB/T 3781 的第 9 部分。

本部分代替 GB/T 3781.9—1993《乙炔炭黑电阻率的测定》。

本部分与 GB/T 3781.9—1993 相比的主要变化如下：

a) 删除了原标准的 B 法；

b) 体积单位用“cm^3”代替原标准的“mL”；

c) 用真空干燥器代替干燥器(1993 年版的 4.2.3；本版的 5.3)；

d) 增加了采样(见第 6 章)；

e) 增加了用标准参比乙炔炭黑对设备的校准(见 7.1)；

f) 增加了对测定池银片电极与测试卡簧的表面光洁度的处理(见 7.2.7.1)。

本部分由中国石油和化学工业协会提出。

本部分由全国橡胶与橡胶制品标准化技术委员会炭黑分技术委员会(SAC/TC 35/SC 5)归口。

本部分起草单位：中橡集团炭黑工业研究设计院。

本部分主要起草人：聂素青、张铭霖。

本部分所代替标准的历次版本发布情况：

——GB/T 3781.9—1983、GB/T 3781.9—1993。

乙 炔 炭 黑
第9部分:电阻率的测定

警告——使用本部分的人员应有正规实验室工作的实践经验。本部分并未指出所有可能的安全问题。使用者有责任采取适当的安全和健康措施,并保证符合国家有关法规规定的条件。

1 范围

GB/T 3781的本部分规定了乙炔炭黑电阻率测定的方法。

本部分适用于乙炔炭黑电阻率的测定。

2 规范性引用文件

下列文件中的条款通过GB/T 3781的本部分的引用而成为本部分的条款。凡是注日期的引用文件,其随后所有的修改单(不包括勘误的内容)或修订版均不适用于本部分,然而,鼓励根据本部分达成协议的各方研究是否可使用这些文件的最新版本。凡是不注日期的引用文件,其最新版本适用于本部分。

GB/T 3780.8 炭黑加热减量的测定(GB/T 3780.8—2002,eqv ISO 1126:1992 Rubber compounding ingredients—Carbon black—Determination of loss on heating)

GB/T 3782 乙炔炭黑

GB/T 8170 数值修约规则

GB/T 11405 工业邻苯二甲酸二丁酯

GB/T 12804 实验室玻璃仪器 量筒

GB/T 12827—1991 标准参比乙炔炭黑及鉴定方法

3 原理

将试样放在基本绝缘的邻苯二甲酸二丁酯中,借助电动搅拌器的作用,使之分散均匀并形成一个稳定的悬浮体,测定悬浮体的电阻率以表征导电性的强弱。

4 试剂与材料

4.1 邻苯二甲酸二丁酯,分析纯,符合GB/T 11405。

4.2 乙醇,体积分数是0.95,化学纯。

4.3 标准参比乙炔炭黑,SRAB1。

5 仪器

5.1 乙炔炭黑电阻率测定仪,精确到0.01 Ω·m。测定池规格见图1。

注:国产TBY-30型符合本部分要求,该产品是由中橡集团炭黑工业研究设计院提供的产品的商品名称。给出这一信息是为了给本部分的使用者提供方便。如果其他等效产品具有同样的效果,亦可使用这些等效产品。

5.2 恒温干燥箱,重力对流型,可控制在(105±2)℃。

5.3 真空干燥器,装有有效干燥剂。

5.4 分析天平,精度为0.1 mg。

5.5 量筒,容量50 cm^3,精度1 cm^3,GB/T 12804 A级。

5.6 烧杯,150 cm^3。

单位为毫米

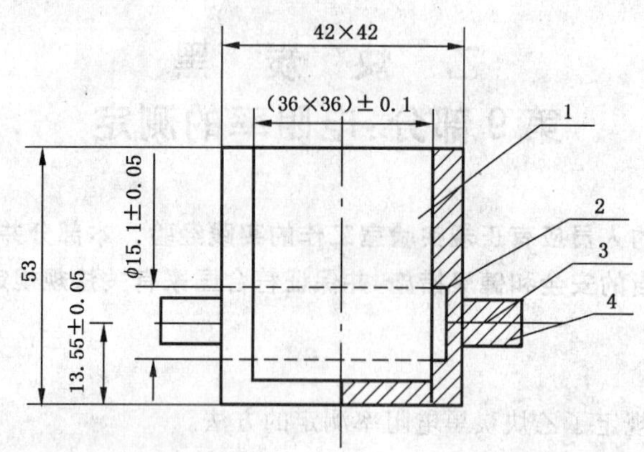

1——电阻测定池；

2——银片电极，面积 1.79 cm^2；

3——电极银丝引线；

4——引线套管。

图 1　测定池规格

6　采样

按 GB/T 3782 的规定进行采样。

7　分析步骤

7.1　每天测试前应用标准参比乙炔炭黑(4.3)按 GB/T 12827—1991 对设备进行校准。

7.2　样品测试

7.2.1　取适量试样放入烧杯中，根据 GB/T 3780.8 的规定，置于恒温干燥箱(5.2)中，于(105±2)℃下干燥 1 h。移入真空干燥器(5.3)中冷却备用。

7.2.2　称取干燥后的试样 1 g，精确到 0.5 mg。

7.2.3　将试样置于洁净干燥的烧杯(5.6)中，缓缓加入 50 cm^3 邻苯二甲酸二丁酯(4.1)，静置使试样浸润。

7.2.4　接通电阻率测定仪(5.1)电源，预热 30 min。

7.2.5　待试样全部浸润后，将搅拌桨放入装有试样的烧杯的中心位置，离底部为 13.5 mm。

7.2.6　启动定时器，调转速至(1 050～1 100)r/min，然后将定时器调到 10 min 处进行定时搅拌。

7.2.7　电阻率的测定

7.2.7.1　测试前应首先检查测定池银片电极与测试卡簧的表面光洁度，若发现其有氧化现象，则用“双 0 号”砂布轻轻擦拭。

7.2.7.2　将干燥洁净的电阻率测定池置于测试卡簧中，打开测量开关。

7.2.7.3　将烧杯中的悬浮液全部倒入测定池中静置 1 min，按读数键，显示器上所显示的数字即为电阻率。

8　结果计算

8.1　试样的电阻率数值由测定仪的显示器上直接读取，单位为欧姆·米(Ω·m)。

8.2　如有多次测量结果，取其平均值，然后按 GB/T 8170 进行数值修约。

9　精密度

允许差：两次测定结果之差不超过 0.4 Ω·m。

10 试验报告

试验报告应包括下列项目：

a) 试样的名称及标识；

b) 本试验依据的标准编号；

c) 试样的质量；

d) 试验结果(均值或中位数、测试次数)；

e) 所有试样步骤与基本步骤的差异；

f) 在试验中观察到的异常现象；

g) 试验日期。

ICS 83.040.20
G 49

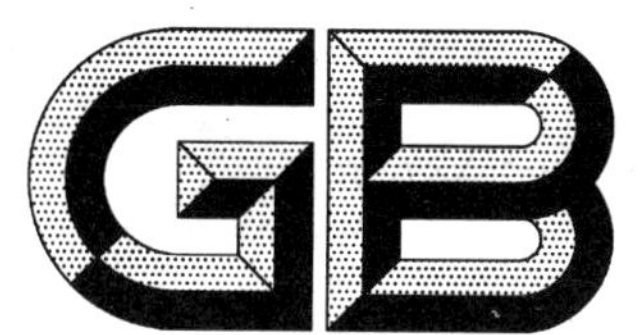

中华人民共和国国家标准

GB/T 3782—2006
代替 GB/T 3782—1993

乙 炔 炭 黑

Acetylene black

2006-08-01 发布 2007-01-01 实施

中华人民共和国国家质量监督检验检疫总局
中国国家标准化管理委员会 发布

前　言

本标准对应于日本标准 JIS K1469:1984(1989)《乙炔炭黑》(日文版),本标准与 JIS K1469:1984(1989)《乙炔炭黑》的一致性程度为非等效。

本标准代替 GB/T 3782—1993《乙炔炭黑技术条件》。

本标准与 GB/T 3782—1993 相比主要变化如下:

——修改了标准名称;

——增加了杂质项(见第 4 章表 1);

——50%压缩品的优等品吸碘值指标由"(90～105)g/kg"扩大为"≥90 g/kg"(见第 4 章表 1);

——粉状品合格品和 50%压缩品优等品盐酸吸液量指标由"≥4.0 cm^3/g"调整为"≥3.9 cm^3/g",50%压缩品合格品盐酸吸液量指标由"≥3.8 cm^3/g"调整为"≥3.7 cm^3/g",75%压缩品合格品盐酸吸液量指标由"≥3.0 cm^3/g"调整为"≥2.9 cm^3/g"(见第 4 章表 1);

——重新编排了表 1 中项目的排列顺序;

——将表 1 中的体积单位"mL"改为"cm^3"(见第 4 章表 1)。

本标准由中国石油和化学工业协会提出。

本标准由全国橡胶与橡胶制品标准化技术委员会炭黑分技术委员会(SAC/TC 35/SC 5)归口。

本标准起草单位:中橡集团炭黑工业研究设计院。

本标准主要起草人:代传银、余艳。

本标准所代替标准的历次版本发布情况为:

——GB 3782—1983、GB/T 3782—1993。

乙 炔 炭 黑

1 范围

本标准规定了乙炔炭黑的品种分类、要求、试验方法、检验规则及包装、标识、贮存、运输。

本标准适用于以乙炔气为原料,在高温下进行裂解而制得的乙炔炭黑。

2 规范性引用文件

下列文件中的条款通过本标准的引用而成为本标准的条款。凡是注日期的引用文件,其随后所有的修改单(不包括勘误的内容)或修订版均不适用于本标准,然而,鼓励根据本标准达成协议的各方研究是否可使用这些文件的最新版本。凡是不注日期的引用文件,其最新版本适用于本标准。

GB/T 3780.1 炭黑 第1部分:吸碘值试验方法

GB/T 3780.7 炭黑 第7部分:pH值的测定

GB/T 3780.8 炭黑加热减量的测定(GB/T 3780.8—2002,eqv ISO 1126:1992,Rubber compounding ingredients—Carbon black—Determination of loss on heating)

GB/T 3780.10 炭黑灰分的测定(GB/T 3780.10—2002,neq ISO 1125:1999)

GB/T 3780.12 炭黑杂质的检查

GB/T 3781.5 乙炔炭黑 第5部分:粗粒分的测定(GB/T 3781.5—2006,ISO 1437:1992,Rubber compounding ingredients—Carbon black—Determination of sieve residue,MOD)

GB/T 3781.6 乙炔炭黑 第6部分:视比容的测定

GB/T 3781.8 乙炔炭黑 第8部分:盐酸吸液量的测定

GB/T 3781.9 乙炔炭黑 第9部分:电阻率的测定

3 品种分类

3.1 粉状品。

3.2 50%压缩品。将粉状乙炔炭黑压缩,使它的视比容达到粉状时的二分之一左右。

3.3 75%压缩品。将粉状乙炔炭黑压缩,使它的视比容达到粉状时的四分之一左右。

4 要求

各等级的乙炔炭黑应符合表1中规定的各项技术指标的要求。

表1 乙炔炭黑技术指标

项目		粉状	50%压缩品		75%压缩品
		合格品	优等品	合格品	合格品
视比容/(cm^3/g)		30~50	14~17	13~17	9~12
吸碘值/(g/kg)		≥80	≥90	≥80	≥80
盐酸吸液量/(cm^3/g)	≥	3.9	3.9	3.7	2.9
电阻率/(Ω·m)	≤	3.0	2.5	3.5	5.5
pH值		6~8	6~8	6~8	6~8
加热减量/%	≤	0.4	0.3	0.4	0.4

表 1(续)

项目	粉状	50%压缩品		75%压缩品
	合格品	优等品	合格品	合格品
灰分/% ≤	0.3	0.2	0.3	0.3
粗粒分/% ≤	0.03	0.02	0.03	0.03
杂质	无	无	无	无
注:产品用于无线电元件时才考核 pH 值。				

5 试验方法

5.1 试样在测定前除杂质检查外,均需通过 850 μm 筛。在进行吸碘值和电阻率测定时应同时用标样 SRAB1 号作对比试验,以检查检测系统的可靠性。

5.2 视比容的测定按 GB/T 3781.6 执行。

5.3 吸碘值的测定按 GB/T 3780.1 执行。

5.4 盐酸吸液量的测定按 GB/T 3781.8 执行。

5.5 电阻率的测定按 GB/T 3781.9 执行。

5.6 pH 值的测定按 GB/T 3780.7 执行。

5.7 加热减量的测定按 GB/T 3780.8 执行。

5.8 灰分的测定按 GB/T 3780.10 执行。

5.9 粗粒分的测定按 GB/T 3781.5 执行。

5.10 杂质的检查按 GB/T 3780.12 执行。

6 检验规则

6.1 出厂检验

出厂检验项目分为干电池和无线电元件用的乙炔炭黑两种情况。

a) 干电池用乙炔炭黑需检验视比容、吸碘值、盐酸吸液量、电阻率和粗粒分。

b) 无线电元件用乙炔炭黑需检验视比容、吸碘值、盐酸吸液量、电阻率、pH 值和粗粒分。

6.2 例行检验

对产品质量进行全面考核,即按产品标准中规定的技术指标对产品进行全项检验,有以下情况之一时应进行例行检验。

a) 新产品或老产品转厂生产的试制定型鉴定;

b) 生产中如原料、工艺有较大改变,可能影响产品性能时;

c) 正常生产时,定期进行检验,以考核产品质量的稳定性;

d) 产品停产后再恢复生产时;

e) 出厂检验结果与上次检验结果有较大的差异时;

f) 国家质量监督机构提出例行检验要求时。

6.3 采样

6.3.1 采样工具

不锈钢勺。

6.3.2 样品容器

能盛 1 kg 炭黑样品的旋盖广口瓶或其他不污染炭黑的容器。

6.3.3 采样单元

按表 2 中采样袋数的规定,在总体物料中分层、分点的不同部位随机地选出采样袋数。

表 2 选取采样袋数的规定

总体物料袋数	最少采样袋数
1～2	全部
3～8	2
9～25	3
26～100	5
101～500	8
501～1 000	13
1 001～3 000	20
3 001～10 000	32
≥10 001	50

6.3.4 采样总量

不少于 600 g(包括保留样)。

6.3.5 采样方法

打开炭黑包装袋的缝合口或取样口,小心扒开表面深约 100 mm 的炭黑,用洁净的不锈钢采样勺以每单元大约均等的数量取样于样品容器中,取样后将包装袋口或取样口还原。

为使采集的样品能够代表该批产品的质量,将采好的全部样品充分混合均匀。

6.3.6 样品标签

样品盛入容器后随即在容器外壁贴上标签,标签内容包括:

a) 样品类别及编号;

b) 总体物料批号及数量;

c) 生产单位;

d) 样品量;

e) 采样地点;

f) 采样日期;

g) 采样者姓名。

6.3.7 样品保存

6.3.7.1 样品应保存在温度、湿度适宜的样品室内。

6.3.7.2 样品保存期至少为 6 个月。

6.4 验收

6.4.1 产品验收应根据到货批号按出厂检验规定进行,如有一项或一项以上未达到该产品等级规定指标,则允许复验一次(杂质、粗粒分除外),经复验仍不符合指标要求,则应降级判定或判为不合格品。

6.4.2 验收期限为产品到达收货方车站或口岸的 30 d 内完成。

6.4.3 当供需双方发生质量争议时,由双方协商解决;或由双方共同采样并签封,送(寄)到国家炭黑质量监督检验中心进行仲裁。

7 包装、标识、贮存、运输

7.1 包装

7.1.1 生产过程结束时,采用袋装形式包装,包装袋为扁平长方体,每包净重宜为 5.0 kg 或 10.0 kg。

7.1.2 产品的包装材料应具备防潮、防污染的能力,并能进行醒目的标识。

7.1.3 包装袋的结构:

a） 内袋为两层 80 g/m^2 牛皮纸，外袋是聚乙烯塑料袋或涂覆有聚乙烯的编织袋。

b） 符合用户要求的其他包装。

7.2 标识

每个包装袋正面应有醒目的标识，标识内容包括：

a） 产品名称；

b） 产品标准编号；

c） 注册商标；

d） 净重；

e） 产品质量等级；

f） 生产厂名和厂址；

g） 生产日期和生产批号以及“小心轻放”、“注意防潮”等字样。

7.3 贮存

7.3.1 产品应贮存在通风、干燥的仓库内，严防破包造成污染。

7.3.2 不得与可使产品变质或使包装袋损坏的物品混存。

7.3.3 凡漏出包外的产品，一律不得再返回包内。

7.3.4 按产品种类、品级分开堆放，堆放应整齐、清洁，包装标识应可清晰辨认，严禁重压。

7.4 运输

7.4.1 运输工具：火车、汽车、轮船等一律遮篷。

7.4.2 运输过程中不得与可使产品变质或使包装破损的物品在同一车厢（船舱）内混放。

ICS 25.140.20
K 64

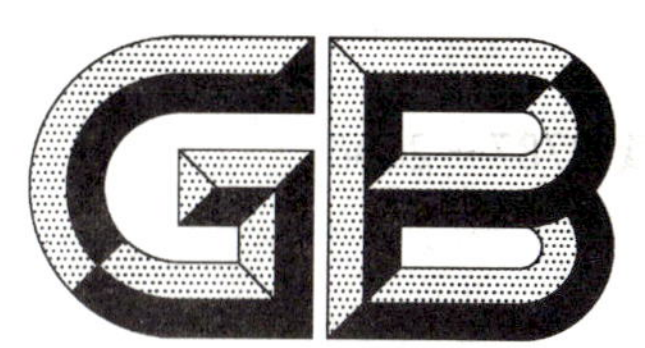

中华人民共和国国家标准

GB/T 3787—2006
代替 GB 3787—1993

手持式电动工具的管理、使用、检查和维修安全技术规程

Technical safety code for management, operation, inspection and maintenance of hand-held motor-operated electric tools

2006-02-15 发布　　2006-06-01 实施

中华人民共和国国家质量监督检验检疫总局
中国国家标准化管理委员会　发布

前言

本标准是手持式电动工具管理、使用、检查和维修的安全技术标准。

本标准规定的各项要求涉及手持式电动工具管理、使用、检查和维修的安全技术内容。这些要求可作为生产、销售、维修单位和监督管理部门对手持式电动工具产品安全性能考核的依据，也可作为使用单位选择合格产品并进行安全管理的依据。

本标准按 GB/T 1.1—2000《标准化工作导则　第1部分：标准的结构和编写规则》，增加了本前言。

本标准保留了 GB 3787—1993 的附录 A。

本标准的附录 A 是资料性附录，附录 B 是规范性附录。

本标准由中华人民共和国安全生产监督管理局提出。

本标准由全国电气安全标准化技术委员会归口。

本标准负责起草单位：上海市劳动保护科学研究所。

本标准起草单位：上海市劳动保护科学研究所。

本标准主要起草人：王扬顺、宋志明、陆勤、朱叶锋。

本标准首次制定于 1983 年，1993 年第一次修订。

手持式电动工具的管理、使用、检查和维修安全技术规程

1 范围

本标准规定了手持式电动工具(以下简称工具)的管理、使用、检查和维修的安全技术要求。

本标准适用于工具的管理、使用、检查和维修。

2 规范性引用文件

下列文件中的条款通过本标准的引用而成为本标准的条款。凡是注日期的引用文件,其随后所有的修改单(不包括勘误的内容)或修订版均不适用于本标准,然而,鼓励根据本标准达成协议的各方研究是否可使用这些文件的最新版本。凡是不注日期的引用文件,其最新版本适用于本标准。

GB/T 2900.28—1994 电工术语 电动工具

GB 3883.1—2000 手持式电动工具的安全 第一部分:通用要求

3 管理

3.1 工具的管理必须包括:

a) 检查工具是否具有国家强制认证标志、产品合格证和使用说明书;

b) 监督、检查工具的使用和维修;

c) 对工具的使用、保管、维修人员进行安全技术教育和培训;

d) 工具必须存放在干燥、无有害气体或腐蚀性物质的场所;

e) 使用单位(部门)必须建立工具使用、检查和维修的技术档案。

3.2 按照本标准和工具产品使用说明书的要求及实际使用条件,制定相应的安全操作规程。安全操作规程的内容至少应包括:

a) 工具的允许使用范围;

b) 工具的正确使用方法和操作程序;

c) 工具使用前应着重检查的项目和部位,以及使用中可能出现的危险和相应的防护措施;

d) 工具的存放和保养方法;

e) 操作者注意事项。

4 使用

4.1 工具在使用前,操作者应认真阅读产品使用说明书和安全操作规程,详细了解工具的性能和掌握正确使用的方法。使用时,操作者应采取必要的防护措施。

4.2 在一般作业场所,应使用Ⅱ类工具;若使用Ⅰ类工具时,还应在电气线路中采用额定剩余动作电流不大于 30 mA 的剩余电流动作保护器、隔离变压器等保护措施。

4.3 在潮湿作业场所或金属构架上等导电性能良好的作业场所,应使用Ⅱ类或Ⅲ类工具。

4.4 在锅炉、金属容器、管道内等作业场所,应使用Ⅲ类工具或在电气线路中装设额定剩余动作电流不大于 30 mA 的剩余电流动作保护器的Ⅱ类工具。

Ⅲ类工具的安全隔离变压器,Ⅱ类工具的剩余电流动作保护器及Ⅱ、Ⅲ类工具的电源控制箱和电源耦合器等必须放在作业场所的外面。在狭窄作业场所操作时,应有人在外监护。

4.5 在湿热、雨雪等作业环境，应使用具有相应防护等级的工具。

4.6 Ⅰ类工具电源线中的绿/黄双色线在任何情况下只能用作保护接地线(PE)。

4.7 工具的电源线不得任意接长或拆换。当电源离工具操作点距离较远而电源线长度不够时，应采用耦合器进行联接。

4.8 工具电源线上的插头不得任意拆除或调换。

4.9 工具的插头、插座应按规定正确接线，插头、插座中的保护接地极在任何情况下只能单独连接保护接地线(PE)。严禁在插头、插座内用导线直接将保护接地极与工作中性线连接起来。

4.10 工具的危险运动零、部件的防护装置(如防护罩、盖等)不得任意拆卸。

5 检查、维修

5.1 工具在发出或收回时，保管人员必须进行一次日常检查；在使用前，使用者必须进行日常检查。

5.2 工具的日常检查至少应包括以下项目：

a) 是否有产品认证标志及定期检查合格标志；

b) 外壳、手柄有否裂缝或破损；

c) 保护接地线(PE)联接是否完好无损；

d) 电源线是否完好无损；

e) 电源插头是否完整无损；

f) 电源开关动作是否正常、灵活，有无缺损、破裂；

g) 机械防护装置是否完好；

h) 工具转动部分是否转动灵活、轻快，无阻滞现象；

i) 电气保护装置是否良好。

5.3 工具使用单位必须有专职人员进行定期检查。

5.3.1 每年至少检查一次。

5.3.2 在湿热和常有温度变化的地区或使用条件恶劣的地方还应相应缩短检查周期。

5.3.3 在梅雨季节前应及时进行检查。

5.3.4 工具的定期检查项目，除 5.2 的规定外，还必须测量工具的绝缘电阻。

绝缘电阻应不小于表 1 规定的数值。

表 1

测量部位	绝缘电阻/MΩ		
	Ⅰ类工具	Ⅱ类工具	Ⅲ类工具
带电零件与外壳之间	2	7	1

绝缘电阻应使用 500 V 兆欧表测量。

5.3.5 经定期检查合格的工具，应在工具的适当部位，粘贴检查“合格”标识。“合格”标识应鲜明、清晰、正确并至少应包括：

a) 工具编号；

b) 检查单位名称或标记；

c) 检查人员姓名或标记；

d) 有效日期。

5.4 长期搁置不用的工具，在使用前必须测量绝缘电阻。如果绝缘电阻小于表 1 规定的数值，必须进行干燥处理，经检查合格、粘贴“合格”标志后，方可使用。

5.5 工具如有绝缘损坏，电源线护套破裂、保护接地线(PE)脱落、插头插座裂开或有损于安全的机械损伤等故障时，应立即进行修理。在未修复前，不得继续使用。

5.6 工具的维修必须由原生产单位认可的维修单位进行。

5.7 使用单位和维修部门不得任意改变工具的原设计参数，不得采用低于原用材料性能的代用材料和与原有规格不符的零部件。

5.8 在维修时，工具内的绝缘衬垫、套管不得任意拆除或漏装，工具的电源线不得任意调换。

5.9 工具的电气绝缘部分经修理后，除应符合4.6、4.7、4.8、4.9、5.3.4的要求外，还必须按表2的要求进行介电强度试验。

表2

试验电压的施加部位	试验电压/V		
	Ⅰ类工具	Ⅱ类工具	Ⅲ类工具
带电零件与外壳之间：			
——仅由基本绝缘与带电零件隔离	1 250	—	500
——由加强绝缘与带电零件隔离	3 750	3 750	—

波形为实际正弦波，频率50 Hz的试验电压施加1 min，不出现绝缘击穿或闪络。

试验变压器应设计成：在输出电压调到适当的试验电压值后，在输出端短路时，输出电流至少为200 mA。

5.10 工具经维修、检查和试验合格后，应在适当部位粘贴“合格”标志；对不能修复或修复后仍达不到应有的安全技术要求的工具必须办理报废手续并采取隔离措施。

附 录 A
（资料性附录）
工具的分类

工具按电击保护方式分为：

A.1 Ⅰ类工具

工具在防止触电的保护方面不仅依靠基本绝缘，而且它还包含一个附加的安全预防措施，其方法是将可触及的可导电的零件与已安装的固定线路中的保护（接地）导线连接起来，以这样的方法来使可触及的可导电的零件在基本绝缘损坏的事故中不成为带电体。

A.2 Ⅱ类工具

工具在防止触电的保护方面不仅依靠基本绝缘，而且它还提供例如双重绝缘或加强绝缘的附加安全预防措施，没有保护接地或依赖安装条件的措施。

Ⅱ类工具分绝缘外壳Ⅱ类工具和金属外壳Ⅱ类工具。

Ⅱ类应在工具的明显部位标有Ⅱ类结构符号回。

A.3 Ⅲ类工具

工具在防止触电的保护方面依靠由安全特低电压供电和在工具内部不会产生比安全特低电压高的电压。

附　录　B
（规范性附录）
工具安全检查记录表

<table>
<tr><td colspan="2">单位名称</td><td colspan="3"></td><td colspan="3">制造单位</td><td colspan="4"></td></tr>
<tr><td colspan="2">工具名称</td><td colspan="3"></td><td colspan="3">制造日期</td><td colspan="4">年　月　日</td></tr>
<tr><td colspan="2">型号规格</td><td colspan="2"></td><td>出厂编号</td><td colspan="3"></td><td colspan="2">工具编号</td><td colspan="2"></td></tr>
<tr><td colspan="2">管理部门</td><td colspan="2"></td><td>工具类别</td><td colspan="3">类</td><td colspan="2">检查周期</td><td colspan="2">月</td></tr>
<tr><td colspan="12">检查记录</td></tr>
<tr><td>序号</td><td colspan="2">检查项目名称</td><td colspan="3">检查要求</td><td>□-日常；
□-定期</td><td colspan="2">□-日常；
□-定期</td><td colspan="2">□-日常；
□-定期</td><td>□-日常；
□-定期</td></tr>
<tr><td>1</td><td colspan="2">标志检查</td><td colspan="3">有认证标志、产品合格证或检查合格标志</td><td></td><td colspan="2"></td><td colspan="2"></td><td></td></tr>
<tr><td>2</td><td colspan="2">外壳、手柄检查</td><td colspan="3">完好无损</td><td></td><td colspan="2"></td><td colspan="2"></td><td></td></tr>
<tr><td>3</td><td colspan="2">电源线、保护接地线（PE）检查</td><td colspan="3">完好无损</td><td></td><td colspan="2"></td><td colspan="2"></td><td></td></tr>
<tr><td>4</td><td colspan="2">电源插头检查</td><td colspan="3">完好无损、连接正确</td><td></td><td colspan="2"></td><td colspan="2"></td><td></td></tr>
<tr><td>5</td><td colspan="2">电源开关检查</td><td colspan="3">动作正常、灵活、轻快、无缺损破裂</td><td></td><td colspan="2"></td><td colspan="2"></td><td></td></tr>
<tr><td>6</td><td colspan="2">机械防护装置检查</td><td colspan="3">完好</td><td></td><td colspan="2"></td><td colspan="2"></td><td></td></tr>
<tr><td>7</td><td colspan="2">工具转动部分</td><td colspan="3">转动灵活、轻快，无阻滞现象</td><td></td><td colspan="2"></td><td colspan="2"></td><td></td></tr>
<tr><td>8</td><td colspan="2">电气保护装置</td><td colspan="3">良好</td><td></td><td colspan="2"></td><td colspan="2"></td><td></td></tr>
<tr><td>9</td><td colspan="2">绝缘电阻测量*</td><td colspan="3">≥MΩ</td><td></td><td colspan="2"></td><td colspan="2"></td><td></td></tr>
<tr><td colspan="6">检查结论</td><td></td><td colspan="2"></td><td colspan="2"></td><td></td></tr>
<tr><td colspan="6">检查责任人（签字）</td><td></td><td colspan="2"></td><td colspan="2"></td><td></td></tr>
<tr><td colspan="6">检查日期</td><td>月　日</td><td colspan="2">月　日</td><td colspan="2">月　日</td><td>月　日</td></tr>
<tr><td colspan="6">下次检查日期*</td><td>月　日</td><td colspan="2">月　日</td><td colspan="2">月　日</td><td>月　日</td></tr>
<tr><td colspan="12">注：带＊项目，仅适用于定期检查。</td></tr>
</table>

ICS 01.140.20
A 14

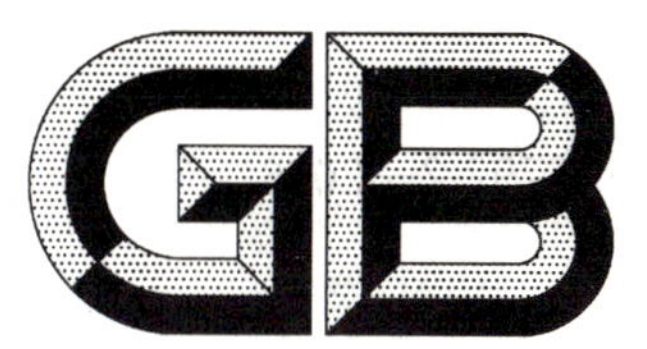

中华人民共和国国家标准

GB/T 3792.2—2006
代替 GB/T 3792.2—1985

普通图书著录规则

Bibliographical description for monographes

2006-06-30 发布　　2007-02-01 实施

中华人民共和国国家质量监督检验检疫总局
中国国家标准化管理委员会　发布

前　言

本标准由以下部分构成：

第1部分：文献著录总则；

第2部分：普通图书著录规则；

第3部分：连续出版物著录规则；

第4部分：非书资料著录规则；

第5部分：档案著录规则；

第6部分：地图资料著录规则；

第7部分：古籍著录规则；

第8部分：乐谱著录规则。

GB/T 3792的本部分是依据《国际标准书目著录(总则)》(ISBD(G))的原则，并主要参照ISBD(M)：International standard bibliographic description for monographic publications (2002 Revision)，即ISBD(M)：国际标准书目著录(2002年修订版)，在GB/T 3792.2—1985《普通图书著录规则》的基础上修订而成的。

本部分与GB/T 3792.2—1985相比主要变化如下：

——为了尽量与国际标准书目著录(普通图书)(ISBD(M))的定义保持一致，修改了部分术语的表述内容(见本版的3.1，3.3，3.4，3.8，3.9，3.10，3.14，3.19，3.20，3.21，3.22)，增加了部分术语(见本版的3.5，3.6，3.7，3.11，3.12，3.13，3.15)，删除了部分术语(见本版的2.7，2.9，2.12，2.15，2.16，2.18，2.19，2.23)；

——术语和定义增加了英文对照；

——将1985年版的“书名”一律改为了“题名”；

——将原“4.8.3 获得方式”，改为“4.8.3 获得方式和/或价格”；

——修改了著录项目标识符使用说明(1985年版的7.3和7.4；本版的6.3和6.4)；

——修改和补充了著录信息源的表述(1985年版的9；本版的7)；

——补充了原标准中遗漏的表述(1985年版的10.1；本版的8.1)；

——修改了部分著录项目规则的表述内容；

——删除了1985年版的部分内容(1985年版的3.9，3.10，5，6，10.1.5.11下的a～z部分，附录A标目)；

——比1985年版增加了部分条目或在1985年的部分条目中修改或增加了部分内容(本版的5.1，5.3.8，6.1，7.1，7.1.1，7.1.2，8.1，8.2.2.3，8.5.2.1，8.6.4.2，8.6.6，8.7.4，附录A，附录B)。

本部分的附录A、附录B均为资料性附录。

本部分由全国信息与文献标准化技术委员会提出并归口。

本部分由全国信息与文献标准化技术委员会第五分委员会起草。

本部分主要起草人：胡广翔、纪昭民。

本部分所代替标准的历次版本发布情况为：

GB/T 3792.2—1985。

普 通 图 书 著 录 规 则

1 范围

本部分规定了图书著录项目及其排列顺序、著录用标识符、著录信息源、著录用文字和著录项目细则等。

本部分的著录对象是1912年以后(含1912年)出版的现代汉语图书及现代版古汉语图书。各少数民族语文图书著录可以参照使用。

本部分适用于国家书目和图书馆目录以及各类型藏书目录。其他图书目录可以参照使用。

2 规范性引用文件

下列文件中的条款通过GB/T 3792的本部分的引用而成为本部分的条款。凡是注日期的引用文件,其随后所有的修改单(不包括勘误的内容)或修订版均不适用于本部分,然而,鼓励根据本部分达成协议的各方研究是否可使用这些文件的最新版本。凡是不注日期的引用文件,其最新版本适用于本部分。

GB/T 3469 文献类型与文献载体代码

GB/T 3792.1 文献著录总则

GB/T 3792.7 古籍著录规则

GB/T 12406 表示货币和资金的代码(GB/T 12406—1996,idt ISO 4217:1990)

3 术语和定义

下列术语和定义适用于本部分。

3.1

普通图书 monographic publication

以一部分出全的,或拟分有限的若干部分出全的出版物。普通图书只限于1912年以后(含1912年)出版的出版物;1911年以前(含1911年)的出版物称为古籍,其著录规则见GB/T 3792.7。

3.2

多卷书 multi-volume monograph

同一著作分若干卷(册)出版的图书。

3.3

丛编 series

一组相互关联的单独出版物,每种出版物除有自身的正题名外,还有一个适用于整组的总题名,即丛编正题名。各单独出版物可能有编号,也可能没有编号。

3.4

附件 accompanying material

被著录出版物主体部分所附的并与其一起使用的任何资料。

3.5

题名页 title-page

一般是出版物开头的一页,反映有关该出版物和其所含著作最详尽的书目信息,通常具有最完整的题名信息、责任说明和出版物全部或部分的说明。通常出现在题名页上的著录单元,当不重复地分印在相对的两页上时,则这两页一起看作为题名页。

3.6

代题名页　title -page substitute

当出版物没有题名页时，将包含有题名页通常所含信息的页、页的一部分或其他组成部分作为替代的题名页。如封面、卷端、版权页。

3.7

版权页　colophon

出现在题名页之后或出版物末尾处有关其出版或印刷情况的说明，有时还有其他书目信息，包括有关题名的信息。

3.8

题名　title

一般在出版物上出现的，用以命名出版物（或一组单独著作中的一种）的一个单词、短语或一组字符。一种出版物通常有几个题名（如在题名页上、在封面上、在书脊上），这些题名可能相同，也可能相互不同。

3.9

正题名　title proper

出版物的主要题名，即在出版物题名页或代题名页上出现的题名。正题名包括交替题名，但不包括并列题名和其他题名信息。对包含若干单独著作的出版物，正题名是总题名；若无总题名，则认为无正题名。丛编或分丛编也有其自己的正题名。有些正题名由共同题名和从属题名构成。

3.10

交替题名　alternative title

题名页的正题名由两个或两个以上部分组成，其中居于“又名”或其他等同词之后的题名。

3.11

无总题名文献　items without a collective title

一图书由几种著作合订出版，在题名页上只出现这几种著作的题名而无总题名的文献。

3.12

共同题名　common title

一组相关出版物，除各自有不同的分辑题名外，还有其共同的题名部分。共同题名表示这些出版物之间的关系，并和分辑题名一起共同标识某种出版物。

3.13

从属题名　dependent title

本身不足以标识一种出版物的题名。它需要加上共同题名、或主体出版物题名、或主丛编题名才能充分标识该出版物。例如分辑题名、某些补编题名和某些分丛编题名。

3.14

并列题名　parallel title

另一种语言和/或文字的正题名（或无总题名出版物中的单独著作题名）；或者等同正题名的另一种语言和/或文字的题名。并列题名也可能与丛编/分丛编说明中的正题名一起出现。

3.15

题上信息　avant-titre

题名页或代题名页上、出现在出版物正题名上方、说明正题名的其他题名信息。

3.16

其他题名信息　other title information

是从属于题名的一个单词、短语或一组字符，对相关题名进行限定、解释或补充。

3.17

责任说明 statement of responsibility

标识任何个人或团体或其职能的名称、短语或字符组。这些个人或团体，对著作的知识内容或艺术内容的创造或实现，负有责任或作有贡献。责任说明可能和题名或版本说明一起出现。

3.18

第一责任说明 first statement of responsibility

具有几种不同责任说明时，按顺序首先出现的著作责任说明。

3.19

其他责任说明 other statement of responsibility

具有几种不同责任说明时，除第一责任说明以外的责任说明。

3.20

责任方式 mode of responsibility

责任者对图书内容进行创造、整理的方式。

3.21

与本版有关的责任说明 statement of responsibility relating to the edition

参与新版图书的修订、编辑、插图等再创作的责任者及其责任方式。

3.22

版本 edition

采用直接接触、照相复制或其他方法，实际上是由同一原始输入而产生、并由同一机构或个人发行的一种出版物的全部复本。

4 著录项目和著录单元

著录项目和著录单元包括如下内容：

题名与责任说明项

- 正题名
- 一般文献类型标识
- 并列题名
- 其他题名信息
- 责任说明
- 其他责任说明

版本项

- 版本说明
- 并列版本说明
- 与本版有关的责任说明
- 附加版本说明
- 附加版本说明的责任说明

文献特殊细节项

出版发行项

- 出版发行地
- 出版发行者
- 出版发行日期
- 印刷地、印刷者、印刷日期

载体形态项

页数或卷(册)数
图
尺寸
附件
从编项
从编正题名
从编并列题名
从编其他题名信息
从编责任说明
国际标准连续出版物号(ISSN)
从编编号
分丛编题名
附注项
标准编号与获得方式项
国际标准编号(ISBN)
装祯
获得方式和/或价格
限定说明

5 著录用标识符

5.1 著录项目与著录用标识符一览表

表 1 著录项目与著录用标识符一览表

著录项目	规定著录单元的前置或外括标识符	著录单元
1. 题名与责任说明项		1.1 正题名
	[ ]	1.2 一般文献类型标识(选用)
	=	*1.3 并列题名
	:	*1.4 其他题名信息
		1.5 责任说明
	/	第一责任说明
	;	*其他责任说明
2. 版本项	. --	2.1 版本说明
	=	*2.2 并列版本说明(选用)
		2.3 与本版有关的责任说明
	/	第一责任说明
	;	*其他责任说明
	,	*2.4 附加版本说明
		2.5 附加版本说明的责任说明
	/	第一责任说明
	;	*其他责任说明
3. 文献特殊细节项	. --	

表 1(续)

著录项目	规定著录单元的前置或外括标识符	著录单元
4. 出版发行项	. --	4.1 出版发行地
		第一出版发行地
	;	* 其他出版发行地
	:	* 4.2 出版发行者名称
	[]	* 4.3 发行者职能说明
	,	4.4 出版发行日期
	(	* 4.5 印刷地
	:	* 4.6 印刷者名称
	,)	4.7 印刷日期
5. 载体形态项		5.1 数量和特定资料标识
	:	5.2 图等其他形态细节(选用)
	;	5.3 尺寸
	+	* 5.4 附件(选用)
6. 丛编项	. --	6.1 丛编或分丛编正题名
	=	* 6.2 丛编或分丛编并列题名
	:	* 6.3 丛编或分丛编其他题名
		6.4 丛编或分丛编的责任说明
	/	第一责任说明
	;	* 其他责任说明
	,	6.5 丛编或分丛编的 ISSN(选用)
	;	6.6 丛编或分丛编的编号
7. 附注项		
8. 标准编号与获得方式项		* 8.1 标准编号(或代用号)
	( )	8.2 装帧
	:	8.3 获得方式和/或价格(选用)
	( )	8.4 限定说明

注 1：除第一项外，每一项均前冠一下圆点、空格、连字符、连字符、空格(. --)

注 2：丛编说明置于圆括号内，有两个或几个丛编说明时，每个丛编说明分别置于一圆括号内。

注 3：冠有一星号(*)的著录单元，必要时可重复。

注 4：丛编项、附注项、标准编号与获得方式项，必要时可重复。

注 5："3. 文献特殊细节项"不适用于普通图书。

注 6：当一著录项目或著录单元的有关信息，在出版物中与另一著录项目或著录单元在语言上成为一体时，应如实照录。

5.2 著录用标识符

根据 GB/T 3792.1 的规定，对本规则的各著录项目和著录单元著录一定的前置或外括标识符。

. -- 用于除"题名与责任说明项"以外的各著录项目之前，但另起段落著录的项目开头应省略。

[ ] 用于下列著录内容的前后：

一般文献类型标识、取自规定信息源以外的著录信息、自拟的著录内容。

= 用于下列各著录单元之前：

并列题名、并列责任说明、并列版本说明、丛编并列题名。

: 用于下列各著录单元之前：

其他题名信息、出版(发行)者、图及其他形态细节、获得方式以及多层次著录中的第二及其以后各层次的分辑标识与题名之间。

/ 用于下列各著录单元之前:
第一责任说明、本版第一责任说明、丛编第一责任说明。

; 用于下列各著录单元之前:
其他责任说明、与本版有关的其他责任说明、其他出版(发行)地、尺寸、丛编编号、同一责任说明的无总题名文献的各部作品题名之间。

, 用于下列各著录单元之前和有关情况之中:
有分卷(册)标识时的分卷(册)题名、相同责任方式的第二个及其后面的责任说明、出版发行(印制)日期、附加版本说明、国际连续出版物号以及分段页码之间。

. 用于下列各著录单元之前和有关情况之中:
分卷(册)标识、没有分卷(册)标识时的分卷(册)题名、分丛编题名以及不同责任说明的无总题名文献的各部作品题名与责任者之间。

+ 用于附件之前。

() 用于下列著录内容的前后:
丛编项、印制事项、附件的补充说明、标准编号与获得方式的限定说明。

? 用于不能确定的著录内容,一般与“[ ]”配合使用。

- 用于起讫连接。

... 用于省略的内容。

5.3 著录用标识符使用说明

5.3.1 各著录项目及单元所使用的标识符,除逗号“,”和下圆点“.”只在后面空一格(一个字符的位置,下同)外,其他标识符均需在其前后各空一格。

5.3.2 除“题名与责任说明项”外,各项目连续著录时均需冠以项目标识符“. -- ”。如遇回行,不可省略该标识符。如果某项由于使用分段、印刷格式或缩格等方式明显地与前项分开,则省略前置的项目标识符,或在前项末尾用一下圆点(.)代替。当某一著录项缺少第一著录单元而又有其规定的标识符时,应用项目标识符(. --)置于该著录项之前。但各项目另起段落著录时可省略该标识符。

5.3.3 凡重复著录一个项目或单元,应重复添加其标识符。

示例 1:. -- 北京 : 中华 : 商务, 1993

示例 2:. -- 上海 ; 香港 : 三联, 1993

5.3.4 题名中有语法关系的标点和起标点作用的空格一般应照录,但个别标点符号与标识符重叠时,可在不改变原意的前提下予以删除。原题名中的方括号应著录为圆括号,以区别于编目员自拟的内容或取自规定信息源以外的信息。

示例 : 警惕啊,人们 : 二十世纪裁军谈判史话 / 冯之丹编著
(原题名为《警惕啊,人们!》)
系统论 控制论

5.3.5 多卷(册)图书的卷(册)标识前用“.”,分卷(册)题名前用“,”,无卷(册)标识的分卷(册)题名前用“.”。

示例 : 化学. 第一册, 有机化学
化学. 分析化学
北京图书馆古籍珍本丛书. 14, 史部. 传记类

5.3.6 不予著录的项目或单元,其标识符连同项目或单元内容一并省略。

5.3.7 著录用标识符应在英文状态下录入,其中的下圆点一律为英文状态下的下圆点,而非中文状态下的中圆点。

5.3.8 每一丛编说明分别置于圆括号“( )”内;第二和其余丛编说明前均冠一空格。

6 著录用文字

6.1 题名与责任说明项、版本项、出版发行项、丛编项，一般应按所著录图书本身的文字照录，现有设备无法照录的图形及符号等可由编目员改为其他形式的相应内容，并加方括号“[ ]”。

6.2 版次、出版发行日期、载体形态项的卷(册)数、页数及其他形态细节说明的数量、尺寸、价格等数字，一律用阿拉伯数字著录。

6.3 附注项用编目机构所选用的文字著录(引用文字除外)。

6.4 规定信息源原题错字或漏字，应如实著录，但要在附注项说明。

6.5 按本标准著录各少数民族文字图书时，应按其文字书写规则著录。

7 著录信息源

7.1 出版物的著录信息应按以下规则取自其题名页和为特定项所规定的其他信息源。凡取自规定信息源以外的信息，或由编目员自拟的著录内容，著录时应加方括号‘[ ]’，必要时可在附注项注明来源。

7.1.1 主要信息源的选择

单卷出版物，应选择所编出版物专用的题名页(如对丛编中的一卷，应是该卷的题名页；对一复印本，应是附有复印说明的题名页)。

多部分出版物的各部分均有一个题名页时，应选择第一部分的题名页。

当没有适用于整个出版物的题名页，但其包含的每种著作均有其自己的题名页时，这些题名页，包括双向倒转出版物中不同著作的双向题名页，可以共同作为一个信息源。

出版物没有题名页时，选择代用信息源作为代题名页。将信息源定为代题名页时，要选择信息最详尽的来源，出版物组成部分的来源应优先于出版物以外的来源。

非罗马文字的出版物，版权页提供有最完整的书目信息时，在以下情况下，题名页位置和有正题名的页，不认为是题名页：

a) 该页只有半题名页形式的正题名；

b) 该页有书法形式的正题名，有或无其他书目信息。(版权页中有最完整的书目信息，使用现代中文、日文和朝文印刷中的一般汉字形式)；

c) 该页只有西方语言的题名和/或出版信息。

对以上各种情况下，应首先选择版权页为代题名页。

7.1.2 规定信息源

每一著录项目均具有指定的“规定信息源”。如果信息取自规定信息源之外，并著录为该著录项目的组成部分时，应置于方括号内。这类信息也可著录于第7项，不加方括号。

各著录项目的规定信息源如表2所示。

表2 著录项目规定信息源

著录项目	规定信息源
1. 题名与责任说明项	题名页(或代题名页)
2. 版本项	题名页、版权页
3. 出版、发行(等)项	版权页、题名页
4. 载体形态项	出版物本身
5. 丛编项	题名页、版权页、封面、书脊、封底
6. 附注项	任何信息源
7. 标准编号与获得方式项	版权页、出版物其余部分

7.2　著作为多件或著录信息源有两个以上时，可按如下办法处理：

——依第一卷(册)著录；若第一卷(册)未入藏，应查明其他各卷(册)情况，并在附注项注明“据×卷(册)著录”；无法确定时，应根据最充分者著录。

——以图书为主的多载体著作应作为一个整体著录，所含其余载体应作为附件著录。

——多个信息源上的信息不同时，应以规定信息源为主选定。

8　著录项目细则

8.1　题名与责任说明项

结构形式：

正题名 [一般文献类型标识] / 第一责任说明

正题名 [一般文献类型标识] / 第一责任说明 ；其他责任说明

正题名 [一般文献类型标识] = 并列题名 / 责任说明

正题名 [一般文献类型标识] ：其他题名信息 / 责任说明

正题名 [一般文献类型标识] = 并列题名 ：其他题名信息 / 责任说明

题名，又名，交替题名[一般文献类型标识]/ 责任说明

题名 [一般文献类型标识] ；题名 / 责任说明

题名 [一般文献类型标识] / 责任说明. 题名 / 责任说明

共同题名. 分卷(册)标识，分卷(册)题名 [一般文献类型标识] / 责任说明

共同题名. 分卷（册）题名或分卷（册）标识[一般文献类型标识] / 责任说明

8.1.1　正题名

8.1.1.1　正题名是本项的第一个著录单元。无论题名页的正题名前出现何种著录信息，正题名仍应著录于本项之首。

8.1.1.2　正题名原则上应按照规定信息源上的文字照录，但大写和标点符号不一定照录。某些图形及符号等可用其他相应的文字代替，代替时应加方括号“[ ]”，同时在附注项注明。起标点作用的空格一般亦应照录，特殊情况可分析出版者意图决定连书。

示例：廉颇 · 蔺相如 · 鲁仲连

真实性——1/2

LQ-1600K 中英文打印机操作手册

活动　意识　个性(题名页原题:活动　意识　个性)

国父遗嘱(题名页原题:国父 遗嘱)

8.1.1.3　图书的卷数、章回数等视为其他题名信息，按题名页所题照录。

示例：水浒传 ：一百二十回

花间集注 ：十卷

8.1.1.4　交替题名依次著录于正题名之后，依题名页所题连接词著录。如“，又名，”、“，一名，”等。

示例：西行漫记，又名，红星照耀中国

8.1.1.5　题名在图书各处有重要差异或另有别名，依题名页题名著录，将其他题名在附注项注明。例如，“书脊题名：××××××”或“封面题名:××××××”。无题名页时依 7.1.1 著录信息源的先后顺序著录。

8.1.1.6　同一图书在新版时题名变更，应将原题名著录于附注项。

8.1.2　一般文献类型标识

根据各文献工作机构的实际需要和各类型目录的性质决定取舍。必要时，直接引用 GB/T 3469《文献类型与文献载体代码》。

8.1.3　并列题名

当出版物的题名页上有多种语言和/或文字的题名时，应将未选作正题名的题名著录为并列题名。

8.1.3.1 并列题名依题名页所载顺序著录，并在第二语种及其以后每个并列题名前用“ = ”标识。与题名并列的汉语拼音题名不作为并列题名著录。

8.1.3.2 与正题名相对应的其他语种题名不载于题名页时(如翻译著作)，可著录于附注项。

8.1.4 其他题名信息

8.1.4.1 其他题名信息前用“ ：”标识，著录于正题名或并列题名之后。

示例：浮选：纪念 A.M.高登文集

儿童文学选：建国以来三十年辽宁省文艺创作选

8.1.4.2 其他题名信息具有两个或两个以上时，其前均用“ ：”标识。

示例：人体解剖图：内分泌系统：局部解剖

8.1.4.3 其他题名信息属于以下情况之一者，著录于附注项。

a) 正题名之后所列附录；

b) 译自某种文字；

c) 写作材料来源及根据；

d) 说明图书出版发行特点的文字，例如，“内部读物”、“内部发行”。

8.1.5 责任说明

8.1.5.1 责任说明包括责任者名称及其责任方式，依题名页原题顺序著录。

8.1.5.2 著录同一责任方式的责任者一般不宜超过三个；超过三个时，只著录第一个，其后加“ ... ”，并在其后加“等”字，并用方括号“[ ]”括起。

示例：“黄安年 ... [等]著”

8.1.5.3 相同责任方式的责任者名称之间用“，”标识；不同责任方式的责任说明前用“ ；”标识。

示例：新编图书馆目录 / 黄俊贵，罗健雄编著

天工开物 /（明）宋应星著；钟广言注释

8.1.5.4 中国清代以前的个人责任者，按原题如实著录。取自规定信息源上的朝代名称可在其姓名前著录，并用圆括号“()”括起。

示例：金匮要略方论 /（汉）张仲景述；（晋）王叔和集

8.1.5.5 外国的个人责任者，按原译汉语文原题如实著录。取自规定信息源上的国别简称可在其姓名前著录，并用圆括号“()”括起；著者姓名载有原文时，按原文顺序如实著录于原译汉语文姓名之后，并用圆括号“()”括起。

示例：(美)A. 爱因斯坦(A. Einstein)

(俄)列夫·托尔斯泰(Л. Н. Толстой)

8.1.5.6 僧人责任者，一般按原题法名著录。法名前所冠“释”字，用圆括号“( )”括起。

示例：(宋释)怀素

(印释)陈那(Dignaga)

(释)显

8.1.5.7 责任者姓名前后原题出身、籍贯、单位、职位、学位、头衔等，如不是识别该作者所必需，均不予著录。

8.1.5.8 责任者的责任方式应依原书所题著录。若原书未载明，应根据著作类型选定，并用方括号括起。

8.1.5.9 若责任实体的名称在语言上是其他著录单元的组成部分，且已被转录(如作为正题名的一部分、其他题名信息的一部分或出版发行项的一部分)，则不应作为责任说明。但若责任实体的名称在题名页上明确地以正式的责任说明形式重复出现时，则仍应作为责任说明。

8.1.6 无总题名图书按以下不同情况分别著录。

a) 属于同一责任者时，依次著录，在第二个及以后的题名前用“ ；”标识。

示例：昌平山水记；京东考古录 / (清)顾炎武著

b) 不属于同一责任者时，依次著录不同的题名与责任者，在第二个及以后的题名前用"."标识。

示例：文章辨体序说 /（明）吴纳著. 文体明辨序说 /（明）徐师曾著

c) 题名在三个以下（含三个）时，可依次著录各个题名与责任者；题名在四个以上时（含四个），则只著录前三个，第四个以后未予著录的题名及责任者均著录于附注项。

8.2 版本项

结构形式：

. -- 版本说明

. -- 版本说明 = 并列版本说明

. -- 版本说明 / 与本版有关的责任说明

. -- 版本说明 / 与本版有关的第一责任说明 ；与本版有关的其他责任说明

. -- 版本说明，附加版本说明

. -- 版本说明 / 与本版有关的责任说明，附加版本说明 / 与本版有关的责任说明

8.2.1 版本说明

8.2.1.1 除初版（第 1 版）外的各个版次均应如实著录，但应省略"第"字，著录为"×版"。

示例：詹天佑和中国铁路 / 徐启恒，李希泌著. -- 2 版

8.2.1.2 图书版权页原题版次有误，应如实著录，并在附注项说明。

8.2.1.3 与版本说明有关的文字，如"增订 3 版"、"活字本，泥活字"、"2 版，修订本"、"新 1 版，增订本"等，均应著录于版本项。

8.2.1.4 图书制版类型除常见的铅印、胶印方式予以省略外，其余制版方式，如"油印本"、"刻本"、"影印本"、"晒印本"、"缩印本"等，均应著录于版本项。

8.2.1.5 无总题名图书所含各种著作载有不同版本说明时，可在附注项说明。若过于繁杂，则予省略。

8.2.1.6 图书包括两种及以上制版类型时，可同时著录。

示例：. -- 影印本与晒印本

8.2.1.7 版本说明属于其他项著录单元的组成部分（如正题名）并已予著录时，则不在版本项内重复。

示例：英美编目条例第二版简介 /（英）E. J. 亨特（E. J. Hunter）著 ；孔宪铠，万培悌译. -- 北京 ：书目文献出版社，1982

8.2.2 与本版有关的责任说明

8.2.2.1 与本版有关的责任说明最多著录三个；标识符与"题名与责任说明项"相同。

8.2.2.2 用多种语文记载的版本说明及与本版有关的责任说明，应著录与正题名文种相同者。如这一规定不适用，可著录显著者或位于首位者。

8.2.2.3 翻译图书所题该书原版的版本说明不著录在本项，而应该在附注项说明。

8.3 文献特殊细节项

本项不适用于普通图书著录。

8.4 出版发行项

结构形式：

. -- 出版发行地 ：出版发行者，出版发行日期

. -- 出版发行地 ；出版发行地 ：出版发行者 ，出版发行日期

. -- 出版发行地 ：出版发行者 ：出版发行者 ，出版发行日期

. -- 出版发行地 ：出版发行者 ；出版发行地 ：出版发行者 ，出版发行日期

. -- 出版发行地 ：出版发行者，出版发行日期（印刷地 ：印刷者 ，印刷日期）

8.4.1 出版发行地

8.4.1.1 出版发行地以出版发行机构所在地为准，并一律著录地名全称。具有出版地时不著录发行地。原题出版发行地有误，除如实著录外，应将正确地名著录其后，并用方括号"[ ]"括起，或在附注项

说明。

8.4.1.2　地名相同的不同出版发行地,可在出版发行地后的“[ ]”内注明其国别或上级地区名称。

8.4.1.3　图书原题两个出版发行地时,第二个出版发行地前用分号“;”标识;原题三个及其以上出版发行地时,应按原题顺序著录第一个,在其后加“等”字,并用方括号“[ ]”括起,其余出版发行地在附注项说明。

8.4.1.4　推测著录的出版发行地要加问号,并用方括号“[ ]”括起。无法推测著录至具体的出版发行地时,可著录其所在省名或国名,并加问号,然后用方括号“[ ]”括起。出版发行地完全无法推测著录时,可著录“出版地不详”字样。

示例:. --[广州?]

. --[广东?]

. --[日本?]

. --[出版地不详]

8.4.1.5　出版发行者名称中含有其所在地名称时,为避免混淆,仍应著录,不得省略。

示例:. -- 北京 : 北京出版社

8.4.2　出版发行者

8.4.2.1　出版发行者一般以出版发行机构为准,不著录出版发行机构代表人。图书题有出版者时,不著录发行者。

8.4.2.2　出版发行机构一律著录全称。若著录发行机构,应在其后注明“发行者”字样,并用方括号“[ ]”括起。

8.4.2.3　同时充当责任者的出版者,不可著录为“著者”、“编者”、“译者”等字样。

示例:/ 长江文艺出版社编. -- 武汉 : 长江文艺出版社

8.4.2.4　图书原题两个出版发行者时,在第二个出版发行者前用“:”标识;原题三个及以上出版发行者时,按原题顺序著录第一个,在其后加“等”字,并用方括号“[ ]”括起,其余出版发行者在附注项说明。

示例:. -- 北京 : 中国青年出版社 : 群众出版社

. -- 上海 : 商务印书馆[等]

8.4.2.5　图书未载明出版发行者,又无法查考时,应著录“出版者不详”字样,并加方括号“[ ]”。

示例:. -- 青岛 : [出版者不详]

8.4.3　出版发行日期

8.4.3.1　出版发行日期按图书原题纪年著录,原题有出版日期时不著录发行日期。原题非公元纪年应在其后著录相应的公元纪年,并用方括号“[ ]”括起。

示例:, 民国 25 年[1936]

8.4.3.2　集中著录的多卷(册)图书,若非同一年出齐,应著录最初及最终出版日期,并用“-”表示起迄。尚未出版齐全的多卷(册)图书,一般先著录第一卷出版日期,后加“-”,待出版齐全后再著录最终出版日期。

8.4.3.3　图书无出版日期或印刷日期,可推测著录,用问号“?”或连字符“-”加问号“?”标识,并用方括号将它们括起。

示例:, [1981?]

, [196-?]

, [19--?]

8.4.3.4　印刷地、印刷者、印刷日期

a)　图书的出版发行事项均未标明,可著录印制地、印制者、印制日期。

b)　图书的出版发行事项记载齐全,并兼有印刷地、印刷者、印刷日期,必要时,可将后者著录于出版发行事项之后,并用圆括号“( )”括起。

示例:北京 : 中国青年出版社, 1991(南京 : 江苏人民出版社, 1993 重印)

8.5 载体形态项

结构形式：

页数 ：图 ；尺寸

页数 ：图 ；尺寸 + 附件

卷(册)数 ：图 ；尺寸

8.5.1 页数或卷(册)数

8.5.1.1 页数一般包括正文页数及正文前后其他页数。若正文页数与正文前后页数单独编码，当正文前后的页数少于 10 页时可从略。但正文前后的页数等于或多于 10 页时，应按照“正文前、正文、正文后”的顺序依次分段著录，中间用“，”标识。

示例 ：25，464，20 页

8.5.1.2 页数按单面编码计算；属于双面编码者，应加倍计算页数，并用方括号“[ ]”括起。

8.5.1.3 分层次著录的多卷(册)图书，页数连续编码时，先著录总册数，再著录总页数，并将后者用圆括号“( )”括起；各分卷(册)单独编码时，仅著录总册数。

示例 ：6 册(4654 页)

4 册

8.5.1.4 单独著录的多卷(册)图书，分卷(册)页数连续编码时，著录其起迄页码。

示例 ：101-546 页

8.5.1.5 由数册合订为一册，并按原分册单独编码的图书，可直接著录分段页码。各分册编码较为繁杂时，可著录原订册数，并置于圆括号“( )”内。

示例 ：164，156，66

1 册(原订 4 册)

8.5.1.6 以图为主的散页图片或挂图，页数以“张”或“幅”计算。

8.5.1.7 图书或期刊的抽印本，应著录实际页数，并用方括号“[ ]”括起；难以计算时，可著录为“1 册”。

8.5.1.8 未装订的散页图书或分册出版的另装函图书，除著录页数或册数外，应于页数或册数之后注明函数，并用圆括号“( )”括起。

示例 ：195 页(1 函)

8.5.1.9 书中原题页数有误，应如实著录，在其后的方括号“[ ]”内著录正确的页数，或在附注项说明。

8.5.1.10 书中未载明页数时，应统计全书页数著录，并用方括号“[ ]”括起；若难以统计，可著录为“1 册”。

8.5.2 图

8.5.2.1 图的著录顺序为冠图、插图、附图等。根据不同情况，可具体著录为“插图”(包括正文内计算页数的插图和不计算页数的夹图)、“折图”(指图幅大于题名页而折叠于图书内的图)、“彩图”、“纹章”、“摹真”(一般指手迹)、“地图”、“乐谱”、“肖像”、“照片”、“图版”等。种类繁杂时，可统一著录为“图”或“图表”。

8.5.2.2 内容主要由图组成或题名已明确为图的图书，例如，“图解”、“画册”、“图册”等，不再重复著录，书中表格也不予著录。

8.5.3 尺寸

8.5.3.1 沿书脊测量出版物的外表高度，不足整厘米时应进位到整厘米著录。

8.5.3.2 图书的宽度不及高度的一半，或宽度超过高度时，应先著录高度，后著录宽度，中间以“ ×”表示。

示例 ：20 × 14 cm

8.5.3.3 尺寸不一的多卷(册)图书，相距未及 2 厘米者，应著录较大尺寸；超过 2 厘米者，应著录最小至最大尺寸，中间以“-”表示。

示例 ：26 - 30 cm

8.5.4 附件

8.5.4.1 附件之前用“ ＋ ”标识。

8.5.4.2 具有独立题名并可脱离图书主要部分单独使用的附件，应另行单独著录，并在各自附注项分别注明。

8.5.4.3 对附件的补充说明，应著录在附件后面的圆括号“( )”内。

示例 ：364 页 ：折图 ；26 cm ＋ 机械图册(46 页 ：插图 ；19 cm)

8.6 丛编项

结构形式：

. --(丛编正题名)

. --(丛编正题名 ＝ 丛编并列题名)

. --(丛编正题名 / 丛编责任说明)

. --(丛编正题名 ；丛编编号)

. --(丛编正题名 ：丛编其他题名信息 / 丛编责任说明 ；丛编编号)

. --(丛编正题名，丛编 ISSN ；丛编编号)

. --(丛编共同题名. 分丛编标识，分丛编题名)

. --(丛编共同题名. 分丛编题名)

. --(丛编共同题名. 分丛编题名，分丛编 ISSN)

. --(第一丛编)(第二丛编)

8.6.1 丛编正题名

8.6.1.1 丛编正题名一般依 8.1.1 有关条款著录。

8.6.1.2 一书载明同属两种以上丛书时，应依次著录，并分别用圆括号“( )”括起。

8.6.1.3 著作的各个组成部分分属于不同丛书时，不予著录，可在附注项说明。

8.6.2 丛编并列题名

丛编题名具有多语种时，其丛编并列题名依 8.1.3 有关条款著录。

8.6.3 丛编其他信息

8.6.3.1 除必不可少的丛编其他题名信息依 8.1.4 有关条款著录外，一般可不予著录。

8.6.3.2 图书所载国际标准连续出版物号(ISSN)应如实著录，其前以“，”标识。

8.6.3.3 从编或分丛编内部的编号，按其在出版物上出现的形式著录，但要使用阿拉伯数字代替原题的其他数字或文字拼写的数字，并在编号前以“ ；”标识。

示例 ：. --(机械丛书 ；第 16 种)

(原题：机械丛书　第 16 种)

. --(建筑工人技术学习丛书 ；2)

(原题：建筑工人技术学习丛书　二)

8.6.4 分丛编题名

8.6.4.1 分丛编题名著录于丛编正题名之后，其前用“. ”标识。

示例 ：. --(万有文库. 百科小丛书)

8.6.4.2 若分丛编题名具有可独立识别的题名时，应著录于丛编项，而主丛编题名著录于附注项。

示例 ：. --(实用人物摄影)

(附注：主丛编题名：海巨格摄影系列)

8.6.4.3 分丛编的丛编并列题名、丛编其他题名信息，依 8.1 有关条款著录。

8.6.4.4 分丛编标识，应如实著录，其前用“. ”标识。若标识后另有题名，则先著录标识，再著录题名，其间用“，”标识。

8.6.5 丛编责任说明

除丛编题名为通用术语，其责任说明必须著录外，一般可不予著录。必要时可依 8.1.5 有关条款著录。

示例：.--(图书馆学情报学知识丛编 / 黄俊贵，倪波主编)

8.6.6 丛编或分丛编的国际标准连续出版物号(ISSN)，可按有关标准著录。

8.7 附注项

结构形式：

a) 每一条附注另起行著录或连续著录。

b) 每一条附注内容中均可采用本规则规定的各种标识符。

c) 引用文字用引号“ ”。

8.7.1 未在题名与责任说明项、版本项、出版发行项、载体形态项、丛编项、标准编号与获得方式项著录，而又有必要进行补充说明时，均可按以上各项顺序依次在附注项注明。

8.7.1.1 封面、书脊、书口、版权页等处题名与题名页所题题名不同，可著录为“封面题名：××××××”、“书脊题名：××××××”、“书口题名：××××××”等。

8.7.1.2 翻译著作，注明外文原名；转译著作注明译本出处。

8.7.1.3 经考证增补的题名，注明“题名据××××××增”。

8.7.1.4 题名变更，注明“本书原名：××××××”。

8.7.1.5 考证所得责任者，注明“据××××××考订，责任者为×××”。

8.7.1.6 改编著作，注明原书责任者、体裁及题名。

8.7.1.7 转印本、转译本、抽印本，注明依据的原书。

8.7.1.8 影印图书或翻译资料，注明依据的原书或原稿。

8.7.1.9 图书原题出版地、出版者、出版日期有误，予以注明。

8.7.1.10 载体形态项目不明确，予以注明。

8.7.1.11 图书各个组成部分分属多种丛书，予以注明。

8.7.2 图书附录所含参考书目、索引、参考资料、责任者小传等，均著录于附注项，并根据其所处不同位置，注明“书前冠”或“书末附”。除重要附录外，附录责任者一般不予著录。

8.7.3 汇编著作及分层次著录的多卷(册)图书，必要时，可将各个单篇或分卷(册)作为目次著录于附注项，并按顺序排列，著录其篇(书)名及责任者等。

8.7.4 对图书内容和出版发行特点进行附注说明。

示例：“中央广播电视大学图书馆学专业用书”、“儿童读物”、“建筑工人应知应会读物”、“内部读物”、“内部发行”等。

8.8 标准编号与获得方式项

结构形式：

.-- ISBN(装订)：获得方式

.-- ISBN ：获得方式(限定说明)

.-- 获得方式

8.8.1 标准编号

8.8.1.1 国际标准编号(ISBN)依图书原题如实著录，不应省略号码之间的连字符。

8.8.1.2 同时记载整套和部分著作的国际标准编号的图书，先著录整套著作号码，后著录部分著作号码。

8.8.1.3 国际标准编号之后的附加号码，不予著录。

8.8.1.4 国际标准编号(或代用号)经查证属于错误时应照录。若同时标有正确号码和错误号码，则应先著录正确号码，后著录错误号码，并在其后面的圆括号“( )”内注明“错误”。

8.8.2 装祯

8.8.2.1 装祯著录于国际标准编号之后的圆括号“( )”内；无国际标准编号的图书，其装祯直接著录于项目之首，并置于圆括号内。

示例 ：. --（精装）

8.8.2.2　装祯除平装可省略外，其余均按原书装祯形式著录。

8.8.3　获得方式

8.8.3.1　价格

价格之前冠以空格、冒号、空格“ ：”。

货币代码一律使用GB/T 12406规定的各种货币的标准代码。

示例 ：：CNY26.00

：CNY10.00（限国内发行）

8.8.3.2　非卖品

凡非卖品均如实著录。

示例 ：非卖品

赠阅

8.8.4　限定说明

著录于其所限定内容之后，并用圆括号“（ ）”括起。

示例 ：ISBN 7-200-0165501（精装）：CNY75.00(全套)

ISBN 7-5073-0316-0（精装）：CNY650.00(上、中、下)

附 录 A
（资料性附录）
著 录 格 式

著录格式是构成款目的各个项目的排列顺序及其标识符号的表现形式，分书本式和卡片式两种表现形式。

书本式格式：

正题名［一般文献类型标识］＝并列题名：其他题名信息/第一责任说明；其他责任说明. -- 版本说明/与本版有关的责任说明. -- 文献特殊细节. -- 出版地：出版者，出版日期（印制地：印制者，印制日期）. -- 文献数量及特定文献类型标识：其他形态细节；尺寸＋附件. --（丛编正题名/责任说明，国际连续出版物号；丛编编号. 分丛编题名）. -- 附注. -- 标准编号（限定词）：获得方式和（或）价格

卡片式格式：

正题名［一般文献类型标识］＝并列题名：其他题名信息/第一责任说明；其他责任说明. -- 版本说明/与本版有关的责任说明. -- 文献特殊细节. -- 出版地：出版者，出版日期（印制地：印制者，印制日期）

文献数量及特定文献类型标识：其他形态细节；尺寸＋附件. --（丛编正题名/责任说明，国际连续出版物号；丛编编号. 分丛编题名）

附注

标准编号（限定词）：获得方式和（或）价格

附 录 B
（资料性附录）
多 层 次 著 录

多层次著录是指著录由多部分组成的文献时所选用的著录方法之一，即所谓综合著录。其目的是对由多部分组成的文献的整体及其各个部分的情况进行系统的描述。

多层次著录是将文献著录信息分成两个或多个层次。第一层次著录文献整体的共同书目信息，第二层次及其余各层次分别著录有关的各部分书目信息。

每一层次中，各著录单元与单一出版物的著录顺序和标识符均相同。各层次相互重复的某些著录内容可以省略。当一个组成部分的题名前冠有分辑标识时，二者之间用冒号（ ：）分隔。

多层次著录格式：

整套书正题名[一般文献类型标识] = 并列正题名 ：其他题名信息 / 第一责任说明 ；其他责任说明. -- 版本说明 / 与本版有关的责任说明. -- 出版地 ：出版者，出版日期（印制地 ：印制者，印制日期）. -- 文献数量及特定文献类型标识 ：其他形态细节 ；尺寸. -- 附注. -- 标准编号（限定词）：获得方式和（或）价格

第二层次分辑标识 ：第二层次正题名 = 并列正题名 ：其他题名信息 / 第一责任说明 ；其他责任说明. -- 出版日期. -- 文献数量. -- 获得方式和（或）价格

第三层次分辑标识 ：第三层次正题名 = 并列正题名 ：其他题名信息 / 第一责任说明 ；其他责任说明. -- 出版日期. -- 文献数量. -- 获得方式和（或）价格

...

...

示例 ：

农村文库 / 农村读物出版社编辑. -- 北京 ：农村读物出版社，1980-1982. -- 60 册 ；23cm

第 1 辑 ：农村科学种田丛书 / 中国农业科学院编辑. -- 1980-1981. -- 10 册

第 1 册 ：育种 / 温贤才编著. -- 1980. -- 56 页. -- CNY 0.56

第 2 册 ：土壤 / 朱红编著. -- 1981. -- 60 页. -- CNY 0.60

...

第 2 辑 ：农村医疗卫生丛书 / 南方农村医疗卫生研究所编. -- 1982. -- 6 册

第 1 册 ：农村环境卫生 / 林山农编著. -- 70 页. -- CNY 0.68

第 2 册 ：田间劳动卫生 / 罗梅英编著. -- 65 页. -- CNY 0.65

...